U0807902

抽水蓄能机组过渡过程

杨建东　编著

科学出版社
北　京

版权所有，侵权必究

举报电话：010-64030229；010-64034315；13501151303

内 容 简 介

本书全面系统地介绍抽水蓄能机组过渡过程的基本理论、数值模拟、模型试验和原型观测，并列出我国数十台不同比转速水泵水轮机全特性曲线和数座抽水蓄能电站的基本资料、实测数据与模拟结果。全书分为12章，从水泵水轮机全特性空间曲面的构建与变化规律、基于水泵水轮机全特性空间曲面的过渡过程数值模拟与分析、基于水泵水轮机反S特性及脉动特性的导叶关闭规律优化、抽水蓄能电站调压室设置条件与输水管道系统布置准则、抽水蓄能机组过渡过程模型试验与实测反演分析五个方面进行深入浅出地论述，绝大多数内容是武汉大学"水电站过渡过程与控制"课题组近年的研究成果，为解决抽水蓄能机组过渡过程设计和运行面临的主要难题提供理论依据、分析手段和工程措施。

本书可供从事抽水蓄能建设设计、运行、科研和技术管理等方面工作的专业人员阅读，也可作为高等学校研究生和本科生的参考书。

图书在版编目(CIP)数据

抽水蓄能机组过渡过程/杨建东编著. —北京：科学出版社，2017.6

ISBN 978-7-03-053888-8

Ⅰ.①抽… Ⅱ.①杨… Ⅲ.①抽水蓄能水电站-单元机组-研究 Ⅳ.①TV743

中国版本图书馆CIP数据核字(2017)第142249号

责任编辑：杨光华/责任校对：谌 莉

责任印制：彭 超/封面设计：苏 波

科学出版社 出版

北京东黄城根北街16号

邮政编码：100717

http://www.sciencep.com

武汉中科兴业印务有限公司印刷

科学出版社发行 各地新华书店经销

*

开本：787×1092 1/16

2017年6月第 一 版 印张：20 3/4

2017年6月第一次印刷 字数：531 200

定价：198.00元

(如有印装质量问题，我社负责调换)

前　言

抽水蓄能机组利用电力负荷低谷电能抽水至上水库，储蓄位能，在电力负荷高峰输水发电至下水库。迄今为止，抽水蓄能机组是电力系统中最可靠、最经济、寿命周期长、容量大、技术最成熟的储能装置，是能源生产的重要组成部分。通过配套建设抽水蓄能电站，可提高系统中火电站和核电站运行效率、延长机组寿命、降低维护费用；能有效减少风电场并网运行对电网的冲击，提高风电场和电网运行的协调性；能发挥调频调相、旋转备用、黑启动多重功能，可提高电网供电质量和电网灵活性及可靠性，在特高压、智能电网的发展中起着无可替代的作用。

抽水蓄能电站的出现已有100多年的历史。西方国家抽水蓄能起步早，规模大，装机占比在5%～10%，其中日本早在2006年就超过10%。截至2016年，全球抽水蓄能电站总装机容量约1.4亿kW，日本、美国和欧洲诸国的抽水蓄能电站装机容量占全球的80%以上。我国抽水蓄能电站装机容量2 303万kW，占全国电力总装机容量的1.5%，其比重明显偏低。为此，我国制定"十三五"期间抽水蓄能发展目标是：全国新开工抽水蓄能电站6 000万kW，2020年抽水蓄能总装机容量达到4 000万kW，2025年达到9 000万kW，以适应新能源大规模开发及保障电力系统安全运行的重大需求。由此可见，今后我国建设抽水蓄能电站的任务相当繁重，发展潜力巨大。

尽管我国抽水蓄能电站建设起步晚，但后发效应明显，起点较高，其中若干座大型抽水蓄能电站已处于世界先进水平。例如，广州、惠州抽水蓄能电站总装机容量2 400 MW，为世界上最大的抽水蓄能电站；天荒坪等一批抽水蓄能电站单机容量300 MW，额定水头在500 m左右，已达到单级可逆式水泵水轮机世界先进水平；西龙池抽水蓄能电站单级可逆式水泵水轮机组最大扬程704 m，仅次于日本葛野川和神流川抽水蓄能电站机组。目前正在设计的绩溪、敦煌、阳江抽水蓄能电站，额定水头均超过700 m，单机容量分别为350 MW和400 MW，标志着我国抽水蓄能建设更新发展和抽水蓄能技术全面提升。

抽水蓄能电站在电力系统发挥的作用越巨大，必然使得机组启停、工况转换越频繁，过渡过程引发的安全隐患越多。据国外的统计，抽水蓄能机组过渡工况平均每小时0.22～0.25次；如此繁复的过渡过程，使得抽水蓄能电站输水系统、机组、电气处在急剧变化之中，如果设计缺陷或者控制不当，均有可能引起严重的事故。据不完全统计，我国发生的抽水蓄能电站的事故均与过渡过程有关。这不仅危及电站和机组自身安全，甚至影响电力系统安全。因此，抽水蓄能机组过渡过程成为设计与运行中关键技术问题。该问题主要体现在如下五个方面。

(1) 抽水蓄能机组调节保证不同于常规的水轮发电机组，受水泵水轮机全特性的影响，尤其是反S区特性的影响较大，而常规的水轮发电机组调节保证，主要取决于输水管道系统的水流惯量和机组转动惯量。因此，设计阶段套用水头、单机容量、比转速接近水泵水轮机全特性曲线，与机组招标后真机全特性曲线可能存在一定的差异，若两者反S区域差异明显，其调节保证极值将有较大差别，就有可能给机组运行带来安全隐患，也有可能造成工程投资的浪费。

(2) 抽水蓄能机组运行稳定性与调节也不同于常规的水轮发电机组。受水泵水轮机全特性的影响，尤其是反 S 区特性的影响，低水头下抽水蓄能机组空载稳定性一直困扰设计与运行，并且为了满足水轮机工况区运行稳定性及良好的调节品质，也需要划分若干个区间整定调速器参数，但划分的标准缺乏理论依据。

(3) 由于水泵水轮机转轮径向流道较长，反 S 区域不仅对水击压强的作用格外显著，而且导致过渡过程中脉动压强较大，与常规的水轮发电机组有明显的差别。而设计中缺少合适的方法计入脉动压强，仅按经验取值，并且导叶关闭规律选取也缺乏理论依据。因此，设计中难以实现同时减轻水击压强和脉动压强的优化目标。

(4) 由于水泵水轮机在甩负荷中的过机流量呈多峰性，流量由初始值减为零的时间远小于导叶关闭时间，因此常规水电站调压室设置条件不适用于抽水蓄能电站。另外，抽水蓄能电站输水系统布置比常规水电站更为复杂，通常有树状布置和环状布置两种方式。尤其在相继甩负荷、水力干扰等过渡过程中，两者对调节保证极值、机组超出力存在较大的差异。由于缺少对抽水蓄能机组与输水管道系统匹配性的认知，导致工程设计缺乏方向性的引导。

(5) 从抽水蓄能机组过渡过程数值模拟的角度来看，水泵水轮机全特性曲线平面表达方式存在的多值性和对应性问题，即开度线交叉、聚集、扭卷等现象常常导致迭代计算无法收敛，继而造成数值计算结果的异常波动；并且复杂的机组边界条件因求解方法不当，也可能导致无解或错解。

为了解决抽水蓄能电站设计和运行中存在的困惑，促进其过渡过程理论与关键技术的发展，本书从以下五个方面对水泵水轮机全特性与抽水蓄能机组过渡过程进行较系统全面的论述。

(1) 水泵水轮机全特性空间曲面的构建与变化规律，包括第 1～第 3 章。其目的是寻找水泵水轮机全特性更适宜的表征方法，深入了解水泵水轮机流量特性、力矩特性以及流量力矩特性随比转速的变化规律，为探索抽水蓄能机组过渡过程内在机理，指导工程设计和运行奠定基础。

(2) 基于水泵水轮机全特性空间曲面的过渡过程数值模拟与分析，包括第 4～第 6 章。其目的是在建立完整的抽水蓄能机组过渡过程数学模型的基础上，证明机组方程组唯一解，提高大波动、小波动及水力干扰等过渡过程的模拟精度；且建立反 S 特性与机组甩负荷水击压强的内在联系，以及与飞逸稳定性、空载稳定性、运行稳定性及调节品质的内在联系，为优化导叶关闭规律及整定调速器参数奠定基础。

(3) 基于水泵水轮机反 S 特性及脉动特性的导叶关闭规律优化，包括第 7～第 8 章。其目的是寻找抽水蓄能机组甩负荷过渡过程脉动压强的模拟方法，探索水泵水轮机反 S 特性和脉动特性随导叶开度及工况点的变化规律，探讨反 S 特性和脉动特性与调节保证极值的关联性，为导叶关闭规律选取、优化提供科学的依据。

(4) 抽水蓄能电站调压室设置条件与输水管道系统布置准则，包括第 9～第 10 章。其目的是合理地推导抽水蓄能电站上游调压室、下游调压室设置条件，探讨输水管道系统布置形式、各部分的水流惯性加速时间 T_w 对调节保证、受干扰机组超出力的作用，尤其是极端工况——机组相继甩负荷。确定输水管道系统布置准则，为工程设计提供理论依据。

(5) 抽水蓄能机组过渡过程模型试验与实测反演分析，包括第11～第12章。其目的是通过模型试验与原型实测，了解过渡过程常规工况和极端工况时程变化和脉动压强的频谱特性，发现未知的特征及规律，剖析影响调节保证极值的各种因素及内在的关联，为发展抽水蓄能机组过渡过程理论、改进完善计算分析软件、提高抽水蓄能电站设计和运行水平提供有力支撑。

本书的撰写出版得到过许多支持。由衷地感谢国家自然科学基金重点项目“基于空间曲面的水泵水轮机全特性及过渡过程研究”(51039005)的资助和参与项目的程永光教授和邹秀芬教授等；感谢武汉大学“985工程”建设抽水蓄能过渡过程实验场；感谢国网新源控股有限公司、南方电网调峰调频发电公司、广东省水利电力勘测设计研究院、中国电建集团中南勘测设计研究院有限公司近20年的科研合作，以及为本书提供大量的设计运行资料及工程需求；感谢历届参与该课题的研究生，尤其是杨桀彬、曾威、郭文成、鲍海艳、付亮、王超、李玲、刘艳娜、丁景焕、曾艳梅、谢为成等，以及在读的研究生胡金弘、唐韧博等，他们辛勤的努力和丰富的成果(见各章有关的参考文献)为本书的撰写奠定了基础，也让我们共同参与并见证了我国抽水蓄能建设的发展进程。

由于作者水平有限，书中难免存在疏漏之处，恳请广大读者批评指正。

杨建东
2016年12月21日
于武汉大学水利水电学院

目　录

第 1 章　水泵水轮机全特性空间曲面表征与构建

水泵水轮机全特性通常由转轮模型实验获得，该全特性曲线在抽水蓄能电站设计和运行中起着关键性的作用，尤其在过渡过程中。例如，水泵断电工况，在失去动力之后，管道中水流在其自重的作用下迅速减速，出现反向流动，从水泵工况区跨越到水泵制动工况区；若导叶关闭较慢或者拒动，则转轮在反向水流作用下，机组转速逐渐下降至零，并向相反的方向转动，此时水流方向和机组转动方向均与水轮机工况相同，即进入了水轮机工况区。若导叶拒动，则机组转速达到飞逸点，进入水轮机制动工况区，甚至进入反水泵工况区。上述整个过程经历了水泵工况区、水泵制动工况区、水轮机工况区、水轮机制动工况区与反水泵工况区 5 个区域。为了正确方便地研究水泵水轮机全特性对水泵水轮机转轮水力设计、抽水蓄能电站输水系统设计、调节保证设计、机组运行（机组启动、工况转换、过渡过程等）的作用，有必要对水泵水轮机全特性进行精细化的数值处理与表达。为此，本章首先对传统的水泵水轮机全特性表征方式予以介绍，指出其问题所在；其次提出水泵水轮机全特性空间曲面的表征方式及曲面构建、内插、外延的理论与方法；最后通过水泵水轮机全特性实例，讨论重构曲面的精度。

1.1　水泵水轮机全特性的表征方式

1.1.1　四象限全特性平面表征方式

20 世纪 30 年代，苏联的沙波夫将水力机械全特性实验得到的各种工作状态下的特性综合地用一簇射线来表示，即称为水力机械的全特性。它是在固定水轮机转轮直径 D_1 和导叶开度 α 的前提下，以横坐标表示流量，纵坐标表示转速，在坐标平面上划分水力机械不同的工作状态区域。图 1.1 即为该表征方式下的反击式水力机械四象限特性图。

图 1.1 根据流量 Q、转速 n、水头 H 与力矩 M（或者效率 η）的正、负、零，将水力机械的工作状态划分为 8 个区域，按顺序用罗马数字 I～VIII 表示，其中 I 为正向水轮机工况区；V 为反向水轮机工况区；VII 为正向水泵工况区；III 为反向水泵工况区；II、IV、VI、VIII 均为制动工况区。制动工况区总是介于水轮机和水泵工况区之间，是它们的过渡工况。各区域水力机械的工作参数的变化汇总于表 1.1。

装有可逆式水泵水轮机的抽水蓄能机组，其正常工况处于 I 区和 VII 区；但对于过渡过程，如水泵断电，机组有可能经过 VII、VIII、I、II 及 III 5 个区域。

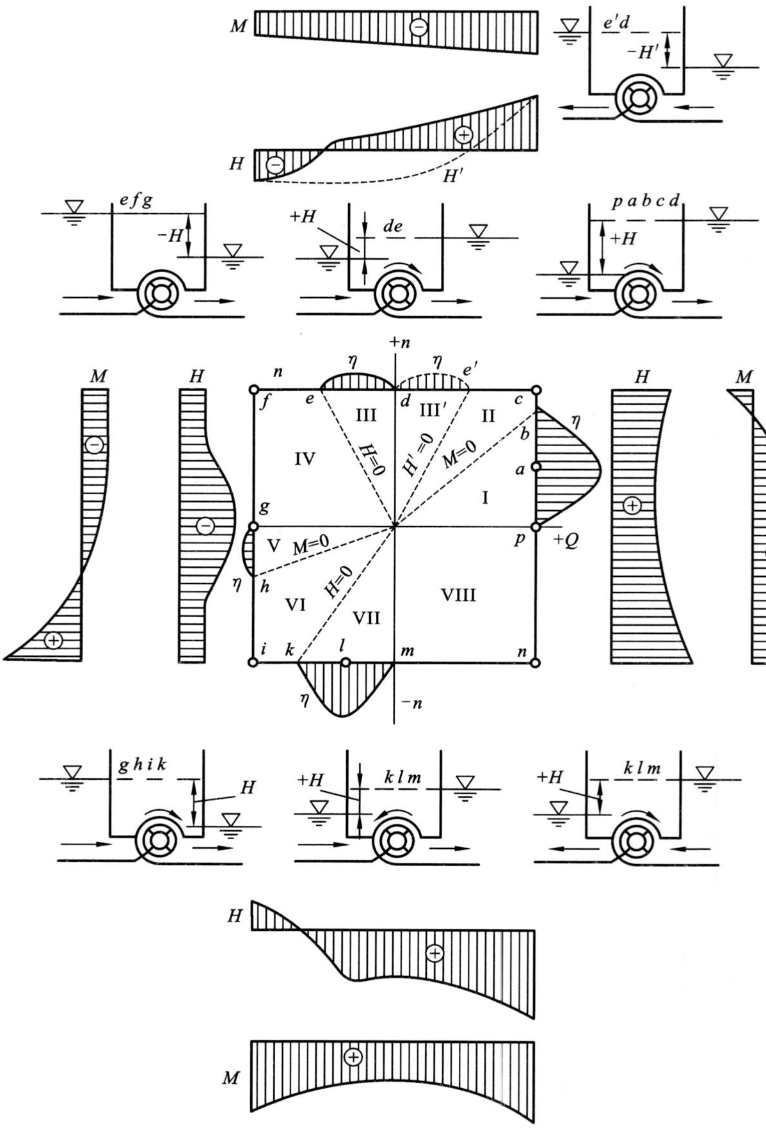

图 1.1　反击式水力机械四象限特性[1]

表 1.1　四象限每个工况区域的工作参数和每条分界线的特征

序号	区域	范围	分界线特征 $\eta=0$	Q	n	H	η	M	M_n	E_{in}/E_{out}
I	水轮机工况区	*pab*	$n=0$	+	+	+	+	+	>0	>1
II	水轮机制动工况区	*bcd*	$M=0$	+	+	+	−	−	<0	>1
III	反水泵工况区	*de*	$Q=0$	−	+	+	+	−	<0	<1
IV	反水泵制动工况区	*efg*	$H=0$	−	+	−	−	−	<0	>1
V	反水轮机工况区	*gh*	$n=0$	−	−	−	+	−	>0	>1
VI	反水轮机制动工况区	*hik*	$M=0$	−	−	−	−	+	<0	>1

续表

序号	区域	范围	分界线特征 $\eta=0$	Q	n	H	η	M	M_n	E_{in}/E_{out}
VII	水泵工况区	klm	$H=0$	−	−	+	+	+	<0	<1
VIII	水泵制动工况区	mnp	$Q=0$	+	−	+	−	+	<0	>1

注：沿水流流动方向，将流进水力机械的水流单位能量定义为进口处水流能量 E_{in}，流出水力机械的水流单位能量定义为出口处水流能量 E_{out}

图 1.2 给出了混流式水力机械的四象限特性。该图中实线表示水头，虚线表示力矩，清晰地显示了反击式水力机械四象限八工况区域的全特性。但一张图只能表示固定直径与导叶开度(若转桨式水轮机，桨叶转角也是固定的)下的参数与特性之间的变化规律。若直径与开度是变化的，则应用起来就很不方便。因此，采用以单位转速 n_1' 和单位流量 Q_1' 为纵横坐标的综合特性曲线形式来描述反击式水力机械全特性变化规律是更为合适的。

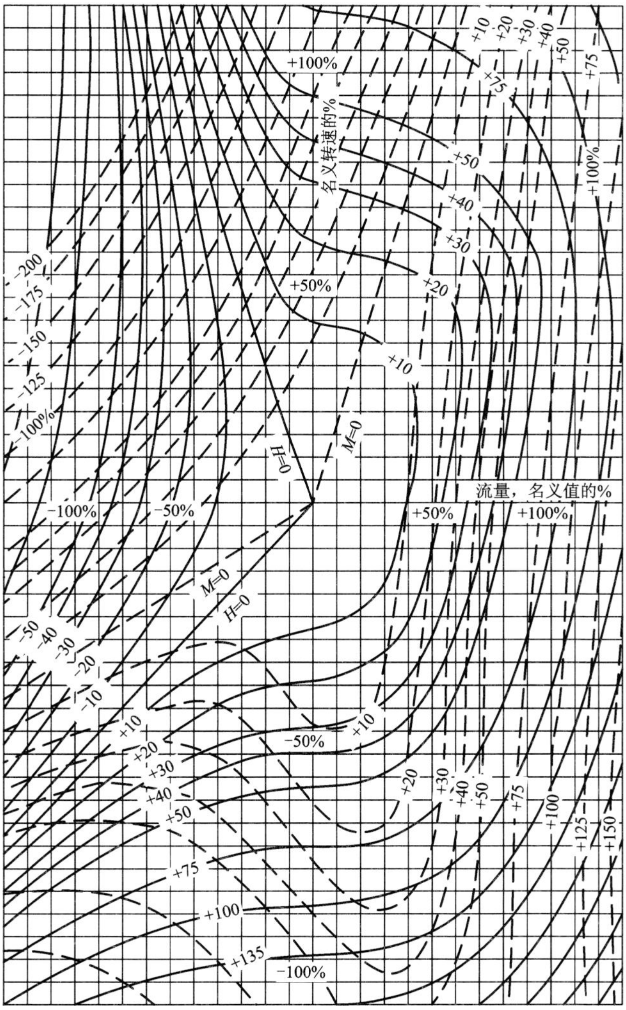

图 1.2　混流式水力机械的四象限特性[1]

1.1.2　单位参数为纵横坐标的全特性平面表征方式

水泵水轮机通常分别采用 $Q_1'\sim n_1'$ 和 $M_1'\sim n_1'$ 为纵横坐标，以导叶开度 α 为参变量来描述其流量特性曲线和力矩特性曲线，即水泵水轮机全特性曲线，如图 1.3 所示。

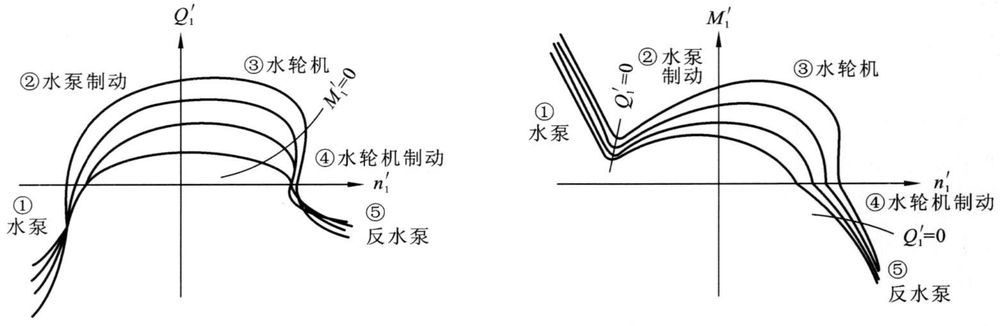

(a) 流量全特性曲线　　(b) 力矩全特性曲线

图 1.3　水泵水轮机全特性曲线[2]

抽水蓄能电站有着固定的上、下游水位关系，所以工况点变动范围在水泵水轮机全特性曲线中只占据 5 个工况区域。对于流量全特性曲线，在第一象限中以 $M_1'=0$ 为界，分为水轮机工况区和水轮机制动工况区，第二象限为水泵制动工况区，第三象限为水泵工况区，第四象限为反水泵工况区；对于力矩全特性曲线，第一象限为正向水轮机工况区，第二象限以 $Q_1'=0$ 为界，分为水泵制动工况区和水泵工况区，第四象限以 $Q_1'=0$ 为界，分为水轮机制动工况区和反水泵工况区。

由图 1.3 可知，水泵水轮机流量特性和力矩特性随导叶开度、单位转速呈强烈的非线性变化，尤其在水泵工况区、水泵制动工况区之间，以及在水轮机工况区、水轮机制动工况区及反水泵工况区之间均出现了开度线交叉、聚集、扭卷等现象，并且曲线在这两个区间范围内呈反“S”形，即出现了对应于同一开度 α 和单位转速 n_1'，有着两个不同的单位流量 Q_1' 或单位力矩 M_1' 的多值现象。这两个区间范围分别被称为全特性曲线的驼峰区和反 S 区，它们是造成机组启动并网困难、功率频率调节难以满足要求、过渡过程中脉动压强巨大和水力振动异常剧烈等问题的根源所在。然而传统的平面曲线表达方式无法研究和破解全特性开度线交叉、聚集、扭卷等强烈非线性现象，而且由于插值的误差，由导叶开度和单位转速 n_1' 分别建立计算式求得的单位流量 Q_1' 和单位力矩 M_1'，有可能并没有完全对应于同一工况点。因此，多值的问题与对应的问题有可能导致迭代计算无法收敛，继而造成数值计算结果的异常波动。

1.1.3　全特性空间曲面的表征方式

由于水泵水轮机全特性可以表示为上述 4 个参数连续变化的非线性函数，因此可将水泵水轮机全特性表征为空间坐标系 $On_1'Q_1'M_1'$ 下以开度 α 为参变量的空间曲面。在微分几何的计算机辅助几何设计(computer aided geometric design，CAGD)[3]中，描述空间曲线曲面的数学模型不胜枚举，具有代表意义的如弗格森(Ferguson)参数曲线曲面、孔斯

(Coons)双三次样条曲面、贝齐尔(Bézier)曲线曲面、B样条曲线曲面、非均匀有理B样条曲线曲面等。无论采用哪种数学模型来表达，其都采用参数曲面的表示法，且曲面的表达式均为基函数与系数矢量乘积再求和的形式。该表达方式可有效地解决上述全特性传统处理方法中存在的两个问题：①参数方程表示的曲线曲面很容易处理多值问题，只要参数选取得当，多值的问题将不复存在；②基函数决定了曲线曲面的基本性质，系数矢量的三个分量表达了空间点的三个坐标，而且同一点三个坐标分量的基函数相同，于是有助于解决对应的问题。另外，由于非均匀有理B样条[4](non-uniform rational B-spline，NURBS)是用于曲线曲面描述的最广为流行的数学方法，因此本章选择NURBS曲线曲面作为水泵水轮机全特性空间曲线曲面的数学模型。

1.2　全特性NURBS曲面重建与外延理论

1.2.1　曲线与曲面的参数表达

曲线与曲面的表达方法可分为参数表达与非参数表达两种。非参数表达方法又分为显式与隐式两种。

对于一平面曲线，式(1.1)和式(1.2)均为其直角坐标下非参数表达方法，其中，式(1.1)为显式方程，式(1.2)为隐式方程。

$$y=f(x) \tag{1.1}$$

$$F(x,y)=0 \tag{1.2}$$

但是，所有非参数方程(无论显式还是隐式)均存在以下问题[5]：①与坐标轴相关；②不易处理无穷大斜率；③对于空间曲线、曲面难以用常系数的非参数化函数表示；④不易处理多值问题；⑤不易计算曲线、曲面上的点及其他信息，如采用隐式方程表达时，计算曲线或曲面上一点需求解一个非线性方程组；⑥不便于曲线、曲面的分段、分片描述；⑦不易于解决高维问题等。而参数方程表达的曲线曲面，就能够解决上述问题。

在参数表达方法中，空间曲线上的一点 p 的3个坐标都可写成某个独立参数 u 的标量函数，即

$$x=x(u),\quad y=y(u),\quad z=z(u) \tag{1.3}$$

式(1.3)还有另一种表达方法[5]，即

$$\boldsymbol{p}=\boldsymbol{p}(u) \tag{1.4}$$

式(1.4)的左边为该点位置矢量 $\boldsymbol{p}=[x\quad y\quad z]$，右边 $\boldsymbol{p}(u)=[x(u)\quad y(u)\quad z(u)]$ 表示 $\boldsymbol{p}$ 是参数 u 的矢函数。如果用基函数形式来表达曲线，则有

$$\boldsymbol{p}=\boldsymbol{p}(u)=\sum_{i=0}^{n}\boldsymbol{a}_i\varphi_i(u) \tag{1.5}$$

式中，$\varphi_i(u)$ $(i=0,1,\cdots,n)$ 为基函数，决定了曲线的整体性质；$\boldsymbol{a}_i$ $(i=0,1,\cdots,n)$ 称为系数矢量。

曲面表达方法与曲线类似，它通常被表示成双参数 u 和 v 的矢函数[5]：

$$\boldsymbol{p}=\boldsymbol{p}(u,v) \tag{1.6}$$

相应地以基函数形式来表达曲面，则有

$$\boldsymbol{p}=\boldsymbol{p}(u,v)=\sum_{i=0}^{m}\sum_{j=0}^{n}\boldsymbol{a}_{ij}\varphi_i(u)\psi_j(v) \tag{1.7}$$

式中，$\varphi_i(u)(i=0,1,\cdots,m)$是以 u 为变量的一组基函数；$\psi_j(v)(j=0,1,\cdots,n)$是以 v 为变量的另一组基函数，两者均用于定义曲线，各取其一组成的乘积，即得到用于定义曲面的以 u 和 v 为双变量的一组基函数 $\varphi_i(u)\psi_j(v)$；$\boldsymbol{a}_{ij}$ 为系数矢量。空间曲面与参数平面的映射关系如图 1.4 所示。

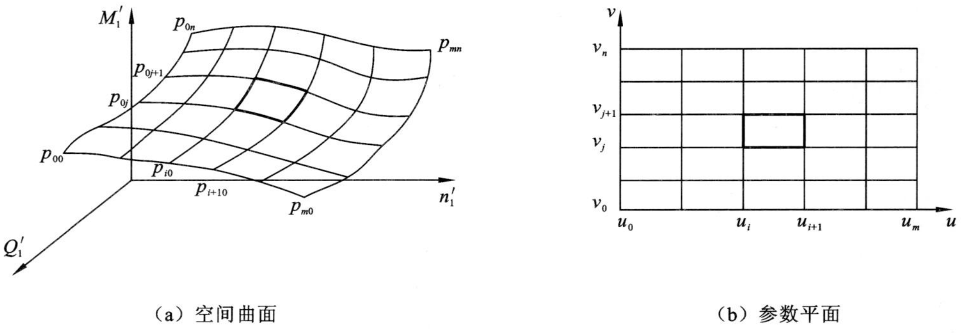

图 1.4　空间曲面与参数平面的映射关系

1.2.2　NURBS 基本概念

1. NURBS 定义

对于给定的一组非降实数序列 $\boldsymbol{T}=\{t_0,t_1,\cdots,t_{p+k},t_{p+k+1}\}$（该序列也称为节点矢量），第 i 个 $k+1$ 阶（或者 k 度）B 样条基函数可根据 de Boor-Cox 公式按如下定义[4]：

$$N_{i,0}(u):=\begin{cases}1, & t_i\leqslant u<t_{i+1}\\ 0, & \text{其他}\end{cases} \tag{1.8}$$

式中，$0\leqslant i\leqslant p$，且

$$N_{i,k}(u):=\frac{u-t_i}{t_{i+k}-t_i}N_{i,k-1}(u)+\frac{t_{i+k+1}-u}{t_{i+k+1}-t_{i+1}}N_{i+1,k-1}(u) \tag{1.9}$$

由于当 $u\notin[t_i,t_{i+k+1})$ 时，$N_{i,k}(u)=0$，因此区间 $[t_i,t_{i+k+1})$ 也称为 $N_{i,k}(u)$ 的支撑。样条的这个局部支撑性质可用来简化 B 样条拟合中的计算。在很多实际应用中，节点向量 $\{t_i\}$（$\{t_i\}$ 为 $\{t_i,i=0,1,\cdots,p+k+1\}$ 的简写）是非均匀的。换句话说，每个节点 t_i 可能不止出现一次，最常用的非均匀节点矢量是：将两个端点节点重复 B 样条阶数的次数，并且将这些节点值正规到 $[0,1]$ 区间，也就是说，$t_0=t_1=\cdots=t_k=0$，$t_{p+1}=\cdots=t_{p+k+1}=1$。由于曲线重建为曲面重建的特例，为了不失一般性，在此仅介绍曲面重建相关的一些概念。

给定一组三维控制点 $\{\boldsymbol{D}_{i,j}=(D_{i,j}^1,D_{i,j}^2,D_{i,j}^3),i=0,1,\cdots,p;j=0,1,\cdots,q\}$（$(p+1)(q+1)$ 为控制顶点数），相应的权重 $\{\omega_{i,j},i=0,1,\cdots,p;j=0,1,\cdots,q\}$ 以及两个节点向量 $\boldsymbol{T}=\{t_0,t_1,\cdots,t_{p+k},t_{p+k+1}\}$，$\boldsymbol{S}=\{s_0,s_1,\cdots,s_{q+l},s_{q+l+1}\}$，$(k+1,l+1)$ 阶 NURBS 参数曲面可定义如下[4]：

$$P(u,v):=\frac{\sum_{i=0}^{p}\sum_{j=0}^{q}\omega_{i,j}\boldsymbol{D}_{i,j}N_{i,k}(u)N_{j,l}(v)}{\sum_{i=0}^{p}\sum_{j=0}^{q}\omega_{i,j}N_{i,k}(u)N_{j,l}(v)} \tag{1.10}$$

式中，$\{\omega_{i,j},i=0,1,\cdots,p;j=0,1,\cdots,q\}\subset[0,\infty)$；参数 u,v 的值正规到区间$[0,1]$。

2. 数据点的拟合和参数化

给定一组三维数据点$\{\boldsymbol{Q}_{i,j}=(Q^1_{i,j},Q^2_{i,j},Q^3_{i,j}),i=0,1,\cdots,m;j=0,1,\cdots,n\}$，其中$(m+1)(n+1)(>(p+1)(q+1))$为数据点个数，对每个点$\boldsymbol{Q}_{i,j}$，相应分配一个参数对值$(u_i,v_j)$，这些参数对值称为点的参数化。最小二乘（LSQ）拟合误差 E_{ls} 可采用式(1.11)计算[6,7]，即

$$\begin{aligned}E_{ls}&=\sum_{i=0}^{m}\sum_{j=0}^{n}\left\|\boldsymbol{Q}_{i,j}-\boldsymbol{P}(u_i,v_j)\right\|^2\\&=\sum_{i=0}^{m}\sum_{j=0}^{n}\left\|\boldsymbol{Q}_{i,j}-\frac{\sum_{\alpha=0}^{p}\sum_{\beta=0}^{q}\omega_{\alpha,\beta}\boldsymbol{D}_{\alpha,\beta}N_{\alpha,k}(u_i)N_{\beta,l}(v_j)}{\sum_{\alpha=0}^{p}\sum_{\beta=0}^{q}\omega_{\alpha,\beta}N_{\alpha,k}(u_i)N_{\beta,l}(v_j)}\right\|^2\end{aligned} \tag{1.11}$$

于是，只需两个矢量$\boldsymbol{u}=\{u_0,u_1,\cdots,u_m\}$，$\boldsymbol{v}=\{v_0,v_1,\cdots,v_n\}$便可存储数据点的参数化信息。一般而言，此处的拟合误差将随着控制顶点数的增加而减少。但控制顶点的增加也会增加计算时间。因此，设置控制顶点的数目时，需要平衡所要求的精度与所需计算时间。控制顶点$\{\boldsymbol{D}_{\alpha,\beta}\}$可由式(1.11)的 LSQ 算法求得。

3. NURBS 函数关于参数的梯度

NURBS 函数关于权重系数的梯度可利用式(1.12)求得[6,7]，即

$$\frac{\partial\boldsymbol{P}(u,v)}{\omega_{i,j}}=\frac{N_{i,k}(u)N_{j,k}(v)(\boldsymbol{D}_{i,j}\mathrm{swn}-\mathrm{swdn})}{\mathrm{swn}^2} \tag{1.12}$$

式中

$$\begin{cases}\mathrm{swn}=\mathrm{swn}(u,v)\triangleq\sum_{\alpha=0}^{p}\sum_{\beta=0}^{q}\omega_{\alpha,\beta}N_{\alpha,k}(u)N_{\beta,l}(v)\\\mathrm{swdn}=\mathrm{swdn}(u,v)\triangleq\sum_{\alpha=0}^{p}\sum_{\beta=0}^{q}\omega_{\alpha,\beta}\boldsymbol{D}_{\alpha,\beta}N_{\alpha,k}(u)N_{\beta,l}(v)\end{cases}$$

NURBS 函数关于参数 u 的梯度可用式(1.13)求得，即

$$\frac{\partial\boldsymbol{P}(u,v)}{\partial u}=\frac{\mathrm{swn}\cdot\mathrm{swdn}u-\mathrm{swdn}\cdot\mathrm{swn}u}{\mathrm{swn}^2} \tag{1.13}$$

式中

$$\begin{cases}\mathrm{swn}u=\mathrm{swn}u(u,v)\triangleq\sum_{\alpha=0}^{p}\sum_{\beta=0}^{q}\omega_{\alpha,\beta}\dfrac{\mathrm{d}N_{\alpha,k}(u)}{\mathrm{d}u}N_{\beta,l}(v)\\\mathrm{swdn}u=\mathrm{swdn}u(u,v)\triangleq\sum_{\alpha=0}^{p}\sum_{\beta=0}^{q}\omega_{\alpha,\beta}\boldsymbol{D}_{\alpha,\beta}\dfrac{\mathrm{d}N_{\alpha,k}(u)}{\mathrm{d}u}N_{\beta,l}(v)\end{cases}$$

其中，$\frac{\mathrm{d}N_{\alpha,k}}{\mathrm{d}u}(u)$是$N_{\alpha,k}(u)$关于参数$u$ 的梯度。当给定低阶 B 样条函数值时，Cox 和 de Boor

给出了该梯度计算公式如下：

$$\frac{\mathrm{d}N_{\alpha,k}(u)}{\mathrm{d}u}=k\left[\frac{N_{\alpha,k-1}(u)}{t_{\alpha+k}-t_{\alpha}}-\frac{N_{\alpha+1,k-1}(u)}{t_{\alpha+k+1}-t_{\alpha+1}}\right] \tag{1.14}$$

$P(u,v)$关于参数 v 的梯度可以类似地得到，在此不复赘述。

1.2.3　曲面拟合参数优化算法

本节将详细描述拟合参数曲面中所有参数的优化方法(HOAAI)，包括参数和节点向量的初始化、控制顶点的计算、节点向量的迭代格式，以及计算点阵参数化、权重系数投影算法等。具体内容如下。

1. 规则点阵参数化

对于 LSQ 拟合问题，数据点参数的初始值$\{(u_i,v_j)\}$将会影响拟合误差。针对规则点阵(点阵与一组 3D 矩形点阵拓扑同构)3D 点阵$\{\boldsymbol{Q}_{i,j}=(Q_{i,j}^1,Q_{i,j}^2,Q_{i,j}^3),i=0,1,\cdots,m;j=0,1,\cdots,n\}$，本节采用弧长参数化法来获得这些初值，该法又可分为均匀、向心和弦长参数化法。文献[8]给出了该类参数化的一般表达式，即

$$\begin{cases}u_0^j=0,v_i^0=0, & j=0,1,\cdots,n;i=0,1,\cdots,m\\ u_i^j=u_{i-1}^j+\dfrac{\|\boldsymbol{Q}_{i,j}-\boldsymbol{Q}_{i-1,j}\|^e}{\sum_{s=1}^{m}\|\boldsymbol{Q}_{s,j}-\boldsymbol{Q}_{s-1,j}\|^e}, & i=1,2,\cdots,n;j=0,1,\cdots,m\\ v_i^j=v_i^{j-1}+\dfrac{\|\boldsymbol{Q}_{i,j}-\boldsymbol{Q}_{i,j-1}\|^e}{\sum_{t=1}^{n}\|\boldsymbol{Q}_{i,t}-\boldsymbol{Q}_{i,t-1}\|^e}, & j=1,2,\cdots,n;i=0,1,\cdots,m\end{cases} \tag{1.15}$$

式中，$e\in[0,\infty)$。

然后对应于每个点 $\boldsymbol{Q}_{i,j}$ 的参数，通过对(u_i,v_j)取平均，得到 $u_i=\dfrac{1}{n+1}\sum_{j=0}^{n}u_i^j$ 和 $v_j=\dfrac{1}{m+1}\sum_{i=0}^{m}v_i^j$。

2. 节点矢量的初始化

为了保证 LSQ 拟合求解控制顶点方程中的系数矩阵是非奇异的或者非病态的，文献[9]中的 Schoenberg-Whitney 条件表明：在每个 B 样条函数的支撑区域应该尽量分配近似相等数量的给定点。因此，在算法 HOAAI 中，初始的节点矢量 $\boldsymbol{T}=\{t_0,t_1,\cdots,t_{p+k},t_{p+k+1}\}$ 可根据已得的初始参数化向量按式(1.16)计算，即

$$\begin{cases}t_0=t_1\cdots=t_k=u_0=0\\ t_{p+1}=\cdots=t_{p+k+1}=u_m=1\\ t_{k+i}=\dfrac{1}{NT}\sum_{r=1}^{NT}u_{[i_c-r+1]}-(1-i_c+[i_c])(u_{[i_c]}-u_{[i_c-r+1]})\\ i_c\triangleq i\,\dfrac{m+1}{p-k+1}, \quad i=1,2,\cdots,p-k\end{cases} \tag{1.16}$$

式中，$NT\geqslant 1$ 是一个整数。

节点矢量 $\boldsymbol{S}=\{s_0,s_1,\cdots,s_{q+l},s_{q+l+1}\}$可以根据初始参数化向量 $\boldsymbol{v}=\{v_0,v_1,\cdots,v_n\}$类

似地得到。当 $NT = 1$ 且点阵分布均匀时，式(1.16)的计算等价于均匀化方法的计算(均匀化方法即要求节点矢量之间的区间长度均相等)。

3. 控制顶点和拟合误差的计算

首先将拟合误差计算式(1.11)写为如下的矩阵形式：

$$E_{ls} = \| \boldsymbol{M} \cdot \boldsymbol{D} - \boldsymbol{Q} \|_2^2 = \sum_{i=0}^{m} \sum_{j=0}^{n} \boldsymbol{B}_{i,j}^{\mathrm{T}} \boldsymbol{B}_{i,j} \tag{1.17}$$

式中，$\boldsymbol{B}_{i,j} = \boldsymbol{P}(u_i, v_j) - \boldsymbol{Q}_{i,j}$；矩阵 $\boldsymbol{D}$ 和 $\boldsymbol{Q}$ 各代表控制顶点 $\{\boldsymbol{D}_{\alpha,\beta}\}$ 和数据点 $\{\boldsymbol{Q}_{i,j}\}$ 的列阵，即

$$\begin{cases} \boldsymbol{D} = (\boldsymbol{D}_{0,0}, \cdots, \boldsymbol{D}_{p,0}, \cdots, \boldsymbol{D}_{\alpha,\beta}, \cdots, \boldsymbol{D}_{0,q}, \cdots, \boldsymbol{D}_{p,q})^{\mathrm{T}} \\ \boldsymbol{Q} = (\boldsymbol{Q}_{0,0}, \cdots, \boldsymbol{Q}_{m,0}, \cdots, \boldsymbol{Q}_{i,j}, \cdots, \boldsymbol{Q}_{0,n}, \cdots, \boldsymbol{Q}_{m,n})^{\mathrm{T}} \end{cases} \tag{1.18}$$

相应的系数矩阵 $\boldsymbol{M}$ 由式(1.19)给出：

$$\boldsymbol{M} = \begin{bmatrix} R_{0,0}^{(0,0)} & \cdots & R_{p,0}^{(0,0)} & \cdots & R_{\alpha,\beta}^{(0,0)} & \cdots & R_{0,q}^{(0,0)} & \cdots & R_{p,q}^{(0,0)} \\ R_{0,0}^{(m,0)} & \cdots & R_{p,0}^{(m,0)} & \cdots & R_{\alpha,\beta}^{(m,0)} & \cdots & R_{0,q}^{(m,0)} & \cdots & R_{p,q}^{(m,0)} \\ \vdots & & \vdots & & \vdots & & \vdots & & \vdots \\ R_{0,0}^{(i,j)} & \cdots & R_{p,0}^{(i,j)} & \cdots & R_{\alpha,\beta}^{(i,j)} & \cdots & R_{0,q}^{(i,j)} & \cdots & R_{p,q}^{(i,j)} \\ \vdots & & \vdots & & \vdots & & \vdots & & \vdots \\ R_{0,0}^{(0,n)} & \cdots & R_{p,0}^{(0,n)} & \cdots & R_{\alpha,\beta}^{(0,n)} & \cdots & R_{0,q}^{(0,n)} & \cdots & R_{p,q}^{(0,n)} \\ R_{0,0}^{(m,n)} & \cdots & R_{p,0}^{(m,n)} & \cdots & R_{\alpha,\beta}^{(m,n)} & \cdots & R_{0,q}^{(m,n)} & \cdots & R_{p,q}^{(m,n)} \end{bmatrix} \tag{1.19}$$

式中，$R_{\alpha,\beta}^{(i,j)} = \dfrac{\omega_{\alpha,\beta} N_{\alpha,k}(u_i) N_{\beta,l}(v_j)}{\sum\limits_{\theta=0}^{p} \sum\limits_{\tau=0}^{q} \omega_{\theta,\tau} N_{\theta,k}(u_i) N_{\tau,l}(v_j)}$。

于是，控制顶点 $\{\boldsymbol{D}_{\alpha,\beta}\}$ 可由求式(1.17)的最小值获得，或者求取如下线性系统：

$$\boldsymbol{M}^{\mathrm{T}} \cdot \boldsymbol{M} \cdot \boldsymbol{D} = \boldsymbol{M}^{\mathrm{T}} \cdot \boldsymbol{Q} \tag{1.20}$$

为了评价拟合结果的有效性，引入如下两个误差值进行量度，其一为相对平均误差(RAE)，其二为相对最大误差(RME)，具体如下：

$$\begin{cases} RAE = \dfrac{1}{3} \sum\limits_{k=1}^{3} \dfrac{\sum\limits_{i=0}^{m} \sum\limits_{j=0}^{n} |B_{i,j}^{k}|}{M_k (m+1)(n+1)} \\ RME = \max\limits_{k=1}^{3} \dfrac{\max\limits_{i,j} |B_{i,j}^{k}|}{M_k} \end{cases} \tag{1.21}$$

式中，$M_k = \max\limits_{i,j} |Q_{i,j}^{k}|$，$\boldsymbol{Q}_{i,j} = (Q_{i,j}^{1}, Q_{i,j}^{2}, Q_{i,j}^{3})$。

4. 拟合误差的梯度

由于拟合误差 E_{ls} 是关于 $\{\omega_{\alpha,\beta}\}$，$\{u_i\}$ 和 $\{v_j\}$ 的多变量函数，因此需要调整这些变量以减小 E_{ls} 的数值。E_{ls} 关于权重系数 $\omega_{\alpha,\beta}$ 和 u_r 的梯度可用式(1.22)和式(1.23)求得，即

$$\frac{\partial E_{ls}}{\partial \omega_{\alpha,\beta}} = 2 \sum_{i=0}^{m} \sum_{j=0}^{n} \frac{\partial \boldsymbol{P}(u_i, v_j)}{\partial \omega_{\alpha,\beta}} \boldsymbol{B}_{i,j}^{\mathrm{T}} \tag{1.22}$$

$$\frac{\partial E_{ls}}{\partial u_r} = 2 \sum_{j=0}^{n} \frac{\partial \boldsymbol{P}(u_r, v_j)}{\partial u_r} \boldsymbol{B}_{r,j}^{\mathrm{T}} \tag{1.23}$$

式中，$\dfrac{\partial \boldsymbol{P}(u_i, v_j)}{\partial \omega_{\alpha,\beta}}$ 和 $\dfrac{\partial \boldsymbol{P}(u_r, v_j)}{\partial u_r}$ 可分别利用式(1.12)和式(1.13)计算。

5. 计算点阵参数化与权重系数的投影算法

为了优化权重系数及进行点阵参数化，本节采用优化算法 Levengerg-Marquardt(LM)或共轭梯度(CG)结合最速下降算法(GD)[10]，且将迭代方向投影到可行方向空间[11]。

LM 优化算法被广泛地用于求解非线性无约束 LSQ 问题，然而本节的优化问题实质上是一个带线性约束的非线性优化问题，见式(1.24)。因此，用 LM 算法得到的迭代方向并不一定是可行的。

$$\begin{cases} 0.5 \leqslant \omega_{\alpha,\beta} \leqslant 1.5, & \alpha = 0,1,\cdots,p;\beta = 0,1,\cdots,q \\ u_i \leqslant u_{i+1} - \text{eps}, & i = 0,1,\cdots,m-1 \\ v_j \leqslant v_{j+1} - \text{eps}, & j = 0,1,\cdots,n-1 \end{cases} \tag{1.24}$$

在文献[12]中，关于参数 $\{u_i\}$，$\{v_j\}$ 的约束仅仅将其限制在区间[0,1]。尽管这种处理方法可以很方便地用罚函数进行约束处理，却没有利用到给定点之间的一些相对位置信息。因此，该方法很难得到高精度的近似结果。与此同时，优化问题中的大量的单调性约束可能大大降低用罚函数处理的效率。因此，本节采用投影梯度算法，也就是说，中间的解从不可行区域迭代投影到可行区域。另外，当拟合误差在投影方向下降很慢时，也就是投影的 LM 迭代方向效率很低时，则采用投影 GD 迭代方向。该方法的方向投影是关于当前解的可行空间进行投影。当迭代步长很小时，该投影将迭代方向的向量中违反约束的一些变量位置的相应值设为零。该过程在表 1.2 所示的算法 1 中进行了描述。

表 1.2 算法 1:投影 LM 和 GD 算法

初始化变量 $x_0 = \{x_0^1, x_0^2, \cdots, x_0^N\}$（其中 $x = \{\{\omega_{\alpha,\beta}\},\{u_i\},\{v_j\}\}$）和参数 $\mu_0 = E_{ls}(x_0)$，$\beta = 10\mu_0$，$\alpha = 1$，$\rho = 5\times10^{-3}$，eps1，eps2，SF = 0.8，$k = 0$
计算 Jacobi 向量 $J_0 = J(x_0) = \nabla E_{ls}(x_0)$
while $\lVert J_k \rVert >$ eps1 or $k \leqslant$ MAXGEN **do**
LM 方向：$\Delta x_k = -(J_k^{\mathrm{T}} J_k + \mu_k I)^{-1} J_k^{\mathrm{T}} E_{ls}(x_k)$
for $j = 1,2,\cdots,N$ **do**
while $x_{k+1}^j = x_k^j + \alpha \Delta x_k^j$ 不满足式(1.24)中的条件 **do**
按 $\alpha \leftarrow SF \cdot \alpha$ 将 α 调整为一个较小的数
if $\alpha <$ eps2 **then**
$\alpha \leftarrow$ eps，$\Delta x_k^j = 0$
for $r = j-1,\cdots,1$ **do**
if 条件不满足 **then**
$\Delta x_k^r = 0$
else
break(跳出最近的 **for** 循环)
end if

续表

(16)	**end for**
(17)	**end if**
(18)	**end while**
(19)	**end for**
(20)	计算 $E_{ls}(x_{k+1})$
(21)	**if** $\dfrac{E_{ls}(x_k)-E_{ls}(x_{k+1})}{E_{ls}(x_k)} > \rho$ **then**
(22)	**if** $\mu_k > \beta, \mu_k \leftarrow \mu_k - \beta$
(23)	**else**
(24)	$\mu_k \leftarrow \mu_k + \beta$。采用 GD 方向：$\Delta x_{k+1} = -J^{\mathrm{T}}_{k+1}$
(25)	$k \leftarrow k+1, \alpha \leftarrow 1$。跳到第(5)步
(26)	**end if**
(27)	$k \leftarrow k+1, \alpha \leftarrow 1$，计算 $J_k = J(x_k) = \nabla E_{ls}(x_k)$
(28)	**end while**
(29)	输出拟合误差及优化变量值

当优化变量的个数与给定点阵的点数相差不大时，采用更适合大规模运算的 CG 算法代替 LM 算法，即将算法 1 中的步骤(4) 和步骤(20)～(26) 替换为

(4)：

$$\textbf{if } k = 0 \quad \text{or} \quad \frac{E_{ls}(x_k)-E_{ls}(x_{k+1})}{E_{ls}(x_k)} > \rho \textbf{ then}$$

$$\Delta x^j_k = -J^{\mathrm{T}}_k$$

$$\textbf{else } \beta_{k-1} = \frac{J^{\mathrm{T}}_k J_k}{J^{\mathrm{T}}_{k-1} J_{k-1}}, \quad \Delta x_k = -J^{\mathrm{T}}_k + \beta_{k-1}\Delta x_{k-1}$$

end if

(20)～(26)：通过精确的搜寻算法在$[0,\alpha]$区间内寻找 α 的最优值 α_{opt}，如黄金分割法 $x_{k+1} = x_k + \alpha_{\mathrm{opt}}\Delta x_k$。

计算 $E_{ls}(x_{k+1})$。

6. 节点向量的迭代格式

节点向量可以根据曲率信息或者曲线近似中的误差性能自适应地调整。考虑到采用优化的方法得到节点向量，Laurent-Gengoux 和 Mekhilef[12]通过对 de Boor-Cox 公式(1.9) 两边求导得到拟合误差关于节点向量的梯度。然而该求导过程较为复杂，特别是对于高阶 B 样条函数。其原因是在一次迭代中，如果要计算 B 样条基函数关于所有节点的梯度，需要执行近似 $(m+1)2^k(k+2)+(n+1)2^l(l+2)$ 次符号微分运算（其中 $k+2$ 是基函数 $N_{i,k}(u)$ 中包含的节点数，$m+1$ 是 u 参数方向的基函数数量）。当 B 样条函数的阶 k、l 很大时，其时间复杂性很高。同时，当这些节点矢量加入优化问题时，优化变量及约束的个数将大量增加，这将大大增加采用的罚函数的约束处理的负担。

在本节的算法中，通过调整每对节点之间的给定数据点的位置获得该节点矢量。也就是说，当拟合误差达不到给定精度或者拟合误差在投影方向下降很慢时，采用式(1.15) 重新计算节点矢量，这样就可提供一个快速得到节点矢量的迭代方法。

1.2.4　全特性曲面开度内插

在水泵水轮机全特性空间曲面上内插开度为 α^* 的开度线是给定参数 v^* 并代入式(1.10)，根据已求得的节点矢量 $\boldsymbol{T}$ 和 $\boldsymbol{S}$ 以及控制顶点 $\boldsymbol{D}_{i,j}(i=0,1,\cdots,m;j=0,1,\cdots,n)$，即可得到相应开度三次非均匀 B 样条曲线方程：

$$\boldsymbol{P}(u,v^*)=\frac{\sum_{i=0}^{p}\sum_{j=0}^{q}\omega_{i,j}\boldsymbol{D}_{i,j}N_{i,k}(u)N_{j,l}(v^*)}{\sum_{i=0}^{p}\sum_{j=0}^{q}\omega_{i,j}N_{i,k}(u)N_{j,l}(v^*)} \tag{1.25}$$

在水泵水轮机全特性空间曲面上内插任意工况点是同时给定两个参数值 u^* 和 v^* 并代入式(1.10)，根据已求得的节点矢量 $\boldsymbol{T}$ 和 $\boldsymbol{S}$ 以及控制顶点 $\boldsymbol{D}_{i,j}(i=0,1,\cdots,m;j=0,1,\cdots,n)$，即可得到空间曲面上相应工况点坐标值：

$$\boldsymbol{P}(u^*,v^*)=\frac{\sum_{i=0}^{p}\sum_{j=0}^{q}\omega_{i,j}\boldsymbol{D}_{i,j}N_{i,k}(u^*)N_{j,l}(v^*)}{\sum_{i=0}^{p}\sum_{j=0}^{q}\omega_{i,j}N_{i,k}(u^*)N_{j,l}(v^*)} \tag{1.26}$$

1.2.5　全特性曲面开度线外延

如果预测开度值在给定的最小/最大开度值范围之外，即预测点周围的信息有部分缺失，此时不得不采用外插方法。本节以 B 样条插值曲面作为全特性曲面的数学模型，并将曲面延伸算法的一般性描述(GSE) 特殊化为一个外插方法。该算法的核心是利用从已给的全特性曲线数据点中提取的先验信息，得到在更小开度 α 处的点。下面首先对 GSE 的步骤及其在曲面外插中的应用进行简要说明，其次介绍一些与 B 样条拟合相关的概念和方法，最后详述开度线外插的方法。为简化下面的表述，这里用 CC 曲线表示用具有相同的开度值的 CC 点构成的全特性插值或拟合曲线，CC 曲面用来表示已考虑了点生成的全特性插值或拟合曲面。

全特性参数包括单位转速 n_1'、单位流量 Q_1'，单位力矩 M_1'、导叶开度 α，下面以相对单位参数来表达，其中

$$n_{ed}'=\frac{n_1'}{n_{1\max}'},\quad Q_{ed}'=\frac{Q_1'}{Q_{1\max}'},\quad M_{ed}'=\frac{M_1'}{M_{1\max}'}$$

式中，$n_{1\max}'$、$Q_{1\max}'$、$M_{1\max}'$ 为给定 CC 曲线中单位转速、单位流量以及单位力矩的最大值。

1. GSE 及在曲面外插中的应用

GSE 主要分为以下 6 步：

(1) 预处理，以及对给定点阵进行数学建模；

(2) 找到所构造的模型的前沿边界，在该边界上选一组稠密的等弧长的基准点；

(3) 对每个基准点，构造经过基准点的截平面；

(4) 找一些截平面与构造模型的角点，且这些交点与边界相邻；

(5) 利用找到的交点，通过计算预测点之间的距离与转角两个特征得到一些预测点；

(6) 处理所有预测点，延伸初始的曲面模型。

本节将 GSE 特殊化为曲面外插算法，于是上述每一步的策略可以灵活地选择且这些策略还需另外一些辅助的操作改进其性能，具体内容如下。

(1) 预处理方法采取单位化与光滑化。单位化在本章中引入旨在无量纲化给定点阵。给定模型一般也需要光滑化处理，本节采用 Taubin[13] 提出的光滑化处理方法。该算法通过连续执行一个高斯滤化步和一个非收缩步以避免光滑化过程中的曲面收缩。以 B 样条插值曲面作为全特性曲面的数学模型，该模型主要针对与矩形区域拓扑同构的点阵。

(2) 由于所采用的模型，其前沿边界可以是已经明确给出的或者需要一个细致的搜索，那么在该边界上，取一组稠密的等弧长的基准点，选取的点数依赖于靠近基准点的点的稠密程度。

(3) 截平面可以直接取为垂直于边界曲线的法截平面。

(4) 角点可通过取截平面与构造的 B 样条曲面上的等参数线求得，且等参数曲线与模型的边界相邻。

(5) 由于交点分布在边界线的一边，需要从已有数据中先提取一些先验信息，这一点将在后面的章节中详细说明。

(6) 在得到所有预测点后，这些点经过进一步的光滑化，然后将其嵌入原模型，在本章中通过再一次执行插值或拟合过程，将这些点直接加入 B 样条插值或拟合曲面。

2. 带光滑项的 B 样条曲面拟合

拟合 B 样条曲面需要在最小二乘拟合目标函数中加入一个光滑项，即式(1.27)；而整个的拟合误差用 E_{ls} 表示，见式(1.28)。

$$g(\boldsymbol{D})=\lambda\sum_{0\leqslant\alpha\leqslant p}\sum_{0\leqslant\beta\leqslant q}\left\|\boldsymbol{D}_{\alpha,\beta}-\sum_{|i-\alpha|\leqslant 1,\,|j-\beta|\leqslant 1,\,(i,j)\neq(\alpha,\beta)}h_{i,j}^{\alpha,\beta}\boldsymbol{D}_{i,j}\right\|^2 \tag{1.27}$$

$$\begin{aligned}E_{ls}&=\sum_{i=0}^{m}\sum_{j=0}^{n}\|\boldsymbol{Q}_{i,j}-\boldsymbol{P}(u_i,v_j)\|^2+g(\boldsymbol{D})\\&=\sum_{i=0}^{m}\sum_{j=0}^{n}\left\|\boldsymbol{Q}_{i,j}-\sum_{\alpha=0}^{p}\sum_{\beta=0}^{q}\boldsymbol{D}_{\alpha,\beta}N_{\alpha,k}(u_i)N_{\beta,l}(v_j)\right\|^2\\&\quad+\lambda\sum_{0\leqslant\alpha\leqslant p}\sum_{0\leqslant\beta\leqslant q}\left\|\boldsymbol{D}_{\alpha,\beta}-\sum_{|i-\alpha|\leqslant 1,\,|j-\beta|\leqslant 1,\,(i,j)\neq(\alpha,\beta)}h_{i,j}^{\alpha,\beta}\boldsymbol{D}_{i,j}\right\|^2\end{aligned} \tag{1.28}$$

在控制点阵的边界($\alpha=0$ 或 $\alpha=p$，$1\leqslant\beta\leqslant q-1$)，和另外两条边界($1\leqslant\alpha\leqslant p-1$，$\beta=0$ 或 $\beta=q$) 上，对应于边界控制点 $\boldsymbol{D}_{\alpha,\beta}$ 的系数$\{h_{a,b}^{\alpha,\beta}\}$按式(1.29) 计算，即

$$h_{a,b}^{\alpha,\beta}=\begin{cases}\dfrac{1}{2}, & |a-\alpha|+|b-\beta|=1\\ 0, & 其他\end{cases} \tag{1.29}$$

对应于内控制顶点 $\boldsymbol{D}_{\alpha,\beta}$($1\leqslant\alpha\leqslant p-1$，$1\leqslant\beta\leqslant q-1$)，相应的系数$\{h_{a,b}^{\alpha,\beta}\}$根据式(1.30) 进行计算。

$$h_{a,b}^{\alpha,\beta}=\begin{cases}\dfrac{1}{H}, & |a-\alpha|+|b-\beta|=1\\ \dfrac{1}{2\sqrt{H}}, & |a-\alpha|+|b-\beta|=2\\ 0, & 其他\end{cases} \tag{1.30}$$

式中，$H=4+\dfrac{4}{\sqrt{2}}$。这些值与控制顶点 $\boldsymbol{D}_{\alpha,\beta}$ 到其相邻控制顶点的距离呈反比例关系。

目标函数 E_{ls} 可以写成关于控制顶点 $\boldsymbol{D}$ 的二次函数，即

$$E_{ls} = F(\boldsymbol{D}) = \|\boldsymbol{M}\cdot\boldsymbol{D}-\boldsymbol{P}\|^2 + \lambda\|\boldsymbol{S}\cdot\boldsymbol{D}\|^2 \tag{1.31}$$

式中，$\|\cdot\|$ 为 Euclid 范数；$\boldsymbol{M},\boldsymbol{P},\boldsymbol{S}$ 为由式(1.26)列向量化生成的系数矩阵。若求解该极小化问题，先要得到点阵的初始参数化和节点向量。因为此处给定的是规则点阵，初始点阵参数化直接取为平均弦长参数化，具体来说，该参数化通过式(1.32)计算获得，即

$$\begin{cases} u_i = \dfrac{\alpha_i - \alpha_{\min}}{\alpha_{\max} - \alpha_{\min}} \\ v_i^0 = 0, \quad i = 0,1,\cdots,m \\ v_i^j = v_i^{j-1} + \dfrac{\|\boldsymbol{Q}_{i,j} - \boldsymbol{Q}_{i,j-1}\|}{\sum\limits_{t=1}^{n}\|\boldsymbol{Q}_{i,t} - \boldsymbol{Q}_{i,t-1}\|}, \quad j = 1,2,\cdots,n; i = 0,1,\cdots,m \end{cases} \tag{1.32}$$

然后，对应于每个点 $\boldsymbol{Q}_{i,j}$ 的参数，通过对 (u_i, v_j) 取平均，得到 $u_i = \dfrac{1}{n+1}\sum\limits_{j=0}^{n} u_i^j$ 和 $v_j = \dfrac{1}{m+1}\sum\limits_{i=0}^{m} v_i^j$。根据选取的控制顶点的个数，按式(1.16)确定节点矢量。基于点参数化与节点矢量，最后再求解控制顶点，该问题的最小二乘解为 $\boldsymbol{D} = (\boldsymbol{M}^{\mathrm{T}}\boldsymbol{M} + \lambda\boldsymbol{S}^{\mathrm{T}}\boldsymbol{S})^{-1}\boldsymbol{M}^{\mathrm{T}}\boldsymbol{P}$，其可以通过 SVD 分解算法进行求解。

3. 开度线外插方法

对给定开度值为 $\{\alpha_L, \alpha_{L+1}, \cdots, \alpha_U\}$ 的 CC 点阵，将 GSE 方法应用到预测开度值 α_P 在区间 $[\alpha_L, \alpha_U]$ 外的 CC 点。

1) $\alpha_P > \alpha_U$ 情况下的开度线外延算法 ESEL

作为 GSE 方法在大开度处的具体化，该算法(详见表 1.3 所示算法 2 的(1)，(2)，(3)，(4)，(5) 和(6)，(7) 步分别对应于 GSE 方法的 6 步。算法 2 的预测过程在图 1.5 中进行说明。

表 1.3 算法 2：投影 LM 和 GD 算法

(1)	光滑化给定点且插值光滑化后的点
(2)	得到等参曲线 $l(\alpha_U)$ 上 NP 个参数值分别为 $\left\{\dfrac{i}{NP-1}, i = 0,1,\cdots,NP-1\right\}$
(3)	构造过每个基准点 P(对应于参数值 $\dfrac{i}{NP-1}$) 的法截平面 $l(\alpha_U)$
(4)	找该截平面与插值曲面上分别对应于开度值 α 为 $\{\alpha_{U-3}, \alpha_{U-2}, \alpha_{U-1}\}$ 的 CC 曲线的三个交点。用 B 样条曲面拟合基准点和这 $3\cdot NP$ 交点
(5)	基于该拟合曲面，根据得到的交点计算两个特征值(平均距离和转角)
(6)	利用提取的一些先验信息，对应开度值 α_P 和基准点 P 预测两个特征的值
(7)	在 $l(\alpha_P)$ 上得到 NP 个预测点，光滑化该点，并对这些点重新数学建模

在图 1.5 中，$\{l(\alpha_{U-3}), l(\alpha_{U-2}), l(\alpha_{U-1}), l(\alpha_U)\}$ 为拟合曲面 S 上开度为 $\{\alpha_{U-3}, \alpha_{U-2}, \alpha_{U-1}, \alpha_U\}$ 的 CC 曲线，P 为 $l(\alpha_U)$ 上的基准点，γ 为法平面。$\{\overline{t_1}, \overline{t_2}, \overline{pt}\}$ 分别为在点 $\{P_2, P_3, P\}$ 处的切向量。PP 为预测点。

在 ESEL 算法的第(1)步，给定点用文献[13]中针对曲线的光滑化方法进行光滑化处理。因为给定点连线之间的夹角大小反映了插值或拟合曲面的光滑性，该光滑化处理实质上是将大的夹角分成几个小部分，然后将这几个小部分转移到其他几个小的夹角。下面的

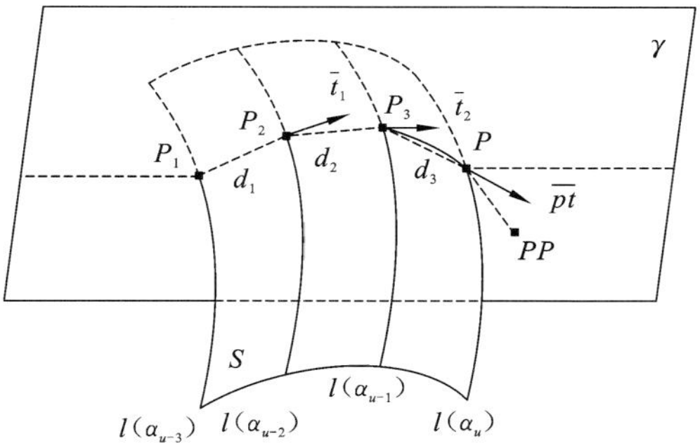

图 1.5　外插方法的说明

(3) 步是基于B样条插值曲面，其中 u 参数化 $\boldsymbol{u}=\{u_0,u_1,\cdots,u_{U-L}\}$ 按 $u_i=\dfrac{\alpha_{i+L}-\alpha_L}{\alpha_U-\alpha_L}$ 确定。

在第(2)步，在等参数线 $l(\alpha_U)$ 上取 NP 个 v 参数值分别为 $\left\{0,\dfrac{1}{NP-1},\cdots,\dfrac{NP-2}{NP-1},1\right\}$ 的基准点 $\{BP_1,BP_2,\cdots,BP_{NP}\}$，其中 $l(\alpha_U)$ 为曲面模型的前沿边界曲线。

在第(3)步，用过基准点 $P=BP_i,i=1,2,\cdots,NP$ 的边界曲线 $l(\alpha_U)$ 的法截平面近似截平面 γ(图 1.5)。

在第(4)步，对参数值 v 为 $\dfrac{i}{NP-1}$ 的基准点 P，找法截平面 γ 与开度值为 $\{\alpha_{U-3},\alpha_{U-2},\alpha_{U-1}\}$ 的三条 CC 曲线的交点 P_1,P_2,P_3。为了减小得到曲线上噪声和用于插值的边界条件的影响，进一步用 B 样条曲面拟合这 $4\cdot NP$ 个交点。

在第(5)步，从点 $\{P_1,P_2,P_3,P\}$ 中提取两个数值特征。一个特征为切方向与连接两个相邻交点的连线的平均夹角(AA)，另一个为两个相邻点之间的平均距离(AD)，这两个特征都是相对于开度值的改变取平均。在点 $\{P_2,P_3\}$ 处的 AA 值按式(1.33)进行计算：

$$\{\Delta_1,\Delta_2\}=\left\{\frac{\langle\overline{t_1},\overline{P_2P_3}\rangle}{\alpha_{U-1}-\alpha_{U-2}},\frac{\langle\overline{t_2},\overline{P_3P}\rangle}{\alpha_U-\alpha_{U-1}}\right\}\tag{1.33}$$

$\{d_1,d_2,d_3\}$ 为线段 $\{\overline{P_1P_2},\overline{P_2P_3},\overline{P_3P}\}$ 的长度，从而 AD 值可按式(1.34)进行计算：

$$\{D_1,D_2,D_3\}=\left\{\frac{d_1}{\alpha_{U-2}-\alpha_{U-1}},\frac{d_2}{\alpha_{U-1}-\alpha_{U-2}},\frac{d_3}{\alpha_U-\alpha_{U-1}}\right\}\tag{1.34}$$

在第(6)步，基于计算的特征值预测两个新的特征值。为预测下一个 AA 值，采用移动加权平均方法，即预测的 AA 值按 $\Delta_p=\dfrac{1}{3}\Delta_1+\dfrac{2}{3}\Delta_2$ 进行计算。于是，预测的向量与切向量 $\overline{pt}$ 之间的夹角 δ_p 通过式(1.35)确定：

$$\delta_p=\Delta_p(\alpha_p-\alpha_U)\tag{1.35}$$

为预测与修正下一个 AD 值，需要从给定点提取一些先验信息，此处利用了两个先验信息，如表 1.4 所示。

表 1.4　两项先验信息

(1)	相邻交点之间的平均距离(对于开度值变化大小取平均)关于开度值为非增的
(2)	在 CC 曲线上的点，参数值 Q'_{ed} 关于 n'_{ed} 首先递增，然后递减

基于表 1.4 中的第(1) 条先验信息，下一个 AD 值通过预测 AD 值的斜率得到。图 1.6(a) 说明了该方法。其中，$k_1 = D_2 - D_1$，$k_2 = D_3 - D_2$，$pk_1 = \frac{1}{2}(D_3 - D_1)$，$pk_2 = \frac{2}{3}\left[D_3 - \frac{1}{2}(D_1 + D_2)\right]$，$pk_3 = k_2$。采用的预测斜率 pk 为

$$pk = \begin{cases} pk_1, & \text{如果 } pk_1 \leqslant 0 \\ pk_2, & \text{否，如果 } pk_2 \leqslant 0 \\ pk_3, & \text{否} \end{cases} \tag{1.36}$$

图 1.6(b) ~ (e) 列出了所有的可能。基于预测的斜率 pk，预测点 PP 与点 P 之间的距离 pd 按式(1.35) 进行计算：

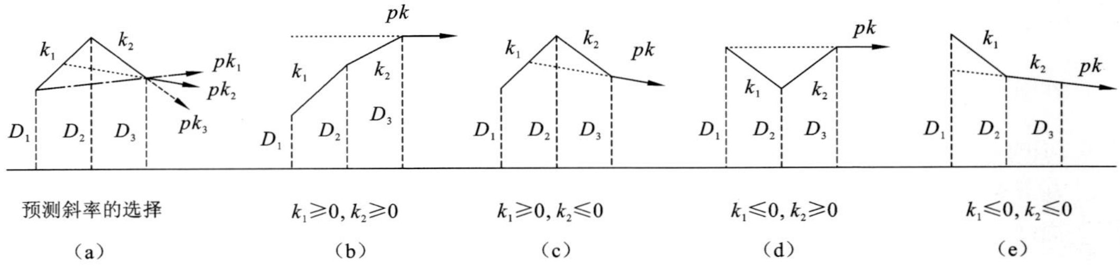

图 1.6　大开度处对各种不同情况预测的斜率

$$\begin{cases} \textbf{DO} \quad ad \leftarrow D_3 + pk(\alpha_p - \alpha_U), pk \leftarrow pk/2, \textbf{WHILE}\{ad \leqslant 0\} \\ pd = \frac{1}{2}(D_3 + ad)(\alpha_p - \alpha_U) \end{cases} \tag{1.37}$$

式中，式(1.37) 中第一行的迭代是为了保证预测的距离是正的。

在第(7) 步，基于得到的夹角 δ_p 和距离 pd，通过式(1.38) 预测点 $PP = (n'_{ed}, Q'_{ed}, M'_{ed})$。

$$\begin{cases} \bar{n}\,(PP - P)' = 0 \\ \overline{pt}\,(PP - P)' = \cos(\delta_p)\,\|\,\overline{pt}\,\| \cdot \|\,PP - P\,\| \\ \|\,PP - P\,\| = pd \end{cases} \tag{1.38}$$

式中，$\bar{n}$ 为法平面 γ 的法方向；$\|\,PP - P\,\|$ 表示点 P 到 PP 的距离。

对应于 $l(\alpha_U)$ 上的 NP 个基准点，通过反复执行上面 5 步，可以预测 NP 个开度值为 α_p 的点。这些预测点通过光滑化最后用来近似开度为 α_p 的 CC 点。

ESEL 算法从第(2) 步到第(7) 步的时间复杂性分别为 $O(NP)$，$O(NP)$，$O(NP)$，$O(NP \cdot \log(1/e))$，$O(NP)$，$O(NP)$，$O(NP + NumProPit)$，此处 NP 为边界线上的基准点数，e 为数值近似的精度，$NumProPit$ 为给定的 CC 点的个数。因此，ESEL 算法整个的时间复杂性为 $O(NP)$。

2) $\alpha_P < \alpha_L$ 情况下的开度线外延算法 ESES

由于在小开度处的试验结果扰动比较大，小开度处 CC 曲线更没规律，预测也更复杂，数值试验表明预测点需要进一步根据表 1.4 中的先验信息进行修正。将在小开度处的外插算法简记为 ESES。

为得到 ESES 算法，在 ESEL 的第(4)步，将开度值 $\{\alpha_{U-3},\alpha_{U-2},\alpha_{U-1},\alpha_U\}$ 换为 $\{\alpha_{L+3},\cdots,\alpha_L\}$，点 $\{P_1,P_2,P_3,P\}$ 替换成新的基准点及相应得到的交点，而且根据表 1.4 中第(1)项先验信息，在式(1.36)中用于预测下一个斜率值的表达式，需相应地修改为式(1.39)：

$$pk=\begin{cases}pk_1, & \text{如果 } pk_1\geqslant 0\\ pk_2, & \text{否，如果 } pk_2\geqslant 0\\ pk_3, & \text{否}\end{cases}\tag{1.39}$$

在 ESEL 的第(7)步，预测点要根据表 1.4 中第(2)条先验信息进行修正。首先，预测点按参数值 n'_{ed}（x 坐标）的升序进行排序。然后，对前 30% 的排序点，将使参数值 Q'_{ed}（y 坐标）下降的点去掉，而用参数 Q'_{ed} 的线性插值代替。这个修正过程将在图 1.17 中进行说明。最后将修改后的点光滑化来近似要预测的 CC 点阵。

1.3　实例分析

本节选取了5套分别适用于不同水头段的全特性曲线——西龙池抽水蓄能电站采用的全特性曲线(以下简称西龙池曲线)、惠州抽水蓄能电站采用的全特性曲线(以下简称惠蓄曲线)、用于投标深圳抽水蓄能电站的全特性曲线之一的编号 D574 的全特性曲线(以下简称深蓄曲线)、白莲河抽水蓄能电站采用的全特性曲线(以下简称白莲河曲线)以及琅琊山抽水蓄能电站采用的全特性曲线(以下简称琅琊山曲线)，用来具体说明本方法以及重构曲面对原数据点的逼近精度。每套全特性曲线包含的开度线及数据点的数目如表 1.5 所示。每组曲线绘制于空间坐标系 $On'_1Q'_1M'_1$ 的原始数据点 $\tilde{u}_i\,(i=0,1,\cdots,100)$ 取均匀分布条件下矩形阵列网格[14,15]，如图 1.7 ～ 图 1.11 所示。

表 1.5　5 套水泵水轮机全特性实测数据点信息

西龙池曲线

开度/(°)	1.5	3	6	9	12	15	18	21	24	27	30	33
原始点数	72	72	72	72	72	72	72	72	72	72	72	72

惠蓄曲线

开度/(°)	0	1	3	4	5	6	7	8	10	14	18	22	26	30
原始点数	62	62	62	62	62	62	62	62	62	62	62	62	62	62

深蓄曲线

开度/(°)	0	2	3	4	5	6	7	8	9	10	12	16	20	24	28	30	32
原始点数	151	56	59	61	68	77	77	87	84	95	85	79	88	76	83	88	83

白莲河曲线

开度/(°)	0	3	6	9	12	15	20	25	30	35	43
原始点数	137	93	105	106	108	104	113	116	99	145	135

琅琊山曲线

开度/(°)	0.2	2	4	8	12	16	20	24	28	32	36	40	44
原始点数	39	49	57	61	70	70	84	82	98	108	107	103	104

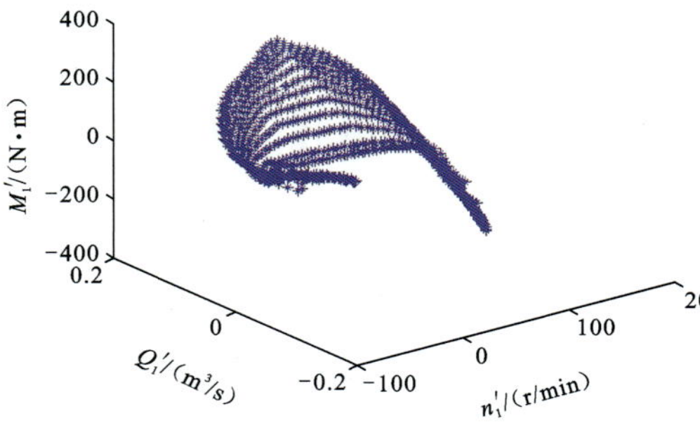

（a）原始数据点

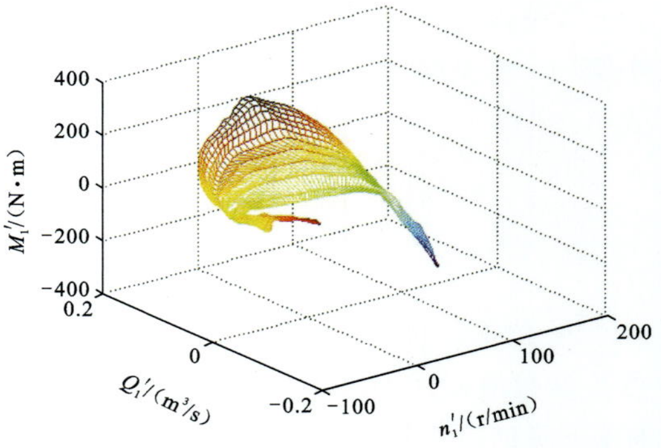

（b）矩形阵列网格

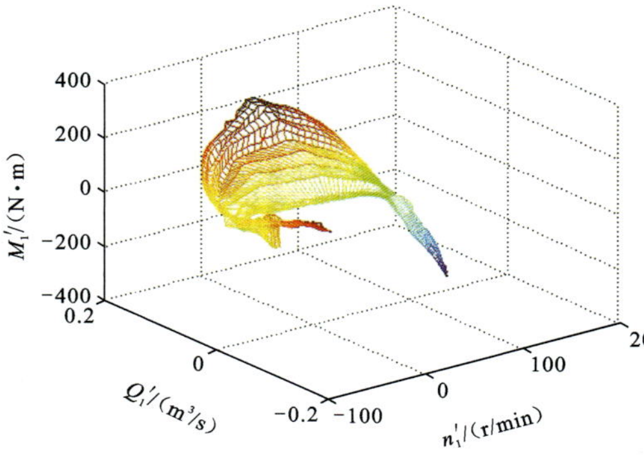

（c）控制顶点网格

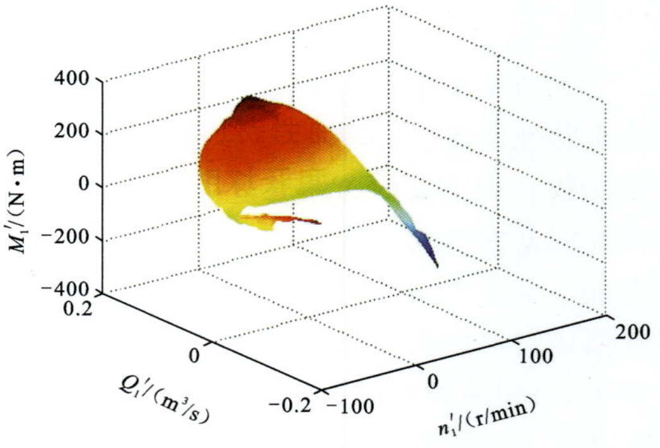

（d）重构曲面

图 1.7　西龙池全特性曲线

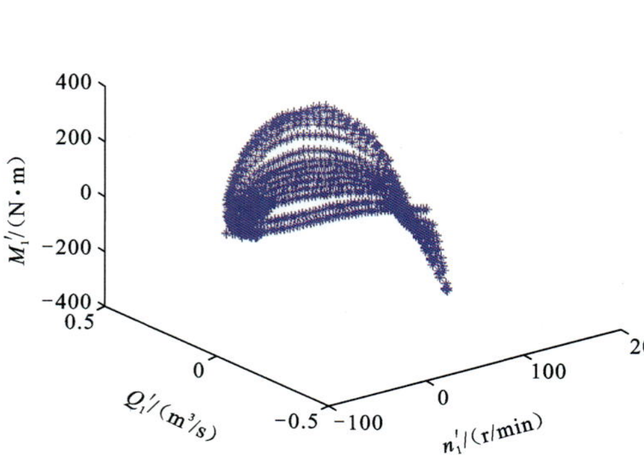

（a）原始数据点

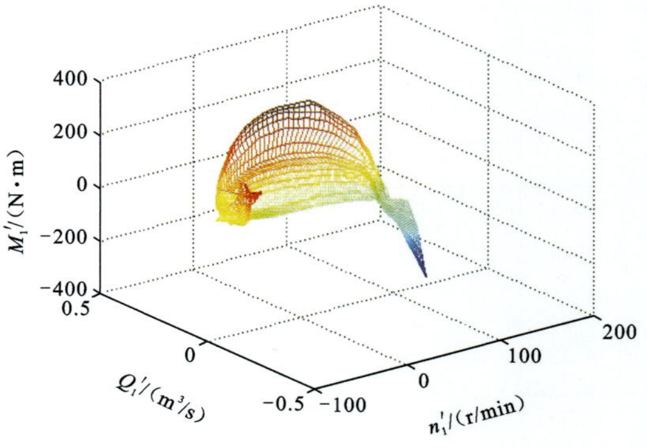

（b）矩形阵列网格

图 1.8　惠蓄全特性曲线

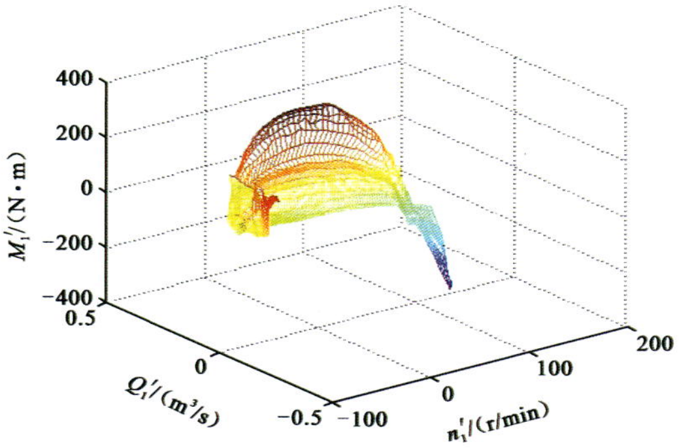

(c) 控制顶点网格

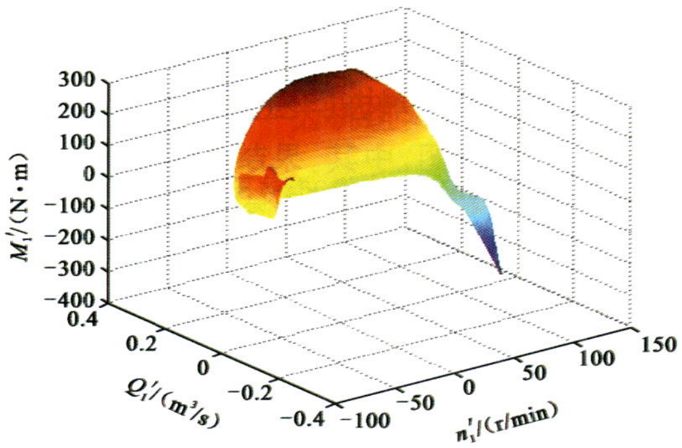

(d) 重构曲面

图 1.8　惠蓄全特性曲线(续)

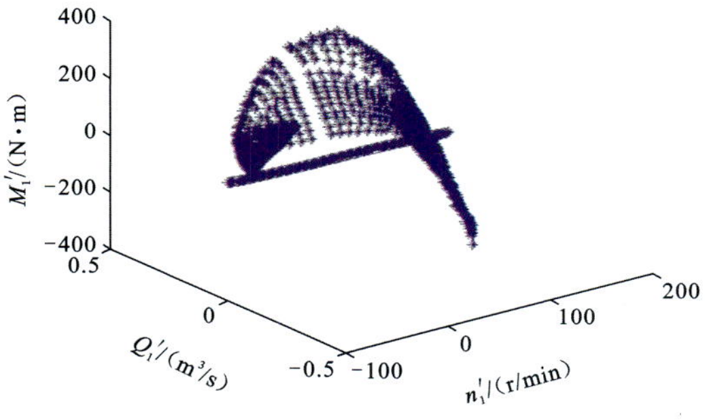

(a) 原始数据点

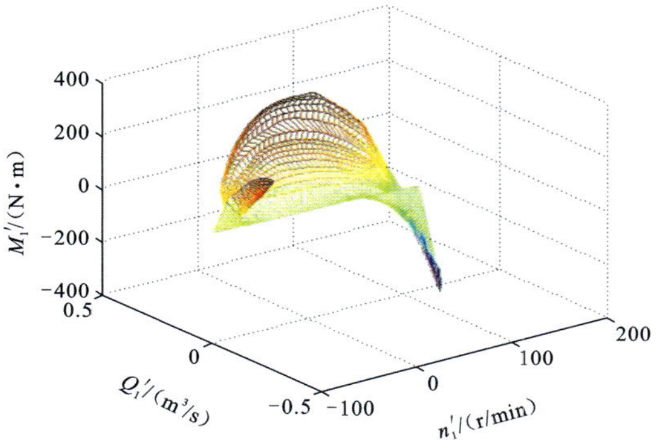

(b) 矩形阵列网格

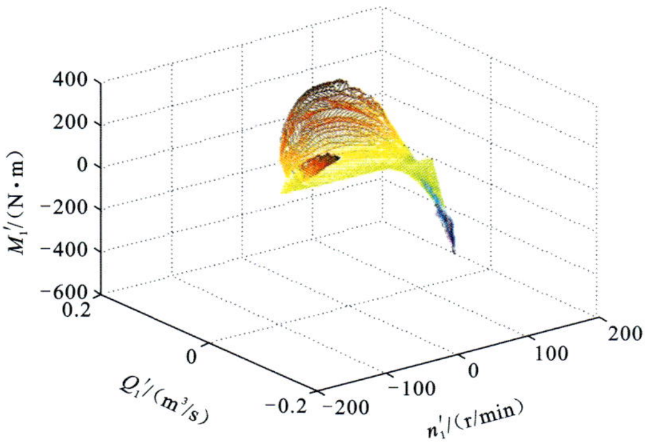

(c) 控制顶点网格

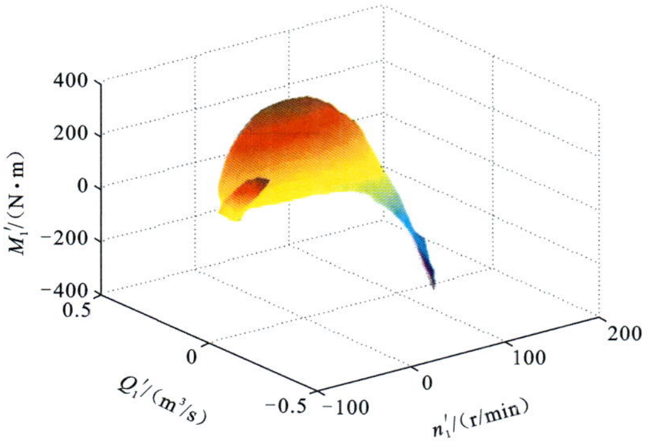

(d) 重构曲面

图 1.9　深蓄全特性曲线

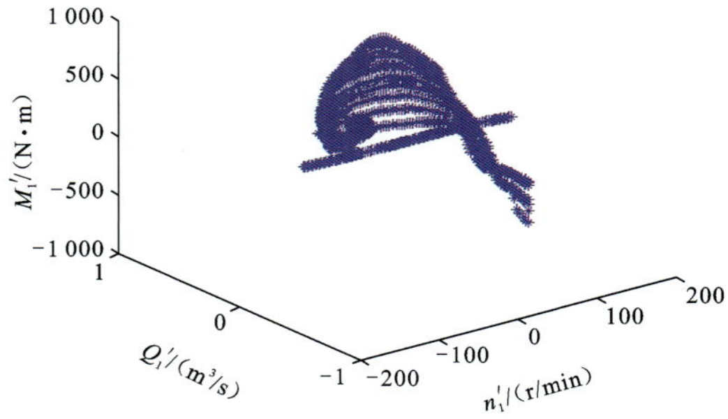

（a）原始数据点

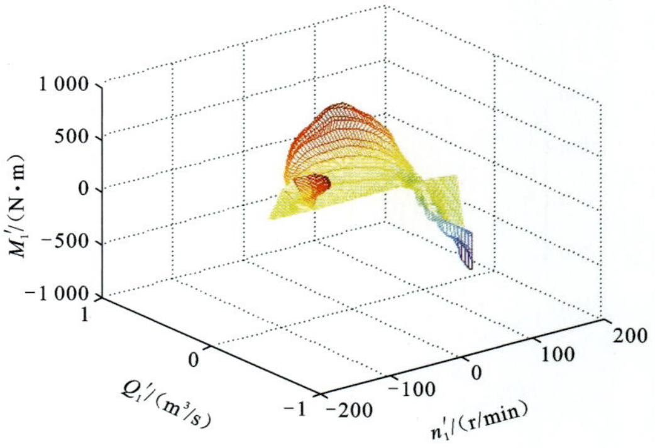

（b）矩形阵列网格

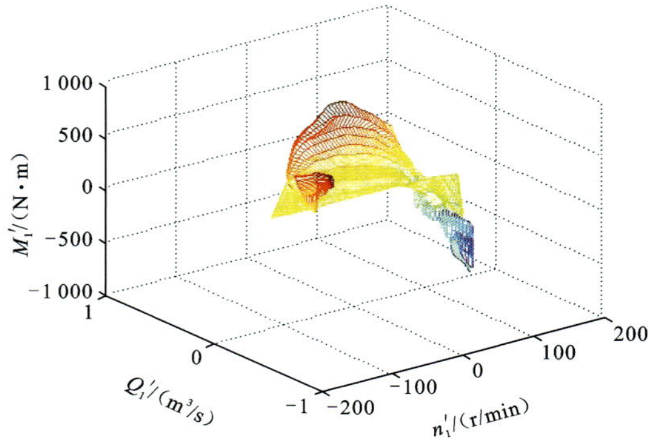

（c）控制顶点网格

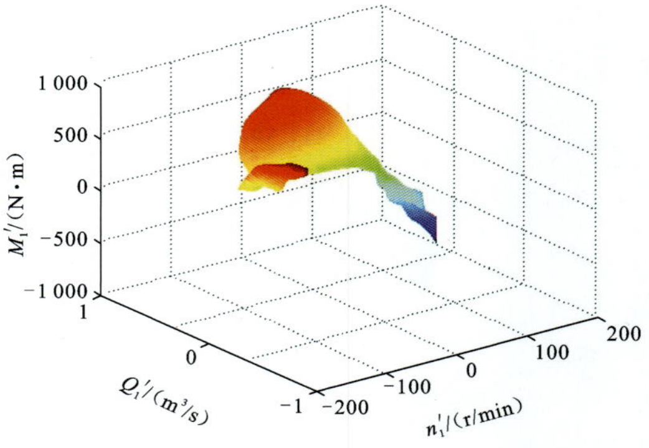

（d）重构曲面

图 1.10　白莲河全特性曲线

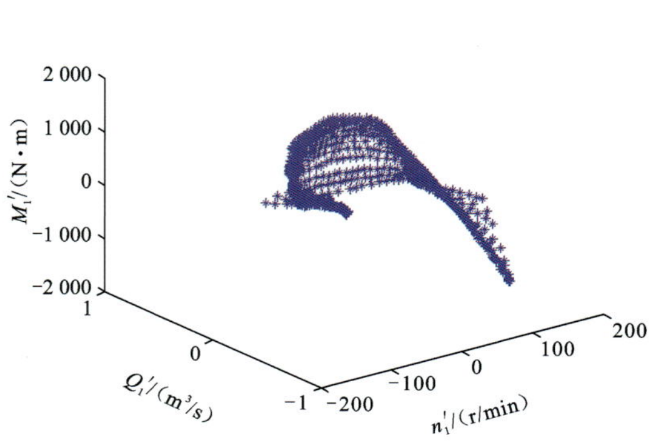

（a）原始数据点

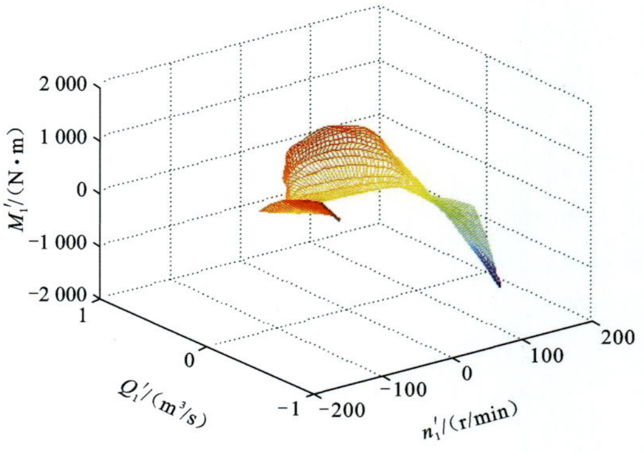

（b）矩形阵列网格

图 1.11　琅琊山全特性曲线

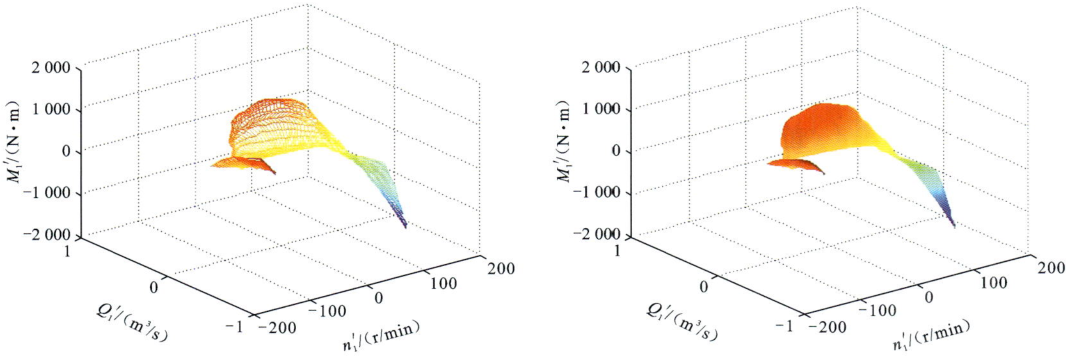

（c）控制顶点网格　　　　（d）重构曲面

图 1.11　琅琊山全特性曲线(续)

1.3.1　重构曲面对原始数据点逼近精度分析

改变 u 向网格数目 R，对比 $\tilde{u}_i\,(i=0,1,\cdots,R)$ 均匀分布和根据精度要求(允许最大误差 $\varepsilon=\varepsilon_n=\varepsilon_Q=\varepsilon_M$ 分别取 0.1、0.01 和 0.001)进行局部加密两种分布情况下的曲面重构，重构曲面逼近原始数据点的误差如表 1.6 所示。

表 1.6　u 向网格数目与分布对重构曲面逼近原始数据点的精度表

电站	分布情况	u 向网格数	最大误差			平均误差		
			n_E_{max} /(r/min)	Q_E_{max} /(m³/s)	M_E_{max} /(N·m)	n_E_{ave} /(r/min)	Q_E_{ave} /(m³/s)	M_E_{ave} /(N·m)
西龙池	均匀分布	115	1.01×10^{-1}	2.10×10^{-4}	3.18×10^{-1}	1.02×10^{-2}	2.85×10^{-5}	3.41×10^{-2}
	局部加密 ($\varepsilon=0.1$)		3.39×10^{-2}	1.06×10^{-4}	9.39×10^{-2}	1.15×10^{-3}	1.12×10^{-8}	8.81×10^{-3}
	均匀分布	199	4.01×10^{-2}	1.03×10^{-4}	2.65×10^{-1}	3.00×10^{-3}	2.66×10^{-5}	1.50×10^{-2}
	局部加密 ($\varepsilon=0.01$)		9.02×10^{-3}	1.60×10^{-5}	9.77×10^{-3}	8.14×10^{-5}	2.56×10^{-10}	9.56×10^{-5}
	均匀分布	356	5.06×10^{-3}	4.98×10^{-5}	2.21×10^{-2}	4.08×10^{-4}	2.63×10^{-5}	1.74×10^{-3}
	局部加密 ($\varepsilon=0.001$)		8.69×10^{-4}	1.00×10^{-6}	9.96×10^{-4}	7.55×10^{-7}	1.00×10^{-12}	9.92×10^{-7}
惠蓄	均匀分布	124	3.43×10^{-1}	2.20×10^{-4}	4.78×10^{-1}	1.22×10^{-2}	1.34×10^{-5}	2.56×10^{-2}
	局部加密 ($\varepsilon=0.1$)		4.06×10^{-2}	1.46×10^{-4}	9.99×10^{-2}	3.93×10^{-3}	1.97×10^{-5}	1.74×10^{-2}
	均匀分布	214	1.27×10^{-1}	7.70×10^{-5}	1.81×10^{-1}	4.39×10^{-3}	3.61×10^{-6}	7.25×10^{-3}
	局部加密 ($\varepsilon=0.01$)		7.06×10^{-3}	6.90×10^{-5}	9.89×10^{-3}	6.91×10^{-4}	5.80×10^{-6}	1.96×10^{-3}
	均匀分布	381	1.25×10^{-2}	1.50×10^{-5}	3.55×10^{-2}	4.38×10^{-4}	6.71×10^{-7}	1.37×10^{-3}
	局部加密 ($\varepsilon=0.001$)		8.40×10^{-4}	7.00×10^{-6}	9.83×10^{-4}	9.03×10^{-5}	8.15×10^{-7}	2.53×10^{-4}

续表

电站	分布情况	u 向网格数	最大误差			平均误差		
			n_E_{max} /(r/min)	Q_E_{max} /(m³/s)	M_E_{max} /(N·m)	n_E_{ave} /(r/min)	Q_E_{ave} /(m³/s)	M_E_{ave} /(N·m)
深蓄	均匀分布	216	1.34×10^{-1}	3.70×10^{-4}	9.25×10^{-1}	1.16×10^{-2}	2.79×10^{-5}	7.07×10^{-2}
	局部加密(ε = 0.1)		3.77×10^{-2}	1.84×10^{-4}	8.97×10^{-2}	3.68×10^{-3}	1.07×10^{-5}	1.41×10^{-2}
	均匀分布	351	1.17×10^{-1}	1.48×10^{-4}	3.52×10^{-1}	4.76×10^{-3}	1.04×10^{-5}	2.13×10^{-2}
	局部加密(ε = 0.01)		9.41×10^{-3}	1.70×10^{-5}	9.90×10^{-3}	6.87×10^{-4}	1.67×10^{-6}	2.18×10^{-3}
	均匀分布	629	1.43×10^{-2}	1.27×10^{-4}	2.07×10^{-1}	1.02×10^{-3}	5.23×10^{-6}	9.55×10^{-3}
	局部加密(ε = 0.001)		7.85×10^{-4}	3.00×10^{-6}	9.95×10^{-4}	8.77×10^{-5}	2.21×10^{-7}	2.62×10^{-4}
白莲河	均匀分布	189	6.78×10^{-2}	4.21×10^{-4}	1.50	3.28×10^{-3}	2.32×10^{-5}	6.41×10^{-2}
	局部加密(ε = 0.1)		3.18×10^{-2}	1.06×10^{-4}	9.89×10^{-2}	1.92×10^{-3}	1.14×10^{-5}	1.66×10^{-2}
	均匀分布	338	6.95×10^{-3}	4.20×10^{-5}	1.57×10^{-1}	5.73×10^{-4}	2.79×10^{-6}	7.32×10^{-3}
	局部加密(ε = 0.01)		5.53×10^{-3}	3.20×10^{-5}	9.76×10^{-3}	2.87×10^{-4}	2.07×10^{-6}	1.96×10^{-3}
	均匀分布	583	4.93×10^{-3}	1.10×10^{-5}	2.89×10^{-2}	2.30×10^{-4}	6.35×10^{-7}	1.92×10^{-3}
	局部加密(ε = 0.001)		9.61×10^{-4}	8.00×10^{-6}	9.93×10^{-4}	5.46×10^{-5}	5.05×10^{-7}	2.55×10^{-4}
琅琊山	均匀分布	233	5.81×10^{-2}	3.73×10^{-4}	6.65×10^{-1}	5.27×10^{-3}	2.42×10^{-5}	5.30×10^{-2}
	局部加密(ε = 0.1)		1.52×10^{-2}	6.20×10^{-5}	9.87×10^{-2}	1.69×10^{-3}	9.62×10^{-6}	1.87×10^{-2}
	均匀分布	418	8.57×10^{-3}	3.40×10^{-5}	6.69×10^{-2}	7.22×10^{-4}	3.46×10^{-6}	7.43×10^{-3}
	局部加密(ε = 0.01)		5.31×10^{-3}	2.50×10^{-5}	9.79×10^{-3}	4.01×10^{-4}	2.10×10^{-6}	2.48×10^{-3}
	均匀分布	741	1.29×10^{-3}	7.00×10^{-6}	1.68×10^{-2}	1.17×10^{-4}	5.92×10^{-7}	1.39×10^{-3}
	局部加密(ε = 0.001)		6.43×10^{-4}	2.00×10^{-6}	9.92×10^{-4}	4.29×10^{-5}	2.51×10^{-7}	2.91×10^{-4}

结果表明：u 向参数在均匀分布的条件下，当网格数目达到 100 ～ 200 时，各单位参数的平均误差即可达到 $10^{-3}\sim10^{-2}$，当网格数据继续增大，矩形点阵中的数据点越靠近原始数据点，重构曲面对原始数据点的逼近精度越高；但是当逼近精度有较高要求时，网格数将会成倍增长，计算耗时也会相应增加，不利于将其应用到后续的过渡过程计算中，而采用局部加密的分布方式就可很好地满足逼近精度高的要求。

1.3.2　重构曲面内插开度线精度分析

为了检验重构曲面对于原开度线的逼近精度，本节将每套全特性曲线上的原始数据点分为两组：第一组为开度序号为偶数 $Y_i(i=0,2,\cdots,2k)$ 和开度值最大 $Y_i(i=s)$ 的开度线上的数据点（表 1.7 中未画斜杠的开度线）；第二组为开度序号为奇数 $Y_i(i=1,3,\cdots,2k+1)$ 的开度线上的数据点（表 1.7 中画斜杠的开度线）。利用第一组数据点重构曲面，进行曲面内插得到与第二组开度值相等的曲线，以第二组数据点和它们在相应曲线上的投影点的距离作为误差，利用式(1.21) 计算最大误差和平均误差评价内插精度。表 1.8 对比了重构曲面对曲面开度内插影响。图 1.12 ～ 图 1.16 给出了每套曲线第二组原始数据和计算数据[14,15]。

表 1.7　五套水泵水轮机全特性曲线分组

西龙池曲线												
开度/(°)	1.5	~~3~~	6	~~9~~	12	~~15~~	18	~~21~~	24	~~27~~	30	33

惠蓄曲线														
开度/(°)	0	~~1~~	3	~~4~~	5	~~6~~	7	~~8~~	10	~~14~~	18	~~22~~	26	30

深蓄曲线																	
开度/(°)	0	~~2~~	3	~~4~~	5	~~6~~	7	~~8~~	9	~~10~~	12	~~16~~	20	~~24~~	28	~~30~~	32

白莲河曲线											
开度/(°)	0	~~2.99~~	5.98	~~8.99~~	12.01	~~15.00~~	20.03	~~25.07~~	30	~~35.03~~	43.01

琅琊山曲线													
开度/(°)	0.2	~~2~~	4	~~8~~	12	~~16~~	20	~~24~~	28	~~32~~	36	~~40~~	44

表 1.8　重构曲面开度内插精度

电站	分布情况	u 向网格数	最大误差			平均误差		
			n_E_{max} /(r/min)	Q_E_{max} /(m³/s)	M_E_{max} /(N·m)	n_E_{ave} /(r/min)	Q_E_{ave} /(m³/s)	M_E_{ave} /(N·m)
西龙池	均匀分布	112	4.40	1.45×10^{-2}	5.06×10^{1}	8.85×10^{-1}	1.85×10^{-3}	6.21
	局部加密($\varepsilon=0.1$)		4.40	1.45×10^{-2}	5.05×10^{1}	8.87×10^{-1}	1.85×10^{-3}	6.21
	均匀分布	179	4.40	1.45×10^{-2}	5.05×10^{1}	8.86×10^{-1}	1.85×10^{-3}	6.21
	局部加密($\varepsilon=0.01$)		4.40	1.45×10^{-2}	5.05×10^{1}	8.87×10^{-1}	1.85×10^{-3}	6.21
	均匀分布	309	4.40	1.45×10^{-2}	5.05×10^{1}	8.87×10^{-1}	1.85×10^{-3}	6.21
	局部加密($\varepsilon=0.001$)		4.40	1.45×10^{-2}	5.05×10^{1}	8.88×10^{-1}	1.85×10^{-3}	6.21

续表

电站	分布情况	u 向网格数	最大误差			平均误差		
			n_E_{max} /(r/min)	Q_E_{max} /(m^3/s)	M_E_{max} /(N·m)	n_E_{ave} /(r/min)	Q_E_{ave} /(m^3/s)	M_E_{ave} /(N·m)
惠蓄	均匀分布	119	5.75	4.30×10^{-2}	8.82×10^{1}	5.60×10^{-1}	4.85×10^{-3}	1.37×10^{1}
	局部加密(ε=0.1)		5.75	4.33×10^{-2}	8.82×10^{1}	5.57×10^{-1}	4.85×10^{-3}	1.37×10^{1}
	均匀分布	203	5.75	4.29×10^{-2}	8.82×10^{1}	5.60×10^{-1}	4.85×10^{-3}	1.37×10^{1}
	局部加密(ε=0.01)		5.75	4.33×10^{-2}	8.82×10^{1}	5.58×10^{-1}	4.86×10^{-3}	1.37×10^{1}
	均匀分布	337	5.75	4.29×10^{-2}	8.82×10^{1}	5.60×10^{-1}	4.85×10^{-3}	1.37×10^{1}
	局部加密(ε=0.001)		5.75	4.33×10^{-2}	8.82×10^{1}	5.58×10^{-1}	4.86×10^{-3}	1.37×10^{1}
深蓄	均匀分布	185	8.98	1.87×10^{-2}	7.93×10^{1}	9.84×10^{-1}	1.79×10^{-3}	5.78
	局部加密(ε=0.1)		9.49	1.87×10^{-2}	7.93×10^{1}	9.91×10^{-1}	1.79×10^{-3}	5.78
	均匀分布	311	8.93	1.87×10^{-2}	7.93×10^{1}	9.84×10^{-1}	1.79×10^{-3}	5.79
	局部加密(ε=0.01)		9.49	1.87×10^{-2}	7.93×10^{1}	9.91×10^{-1}	1.78×10^{-3}	5.78
	均匀分布	520	8.96	1.87×10^{-2}	7.93×10^{1}	9.84×10^{-1}	1.79×10^{-3}	5.79
	局部加密(ε=0.001)		9.49	1.87×10^{-2}	7.93×10^{1}	9.91×10^{-1}	1.78×10^{-3}	5.78
白莲河	均匀分布	174	1.13×10^{1}	2.84×10^{-2}	3.40×10^{2}	1.61	7.20×10^{-3}	4.05×10^{1}
	局部加密(ε=0.1)		1.14×10^{1}	2.84×10^{-2}	3.40×10^{2}	1.61	7.20×10^{-3}	4.05×10^{1}
	均匀分布	304	1.14×10^{1}	2.84×10^{-2}	3.40×10^{2}	1.61	7.20×10^{-3}	4.05×10^{1}
	局部加密(ε=0.01)		1.14×10^{1}	2.84×10^{-2}	3.24×10^{3}	1.62	7.20×10^{-3}	4.05×10^{1}
	均匀分布	493	1.14×10^{1}	2.84×10^{-2}	3.40×10^{2}	1.61	7.20×10^{-3}	4.05×10^{1}
	局部加密(ε=0.001)		1.14×10^{1}	2.84×10^{-2}	3.40×10^{2}	1.62	7.20×10^{-3}	4.05×10^{1}
琅琊山	均匀分布	213	4.42	3.15×10^{-2}	1.00×10^{2}	7.78×10^{-1}	3.64×10^{-3}	1.02×10^{1}
	局部加密(ε=0.1)		4.42	3.15×10^{-2}	1.00×10^{2}	7.80×10^{-1}	3.64×10^{-3}	1.02×10^{1}
	均匀分布	359	4.42	3.15×10^{-2}	1.00×10^{2}	7.78×10^{-1}	3.64×10^{-3}	1.02×10^{1}
	局部加密(ε=0.01)		4.42	3.15×10^{-2}	1.00×10^{2}	7.80×10^{-1}	3.64×10^{-3}	1.02×10^{1}
	均匀分布	613	4.42	3.15×10^{-2}	1.00×10^{2}	7.78×10^{-1}	3.64×10^{-3}	1.02×10^{1}
	局部加密(ε=0.001)		4.42	3.15×10^{-2}	1.00×10^{2}	7.80×10^{-1}	3.64×10^{-3}	1.02×10^{1}

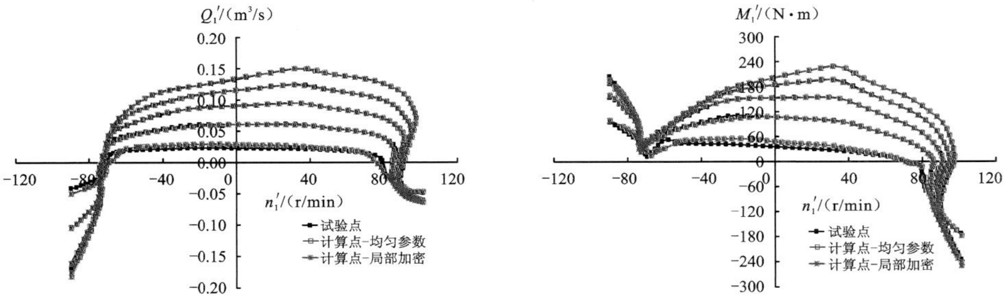

(a) 西龙池流量特性曲线　　(b) 西龙池力矩特性曲线

图 1.12　西龙池全特性曲线

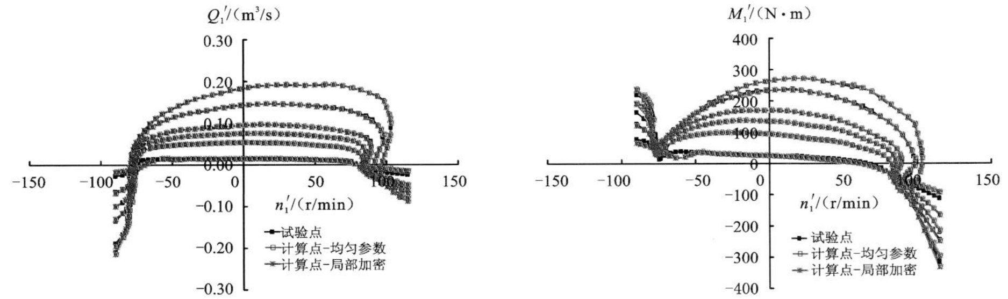

(a) 惠蓄流量特性曲线　　(b) 惠蓄力矩特性曲线

图 1.13　惠蓄全特性曲线

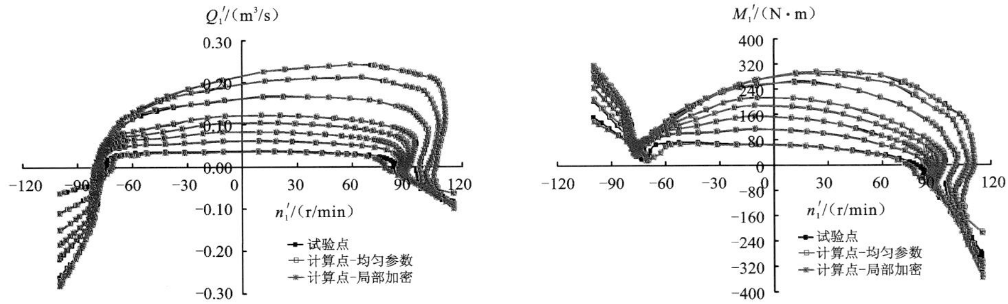

(a) 深蓄流量特性曲线　　(b) 深蓄力矩特性曲线

图 1.14　深蓄全特性曲线

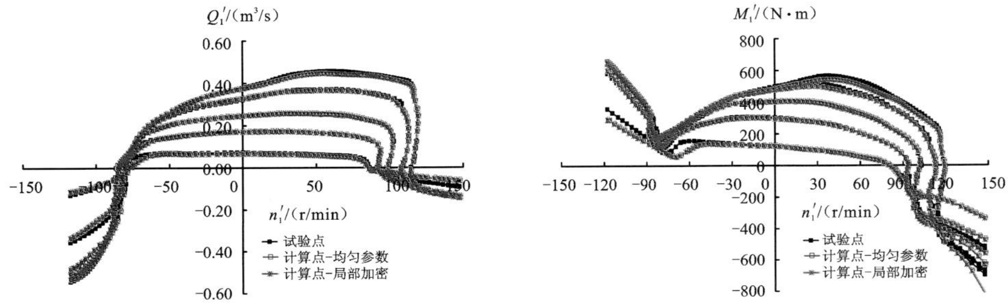

(a) 白莲河流量特性曲线　　(b) 白莲河力矩特性曲线

图 1.15　白莲河全特性曲线

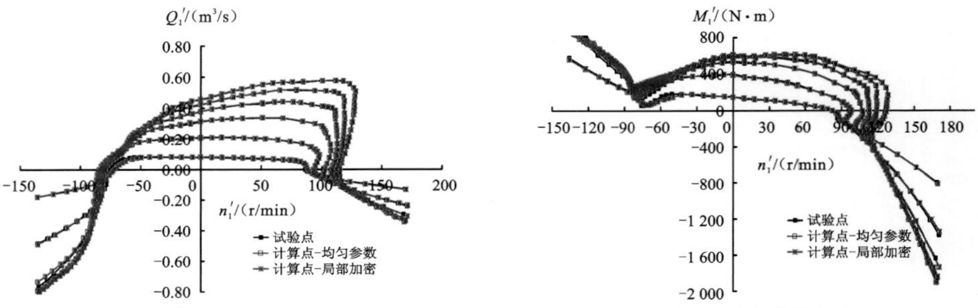

(a) 琅琊山流量特性曲线　　　　(b) 琅琊山力矩特性曲线

图 1.16　琅琊山全特性曲线

由计算结果可知,重构曲面开度内插误差在数值上要远高于曲面对原始数据点的逼近误差,但从趋势上看,小开度的两个反 S 区域误差较大,其他区域两者仍然较接近。误差主要来自于开度线的梯度变化,而非开度线上点的分布。

1.3.3　重构曲面外延开度线精度分析

1. 采用的数值操作的说明

ESEL 算法中采用了一些数值操作:① 法截平面与插值或拟合曲面的交点通过二分法[16] 得到;② 在 ESEL 第 3 步中,截平面的法向量用 $l(\alpha_U)$ 上与基准点 P 相邻的点连成的向量来近似;③ 在 ESEL 的第 5 步,用与 P_i 相邻的两个点的连线数值的近似切向量,这两个相邻点同时落在法截平面与拟合平面上。

在图 1.17 中,$\{PP_1,\cdots,PP_4\}$为 4 个预测点,用矩形标记的点为线性插值点,该点与 PP_2 点具有相同的 n'_{ed} 值。从(a) 到(b),点 PP_1 与点 PP_2 互换位置;从(b) 到(c),由线性插值点代替违反先验信息的点。

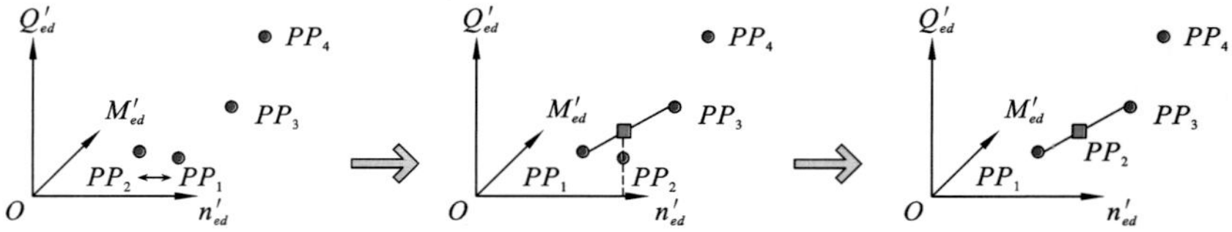

(a)　　　　(b)　　　　(c)

图 1.17　预测点的修正过程

2. 开度线外插结果及分析

为测试 ESEL 算法的效果,依据广蓄、马山和白莲河的实测数据进行数值实验。给定的数据为一组参数值点(n'_{ed},Q'_{ed},M'_{ed})及相应的开度值。

所有的数值实验均在拟合曲线 $l(\alpha_U)$和 $l(\alpha_L)$上选择 300 个基准点,其中前 90 个预测点采用表 1.4 中的第(2) 条先验信息进行修正。为评估预测方法的效果,同样引入相对平均误差(RAE)和相对极大误差(RME)这两个误差测度,具体按式(1.40) 进行计算,即

$$\begin{cases}\text{RAE} = \dfrac{1}{K}\sum\limits_{i=1}^{K}(|B_i^1|,|B_i^2|,|B_i^3|)\\ \text{RME} = (\max_i|B_i^1|,\max_i|B_i^2|,\max_i|B_i^3|)\end{cases} \tag{1.40}$$

式中，$K=300$；$\boldsymbol{B}_i=(|B_i^1|,|B_i^2|,|B_i^3|)$为预测点 PP 与 $l(\alpha_U)$或 $l(\alpha_L)$上最近的对应点之间的偏差，其中最近点通过二分法进行查找。

算法中的参数值经过一些试探得到。预处理中，光滑化操作执行 20 次，在得到预测点后，光滑化操作执行 60 次。在 B 样条曲面拟合中，所有的测试问题均选择 $(p+1,q+1)=(100,4)$个控制顶点。图 1.18 ～ 图 1.20 给出了开度线外插的结果。其中，图 1.18(a)、(b)、(c) 分别对应于实测点与没有修正的预测点、没有经过光滑化的预测点和用 ESES 得到的预测点，其中用星形标出的点为预测点。图 1.20(a) ～ (f) 分别针对于广蓄、马山、白莲河在小(大) 开度处的预测情况，表 1.9 给出这三套水泵水轮机全特性开度线外插预测误差。

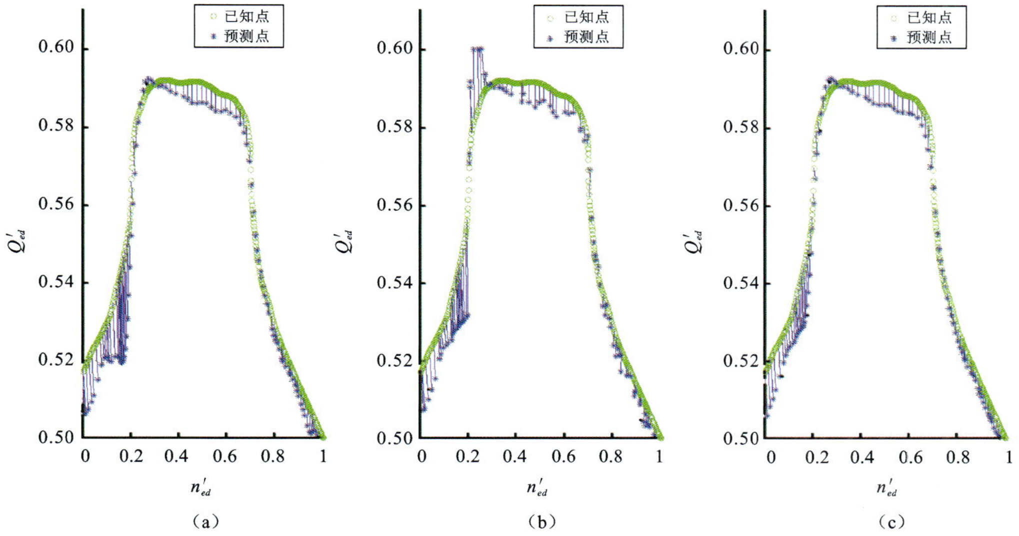

图 1.18　小开度处实测点与预测点

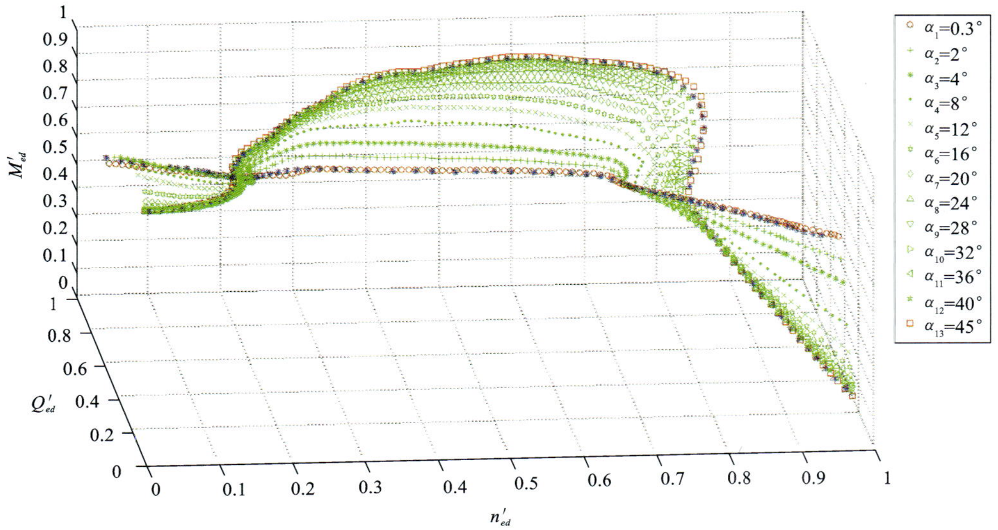

图 1.19　马山得到的 CC 点及其预测情况

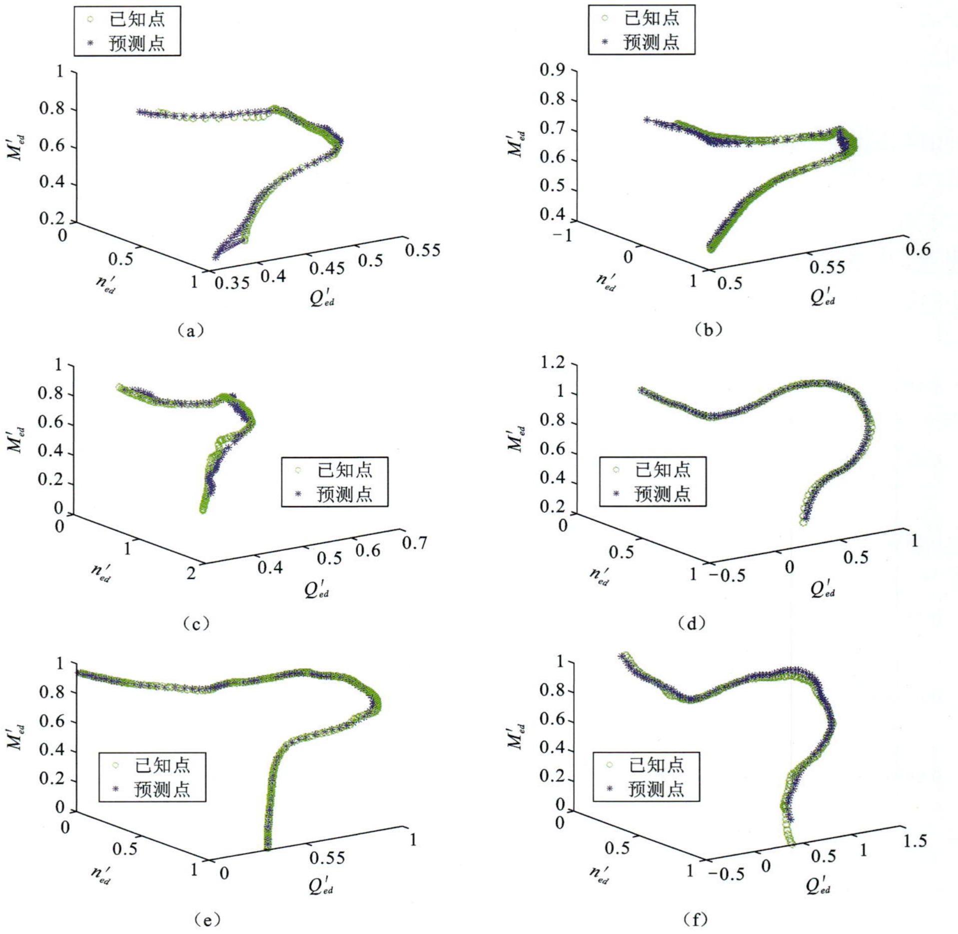

图 1.20　广蓄、马山、白莲河电站水泵水轮机全特性给定点及外插点的预测情况

表 1.9　开度线外插预测误差表

开度	参数	广蓄		马山		白莲河	
		RME	RAE	RME	RAE	RME	RAE
小开度（没有修改）	n'_{ed}	2.70×10^{-2}	4.66×10^{-3}	1.14×10^{-2}	3.34×10^{-3}	6.28×10^{-2}	1.06×10^{-2}
	Q'_{ed}	3.01×10^{-2}	6.09×10^{-3}	2.31×10^{-2}	6.32×10^{-3}	3.86×10^{-2}	6.97×10^{-3}
	M'_{ed}	6.78×10^{-2}	7.15×10^{-3}	2.54×10^{-2}	4.60×10^{-3}	5.01×10^{-2}	8.53×10^{-3}
小开度（经过修改）	n'_{ed}	$\mathbf{2.69\times10^{-2}}$	$\mathbf{4.64\times10^{-3}}$	$\mathbf{1.07\times10^{-2}}$	$\mathbf{2.92\times10^{-3}}$	$\mathbf{6.25\times10^{-2}}$	$\mathbf{1.03\times10^{-2}}$
	Q'_{ed}	$\mathbf{2.97\times10^{-2}}$	$\mathbf{6.00\times10^{-3}}$	$\mathbf{1.53\times10^{-2}}$	$\mathbf{4.68\times10^{-3}}$	$\mathbf{2.64\times10^{-2}}$	$\mathbf{8.01\times10^{-3}}$
	M'_{ed}	$\mathbf{7.01\times10^{-2}}$	$\mathbf{7.26\times10^{-3}}$	$\mathbf{3.06\times10^{-2}}$	$\mathbf{4.72\times10^{-3}}$	$\mathbf{4.98\times10^{-2}}$	$\mathbf{8.00\times10^{-3}}$
大开度	n'_{ed}	1.65×10^{-2}	2.97×10^{-3}	1.48×10^{-2}	2.36×10^{-3}	5.45×10^{-2}	6.83×10^{-3}
	Q'_{ed}	1.79×10^{-2}	3.70×10^{-3}	2.11×10^{-2}	3.37×10^{-3}	4.82×10^{-2}	8.31×10^{-3}
	M'_{ed}	1.46×10^{-2}	3.69×10^{-3}	1.79×10^{-2}	2.33×10^{-3}	9.60×10^{-2}	1.53×10^{-2}

注：表中加粗数据表示去掉与保留修改操作时算法得到的预测误差

图1.19展示了来自马山PSPS的一部分给定点及相应在大/小开度处的预测点，此处开度值α在2°～40°范围内的CC点用于插值或拟合曲面，于是得到的曲面可用于后面的预测，开度值为0.3°和45°的实测CC点用于测试外插的效果。在图1.20中列出了上述三套水泵水轮机全特性实测数据的预测效果，其中连线为预测点与在$l(\alpha_U)$或$l(\alpha_L)$上的最近的对应点之间的连线。所有的平均与极大预测误差在表1.9中列出。从上述图表中可以看出，用本节的方法预测的CC曲线保持了给定的CC曲线的基本形状，这表明该算法得到的结果是合理的。并且表1.9给出，用本节ESEL算法(ESES)得到的预测精度达到了10^{-3}～10^{-2}，极大预测误差也达到了10^{-2}～10^{-1}，这说明该算法对外插所考虑的对应的CC曲面是有效的。

从图1.18可以看出，修正过程或光滑过程将去掉一些点出现较大的偏差，这说明这两个操作对ESES算法都是必不可少的。表1.9也列出了未修正与保留修正算子的ESES在小开度处预测误差的比较，其中只有30%的点参与了修正。尽管两者之差并不十分明显，但从表1.9和图1.18可以看出，修正操作确实改善了此处的预测误差。

在设计的外插算法里引入了一些参数，如B样条函数的阶数、控制顶点的个数、光滑化操作次数，然而，对原始参数作小扰动得到的结果与原始结果很类似，这表明这些参数对设计的算法是不敏感的，同时说明了该算法的鲁棒性。

参考文献

[1] 克里夫琴科 Г И. 水电站动力装置中的过渡过程. 常兆堂，周文通，吴培豪，译. 北京：水利出版社，1981.

[2] 梅祖彦. 抽水蓄能发电技术. 北京：机械工业出版社，2000.

[3] Barnhill R E，Riesenfeld R F. Computer Aided Geometric Design. Orlando：Academic Press，1974.

[4] Piegl L，Tiller W. The NURBS Book. New York：Springer，1995.

[5] 施法中. 计算机辅助几何设计与非均匀有理B样条. 北京：高等教育出版社，2001.

[6] Xie W C，Zou X F，Yang J D，et al. Ineration and optimization sheme for the reconstruction of 3D surfaces based on non-uniform rational B-splines. Computer-Aided Design，2012，44：1127-1140.

[7] 谢为成. 基于局部搜索的差分进化算法及其在曲面重建中的应用. 武汉：武汉大学，2013.

[8] Lee E T. Choosing nodes in parametric curve interpolation. Computer-Aided Design，1989，21(6)：363-370.

[9] De Boor C. A Practical Guide to Splines. New York：Springer，1978.

[10] Hendrix E M T，Toth B G. Introduction to Nonlinear and Global Optimization. Cambridge：Springer，2010.

[11] Schwartz A，Polak E. Family of projectd descent mmethods for optimization problems with simple bounds. Journal of Optimization Theory and Applications，1997，92(1)：1-31.

[12] Laurent-Gengoux P，Mekhilef M. Optimization of a NURBS Represntation. Computer Aided Design，1993，25(1)：699-710.

[13] Taubin G. A signal processing approach to fair surface design//Proceedings of the 22nd Annual Conference on Computer Graphics and Interative Techniques. Los Angeles，1995：351-358.

[14] Yang J B，Yang J D. B-spline surface construction for the complete characteristics of pump-turbine. 2012 Asia-Pacific Power and Energy Engineering Conference. 2012.

[15] 杨桀彬. 基于空间曲面的水泵水轮机全特性及过渡过程的研究. 武汉：武汉大学，2014.

[16] Press W H，Teukolsky S A，Vetterling W T，et al. Numerical Recpies：The Art of Scientific Computing. Cambridge：Cambridge University Press，2007.

符 号 说 明

符号	名称
AA	从点$\{P_1, P_2, P_3, P\}$中提取的特征转角
AD	从点$\{P_1, P_2, P_3, P\}$中提取的特征距离
$\boldsymbol{a}_i$	下标$i=0,1,\cdots,m$，空间曲线系数矢量
$\boldsymbol{a}_{ij}$	下标$i=0,1,\cdots,m$，下标$j=0,1,\cdots,n$，空间曲面系数矢量
$\boldsymbol{B}_{i,j}$	曲面拟合点$\boldsymbol{P}(u_i, v_j)$与原数据点$\boldsymbol{Q}_{i,j}$矢量差
B_i^j	下标$i=1,2,\cdots,K$，代表数据点数，当上标$j=1,2,3$时，代表空间点的三个坐标值，本章中指代n_1'、Q_1'和M_1'
D	控制顶点$\{D_{\alpha,\beta}\}$的列阵
$D_{i,j}$	下标$i=0,1,\cdots,p$，$j=0,1,\cdots,q$，三维控制顶点
D_1	转轮进口直径，m；线段$\overline{P_1P_2}$的AD值
D_2	线段$\overline{P_2P_3}$的AD值
D_3	线段$\overline{P_3P}$的AD值
d_1	线段$\overline{P_1P_2}$的长度
d_2	线段$\overline{P_2P_3}$的长度
d_3	线段$\overline{P_3P}$的长度
E_{in}	流进水力机械的水流单位能量
E_{ls}	最小二乘拟合误差
E_{out}	流出水力机械的水流单位能量
e	幂指数
eps	迭代阈值
H	水头，m
$h_{a,b}^{\alpha,\beta}$	曲面边界控制顶点的$\boldsymbol{D}_{\alpha,\beta}$系数
i_c	节点矢量初始化计算中间变量之一
$\boldsymbol{J}$	Jacobi 向量
K	开度线外插基准点数目
k	u向 B 样条基的度数；迭代次数
k_1	线段$\overline{P_2P_3}$与线段$\overline{P_1P_2}$的AD值之差
k_2	线段$\overline{P_3P}$与线段$\overline{P_2P_3}$的AD值之差
l	v向 B 样条基的度数
$l(\alpha_U)$	拟合曲面上开度为α_U的 CC 曲线
$\boldsymbol{M}$	最小二乘法拟合误差计算中的系数矩阵
M	力矩，N·m

M_k	数据点序列$\{\boldsymbol{Q}_{i,j}\}$中，第 k 个参数($k=1,2,3$)的最大值
M'_1	单位力矩，N · m
M'_{ed}	相对单位力矩
M_E_{ave}	单位力矩的计算平均误差，N · m
$M\_E_{\max}$	单位力矩的计算最大误差，N · m
MAXGEN	最大迭代次数
m	u 向数据点个数
$N_{i,k}(u)$	u 向第 i 个 k 度($k+1$ 阶)B 样条基函数
$N_{j,l}(v)$	v 向第 j 个 l 度($l+1$ 阶)B 样条基函数
NP	等参数曲线 $l(\alpha_U)$上参数值的数目
NT	代表一个整数，用于节点矢量初始化计算
n	转速，r/min；v 向数据点个数
n_E_{ave}	单位转速的计算平均误差，r/min
$n\_E_{\max}$	单位转速的计算最大误差，r/min
$\overline{n}$	法平面 γ 的法方向
n'_1	单位转速，r/min
P	$l(\alpha_U)$上等开度线外延的基准点
n'_{ed}	相对单位转速
P_i	下标 $i=1,2,3$，法截平面 γ 与开度值为$\{\alpha_{U-3},\alpha_{U-2},\alpha_{U-1}\}$的三条 CC 曲线的交点
PP	曲面外延的预测点
$\boldsymbol{p}$	曲线、曲面矢函数
p	u 向 B 样条曲线、曲面控制顶点数 -1
pd	预测点 PP 与点 P 之间的距离
pk 或 pk_i	下标 $i=1,2,3$，预测斜率
$\overline{pt}$	在点 P 处拟合曲面 S 的切向量
$\boldsymbol{Q}$	空间曲面上数据点$\{\boldsymbol{Q}_{i,j}\}$的列阵
$\boldsymbol{Q}_{i,j}$	下标 $i=0,1,\cdots,m$，下标 $j=0,1,\cdots,n$，空间曲面上三维数据点
Q	流量，m^3/s
Q_E_{ave}	单位流量的计算平均误差，m^3/s
$Q\_E_{\max}$	单位流量的计算最大误差，m^3/s
Q'_1	单位流量，m^3/s
Q'_{ed}	相对单位流量
q	v 向 B 样条曲线、曲面控制顶点数 -1
R	空间曲面 u 向网格数目
RAE	相对平均误差
RME	最大误差

$\boldsymbol{S}$　　曲线、曲面 v 向节点矢量

S　　拟合曲面

SF　　迭代步长收缩系数

s_j　　下标 $j = 0,1,\cdots,q+l,q+l+1$，v 向节点矢量中的节点值

swdn　　NURBS 函数关于权重系数的梯度计算中间变量之一

swn　　NURBS 函数关于权重系数的梯度计算中间变量之一

swdnu　　NURBS 函数关于参数 u 的梯度计算中间变量之一

swnu　　NURBS 函数关于参数 u 的梯度计算中间变量之一

$\boldsymbol{T}$　　曲线、曲面 u 向节点矢量

t_i　　下标 $i = 0,1,\cdots,p+k,p+k+1$，u 向节点矢量中的节点值

$\overline{t_1}$　　在点 P_2 处拟合曲面 S 的切向量

$\overline{t_2}$　　在点 P_3 处拟合曲面 S 的切向量

u　　曲线、曲面的 u 向参数

u_i　　下标 $i = 0,1,\cdots,100$，原始数据点的 u 向参数值

v　　曲线、曲面的 v 向参数

x　　空间点的 x 轴坐标投影

x_k^j　　LM 和 GD 算法迭代变量，下标 k 代表迭代次数，上标 $j = 0,1,2$ 时，分别指代$\{\omega_{\alpha,\beta}\}$、$\{u_i\}$ 和$\{v_j\}$ 的集合

y　　空间点的 y 轴坐标

z　　空间点的 z 轴坐标

α　　导叶开度，(°)；导叶相对开度；迭代搜索范围；点的 u 向位置

α_{opt}　　在 α 代表迭代搜索范围时，α_{opt} 为 α 的最优值

α_L　　曲面向小开度外插的边界的开度或相对开度值

α_U　　曲面向大开度外插的边界的开度或相对开度值

$\alpha_{\max}$　　最大开度，(°)；最大开度相对值

$\alpha_{\min}$　　最小开度，(°)；最小开度相对值

α_P　　预测开度，(°)；预测开度相对值

β　　μ_k 的迭代步长；点的 v 向位置

γ　　边界曲线 $l(\alpha_U)$ 的法截平面

δ_p　　预测的向量与切向量$\overline{pt}$ 之间的夹角

Δ_1　　在点 P_2 处的 AA 值

Δ_2　　在点 P_3 处的 AA 值

Δ_p　　预测的 AA 值

ε　　允许最大误差

ε_M　　单位力矩的允许最大误差

ε_n　　单位转速的允许最大误差

ε_Q　单位流量的允许最大误差
λ　最小二乘拟合目标函数光滑项中的系数
η　效率
μ_k　LM 和 GD 算法第 k 次迭代最小二乘拟合误差
$\varphi_i(u)$　下标 $i=0,1,\cdots,m$，以 u 为变量的一组基函数
$\psi_j(v)$　下标 $j=0,1,\cdots,n$，以 v 为变量的一组基函数
$\omega_{i,j}$　下标 $i=0,1,\cdots,m$，下标 $j=0,1,\cdots,n$，NURBS 参数曲面权重系数
ρ　第 k 次与第 $k+1$ 次最小二乘拟合误差的相对值

下标

符号　名称
ave　平均
i　点的 u 向位置
i_c　节点矢量初始化计算中间变量之一，作为下标指示节点向量初始化计算中参数 u 的位置
in　流入水力机械
j　点的 v 向位置
k　迭代次数；u 向 B 样条基的度数；变量的第 k 维
L　曲面向小开度外插的边界
l　v 向 B 样条基的度数
m　数据点的 u 向数目
max　最大
n　数据点的 v 向数目
out　流出水力机械
p　u 向 B 样条曲线、曲面控制顶点数 -1；点 P 处
q　v 向 B 样条曲线、曲面控制顶点数 -1
r　节点向量初始化计算中指示参数 u 的位置
U　曲面向小开度外插的边界
α　点的 u 向位置
β　v 的迭代步长；点的 v 向位置

上标

符号　名称
e　范数的阶数
j　迭代次数；变量的第 j 维
k　变量的第 k 维
N　变量的维数
T　矩阵转置

第 2 章　水泵水轮机全特性变化规律

本章收集了 32 套国内外已建成的抽水蓄能电站的基本数据及所采用水泵水轮机全特性曲线(模型试验结果),采用特征参数标准化方法,将所收集资料建成了“水泵水轮机全特性曲线数据库系统”[1]。基于该系统,本章首先研究水泵水轮机全特性曲线特征点的基本规律;其次根据第 1 章水泵水轮机全特性空间曲面的构建,提取空间曲面与坐标平面的特征交线;最后基于水泵水轮机内特性和统计学原理,研究特征交线的变化规律和构造方法,为第 3 章任意比转速水泵水轮机全特性的整体构造打下基础。

2.1　全特性曲线数据库建立

2.1.1　水泵水轮机特征参数标准化

在开展水泵水轮机模型试验时,由于试验装置条件和要求不同,水泵水轮机的模型直径和试验水头也不同,因此模型试验得到的参数 n、Q、M 也不同。为了便于进行水泵水轮机性能比较,通常将模型试验成果统一换算到进口直径 $D_1=1\,\text{m}$,有效水头 $H=1\,\text{m}$时的水泵水轮机单位参数 $Q'_1(\text{m}^3/\text{s})$、$M'_1(\text{N}\cdot\text{m})$、$n'_1(\text{r/min})$[2]。

不同水轮机制造厂家绘制水泵水轮机全特性曲线时通常都以转轮进口直径 D_1 或转轮出口直径 D_2 为基准,单位参数在 D_1 和 D_2 之间的转换为

$$\frac{n'_1}{n'_2}=\frac{D_1}{D_2} \tag{2.1}$$

$$\frac{Q'_1}{Q'_2}=\left(\frac{D_2}{D_1}\right)^2 \tag{2.2}$$

$$\frac{M'_1}{M'_2}=\left(\frac{D_2}{D_1}\right)^3 \tag{2.3}$$

水轮机制造厂家绘制水泵水轮机全特性曲线的坐标轴有时也不直接以单位参数为坐标,而是以其他特性系数为坐标。于是在建立“水泵水轮机全特性曲线数据库系统”时,需要转换。各种转换公式如表 2.1 所示。

表 2.1　全特性曲线坐标的转换公式

组别	特性系数公式	转换公式
1	转速系数:$k_u=\dfrac{\dfrac{n\pi D_1}{60}}{(2gH)^{\frac{1}{2}}}$	单位转速:$n'_1=84.7k_u=\dfrac{60\sqrt{2g}}{\pi}k_u$
	流量系数:$k_{cm}=\dfrac{\dfrac{Q}{\dfrac{\pi D_1^2}{4}}}{(2gH)^{\frac{1}{2}}}$	单位流量:$Q'_1=3.48k_{cm}=\dfrac{\pi\sqrt{2g}}{4}k_{cm}$

续表

组别	特性系数公式	转换公式
1	力矩系数：$k_{M2}=\dfrac{M}{D_1^3H}\dfrac{1}{\rho g}\dfrac{8}{\pi}$	单位力矩：$M_1'=k_{M2}\rho g\dfrac{\pi}{8}$
	功率系数：$\lambda=\dfrac{\dfrac{\dfrac{P}{\rho}}{\dfrac{\pi D_1^2}{8}}}{\left(\dfrac{n\pi D_1}{60}\right)^3}$	单位力矩：$M_1'=\dfrac{\lambda\pi^2n_1'^2}{57.6}$
2	转速系数：$\psi=\dfrac{(2gH)}{(\dfrac{n\pi D_1}{60})^2}$	单位转速：$n_1'=\dfrac{84.7}{\psi^{\frac{1}{2}}}$
	流量系数：$\varphi=\dfrac{\dfrac{Q}{\dfrac{\pi D_1^2}{4}}}{\dfrac{n\pi D_1}{60}}$	单位流量：$Q'_1=\dfrac{3.48\varphi}{\psi^{\frac{1}{2}}}$
3	转速系数：$n_1=\dfrac{n}{H^{\frac{1}{2}}}$	单位转速：$n_1'=n_1D_1$
	流量系数：$Q_1=\dfrac{Q}{H^{\frac{1}{2}}}$	单位流量：$Q'_1=Q_1D_1^2$
	功率系数：$P_1=\dfrac{P}{H^{\frac{1}{2}}}$	单位力矩：$M_1'=\dfrac{30P_1}{D_1^2\pi n_1'}$
4	转速系数：$E_{\omega d}=\dfrac{gH}{(\omega D_1)^2}$	单位转速：$n_1'=\dfrac{\dfrac{30\sqrt{g}}{\pi}}{E_{wd}^{\frac{1}{2}}}$
	流量系数：$Q_{\omega d}=\dfrac{Q}{\omega D^3}$	单位流量：$Q_1'=\dfrac{\pi Q_{wd}n'_1}{30}$
5	转速系数：$\omega_{ed}=\dfrac{\omega D_1}{(gH)^{\frac{1}{2}}}$	单位转速：$n_1'=\dfrac{\omega_{ed}30g^{\frac{1}{2}}}{\pi}$
	流量系数：$Q_{ed}=\dfrac{Q}{D_1^2(gH)^{\frac{1}{2}}}$	单位流量：$Q_1'=Q_{ed}g^{\frac{1}{2}}$
	力矩系数：$T_{ed}=\dfrac{T}{\rho gHD_1^3}$	单位力矩：$M_1'=T_{ed}\rho g$

2.1.2 数据库建立

按照以上标准化方法，将所有资料进行统计汇总，形成了“水泵水轮机全特性曲线数据库系统”。表 2.2 列举了 32 套应用于国内外抽水蓄能电站的水泵水轮机的基本数据。

表 2.2　32 套水泵水轮机的基本数据

序号	额定转速 n_t /(r/min)	单机容量 /MW	额定水头 H_t /m	额定流量 Q_t /(m^3/s)	额定出力 P_t /MW	水轮机比转速 n_s /(m,kW)	水泵比转速 n_q /(m,m^3/s)
电站 1	500	300	640	54.10	306.00	82.15	93.02
电站 2	500	300	526	67.70	306.00	95.80	95.01
电站 3	500	300	512	70.72	326.00	103.92	96.21
电站 4	500	300	517.4	66.72	306.10	98.44	95.95
电站 5	200	/	127	158.00	178.60	154.41	155.39
电站 6	250	300	195	176.10	306.00	178.61	144.93
电站 7	500	300	510	67.56	306.00	94.79	98.44
电站 8	300	250	225	126.56	255.10	143.53	137.19
电站 9	375	250	363	76.40	255.00	101.81	92.52
电站 10-1	375	250	353	/	254.30	/	108.26
电站 10-2	375	250	353	/	254.30	/	/
电站 11	333.3	/	/	/	300.00	124.61	118.96
电站 12	300	250	259	110.90	255.10	/	/
电站 13	428.6	320	470		326.50	93.36	95.35
电站 14-1	428.6	300	430	80.30	306.10	98.18	103.96
电站 14-2	428.6	300	430	80.20	306.10	/	/
电站 15-1	428.6	300	419	83.64	306.10	107.17	110.03
电站 15-2	428.6	300	419	82.55	306.10	117.21	96.10
电站 15-3	428.6	300	419	/	/	/	/
电站 16	300	300	295	115.50	306.12	112.19	117.20
电站 17	300	300	244	145.22	306.12	141.52	123.21
电站 18	250	250	190	151.50	254.00	143.44	139.31
电站 19	230.8	150	126	135.90	153.00	183.93	180.10
电站 20-1	428.6	/	416	82.18	305.20	/	/
电站 20-2	428.6	/	416	82.18	305.20	101.75	88.37
电站 21-1	375	/	437	98.09	382.70	106.57	100.47
电站 21-2	375	375	437	99.20	382.70	95.78	109.88
电站 22	428.6	/	410	84.10	306.12	/	104.79
电站 23	300	/	121	60.79	51.10	/	/
电站 24	500	/	702	57.71	355.70	79.56	74.47
电站 25	/	300	521	66.19	/	/	/
电站 26	/	250	305	/	/	/	/

注:(1)“/”代表未收集到该数据;(2) 比转速的定义和计算方法见 2.2.1 节

2.2 全特性曲线特征点的变化规律

2.2.1 全特性曲线特征点与比转速

水泵水轮机全特性通常采用单位流量、单位力矩与单位转速、导叶开度之间的相关关系 $Q_1' = f(\alpha, n_1')$，$M_1' = f(\alpha, n_1')$ 来表达，即传统的以单位参数为纵横坐标的平面表征方式(图 2.1)。水泵水轮机全特性曲线的特征点对水泵水轮机水力设计和选型有很重要的参考价值，按照特征点的性质可以分为两类：第一类包括水轮机工作区和水泵工作区的高效点；第二类为坐标交点，包括高效点所在开度线与 $n_1' = 0$ 轴、$M_1' = 0$ 轴、$Q_1' = 0$ 轴的交点，其中与 $Q_1' = 0$ 轴在 $n_1' = 0$ 两侧各有一个交点。由于水泵专业和水轮机专业使用的比转速表达方式有所不同，可根据水泵水轮机的高效点的单位参数，计算得到对应的比转速。

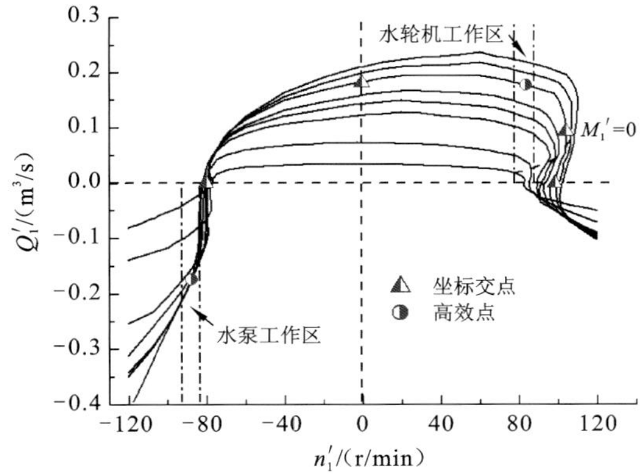

(a) $n_1' \sim Q_1'$

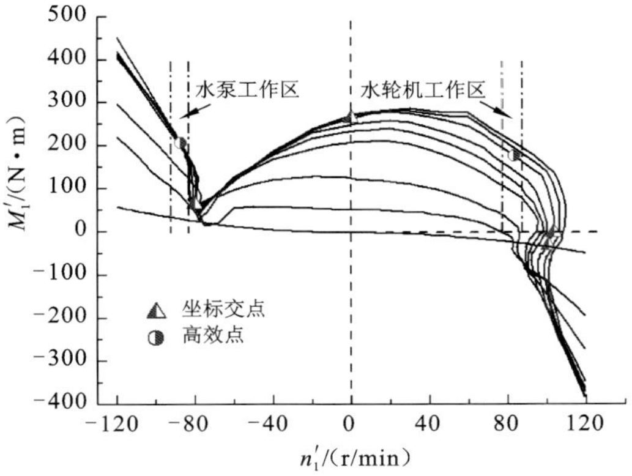

(b) $n_1' \sim M_1'$

图 2.1 水泵水轮机全特性曲线及特征点

水轮机专业定义比转速为

$$n_s = 3.13 n_{1T}' \sqrt{\eta_T Q_{1T}'} \tag{2.4}$$

水泵专业定义比转速为

$$n_q = 3.65 n_{1P}' \sqrt{Q_{1P}'} \tag{2.5}$$

式中，下标 T、P 分别代表水轮机工况区和水泵工况区高效点的单位参数。比转速的计算结果如表 2.2 所示。

2.2.2 回归分析基本理论

根据统计数据的分布规律，本章多处采用非线性回归模型进行回归分析，并采用高斯-牛顿法求解，可获得较高的回归精度。回归分析的实质是对于给定数据$(x_i, y_i)(i = 0, 1, \cdots, n)$，在取定的函数类 φ 中，求 $p(x) \in \varphi$，使误差 $r_i = p(x_i) - y_i (i = 0, 1, \cdots, n)$ 的平方和最小，即

$$\sum_{i=0}^{n} r_i^2 = \sum_{i=0}^{n} [p(x_i) - y_i]^2 = \min \tag{2.6}$$

原始数据 y 和拟合数据 y'_i 之间的相关性，可用式(2.7)得到的复相关度 R^2 来表示。R^2 值越大，数据的相关性越大。

$$R^2 = \frac{\left[\sum_{i=1}^{n}(y_i - \overline{y})(y'_i - \overline{y'})\right]^2}{\sum_{i=1}^{n}(y_i - \overline{y})^2 \sum_{i=1}^{n}(y'_i - \overline{y'})^2} \tag{2.7}$$

式中，y_i 为原始数据点；y'_i 为拟合数据点；$\overline{y}$、$\overline{y'}$ 为 y_i、y'_i 的平均值。

当建立了回归模型后，可以利用回归方程预测自变量 $x = x_0$ 时因变量的响应值。对于较为重要的统计结果，还需要预测因变量的平均响应范围，使统计结果更为可信；对于相关度很低的统计公式，需要预测因变量单个统计值的响应范围。这就需要引入置信区间和预测区间两个统计学概念。

置信区间是指在一定置信水平下，即一定概率下，对于回归模型 $y = p(x)$，由回归系数波动导致因变量 y 平均响应波动的区间。以点估计值 $p(x_0)$ 为基础，置信水平为 $1-\alpha$ 的置信区间为

$$\mathrm{C}\begin{pmatrix} U \\ L \end{pmatrix} = p(x_0) \pm t_{1-\alpha/2}(n-2)s\sqrt{\frac{1}{n} + \frac{(x_0 - \overline{x})^2}{\sum_{i=1}^{n}(x_i - \overline{x})^2}} \tag{2.8}$$

式中，CI 代表置信区间；U、L 分别代表区间上下限；s 为残差标准差，大小等于 $\sqrt{\sum_{i=1}^{n}(y'_i - \overline{y'})^2/(n-2)}$；$t_{1-\alpha/2}(n-2)$ 为拒绝域的边界值，大小等于 $(1-\alpha/2)/\sqrt{[1-(1-\alpha/2)^2]/(n-2)}$；本章 α 均取 0.05。

预测区间是指在一定置信水平下，因变量 y 个别值响应波动的区间。可以看作平均响应加上随机误差，以 σ 为标准差所形成的波动区间。置信水平为 $1-\alpha$ 的预测区间为

$$\mathrm{PI}\begin{pmatrix} U \\ L \end{pmatrix} = p(x_0) \pm t_{1-\alpha/2}(n-2)s\sqrt{1 + \frac{1}{n} + \frac{(x_0 - \overline{x})^2}{\sum_{i=1}^{n}(x_i - \overline{x})^2}} \tag{2.9}$$

式中，PI 代表预测区间。

2.2.3　高效点单位参数与比转速的统计性分析

水轮机的高效点是特性曲线上重要的特征点，文献[3]～[5]统计了某些形式的水轮机结果。水泵水轮机高效点可以代表全特性曲线的变化规律，同时是水泵水轮机水力设计和选型的参考依据。在水轮机工况区和水泵工况区分别存在一个高效点，其单位参数的统计数据如图 2.2 ～ 图 2.4 所示。

由统计资料可知，单位转速的变化范围很小，离散性较强，统计公式的意义并不大，故本节探讨了各高效点单位转速的预测区间。不同比转速水泵水轮机的高效点单位转速在拟合函数附近变化，且落在预测区间内部的概率为 0.95。

不同水泵水轮机在水轮机工况区的最高效率以及最高效率点单位转速随比转速变化的范围很小，故由水轮机比转速 $n_s = 3.13n'_{1T}\sqrt{\eta_T Q'_{1T}}$ 可近似得出 $Q'_{1T} \propto n_s^2$。同样，可近似得 $Q'_{1P} \propto n_q^2$。

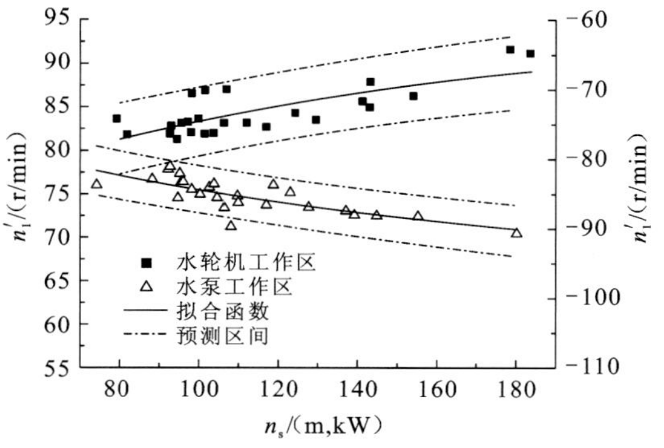

图 2.2　高效点单位转速的统计性分析

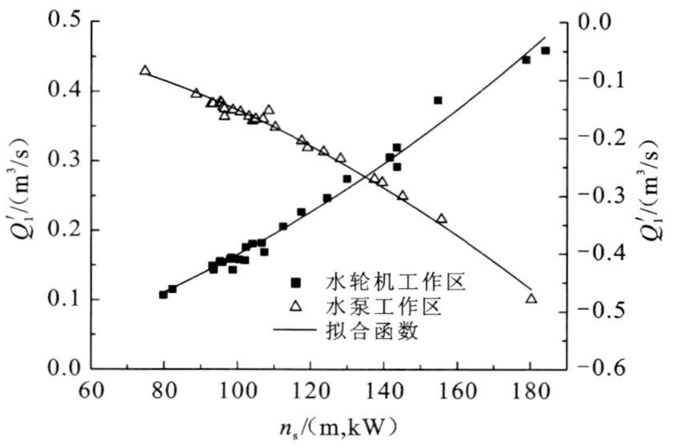

图 2.3　高效点单位流量统计性分析

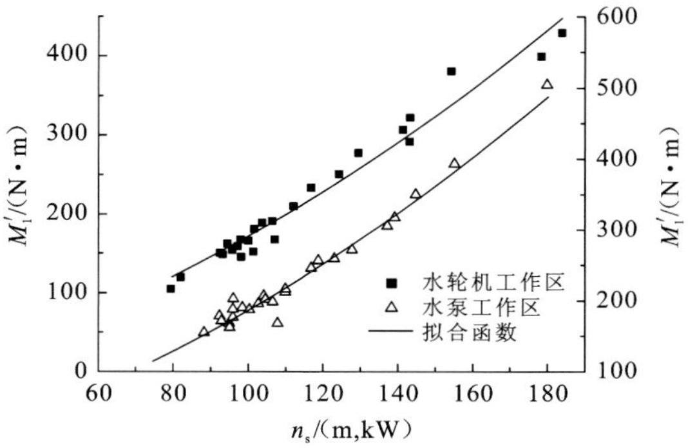

图 2.4　高效点单位力矩统计性分析

将水轮机工况区效率 $\eta_T = M'_{1T}n'_{1T}/(93\ 678.6Q'_{1T})$ 代入水轮机比转速公式(2.4),可得 $n_s = 0.010\ 23n'^{\frac{3}{2}}_{1T}\sqrt{M'_{1T}}$,故可近似得到 $M'_{1T}\propto n_s^2$。对于水泵工况区,效率 $\eta_P = 93\ 678.6Q'_{1P}/(M'_{1P}n'_{1P})$,代入式(2.4) 消掉 Q'_{1P},可得 $n_q = 0.011\ 93n'^{\frac{3}{2}}_{1P}\sqrt{\eta_P M'_{1P}}$,也可近似得出 $M'_{1P}\propto n_q^2$。

通过以上对单位参数与比转速之间相关关系的探讨,可知各区最高效率点单位流量和单位力矩与比转速近似呈二次方关系。为获得更高相关性,采用 $Y = ax^b$ 的回归模型对这些参数进行回归分析。而对于单位转速,回归模型的意义不大,也采用函数 $Y = ax^b$。回归分析结果见图 2.2 ～ 图 2.4 及表 2.3。

表 2.3　特征点回归分析结果

回归模型	$Y = ax^b$			
特征点	相关曲线	参数 a	参数 b	R^2
水轮机工作区域高效点	$n_s \sim gQ_1'$	5.059×10^{-5}	1.756 3	0.979 4
	$n_s \sim M_1'$	1.137×10^{-1}	1.586 7	0.967 9
水泵工作区域高效点	$n_q \sim Q_1'$	-2.672×10^{-5}	1.879 5	0.988 4
	$n_q \sim M_1'$	9.364×10^{-2}	1.647 5	0.975 6
$n_1' = 0$ 交点	$n_s \sim Q_1'$	2.806×10^{-4}	1.398 5	0.970 5
	$n_s \sim M_1'$	4.944×10^{-1}	1.362 7	0.963 9

续表

特征点	相关曲线	参数 a	参数 b	R^2
$Q'_{1T}=0$ 交点	$n_s \sim M'_1$	2.172×10^{-2}	1.722 6	0.791 5
$Q'_{1P}=0$ 交点	$n_s \sim M'_1$	4.100×10^{-3}	2.100 5	0.901 5
$M'_1=0$ 交点	$n_s \sim Q'_1$	6.880×10^{-6}	2.016 5	0.947 6

通过高效点单位参数的统计分析，可以提炼出如下结论：水泵驼峰区和水轮机反 S 区两区间范围内高效点单位转速的绝对值与比转速的相关关系很小，基本都在 81 ～ 88 变化，在预测区间内随比转速增加而增加，两区间范围的预测概率达 0.95，具有很高的可信度。单位流量和单位力矩与比转速呈幂函数关系，指数均小于 2，统计公式的复相关度达 0.97，也具有很高的可信度。

2.2.4　坐标交点单位参数与比转速的统计性分析

定义水轮机工况区高效点所在开度线为基准开度线，定义 $Q'_1=0$ 轴在 $n'_1>0$ 和 $n'_1<0$ 的部分为 $Q'_{1T}=0$ 轴和 $Q'_{1P}=0$ 轴，基准开度线与坐标轴 $n'_1=0$、$Q'_{1T}=0$、$Q'_{1P}=0$、$M'_1=0$ 有四个交点。基准开度线坐标交点也是水泵水轮机全特性曲线上重要的特征点，能代表全特性曲线的整体规律，特别是代表了基准开度线的变化情况。另外，在仅有局部特性曲线数据时，可通过统计公式得到这些坐标交点，将局部特性曲线向全特性曲线扩展。交点单位参数的统计数据如图 2.5 ～ 图 2.8 所示。

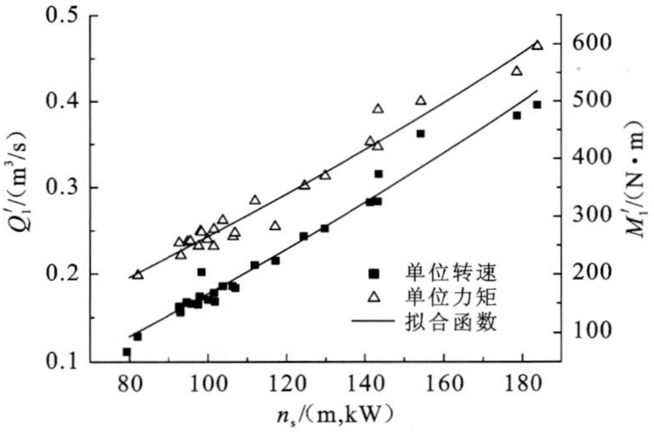

图 2.5　$n'_1=0$ 轴交点单位参数统计性分析

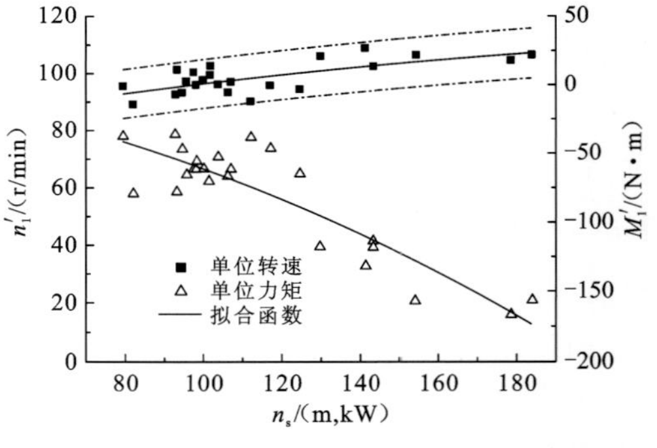

图 2.6　$Q'_{1T}=0$ 轴交点单位参数统计性分析

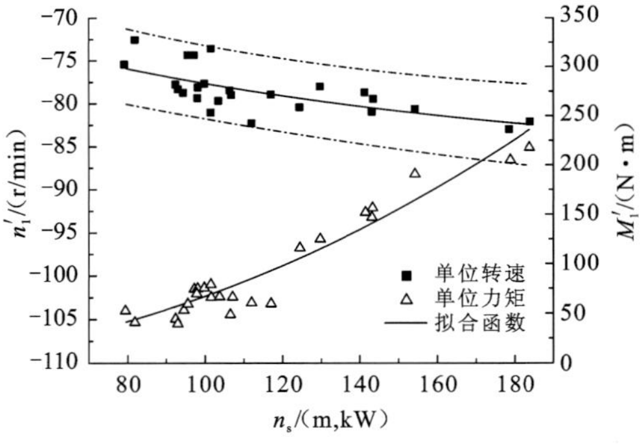

图 2.7　$Q'_{1P}=0$ 轴交点单位参数统计性分析

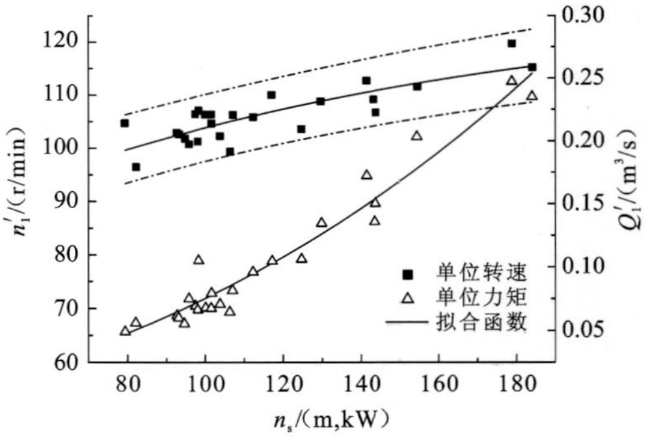

图 2.8　$M'_1=0$ 轴交点单位参数统计性分析

由统计资料可知，各交点的单位转速与比转速之间的相关性较小，故需要考虑其预测区间。单位流量和单位力矩与比转速的统计关系类同于高效点，但离散性大于高效点，同样建立 $Y = ax^b$ 的回归模型，回归分析结果如图 2.5 ～ 图 2.8 及表 2.3 所示。

通过对基准开度线坐标交点单位参数的统计分析，得出如下结论。

(1) 对于四个坐标交点，单位转速与比转速的相关性很低，单位流量和单位力矩与比转速的相关性较强。

(2) 对于零转速特征点，单位参数与比转速的相关性最强。零流量点及零力矩点单位转速仅在小范围内变动，其绝对值在预测区间内随比转速增加而增加。零流量点单位力矩和零力矩点单位流量与比转速均为非线性递增关系。

根据统计数据，水泵区零流量点与水泵工况区高效点的单位转速存在以下关系：

$$n'_1 = (1.04 \sim 1.15)n'_{1P} \tag{2.10}$$

水轮机区零流量点与水轮机工况区高效点的单位转速存在以下关系：

$$n'_1 = (1.10 \sim 1.25)n'_{1T} \tag{2.11}$$

零力矩点与水轮机工况区高效点的单位转速存在以下关系：

$$n'_1 = (1.20 \sim 1.31)n'_{1T} \tag{2.12}$$

2.3　全特性空间曲面特征交线的变化规律

2.3.1　特征交线定义与提取

通过引入单位转速 n'_1、单位流量 Q'_1、单位力矩 M'_1 分别作为 x、y、z 轴，建立了水泵水轮机全特性空间曲线，如图 2.9 所示。零流量($Q'_1 = 0$) 坐标平面在零转速($n'_1 = 0$) 坐标平面的两侧分别定义为 $Q'_{1T} = 0$ 和 $Q'_{1P} = 0$ 坐标平面，全特性空间曲线与 $n'_1 = 0$、$M'_1 = 0$、$Q'_{1T} = 0$、$Q'_{1P} = 0$ 坐标平面分别存在一条空间的特征交线，图 2.9 也给出了特征交线的结果。每一条空间特性交线可以分解为三组平面曲线，以 $n'_1 = 0$ 平面上的特征交线为例，可分 $\alpha \sim Q'_1$、$\alpha \sim M'_1$、$Q'_1 \sim M'_1$ 三条相关曲线。当已知其中两组时，即可确定空间特征交线。由于在零流量平面的特征交线中 $n'_1 \sim M'_1$ 曲线的变化规律不明显，数值拟合相关性较低，故未探讨该相关曲线，但依然可根据其他两组相关曲线得到空间特征交线。

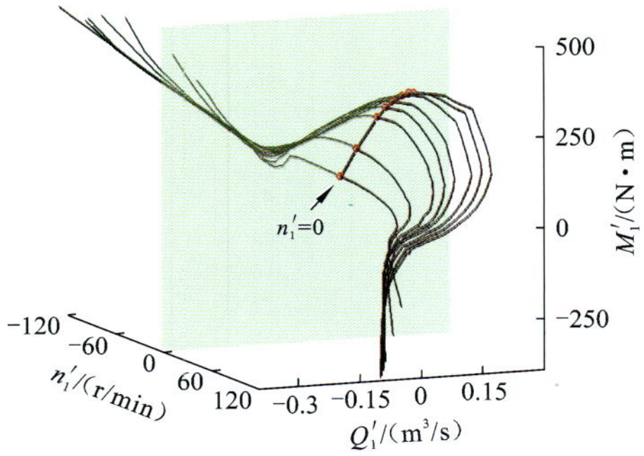

(a) $n'_1=0$

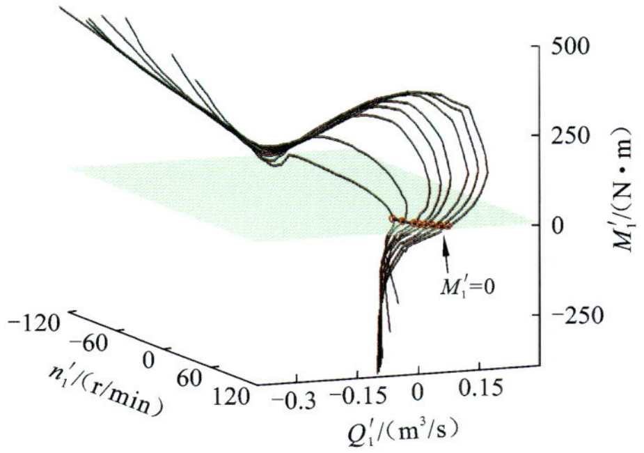

(b) $M'_1=0$

图 2.9　特征交线示意图

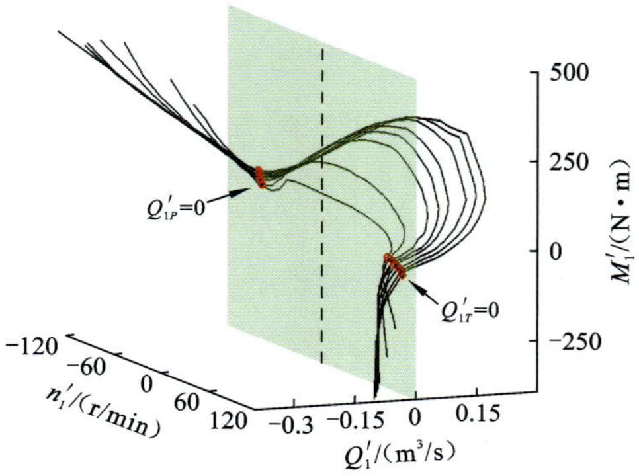

(c) $Q'_1=0$

图 2.9　特征交线示意图(续)

分别提取“水泵水轮机全特性曲线数据库系统”中全特性曲线的特征交线，可得图 2.10 所示结果[6]。

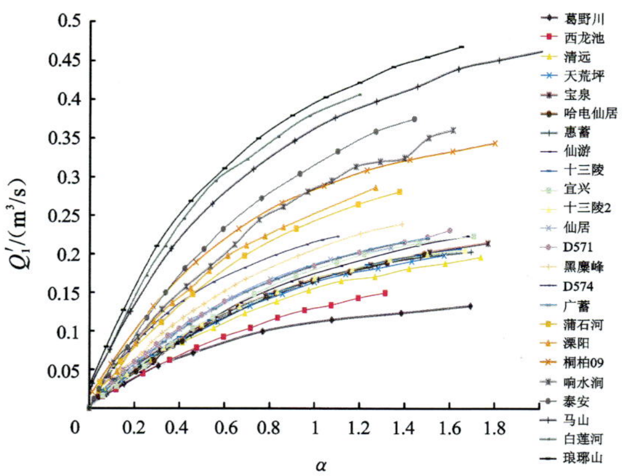

(a) $\alpha \sim Q'_1(n'_1=0)$

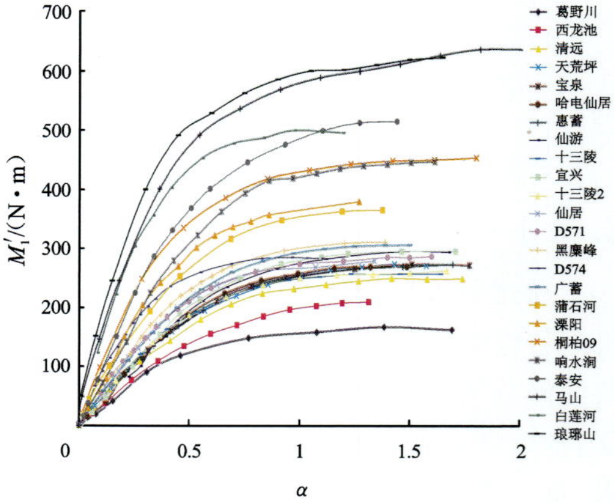

(b) $\alpha \sim M'_1(n'_1=0)$

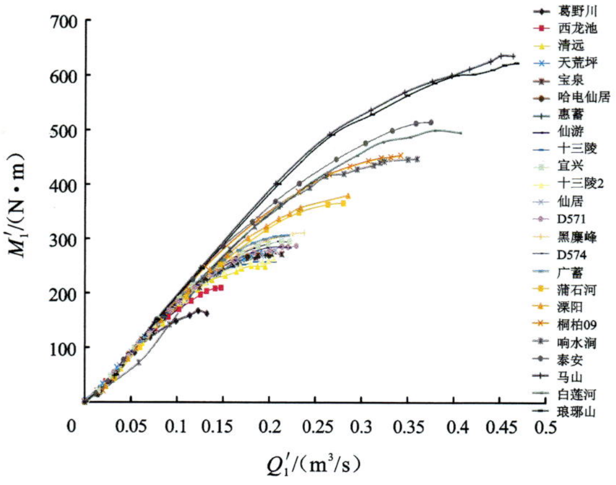

(c) $Q'_1 \sim M'_1(n'_1=0)$

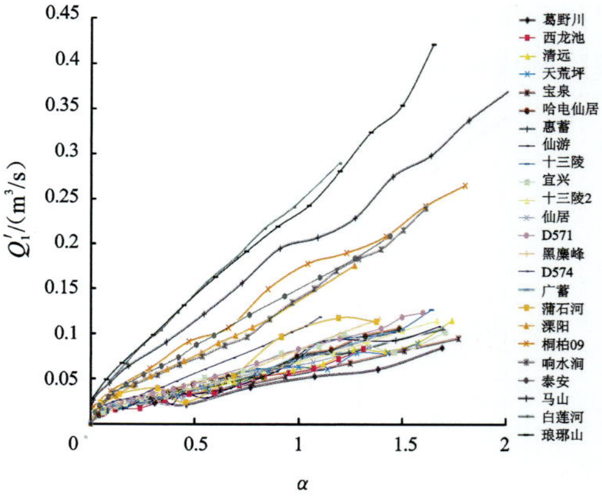

(d) $\alpha \sim Q'_1(M'_1=0)$

图 2.10　特征交线数据

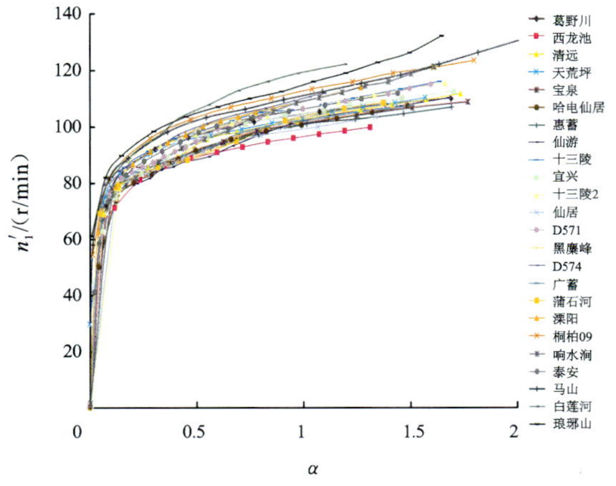

(e) $\alpha \sim n_1'$ ($M_1'=0$)

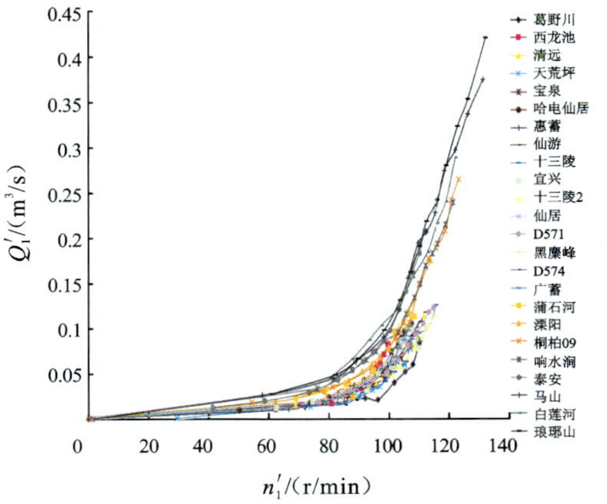

(f) $Q_1' \sim n_1'$ ($M_1'=0$)

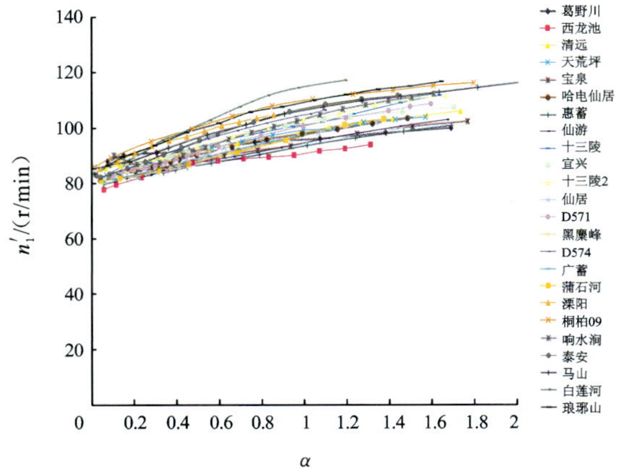

(g) $\alpha \sim n_1'$ ($Q_{1T}'=0$)

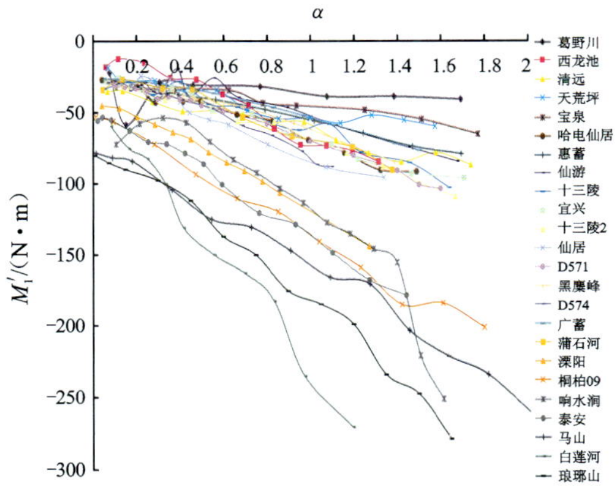

(h) $\alpha \sim M_1'$ ($Q_{1T}'=0$)

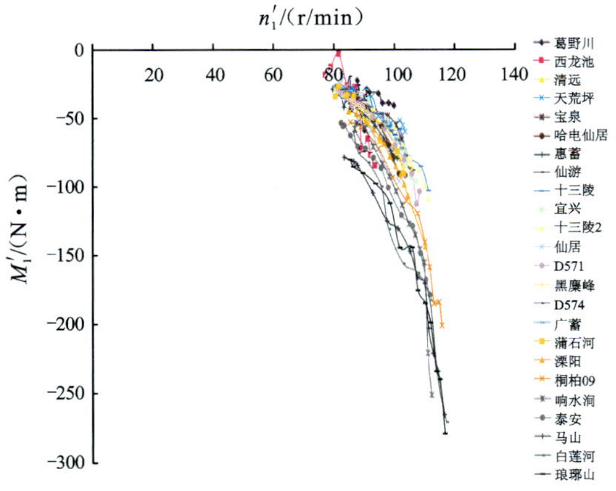

(i) $n_1' \sim M_1'$ ($Q_{1T}'=0$)

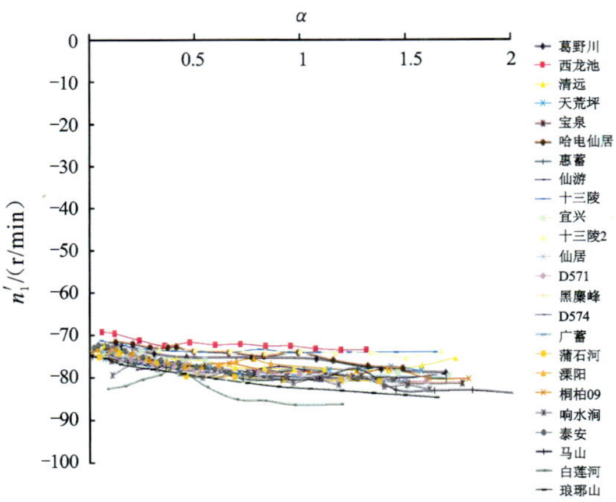

(j) $\alpha \sim n_1'$ ($Q_{1P}'=0$)

图 2.10　特征交线数据(续)

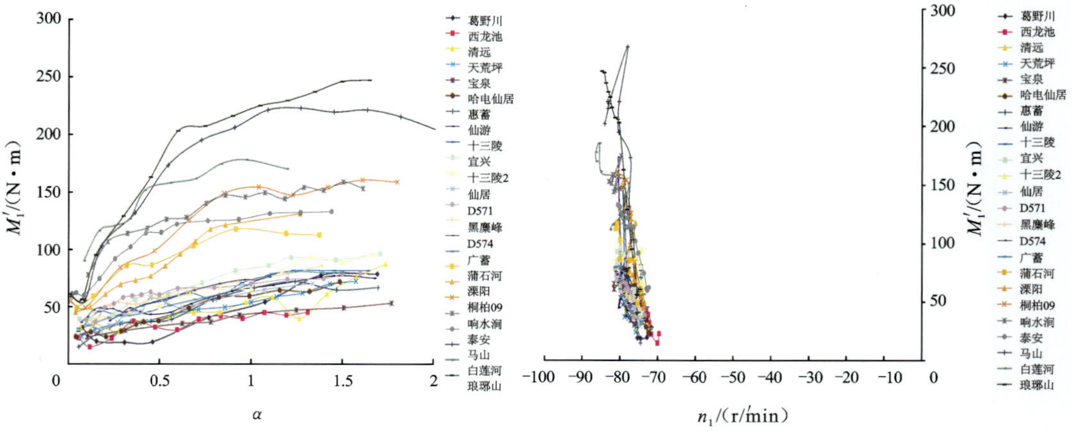

(k) $\alpha \sim M_1'(Q_{1P}'=0)$　　　　(l) $n_1' \sim M_1'(Q_{1P}'=0)$

图 2.10　特征交线数据(续)

2.3.2　特征交线理论公式推导和理想化处理

1. $n_1'=0$ 时 $\alpha \sim Q_1'$ 曲线

在水轮机的转速为零的时候，水流经过导叶和转轮时存在一个水头损失，文献[7]、[8]假设经过机组的总水头损失 $H=H_g+H_r$，其中 H_g 为经过导叶时的水头损失，H_r 为经过转轮时的水头损失，根据孔口出流公式得

$$Q=Q_1'D_1^2\sqrt{H}=\mu_g\alpha A_N\sqrt{2gH_g}=\mu_r D_1^2\sqrt{2gH_r} \tag{2.13}$$

在小开度的情况下，可以假定经过机组的水头损失全部来自于导叶，即假定此时 $H=H_g$，于是可以根据小开度的情况推算出 μ_g 的值。在最高效率开度下，经过导叶产生的水头损失很小，故可以假定 $H=H_r$，于是可以根据最高效率开度的情况推算出 μ_r 的值。

假定 μ_g 和 μ_r 为常数，由式(2.13)和 $H=H_g+H_r$ 可以得

$$Q_1'=\frac{\sqrt{2g}\mu_g A_N}{D_1^2}\alpha\Big/\sqrt{1+\left(\frac{\mu_g A_N}{\mu_r D_1^2}\right)^2\alpha^2} \tag{2.14}$$

用参数 a_α、b_α 来表示输水表达式，可得

$$Q_1'=\frac{a_\alpha\alpha}{\sqrt{1+b_\alpha\alpha^2}} \tag{2.15}$$

式中，$a_\alpha=\mu_g A_N\sqrt{2g}/D_1^2$；$b_\alpha=\mu_g^2A_N^2/(\mu_r^2D_1^4)$；参数 a_α、b_α 仅与转轮和导叶的几何尺寸构造和流量系数有关。

2. $n_1'=0$ 时 $\alpha \sim M_1'$ 曲线

由于空间曲线的数据是根据静态模型试验得来的，故其广义基本方程式不考虑动态效应，由欧拉方程可得理想情况下的水动力矩方程[9]，即

$$M=\rho Q(r_1v_{u1}-r_2v_{u2}) \tag{2.16}$$

根据图 2.11，将式(2.16)转化为与几何尺寸相关的表达形式，转化结果如下：

$$M=\rho Q\left[\left(\frac{1}{2\pi b_1\tan\alpha_1}+\frac{1}{2\pi b_2\tan\beta_2}\right)Q-\omega r_2^2\right] \tag{2.17}$$

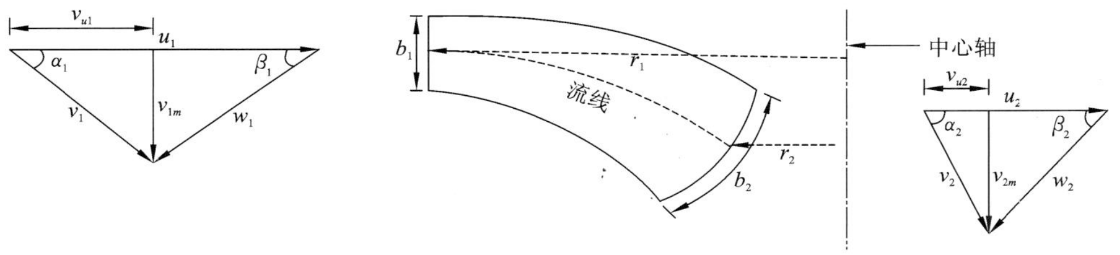

(a) 进口速度三角形　(b) 轴面流线投影　(c) 出口速度三角形

图 2.11　转轮进出口流速

将单位参数表达式代入式(2.17)，可得

$$M_1'=\alpha_T Q_1'^2-\beta_T Q_1' n_1' \tag{2.18}$$

式中，$\alpha_T=\rho D_1(1/(2\pi b_1\tan\alpha_1)+1/(2\pi b_2\tan\beta_2))$；$\beta_T=\pi\rho r_2^2/(30D_1^2)$，均取决于机组的几何参数。

当 $n_1'=0$ 时，式(2.18)简化为

$$M_1'=\alpha_T Q_1'^2 \tag{2.19}$$

式中，参数 α_T 不仅取决于转轮，还与导叶的出流角相关。相对开度与导叶出流角的关系如下：

$$\sin\alpha_1=\alpha\sin\alpha_{1N} \tag{2.20}$$

将式(2.20)代入 α_T 的表达式，可得

$$\alpha_T=\frac{\rho D_1}{\alpha\sin\alpha_{1N}}\left(\frac{1}{2\pi b_1\tan\alpha_1}+\frac{\sin\alpha_1}{2\pi b_2\tan\beta_2}\right) \tag{2.21}$$

将 $Q=2\pi r_1 b_1 v_1\sin\alpha_1$ 代入式(2.21)，可得效率表达式为

$$\eta=\frac{M\omega}{\rho gQH}=\frac{\omega}{gH}\left(r_1 v_1\cos\alpha_1+\frac{b_1}{b_2\tan\beta_2}r_1 v_1\sin\alpha_1-\omega r_2^2\right) \tag{2.22}$$

当 $\mathrm{d}\eta/\mathrm{d}\alpha_1=0$ 时 $\alpha_1=\alpha_{1N}$，可得

$$\frac{\mathrm{d}\eta}{\mathrm{d}\alpha_1}=\frac{\omega}{gH}\left(-r_1 v_1\sin\alpha_1+\frac{b_1}{b_2\tan\beta_2}r_1 v_1\cos\alpha_1\right)=0 \tag{2.23}$$

可得 $\cot\beta_2$ 的表达式如下：

$$\cot\beta_2=\frac{b_2}{b_1}\tan\alpha_{1N} \tag{2.24}$$

相对开度定义为开度与最优工况开度比 α，导叶出流角与相对开度大小呈线性关系，即 $\alpha_1=\alpha_{1N}\alpha$。将相对开度及式(2.24)代入式(2.21)可得

$$\alpha_T=\frac{\rho D_1}{2\pi b_1\alpha\sin\alpha_{1N}}\left[\cos(\alpha_{1N}\alpha)+\tan\alpha_{1N}\sin(\alpha_{1N}\alpha)\right] \tag{2.25}$$

将式(2.25)代入 M_1' 的表达式，并引入 Q_1' 与 α 的关系表达式(2.15)，可以得到 M_1' 关于相对开度的表达式，即

$$M_1' = \frac{a_\beta \alpha}{1 + b_\beta \alpha^2} [\cos(\alpha_{1N}\alpha) + \tan\alpha_{1N} \sin(\alpha_{1N}\alpha)] \tag{2.26}$$

式中，$a_\beta = \rho D_1 a_\alpha^2 / 2\pi b_1 \sin\alpha_{1N}$；$b_\beta = b_\alpha$。对于某一水泵水轮机，该组相关曲线可以根据几何尺寸以及最优的导叶出流角来计算得出。

为了建立任意比转速的特征交线的模拟方程，α_{1N} 只能看作未知数。为了建立未知参数与比转速的相关性，参数的数量一定要限制，从而增加 α_{1N} 与比转速的相关性，所以对式(2.26)应采取必要的简化。

$\cos(\alpha_{1N}\alpha) + \tan\alpha_{1N}\sin(\alpha_{1N}\alpha)$ 随着导叶开度的增加而增加，在 1 ～ 1.15 变化，为简化式(2.26)，可以忽略该项。但为了弥补简化带来的误差，根据经验对表达式的分母做出修正，即得到式(2.27)，该表达式将用于数值拟合。

$$M_1' = \frac{a_\beta \alpha}{\sqrt{1 + b_\beta \alpha^2}} \tag{2.27}$$

3. $n_1' = 0$ 时 $Q_1' \sim M_1'$ 曲线

将单位流量 Q_1' 看作已知量，求解式(2.15)可得

$$\alpha = \frac{Q_1'}{\sqrt{a_\alpha^2 - b_\alpha Q_1'^2}} \tag{2.28}$$

按照对 α_T 的假定与简化，将式(2.28)代入 $M_1' = \alpha_T Q_1'^2$，可得

$$M_1' = \frac{\rho a_\alpha D_1 Q'}{2\pi b_0 \sin\alpha_{1N}} \sqrt{1 - \frac{b_\alpha}{a_\alpha^2} Q_1'^2} \tag{2.29}$$

综上所述，用参数 a_γ、b_γ 表示上述表达式可得 $Q_1' \sim M_1'$ 的数值拟合表达式为

$$M_1' = a_\gamma Q_1' \left(\sqrt{1 - b_\gamma Q_1'^2}\right) \tag{2.30}$$

式中，$a_\gamma = \rho D_1 a_\alpha / (2\pi b_1 \sin\alpha_{1N})$；$b_\gamma = b_\alpha / a_\alpha^2$。

4. $M_1' = 0$ 时 $\alpha \sim Q_1'$ 曲线

由导叶进口一直到尾水管进口，孔口淹没出流公式为

$$Q = \mu \alpha A_N \sqrt{2g(H_g + H_r)} \tag{2.31}$$

式中，μ 为水泵水轮机的综合流量系数。将单位流量表达式代入后，可改写为

$$Q_1' = a_\delta \alpha \tag{2.32}$$

式中，$a_\delta = \mu A_N \sqrt{2g} / D_1^2$。

由统计数据的变化规律，可知单位流量与导叶开度近似呈线性关系，即可以假设综合流量系数为常数。考虑渗漏流量后，其相关性表达式为

$$Q_1' = a_\delta \alpha + b_\delta \tag{2.33}$$

5. $M_1' = 0$ 时 $Q_1' \sim n_1'$ 曲线

飞逸时机组转速达到最大，效率为零。故在飞逸工况点，单位水动力矩等于机械损失等引起的单位阻力矩 M_F'。

由于转轮高速旋转，会产生较大的机械损失，其中圆盘摩擦损失占了机械损失的绝大部分，其大小为

$$\Delta P_{df} = M_{df}\omega = K\rho\left(\frac{\pi n}{60}\right)^3 D_1^5 \tag{2.34}$$

将单位参数的表达式代入式(2.34)，并定义单位圆盘损失力矩 M'_{df}，且 $M'_{df} = kn_1'^2$，其中 $k = K\rho\pi^2/7200$。

根据 $M'_1 = M'_{df}$ 可以得到表达式

$$\alpha_T Q_1'^2 - \beta_T Q'_1 n'_1 - kn_1'^2 = 0 \tag{2.35}$$

求解式(2.35)，可得

$$Q'_1 = \frac{\beta_T + \beta_T\sqrt{1 + 4\alpha_T k/\beta_T^2}}{2\alpha_T} n'_1 \tag{2.36}$$

当不考虑机械损失时，式(2.36)中 $4\alpha_T k/\beta_T^2 = 0$。可见 $4\alpha_T k/\beta_T^2$ 相对较小，故可以由泰勒公式近似 $\sqrt{1 + 4\alpha_T k/\beta_T^2} \approx 1 + 2\alpha_T k/\beta_T^2$ 对式(2.36)进行简化，得

$$Q'_1 = \frac{\beta_T + \alpha_T k/\beta_T}{\alpha_T} n'_1 \tag{2.37}$$

根据忽略 $\cos\alpha_{1N}\alpha + \tan\alpha_{1N}\sin\alpha_{1N}\alpha$ 项的 α_T 表达式(2.25)，单位流量与相对开度以及单位转速的关系表达式可以进一步写为

$$Q'_1 = (a_\omega\alpha + b_\omega)n'_1 \tag{2.38}$$

式中，$a_\omega = 2\pi b_1\beta_T\sin\alpha_{1N}/(\rho D_1)$；$b_\omega = k/(\eta_H\beta_T)$。

将式(2.30)代入式(2.35)，可改写为

$$n'_1 = \frac{Q'_1}{a_\varepsilon Q'_1 + b_\varepsilon} \quad 或 \quad Q'_1 = \frac{b_\varepsilon n'_1}{1 - a_\varepsilon n'_1} \tag{2.39}$$

式中，$a_\varepsilon = a_\omega/a_\delta$；$b_\varepsilon = b_\omega - a_\omega b_\delta/a_\delta$。

6. $M'_1 = 0$ 时 $\alpha \sim n'_1$ 曲线

当 $M'_1 = 0$ 时，在小开度下流量较小，且大部分能量都损失在了导叶进口处。随着导叶开度增加，能量损失急剧减少，所以机组飞逸转速将随导叶开度增大而急剧上升。在中大开度的情况下，大部分能量转化为机组自身的动能。故在 $\alpha \sim n'_1$ 曲线中，存在一个较为明显的分界区域，其分界区域的相对开度约为 0.1。将忽略 b_δ 项的式(2.33)直接代入式(2.39)，消掉参数 Q'_1，可得

$$n'_1 = \frac{\alpha}{a_\zeta\alpha + b_\zeta} \tag{2.40}$$

式中，$a_\zeta = a_\varepsilon$；$b_\zeta = b_\varepsilon/a_\delta$。

由于上述对式(2.37)进行了若干处简化，导致该表达式存在一定误差，为了提高拟合的精度，根据实测数据统计分析，可以做出如下经验修正：

$$n'_1 = \frac{\alpha^{1.19}}{a_\zeta\alpha + b_\zeta} \tag{2.41}$$

7. $Q'_{1T} = 0$ 时 $\alpha \sim n'_1$ 曲线

在 $Q'_{1T} = 0$ 时，除小开度外，n'_1 的变化范围不大，根据统计资料得 n'_1 大致分布在 74.2～82.6 r/min。根据曲线的变化特征，利用式(2.42)对其进行理想化处理：

$$n'_1 = a_\eta\sqrt{\alpha} + b_\eta \tag{2.42}$$

8. $Q'_{1T}=0$ 时 $\alpha\sim M'_1$ 曲线

零开度线和零流量线共同之处是它们的单位流量均为零，但是其机理是不一样的。由图 2.12(a) 可以看出，相同单位转速或相对开度下，零开度的单位力矩要比零流量下的单位力矩要小。零开度力矩主要包括机械阻力矩和转轮旋转产生的水阻力矩，一般认为力矩和转速的关系为 $M'_{1f}=k_1 n_1'^2$。

而零流量力矩则还包含了一项由水力损失产生的力矩。水泵水轮机在 $Q'_{1T}=0$ 时的流动是很不稳定的，高速环流由于流向与转轮叶片进口存在较大的冲角，在转轮进口处的速度三角形为一条直线，在叶片间产生类似射流现象，高速射流使叶片进口处存在低压区，会诱导流体在叶片进口产生一个较强的涡。所形成的涡流经过叶轮时将从转轮获得能量，产生很大的水力损失力矩。由涡流所产生的水力损失力矩很难用理论的方法进行计算，故必须进行理想化处理。理论上可以用零开度力矩加上附加的水力损失力矩进行表达，但是由于不同开度零流量点的 n'_1 值十分集中，与 M'_1 的相关性并不强，故根据曲线的变化特征，选取如下 $\alpha\sim M'_1$ 曲线的表达式对水轮机方向零流量特征交线进行分析，即

$$M'_1=a_\theta\sqrt{\alpha}+b_\theta \tag{2.43}$$

9. $Q'_{1P}=0$ 时 $\alpha\sim n'_1$ 曲线

在 $Q'_{1P}=0$ 时，除小开度外，n'_1 的变化范围相对于 $Q'_{1T}=0$ 时更小，采用何种数学模型的意义并不大，故采用与 $Q'_{1T}=0$ 时相同表达式：

$$n'_1=a_\kappa\sqrt{\alpha}+b_\kappa \tag{2.44}$$

10. $Q'_{1P}=0$ 时 $\alpha\sim M'_1$ 曲线

由图 2.12(b) 可知，在导叶开度非常小时，零流量和零开度的力矩近似相等。导叶开度不为零而水泵区流量等于零时，出现边界层分离，进而向下发展形成二次回流，与 $Q'_{1T}=0$ 一样会产生很大的水力损失力矩。当导叶开度越小时，水流就越受导叶约束，此情况下水流主要做离心旋转运动，二次回流不明显。导叶开度越大，水流流态越紊乱，产生的水力损失力矩越大。故力矩与开度之间存在较大的相关性，选用理想化处理的表达式如下：

$$M'_1=a_\lambda\sqrt{\alpha}+b_\lambda \tag{2.45}$$

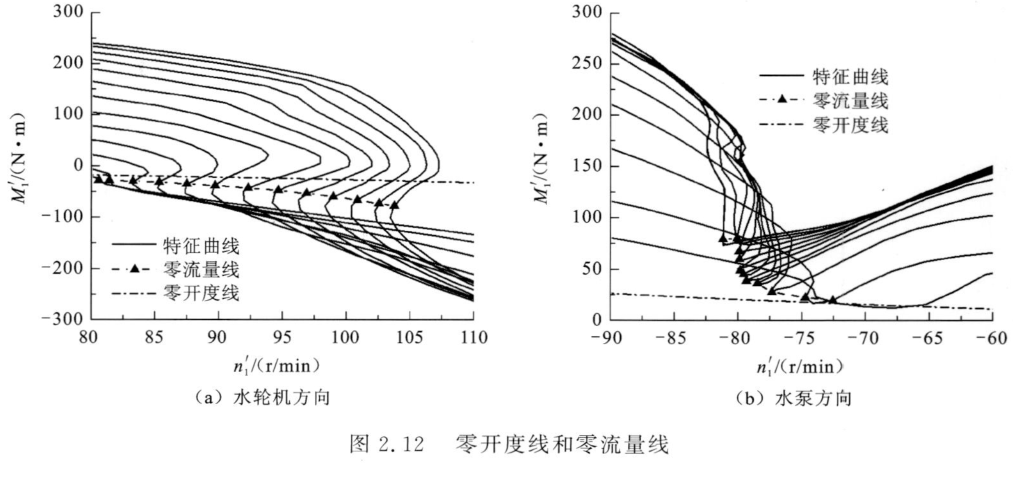

图 2.12　零开度线和零流量线

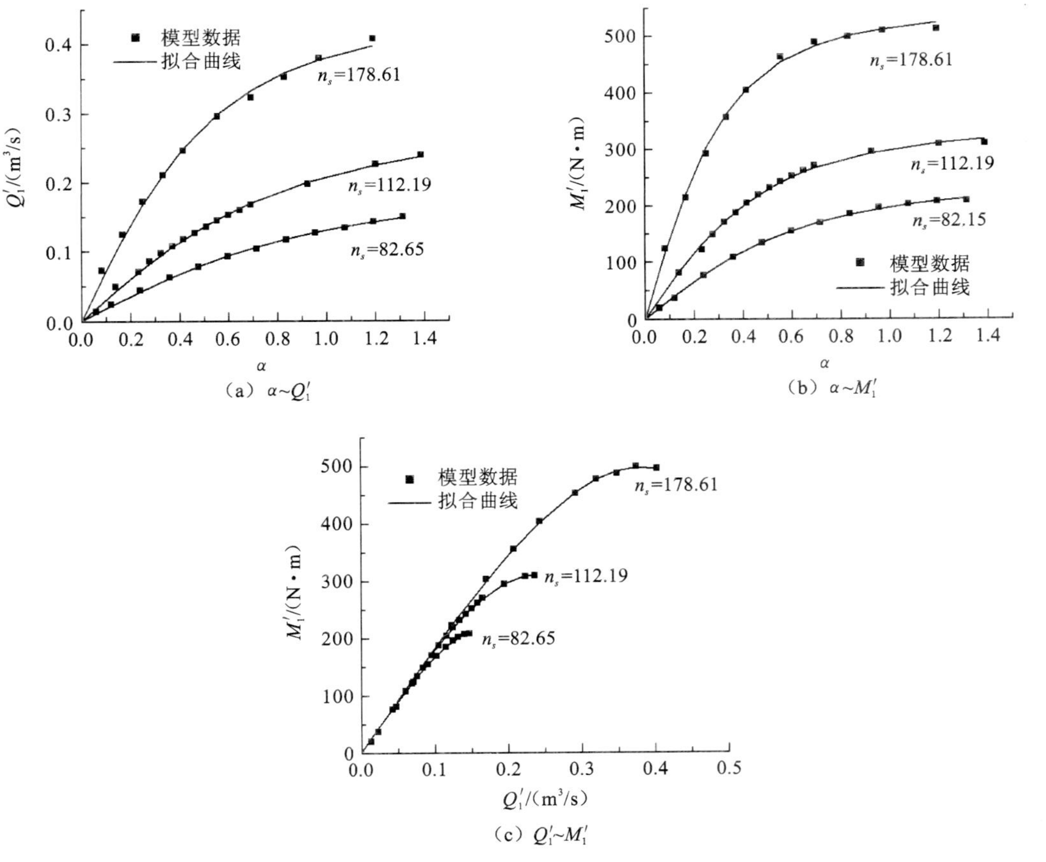

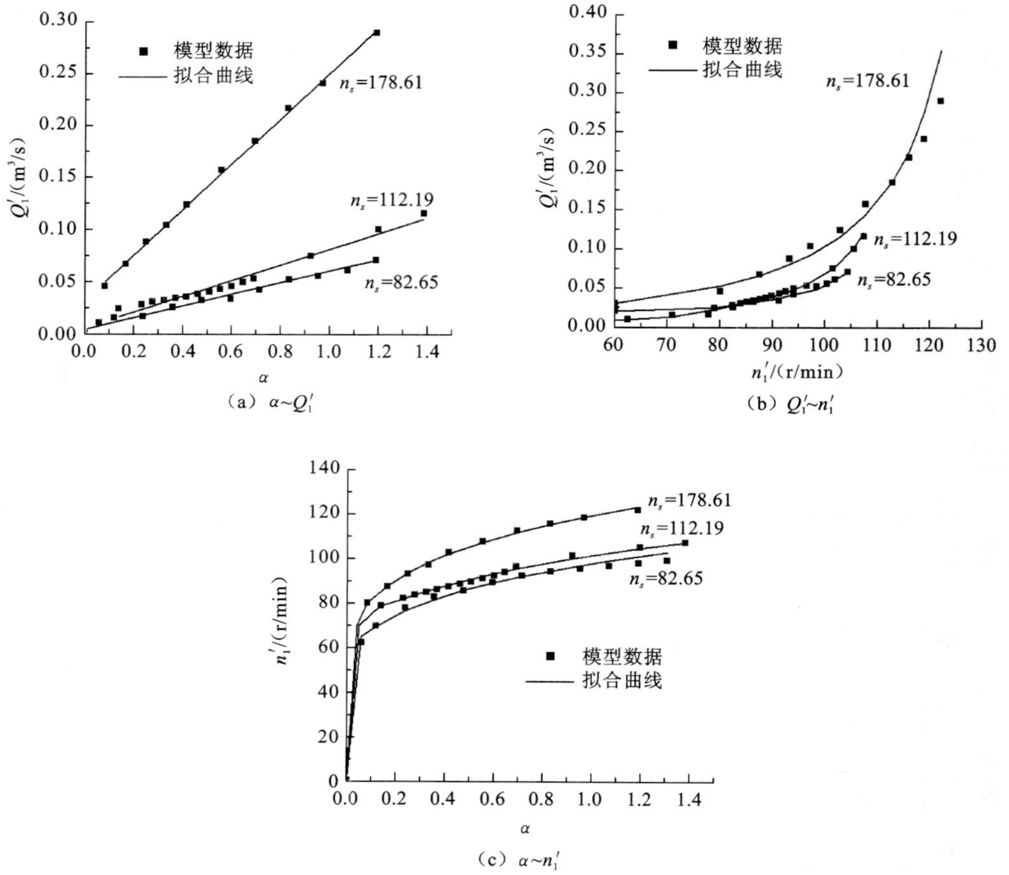

表 2.4 给出了各表达式中参数的单位，可以看出，由等式右边参数单位推导出单位与因变量自身的单位是一致的。由此，可以初步验证表达式的正确性。

表 2.4　系数分析

特征交线	$n'_1=0$			$M'_1=0$		
	$\alpha\sim Q'_1$	$\alpha\sim M'_1$	$Q'_1\sim M'_1$	$\alpha\sim Q'_1$	$n'_1\sim Q'_1$	$\alpha\sim n'_1$
表达式	$Q'_1=\dfrac{a_\alpha \alpha}{\sqrt{1+b_\alpha \alpha^2}}$	$M'_1=\dfrac{a_\beta \alpha}{\sqrt{1+b_\beta \alpha^2}}$	$M'_1=a_\gamma Q'_1\left(\sqrt{1-b_\gamma Q'^2_1}\right)$	$Q'_1=a_\delta \alpha+b_\delta$	$n'_1=\dfrac{Q'_1}{a_\varepsilon Q'_1+b_\varepsilon}$	$n'_1=\dfrac{\alpha^{1.19}}{a_\zeta \alpha+b_\zeta}$
a	$m^{0.5}/s$	$kg/(m^2 \cdot s^2)$	$kg/(m^{2.5} \cdot s)$	$m^{0.5}/s$	$s/m^{0.5}$	$s/m^{0.5}$
b	1	1	s^2/m	$m^{0.5}/s$	1	$s/m^{0.5}$
表达式	$m^{0.5}/s$	$kg/(m^2 \cdot s^2)$	$kg/(m^2 \cdot s^2)$	$m^{0.5}/s$	$m^{0.5}/s$	$m^{0.5}/s$
因变量	$m^{0.5}/s$	$kg/(m^2 \cdot s^2)$	$kg/(m^2 \cdot s^2)$	$m^{0.5}/s$	$m^{0.5}/s$	$m^{0.5}/s$

利用推导出的表达式对不同比转速的水泵水轮机的特征交线进行数值拟合，拟合结果见图 2.13 和图 2.14。极高的精度再次验证了表达式的正确性和适应性。

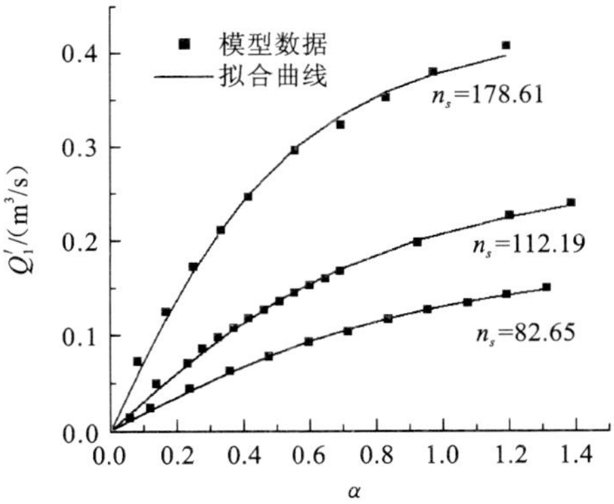

(a) $\alpha\sim Q'_1$

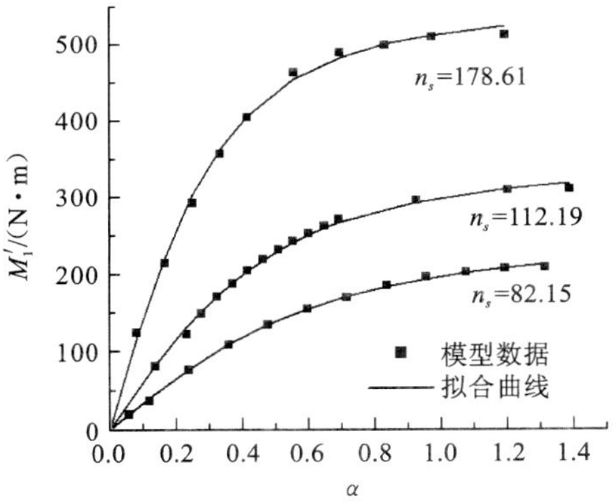

(b) $\alpha\sim M'_1$

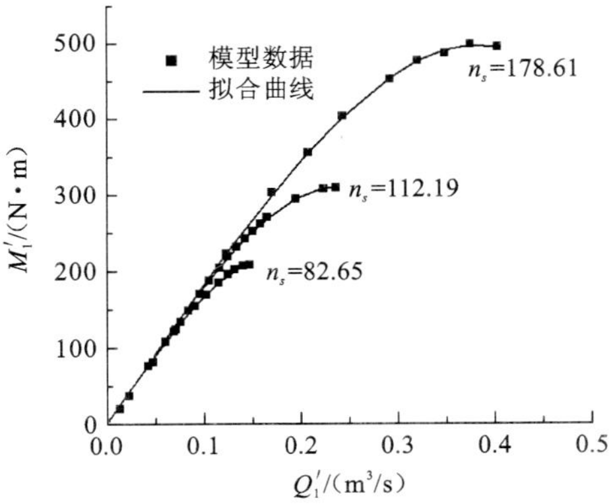

(c) $Q'_1\sim M'_1$

图 2.13　$n'_1=0$ 平面特征交线拟合

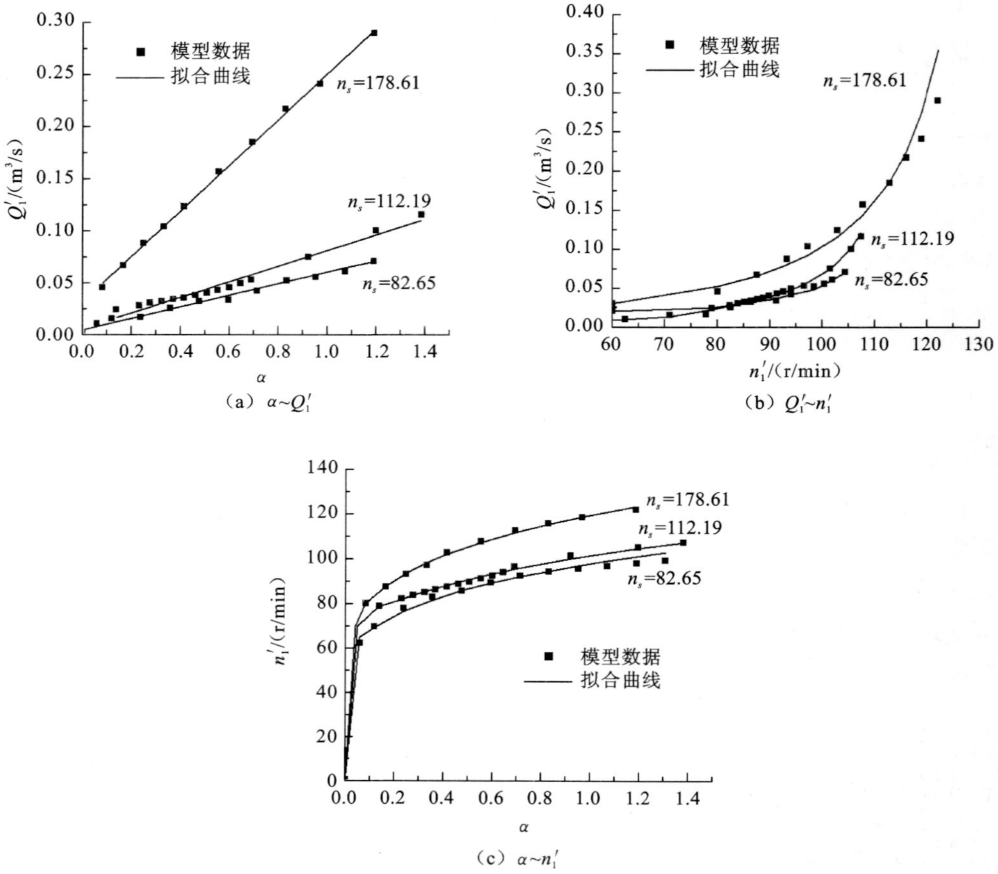

图 2.14　$M_1' = 0$ 平面特征交线拟合

2.3.3　任意比转速特征交线构造

提取数据库中的 25 套水泵水轮机全特性空间曲线的 4 条特征交线，根据对特征交线表达式的探讨结果，分别对各水泵水轮机全特性曲线的特征交线进行数值拟合，其中 $n_1' = 0$ 坐标平面的特征交线数值拟合结果见表 2.5[10]。

表 2.5　$n_1' = 0$ 坐标平面特征交线数值拟合结果

n_s	α			β			γ		
(m,kW)	a_α	b_α	R^2	a_β	b_β	R^2	a_γ	b_γ	R^2
79.56	0.16	1.10	0.999 6	272.39	1.96	0.999 6	172 0.59	22.96	0.999 5
82.15	0.18	0.86	0.999 6	332.52	1.90	0.999 7	181 4.37	17.72	0.999 6
92.80	0.22	0.92	0.999 8	447.44	2.23	0.999 6	187 5.84	11.79	0.999 8
93.36	0.22	0.97	0.998 7	437.32	2.63	0.998 6	183 0.86	13.49	0.998 9
94.79	0.24	0.94	0.998 7	483.67	2.72	0.999 2	183 4.05	11.27	0.999 3
95.78	0.23	0.89	0.999 5	455.43	2.22	0.997 4	191 5.64	12.49	0.999 2

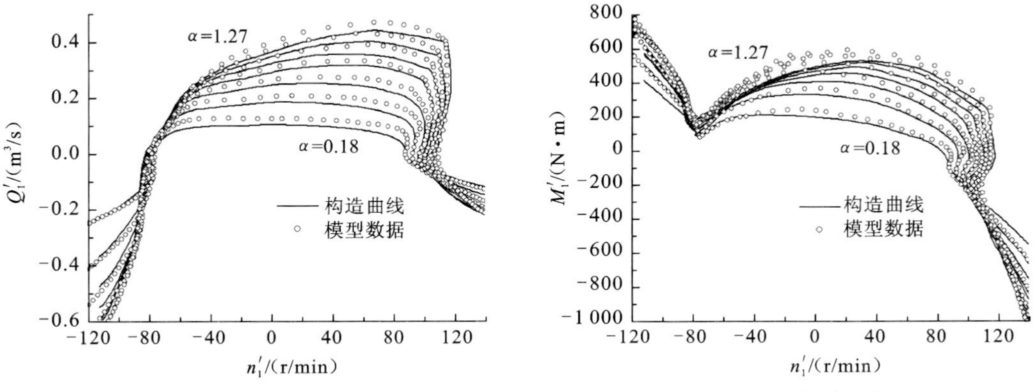

(a) $n_1' \sim Q_1'$　　(b) $n_1' \sim M_1'$

图 3.7　构造全特性曲线验证(n_s = 154.4(m,kW))

3.2.3　反 S 曲线处理

反 S 区与比转速之间关联性较低,而是与转轮局部几何尺寸形状有关,特别是转轮的进口,但这些尺寸形状的少量变化对比转速的影响非常小[9,10]。图 3.8 给出了两比转速相似的水泵水轮机模型试验测得的高效点对应的开度线,其在反 S 区相差甚远。

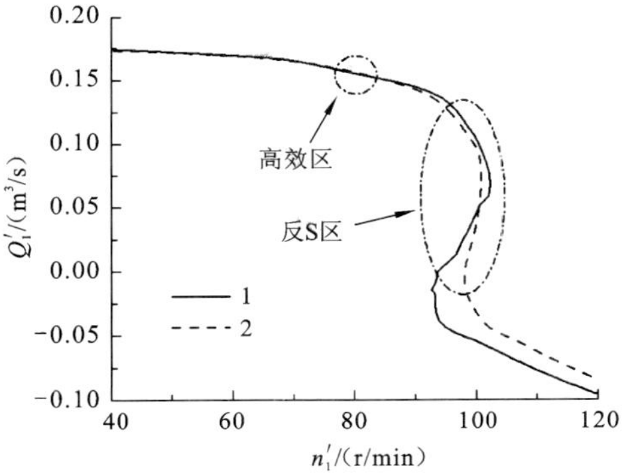

图 3.8　反 S 曲线对比

反 S 曲线对过渡过程有很大的影响,一个较为不利的反 S 区曲线用于过渡过程计算可以为电站设计留一定的裕度,保证其安全运行,但也有可能造成工程投资的浪费。而对于水轮机制造厂家,一个相对有利的反 S 区间应当作为其优化目标。为了评价反 S 区间的优劣,有必要对反 S 特性与过渡过程的相关性进行探讨。其中,反 S 曲线的斜率对过渡过程的影响最为明显。不同斜率的 S 曲线如图 3.9 所示,对应计算出的蜗壳压强变化过程见图 3.10。

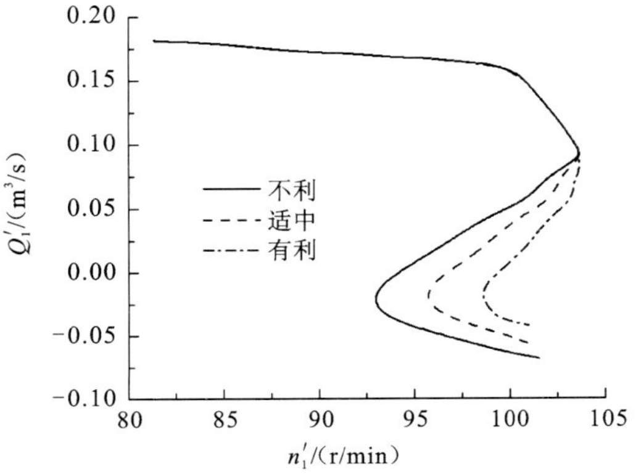

图 3.9　反 S 曲线

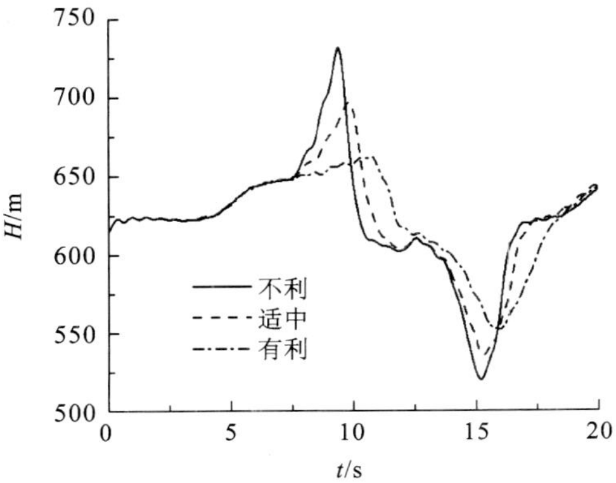

图 3.10　蜗壳压强

由于水轮机方向零流量 $\alpha \sim n_1'$ 与 n_s 相关性很低，故可以选取一个特定的 $\alpha \sim Cn_1'$ 来控制构造的反 S 曲线。当减小该特征交线的单位转速时，可以构造出一个相对不利的反 S 曲线；相反，当增加单位转速时，可以构造出相对有利的反 S 曲线。收集 $Q'_{1T}=0$ 时最优开度对应的单位转速，如图 3.11 中的实心点所示。该图中的实线为平均值，虚线指 70% 预测区间。为了使特征交线构造结果经过图 3.11 中的平均值，将 $Q'_{1T}=0$ 时 $\alpha \sim n_1'$ 的构造表达式改写为式(3.16)的形式。

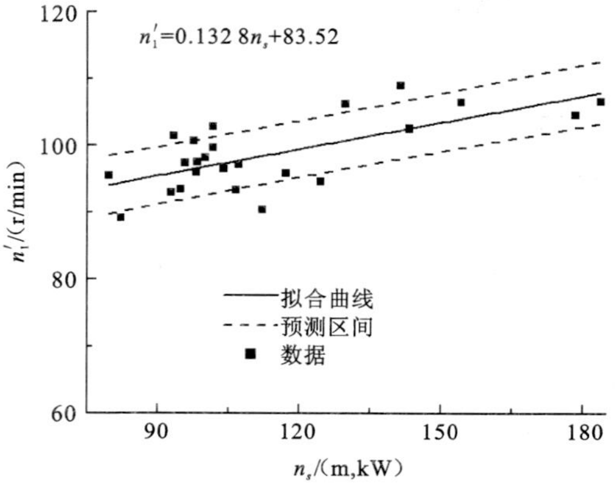

图 3.11 特征点统计分析

$$n_1'(M_1') = a_\eta \sqrt{\alpha} + 0.132\,8n_s + 83.52 - a_\eta \tag{3.16}$$

采用第 2 章对特征交线的构造方法，可得该特征交线对应的构造方程为

$$n_1' = (-0.000\,857n_s^2 + 0.292\,1n_s + 2.704)\sqrt{\alpha} + 0.000\,857n_s^2 - 0.159\,3n_s + 80.82 \tag{3.17}$$

选取比转速为 124.6(m,kW) 来构造不同的反 S 曲线，当 $Q_{1T}'=0$ 时($\alpha \sim n_1'$) 构造公式为式(3.17)时，反 S 曲线构造结果为平均情况。当 $\alpha \sim n_1'$ 经过图 3.11 中的下边界时，构造的反 S 曲线为相对不利的情况；当 $\alpha \sim n_1'$ 经过上边界时，即为相对有利的情况。基于这种构造思想，三种不同情况的构造结果如图 3.12 所示。图 3.11 中预测区间的概率可以用来衡量反 S 曲线优劣的程度。

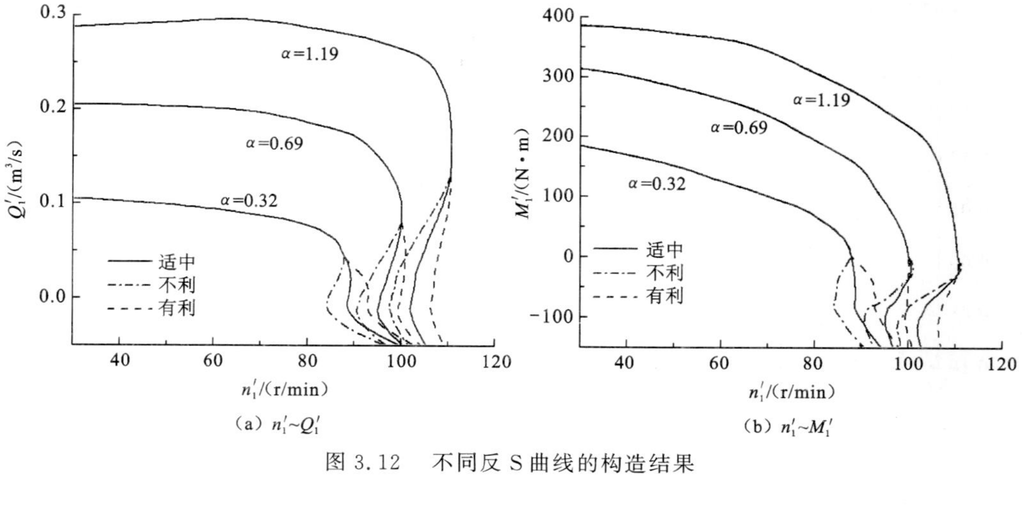

图 3.12 不同反 S 曲线的构造结果

续表

n_s (m,kW)	α			β			γ		
	a_α	b_α	R^2	a_β	b_β	R^2	a_γ	b_γ	R^2
97.65	0.24	1.03	0.999 3	494.00	3.15	0.998 5	186 0.37	13.13	0.999 5
98.18	0.22	0.67	0.999 0	476.35	2.29	0.996 3	190 1.44	10.50	0.999 7
98.44	0.23	0.97	0.999 7	452.90	2.32	0.999 6	185 6.31	11.65	0.999 7
100.11	0.22	0.71	0.999 5	490.03	2.69	0.997 0	189 4.69	11.45	0.998 5
101.75	0.24	1.01	0.999 7	498.33	3.18	0.999 1	186 7.20	13.04	0.999 6
101.81	0.24	0.79	0.999 8	485.18	2.18	0.997 8	193 0.88	10.81	0.999 7
103.92	0.27	1.07	0.999 6	551.02	2.67	0.999 2	193 2.31	9.90	0.999 4
106.57	0.28	1.24	0.999 9	556.84	3.31	0.998 2	1 904.94	12.05	0.999 4
107.17	0.28	1.14	0.998 8	569.46	3.52	0.999 3	1 873.80	10.89	0.999 4
112.19	0.30	1.15	0.999 1	605.58	3.14	0.998 5	1 857.26	8.98	0.999 4
117.21	0.28	1.39	0.999 6	658.95	4.70	0.999 4	1 920.48	12.27	0.999 6
124.61	0.36	1.21	0.998 6	719.31	3.25	0.999 1	1 814.38	6.12	0.999 5
129.78	0.39	1.36	0.999 1	789.57	3.59	0.999 2	1 863.39	6.05	0.999 5
141.52	0.44	1.37	0.999 2	910.53	3.57	0.999 3	1 907.51	4.51	0.999 4
143.33	0.39	0.87	0.998 4	796.38	2.64	0.998 0	1 839.17	4.24	0.997 2
143.53	0.46	1.06	0.999 7	964.85	2.96	0.999 9	1 932.77	3.56	0.999 6
154.41	0.59	1.45	0.997 7	142 9.97	4.96	0.999 2	1 981.39	2.50	0.999 1
178.61	0.72	2.57	0.998 3	144 2.46	6.92	0.999 9	1 837.70	3.41	0.999 6
183.93	0.72	2.16	0.997 4	176 9.59	7.89	0.999 0	1 963.74	2.55	0.998 9

由结果可知，利用本章推导的表达式对该条特征交线对应的三条平面曲线拟合具有极高的相关性，除个别拟合结果外，相关度均在 0.998 以上。对其他三条特征交线对应的平面曲线进行数值拟合，同样可以得到较高的相关性，此处未全部列出。

特征交线与比转速之间的变化规律十分明显，故它们之间必然存在相关性。同时，$n_1'=0$ 和 $M_1'=0$ 坐标平面特征交线表达式的系数为水泵水轮机几何、物理参数的表达式，故拟合参数与比转速之间存在必然的相关性。

对 $n_1'=0$ 坐标平面特征交线拟合函数的参数与比转速进行相关性分析，结果见图 2.15 ～ 图 2.17。可得参数 a_α、a_β 和 b_γ 分别是控制曲线 $\alpha\sim Q_1'$、$\alpha\sim M_1'$ 和 $Q_1'\sim M_1'$ 的主要参数，相关度（等于复相关度的开方）分别为 0.990 0、0.976 6、0.942 4。参数 b_α 和 b_β 的相关度较低，为 0.870 7、0.893 2。对于 a_γ，参数的变化范围小，并不是影响曲线变化的关键因素，甚至可以简化取 $a_\gamma=1\,900$。综上，相关性分析结果可以用于对特征交线的构造。

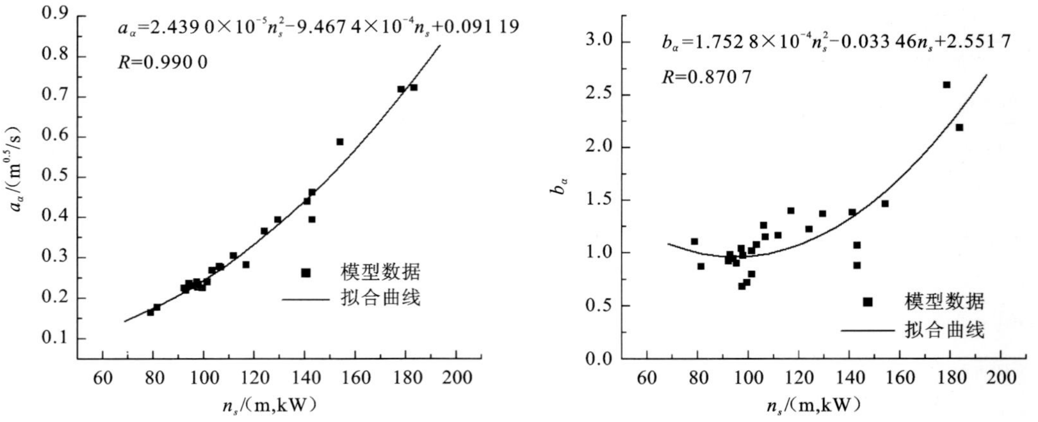

(a) $a_\alpha \sim n_s$　　(b) $b_\alpha \sim n_s$

图 2.15　$\alpha \sim Q_1'$ 拟合系数相关性分析

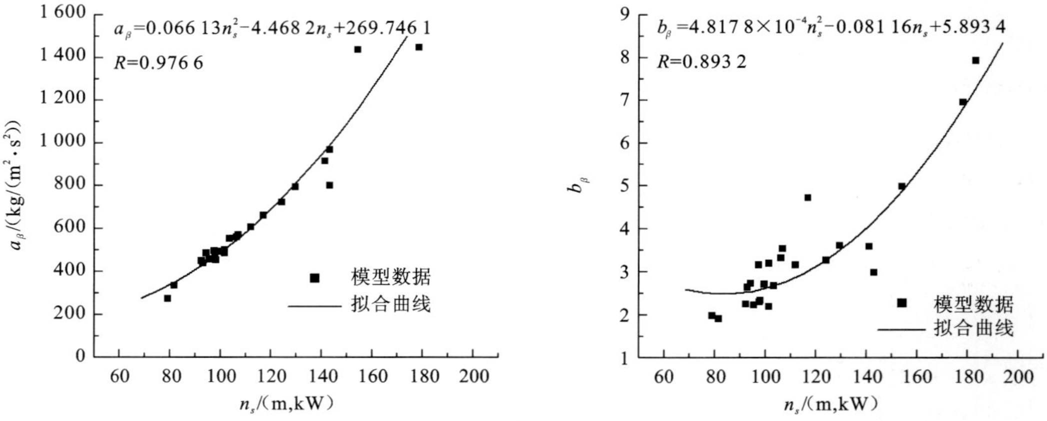

(a) $a_\beta \sim n_s$　　(b) $b_\beta \sim n_s$

图 2.16　$\alpha \sim M_1'$ 拟合系数相关性分析

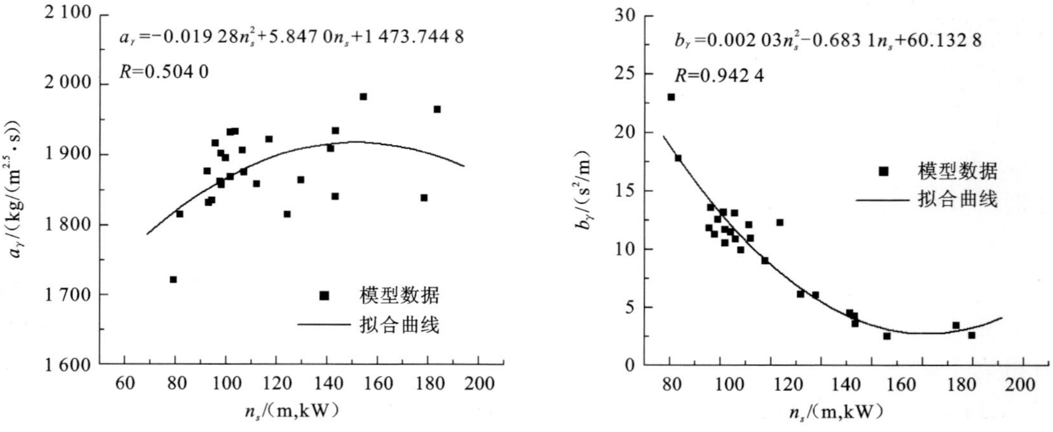

(a) $a_\gamma \sim n_s$　　(b) $b_\gamma \sim n_s$

图 2.17　$Q_1' \sim M_1'$ 拟合系数相关性分析

根据拟合函数中的参数与比转速的相关性分析，可以建立任意比转速的特征交线 $n'_1=0$ 的数值拟合方程，同样的方式应用于其他几条特征交线，可以得到表 2.6 中的构造方程。

表 2.6　任意比转速特征交线拟合方程

平面曲线	构造公式
$\alpha \sim Q'_1(n'_1=0)$	$Q'_1=(2.4390\times10^{-5}n_s^2-9.4674\times10^{-4}n_s+0.09119)\alpha/\sqrt{1+(1.7528\times10^{-4}n_s^2-0.03346n_s+2.5517)\alpha^2}$
$\alpha \sim M'_1(n'_1=0)$	$M'_1=(0.06613n_s^2-4.4682n_s+269.7461)\alpha/\sqrt{1+(4.8178\times10^{-4}n_s^2-0.08116n_s+5.8934)\alpha^2}$
$Q'_1 \sim M'_1(n'_1=0)$	$M'_1=(-0.01928n_s^2+5.8470n_s+1473.7448)Q'_1\cdot\sqrt{1-(0.002030n_s^2-0.6831n_s+60.1328)Q'^2_1}$
$\alpha \sim Q'_1(M'_1=0)$	$Q'_1=(8.976\times10^{-6}n_s^2-0.000529n_s+0.0252)\alpha+(1.937\times10^{-6}n_s^2-0.000274n_s+0.0157)$
$\alpha \sim n'_1(M'_1=0)$	$n'_1=\alpha^{1.19}/[(-4.404\times10^{-8}n_s^2-4.831\times10^{-6}n_s+0.0107)\alpha+1.740\times10^{-9}n_s^2+8.371\times10^{-7}n_s-0.000214]$
$Q'_1-n'_1(M'_1=0)$	$n'_1=Q'_1/[(-1.650\times10^{-8}n_s^2-9.103\times10^{-6}n_s+0.00953)Q'_1+5.976\times10^{-9}n_s^2+6.622\times10^{-7}n_s-4.057\times10^{-5}]$
$\alpha \sim n'_1(Q'_{1T}=0)$	$n'_1=(-0.00185n_s^2+0.626n_s-20.115)\sqrt{\alpha}+(0.00156n_s^2-0.383n_s+96.753)$
$\alpha \sim M'_1(Q'_{1T}=0)$	$M'_1=(-0.00568n_s^2+0.258n_s-10.797)\sqrt{\alpha}+(-0.00212n_s^2+0.114n_s-12.213)$
$\alpha \sim n'_1(Q'_{1P}=0)$	$n'_1=(0.00022n_s^2-0.0876n_s+0.622)\sqrt{\alpha}+(-7.685\times10^{-5}n_s^2-0.0159n_s-69.762)$
$\alpha \sim M'_1(Q'_{1P}=0)$	$M'_1=(0.00681n_s^2-0.744n_s+57.150)\sqrt{\alpha}+(-0.00364n_s^2+1.544n_s-101.804)$

以 $n'_1=0$ 坐标平面特征交线中的曲线组 $\alpha\sim Q'_1$ 和 $M'_1=0$ 坐标平面特征交线中的曲线组 $\alpha\sim n'_1$ 对表 2.6 中建立的数学表达式进行验证，选取低、中、高三种不同的比转速，原始数据和按本章公式数值计算的结果如图 2.18 所示。可以看出对于大部分情况构造结果与实际数据都具有较高的相关性。但由于特征交线不仅与比转速相关，还与其他一些次要的因素有关，故不可避免存在一定误差。所以，需要进一步对全特性曲线与其他次要参数的相关性进行研究。

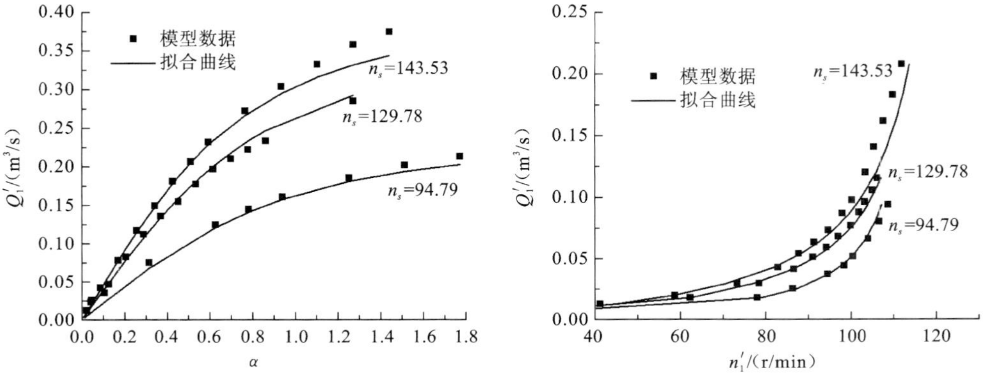

(a) $\alpha\sim Q'_1(n'_1=0)$　　(a) $n'_1\sim Q'_1(M'_1=0)$

图 2.18　任意比转速特征交线表达式的验证

2.3.4　特征交线变化规律

水泵水轮机全特性曲线的变化规律可由特征交线的变化规律来代表。根据推导和构造得出的特征交线拟合方程，以及对数据库中的特征交线数值拟合结果，针对四条特征交线可分别归纳形成如下变化规律。

对水泵制动工况—水轮机工况的特征平面，即 $n'_1=0$。由图 2.14 可得，开度越大，Q'_1 及 M'_1 都越大，但是变化梯度都是随开度而递减的；M'_1 随 Q'_1 增大而增大，且也是非线性关系；比转速越高，M'_1 及 Q'_1 变化范围越大，且曲线就越陡。

水轮机工况-水轮机制动工况的特征平面，即 $M'_1=0$。由图 2.15 可得，开度越大，n'_1 和 Q'_1 也越大，开度与 n'_1 之间存在一个明显分区界限，开度与 Q'_1 基本呈线性关系；Q'_1 越大，n'_1 也就越大，且也存在一个明显的分区界限；比转速越低，Q'_1 变化范围越小，相同相对开度下数值越小，而 n'_1 大致满足该规律，但并不完全成立，这是由于该特征交线还与非比转速的一些次要参数相关。

水轮机制动工况—反水泵工况的特征平面，即 $Q'_{1T}=0$。其特点为：比转速越低，n'_1 及 M'_1 变化范围越小，数值越小。对水泵工况-水泵制动工况的特征平面，即 $Q'_{1P}=0$，存在相似的规律，且 n'_1 的变化范围更小，与开度相关性更低。

水泵水轮机全特性曲线中反 S 区、驼峰区不仅取决于比转速的大小，更取决于转轮及叶片的局部尺寸和安置角度等，故对于 $Q'_{1T}=0$ 和 $Q'_{1P}=0$ 平面的特征交线，仅考虑比转速与平面特征曲线的相关性，得出的构造方程会存在一定偏差。

参考文献

[1] 武汉大学. 水泵水轮机全特性数据库：2014SR194626.

[2] 克里夫琴科 Г И. 水电站动力装置中的过渡过程. 常兆堂，周文通，吴培豪，译. 北京：水利出版社，1981.

[3] 黎中原，杨建东，李进平. 水轮机比转速与额定水头的统计方法探讨. 水电能源科学，2008，26(4)：163-165.

[4] 赵林明，张变梅. 贯流式水轮机比转速的统计分析. 水力发电，2012，38(6)：60-61.

[5] 刘建红，郑莉玲，程乐安. 统计分析水轮机比转速 n_s 的一种新方法. 华北水利水电学院学报，2000，21(1)：64-65.

[6] 曾威，杨建东，刘艳娜. 水泵水轮机特征参数的非线性统计分析. 大电机技术，2014，(2)：44-48.

[7] Martin C S. Evaluation of pump-turbine characteristics for transient analysis//13th IAHR Symposium on Press in Technology，Montreal，1986.

[8] Martin C S，Horlacher H. Conversion of pump-turbine characteristics at zero flow，locked rotor position and runaway condition//15th IAHR Symposium，Belgrade，1990.

[9] Chang J S. Transients of Hydraulic Machine Installations. Beijing：Higher Education Press，2005.

[10] Zeng W，Yang J，et al. Formulae for the intersecting curves of pump-turbine characteristic curves with coordinate planes in three-dimensional parameter space. J. Power and Energy，2015，229(3)：324-336.

符 号 说 明

符号	名称
A_N	最优工况进口面积,m^2
a_α	$n'_1=0$ 时,$\alpha\sim Q'_1$ 关系式参数之一,$m^{0.5}/s$
a_β	$n'_1=0$ 时,$\alpha\sim M'_1$ 关系式参数之一,$kg/(m^2\cdot s^2)$
a_γ	$n'_1=0$ 时,$Q'_1\sim M'_1$ 关系式参数之一,$kg/(m^{2.5}\cdot s)$
a_δ	$M'_1=0$ 时,$\alpha\sim Q'_1$ 关系式参数之一,$m^{0.5}/s$
a_ε	$M'_1=0$ 时,$Q'_1\sim n'_1$ 关系式参数之一,$s/m^{0.5}$
a_ζ	$M'_1=0$ 时,$\alpha\sim n'_1$ 关系式参数之一,$s/m^{0.5}$
a_η	$Q'_{1T}=0$ 时,$\alpha\sim n'_1$ 关系式参数之一,$m^{0.5}/s$
a_κ	$Q'_{1T}=0$ 时,$\alpha\sim M'_1$ 关系式参数之一,$m^{0.5}/s$
a_λ	$Q'_{1P}=0$ 时,$\alpha\sim M'_1$ 关系式参数之一,$N\cdot m^{-3}$
a_θ	$Q'_{1T}=0$ 时,$\alpha\sim M'_1$ 关系式参数之一,$N\cdot m^{-3}$
a_ω	$M'_1=0$ 时,$Q'_1\sim n'_1$ 关系式参数之一
b_1	导叶高度,m
b_2	转轮轴面投影出口宽度,m
b_α	$n'_1=0$ 时,$\alpha\sim Q'_1$ 关系式参数之一
b_β	$n'_1=0$ 时,$\alpha\sim M'_1$ 关系式参数之一
b_γ	$n'_1=0$ 时,$Q'_1\sim M'_1$ 关系式参数之一,s^2/m
b_δ	$M'_1=0$ 时,$\alpha\sim Q'_1$ 关系式参数之一,$m^{0.5}/s$
b_ε	$M'_1=0$ 时,$Q'_1\sim n'_1$ 关系式参数之一
b_ζ	$M'_1=0$ 时,$\alpha\sim n'_1$ 关系式参数之一,$s/m^{0.5}$
b_η	$Q'_{1T}=0$ 时,$\alpha\sim n'_1$ 关系式参数之一,$m^{0.5}/s$
b_κ	$Q'_{1T}=0$ 时,$\alpha\sim M'_1$ 关系式参数之一,$m^{0.5}/s$
b_λ	$Q'_{1P}=0$ 时,$\alpha\sim M'_1$ 关系式参数之一,$N\cdot m^{-3}$
b_θ	$Q'_{1T}=0$ 时,$\alpha\sim M'_1$ 关系式参数之一,$N\cdot m^{-3}$
b_ω	$M'_1=0$ 时,$Q'_1\sim n'_1$ 关系式参数之一
CI	置信区间
D_1	转轮进口直径,m
D_2	转轮出口直径,m
$E_{\omega d}$	转速系数之一
g	重力加速度,m/s^2
H	水头,m

H_g	经过导叶的水头损失,m
H_r	经过转轮的水头损失,m
H_t	额定水头,m
K	圆盘损失系数
k_{M2}	力矩系数之一
k_{cm}	流量系数之一
k_u	转速系数之一
L	置信区间的下限
M	力矩,N·m
M'_F	机械损失等引起的单位阻力矩,N·m
M_{df}	圆盘损失力矩,N·m
M'_{df}	单位圆盘损失力矩,N·m
M'_1	单位力矩,N·m
M'_{1f}	零开度单位力矩,N·m
m	待拟合数据点的数目
min	拟合误差最小
n	机组转速,r/min
n_1	转速系数之一
n_q	水泵比转速,(m,m^3/s)
n_s	水轮机比转速,(m,kW)
n_t	额定转速,r/min
n'_1	单位转速,r/min
ΔP_{df}	圆盘摩擦损失,W
Q	流量,m^3/s
Q_1	流量系数之一
Q_{ed}	流量系数之一
$Q_{\omega d}$	流量系数之一
Q'_1	单位流量,m^3/s
P	水轮机出力/功率,MW
P_t	水轮机额定出力/功率,MW
PT	预测区间
P_1	功率系数之一
$p(x_i)$	给定数据点 x_i 的拟合函数值
R^2	复相关度
r	拟合值与原始点的拟合误差
r_1	中间流线进口到中轴线距离

r_2	中间流线出口到中轴线距离
s	残差标准差
T_{ed}	力矩系数之一
$t_{1-\alpha}(n-2)$	拒绝域的边界值
U	置信区间的上限
u_1	转轮进口的牵连速度，m/s
u_2	转轮出口的牵连速度，m/s
v_1	转轮进口水流运动绝对速度，m/s
v_{1m}	转轮进口的轴面分速度，m/s
v_2	转轮出口水流运动绝对速度，m/s
v_{2m}	转轮出口的轴面分速度，m/s
v_{u1}	转轮进口水流运动的圆周分速度，m/s
v_{u2}	转轮出口水流运动的圆周分速度，m/s
w_1	转轮进口的相对速度，即水流相对转轮运动的速度，m/s
w_2	转轮出口的相对速度，m/s
x_i	下标 $i=0,1,\cdots,n$，给定数据点的横坐标
y_i	下标 $i=0,1,\cdots,n$，给定数据点的纵坐标
y_i'	下标 $i=0,1,\cdots,n$，拟合数据点的纵坐标
$\overline{y}$	y_i 的平均值
$\overline{y}'$	y_i'的平均值
α	导叶相对开度；$1-\alpha$ 为置信水平
α_1	导叶出流角，(°) 或 rad（导叶出口牵连速度与绝对速度的夹角）
α_{1N}	最优工况导叶出流角，(°) 或 rad
α_T	转轮内特性关系式参数之一
β_T	转轮内特性关系式参数之一
β_1	转轮进流角，(°) 或 rad
β_2	转轮出流角，(°) 或 rad
φ	流量系数之一；某一函数类
η	水轮机效率，%
λ	功率系数之一
μ	水轮机综合流量系数
μ_g	导叶流量系数
μ_r	转轮流量系数
ρ	水的密度，kg/m^3
ω	水轮机旋转角速度，rad/s
ω_{ed}	转速系数之一

ψ	转速系数之一

下标

符号	名称
T	水轮机方向
P	水泵方向
N	水轮机工况区最优工况

第 3 章　任意比转速水泵水轮机全特性曲线构造

水泵水轮机全特性曲线通常由模型试验获得，其周期长、代价高，更重要的是在抽水蓄能电站设计的可研阶段，并没有模型转轮来获取全特性曲线。故在电站设计中，特别是在调节保证设计中，通常套用比转速相近的水泵水轮机全特性曲线。但目前全特性曲线的样本并不多，没有完全覆盖设计所需的比转速。所以在无合适的全特性曲线时，需要采用其他方式构造出相应的较合适的水泵水轮机全特性曲线。

全特性曲线的变化规律十分复杂，对其构造更是非常困难。因为影响水泵水轮机全特性曲线的因素有很多，如比转速、转轮叶片数、叶片弯曲程度等[1-3]，而最相关的因素是代表水泵水轮机几何特性的比转速。所以本章以比转速为基准，根据不同比转速全特性曲线的差异构造任意比转速水泵水轮机全特性曲线，以供抽水蓄能电站可研设计阶段使用。

在全特性曲线传统表达方式中，驼峰区和反 S 区均出现了单位参数多值以及开度线交叉现象，这对插值构造任意比转速水泵水轮机全特性曲线造成了很大干扰，须采用合理的数学变换方式改变原有特性曲线的表现形式[4]。为此，本章将介绍多区间分别进行数学变换的构造方法，将该方法应用于收集到的所有水泵水轮机全特性曲线，得到每一区间包含不同比转速的四维数据。采用高维的插值方法，可实现对任意比转速水泵水轮机全特性曲线的构造。

具体步骤如图 3.1 所示，分别如下：

(1) 以坐标轴和驼峰顶点为界将特性曲线分为多个子区间，并将分区后的曲线分为线性变化和弧线变化两大类；

(2) 对所有的水泵水轮机全特性曲线进行标准化及变换处理，得到相应的空间曲面网格；

(3) 对于每一区间，将所有的空间曲面网格合并为一个立方体网格；

(4) 通过三元插值理论构造每一区间的超曲面，由此可以构造出任意比转速变换后的数据(空间曲面网格)；

(5) 通过逆变换得到任意比转速水泵水轮机全特性曲线的数据。

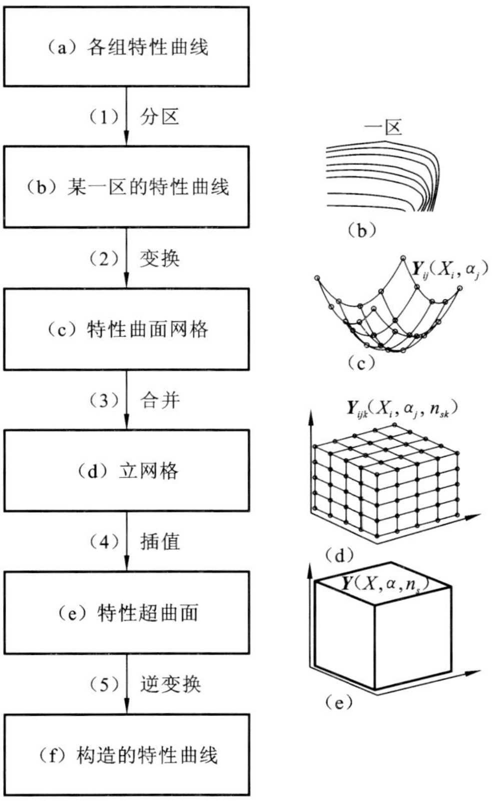

图 3.1　研究路线

3.1　全特性多区间的空间变换

3.1.1　全特性曲线分区与标准化

水泵水轮机全特性曲线在不同的象限其变化形式有很大的差异，但其开度线可近似区分为线性变化和弧线变化两大类，其中大部分为线性变化。如果统一将特性曲线类似于 Suter 变换[5] 进行处理，原本是线性变化的第一类曲线有可能变成非线性，使得曲线变化规律更加复杂。因此，有必要进行分区处理。

图 3.2 给出了开度线与坐标轴以及边界的交线。其中 $n_1' \sim Q_1'$ 平面的坐标交线共有 3 条，见图 3.2(a)，控制数值大小的、最重要的坐标交线是 $(\alpha - Q_1')_{(n_1'=0)}$，其中下标 $(n_1' = 0)$ 代表对应的坐标平面。并且引入 $n_1' = \mathrm{CP}$ 和 $n_1' = \mathrm{CT}$ 两条边界交线。$n_1' \sim M_1'$ 平面坐标交线有 2 条，见图 3.2(b)，控制数值大小的、最重要的特征交线是 $(\alpha - M_1')_{(n_1'=0)}$，同时存在一条由驼峰顶点组成的特殊交线，同样引入两条边界交线。这些交线将全特性曲线分为 8 个子区间。其中 $n_1' \sim Q_1'$ 平面中的飞逸线和 $n_1' \sim M_1'$ 平面中的零流量线可以进一步分解以上区间，如图 3.2 所示。

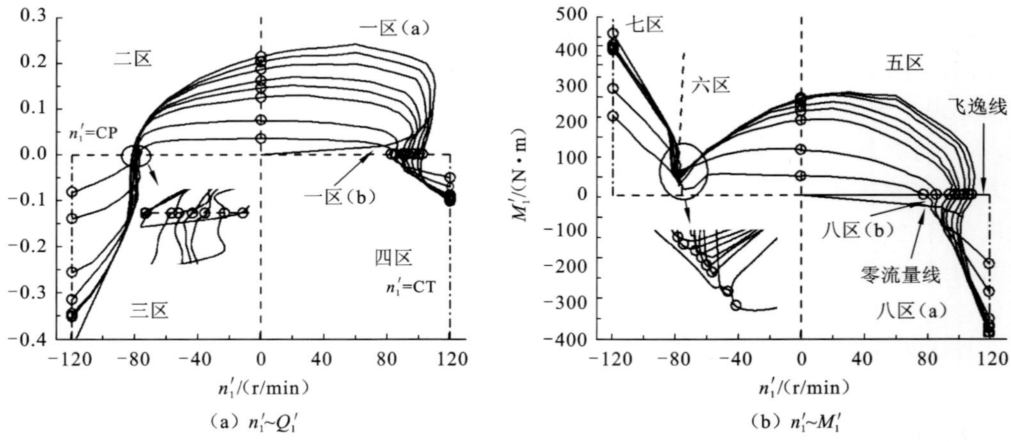

图 3.2　八区全特性特性曲线

由于各区间采用不同变换方式，故对于相邻区间，特性曲线在同一坐标轴上的交点有可能不对应。另外，不同比转速的开度线其数值也相差较大，不利于任意比转速水泵水轮机全特性曲线的构造。因此，为了实现各区间的衔接并解决开度线数值上的差异，需对特性曲线进行标准化处理，使各开度线与坐标轴的交点数值转化为相对值，其单位为 1。

一、二、五区间的标准化方法是一致的。以一区曲线为例，标准化是将开度线的横坐标除以开度线在 n_1' 轴上的截距 $n'_{1(Q'_{1T}=0)}$，纵坐标除以开度线在 Q_1' 轴上的截距 $Q'_{1(n_1'=0)}$。而三、四、八区间需将边界线视为坐标 y 轴进行类似的处理。六、七区的特性曲线标准化与其他区间不同，这两个区的分界为驼峰点的连线，并不存在坐标交线，标准化时将特性曲线向下平移，使驼峰点 y 轴数据为 0，然后进行标准化处理，将驼峰顶点坐标转化为(1,0)。

由于不同比转速水泵水轮机特性曲线，其横坐标范围并不一致，为了统一不同比转速的全特性曲线，本章定义 $CT = 1.4n'_{1N(Q'_{1T}=0)}$ 和 $CP = 1.4n'_{1N(Q'_{1P}=0)}$，为所有全特性曲线的边界范围，其中 $n'_{1N(Q'_{1T}=0)}$ 和 $n'_{1N(Q'_{1P}=0)}$ 分别为最优开度线（高效点对应的开度）与 n'_1 轴在水轮机方向和水泵方向的交点。

3.1.2　全特性曲线的空间变换

为了解决多值问题，需要进一步对标准化的特性曲线进行数学变换。对于第一类曲线，近似直线变化，采取坐标置换的变换方法，将横纵坐标置换，彻底地消除原曲线的多值现象，同时保留特性曲线线性变化的规律。对于第二类曲线，近似弧线变化，故以原点为极点，将特性曲线由笛卡儿直角坐标转化到极坐标。

全特性各区曲线经过不同变换后，其特性曲线所在坐标轴的意义并不相同，本章将变换后横纵坐标轴统一定义为 X、Y，八区变换方程如式(3.1) ～ 式(3.8) 所示。

第一区变换：

$$\begin{cases} X = \arctan\left(\dfrac{n'_{1(Q'_{1T}=0)}}{Q'_{1(n'_1=0)}} \dfrac{Q'_1}{n'_1}\right) \\ Y = \sqrt{\left(\dfrac{n'_1}{n'_{1(Q'_{1T}=0)}}\right)^2 + \left(\dfrac{Q'_1}{Q'_{1(n'_1=0)}}\right)^2} \end{cases} \tag{3.1}$$

第二区变换：

$$\begin{cases} X = \arctan\left(\dfrac{n'_{1(Q'_{1P}=0)}}{Q'_{1(n'_1=0)}} \dfrac{Q'_1}{n'_1}\right) \\ Y = \sqrt{\left(\dfrac{n'_1}{n'_{1(Q'_{1P}=0)}}\right)^2 + \left(\dfrac{Q'_1}{Q'_{1(n'_1=0)}}\right)^2} \end{cases} \tag{3.2}$$

第三区变换：

$$\begin{cases} X = \dfrac{Q'_1}{Q'_{1(n'=CP)}} \\ Y = \dfrac{CP - n'_1}{CP - n'_{1(Q'_{1P}=0)}} \end{cases} \tag{3.3}$$

第四区变换：

$$\begin{cases} X = \dfrac{Q'_1}{Q'_{1(n'=CT)}} \\ Y = \dfrac{CT - n'_1}{CT - n'_{1(Q'_{1T}=0)}} \end{cases} \tag{3.4}$$

第五区变换：

$$\begin{cases} X = \arctan\left(\dfrac{n'_{1(Q'_{1T}=0)}}{M'_{1(n'_1=0)}} \dfrac{M'_1}{n'_1}\right) \\ Y = \sqrt{\left(\dfrac{n'_1}{n'_{1(Q'_{1T}=0)}}\right)^2 + \left(\dfrac{M'_1}{M'_{1(n'_1=0)}}\right)^2} \end{cases} \tag{3.5}$$

第六区变换：

$$\begin{cases} X = \arctan\left(\dfrac{M'_1 - M'_{1(Q'_{1P}=0)}}{M'_{1(n'_1=0)} - M'_{1(Q'_{1P}=0)}} \dfrac{n'_{1(M'_1=0)}}{n'_1}\right) \\ Y = \sqrt{\left(\dfrac{n'_1}{n'_{1(M'_1=0)}}\right)^2 + \left(\dfrac{M'_1 - M'_{1(Q'_{1P}=0)}}{M'_{1(n'_1=0)} - M'_{1(Q'_{1P}=0)}}\right)^2} \end{cases} \tag{3.6}$$

第七区变换：

$$\begin{cases} X = \dfrac{M'_1 - M'_{1(Q'_{1P}=0)}}{M'_{1(n'_1=\mathrm{CP})} - M'_{1(Q'_{1P}=0)}} \\ Y = \dfrac{\mathrm{CP} - n'_1}{\mathrm{CP} - n'_{1(Q'_{1P}=0)}} \end{cases} \tag{3.7}$$

第八区变换：

$$\begin{cases} X = \dfrac{M'_1}{M'_{1(n'_1=CT)}} \\ Y = \dfrac{\mathrm{CT} - n'_1}{\mathrm{CT} - n'_{1(M'_1=0)}} \end{cases} \tag{3.8}$$

式中，下标 T 和 P 分别表示水轮机区和水泵区；$n'_{1(Q'_{1T}=0)}$ 表示在水轮机区单位流量为零时对应的单位转速，其他参数类同。

为了让 $n'_1 \sim Q'_1$ 平面和 $n'_1 \sim M'_1$ 平面相互对应，继续将一区和八区进行分解，其对应关系如表 3.1 所示。对于一区，飞逸线可以将该区分为(a) 区和(b) 区，对于八区，零流量线可以将该区分为(a) 区和(b) 区，经过标准化处理后，其进一步的变换方程如式(3.9) ~ 式(3.12) 所示。

一区(a)：

$$\begin{cases} X' = \dfrac{X}{X_{(M'_1=0)}} - 1 \\ Y' = \dfrac{Y - 1}{Y_{(M'_1=0)} - 1} \end{cases} \tag{3.9}$$

一区(b)：

$$\begin{cases} X' = \dfrac{X - X_{(M'_1=0)}}{\pi/2 - X_{(M'_1=0)}} \\ Y' = \dfrac{Y - 1}{Y_{(M'_1=0)} - 1} \end{cases} \tag{3.10}$$

八区(a)：

$$\begin{cases} X' = \dfrac{X}{X_{(Q'_{1T}=0)}} - 1 \\ Y' = \dfrac{Y - 1}{Y_{(M'_1=0)} - 1} \end{cases} \tag{3.11}$$

八区(b)：

$$\begin{cases} X' = \dfrac{X - X_{(Q'_{1T}=0)}}{1 - X_{(Q'_{1T}=0)}} \\ Y' = \dfrac{Y}{Y_{(M'_1=0)}} \end{cases} \tag{3.12}$$

表 3.1　区间对应关系

工况	$n_1'\sim Q_1'$	$n_1'\sim M_1'$
水泵工况	三区	七区
水泵制动工况	二区	六区
水轮机工况	一区(a)	五区
水轮机制动工况	一区(b)	八区(b)
反水泵工况	四区	八区(a)

对变换后全特性曲线的不同开度线进行非均匀 B 样条曲线构造[6]，对 X 方向等值均匀采样，点数据为 $t=m-2$，且共有 $s=n-2$ 条开度线。于是对给定 $(m+1)\times(n+1)$ 个控制顶点 $\boldsymbol{D}_{i,j}\ (i=0,1,\cdots,m;j=0,1,\cdots,n)$ 的阵列，即构成一张控制网格。令沿开度线方向为 u 向，开度变化方向为 v 向，给定参数 u 与 v 的次数均为 3，两个节点矢量 $\boldsymbol{U}=[u_0,u_1,\cdots,u_{m+4}]$ 与 $\boldsymbol{V}=[v_0,v_1,\cdots,v_{n+4}]$，则一张双三次非均匀 B 样条空间曲面可表示为

$$\boldsymbol{Y}(u,v)=\sum_{i=0}^{m}\sum_{j=0}^{n}\boldsymbol{D}_{i,j}N_{i,3}(u)N_{j,3}(v),\quad u_3\leqslant u\leqslant u_{m+1};v_3\leqslant v\leqslant v_{n+1}\tag{3.13}$$

节点矢量取 4 重节点端点的固支条件及定义域 $u\subset[u_3,u_{m+1}]=[0,1]$ 且 $v\subset[v_3,v_{n+1}]=[0,1]$。$B$ 样条基 $N_{i,3}(u)\ (i=0,1,\cdots,m)$ 与 $N_{j,3}(v)\ (j=0,1,\cdots,n)$ 分别由节点矢量 $\boldsymbol{U}$ 和 $\boldsymbol{V}$ 按 deBoor-Cox 递推公式确定。各区间的空间曲面网格如图 3.3 所示。

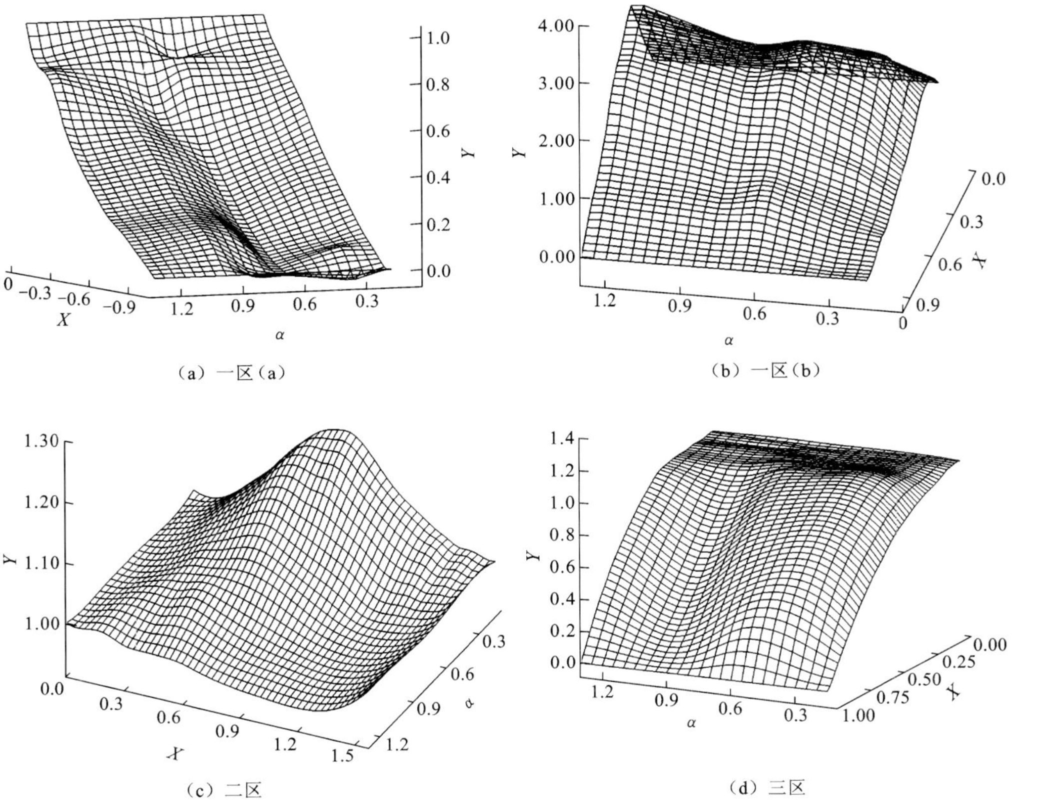

图 3.3　全特性空间曲面网格

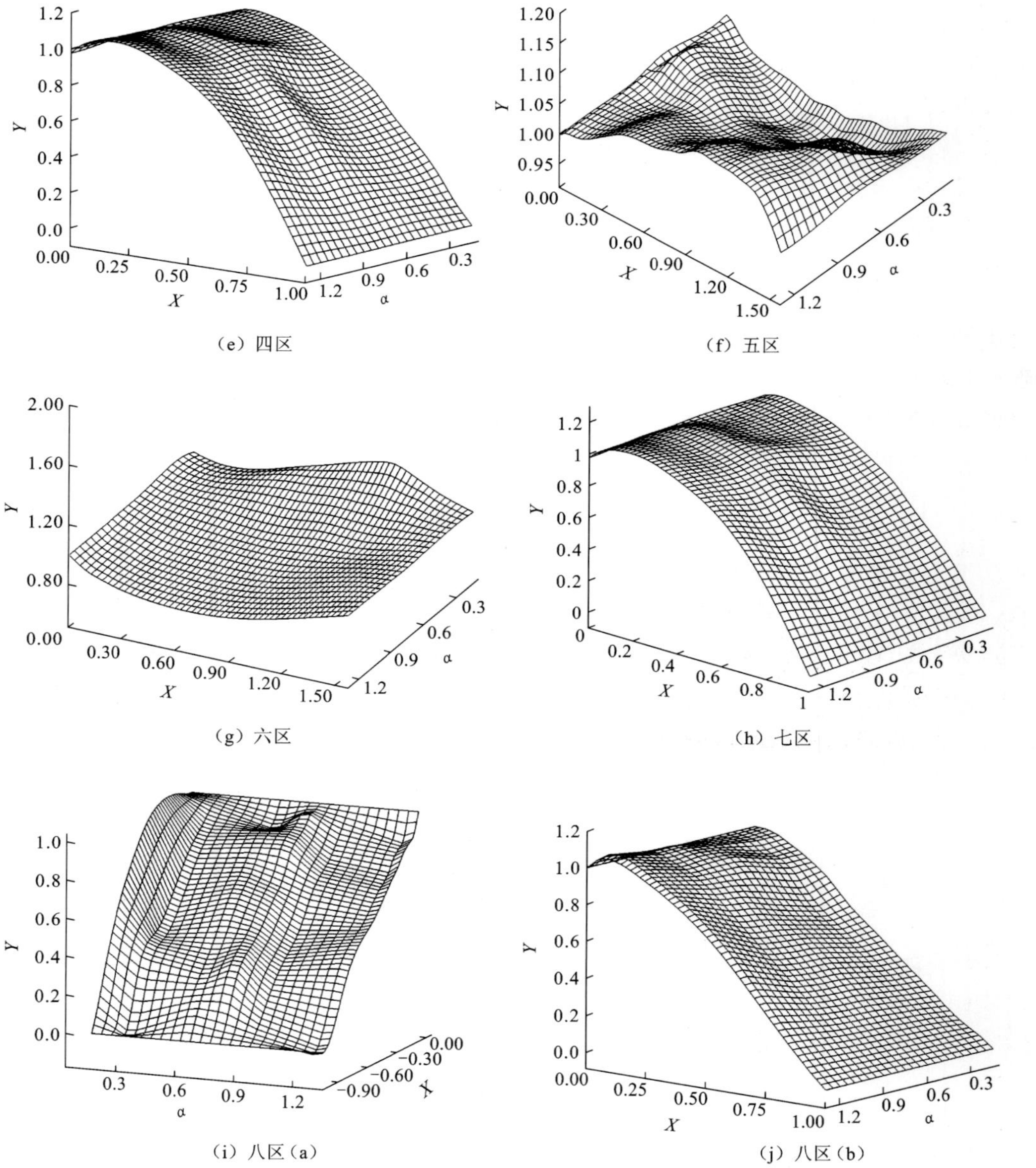

(e) 四区　(f) 五区

(g) 六区　(h) 七区

(i) 八区(a)　(j) 八区(b)

图 3.3　全特性空间曲面网格(续)

3.2　任意比转速全特性曲线的构造方法

3.2.1　四维数据建立与插值

以三区为例，三维数据点在 $Y=0$ 平面上的投影构成了二维网格(X_i，α_j)，节点数据为

$\boldsymbol{Y}_{ij}(X_i, \alpha_j)$。添加比转速为第三维坐标轴，选取数据库中的 9 组水泵水轮机数据，数据点 (X_i, α_j, n_{sk}) 构成空间的立方体网格，定义该空间域为 Ω^3，如图 3.4(a) 所示，$\boldsymbol{Y}_{ijk}(X_i, \alpha_j, n_{sk})$ 为空间网格节点数据。每一个区间均可以构成包含不同比转速水泵水轮机特性的四维数组。在一个三维直角坐标系中的立方体域 R^3 中，给定立方体网格 $x_i(i=0,1,\cdots,l) \in [a,b]$，$y_j(j=0,1,\cdots,m) \in [c,d]$，$z_k(k=0,1,\cdots,n) \in [e,f]$，给定参数 x、y、z 的次数均为 2，令沿开度线方向为 x 向，开度变化方向为 y 向，比转速变化方向为 z 向，故可得三元二次样条函数[7,8] 如下：

$$\boldsymbol{Y}(X, \alpha, n_s) = \sum_{i=0}^{l+2}\sum_{j=0}^{m+2}\sum_{k=0}^{n+2} \boldsymbol{D}_{ijk}\varphi_i(X)\varphi_j(\alpha)\varphi_k(n_s), \quad X, \alpha, n_s \in \Omega^3 \tag{3.14}$$

式中，$\varphi_i(X)\varphi_j(\alpha)\varphi_k(n_s)$ 构成三元二次样条函数的基底；l, m, n 分别代表各开度线的点数据、每组全特性曲线的开度线条数以及全特性曲线的组数；$\boldsymbol{D}_{ijk}$ 为超曲面的控制顶点。最终可以求得该区间的超曲面如图 3.4(b) 所示。

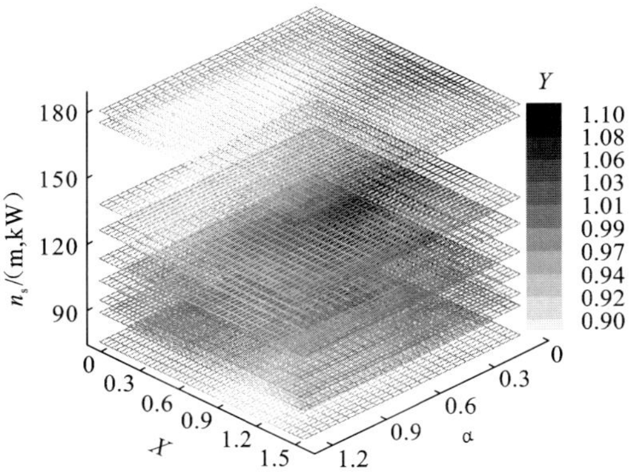

(a) 空间网格

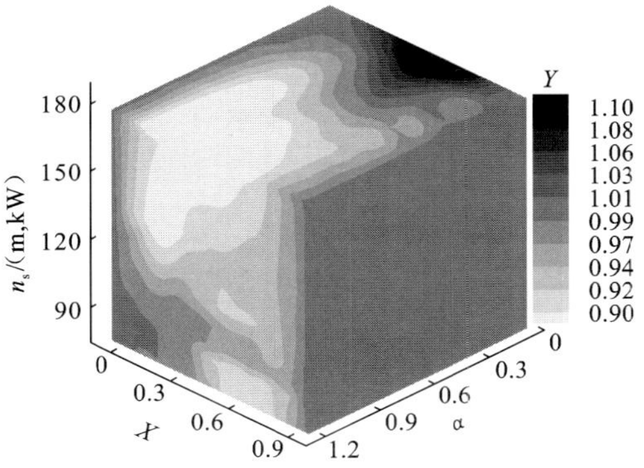

(b) 四维曲面

图 3.4　超曲面建立

当在超曲面上内插某一比转速 $n_s \in [79.56, 183.93]$ 的特性曲线时，即将 $n_s = n_s^*$ 代入式(3.14)，根据已求得的节点(X, α, n_s)以及控制顶点 $\boldsymbol{a}_{rst}(r \in [0, l+2], s \in [0, m+2], t \in [0, n+2])$，即可得到对应比转速的样条曲面方程：

$$\boldsymbol{Y}(X, \alpha', n_s^*) = \sum_{r=0}^{l+2}\sum_{s=0}^{m+2}\sum_{t=0}^{n+2} \boldsymbol{a}_{rst}\varphi_r(X)\varphi_s(\alpha')\varphi_t(n_s^*), \quad X, \alpha \in \Omega^2 \tag{3.15}$$

同样，将 $n_s = n_s^*$，$\alpha' = \alpha'^*$ 代入式(3.15)，即可求得任意开度的特性曲线。

3.2.2　全特性曲线的逆变换与构造结果

通过超曲面插值得到的全特性空间曲面或曲线后，需要经过逆变换后才能得到所需比转速的全特性曲线。逆变换中需要对所有开度线与坐标轴的交点进行预测，采用表 2.6 中任意比转速特征交线公式可以实现其预测。

对于第一类曲线，本章无法给出边界线 CP 与 CT 的构造公式。其原因是这两条边界线与水泵水轮机的机械特性之间很难建立联系。因此，难以得出适合不同比转速水泵水轮机的回归表达式。故在此收集边界线上的(α_i, Q'_{1i})或(α_i, M'_{1i})数据，并将不同比转速水泵水轮机边界点数据按照比转速顺序合并为一张平面网格 $Q'_{1ij}(\alpha_i, n_{sj})$ 或 $M'_{1ij}(\alpha_i, n_{sj})$。通过空间曲面插值的方式，得到任意比转速的该类特征交线。

选取三套水泵水轮机全特性数据作为本章验证的依据，三台水泵水轮机的比转速十分典型，分别为低比转速 82.15(m,kW)、中比转速 124.6(m,kW) 和高比转速 154.4(m,kW)。构造结果如图 3.5 ～ 图 3.7 所示，图中对比了构造结果与原始数据结果，较为吻合。其中，n_s =82.15(m,kW) 算例，在反 S 区间的相关性相对较低。这是由反 S 特性受其他非比转速因素的影响十分明显造成的，特别是对于低比转速的水泵水轮机。而 n_s = 124.6(m,kW) 算例，除了反水泵区域之外整体相关性都较高(第四区和第八区)。算例 n_s = 154.4(m,kW) 的相关性相对较低，特别是第六区和大开度的特性曲线，这主要是在大开度条件下特征交线的预测存在一定偏差。综上，全特性曲线构造的结果整体上可满足抽水蓄能电站可行性设计阶段的要求。而下一步工作是开展特性曲线与转轮某些几何尺寸相关性的研究，进一步提高构造精度。

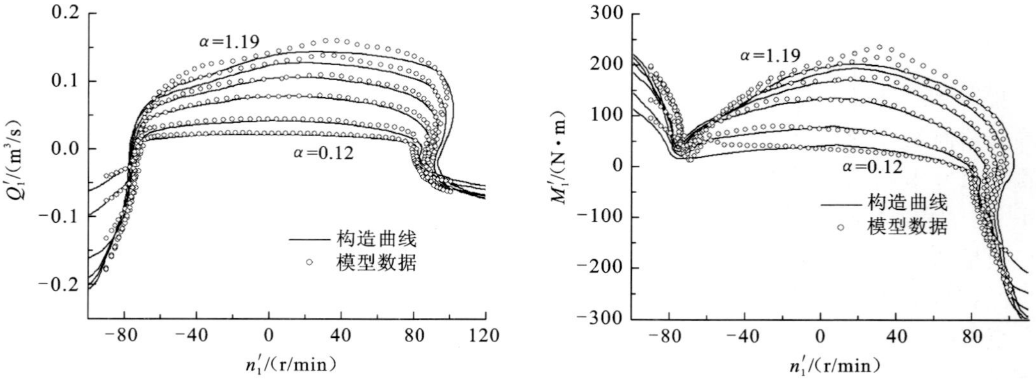

(a) $n'_1 \sim Q'_1$　　(b) $n'_1 \sim M'_1$

图 3.5　构造全特性曲线验证(n_s = 82.15(m,kW))

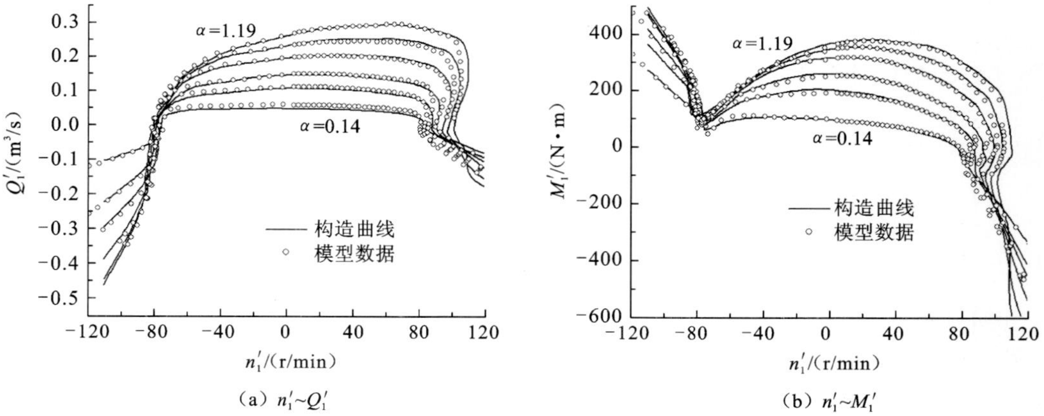

(a) $n'_1 \sim Q'_1$　　(b) $n'_1 \sim M'_1$

图 3.6　构造全特性曲线验证(n_s = 124.6(m,kW))

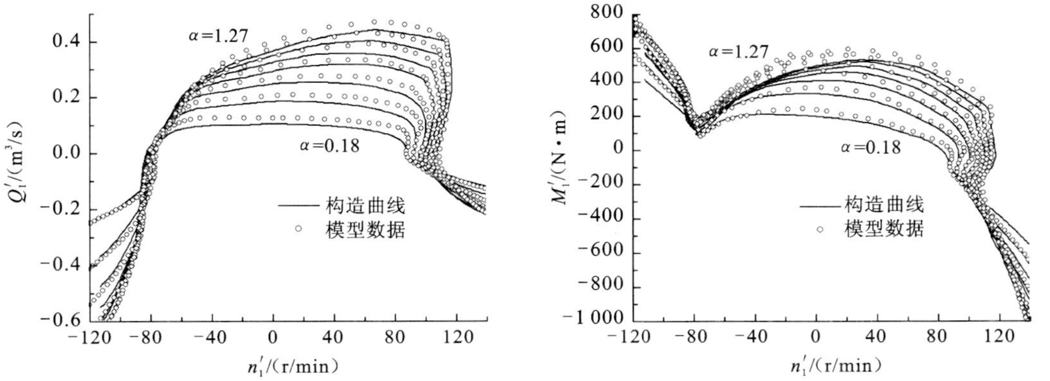

（a）n_1'~Q_1'　　（b）n_1'~M_1'

图 3.7　构造全特性曲线验证(n_s = 154.4(m,kW))

3.2.3　反 S 曲线处理

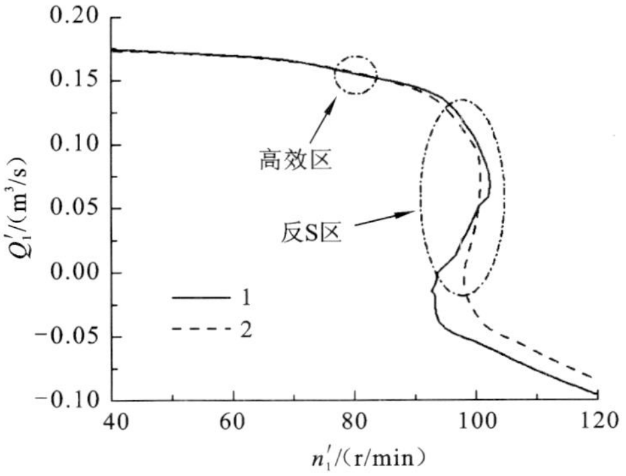

图 3.8　反 S 曲线对比

反 S 区与比转速之间关联性较低，而是与转轮局部几何尺寸形状有关，特别是转轮的进口，但这些尺寸形状的少量变化对比转速的影响非常小[9,10]。图 3.8 给出了两比转速相似的水泵水轮机模型试验测得的高效点对应的开度线，其在反 S 区相差甚远。

反 S 曲线对过渡过程有很大的影响，一个较为不利的反 S 区曲线用于过渡过程计算可以为电站设计留一定的裕度，保证其安全运行，但也有可能造成工程投资的浪费。而对于水轮机制造厂家，一个相对有利的反 S 区间应当作为其优化目标。为了评价反 S 区间的优劣，有必要对反 S 特性与过渡过程的相关性进行探讨。其中，反 S 曲线的斜率对过渡过程的影响最为明显。不同斜率的 S 曲线如图 3.9 所示，对应计算出的蜗壳压强变化过程见图 3.10。

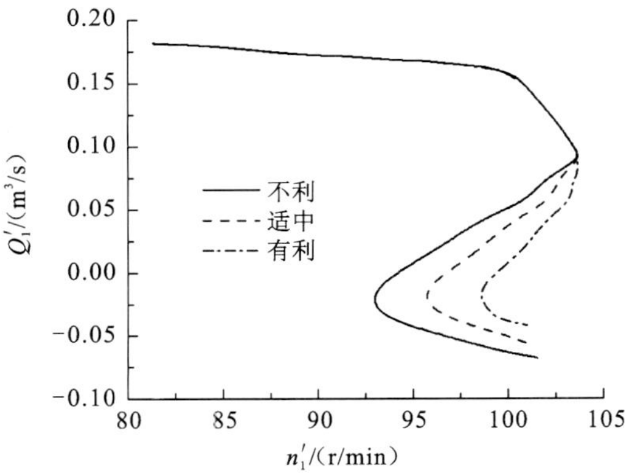

图 3.9　反 S 曲线

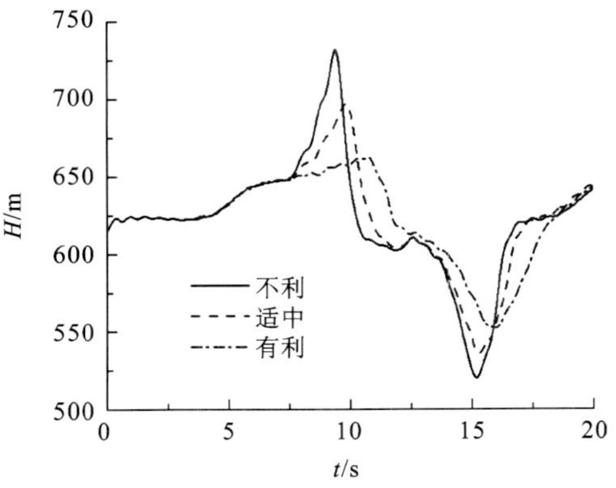

图 3.10　蜗壳压强

由于水轮机方向零流量 $\alpha \sim n_1'$ 与 n_s 相关性很低，故可以选取一个特定的 $\alpha \sim Cn_1'$ 来控制构造的反 S 曲线。当减小该特征交线的单位转速时，可以构造出一个相对不利的反 S 曲线；相反，当增加单位转速时，可以构造出相对有利的反 S 曲线。收集 $Q'_{1T}=0$ 时最优开度对应的单位转速，如图 3.11 中的实心点所示。该图中的实线为平均值，虚线指 70% 预测区间。为了使特征交线构造结果经过图 3.11 中的平均值，将 $Q'_{1T}=0$ 时 $\alpha \sim n_1'$ 的构造表达式改写为式(3.16) 的形式。

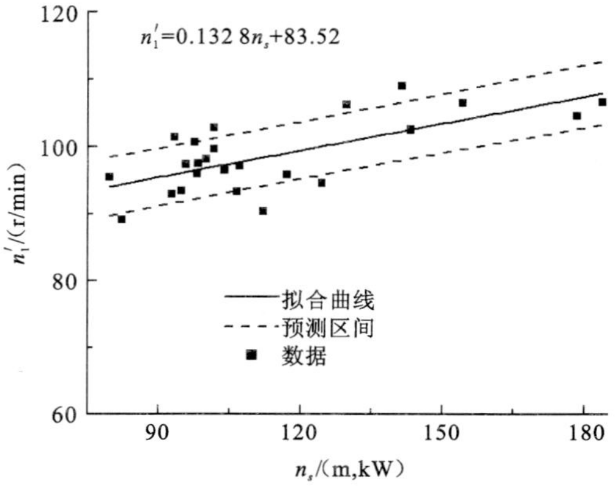

图 3.11 特征点统计分析

$$n_1'(M_1') = a_\eta \sqrt{\alpha} + 0.132\,8n_s + 83.52 - a_\eta \tag{3.16}$$

采用第 2 章对特征交线的构造方法，可得该特征交线对应的构造方程为

$$n_1' = (-0.000\,857n_s^2 + 0.292\,1n_s + 2.704)\sqrt{\alpha} + 0.000\,857n_s^2 - 0.159\,3n_s + 80.82 \tag{3.17}$$

选取比转速为 124.6(m,kW) 来构造不同的反 S 曲线，当 $Q_{1T}'=0$ 时($\alpha \sim n_1'$) 构造公式为式(3.17) 时，反 S 曲线构造结果为平均情况。当 $\alpha \sim n_1'$ 经过图 3.11 中的下边界时，构造的反S曲线为相对不利的情况；当 $\alpha \sim n_1'$ 经过上边界时，即为相对有利的情况。基于这种构造思想，三种不同情况的构造结果如图 3.12 所示。图 3.11 中预测区间的概率可以用来衡量反 S 曲线优劣的程度。

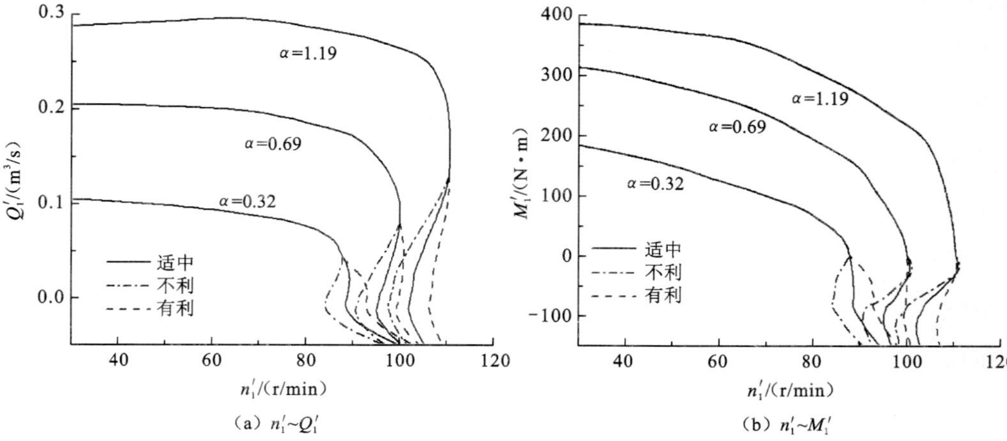

图 3.12 不同反 S 曲线的构造结果

3.3 基于Java与Matlab混合编程实现全特性曲线的构造

3.3.1 Java和Matlab混合编程原理

Matlab强大的数值计算功能可以很好地将全特性曲线构造方法转化为程序代码，但是Matlab可视化编程能力较低。基于这种考虑，采用Matlab与其他面向对象的程序进行交互，可以更好地实现对全特性曲线构造软件的设计。

利用Java语言编制一些较为复杂的数值计算程序，其结果十分烦琐，效率极低。但Java具有跨平台性、可移植性等优点。

鉴于Java和Matlab各自的优缺点，在软件设计时，两者将承担不同的任务[11]。其中在Java虚拟机(JVM)上完成对软件界面和组件的设计，在Matlab运行环境(MCR)中完成软件功能所涉及的计算和绘图。并且Java主函数操控Matlab程序，而Matlab程序所处理的数据需要传递到Java主函数进行下一步的计算。Java和Matlab交互的基本原理如图3.13所示。

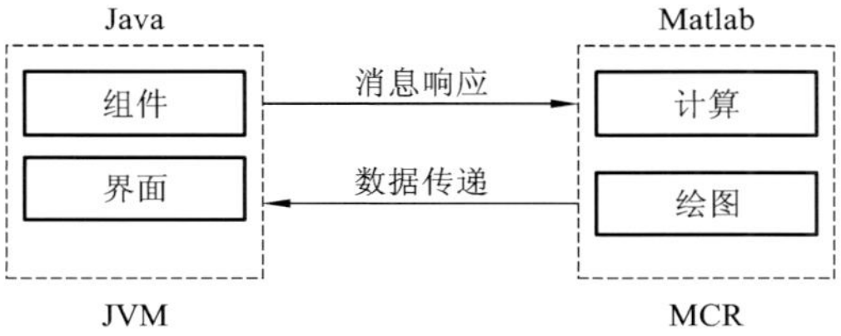

图3.13 Java和Matlab交互原理

在软件设计中，Java访问Matlab是通过对象模型COM(common object model)来实现的。它是不同的应用程序和语言之间共享二进制代码的代码标准，不依赖于任何语言和操作系统。在Matlab中构建COM需要使用Combuilder完成Matlab算法到COM的转换。

将Matlab函数包装成一个或多个Java类，从而形成一个Java组件或被Java程序调用。具体表现为将Matlab环境下的m文件生成Java环境中的jar文件。在Java中引入Matlab相关包及建立的包和类，即可在Java类文件中使用jar文件。

由于不同编程语言对数据定义的方式不一致，在Java和Matlab混合编程时就必须考虑数据间的传递问题。Matlab的应用程序接口只能处理mxArray结构体，而在Java中不能创建一个新的数据类型与之匹配，所以两者之间的数据传递只能通过Matlab提供的指针变量进行交互[12]。

3.3.2 全特性构造系统的设计

按照上述的内容，水泵水轮机全特性曲线构造软件由四个模块组成，分别为数据读入、特征提取、全特性变换和全特性构造[13]。图3.14给出采用Java语言编写的软件主界面。

对应于全特性曲线构造方法，软件设计流程与思路见图3.15，具体包括如下模块。

(1) 模块一，读入某一套全特性曲线数据。根据所读入的数据，运算数据所包含的开度以及每条开度的长度，分析结果供后续模块调用。软件也可显示平面坐标下的特性曲线和三维坐标下的空间特性曲线。

(2) 模块二，根据读入的全特性曲线数据，提取全特性曲线的特征点(包括高效点和高效点所在开度与坐标轴的交点)、特征交线。并对特征交线拟合处理,得到拟合参数。

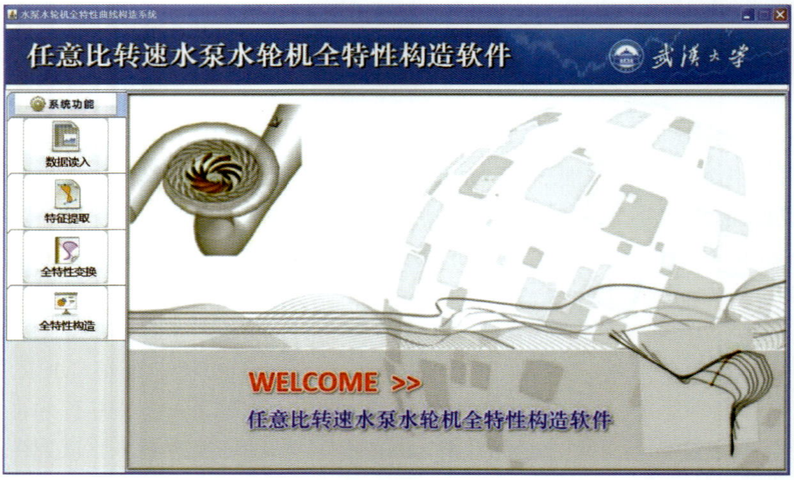

图 3.14 软件总界面

(3) 模块三,根据读入的全特性曲线数据,提取分区后的特性曲线,并对特性曲线在平面坐标中进行变换。根据变换结果按照统一标准(统一的相对开度 α 和 X 值) 插值加密得到固定平面网格节点的数据。

(4) 循环操作前三个模块,直到对所收集的所有数据均进行运算后,再进入模块四。根据前三个模块的运算结果,可以获取包含不同比转速全特性曲线的特征点、特征交线、各区间变换后特性曲线的数据库。输入待插值比转速和待插值开度,即可获得指定比转速的水泵水轮机全特性曲线。

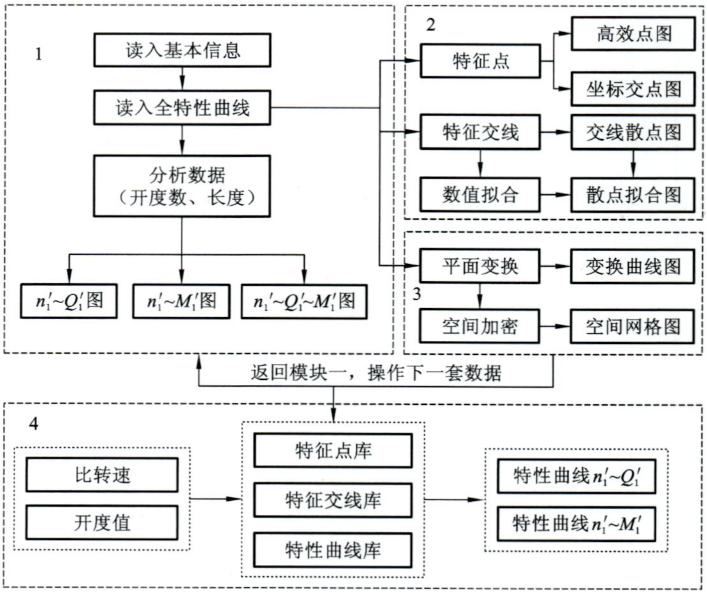

图 3.15 软件流程框图

参考文献

[1] Yamabe M. Improvement of hysteresis characteristics of Francis pump-turbine when operated as turbine. J. Basic Eng, 1972, 94(3): 581-585.

[2] Yin J L, Wang D Z, Wei X Z, et al. Hydraulic improvement to eliminate s-shaped curve in pump turbine. ASME J. Fluids Eng., 2013, 135(7): 071105.

[3] Yang W, Xiao R F. Multiobjective optimization design of a pump-turbine impeller based on an inverse design using a combination optimization strategy. ASME J. FluidsEng., 2013, 136(1): 014501.

[4] 梅祖彦. 抽水蓄能发电技术. 北京：机械工业出版社，2000.

[5] Suter P. Representation of pump characteristics for calculation of water hammer. Sulzer Technical Review, 1966, 66(4): 45-48.

[6] Piegl L, Tiller W. The NURBS Book. New York: Springer, 1995.

[7] 唐月红，沈庆红，许有信. 三元二次样条函数及其计算(I)：高维数据拟合. 南京航空航天大学学报，1996, 28(5): 614-620.

[8] 唐月红，沈庆红，许有信. 三元二次样条函数及其计算(II)：计算机表示. 南京航空航天大学学报，1997, 29(1): 32-37.

[9] Olimstad G, Nielsen T K, Børresen B. Dependency on runner geometry for reversible-pump turbine characteristics in turbine mode of operation. ASME J. FluidsEng., 2012, 134(12), DOI: 10.1115/1.4007897.

[10] Olimstad G. Characteristics of reversible-pump-turbines. Trondheim: NTNU, 2012.

[11] 王微，杨丽萍. Java 和 Matlab 混合编程及其应用. 长春大学学报，2012, 22(10): 1186-1189.

[12] Zeng W, Yang J, Cheng Y. Construction of pump-turbine characteristics at any specific speed by domain-partitioned transformation. ASME J. Fluids Eng., 2015, 137(3): 031103.

[13] 曾威，杨建东，凌宇. 基于JAVA和MATLAB混合编程的水泵水轮机全特性构造系统. 大电机技术，2014(4): 55-58.

符 号 说 明

符号	名称
a_{rsk}	超曲面控制顶点
a_η	$Q'_{1T}=0$ 时,$\alpha\sim n'_1$ 关系式参数之一,$m^{0.5}/s$
b_η	$Q'_{1T}=0$ 时,$\alpha\sim n'_1$ 关系式参数之一,$m^{0.5}/s$
CP	水泵方向边界
CT	水轮机方向边界
$\boldsymbol{D}_{i,j}$	下标 $i=0,1,\cdots,m,j=0,1,\cdots,n$,曲面控制顶点
$D_{i,j,k}$	下标 $i=0,1,\cdots,m,j=0,1,\cdots,n,k=0,1,\cdots,p$,超曲面控制顶点
l	超曲面沿开度线方向网格数
M'_1	单位力矩,N · m
$M'_{1(n'_1=0)}$	开度线与 Q'_1 轴交点的单位力矩,N · m
$M'_{1(n'_1=\mathrm{CP})}$	开度线与边界 CP 交点的单位力矩,N · m
$M'_{1(n'_1=\mathrm{CT})}$	开度线与边界 CT 交点的单位力矩,N · m
$M'_{1(Q'_{1P}=0)}$	开度线与 n'_1 轴在水泵方向交点的单位力矩,N · m
m	空间曲面 u 向(沿开度线方向)控制顶点数目－1;超曲面沿开度变化方向的数据点数
$N_{i,3}(u)$	空间曲面 u 向第 i 个 3 次 B 样条基函数
$N_{j,3}(v)$	空间曲面 v 向第 j 个 3 次 B 样条基函数
n	空间曲面 v 向(开度变化方向)控制顶点数目－1;超曲面沿比转速变化方向的数据点数
n_s	水泵水轮机比转速,(m,kW)
n'_1	单位转速,r/min
$n'_{1(M'_1=0)}$	开度线与飞逸线交点的单位转速,r/min
$n'_{1(Q'_{1P}=0)}$	开度线与 n'_1 轴在水泵方向交点的单位转速,r/min
$n'_{1(Q'_{1T}=0)}$	开度线与 n'_1 轴在水轮机方向交点的单位转速,r/min
$n'_{1N(Q'_{1P}=0)}$	最优开度线与 n'_1 轴在水泵方向交点的单位转速,r/min
$n'_{1N(Q'_{1T}=0)}$	最优开度线与 n'_1 轴在水轮机方向交点的单位转速,r/min
p	比转速变化方向控制顶点数目－1
Q'_1	单位流量,m^3/s
$Q'_{1(n'_1=0)}$	开度线与 Q'_1 轴交点的单位流量,m^3/s
$Q'_{1(n'_1=\mathrm{CP})}$	开度线与边界 CP 交点的单位流量,m^3/s
$Q'_{1(n'_1=\mathrm{CT})}$	开度线与边界 CT 交点的单位流量,m^3/s
s	开度线数目

t	每条开度线上数据点数目
$\boldsymbol{U}$	u 向节点矢量
u	曲面 u 向参数
u_i	下标 $i=0,1,\cdots,m+4$，u 向节点矢量中的节点值
$\boldsymbol{V}$	v 向节点矢量
v	曲面 v 向参数
v_j	下标 $j=0,1,\cdots,n+4$，v 向节点矢量中的节点值
X	特性曲线分区变换后的横坐标；超曲面沿开度线的数据点坐标
X'	一区和八区二次变换后的横坐标
x	X 轴(沿开度线方向)
x_i	下标 $i=0,1,\cdots,l$，立方体网格 X 轴的坐标
Y	特性曲线分区变换后的纵坐标
$\boldsymbol{Y}$	曲面、超曲面的矢量表达方式
Y'	一区和八区二次变换后的纵坐标
y	Y 轴(开度变化方向)
y_j	下标 $j=0,1,\cdots,m$，立方体网格 Y 轴的坐标
z	Z 轴(比转速变化方向)
z_k	下标 $k=0,1,\cdots,n$，立方体网格 Z 轴的坐标
α	导叶相对开度；$1-\alpha$ 为置信水平
φ	三元二次样条函数的基函数

下标

符号	名称
i	点的 u 向(沿开度线方向)位置
j	点的 v 向(开度变化方向)位置
k	点的 w 向(比转速变化方向)位置
N	水轮机工作区最优工况
r	点的 u 向(沿开度线方向)位置
s	点的 v 向(开度变化方向)位置
T	水轮机方向
t	点的 w 向(比转速变化方向)位置
P	水泵方向

第 4 章　基于全特性空间曲面过渡过程的数学模型

到目前为止，水电站（含抽水蓄能电站）过渡过程的数值仿真研究手段仍主要依据一维有压管道非恒定流基本方程或明渠非恒定流基本方程并结合水库、岔管、调压室、机组等边界条件进行计算与分析[1]。其中机组边界条件最为复杂，其复杂性具体表现为两点：其一，水轮机特性曲线难于用数学方程精确地表达，对于水泵水轮机而言此问题更为突出。传统的处理方法是将单位流量和单位力矩分别写作单位转速的分段折线方程，其存在的问题已在第 1 章给予了说明，并利用空间曲面的表征方式加以解决；其二，方程个数较多，至少包含了机组前后管道末首断面的两个特征线方程、机组的三个单位参数方程、水轮机流量特性方程和力矩特性方程（平面表达方式）、一阶发电机方程、导叶运动方程（或调速器方程）等，共计 9 个方程。目前常用的求解方法是假定待求工况点在特性曲线上某一折线段内，将折线段方程代入机组其他方程中。以机组甩负荷为例，方程组最终整理成为一个关于水头平方根 X 的一元三次方程，再利用牛顿-辛普森方法迭代求解，得到 X。然后反推工况点的三个单位参数值，如果工况点仍位于该折线段内，则认为其结果为方程组的解，并将该结果作为下一时间步的初始条件，否则重新假定折线段，重复上述过程。这种搜索方法存在以下两点问题：① 根的搜索方向不明确，当求解得到的工作点不在该线段时，无法判断下一步的搜索应为该段的上一段还是下一段；② 牛顿-辛普森方法的迭代结果与初值相关，如果初值不匹配，迭代结果可能不在假定线段内，以上两点问题将会在计算过程中导致无解或错解的情况发生。

本章在第 1 章的基础上将水轮机特性曲线方程改写为空间曲面方程，并提出基于转速偏差函数机组边界条件的寻根方法，如图 4.1 所示。该方法假定待求等开度线上某一点为所求工况点，将该点的三个单位参数值作为已知量代入方程组，最终将方程组化简为一

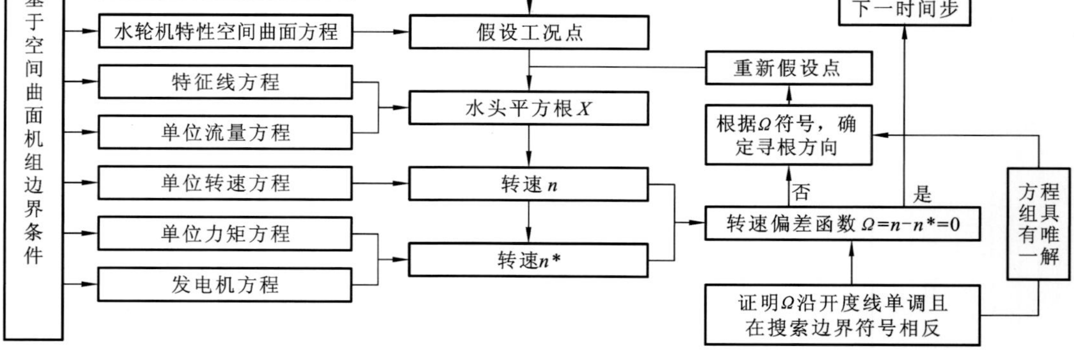

图 4.1　基于空间曲面的水泵水轮机机组边界条件的求解过程流程图[2]

个水头平方根与单位流量关系的一元二次方程和一个转速偏差函数方程(由单位转速方程和一阶发电机方程分别求得的转速之差),如果能证明转速偏差函数沿等开度线单调且在搜索边界符号相反,即可证明在该搜索区域内有且仅有一点为方程组的根,并可通过转速偏差函数的符号来确定寻根方向。该证明过程将通过对转速偏差函数取沿等开度线的方向导数,并讨论组成该方向导数的各项在开度线各区域的符号和绝对值的大小来实现。

4.1 基于空间曲面的水轮发电机组过渡过程的数学模型

水轮发电机组(包括抽水蓄能机组)过渡过程的数学模型包括机组前后管道末首断面的特征线方程、发电机方程、导叶运动方程以及水轮机特性方程(包括单位参数方程和特性曲线方程)等。在本章中,特性曲线方程采用基于空间曲面的数学模型,发电机采用一阶数学模型,导叶运动方程由导叶启闭规律给定或者由调速器方程代替。

4.1.1 有压管道非恒定流方程

在考虑水体和管壁弹性的情况下,有压一维非恒定流基本方程包含连续性方程和动量方程,如式(4.1)、式(4.2)所示[3]:

$$\frac{Q}{A}\frac{\partial H}{\partial x}+\frac{\partial H}{\partial t}+\frac{a^2}{gA}\frac{\partial Q}{\partial t}+\frac{a^2Q}{gA}\frac{\partial A}{\partial x}-\sin\theta\frac{Q}{A}=0 \tag{4.1}$$

$$gA^2\frac{\partial H}{\partial x}+Q\frac{\partial Q}{\partial x}+A\frac{\partial Q}{\partial t}+\frac{fQ|Q|}{2D}=0 \tag{4.2}$$

式中,x 为从任意起点开始的沿管轴的坐标距离,m;θ 为管道各断面形心的连线与水平面所成的夹角(顺坡为正);A 为面积,m^2;a 为波速,m/s;H 为以某高程为基准的测压管水头,m;Q 为断面流量,m^3/s。对于非棱柱体管道,面积 A 是 x 的函数,因此式(4.1)中 $\frac{\partial A}{\partial x}\neq 0$;对于棱柱体管道,式(4.1)中 $\frac{\partial A}{\partial x}=0$。

式(4.1)和式(4.2)是一组拟线性双曲型偏微分方程,此方程组存在两根实特征线,因此可用特征线法求解[4],即将该两个偏微分方程转换成特征方向上的两个常微分方程,在等时段网格的条件下,转化为以流量 Q_P 和测压管水头 H_P 为未知数的二元一次方程组如下

$$Q_P=Q_{CP}-C_{QP}H_P \tag{4.3}$$

$$Q_P=Q_{CM}+C_{QM}H_P \tag{4.4}$$

式中

$$C_{QP}=\frac{1}{(C-C_3)/A_P+C(C_1+C_2)}$$

$$C_{QM}=\frac{1}{(C+C_3)/A_P+C(C_4+C_5)}$$

$$Q_{CP}=C_{QP}\left[Q_L\left(\frac{C+C_3}{A_L}-CC_1\right)+H_L\right]$$

$$Q_{CM}=C_{QM}\left[Q_R\left(\frac{C-C_3}{A_R}-CC_4\right)-H_R\right]$$

$$C=\frac{a}{g},\quad C_1=\frac{a(A_P-A_L)}{2A_P(aA_L+Q_L)},\quad C_2=\frac{\Delta tS_P|Q_L|}{8A_LA_P^2}f$$

$$C_3=\frac{1}{2}\Delta t\sin\theta,\quad C_4=\frac{a(A_P-A_R)}{2A_P(aA_R-Q_R)},\quad C_5=\frac{\Delta tS_P|Q_R|}{8A_RA_P^2}f$$

4.1.2 发电机一阶方程

发电机一阶数学模型是将整个电气系统等价为一个恒定的电功率和一定的自调节系数，即在机组转速变化过程中，假定发电机的电磁功率不变，此时发电机转动部分的运动方程简化为动量矩方程[4]，即

$$J\frac{\mathrm{d}\omega}{\mathrm{d}t}=M_t-M_g-\frac{30e_gP_r}{n_r^2\pi}\Delta n \tag{4.5}$$

式中，J 为机组转动部分的转动惯量，kg · m²，$J=GD^2/(4g)$，GD^2 为飞轮力矩，kg · m²；ω 为机组旋转角速度，$\omega=\pi n/30$，n 为机组转速，r/min；M_t 为水轮机动力矩，N · m；M_g 为发电机阻力矩，N · m；e_g 为电网自调节系数；P_r 为额定出力，MW；n_r 为额定转速，r/min。

在机组未接入电网时，则 $M_g=0$，式(4.5)改写为

$$n=n_0+0.1875(M_t+M_{t0})\Delta t/GD^2 \tag{4.6}$$

式中，下标 0 表示上一计算时段的已知值。

4.1.3 导叶运动方程或调速器方程

若导叶开度 Y 随时间的变化过程人为给定，则导叶运动方程为

$$Y=Y(t) \tag{4.7}$$

而调速器方程是依据频率调节、功率调节和开度调节三种不同的模式，分别给出机组转速、机组功率、导叶给定开度与导叶开度的函数表达式。三种模式下的方块图如图 4.2 ～图 4.5 所示。

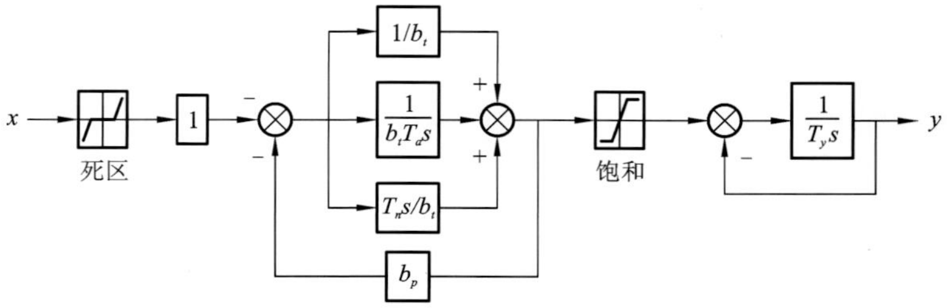

图 4.2　考虑饱和死区的频率调节模式并列 PID 方块图[5]

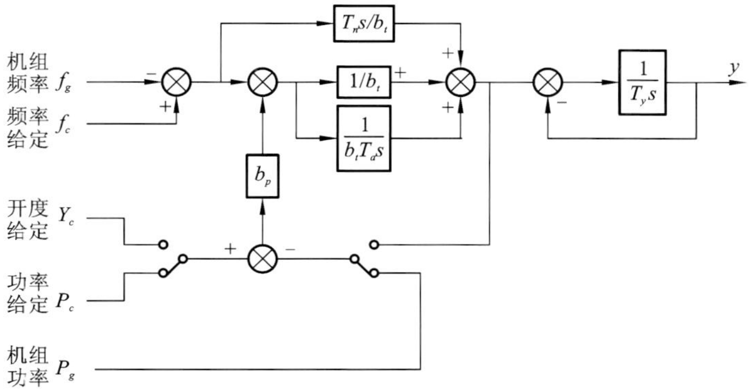

图 4.3　功率调节模式下并列 PID 方块图[5]

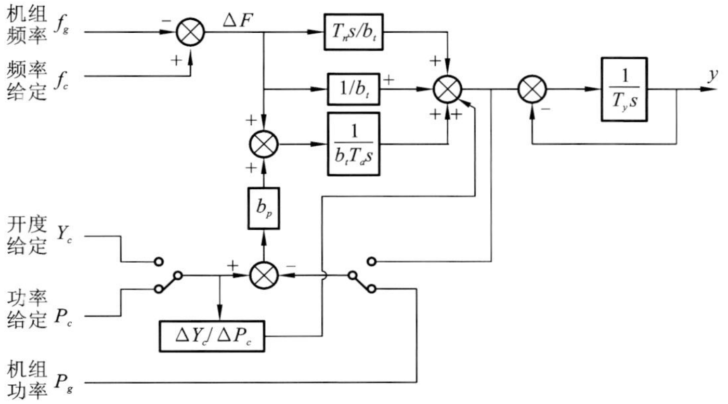

图 4.4　功率调节模式下具有积分环节＋前向通道并列 PID 方块图[5]

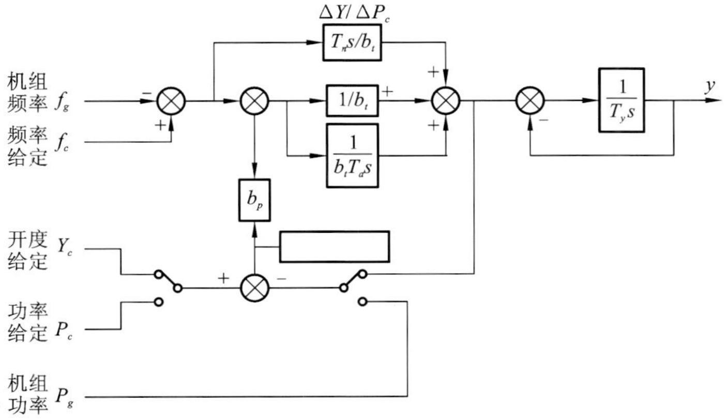

图 4.5　开度调节模式下并列 PID 方块图[5]

在频率调节模式下，人工频率死区环节和人工开度/功率死区环节均被切除，即 $E_f=0$ 和 $E_{y/p}=0$；采用 PID 调节规律，即 $T_n\neq 0$ 或 $K_d\neq 0$；在闭环调节中，将微机调节器内的导叶接力器开度值 Y_{PID} 作为反馈值，并构成调速器的静态特性；积分项输入 $\Delta I=$

$\Delta F + b_p(Y_C - Y_{PID})$；频率调节模式适用于机组空载运行、机组并入小电网或孤立电网运行、机组并入大电网以调频方式运行等情况；微机调节器的功率给定 P_C 实时跟踪机组实际功率 P_g（但不起反馈作用），实现无扰动条件下频率调节模式向功率调节模式的切换。

在功率调节模式下，人工频率死区环节和人工开度/功率死区环节均投入工作，即 $E_f \neq 0$ 和 $E_{y/p} \neq 0$；采用 PI 调节规律，即 $T_n = 0$ 或 $K_d = 0$；在闭环调节中，将机组实际功率 P_g 作为反馈值，并构成调速器的静态特性；积分项输入 $\Delta I = \Delta F + e_p(P_C - P_g)$；功率调节模式适用于机组并网运行、受水电站 AGC 系统控制工况；微机调节器的开度给定 Y_C 实时跟踪机组实际开度 Y_g（但不起反馈作用），实现无扰动条件下功率调节模式向频率调节模式或开度调节模式的切换。

在开度调节模式下，人工频率死区环节和人工开度 / 功率死区环节均投入工作，即 $E_f \neq 0$ 和 $E_{y/p} \neq 0$；采用 PI 调节规律，即 $T_n = 0$ 或 $K_d = 0$；在闭环调节中，将导叶接力器开度值 Y_{PID} 作为反馈值，并构成调速器的静态特性；积分项输入 $\Delta I = \Delta F + b_p(Y_C - Y_{PID})$；开度调节模式适用于机组并网运行、带基本负荷的工况；微机调节器的功率给定 P_C 实时跟踪机组实际功率 P_g（但不起反馈作用），实现无扰动条件下开度调节模式向功率调节模式的切换。

三种调节模式下的调速器微分表达式分别如下[5]。

（1）频率调节：

$$b_p T_d T_n T_y \frac{d^3 y}{dt^3} + (b_p T_d T_n + b_t T_d T_y + b_p T_d T_y)\frac{d^2 y}{dt^2} + (T_d b_t + b_p T_d + b_p T_y)\frac{dy}{dt} + b_p y = -\left(T_d T_n \frac{d^2 x}{dt^2} + T_d \frac{dx}{dt} + x\right) \tag{4.8}$$

式中，x 为转速偏差值，$x = \dfrac{n - n_r}{n_r}$；b_p、b_t、T_d、T_n 为调速器参数。

若采用 PI 调节规律，即 $T_n = 0$。则有

$$(b_t T_d T_y + b_p T_d T_y)\frac{d^2 y}{dt^2} + (T_d b_t + b_p T_d + b_p T_y)\frac{dy}{dt} + b_p y = -\left(T_d \frac{dx}{dt} + x\right) \tag{4.9}$$

（2）功率调节：

$$b_t T_d T_y \frac{d^2 y}{dt^2} + b_t T_d \frac{dy}{dt} = b_p T_d \frac{d(p_c - p_g)}{dt} + b_p(p_c - p_g) \tag{4.10}$$

式中，$p_c = \dfrac{P_c - P_{c0}}{P_r}$ 为机组给定功率相对值；$p_g = \dfrac{P_g - P_{g0}}{P_r}$ 为机组实际功率相对值；P_c、P_g、P_r 分别为机组给定功率、实际功率和额定功率；有下标“0”者为初始时刻值。

具有积分环节 + 前向通道的功率调节：

$$T_y \frac{dy}{dt} + y(t) = \Delta p_c + b_p \frac{1}{b_t T_d}\int_0^t (p_c - p_g)\,dt \tag{4.11}$$

式中，$\Delta p_c = \dfrac{P_c - P_g}{P_r}$。

应该指出的是，对式(4.11)进行求导，得到与式(4.10)完全相同的表达式。但具有积分环节 + 前向通道的功率调节，其动态响应较快。

(3) 开度调节：

$$b_t T_d T_y \frac{\mathrm{d}^2 y}{\mathrm{d}t^2} + b_t T_d \frac{\mathrm{d}y}{\mathrm{d}t} = b_p T_d \frac{\mathrm{d}(y_c - y_{\mathrm{PID}})}{\mathrm{d}t} + b_p (y_c - y_{\mathrm{PID}}) \tag{4.12}$$

式中，$y_c = \dfrac{Y_c - Y_{c0}}{Y_{\max}}$ 为机组给定开度相对值；$y_{\mathrm{PID}} = \dfrac{Y_{\mathrm{PID}} - Y_{\mathrm{PID0}}}{Y_{\max}}$ 为机组实际功率相对值；Y_c、Y_{PID}、$Y_{\max}$ 分别为机组给定开度、实际开度和最大功率；有下标“0”者为初始时刻值。

开度调节本质上是间接式功率调节，调速器按照由 AGC 系统分配的机组给定功率 P_c，通过 $Y_c = f(H, P_c)$ 关系式，计算得到机组给定开度 Y_c，且完成 Y_{PID} 的运算，实现闭环回路的调节。

4.1.4　水轮机特性方程

分析过渡过程中水轮机及其控制系统的动态特性时，应使用水轮机的动态特性。但水轮机的动态特性目前仍无法通过模型试验获得，故只能以水轮机的稳态特性来分析水力机组的暂态过程和水轮机控制系统的动态过程[6]。实践表明，在工况变化速度不超过一定数值时（如对于混流式水轮机，$\omega < 5$ rad/s），使用水轮机稳态特性来进行动态行为分析所得出的理论计算结果与实际测量值之间的误差是在工程允许范围内[7]，所以在过渡过程计算分析中，可以采用水轮机模型综合特性曲线或全特性曲线所示的稳态特性来描述水轮机的动态特性，即

$$Q_P = Q_1' D_1^2 \sqrt{H_P - H_S} \tag{4.13}$$

$$n = n_1' \sqrt{H_P - H_S} / D_1 \tag{4.14}$$

$$M_t = M_1' D_1^3 (H_P - H_S) \tag{4.15}$$

$$Q_1' = f(Y, n_1') \tag{4.16}$$

$$M_1' = g(Y, n_1') \tag{4.17}$$

本节以 NURBS 曲面表达水泵水轮机全特性，假定水轮机特性数据由 $(m+1)\times(n+1)$ 个数据点组成，利用第 1 章 NURBS 曲面拟合方法即可求得曲面的节点矢量 $\boldsymbol{T}$ 和 $\boldsymbol{S}$ 以及控制顶点 $\{\boldsymbol{D}_{i,j} = (D_{ni,j}, D_{Qi,j}, D_{Mi,j}), i = 0,1,\cdots,p; j = 0,1,\cdots,q\}$，那么假设每一时刻参数 u 和参数 v，即可根据式(1.10)得到该时刻的三个单位参数值为

$$n_1'(u,v) := \frac{\sum_{i=0}^{p}\sum_{j=0}^{q}\omega_{i,j} D_{ni,j} N_{i,k}(u) N_{j,l}(v)}{\sum_{i=0}^{p}\sum_{j=0}^{q}\omega_{i,j} N_{i,k}(u) N_{j,l}(v)} \tag{4.18}$$

$$Q_1'(u,v) := \frac{\sum_{i=0}^{p}\sum_{j=0}^{q}\omega_{i,j} D_{Qi,j} N_{i,k}(u) N_{j,l}(v)}{\sum_{i=0}^{p}\sum_{j=0}^{q}\omega_{i,j} N_{i,k}(u) N_{j,l}(v)} \tag{4.19}$$

$$M_1'(u,v) := \frac{\sum_{i=0}^{p}\sum_{j=0}^{q}\omega_{i,j} D_{Mi,j} N_{i,k}(u) N_{j,l}(v)}{\sum_{i=0}^{p}\sum_{j=0}^{q}\omega_{i,j} N_{i,k}(u) N_{j,l}(v)} \tag{4.20}$$

由于参数 v 表示相对开度，因此有

$$v = Y/Y_{\max} \tag{4.21}$$

上述各项方程中，式(4.3)、式(4.4)、式(4.6)、式(4.7)、式(4.13) ～ 式(4.15) 以及式(4.18) ～ 式(4.21) 共计 11 个方程，组成了基于空间曲面的水轮发电机组过渡过程的数学模型。该数学模型中未知数为：转轮进出口侧测压管水头 H_P 和 H_S，过机流量 Q_P，机组转速 n，水轮机力矩 M_t，单位转速、单位流量和单位力矩 n_1'、Q_1' 和 M_1'，导叶开度 Y，参数 u 和 v，共计 11 个，所以方程组是封闭的。方程组中 Q_{CP}、C_{QP}、Q_{CM} 和 C_{QM} 均为上一时刻的值，且 Q_{CP} 和 Q_{CM} 由上一时刻的流量与水头所确定，C_{QP} 与 C_{QM} 仅与波速和面积有关，为正常数。在本计算时刻均为已知值。

本节给出的数学模型不仅可适用于水轮机甩负荷与水泵断电等事故工况的模拟，水轮机停机、水泵停机、水泵启动等人为控制工况的模拟，水轮机启动工况、水轮机参与频率或功率调节工况、水力干扰过渡过程的模拟，也适用于多台机组相继甩负荷等极端工况的模拟。若要强化水电站(包含抽水蓄能电站)水机电控制耦合过渡过程的模拟，不仅应将发电机一阶方程改为三阶或更高阶的方程，而且应增加电网和负载的模型。

4.2 基于转速偏差函数且给定导叶开度的机组边界条件求解

4.2.1 求解流程

由于导叶开度是由导叶启闭规律或调速器方程事先给定的，每一时刻的导叶开度 Y(及参数 v) 都可视为已知值。于是，上述边界条件的求解，可简化为针对某一已知开度搜索满足方程组的工况点，并求取与之相应的未知数。方程组求解流程如图 4.1 所示，具体过程如下[8]。

(1) 预先假设参数 u，根据式(4.18) ～ 式(4.20) 求得与之相应工况点的三个单位参数值，并将其作为已知量，令 $X = \sqrt{H_P - H_S}$，$C_1 = Q_{CP}/C_{QP} + Q_{CM}/C_{QM}$，$C_2 = 1/C_{QP} + 1/C_{QM}$，$E = 0.1875\Delta t/GD^2$，代入式(4.3)、式(4.4) 和式(4.13) 中，整理得到一个关于 X 的一元二次方程，即

$$X^2 + C_2 Q_1' D_1^2 X - C_1 = 0 \tag{4.22}$$

该方程存在两个根，分别为

$$X_1 = \frac{-C_2 Q_1' D_1^2 + \sqrt{(C_2 D_1^2 Q_1')^2 + 4C_1}}{2} \tag{4.23}$$

$$X_2 = \frac{-C_2 Q_1' D_1^2 - \sqrt{(C_2 D_1^2 Q_1')^2 + 4C_1}}{2} \tag{4.24}$$

式中，X 为水头的平方根，恒为正实数。由式(4.23) 和式(4.24) 可知，当 $C_1 > 0$ 时，在该开度线的全范围内均有 $X_1 > 0$，因此根的搜索范围为图 4.6 中的 A 点 ～ L 点；当 $C_1 < 0$ 时，仅当 $Q_1' \leqslant -\sqrt{\dfrac{-4C_1}{C_2^2 D_1^4}}$ 时，有 X_1 和 X_2 为正实数，则根的搜索范围分为两段，见图 4.7 中的 A 点 ～ M 点和 N 点 ～ L 点，但由于 X_1 和 X_2 均大于零，因此需进一步取舍。

(2) 将 X 代入式(4.14)和式(4.15)，得转速 n 和力矩 M_t，再将 M_t 代入式(4.6)，得转速 n^*。

(3) 定义 $\Omega = n - n^*$，如果能够证明 Ω 沿等开度线的搜索区间内为单调函数，并且在该区间的两边界点处 Ω 的符号为异号，则此区间内必有唯一点满足 $\Omega = 0$，方程组在此区间内有唯一解。当 $\Omega = 0$ 时，则认为参数 u 假设合理，X 和工况点的三个单位参数值即为所求，进行步骤(4)；反之，根据 Ω 的符号确定寻根方向，重新假设参数 u，重复步骤(1)～(3)。

(4) 将 X 回代入式(4.3)、式(4.4)和式(4.13)中求得 H_P、H_S 和 Q_P。

于是，方程组的求解还需要解决的两个问题为：①Ω 的单调性及边界点处的符号判别；② 当 $C_1 < 0$，且 $Q_1' \leqslant -\sqrt{\dfrac{-4C_1}{C_2^2 D_1^4}}$ 时，X_1 和 X_2 的取舍。

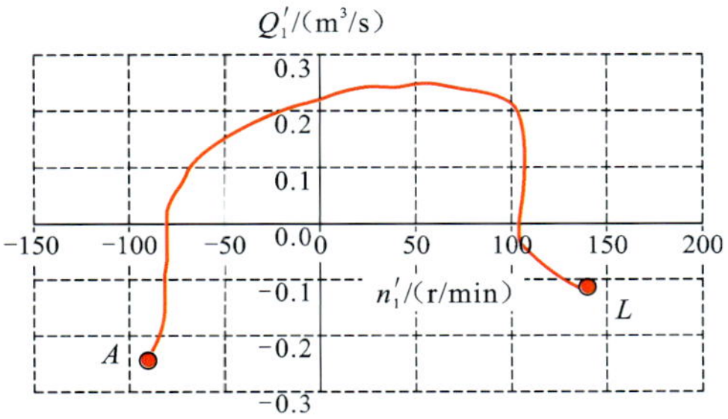

图 4.6　$C_1 > 0$ 时根的搜索范围

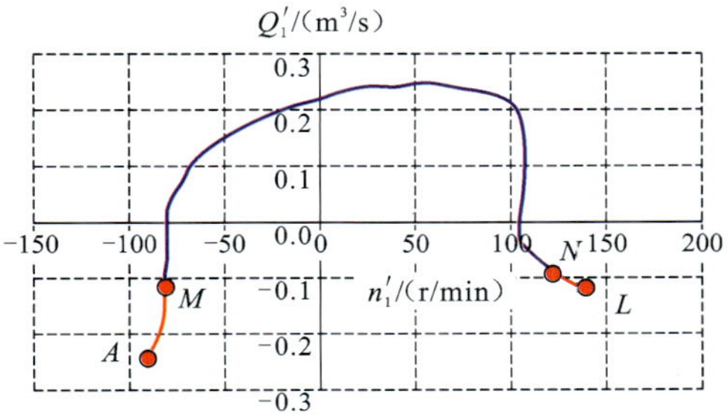

图 4.7　$C_1 < 0$ 时根的搜索范围

4.2.2　Ω 的单调性及在搜索边界的符号判别

1. $C_1 > 0$ 的情况

1) Ω 的单调性判别

当 $C_1 > 0$ 时，根据 4.2.1 节将 X 及三个单位参数代入 Ω 的表达式为

$$\Omega = \frac{n_1'}{D_1}\left(\frac{-C_2 Q_1' D_1^2 + \sqrt{(C_2 D_1^2 Q_1')^2 + 4C_1}}{2}\right) - EM_1' D_1^3\left(\frac{-C_2 Q_1' D_1^2 + \sqrt{(C_2 D_1^2 Q_1')^2 + 4C_1}}{2}\right)^2 - (n_0 + EM_{t0}) \tag{4.25}$$

Ω 在折线段 $P_j P_{j+1}$ 的方向导数可以表示为

$$\frac{\partial \Omega}{\partial u} = \frac{\partial \Omega}{\partial n_1'}\cos\alpha + \frac{\partial \Omega}{\partial Q_1'}\cos\beta + \frac{\partial \Omega}{\partial M_1'}\cos\gamma \tag{4.26}$$

式中

$$\cos\alpha = \frac{\Delta n_1'}{\sqrt{(\Delta n_1')^2 + (\Delta Q_1')^2 + (\Delta M_1')^2}}$$

$$\cos\beta = \frac{\Delta Q_1'}{\sqrt{(\Delta n_1')^2 + (\Delta Q_1')^2 + (\Delta M_1')^2}}$$

$$\cos\gamma = \frac{\Delta M_1'}{\sqrt{(\Delta n_1')^2 + (\Delta Q_1')^2 + (\Delta M_1')^2}}$$

则

$$\frac{\partial\Omega}{\partial u} = \frac{1}{\sqrt{(\Delta n_1')^2 + (\Delta Q_1')^2 + (\Delta M_1')^2}}\left(\frac{\partial\Omega}{\partial n_1'}\Delta n_1' + \frac{\partial\Omega}{\partial Q_1'}\Delta Q_1' + \frac{\partial\Omega}{\partial M_1'}\Delta M_1'\right) \quad (4.27)$$

当$\frac{\partial\Omega}{\partial u} > 0$时，$\Omega$在该$P_jP_{j+1}$内为单调增函数，当$\frac{\partial\Omega}{\partial u} < 0$时，则为单调减函数。根据式(4.22)，$\frac{\partial\Omega}{\partial u}$的符号由$\frac{\partial\Omega}{\partial n_1'}\Delta n_1'$、$\frac{\partial\Omega}{\partial Q_1'}\Delta Q_1'$及$\frac{\partial\Omega}{\partial M_1'}\Delta M_1'$三项之和的符号确定，这取决于这三项的符号和绝对值。

(1) $\frac{\partial\Omega}{\partial n_1'}\Delta n_1'$、$\frac{\partial\Omega}{\partial Q_1'}\Delta Q_1'$与$\frac{\partial\Omega}{\partial M_1'}\Delta M_1'$符号的判别

当$X = X_1$时，Ω对三个单位参数求偏导数分别有

$$\frac{\partial\Omega}{\partial n_1'} = \frac{\left[-C_2D_1^2Q_1' + \sqrt{(C_2D_1^2Q_1')^2 + 4C_1}\right]}{2D_1} = \frac{X}{D_1} \quad (4.28)$$

$$\frac{\partial\Omega}{\partial Q_1'} = \frac{-2C_2D_1^2X}{\sqrt{(C_2D_1^2Q_1')^2 + 4C_1}}\left(\frac{n_1'}{2D_1} - ED_1^3M_1'X\right) \quad (4.29)$$

$$\frac{\partial\Omega}{\partial M_1'} = ED_1^3\left[\frac{-C_2Q_1'D_1^2 + \sqrt{(C_2D_1^2Q_1')^2 + 4C_1}}{2}\right]^2 = ED_1^3X^2 \quad (4.30)$$

可知$\frac{\partial\Omega}{\partial n_1'}$与$\frac{\partial\Omega}{\partial M_1'}$恒大于零，$\frac{\partial\Omega}{\partial Q_1'}$的符号分以下几种情况：① 当工况点位于水泵区或是水泵制动区时，$n_1' < 0$，$M_1' > 0$，此时$\frac{\partial\Omega}{\partial Q_1'}$为正；② 当工况点位于水轮机制动区或反水泵区时，$n_1' > 0$，$M_1' < 0$，因此$\frac{\partial\Omega}{\partial Q_1'}$为负；③ 当工况点位于水轮机区，且当$n_1' < 2ED_1^4M_1'X$(估算得$n_1'$量级在$10^0$以内)时，$\frac{\partial\Omega}{\partial Q_1'}$为正，反之为负。

$\Delta n_1'$、$\Delta Q_1'$与$\Delta M_1'$的符号与等开度线的形状相关，本小节根据水泵水轮机等开度线上的特征点将其分为若干区域，并分区域讨论$\Delta n_1'$、$\Delta Q_1'$与$\Delta M_1'$的符号。具体来说，水泵水轮机的等开度线具有如下特征点(图4.8)：A点为水泵区起始点；B点为水泵工况区曲线拐点；C点水泵区单位流量为零；D点单位转速为零；E点为水轮机区$n_1' = 2ED_1^4M_1'X$的点；F点为水轮机工况区单位力矩最大点；G点为水轮机工况区单位流量最大点；H点为水轮机工况区单位转速最大点；I点为飞逸点；J点水轮机区单位流量为零；K点水轮机制动工况区单位转速最小；L点为反水泵区终了点。

那么，$\frac{\partial\Omega}{\partial n_1'}\Delta n_1'$、$\frac{\partial\Omega}{\partial Q_1'}\Delta Q_1'$及$\frac{\partial\Omega}{\partial M_1'}\Delta M_1'$沿等开度线的符号变化如表4.1所示。

由表4.1可知，$\frac{\partial\Omega}{\partial n_1'}\Delta n_1'$和$\frac{\partial\Omega}{\partial Q_1'}\Delta Q_1'$异号的区域为$EF$段、$FG$段、$HI$段、$IJ$段与$JK$段；$\frac{\partial\Omega}{\partial n_1'}\Delta n_1'$和$\frac{\partial\Omega}{\partial M_1'}\Delta M_1'$异号的区域为$AB$段、$BC$段、$FG$段、$GH$段与$KL$段。

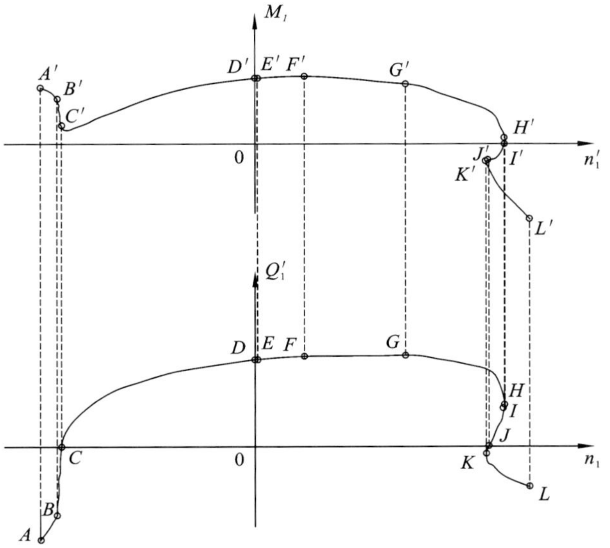

图 4.8　四象限全特性曲线特征点

表 4.1　$\boldsymbol{\Omega}$ 沿等开度线的方向导数的三个分量的符号

区域	分段	$\frac{\partial\Omega}{\partial n'_1}$	$\Delta n'_1$	$\frac{\partial\Omega}{\partial n'_1}\Delta n'_1$	$\frac{\partial\Omega}{\partial Q'_1}$	$\Delta Q'_1$	$\frac{\partial\Omega}{\partial Q'_1}\Delta Q'_1$	$\frac{\partial\Omega}{\partial M'_1}$	$\Delta M'_1$	$\frac{\partial\Omega}{\partial M'_1}\Delta M'_1$
水泵区	AB	+	+	+	+	+	+	+	−	−
	BC	+	+	+	+	+	+	+	−	−
水泵制动区	CD	+	+	+	+	+	+	+	+	+
水轮机区	DE	+	+	+	+	+	+	+	+	+
	EF	+	+	+	−	+	−	+	+	+
	FG	+	+	+	−	+	−	+	−	−
	GH	+	+	+	−	−	+	+	−	−
	HI	+	−	−	−	−	+	+	−	−
水轮机制动区	IJ	+	−	−	−	−	+	+	−	−
反水泵区	JK	+	−	−	−	−	+	+	−	−
	KL	+	+	+	−	−	+	+	−	−

(2) $\left|\frac{\partial\Omega}{\partial n'_1}\Delta n'_1\right|$、$\left|\frac{\partial\Omega}{\partial Q'_1}\Delta Q'_1\right|$ 与 $\left|\frac{\partial\Omega}{\partial M'_1}\Delta M'_1\right|$ 的比较

(a) $\left|\frac{\partial\Omega}{\partial n'_1}\Delta n'_1\right|$ 与 $\left|\frac{\partial\Omega}{\partial Q'_1}\Delta Q'_1\right|$ 的比较

取两者比值如下：

$$\left|\frac{\dfrac{\partial\Omega}{\partial n_1'}\Delta n_1'}{\dfrac{\partial\Omega}{\partial Q_1'}\Delta Q_1'}\right|=\left|\frac{\sqrt{Q_1'^2+\dfrac{4C_1}{A_2^2D_1^4}}}{(n_1'-2ED_1^4XM_1')}\right|\left|\frac{\Delta n_1'}{\Delta Q_1'}\right| \tag{4.31}$$

当 $\left|\dfrac{\Delta n_1'}{\Delta Q_1'}\right|>\left|\dfrac{n_1'-2ED_1^4XM_1'}{\sqrt{Q_1'^2+\dfrac{4C_1}{C_2^2D_1^4}}}\right|$ 时，有 $\left|\dfrac{\partial\Omega}{\partial n_1'}\Delta n_1'\right|>\left|\dfrac{\partial\Omega}{\partial Q_1'}\Delta Q_1'\right|$；反之，则 $\left|\dfrac{\partial\Omega}{\partial n_1'}\Delta n_1'\right|<\left|\dfrac{\partial\Omega}{\partial Q_1'}\Delta Q_1'\right|$。

令 $F_1(n_1',Q_1')=\left|\dfrac{\Delta n_1'}{\Delta Q_1'}\right|$，$F_2(n_1',Q_1')=\left|\dfrac{n_1'-2ED_1^4XM_1'}{\sqrt{Q_1'^2+\dfrac{4C_1}{C_2^2D_1^4}}}\right|$，二者沿等开度线上的变化规律如图 4.9 所示，可以看出 $F_1(n_1',Q_1')$ 在整条开度线上，该值在 BC 段、H 点和 K 点三处出现谷值，在 D 点附近出现峰值；而 $F_2(n_1',Q_1')$ 的最大值出现在 $Q_1'^2+\dfrac{4C_1}{C_2^2D_1^4}=0$ 的位置，即在 C 点和 J 点向左或右偏移 $\sqrt{-\dfrac{4C_1}{C_2^2D_1^4}}$ 的位置，该式的最小值出现在 n_1' 轴附近。那么，在 EF 段与 FG 段有 $\left|\dfrac{\partial\Omega}{\partial n_1'}\Delta n_1'\right|>\left|\dfrac{\partial\Omega}{\partial Q_1'}\Delta Q_1'\right|$，在 HI 段、IJ 段与 JK 段有 $\left|\dfrac{\partial\Omega}{\partial n_1'}\Delta n_1'\right|<\left|\dfrac{\partial\Omega}{\partial Q_1'}\Delta Q_1'\right|$。

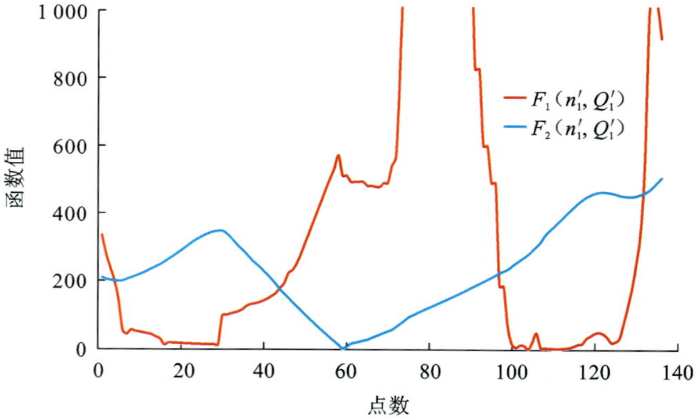

图 4.9　$F_1(n_1',Q_1')$ 和 $F_2(n_1',Q_1')$ 变化规律图

(b) $\left|\dfrac{\partial\Omega}{\partial n_1'}\Delta n_1'\right|$ 与 $\left|\dfrac{\partial\Omega}{\partial M_1'}\Delta M_1'\right|$ 的比较

同样取两者比值如下：

$$\frac{\left|\dfrac{\partial\Omega}{\partial n_1'}\Delta n_1'\right|}{\left|\dfrac{\partial\Omega}{\partial M_1'}\Delta M_1'\right|}=\left|\frac{1}{ED_1^4X}\frac{\Delta n_1'}{\Delta M_1'}\right| \tag{4.32}$$

当 $\left|\dfrac{\Delta n_1'}{\Delta M_1'}\right|>ED_1^4X$ 时，有 $\left|\dfrac{\partial\Omega}{\partial n_1'}\Delta n_1'\right|>\left|\dfrac{\partial\Omega}{\partial M_1'}\Delta M_1'\right|$；反之，则 $\left|\dfrac{\partial\Omega}{\partial n_1'}\Delta n_1'\right|<\left|\dfrac{\partial\Omega}{\partial M_1'}\Delta M_1'\right|$。$ED_1^4$ 的量级在10^{-4} 左右，X 的量级在$10^1\sim10^2$，因此 ED_1^4X 的量级在10^{-2} 以

下；在整条等开度线上仅在水泵区 BC 段、水轮机区 H 点和 K 点附近三处 $\left|\frac{\Delta n'_1}{\Delta M'_1}\right|$ 可能小于 ED_1^4X，即 $\left|\frac{\partial \Omega}{\partial n'_1}\Delta n'_1\right| < \left|\frac{\partial \Omega}{\partial M'_1}\Delta M'_1\right|$，但此三处均有 $\left|\frac{\partial \Omega}{\partial M'_1}\Delta M'_1\right| < \left|\frac{\partial \Omega}{\partial Q'_1}\Delta Q'_1\right|$。

综上，当 $C_1 > 0$，方程的根 $X = X_1$ 时，$\frac{\partial \Omega}{\partial n'_1}\Delta n'_1 + \frac{\partial \Omega}{\partial Q'_1}\Delta Q'_1 + \frac{\partial \Omega}{\partial M'_1}\Delta M'_1$ 在等开度线全范围内恒正，有 $\frac{\partial \Omega}{\partial u} > 0$，$\Omega$ 为单调增函数。

2）Ω 在搜索边界的符号判别

如果当前工况点位于 $n'_1 = 0$ 轴以左，对于水泵区起始点 A 点 (n'_{1A}, Q'_{1A})，有 $n'_{1A} < n'_{10} < 0$，$Q'_{1A} < Q'_{10}$，由式(4.23)和式(4.14)计算结果可知，必有 $X_A > X_0$，$n_{1A} < n_0 < 0$，则 $\Omega_A < 0$；对于反水泵终了点 (n'_{1L}, Q'_{1L})，有 $n'_{1L} > 0$，则 $n_L > 0$，$\Omega_L > 0$，于是 $\Omega_A \Omega_L < 0$，即转速偏差函数在水泵区起始点 A 与反水泵区终了点 L 两处异号。如果当前工况点位于 $n'_1 = 0$ 轴以右，同样有上述结论。

2. $C_1 < 0$ 的情况

1）Ω 的单调性判别

如果方程的根 $X = X_1$，Ω 仍为单调增函数。

如果方程的根 $X = X_2$，Ω 的单调性证明过程与上述证明过程类似，具体为

$$\begin{aligned}\Omega = {} & \frac{n'_1}{D_1}\left(\frac{-C_2 Q'_1 D_1^2 - \sqrt{(C_2 D_1^2 Q'_1)^2 + 4C_1}}{2}\right) \\ & - EM'_1 D_1^3 \left(\frac{-C_2 Q'_1 D_1^2 - \sqrt{(C_2 D_1^2 Q'_1)^2 + 4C_1}}{2}\right)^2 - (n_0 + EM_{t0})\end{aligned} \tag{4.33}$$

式中

$$\frac{\partial \Omega}{\partial n'_1} = \frac{\left[-C_2 D_1^2 Q'_1 - \sqrt{(C_2 D_1^2 Q'_1)^2 + 4C_1}\right]}{2D_1} = \frac{X}{D_1} \tag{4.34}$$

$$\frac{\partial \Omega}{\partial Q'_1} = \frac{2C_2 D_1^2 X}{\sqrt{(C_2 D_1^2 Q'_1)^2 + 4C_1}}\left(\frac{n'_1}{2D_1} - ED_1^3 M'_1 X\right) \tag{4.35}$$

$$\frac{\partial \Omega}{\partial M'_1} = ED_1^3\left(\frac{-C_2 Q'_1 D_1^2 - \sqrt{(C_2 D_1^2 Q'_1)^2 + 4C_1}}{2}\right)^2 = ED_1^3 X^2 \tag{4.36}$$

可知 $\frac{\partial \Omega}{\partial n'_1}$、$\frac{\partial \Omega}{\partial Q'_1}$ 与 $\frac{\partial \Omega}{\partial M'_1}$ 均恒大于零，另在水泵区和反水泵区有 $\Delta n'_1 > 0$，$\Delta Q'_1 < 0$，$\Delta M'_1 < 0$，即 $\frac{\partial \Omega}{\partial n'_1}\Delta n'_1 > 0$，$\frac{\partial \Omega}{\partial Q'_1}\Delta Q'_1 < 0$，$\frac{\partial \Omega}{\partial M'_1}\Delta M'_1 < 0$，且 $\left|\frac{\partial \Omega}{\partial n'_1}\Delta n'_1\right| < \left|\frac{\partial \Omega}{\partial Q'_1}\Delta Q'_1\right|$，因此当方程的根 $X = X_2$ 时，有 $\frac{\partial \Omega}{\partial u} < 0$，$\Omega$ 在水泵区和反水泵区的 $Q'_1 \leqslant -\sqrt{\frac{-4C_1}{C_2^2 D_1^4}}$ 段均为单调减函数。

2）Ω 在搜索边界的符号判别

与上述证明过程类似，可得当 $X = X_1$ 时，有 $\Omega_A < 0$，$\Omega_L > 0$；当 $X = X_2$ 时，有 $\Omega_A > 0$，$\Omega_L < 0$，即转速偏差函数在水泵区起始点 A 与反水泵区终了点 L 两处异号。

对于水泵区 $\Delta=0$ 边界点 $M(n'_{1M},Q'_{1M},M'_{1M})$，将 $Q'_{1M}=-\sqrt{\dfrac{-4C_1}{C_2^2D_1^4}}$ 代入式(4.22)，有 $X=X_1=X_2=\sqrt{-C_1}$，再将 X 代入式(4.25)有

$$\Omega_M=\frac{n'_{1M}\sqrt{-C_1}}{D_1}-EM'_{1M}D_1^3(-C_1)-n_0-EM_{t0} \tag{4.37}$$

在 $|n'_1|$ 较大处，式(4.37)的第二项和第四项较之其他两项是小量，可省略。比较第一和第三项可得，当 $C_1<-\dfrac{n_0^2D_1^2}{n_1'^2}$ 时，有 $\Omega_M<0$，那么只有在 $X=X_2$ 的条件下，在水泵区起始点 A 处有 $\Omega_A>0$，才有 $\Omega_A\Omega_M<0$，如图 4.6 所示；当 $C_1>-\dfrac{n_0^2D_1^2}{n_1'^2}$ 时，有 $\Omega_M>0$，那么只有在 $X=X_1$ 的条件下，水泵区起始点 A 有 $\Omega_A<0$，才有 $\Omega_A\Omega_M<0$，如图 4.10 所示。

同理，在反水泵区 $\Delta=0$ 边界点 $N(n'_{1N},Q'_{1N})$ 处，将 $Q'_{1N}=-\sqrt{\dfrac{-4C_1}{C_2^2D_1^4}}$ 代入式(4.22)，同样有 $X=X_1=X_2=\sqrt{-C_1}$，再将 X 代入式(4.25)有

$$\Omega_N=\frac{n'_{1N}\sqrt{-C_1}}{D_1}-EM'_{1N}D_1^3(-C_1)-n_0-EM_{t0} \tag{4.38}$$

式(4.38)的第二项和第四项较之其他两项同样为小量，可省略。当 $C_1<-\dfrac{n_0^2D_1^2}{n_1'^2}$ 时，有 $\Omega_L>0$，那么只有在 $X=X_2$ 的条件下，在反水泵区终了点 L 处有 $\Omega_L<0$，才有 $\Omega_N\Omega_L<0$，如图 4.6 所示；当 $C_1>-\dfrac{n_0^2D_1^2}{n_1'^2}$ 时，有 $\Omega_N<0$，只有在 $X=X_1$ 的条件下，在反水泵区终了点 L 处有 $\Omega_L>0$，才有 $\Omega_N\Omega_L<0$，如图 4.11 所示。

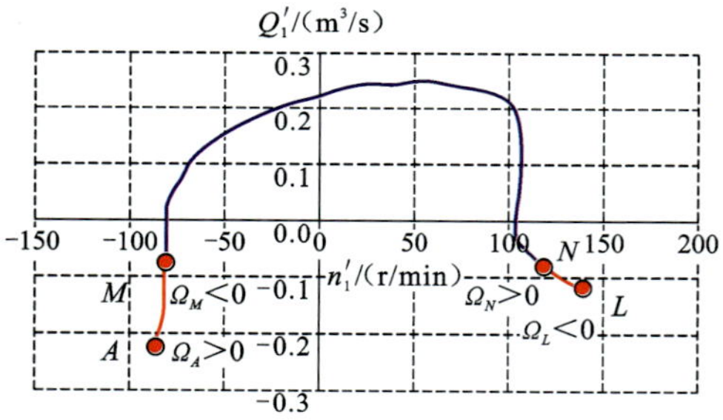

图 4.10 $C_1<-\dfrac{n_0^2D_1^2}{n_1'^2}$ 时搜索边界处 Ω 的符号

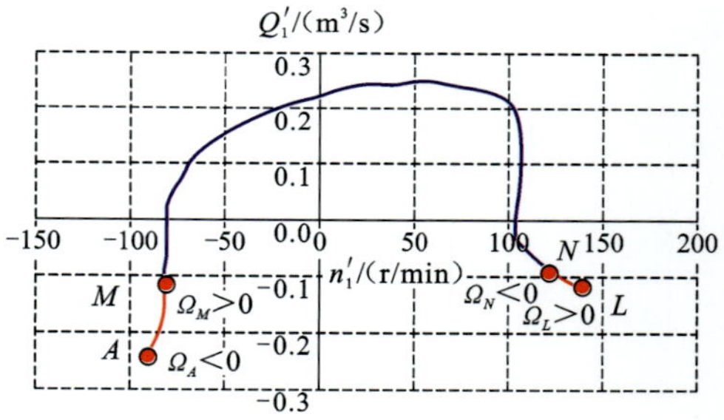

图 4.11 $-\dfrac{n_0^2D_1^2}{n_1'^2}<C_1<0$ 时搜索边界处 Ω 的符号

4.3 实例分析

为了验证本章提出的机组边界方程求解方法的有效性，依据某抽水蓄能电站输水管道系统及水泵水轮机可逆式机组的实际参数，应用上述方法进行水轮机甩负荷工况的过渡过程计算，并与传统的求解方法进行对比分析。

该抽水蓄能电站装机容量 4×300 MW，一洞四机布置形式，设有上、下游双调压室。计算工况为四台机同时甩负荷，三台机导叶关闭，一台机导叶拒动。导叶关闭规律第一段

延时 10 s，第二段以斜率 15 s 关死。利用两种求解方法求得的导叶拒动机组调保参数以及工况点轨迹线对比如图 4.12 ～ 图 4.15 所示。

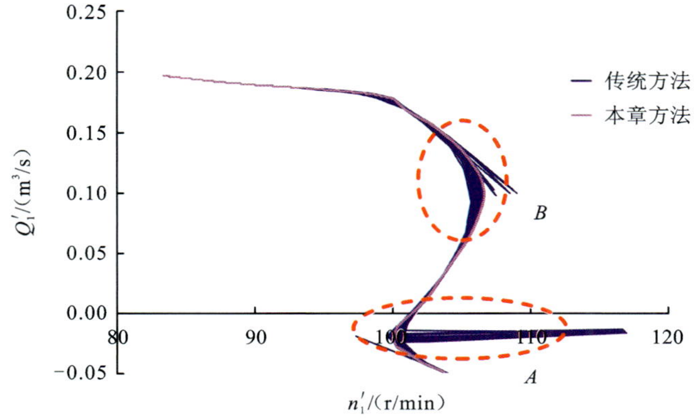

图 4.12　工况点轨迹线对比

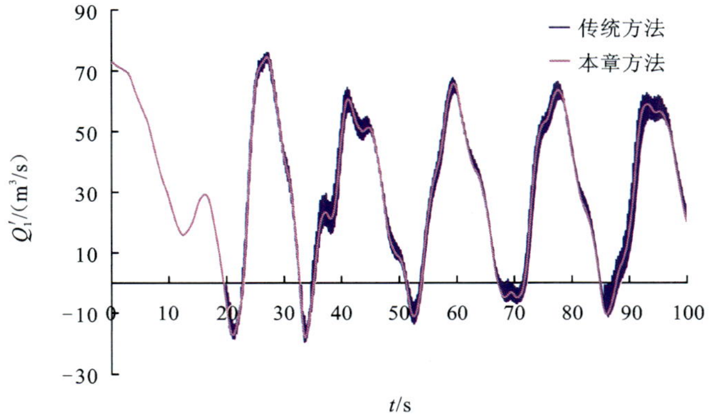

图 4.13　流量变化过程对比

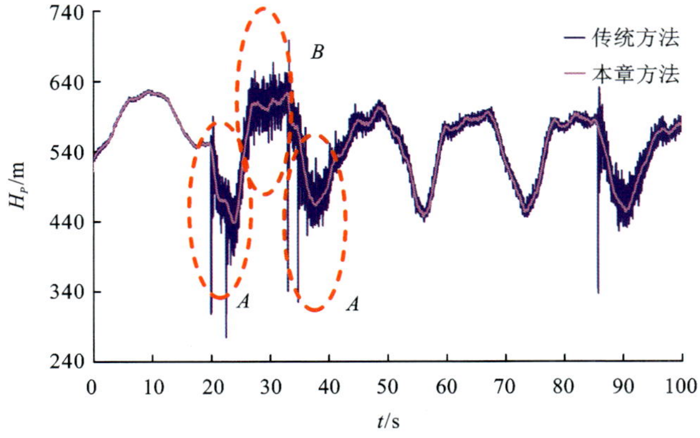

图 4.14　蜗壳进口压强变化过程对比

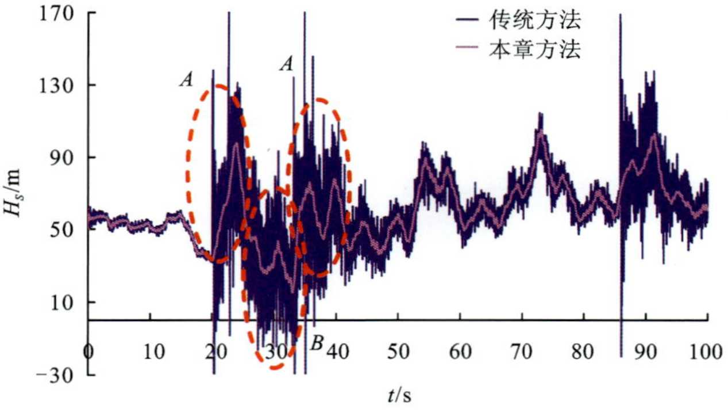

图 4.15　尾水管进口压强变化过程对比

从上述图中可以看出，在 20 s 之前传统方法计算所得的工况点轨迹线、流量、蜗壳末端和尾水管进口压强变化均较光滑，无明显跳动。但在 20 s 之后工况点正向移动（由水轮机区向反水泵区移动）进入反水泵区至最小单位转速附近时（图 4.12 中的 A 区域）开始偏离该开度线，流量与压强也随之发生明显跳动；当工况点下一次的正向移动至反 S 区域最大单位转速两处附近时（图 4.12 中的 B 区域），工况点再次偏离该开度线，流量与压强随之发生明显跳动；工况点继续正向移动至 A 区域时，工况点第三次偏离该开度线，流量与压强随之发生明显跳动。三次的工况点偏离与流量与压强的明显跳动说明传统计算方法已无法搜索到正确的工作点；与此相比，本方法的计算结果始终无明显跳动，且在 20 s 之前与传统方法的计算结果基本重合。以上结果表明本方法具有明显的优越性，能够提高水轮发电机组过渡过程的计算精度。

参考文献

[1] 阮文山，杨建东，李进平. 水电站过渡过程计算中的反击式水轮机边界条件及迭代收敛条件. 水利学报，2004，9：88-92，99.

[2] 杨桀彬. 基于空间曲面的水泵水轮机全特性及过渡过程的研究. 武汉：武汉大学，2014.

[3] Wylie E B，Streeter V L. Fluid transents. New York：Mc Graw-Hill，1978.

[4] deMello F，Concordia C. Concepts of synchronous machine stability as affected by excitation control. IEEE Transactions on Power Apparatus and Systems，1969，88：316-329.

[5] 魏守平. 水轮机调节. 武汉：华中科技大学出版社，2009.

[6] 付亮. 带调压室水电站调节品质及稳定性研究. 武汉：武汉大学，2009.

[7] 翁文林，杨建东. 特性曲线的分区处理与机组边界数值模拟的研究. 水利水电技术，2003，34(2)：54-56.

[8] Liu Y N，Yang J D，Yang J B，et al. Transient Simulations in Hydropower Stations Based on a Novel Turbine Boundary. Mathematical Problems in Engineering，2016：1504659.

符号说明

符号	名称
A	管道面积，m^2
a	波速，m/s
b_p	永态转差系数
b_t	暂态转差系数
C	管道非恒定流特征线法系数之一
C_1	管道非恒定流特征线法系数之一
C_2	管道非恒定流特征线法系数之一
C_3	管道非恒定流特征线法系数之一
C_4	管道非恒定流特征线法系数之一
C_5	管道非恒定流特征线法系数之一
C_{QP}	管道非恒定流特征线法系数之一
C_{QM}	管道非恒定流特征线法系数之一
D	管道直径，m
D_1	转轮进口直径，m
$\boldsymbol{D}_{i,j}$	下标 $i=0,1,\cdots,p$，下标 $j=0,1,\cdots,q$，NURBS 曲面控制顶点
$D_{M_{i,j}}$	下标 $i=0,1,\cdots,p$，下标 $j=0,1,\cdots,q$，NURBS 曲面控制顶点的 M_1' 轴的分量
$D_{n_{i,j}}$	下标 $i=0,1,\cdots,p$，下标 $j=0,1,\cdots,q$，NURBS 曲面控制顶点的 n_1' 轴的分量
$D_{Q_{i,j}}$	下标 $i=0,1,\cdots,p$，下标 $j=0,1,\cdots,q$，NURBS 曲面控制顶点的 Q'_1 轴的分量
E	发电机一阶方程力矩项系数
E_f	人工频率死区
$E_{y/p}$	人工开度 / 功率死区
e_g	电网自调节系数
e_p	速度变动率(功率永态差值系数)
ΔF	转速偏差，r/min
f	摩阻系数
f_g	机组频率，Hz
f_c	给定频率，Hz
g	重力加速度，m/s^2
GD^2	机组飞轮力矩，$kg \cdot m^2$

H　以某高程为基准的测压管水头，m
H_P　转轮进口侧测压管水头，m
H_S　转轮出口侧测压管水头，m
ΔI　积分项输入
J　机组转动部分的转动惯量，kg · m^2
K_D　微分增益，s
M_g　发电机阻力矩，N · m
M_t　水轮机动力矩，N · m
M'_1　单位力矩，N · m
$\Delta M'_1$　单位力矩增量，N · m
$N_{i,k}(u)$　u 向第 i 个 k 度($k+1$ 阶)B 样条基函数
$N_{j,l}(v)$　v 向第 j 个 l 度($l+1$ 阶)B 样条基函数
NURBS　非均匀有理 B 样条
n　转速，r/min
Δn　转速变化值，r/min
n_r　额定转速，r/min
n'_1　单位转速，r/min
$\Delta n'_1$　单位转速增量，r/min
P_c　微机调速器的功率给定，MW
ΔP_c　机组给定功率与实际功率之差，MW
P_g　机组实际功率，MW
P_r　额定出力，MW
p_c　机组给定功率相对值
Δp_c　机组给定功率与实际功率之差相对值
p_g　机组实际功率相对值
Q　管道流量，m^3/s
Q'_1　单位流量，m^3/s
$\Delta Q'_1$　单位流量增量，m^3/s
Q_{CP}　管道非恒定流特征线法系数之一
Q_{CM}　管道非恒定流特征线法系数之一
Q_P　经过转轮的流量，m^3/s
$\boldsymbol{S}$　v 向节点矢量
S　湿周，m
s　拉普拉斯算子
$\boldsymbol{T}$　u 向节点矢量
T_a　机组惯性时间常数，s

T_d	缓冲装置时间常数，s
T_n	加速度时间常数，s
T_y	主接力器接力器响应时间常数，s
t	时间，s
Δt	计算时间间隔，s
u	曲线曲面 u 向参数
v	曲线曲面 v 向参数；相对开度
x	任意起点开始的沿管轴的坐标距离，m；机组转速偏差相对值
X	水头平方根，$m^{0.5}$
Y	导叶开度，(°)
Y_c	导叶开度给定，(°)
Y_g	机组实际开度，(°)
Y_{max}	最大开度，(°)
Y_{PID}	PID 调节输出的导叶开度，(°)
ΔY_c	开度给定增量，(°)
y	导叶开度偏差相对值
y_c	机组给定开度相对值
y_{PID}	PID 调节输出的导叶开度相对值
α	折线段 P_jP_{j+1} 与 n_1' 轴的夹角
β	折线段 P_jP_{j+1} 与 Q_1' 轴的夹角
γ	折线段 P_jP_{j+1} 与 M_1' 轴的夹角
θ	管道各断面形心的连线与水平面所成的夹角(顺坡为正)
ω	机组旋转角速度，rad/s
$\omega_{i,j}$	下标 $i=0,1,\cdots,p$，下标 $j=0,1,\cdots,q$，NURBS 参数曲面权重系数
Ω	转速偏差函数

下标

符号	名称
0	上一时刻的初始值
A	点 A 处
g	发电机阻力
i	指示 u 向点的位置
j	指示 v 向点的位置
k	u 向 B 样条基的度数
l	v 向 B 样条基的度数
L	点 L 处
M	单位力矩轴；点 M 处

n	单位转速轴
N	点 N 处
P	点 P 处;转轮进口侧
Q	单位流量轴
R	点 R 处
S	转轮出口侧
t	水轮机动力

第 5 章　水泵水轮机反 S 特性与机组过渡过程

与常规水轮机相比，水泵水轮机除具有可逆性外，与之最大的区别在于全特性曲线表现出的明显的反 S 特性。不仅抽水蓄能机组过渡过程受制于水泵水轮机反 S 特性，而且抽水蓄能电站输水管道系统的布置也受到水泵水轮机反 S 特性的极大影响，表现出与常规电站不相同的过渡过程特征。故认识水泵水轮机反 S 特性的形成机理是探讨抽水蓄能电站过渡过程的基础，明确其与常规水轮机特性曲线的差异，才有可能正确合理地选择抽水蓄能机组，设计与之相匹配的输水管道系统。

反 S 特性与抽水蓄能电站的安全稳定运行紧密相关。在机组甩负荷导叶拒动工况下，水泵水轮机很快进入飞逸状态。不同于常规电站，抽水蓄能机组的飞逸过程有可能出现不稳定的低频震荡，对压力管道和机组安全产生威胁。而在机组甩负荷导叶关闭工况中，其水击压强也与反 S 特性密切相关，相同比转速而不同反 S 特性的水泵水轮机，甩负荷后水击压强存在明显的区别。综上，有必要深入探讨水泵水轮机反 S 特性与抽水蓄能机组飞逸稳定性和甩负荷水击压强之间的关联，揭示其内在机理与规律。

5.1　水泵水轮机反 S 特性形成机理与测量

5.1.1　反 S 特性形成机理

水轮机的能量特性一般用两组以单位参数为坐标的四象限全特性曲线表示，为表达方便起见，有时也用相对单位参数表示，相对单位参数定义是单位参数与额定单位参数的比值，即

$$n_{ed}=\frac{n_1'}{n_{1N}'},\quad Q_{ed}=\frac{Q_1'}{Q_{1N}'},\quad M_{ed}=\frac{M_1'}{M_{1N}'} \tag{5.1}$$

式中，下标 N 表示水轮机工况最优工况所对应的参数。

常规混流式水轮机和水泵水轮机在水轮机区的能量特性差异并不明显，而在制动区前者的流量特性曲线一般不会发生反弯，而后者反弯现象明显，形成所谓的反 S 区，如图 5.1 所示。

常规混流式水轮机随着转速从零升高，水流相对速度方向（如图 5.2 中 β_1）将会更加接近转轮的进口安放角，故有利于降低水流阻力。因此，在这一区间内，单位流量将随着单位转速的升高而增加。随着转速进一步升高，水流相对速度将与叶片进口安放角之间形成冲角，使有效过流量减小，导致单位流量降低。而水泵水轮机，随着转速升高，不仅水流与叶片进口安放角之间形成冲角，而且水流将在转轮进口产生较强的离心力作用，产生复杂的物理现象，即水泵水轮机反 S 特性。该特性的形成机理可归纳为如下几点。

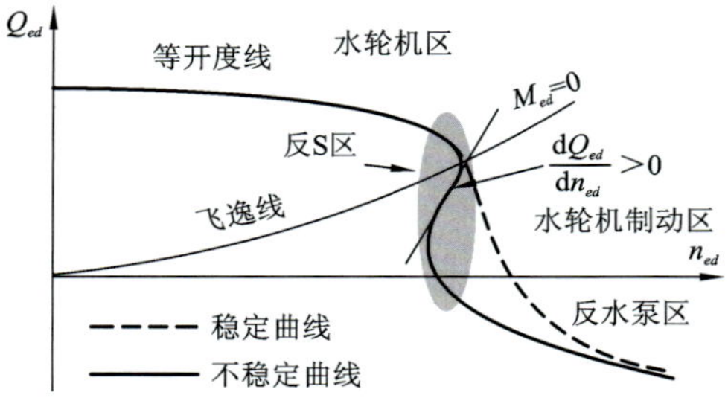

图 5.1　水泵水轮机 S 特性[1]

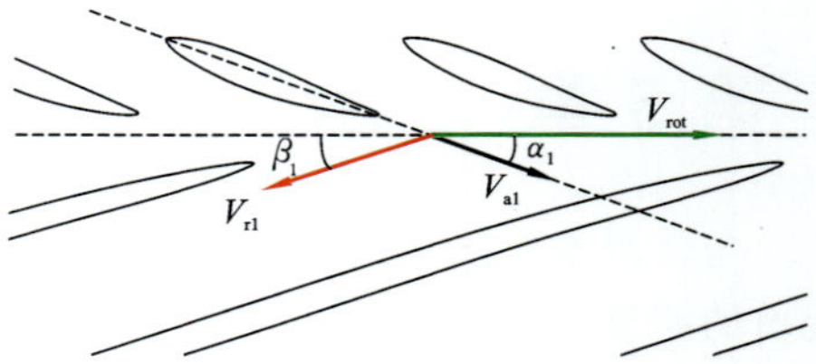

图 5.2　转轮进口速度三角形

1. 与常规水轮机相比，水泵水轮机的转轮进口直径与出口直径的比值更大

从水轮机欧拉方程可以推导水轮机转轮的过流特性为[2,3]

$$gH = gH_N\left(\frac{Q}{\kappa Q_N}\right)^2 + S(\omega^2 - \omega_N^2) \tag{5.2}$$

式中，$S = (D_1^2 - D_2^2)/8$。

水泵水轮机除了上述的水轮机效应外，将在进口产生一个较大的离心力，类似一种水泵效应。假设在转轮流道内既存在水轮机方向的流动，也存在水泵方向的流动，对此特性进行概化，可得其过流方程为

$$gH = gH_N\left(\frac{Q}{\kappa Q_N}\right)^2 + S(\omega^2 - \omega_N^2) - R_q H_N (Q - Q_N)^2 \tag{5.3}$$

式中，$R_q = \frac{D_1}{2}\frac{1}{A_1\tan\beta_1} - \frac{D_2}{2}\frac{1}{A_2\tan\beta_2}$，$K = \left(\frac{Q}{\sqrt{2gH}}\right)\Big/\left(\frac{Q_N}{\sqrt{2gH_N}}\right)$。

根据式(5.2)和式(5.3)可分别绘制出图 5.3(a)所示的转轮流量特性图，以及图 5.3(b)所示的考虑了水泵效应的转轮流量特性图，两者之间的差异十分明显。

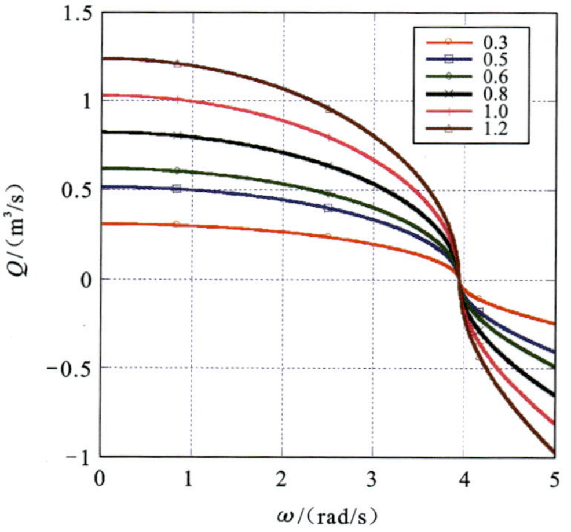

(a) 水轮机效应

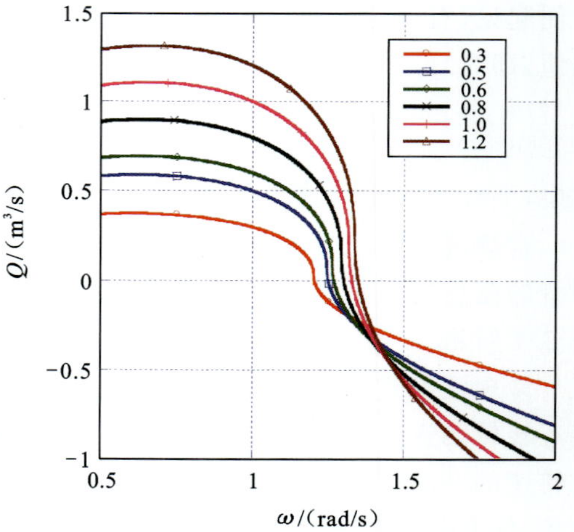

(b) 水轮机和水泵效应

图 5.3　计算的流量特性[2,3]

2. 叶片进口安放角与是否形成反 S 区有着直接的关联

从图 5.3 可以看出，水泵水轮机不同开度下单位流量为零对应单位转速是不相同的，说明开度一定时，当转速达到某临界值，从导叶流出的水流无法进入转轮，即水流沿叶片方向朝向转轮中心的分速度为零。以下利用水轮机进口速度三角形推导相对速度 W_1 为零时单位转速的临界值。

由水轮机转轮进口速度三角形可知圆周速度 U_1 为

$$U_1 = \frac{\pi D_1 n}{60} \tag{5.4}$$

式中，U_1 和 n 分别是开度 a 一定条件下，转轮进口的圆周速度和水轮机转速。

从导叶出口至转轮进口这一区域，可应用动量矩定理得出

$$V_{u0}\frac{D_0}{2} = V_{u1}\frac{D_1}{2} \tag{5.5}$$

式中，V_{u0} 为导叶出口处水流速度 V_0 的圆周分量；D_0 为导叶出水边所在圆直径；V_{u1} 为转轮叶片进水边水流绝对速度 V_1 的圆周分量；D_1 为转轮叶片进水边上计算点 i 所在圆直径。

将导叶出口处的水流看作孔口出流，则导叶出口处速度 V_0 为

$$V_0 = \mu\sqrt{2gH} \tag{5.6}$$

式中，μ 为流量系数，根据文献[4]，若将导叶出口处看作流线型管嘴，则 μ 取 0.98。

于是转轮进口速度 V_1 为

$$V_1 = \frac{D_0}{D_1}\mu\sqrt{2gH} \tag{5.7}$$

有了上述两个速度 U_1 和 V_1 及它们之间的夹角 α_1，即可做出转轮进口的速度三角形，得到相应的相对速度 W_1 以及其他的速度分量。

转轮进口速度三角形如图 5.4(a) 所示，则进流角为

$$\beta_1 = \arctan\frac{V_{m1}}{U_1 - V_{u1}} \tag{5.8}$$

考虑到提高水轮机在偏离最优工况的大流量区的水力性能，取叶片进口安放角 β_{b1} 比水流进口角 β_1 略小，即采用不大的正冲角 $\alpha = \beta_1 - \beta_{b1} = 3° - 10°$，即

$$\beta_{b1} = \beta_1 - (3° \sim 10°) \tag{5.9}$$

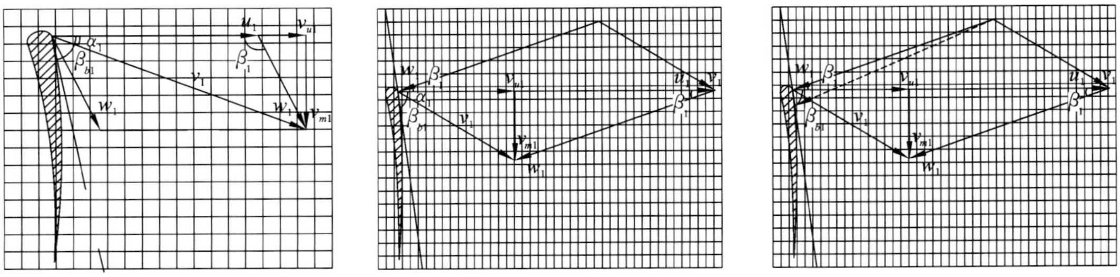

(a) 相对速度为正值　(b) 相对速度为零　(c) 相对速度为负值

图 5.4　转轮进口速度三角形

于是 W_1 在叶片进口切线方向的速度分量为

$$W_{b1} = W_1\cos[\beta_{b1} - \alpha_1 - (\pi - \alpha_1 - \beta_1)] = W_1\cos(\pi - \beta_{b1} - \beta_1) \tag{5.10}$$

或改写为式(5.11)和式(5.12)：

$$W_{b1} = -\frac{V_{m1}}{\sin\beta_1}\cos(\beta_{b1} + \beta_1) = V_{1m}\sin\beta_{b1} - (U_1 - V_{u1})\cos\beta_{b1} \tag{5.11}$$

$$W_{b1} = \mu\sqrt{2gH}(\cos\alpha_1\cos\beta_{b1} + \sin\alpha_1) - \frac{\pi Dn}{60}\cos\beta_{b1} \tag{5.12}$$

当水轮机转速 U_1 增大时，由速度三角形可知 W_{b1} 大小、方向均变化。当 W_{b1} 方向朝向叶片且 $\beta_1 + \beta_{b1} = 90°$ 时，由式(5.11)可知，水流不再具有向转轮内流动的速度分量，此时流入水轮机的单位流量 $Q_1' = 0$。

令式(5.12)中 W_{b1} 为零，可直接导出 n_1 与 $\tan\beta_{b1}$ 的关系式为

$$n_1 = \frac{60\mu\sqrt{2gH}}{\pi D_1}(\tan\beta_{b1}\sin\alpha_1 + \cos\alpha_1) \tag{5.13}$$

将式(5.13)改写为单位转速表达方式，则有

$$n_1' = \frac{60\sqrt{2g}}{\pi}\mu(\tan\beta_{b1}\sin\alpha_1 + \cos\alpha_1) \tag{5.14}$$

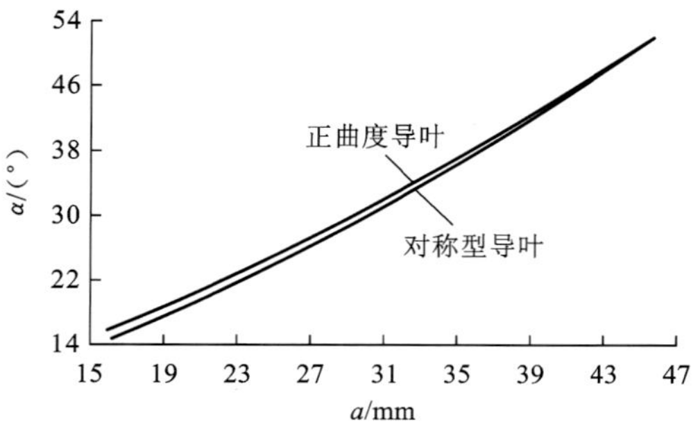

图 5.5　导叶开度与出口液流角关系图

当水轮机转速 U_1 继续增大时，相对速度 W_1 的方向沿水轮机切线向外，此时流入水轮机的流量出现负值，进口速度三角形如图 5.4(c)所示。

对于低比转速混流式水轮机，转轮叶片进水边接近导叶出水边，转轮叶片进口的绝对水流角 α_1，可认为近似等于导叶出口水流角 α_0，即 $\alpha_1 \approx \alpha_0$。根据文献[5]，通常情况下导叶开度 a 与出口液流角 α_0 的关系如图 5.5 所示。

可图 5.5 可以看出，α_0 与 a 近似为抛物线关系，可采用二次函数表达，即

$$\alpha_0 = pa^2 + qa + r \tag{5.15}$$

将式(5.15)代入式(5.14)得

$$n_1' = \frac{60\sqrt{2g}}{\pi}\mu[\tan\beta_{b1}\sin(pa^2 + qa + r) + \cos(pa^2 + qa + r)] \tag{5.16}$$

由于不同水轮机 α_0 与 a 关系不确定，因此以下计算及绘图均使用导叶出口液流角 α_0 作为自变量。图 5.6 给出了几组不同 $\tan\beta_{b1}$ 条件下，α_0 与 $\tan\beta_{b1}\sin\alpha_0 + \cos\alpha_0$ 的关系，以及对应单位流量为零时单位转速的最大临界值。

从图 5.6 可以看出，对应单位流量为零时单位转速的临界值 n_1' 均随导叶出口液流角增大先增大后减小，并且随着 $\tan\beta_{b1}$ 值增大，增函数的右区间朝 α_0 增大的方向移动。

为此将式(5.14)对 α_0 求导，得

$$(n_1')' = \frac{60\sqrt{2g}}{\pi}\mu\left[\tan\beta_{b1}\cos 2\alpha_0 + \frac{1}{2}\sin 2\alpha_0(\tan^2\beta_{b1} - 1)\right] \tag{5.17}$$

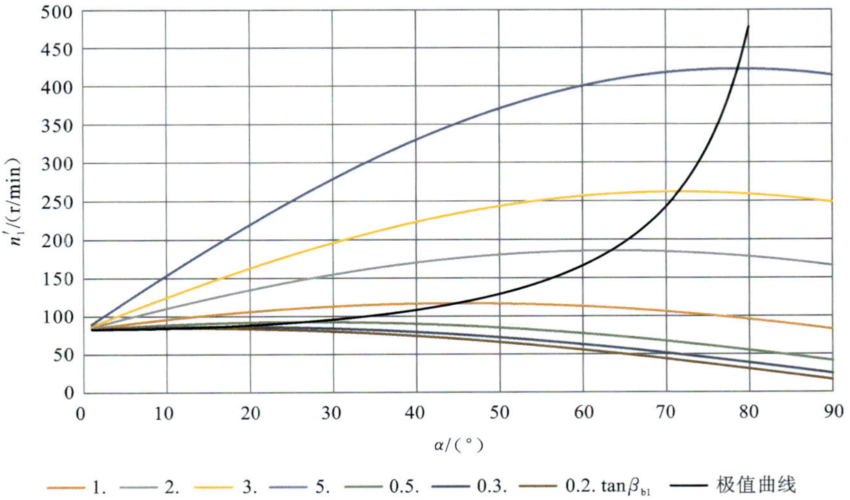

图 5.6　不同 $\tan\beta_{b1}$ 条件下 α_0 与 $\tan\beta_{b1}\sin\alpha_0+\cos\alpha_0$ 的关系

令 $(n_1')'=0$，得

$$\tan 2\alpha_0=\frac{2\tan\beta_{b1}}{1-\tan^2\beta_{b1}}=\tan 2\beta_{b1} \tag{5.18}$$

于是，极值点处存在

$$\alpha_0=\beta_{b1} \tag{5.19}$$

将式(5.19)代入式(5.14)，得到对应单位流量为零时单位转速的最大临界值，即

$$n'_{1\max}=\frac{60\mu\sqrt{2g}}{\pi\cos\beta_{b1}} \tag{5.20}$$

式(5.20)表明，叶片安放角 β_{b1} 的大小对单位流量为零时单位转速的最大临界值单位转速 $n'_{1\max}$ 有着非常明显的影响，即 β_{b1} 越大，$n'_{1\max}$ 越大，对应的 α_0 就越大。常规水轮机 β_{b1} 较大，所以对应单位流量为零的单位转速临界值是按导叶开度 $a\approx\alpha_0$ 增大而增大；但水泵水轮机的 β_{b1} 较小，尤其是低比转速水泵水轮机 β_{b1} 更小，所以当导叶开度大于单位转速最大临界值对应的开度，则对应单位流量为零的单位转速临界值是按导叶开度 $a\approx\alpha_0$ 增大而减小，故必然出现反 S 区。

3. 在反 S 区转轮内部存在的复杂水力现象

该现象包括在无叶区产生强烈的回流环(静态漩涡)、流道间的动态漩涡以及旋转失速等会造成堵塞效应，这些是引起水泵水轮机 S 区特性曲线发生反转的根本原因[6]。根据最新采用 CFD 数值模拟对水泵水轮机 S 区的过流特性数值模拟研究成果可知，在小开度低流量区，转轮处及整个无叶区的静态漩涡(图 5.7(a))使转轮进出口总压强差上升，导致单位转速降低，从而形成小开度的反 S 曲线(图 5.8)。在大开度水轮机制动区，将会形成旋转失速的物理现象(图 5.7(b))导致部分转轮流道堵塞，同时随转轮旋转发生周期性的交替[6,7]。这一现象将导致转轮内部发生回流，单位流量下降，导致特性曲线呈反 S 形(图 5.8)。

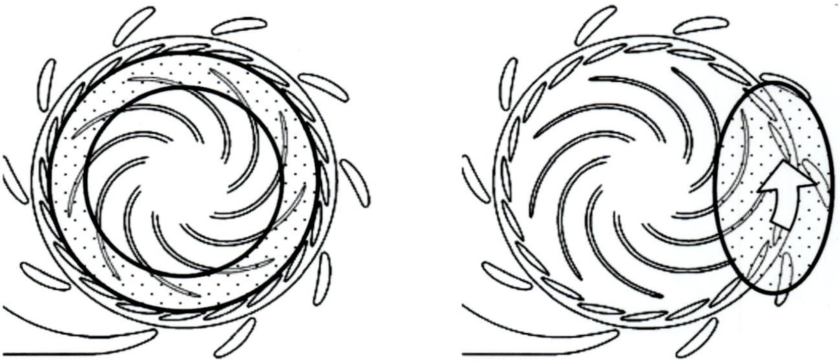

（a）静态漩涡　　　　　　　　（b）旋转失速

图 5.7　水泵水轮机反 S 区的水力现象[6]

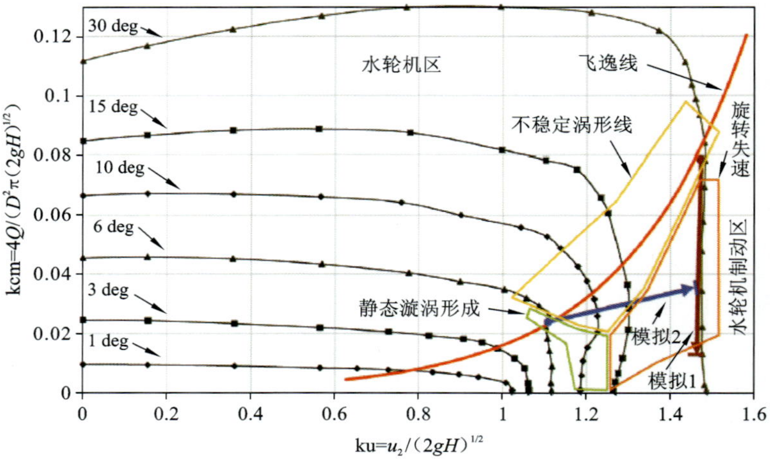

图 5.8　水泵水轮机反 S 形成机理[6]

对于上述这些复杂的物理现象，国内外开展了相应的模型试验。对于水泵水轮机零流量工况点，可观测到转轮流道内明显的漩涡，如图 5.9 所示。通过对水泵水轮机通过注射气泡，对低流量工况的导叶附近流态进行了观测，如图 5.10 所示。可知，在低流量工况，转轮进口与导叶之间发生了显著的脱流，对流道形成了明显的阻塞作用，造成流量进一步下降。

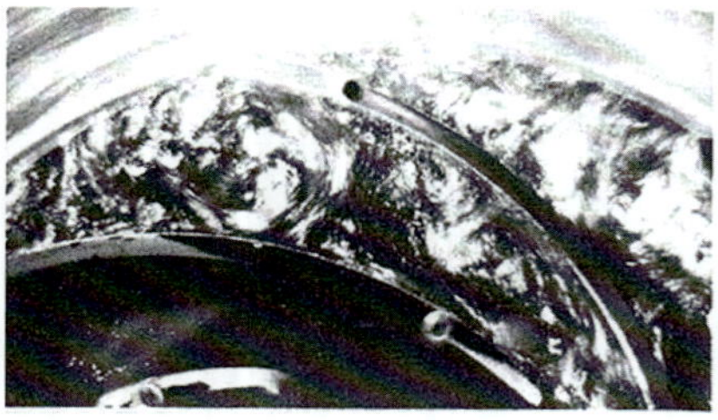

图 5.9　水轮机工作时转轮内部涡流[8]

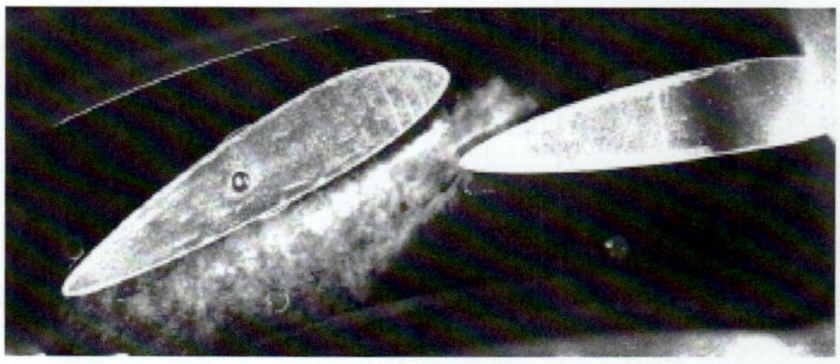

图 5.10　通过注射气泡进行的流态观测[7]

根据对反 S 特性形成机理的认识可知，改变转轮体型尺寸可以改变转轮内的水泵效应和复杂水力现象[9]。从整体尺寸上讲，当增加转轮叶片进口安放角（图 5.11 中 $\gamma_1 = \pi/2 - \beta_{b1}$）时，将扩大水泵水轮机高效工作范围，使反 S 曲线变化更缓；增加转轮进口后掠角 θ，可消除水轮机的阻滞现象，亦可改善反 S 特性；拓宽转轮叶片子午断面，即轴面投影（图 5.11 中 B）及减小转轮进口直径（图 5.11 中 D_1）也是改善反 S 特性的处理手段。从局部结构上讲，增加叶片厚度或长度可增加高转速下的流量，减小飞逸点的斜率，但也使得反 S 曲线更明显[10]。

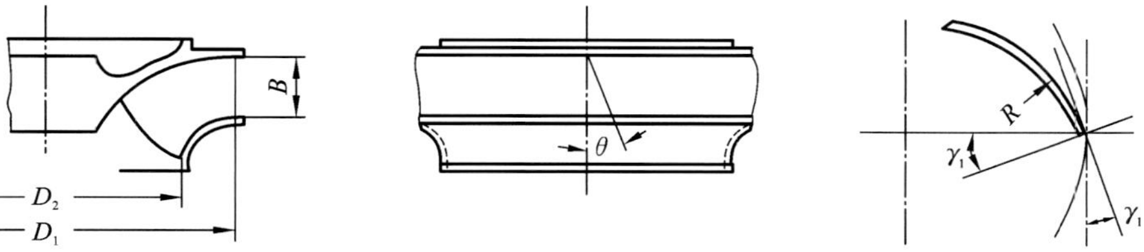

图 5.11　水泵水轮机体型示意图[9]

5.1.2　反 S 特性曲线测量

对水泵水轮机在水轮机工况区的特性测量方法较为简单，例如，在开度和水头不变的情况下，改变机组转速；或在开度和转速不变的情况下，改变机组水头[11]。然而水轮机制动工况区，由于工况点到达上奇点时，往往会直接跳到下奇点，而略过反弯区[12]。

一般情况下，该区的特性曲线采用过渡过程测量方法，即连续测量从水轮机工况区到反水泵工况区过程的流量、转速、水头和力矩。但采用静态试验平台，由于水泵水轮机蜗壳进口到尾水管出口水流惯性相对于管道系统而言所占比重较大，因此在制动工况区出现环状的动态特性，并且在反水泵工况区测出动态特性与静态工况点也不一致。根据国外学者研究，对水轮机环状的动态特性可采用如下公式对净水头进行修正[13]：

$$H_{ndyn} = H_n - I\frac{\mathrm{d}Q}{\mathrm{d}t} \tag{5.21}$$

式中，I 代表蜗壳进口到尾水管出口的水流惯性。但转轮内流道复杂，I 的计算并不能十分精确。通过 CFD 数值对水泵水轮机导叶拒动的飞逸过程进行了数值模拟，如图 5.12 所示，可观察到当定义转轮进口与转轮出口的压差为水头（考虑水轮机内部的水流惯性）时，其动态特性将会明显减弱，但无法完全消除[14]。

为了克服过渡过程测量反 S 曲线存在环状动态特性的问题，仍然可采用静态的测量方法。一种较为普遍的工程措施为球阀节流调节，即在测量反 S 区特性时，人为地关闭部分球阀，增加系统摩阻，使水泵水轮机能稳定在 S 区的工况点[15,16]。在不考虑水流弹性和转速变化的情况下，结合水流动量方程以及水轮机 $H \sim Q$ 之间的线性化方程，可以推导得水轮机稳定条件为

$$\frac{\mathrm{d}(H_t + H_f)}{\mathrm{d}Q} > 0 \tag{5.22}$$

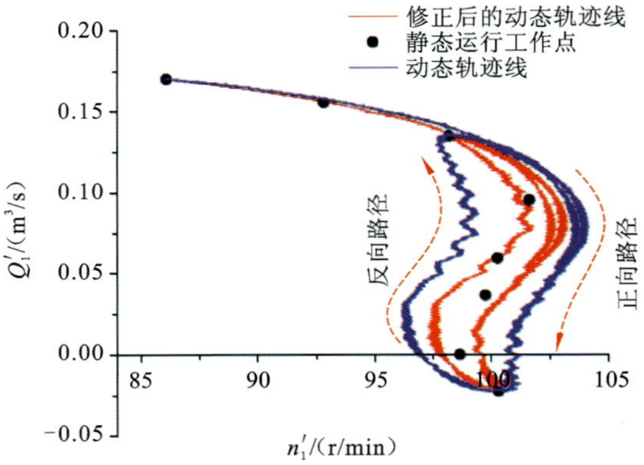

图 5.12　反 S 区动态特性[14]

球阀开度越小，系统增加的摩阻 H_f 越大。在图 5.13 中，原始 $H\sim Q$ 图如绿线所示，球阀摩阻如蓝线所示，叠加后的水头如红线所示，即可满足式(5.22)，从而使水泵水轮机在反 S 区稳定。采用该方法，显然在流量变化较大、水头变化非常小的情况下，对特性曲线的测量带来不便。

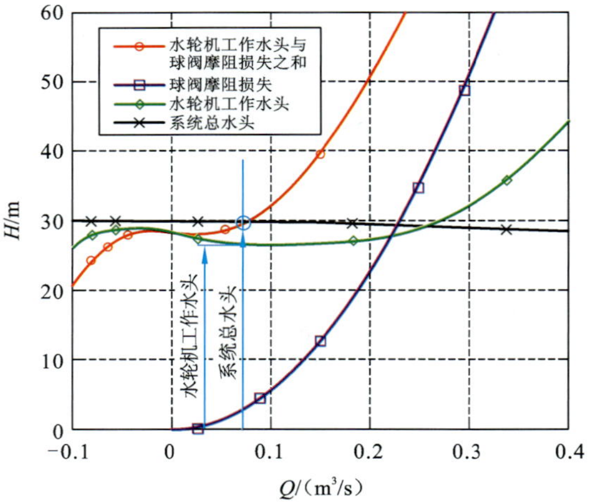

图 5.13　节流法测反 S 区特性[16]

第三种方法是将水轮机力矩作为系统输入，而将转速作为系统输出。该方法解决了静态不稳定问题，但在测量过程中转速存在一定振荡现象，其测量结果如图 5.14 所示。

在反 S 特性曲线测量中，还存在一些其他因素直接影响着测量结果。首先是测量水头，例如在节流法中，不同的水头将会导致不同的测量结果，水头越高水流阻力将会更加明显。图 5.15 给出了不同水头下特性曲线的测量结果，可看出其差异主要集中在反 S 区。造成这一现象的物理本质是在不同水头下模型水轮机的雷诺数不同。

其次，影响测量结果的另一个因素是模型与原型的比尺。根据数值计算结果，在同一工况点，原型水轮机和模型水轮机的效率存在差别，即水轮机的能量特性存在差异。那么不同大小的模型转轮所测量出的特性曲线必然存在一定差异，造成这一现象的物理本质是模型水轮机和原型水轮机无法满足雷诺数相似。

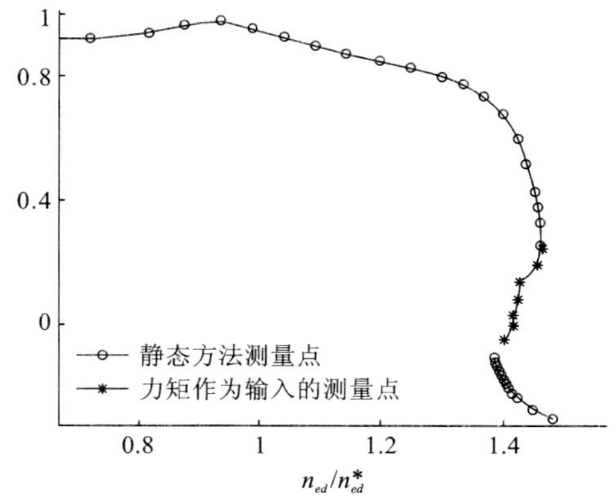

图 5.14 将力矩作为输入测 S 区特性[12]

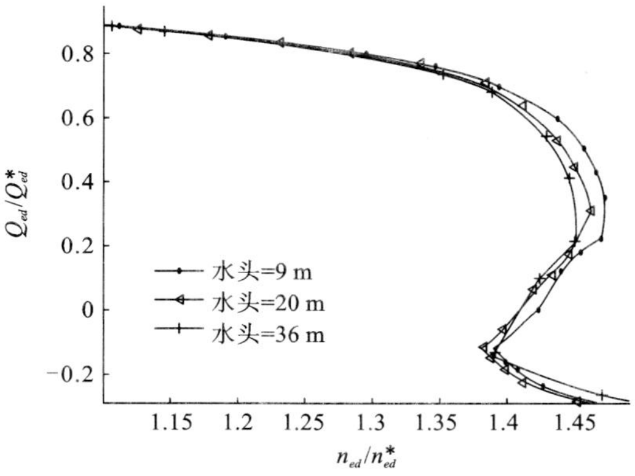

图 5.15 不同测量水头下的特性[12]

5.2 反S特性与飞逸稳定性的内在联系

当水泵水轮机甩负荷时，可能会出现导叶拒动的极端工况，这种情况下机组将进入飞逸状态。对于常规水轮机，机组转速将上升至飞逸转速后停留在飞逸状态。但对于水泵水轮机往往不能直接停留在飞逸点，而是经过多次振荡再逐渐趋近该工况，甚至是表现出等幅振荡的现象，这种低频的振荡可能危及压力管道运行安全[17,18]。不仅如此，这种低频的振荡波在一定的条件下会向高频波动转化，其波动幅值较大，对运行安全可能更具有危害，因此对该问题的研究具有较大的工程意义。

5.2.1 数学模型

在数学模型推导过程中，一般采用微量的表达方式，故定义[19]：

$$x=\frac{n-n'}{n_N}=\frac{d(n)}{n_N},\quad q=\frac{Q-Q'}{Q_N}=\frac{d(Q)}{Q_N}$$
$$h=\frac{H-H'}{H_N}=\frac{d(H)}{H_N},\quad m=\frac{M-M'}{M_N}=\frac{d(M)}{M_N} \tag{5.23}$$

水轮机的数学模型通常用一组常系数的微量代数方程表示。其只能表示某一工况点的性质，且不能表达曲线斜率的影响。故本书定义 $a=\mathrm{d}Q_{ed}/\mathrm{d}n_{ed}$ 对反S曲线上任意工况点 (n_{ed},Q_{ed}) 线性化处理得

$$Q_{ed}-Q'_{ed}=a(n_{ed}-n'_{ed}) \tag{5.24}$$

对等式两边同时求全微分得

$$\frac{d(Q)}{D_1^2\sqrt{H}}-\frac{Q'_{1N}}{n'_{1N}}\frac{aD_1d(n)}{\sqrt{H}}=Q'_{1N}(Q_{ed}-an_{ed})\frac{d(H)}{2H} \tag{5.25}$$

将式(5.1)和式(5.23)代入式(5.25)可得关于机组流量传递函数：

$$q=ax+\frac{Q_{ed}-an_{ed}}{2\sqrt{H_{ed}}}h \tag{5.26}$$

同样，设 $b=\mathrm{d}M_{ed}/\mathrm{d}n_{ed}^2=\mathrm{d}M_{ed}/(2n_{ed}\mathrm{d}n_{ed})$ 对工况点 (n_{ed},M_{ed}) 线性化处理得

$$M_{ed} - M'_{ed} = bn_{ed}^2 - bn'^2_{ed} \tag{5.27}$$

求全微分得

$$\frac{d(M)}{D_1^3 H} - 2bn_{ed}\frac{M'_{1N}}{n'_{1N}}\frac{D_1 d(n)}{\sqrt{H}} = M'_{1N}(M_{ed} - bn_{ed}^2)\frac{d(H)}{H} \tag{5.28}$$

将式(5.1)和式(5.23)代入式(5.28)可得关于机组力矩传递函数：

$$m = 2bn_{ed}\sqrt{H_{ed}}x + (M_{ed} - bn_{ed}^2)h \tag{5.29}$$

当不考虑水流弹性时，压力管道动量方程为

$$h = -T_w\frac{\mathrm{d}q}{\mathrm{d}t} - K_f|Q_{ed}|\sqrt{H_{ed}}q \tag{5.30}$$

式中，$T_w = LQ_N/gAH_N$；$K_f = 2\alpha D_1^4 Q'^2_{1N}$；$\alpha$ 为压力管道摩阻系数。当考虑水流弹性而不考虑系统摩阻损失时，管道的传递函数为

$$\frac{h}{q} = -T_w s\frac{1 + \frac{1}{3!}T_e^2 s^2 + \cdots + \frac{1}{(2k+1)!}T_e^{2k}s^{2k}}{1 + \frac{1}{2!}T_e^2 s^2 + \cdots + \frac{1}{(2k)!}T_e^{2k}s^{2k}}, \quad k = 0,1,\cdots \tag{5.31}$$

式中，$T_e = \sum L_i/c_i$；水流弹性由 $k \geqslant 1$ 的项表示，且 $k = 1$ 对应项是最重要的一项。为简化计算分析，此处仅保留 $k = 1$ 项。结合式(5.30)，可得考虑摩阻后的传递函数为

$$h = -T_w s\frac{6 + T_a^2 s^2}{6 + 3T_a^2 s^2}q - K_f|Q_{ed}|\sqrt{H_{ed}}q \tag{5.32}$$

开机过程中发电机加速方程为：

$$T_a s x = m - m_g \tag{5.33}$$

式中，$T_a = GD^2 n_N/(375M_N)$；m_g 表示出力扰动。

综合式(5.26)、式(5.29)、式(5.31)和式(5.33)，系统的弹性模型为

$$\frac{x}{m_g} = -\frac{b_3 s^3 + b_2 s^2 + b_1 s + b_0}{a_4 s^4 + a_3 s^3 + a_2 s^2 + a_1 s + a_0} \tag{5.34}$$

式中，$a_4 = T_w e_{qh} T_a T_e^2$

$a_3 = (3e_{qh}T_a K_f Q_{ed}\sqrt{H_{ed}} + 3T_a + e_h e_{qx} T_w - e_x e_{qh} T_w)T_e^2$

$a_2 = 6T_w e_{qh} T_a + (e_h e_{qx} K_f Q_{ed}\sqrt{H_{ed}} - e_x e_{qh} K_f Q_{ed}\sqrt{H_{ed}} - e_x)3T_e^2$

$a_1 = 6(e_{qh}T_a K_f Q_{ed}\sqrt{H_{ed}} + T_a + e_h e_{qx} T_w - e_x e_{qh} T_w)$

$a_0 = 6(e_h e_{qx} K_f Q_{ed}\sqrt{H_{ed}} - e_x e_{qh} K_f Q_{ed}\sqrt{H_{ed}} - e_x)$

$b_3 = e_{qh} T_w T_e^2$，　$b_2 = 3(e_{qh} K_f Q_{ed}\sqrt{H_{ed}} + 1)T_e^2$

$b_1 = 6e_{qh} T_w$，　$b_0 = 6(e_{qh} K_f Q_{ed}\sqrt{H_{ed}} + 1)$

当 $T_e = 0$，式(5.34)即为系统的刚性模型。

5.2.2 波动解析分解

当水泵水轮机甩负荷导叶拒动时，工况点将会沿着开度线一直向下移动到达飞逸点，之后由于惯性作用，工况点将会继续向下运动到水轮机制动工况。当飞逸点满足稳定性条件时，过渡过程中的关键参数如压强、转速、流量将会以波动衰减方式收敛并稳定于空载

点，甚至直接稳定于该点；相反，当不满足时，各参数将会呈等幅振荡的形式。

为了分析飞逸工况的波动稳定特性，假设 m_g 为单位阶跃干扰，即 $m_g = 1/s$，对于式(5.34)，可得转速微量对应的频域表达式，即

$$x(s) = -\frac{b_3 s^3 + b_2 s^2 + b_1 s + b_0}{a_4 s^4 + a_3 s^3 + a_2 s^2 + a_1 s + a_0}\frac{1}{s} \tag{5.35}$$

式(5.35)的传递函数，其极点为两组共轭复数及一个零根，故可以判断该波动是由两组阻尼或发散振荡以及阶跃运动组合而成的。根据波动周期和振幅，可分析得周期较大的振荡主要是由机组管道系统特性引起的，而周期较小的振荡主要是由水流弹性引起的。但同时水流弹性也会影响周期大的波动，而机组管道特性也会影响周期小的波动。对于 Hurwitz 等稳定性判据而言，只能整体地对系统的稳定性进行分析，并不能单独地对波动叠加中某一种波动进行分析，故本节将对上述两种波动采用数学方法进行分解。

先将阶跃的波动从总体波动中分解出来，故对式(5.35)进行如下变换：

$$x(s) = -\left(\frac{c_3 s^3 + c_2 s^2 + c_1 s + c_0}{a_4 s^4 + a_3 s^3 + a_2 s^2 + a_1 s + a_0} + \frac{c_4}{s}\right) \tag{5.36}$$

式中，$c_3 = -a_4 b_0 / a_0$；$c_2 = b_3 - a_3 b_0 / a_0$；$c_1 = b_2 - a_2 b_0 / a_0$；$c_0 = b_1 - a_1 b_0 / a_0$；$c_4 = b_0 / a_0$

当 $a_4 \neq 0$ 时，即水流存在弹性时，可以对式(5.36)中的四阶项继续进行分解。该项分母为四次表达式，由一元四次方程的求根原理，以及本书模型中极点性质，可知该表达式可以化为两组二次表达式相乘，进而可以将四阶项转化为两个二阶项的和。转化后的表达式如下：

$$x(s) = -\left(\frac{d_5 s + d_6}{s^2 + d_1 s + d_2} + \frac{d_7 s + d_8}{s^2 + d_3 s + d_4} + \frac{c_4}{s}\right) \tag{5.37}$$

式中

$$d_1 = \frac{1}{2}\left(\frac{a_3}{a_4} + \sqrt{8s' + \frac{a_3^2}{a_4^2} - \frac{4a_2}{a_4}}\right), \quad d_2 = s' + \frac{a_3 s' - a_1}{\sqrt{8s' a_4^2 + a_3^2 - 4a_2 a_4}}$$

$$d_3 = \frac{1}{2}\left(\frac{a_3}{a_4} - \sqrt{8s' + \frac{a_3^2}{a_4^2} - \frac{4a_2}{a_4}}\right), \quad d_4 = s' - \frac{a_3 s' - a_1}{\sqrt{8s' a_4^2 + a_3^2 - 4a_2 a_4}}$$

上述表达式中

$$q = -\frac{a_2^2}{108a_4^2} + \frac{a_2(a_1 a_3 - 4a_0 a_4)}{24a_4^3} + \frac{a_0(4a_2 a_4 - a_3^2)}{8a_4^3} - \frac{a_1^2}{8a_4^2} \tag{5.38}$$

$$p = \frac{a_1 a_3}{4a_4^2} - \frac{a_0}{a_4} - \frac{a_2^2}{12a_4^2} \tag{5.39}$$

$$s' = \sqrt[3]{-\frac{q}{2} + \sqrt{\frac{q^2}{4} + \frac{p^3}{27}}} + \sqrt[3]{-\frac{q}{2} - \sqrt{\frac{q^2}{4} + \frac{p^3}{27}}} + \frac{a_2}{6a_4} \tag{5.40}$$

根据 $\mathrm{d}_1 \sim \mathrm{d}_4$ 的计算结果，可得

$$a_4\begin{bmatrix} 1 & 0 & 1 & 0 \\ d_3 & 1 & d_1 & 1 \\ d_4 & d_3 & d_2 & d_1 \\ 0 & d_4 & 0 & d_2 \end{bmatrix}\begin{bmatrix} d_5 \\ d_6 \\ d_7 \\ d_8 \end{bmatrix} = \begin{bmatrix} c_3 \\ c_2 \\ c_1 \\ c_0 \end{bmatrix} \tag{5.41}$$

对式(5.37)进行反拉普拉斯变换，即可得出 x 在时域上的波动过程。拉普拉斯变化后的结果如下：

$$x(t) = -K_1 e^{-\delta_1 t}\sin(\omega_1 t + \varphi_1) - K_2 e^{-\delta_2 t}\sin(\omega_2 t + \varphi_2) - c_4 \tag{5.42}$$

式中,δ_1 和 δ_2 分别为两种波动的衰减度;$T_1 = 2\pi/\omega_1$ 和 $T_2 = 2\pi/\omega_2$ 分别为两种波动的周期;$K_1, \delta_1, \omega_1, \varphi_1, K_2, \delta_2, \omega_2, \varphi_2$ 的具体表达式如下:

$$\delta_1 = \frac{d_1}{2}, \quad \delta_2 = \frac{d_3}{2} \tag{5.43}$$

$$\omega_1 = \frac{\sqrt{4d_2 - d_1^2}}{2}, \quad \omega_2 = \frac{\sqrt{4d_4 - d_3^2}}{2} \tag{5.44}$$

$$\varphi_1 = \arctan\frac{d_5\omega_1}{d_5\delta_1 + d_6}, \quad \varphi_2 = \arctan\frac{d_7\omega_1}{d_7\delta_1 + d_8} \tag{5.45}$$

$$K_1 = \sqrt{d_5^2 + \left(\frac{d_5\delta_1 + d_6}{\omega_1}\right)^2}, \quad K_2 = \sqrt{d_7^2 + \left(\frac{d_7\delta_1 + d_8}{\omega_1}\right)^2} \tag{5.46}$$

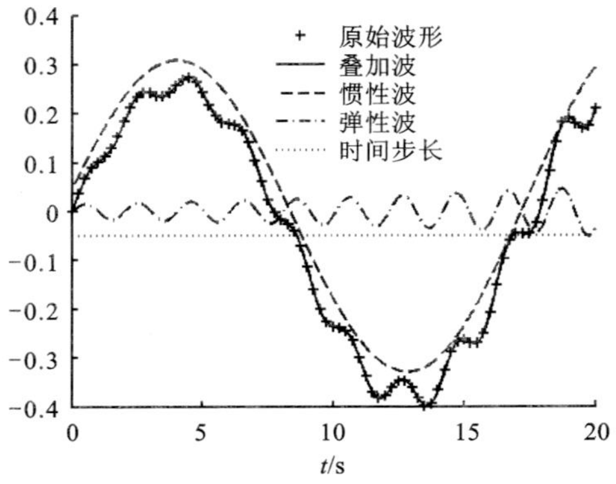

图 5.16　波动叠加与分解

设式(5.42)中的数据为空载点对应的值,即可得到在该点波动的解析表达式。为与实际情况相符,取某一抽水蓄能电站的参数,其中 $T_a = 9.148s$,压力管道 $T_w = 1.405s$,对比分别由式(5.35)和式(5.42)的计算结果,如图 5.16 所示,两者十分吻合。另外,图 5.16 示出了两种周期完全不同的振荡(惯性波和弹性波)以及阶跃运动。两种波动的形成机理并不相同,惯性波决定了机组飞逸过程中机组参数是否呈现等幅振荡或收敛,而弹性波决定了在这一过程中是否会出现高频率的弹性波。

5.2.3　飞逸稳定性及影响因素

1. 惯性波稳定性

令式(5.34)中 $T_e = 0$,有 $a_4 = a_3 = 0$,$a'_2 = 6T_w e_{qh} T_a$,式(5.34)的分母变成:$a'_2 s^2 + a_1 s + a_0$。根据 Hurwitz 判据,可得其稳定的充分必要条件为:$a_1/a'_2 > 0$ 及 $a_0/a'_2 > 0$。而 $a_0/a'_2 > 0$ 对于一般抽水蓄能电站均能满足,因此根据 $a_1/a'_2 > 0$ 可以推导得到如下表达式,即判断反 S 曲线上每一工况点自身稳定性的标准[20]:

$$\frac{Q_{ed}\dfrac{\mathrm{d}M_{ed}}{\mathrm{d}n_{ed}} - 2M_{ed}\dfrac{\mathrm{d}Q_{ed}}{\mathrm{d}n_{ed}} - 2\dfrac{T_a}{T_w}}{Q_{ed} - n_{ed}\dfrac{\mathrm{d}Q_{ed}}{\mathrm{d}n_{ed}}} < \frac{K_f T_a |Q_{ed}|}{T_w} \tag{5.47}$$

对于飞逸工况点,其单位力矩为零,代入式(5.47)可得判别式:

$$\frac{Q_{ed}\dfrac{\mathrm{d}M_{ed}}{\mathrm{d}n_{ed}} - 2\dfrac{T_a}{T_w}}{Q_{ed} - n_{ed}\dfrac{\mathrm{d}Q_{ed}}{\mathrm{d}n_{ed}}} < \frac{K_f T_a |Q_{ed}|}{T_w} \tag{5.48}$$

该工况点的稳定性决定了飞逸过程中惯性波的稳定特性。

由式(5.48)可知,系统稳定最关键的影响为 $\mathrm{d}M_{ed}/\mathrm{d}n_{ed}$ 和 $\mathrm{d}Q_{ed}/\mathrm{d}n_{ed}$,斜率越大越有利。根据空载点曲线斜率,两种不同的水泵水轮机反 S 特性曲线如图 5.17 所示。常规混流水轮机以及低水头高比转速的水泵水轮机属于图 5.17 中(a)类,并且可以很容易满足式(5.48),因此这类水轮机的反 S 不稳定问题并不明显。而对于高水头低比转速的水泵水轮机,特性曲线一般为图 5.17 中(b)类,满足稳定判据式(5.48)较为困难。

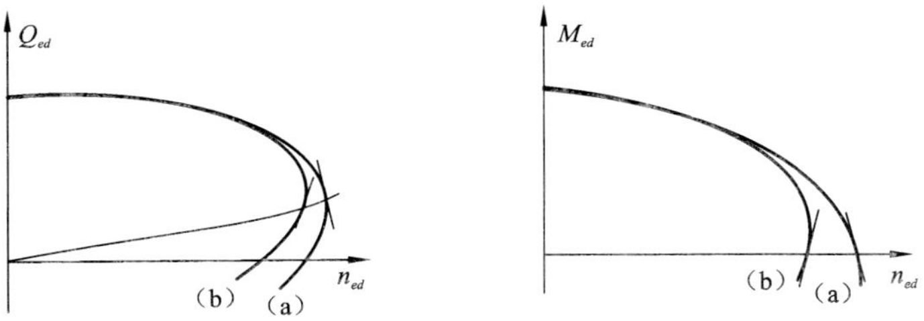

图 5.17　飞逸点的类型

除斜率之外,系统摩阻系数对于反 S 飞逸稳定性是有利的。并且 T_a/T_w 越大,越不利于反 S 的稳定性。故由于输水管道系统布置差别,一般在模型平台上对模型机组进行飞逸实验所得稳定性结果,与实际机组安装到电站后的结果有所不同。

令 $T_e \neq 0$,惯性波的衰减度 δ_1 的正负性直接决定了飞逸点的稳定性。当 $\delta_1 > 0$ 时,飞逸点稳定,飞逸工况下机组参数将逐步收敛,反之等幅振荡。由式(5.43)可知,δ_1 和 δ_2 均为关于 T_e,T_a,T_w,$\mathrm{d}M_{ed}/\mathrm{d}n_{ed}$,$\mathrm{d}Q_{ed}/\mathrm{d}n_{ed}$ 以及相对单位单数的函数。令 $\delta_1 = 0$,可得到用超越函数表示临界稳定边界曲线。同样,依托实际电站有关数据,采用二分法求解不同情况下的临界稳定边界,如图 5.18 所示,稳定区间为边界上部分。

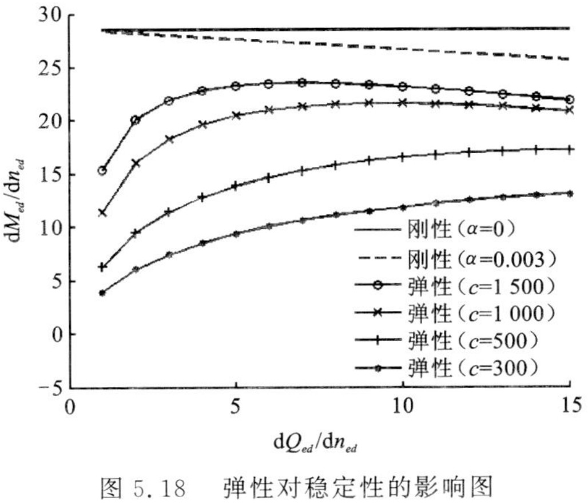

图 5.18　弹性对稳定性的影响图

Martin 未考虑摩阻损失,且采用了不同的特性曲线处理方法,得出了相应的稳定判别条件。经参数同一后,与 $K_f = 0$ 对应的式(5.48)完全一致,验证了本节刚性理论所得理论公式的正确性。当考虑系统摩阻时,由式(5.48)绘制出的临界稳定边界可知,摩阻损失对飞逸稳定性是有利的。当考虑水流弹性时,其波速越小,即水流弹性越大,越有利于飞逸稳定。故飞逸稳定性与管道材料以及水体的含气量相关。当波速越大,水流越接近刚性,临界稳定边界与式(5.48)越接近,也验证了本节弹性公式的正确性。

2. 弹性波稳定性

对于弹性波，其衰减度 δ_2 决定了其稳定性。当 $\delta_2>0$ 时，弹性波将会逐渐收敛，这种情况下不会出现这种高频的振荡。当 $\delta_2<0$ 时，弹性波将会逐渐发散，故在飞逸过程中弹性波将不断积累，直至系统能量平衡，弹性波发展成为高频等幅振荡。不同水流弹性对应的临界稳定边界如图 5.19 所示。由该图可知，弹性波动收敛对应的曲线斜率要求比惯性波动大很多，基本接近垂直状态。直接分析 δ_1 和 δ_2 的表达式也可以得出该结论。同样探讨 T_a 和 T_w 的影响，可得 T_a 越小或 T_w 越大，对稳定是有利的，但由于要求的曲线斜率依然较高，故意义不大。

当不满足稳定性条件时，衰减度的绝对值直接决定弹性波动的发散速率，即从开始出现弹性波动到完全形成自激振荡的过渡期间，并非从时间 0 到完全形成自激振荡的时间。根据 δ_2 的解析公式，可得水流弹性和 δ_2 之间的关系是非线性且非单调的，需要根据式(5.42)具体计算，在此不作具体的讨论。

3. 惯性波动和弹性波动的过渡

机组甩负荷导叶拒动的过渡过程中，在前期一般表现为惯性波动，而在后期将逐步转化为弹性波动，且其转化时间与 T_a 有明显的关系。由两种波动的理论分析，可对两种波动的过渡进行理论解释。

在反 S 特性曲线上所表示的惯性波动和弹性波动的非稳定区间及稳定区间如图 5.20 所示，由此可知，其相差并不是很大。当机组甩负荷导叶拒动惯性波动不稳定时：① 工况点将从初始点向下运动至弹性波的非稳定区间，在该区间弹性波将会发展；② 随后工况点将继续向下运动进入弹性波的稳定区间，弹性波动将会收敛；③ 当工况点反向再次进入非稳定区间时，弹性波动第二次发展。故在惯性波动等幅振荡的过程中，弹性波动将时而发散时而收敛。其发展速度很大程度上取决于惯性波的振荡次数。

对于惯性波动收敛的情况：T_a 越小，惯性波动稳定在非稳定区的时间越早，因此弹性波动将会更快地发展。对于惯性波动不能收敛的情况：T_a 越小，单位参数振荡的幅度越小，因此在惯性波动的每一个周期中，工况点经过非稳定区间的区域将保持一致，而经过的稳定区间将会减小，因此弹性波动在惯性波动振荡过程中发展时间将会减短。综上，无论惯性波动是何种形式，若弹性波动不稳定，惯性波动将会向弹性波动发展，且 T_a 越小，发展时间越早。

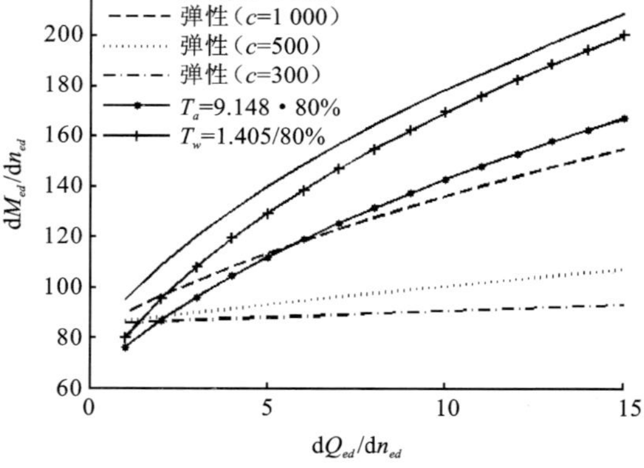

图 5.19　弹性波稳定性

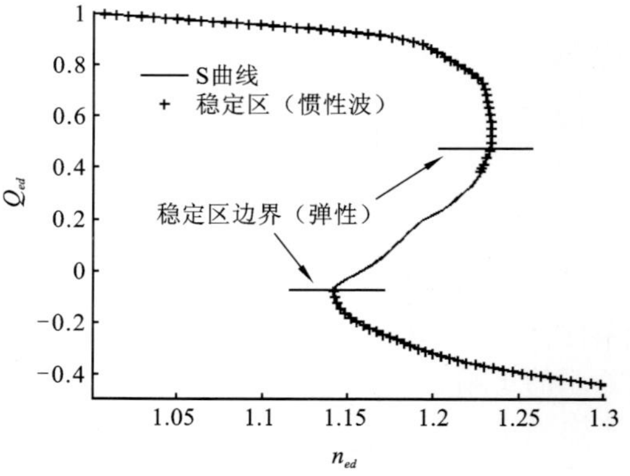

图 5.20　惯性波和弹性波的稳定区间

5.2.4　模型试验及与数值模拟的对比

为研究水泵水轮机以及抽水蓄能电站在运行中所面临的问题，特别是由于水泵水轮机反 S 特性所引起的一系列问题，建立了由循环水系统、量测系统等 9 个子系统组成的模型抽水蓄能电站，具体信息见第 11 章。模型水泵水轮机 BQ 和 XJ 具有相同的比转速，但由于设计的差别反 S 特性曲线存在明显差异。

分别对 BQ 和 XJ 进行单机甩负荷导叶拒动试验，飞逸过程中转速波动数据如图 5.21 所示。根据上述理论，绘制了各工况下水泵水轮机飞逸点斜率以及对应的稳定区间，如图 5.22 所示。由此可知 BQ 斜率点坐标位于相应的稳定曲线以下，说明系统将产生等幅振荡。而对于 XJ 流量 24 L/s 对应开度线飞逸点斜率为负，而流量 49 L/s 对应开度线飞逸点斜率接近垂直，故系统波动会收敛。对于流量 37 L/s 的开度线，斜率点十分接近稳定边界。考虑到对模型水泵水轮机和模型电站特征参数测量的精度，以上结果验证了本节对惯性波动的理论分析。为进一步验证系统惯性对飞逸稳定性的影响，在原 BQ 实测数据基础上对实验平台进行改变，关闭调压室与管道之间的连接阀，即不设调压室，从而增加系统水流惯性，可知这种情况下小开度飞逸稳定性明显提高，说明 T_w 越大对飞逸稳定性越有利。

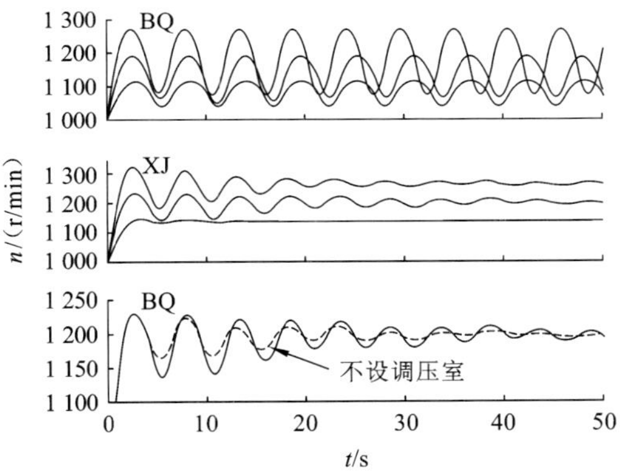

图 5.21　模型数据

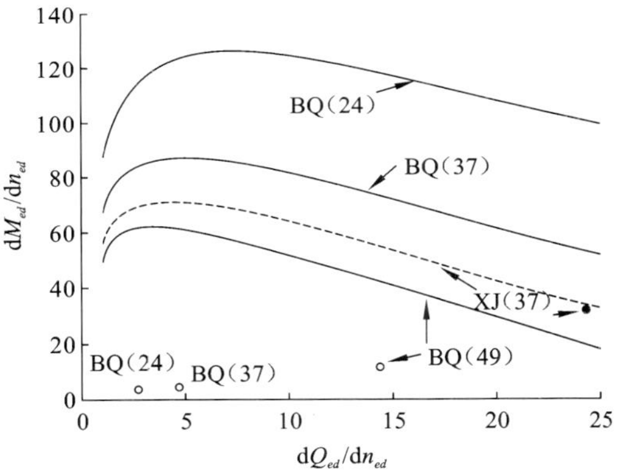

图 5.22　数据分析

为了进一步研究弹性波动的规律以及对理论分析进行验证，对上述试验结果进行了数值模拟的对比分析，对比结果如图 5.23 所示。

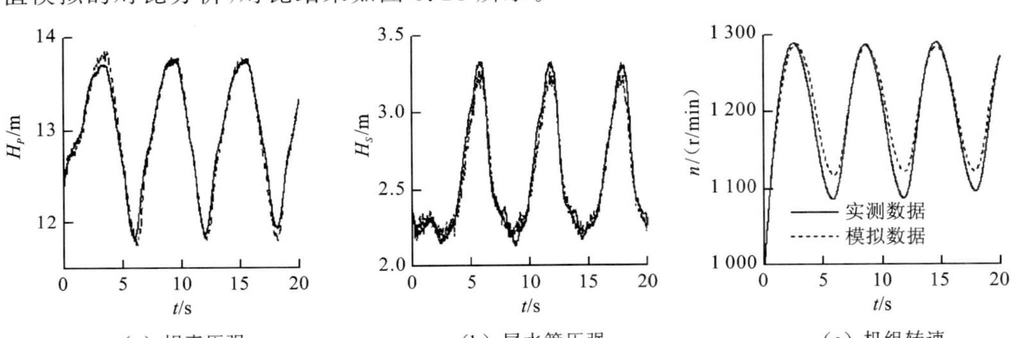

(a) 蜗壳压强　(b) 尾水管压强　(c) 机组转速

图 5.23　模型数据和实测数据对比

改变 XJ 模型机组的转动惯量，使 $T_a = 0.6$ s，从而使得惯性波动可以较快收敛，可以突出弹性波动的运动形式。根据不同的水流弹性进行数值模拟，图 5.24(a) 给出了数值模拟的结果。由此可知，当水流弹性越大，弹性波动衰减度绝对值越大，即弹性波动的发展速率越快。

保持 $T_e = 0.04$ s，对于不同 T_a 值，数值模拟结果如图 5.24(b) 所示。由图可知，当 T_a 越小，惯性波动向弹性波动转化的时间越早。以上数值模拟验证了本节对弹性波动的理论分析。

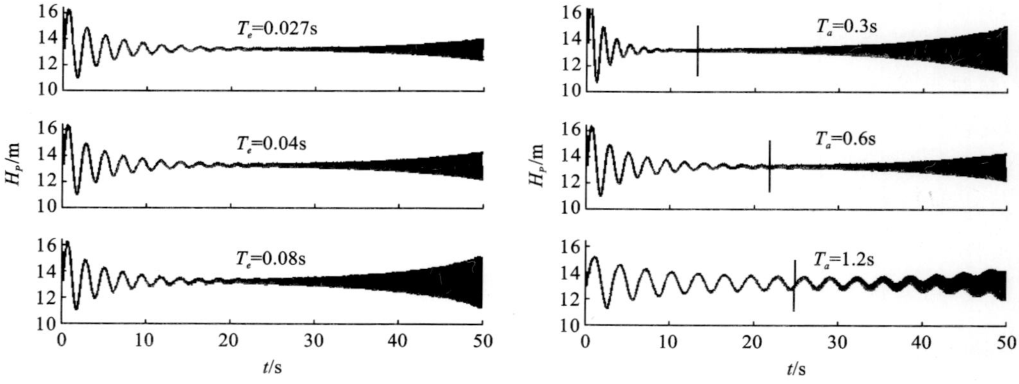

(a) 不同T_e　　　　(b) 不同T_a

图 5.24　数值模拟的对比

5.2.5　小结

考虑水流弹性时，抽水蓄能机组甩负荷导叶拒动的飞逸波动可以分解为两种不同属性的波动叠加，即低频的惯性波动(由于水流惯性和机组惯性引起) 以及高频的弹性波动(由水流弹性引起的)。

惯性波动的稳定性取决于水泵水轮机的反 S 特性，即飞逸点处的斜率大小，同时其稳定性还受系统惯性、摩阻损失的影响。另外，根据弹性模式下的飞逸稳定性判别条件，可知水流弹性对惯性波动的稳定性有很大影响：水流弹性越大，惯性波动越容易收敛，同时波动周期也会增加。

即使惯性波动能够收敛，弹性波动也有可能不稳定，即弹性波动相对于惯性波动，其稳定性条件更严格。在过渡过程中弹性波动将会随着工况点在稳定区和不稳定区来回移动而不断积累，直至达到平衡状态形成高频高变幅的弹性波动。除了水流弹性对弹性波的影响外，系统惯性对其影响也较为明显：减小 T_a 或增加 T_w 将有利于弹性波动的稳定。

5.3　反 S 特性与甩负荷水击压强的内在联系

水泵水轮机反 S 特性对抽水蓄能电站过渡过程计算存在明显的影响，在可行性设计阶段，由于缺乏水泵水轮机最终模型试验曲线，不得不套用比转速相同或相近而反 S 特性不同的模型试验曲线进行调节保证计算，其结果差异较大，一是套用不同的特性曲线产生的差异，二是与最终模型试验曲线产生的差异，直接影响抽水蓄能电站设计的经济性和运行的安全性。为此，本节采用刚性水击理论，推导抽水蓄能机组在甩负荷过渡过程中水击压强在各时刻上升率的解析表达式，阐明水击压强上升率与水泵水轮机特性曲线斜率的内在联系，从而从理论上得出反 S 特性曲线与水击压强的内在联系。为水泵水轮机选型设计提供参考，为抽水蓄能电站可行性设计中调节保证计算、特性曲线套用提供理论依据。

5.3.1　数学模型

为了便于理论推导，采用简化的数学模型，即忽略系统摩阻及水流弹性。管道刚性水击模型为

$$H_N - H = T_w \frac{H_N}{Q_N} \frac{\mathrm{d}Q}{\mathrm{d}t} \tag{5.49}$$

式中，N 为额定工况点参数，其他参数定义与前三章一致。当机组甩负荷后，系统无阻力矩，故发电机动量矩方程为

$$T_a \frac{M_N}{n_N} \frac{\mathrm{d}n}{\mathrm{d}t} = M \tag{5.50}$$

对于式(5.49) 和式(5.50)，设初值(M,H) 为(M_N, H_N)，采用龙格-库塔法可求解过渡过程中下一时刻 n、Q 的数值。再根据所求(n,Q) 结合特性曲线插值得出对应(M,H)，循环该过程即可求解出整个时程的参数变化。由于水泵水轮机反 S 曲线的多值性，可采用 Suter 变换后的曲线，即

$$\begin{cases} WH(x) = \dfrac{h}{r^2 + q^2} \\ WB(x) = \dfrac{m}{r^2 + q^2} \end{cases} \tag{5.51}$$

式中，$x = \arctan(q/r)$。

本节为了验证单机甩负荷水击压强与反 S 特性的内在联系，选取某抽水蓄能电站作为算例，其基本参数是 $T_a = 9.49$ s、$T_w = 1.36$ s、$T_e = 1.4$ s。分别采用刚性模型和后述考虑水流弹性的数学模型进行数值计算，结果如图 5.25 所示，其中图 5.22(a) 为导叶拒动工况，而图 5.22(b) 为导叶 25 s 直线关闭的工况。两者极小的差别表明水泵水轮机 S 特性和系统惯性是抽水蓄能电站过渡过程压强变化的主导因素，而水流弹性在理论分析中可以忽略。

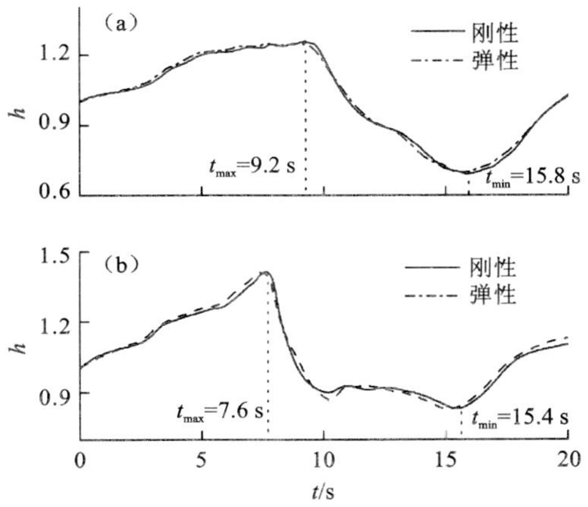

图 5.25　刚性水击模型和弹性水击模型对比

在时间步长 Δt 内，可将式(5.49) 和式(5.50) 改写为差分方程，即

$$Q_{\Delta t} - Q = \left(1 - \frac{H}{H_N}\right)\frac{\Delta t}{T_w}Q_N \tag{5.52}$$

$$n_{\Delta t} - n = \frac{M}{M_N}\frac{\Delta t}{T_a}n_N \tag{5.53}$$

式中,下标 Δt 代表时间步长末的参数。

由于非线性全特性曲线不便于理论推导,对特性曲线进行线性化处理,得出工况点的机组特性 —— 水击压强变化相对值。

定义　$a = \mathrm{d}Q_{ed}/\mathrm{d}n_{ed}$,对 $n_{ed} \sim Q_{ed}$ 特性曲线上任意工况点(n_{ed},Q_{ed}),线性化处理后,可得

$$Q_{ed} - Q'_{ed} = a(n_{ed} - n'_{ed}) \tag{5.54}$$

对式(5.54)两边同时求全微分,得

$$\frac{\mathrm{d}Q}{Q_N} = a\frac{\mathrm{d}n}{n_N} + \frac{(Q_{ed} - an_{ed})}{2\sqrt{H_{ed}}}\frac{\mathrm{d}H}{H_N} \tag{5.55}$$

令式(5.55)中

$$\mathrm{d}Q = Q_{\Delta t} - Q,\quad \mathrm{d}n = n_{\Delta t} - n,\quad \mathrm{d}H = H_{\Delta t} - H \tag{5.56}$$

可得

$$\frac{Q_{\Delta t} - Q}{Q_N} = a\frac{n_{\Delta t} - n}{n_N} + \frac{Q_{ed} - an_{ed}}{2\sqrt{H_{ed}}}\frac{H_{\Delta t} - H}{H_N} \tag{5.57}$$

将式(5.52)和式(5.53)代入式(5.57),可得时间步长内的水击压强变化相对值:

$$\frac{\Delta h}{\Delta t} = \underbrace{\frac{2h^{3/2}}{n_{ed} - Q_{ed}/a}}_{J}\left(\underbrace{\frac{1 - 1/h}{aT_w}}_{K} + \underbrace{\frac{M_{ed}}{T_a}}_{N}\right) \tag{5.58}$$

由式(5.58)可知,在 T_a 和 T_w 确定的前提下,机组甩负荷后某一时刻 t 对应工况点的相对单位参数、相对水头 h 以及斜率 a 决定了向下一时刻 $t + \Delta t$ 过渡中的水击压强增量。而水击压强增减取决于式(5.58)中 J 项的符号以及 K、N 两项的大小。图 5.26 给出了 J 项分母变化范围,即一般情况下,J 项随工况点由上向下移动时是递增且恒为正。令水击压强变化相对值为 0,即可得出水击压强发生极值的条件[21]

$$\frac{1}{a} = \frac{-T_w M_{ed}}{T_a(1 - 1/h)} = S_{\lim} \tag{5.59}$$

定义式(5.59)右侧为 $S_{\lim}$,其物理含义是水击压强达到极值的临界斜率。而等式左侧是该工况点在特性曲线上实际斜率。采用本章已介绍的模型机组额定开度特性曲线以及模型蓄能电站参数,在机组甩负荷导叶拒动工况下,实际斜率和临界斜率变化过程的对比结果如图 5.27 所示。结合图 5.25 可知,导叶拒动工况在水击压强极大值时刻(9.2 s)和极小值时刻(15.8 s),以及导叶关闭工况在水击压强极大值时刻(7.6 s)和极小值时刻(15.4 s),均满足 $1/a = S_{\lim}$。

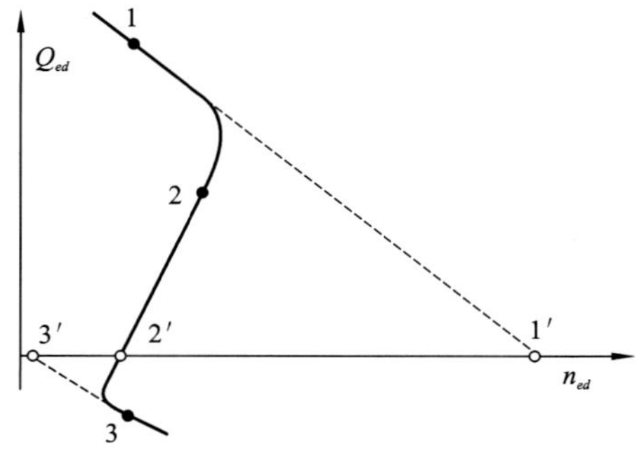

图 5.26　J 项分母变化范围

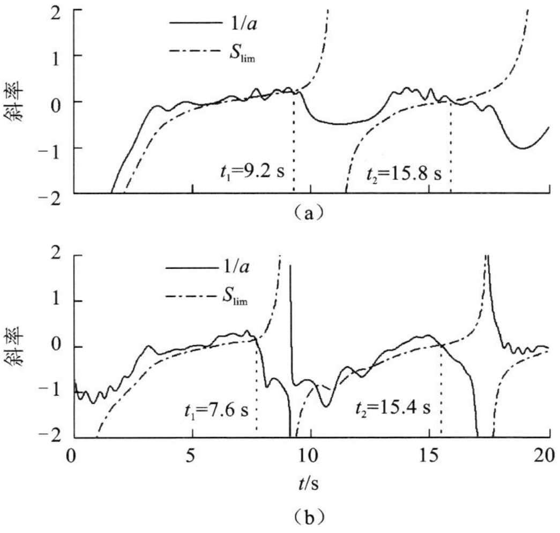

图 5.27　过渡过程中特性曲线斜率与临界斜率

5.3.2　反 S 区过渡过程特性

由于特性曲线的变化形式在不同区间存在明显差异，导致式(5.58)中 K、N 项的正负不一致。因此，为了便于分析，将反 S 特性曲线按照图 5.28 分为三个区间，从上至下依次定义为一区、二区和三区。三个区间分割线为 S 曲线上下两个奇点(斜率为无穷大)，其范围大致对应水轮机工况区、水轮机制动工况区和反水泵工况区，但也有一定差异。

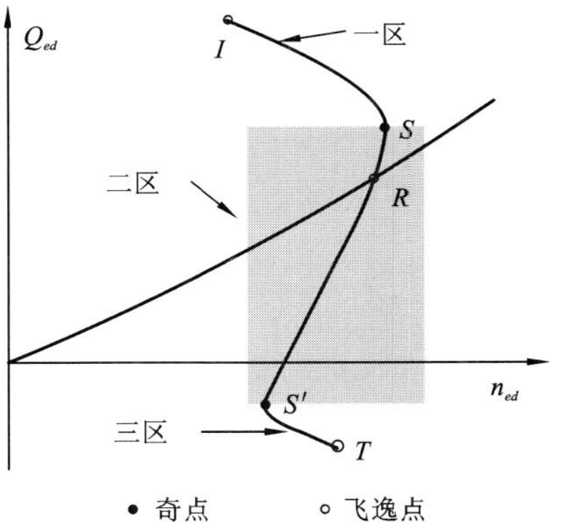

图 5.28　反 S 特性曲线分区

1. 一区正向(*IS*)

在一区随着单位流量的减小，水击压强整体呈现上升趋势，即满足 $h>1$。当飞逸点在图 5.28 中 R 点的位置时，一区工况点满足 $M_{ed}>0$，故 $N>0$。并且由该区特性曲线变化规律可知，IS 段 $a<0$，故 $K<0$。因此，只有当 $|1/a|>|S_{\lim}|$，水击压强才会下降，否则水击压强恒增。而对于 SR 段，由于斜率突变导致 $K>0$，因此也只有当 $|1/a|>|S_{\lim}|$，水击压强才会上升，否则水击压强恒降。

当一区曲线 $|a|$ 变大时，根据式(5.58)可知，在上一时间步长水头相同的情况下 J 将会变大，而 $K<0$ 且其绝对值将会减小，因此水击压强变化相对值将会加大。

2. 二区正向(*SS′*)

在二区单位流量急剧减小，也满足 $h>1$。当工况点经过奇点 S 后，在 SR 区间由于特性曲线斜率发生符号突变，故 $K>0$ 且在飞逸点以前 $N>0$，因此水击压强变化相对值在该区间恒正。

当工况点经过飞逸点以后，$K>0$ 且 $N<0$，故水击压强增减情况取决于 K、N 两项的数值大小。在该区式(5.59)中 $S_{\lim}>0$，而在反 S 曲线下奇点处 $|1/a|$ 趋近于 0，因此水击

压强极大值一定发生在下奇点以前。当 a 较小时，$|1/a|$ 增加而 h 上升加快导致式(5.59)右侧 $S_{\lim}$ 将会减小，因此极大值更难发生。由于奇点之外，其附近的曲线斜率不会有明显突变，因此极大值发生在下奇点附近。如图 5.27 所示，即极大值发生在 $1/a$ 突变之处。因此，水击压强变化相对值在 RS' 区间的大部分为正，在靠近下极点 S' 时为负。

当 a 在区间增加时，J 和 K 项都会增加，因此水击压强变化相对值也会增加。

3. 三区($S'TS'$)

当工况点经过下奇点 S' 后，无论工况点是从上向下运动还是从下往上，式(5.58)中 K、N 均小于 0，水击压强将会持续减小。而当该区倾斜程度变缓时，即 $|a|$ 降低，式(5.58)中 J 增加而 $K<0$ 且绝对值将会增加，故 J、K 两项对水击压强变化相对值的作用是相反的，曲线斜率对水击压强变化的影响具有不确定性。

4. 二区反向($S'S$)

当工况点反向回到制动区后，一般 $h<1$。因此，式(5.58)中的 K、N 均小于 0，水击压强将会持续降低。在区间 $S'R$ 之间，由于 $a>0$ 故 $K<0$，而 $M_{ed}<0$ 故 $N<0$，所以水击压强继续降低；到达上奇点 S 后，由于 a 趋近正无穷，故 $K=0$，而 $M_{ed}>0$ 故 $N>0$，所以水击压强将会增加。因此，水击压强最小值发生在 $R'S$ 段且靠近 S 点。

而当 a 增大时，在该区间 J 减小，$K<0$ 且绝对值减小，因此根据式(5.41)可知水击压强降低的速率将减小。

5. 一区反向(SI)

反向回到水轮机区后，h 逐渐增加，但 $h<1$，因此 K、N 两项均为正数。当达到某一工况点后，工况点的运行方向发生改变，从而重新进入正向运动，即情况 IS 节所述。当该区 $|a|$ 增大时，J 增加而 K 减小，两项作用相反，故对水击压强变化的影响具有不确定性。

综合上述对各个区间的分析，可将反 S 曲线过渡过程特性总结如表 5.1 所示。

表 5.1　特性曲线斜率与水击压强变化的关系

区间分段	1		2	3		2		1
	IS	SR	RS'	$S'T$	TS'	$S'R$	RS	SI
a	−	+	+	−	−	+	+	−
$\|a\|$	↑	↓	↓	↓	↑	↑	↑	↓
$J(>0)$	↑	↑	↑	↓	↑	↓	↓	↓
K	−	+	+	−	U	−	−	+
$\|K\|$	↓	↑	↑	↑	↓	↓	↓	↑
N	+	+	−	−	−	−	+	+
$\Delta h/\Delta t$	+	+	+	−	−	−	−	+
$\|\Delta h/\Delta t\|$	↑	↑	↑	U	U	↓	↓	U

注：U 指具有不确定性

5.3.3　反 S 特性与水击压强关联性

上节分析了各个工况区间特性曲线斜率对于水击压强变化的影响，基于表 5.1 的结果，可对特性曲线各区间整体曲线形式与水击压强相关性进行分析。为此，采用上述同样算例，分别改变各区间特性曲线的形式，进行数值计算及敏感性分析。由于水击压强同时受到导叶关闭规律的影响，而导叶关闭的作用实际是依据其轨迹线逐点地采用不同开度的特性曲线在各个区间各点的斜率。为简化起见，此处仅考虑导叶开度不变的情况，所得结论更具有针对性。

1. 一区特性曲线

甩负荷后，机组工况点在一区沿特性曲线向下移动时。将上奇点 S 附近的曲线 $|a|$ 增大，如图 5.29(a) 中实线所示，根据表 5.1 可知，一区水击压强变化相对值将增加。数值计算结果(图 5.29(b)) 与理论分析是一致的。

图 5.29(b) 中，特性曲线修改后在二区水击压强变化相对值明显增加。根据式(5.58)，修改后的特性曲线在二区 J 项将会增大，从而导致水击压强增大。

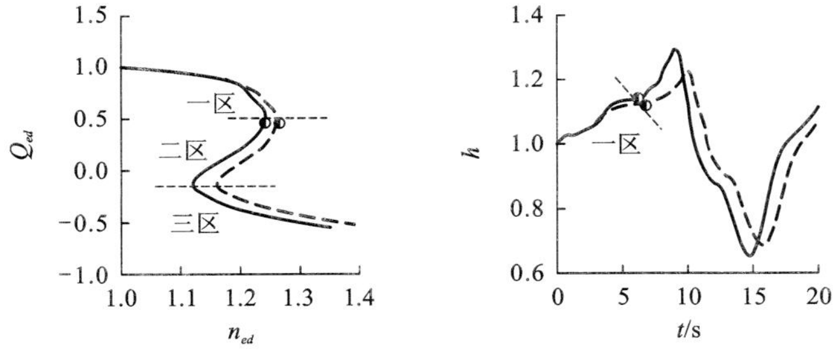

(a) 特性曲线　　(b) 水击压强

图 5.29　一区特性曲线关联性分析

——调整　– – –原型　● $M_{ed}=0$

2. 二区特性曲线

假设一区特性曲线不变，修改二区特性曲线斜率，如图 5.30 中的实线所示。对于修改后的曲线，根据表 5.1 中的 SR 和 RS' 段的规律，斜率 a 越小，水击压强变化相对值将会增加。同时这种修改也会导致式(5.58) 中 J 项增大，因此水击压强增大将更加明显。以上分析与数值计算结果也是一致的。

另外，由于该水泵水轮机反 S 特性明显，水击压强的极值发生在下奇点之前且靠近该点，与理论分析一致。

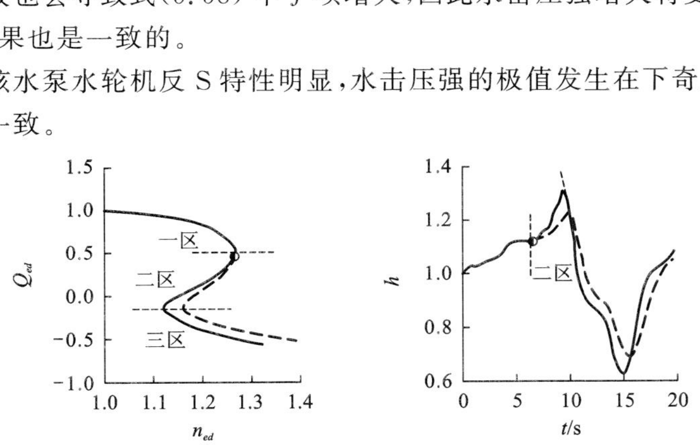

(a) 特性曲线　　(b) 水击压强

图 5.30　二区特性曲线关联性分析

——调整　– – –原型　● $M_{ed}=0$

3. 三区特性曲线

当工况点继续运动到下奇点以后时，特性曲线的变化形式与水击压强最大值无关，只决定了最小值。在该区间斜率的变化与水击压强变化相对值之间的关联性较低，因此在修改该区间特性曲线后，如图 5.31(a) 中实线所示，数值计算所得水击压强变化过程与修改前的差异较小。说明下奇点之后的特性与水击压强极值几乎无关。

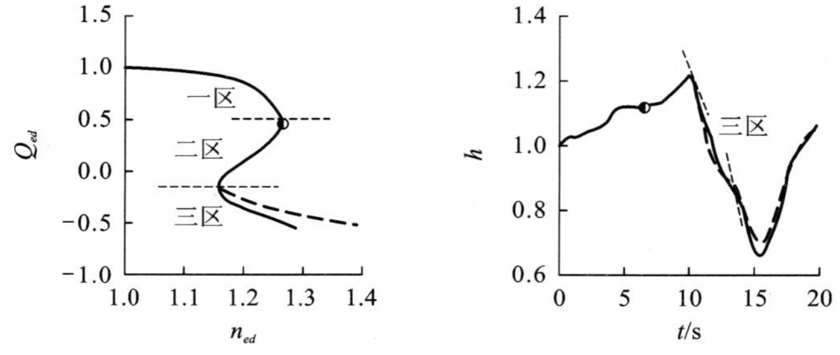

(a) 特性曲线　　　(b) 水击压强

图 5.31　三区特性曲线关联性分析

——调整　- - -原型　◐ $M_{ed}=0$

5.3.4　小结

抽水蓄能电站机组甩负荷时水击压强大小不仅受系统惯性主导，也与水泵水轮机反 S 特性密切相关。根据水泵水轮机反 S 特性曲线各工况点斜率的正负性，可将特性曲线定义为三个区间，各个区间特性曲线的斜率大小与水击压强上升或下降的相关性是不同的。基于该理论分析可得，一区特性曲线斜率增加时，导致水击压强增加；二区特性曲线斜率减小或整体向左平移时，水击压强增加；三区特性曲线变化形式与水击压强极值无关。因此，在水泵水轮机优化设计中，需要以增加制动区单位转速和倾斜角为目的，以减小甩负荷过程的水击压强。在套用相同比转速水泵水轮机特性曲线进行调节保证计算时，需要先分析反 S 特性的利弊程度，为工程设计留下足够的安全裕度。

参考文献

[1] Hasmatuchi V, Farhat M, Roth S, et al. Experimental evidence of rotating stall in a pump-turbine at off-design conditions in generating mode, ASME J. FluidsEng., 2011, 133(5): 051104.

[2] Nielsen T K, Olimstad G. Dynamic behaviour of reversible pump-turbines in turbine mode of operation. International Symposium on Transport Phenomena and Dynamics of Rotating Machine, Honolulu, 2010.

[3] Olimstad G. Characteristics of Reversible-Pump-turbines, Trondheim: NYNU, 2012.

[4] 齐鄂荣，曾玉红. 工程流体力学. 2 版. 武汉：武汉大学出版社，2005.

[5] 李金伟，刘树红，吴玉林，等. 混流式水轮机飞逸过渡过程的试验与数值模拟. 大电机技术，2010, 11(6): 44-49

[6] Widmer C, Staubli T, Ledergerber N. Unstable characteristics and rotating stall in turbine brake operation of pump-turbines, ASME J. FluidsEng., 2011, 133(4): 041101.

[7] Widmer C, Staubli T, Tresch T, et al. Unstable pump-turbine characteristics and their Interaction with hydraulic systems, Charlotte: Hydro Vision, 2010.

[8] Stepanik H E, Brekke H. Unsteady flow phenomena in a reversible Francis pump turbine. Fluid Machinery Forum, 96, pp. 9-14, Presented at the 1990 Spring Meeting of the Fluids Engineering Division.

[9] Senoo Y, Yamaguchi M. A study on unstable s-shaped characteristic curves of pump turbines at no-flow. J. Turbomach, 1987, 109(1): 77-82.

[10] Olimstad G, Nielsen T K, Børresen B. Dependency on runner geometry for reversible pump-turbine characteristics in turbine mode of operation. ASME J. FluidsEng., 2012, 134(12): 121102.

[11] IEC 60193-1999 Hydraulic turbines, storage pumps and pump-turbines-model acceptance tests, International Electrotechnical Commission, 3 rue de VarembeGeneva, Switzerland.

[12] Olimstad G, Nielsen T K, Borresen B. Stability limits of reversible-pump turbines in turbine mode of operation and measurements of unstable characteristics. ASME J. FluidsEng., 2012, 134(11): 111202.

[13] Nielsen T K. Transient Characteristics of High Head Francis Turbines. Trondheim: Norwegian University of science and technology, 1990.

[14] Zhang X X, Cheng Y G, Xia L S, et al. Dynamic Characteristics of a Pump-Turbine during Hydraulic Transients of a Model Pumped Storage System: 3D CFD Simulation.

[15] Dörfler P K, Engineer A J, Pendse R N, et al. Stable Operation Achieved on a Single-Stage Reversible Pump-Turbine Showing Instability at no-Load, 19th IAHR Symposium, Section on Hydraulic Machinery and Cavitation, Singapore.

[16] Nielsen T K, Svarstad M F. Unstable behaviour of RPT when testing turbine characteristics in the laboratory, 27th IAHR Symposium on Hydraulic Machinery and Systems, Montreal, 2014.

[17] Martin C S. Stability of pump-turbines during transient operation, 5th Conference on Pressure Surges BHRA, Hannover, 1986.

[18] Martin C S. Instability of pump-turbines with s-shaped characteristics. 20th IAHR Symposium on Hydraulic Machinery and Systems, Charlotte, 2000.

[19] 曾威. 水泵水轮机S特性对抽水蓄能电站过渡过程的影响机理. 武汉：武汉大学，2016.

[20] Zeng W, Yang J, Guo W. Runaway instability of pump-turbines in s-shaped regions considering water compressibility. ASME J. Fluids Eng., 2015, 137(5): 051401.

[21] Zeng W, Yang J, Hu J. Guide-vane closing schemes of pump-turbines based on transient characteristics in s-shaped region. ASME J. Fluids Eng., 2016, 138(5): 051302.

符 号 说 明

符号	名称
A	压力管道面积，m^2
A_1	转轮进口面积，m^2
A_2	转轮出口面积，m^2
a	导叶开度，mm；以 $n_{ed} \sim Q_{ed}$ 表示的特性曲线的斜率
a_i	下标 $i=0,1,\cdots,4$，系统传递函数分母项的常系数
B	转轮叶片子午断面，即转轮叶片的轴面投影，m
b	以 ${n_{ed}}^2 \sim M_{ed}$ 表示的特性曲线的斜率
b_i	下标 $i=0,1,\cdots,3$，系统传递函数分子项的常系数
c	波速，m/s
c_i	下标 $i=0,1,\cdots,4$，系统传递函数变换式分子项的常系数
D_0	导叶出水边所在圆直径，m
D_1	转轮进口直径，m
D_2	转轮出口直径，m
d_i	下标 $i=0,1,\cdots,8$，系统传递函数拆分过程中形成的系数
e_h	水轮机转矩对水头的传递系数
e_{qh}	水轮机流量对水头的传递系数
e_{qx}	水轮机流量对转速的传递系数
e_x	水轮机转矩对转速的传递系数
GD^2	机组飞轮力矩，$N \cdot m^2$
g	重力加速度，m/s^2
H	水头，m
H_{ed}	相对水头
H_f	摩阻损失，m
H_N	水轮机最优工况水头，m
H_{ndyn}	经过水轮机内部水流惯性修正后的水头，m
H_P	转轮进口侧测压管水头，m
H_S	转轮出口侧测压管水头，m
H_t	水轮机工作水头，m
h	水头相对偏差
Δh	水头相对偏差的变化值
I	蜗壳进口到尾水管出口的水流惯性，s
J	时间步长内水击压强变化式中与特性曲线斜率相关的一项

K	时间步长内水击压强变化式中与流量惯性相关的一项
K_i	下标 $i=1,2$，惯性、弹性两种波动的振幅
K_f	压力管道动量方程中与压力管道摩阻损失项有关的系数
kcm	流量系数
ku	转速系数
L	压力管道的长度，m
M_{ed}	相对单位力矩
M'_1	单位力矩，N · m
M'_{1N}	水轮机最优工况点对应的单位力矩，N · m
m	水轮机转矩相对偏差
m_g	发电机负荷阻力矩（负载力矩）相对偏差
N	时间步长内水击压强变化式中与机组惯性相关的一项
n	转速，r/min
n_{ed}	相对单位转速
n'_1	单位转速，r/min
n'_{1max}	最大临界单位转速，r/min
n'_{1N}	水轮机最优工况点对应的单位转速，r/min
p	导叶出口水流角 α_0 与导叶开度抛物线关系中的二次项系数；系统传递函数四阶项转换成两个二阶项的中间变量
Q	过机流量，m^3/s
Q_{ed}	相对单位流量
Q_N	水轮机最优工况流量，m^3/s
Q'_1	单位流量，m^3/s
Q'_{1N}	水轮机最优工况点对应的单位流量，m^3/s
q	导叶出口水流角 α_0 与导叶开度抛物线关系中的一次项系数；流量相对偏差；系统传递函数四阶项转换成两个二阶项的中间变量
R_q	由转轮进出口直径、面积、进出口液流角推导的中间参数
r	导叶出口水流角 α_0 与导叶开度抛物线关系中的常数项系数
S	与转轮进出口直径有关的参数
S_{lim}	水击压强达到极值的临界斜率
s	拉普拉斯算子
s'	系统传递函数四阶项转换成两个二阶项的中间变量
T	水轮机动力矩，N · m
T_e	水流弹性时间常数，s
T_i	下标 $i=1,2$，惯性、弹性两种波动的波动周期，s
T_a	机组惯性时间常数，s

T_w	压力管道的水流惯性时间常数,s
t	时间,s
Δt	一个时间步长,s
U_1	转轮进口速度三角形中的牵连速度,即水流随转轮作圆周运动的速度,m/s
V_0	导叶出口处水流绝对速度,m/s
V_1	转轮进口速度三角形中的绝对速度,即水流相对于地面的速度,m/s
V_{m1}	转轮进口速度三角形中,绝对速度 V_1 的轴面分速度,m/s
V_{u1}	转轮进口速度三角形中,绝对速度 V_1 的圆周分速度,m/s
V_{u0}	导叶出口处水流绝对速度 V_0 的圆周分量,m/s
W_1	转轮进口速度三角形中,水流相对转轮运动的速度,m/s
W_{b1}	转轮进口相对速度 W_1 在叶片进口切线方向的速度分量,m/s
x	转速相对偏差
α	水流进口角β_1与叶片安放角β_{b1}之差(正冲角),(°);压力管道摩阻损失系数
α_0	导叶出口水流角,(°)
α_1	转轮进口速度三角形中,绝对速度 V_1 与圆周速度 U_1 的夹角,(°)
β_1	转轮进口速度三角形中,圆周速度 U_1 与相对速度 W_1 的夹角,(°)
β_2	转轮出口速度三角形中,圆周速度 U_2 与相对速度 W_2 的夹角,(°)
β_{b1}	转轮叶片进口安放角,(°)
δ_i	下标 $i=1,2$,惯性、弹性两种波动的衰减度
φ_i	下标 $i=1,2$,惯性、弹性两种波动的初始相位,rad
γ_1	转轮叶片进口安放角,(°)
κ	导叶开度
μ	流量系数
θ	转轮进口后掠角
ω	水轮机旋转角速度,rad/s
ω_i	下标 $i=1,2$,惯性、弹性两种波动的角频率,rad/s
ω_N	水轮机最优工况点对应的角转速,rad/s

下标

符号	名称
ed	相对单位参数
N	水轮机工况最优工况对应的参数;额定工况点对应的参数
Δt	时间步长末的参数

第 6 章　基于反 S 特性的运行稳定性及调节品质

抽水蓄能机组在水轮机启动至空载工况中，因反 S 特性的作用存在着稳定性问题，有可能带来并网问题，影响抽水蓄能电站在电网中的作用。另外，抽水蓄能机组在电网中担负着调峰调频的任务，对其运行稳定性与调节品质有着较高的要求。而运行稳定性与高品质的调节性能是一对矛盾。如何采取调速器变参数模式解决上述问题，是抽水蓄能电站设计和运行中需要深入探讨的课题。为此，本章采用水泵水轮机调节系统线性数学模型和非线性数学模型来研究基于反 S 特性的运行稳定性及调节品质，为采用调速器变参数模式奠定理论基础。

6.1　水泵水轮机调节系统的线性数学模型

水泵水轮机调节系统是以水轮机调速器作为控制器，以机组和输水管道子系统为被控对象所构成的闭环控制系统。水泵水轮机调节系统的基本任务：一是以机组转速（频率）为控制目标，调整水轮机的主动力矩，达到调整机组转速、维持电力系统频率稳定的目标；二是跟踪电网负荷较大幅度的变化，调整机组的有功功率，以满足电力系统调峰的需求。

电力系统除了要求系统频率稳定，还需要保持电压稳定。为此，抽水蓄能机组需配置发电机励磁控制系统。该系统以发电机机端电压为控制目标，通过对发电机励磁电流或电压的调整，达到维持电网电压稳定的目的。

上述两个控制系统通常可视为两个独立的控制系统，互相作用关联性不大，但在分析机组之间的水力干扰或者抽水蓄能机组与电网之间的低频振荡时，两者的相互作用就不能忽略，其过渡过程为水机电控制耦合的过渡过程。

水泵水轮机控制系统的被控对象也可分为两个子系统：一是水轮机组段子系统，包括水轮机、有压引水管道、调压室和有压尾水管道等，实际电站中常有数台机组共用输水管道和调压室，于是机组之间存在水力联系，使该子系统数学模拟更加复杂；二是发电机子系统，包括机械部分和电气部分。机械部分主要是指水泵水轮机转轮、大轴、转轮区内水流和发电机转子的机械惯性。电气部分又分为三部分：发电机电磁部分，如电枢绕组、阻尼绕组等；输变电部分，如变压器、输电线等；电网中的负荷和其他机组部分。

本节将建立水泵水轮机调节系统的线性数学模型，包括发电机子系统的机械部分。

6.1.1　输水管道子系统的水击模型

输水管道子系统的水击现象遵循有压管道非恒定流的基本方程和变化规律，其主要因素包括水流惯性、水流弹性和管壁弹性。通常根据是否忽略水流弹性和管壁弹性，将其数学模型分为刚性水击模型和弹性水击模型。

忽略水流弹性和管壁弹性，即管道中的水体为不可压缩流。考虑最简单的输水管道子系统的布置方式，仅一根圆管连接上游的水库和末端的水轮发电机组，且不考虑水流摩擦阻力。

设管长为 L，横截面积为 A，根据牛顿第二定律，流速 V 的变化引起水轮机水头 H 的变化为

$$\Delta H\rho gA = -\rho AL\frac{\mathrm{d}\Delta V}{\mathrm{d}t} \tag{6.1}$$

以额定工况参数为基准值，化简为相对参数形式：

$$\Delta h = -\frac{LQ_r}{gAH_r}\frac{\mathrm{d}\Delta q}{\mathrm{d}t} = -T_w\frac{\mathrm{d}\Delta q}{\mathrm{d}t} \tag{6.2}$$

式中，T_w 称为水流惯性时间常数，其物理意义是，在单位水头作用下，压力管道内的流量由0增加到额定流量 Q_r 所需要的时间。式(6.2)称为刚性水击方程，体现了水流惯性的影响，水流惯性使引水管道内流量的变化滞后于导叶开度的变化，其对水泵水轮机调节系统稳定性是不利的。

若考虑水流弹性和管壁弹性，则管道中的水体为可压缩流。当导叶突然关闭时，最靠近导叶处的一小段水体受到导叶阻止停止流动。但其上游的水体依然以原速度流动，该一小段水体被压缩，压强升高，使周围的管壁膨胀，同时阻止上游的水体流动。这一趋势不断向上游传播，最终整个管道内水体停止流动；随后管道首端被压缩的水体在上游水库恒压的作用下膨胀，并向下游传播；并由于水流惯性的作用，管道中的水体进一步膨胀，压强减小；再次在上游水库恒压的作用下，水流再度充入管道中。整个过程往复进行，产生压强和流量的波动。这种现象实际是压力波在弹性介质中的传播所引起的，如果用 c 表示压力波的传播速度，那么压力波在整个管道内的传播时间为

$$T_e = \frac{L}{c} \tag{6.3}$$

式中，T_e 称为水流弹性时间常数。

假设压力管道是均匀管壁，根据有压管道非恒定流的基本方程，经线性简化，水轮机入口处的水头和流量变化具有如下关系[1]：

$$G_0 = \frac{h}{q} = -\frac{T_w}{T_e}\tanh(T_e s + F) \tag{6.4}$$

式中，s 为拉普拉斯算子；F 为压力管道摩擦系数。忽略摩擦系数，此传递函数的频率响应如图6.1所示。频率响应的第一个峰在 $\omega_T = \pi/(2T_e)$ 处。

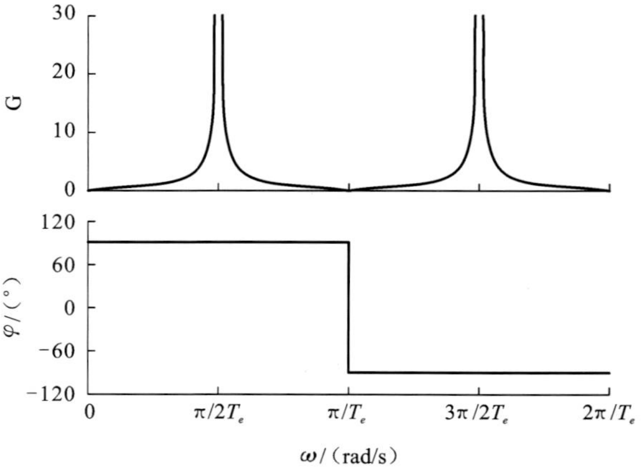

图6.1　频率响应图

由于水头和流量之间的关系是非线性的，不便于稳定性分析，一般将其展开为泰勒级数以线性化，并对摩阻项采用一阶近似，得到的表达式为

$$G_1 = -T_w s \frac{1+\frac{1}{3!}T_e^2 s^2 + \cdots + \frac{1}{(2k+1)!}T_e^{2k}s^{2k}}{1+\frac{1}{2!}T_e^2 s^2 + \cdots + \frac{1}{(2k)!}T_e^{2k}s^{2k}} - \frac{T_w}{T_e}F, \quad k = 0,1,\cdots \tag{6.5}$$

若忽略摩擦，即 $F=0$，并取 $k=0$，就得到刚性水击方程；取 $k>0$ 得到的方程称为弹性水击方程。k 的大小可按需要选取，一般 k 越大，与原非线性模型的相似度越好，但过大会导致模型过于复杂，同时可能造成一定程度的失真[2]。

文献[3]为了研究飞逸过程中系统惯性波的稳定性，保留了式(6.5)中 $k=0,1$ 的项，从而构造了一个三阶的传递函数。对于低频的惯性波，其角频率 $\omega<0.5$ rad/s 这种简化具有较高精度。文献[4]中介绍了进一步忽略式(6.5)中分子高次项的二阶模型，其传递函数如下：

$$G_2 = \frac{-T_w s}{1+0.5T_e^2 s^2} - \frac{T_w}{T_e}F \tag{6.6}$$

当水流弹性系数较小(文献[4]中取 $T_e=0.25s$)时，其低频的频域分析可得出较好的精度，但是对于长引水隧洞而言必然会造成较大误差。

为了降低模型阶数以便于理论分析，同时又能保证较高的精度，在式(6.6)基础上构造如下的变参数简化模型：

$$G_3 = \frac{-T_w s}{1+aT_e^2 s^2} - \frac{T_w}{T_e}F \tag{6.7}$$

在文献[5]中，参数 a 为常数。现令其与其他变量一同改变，即得到变参数模型。将 $s=j\omega$ 代入式(6.4)和式(6.7)，可求得上述两种传递函数的幅频特性。即

$$G_0 = P_0(\omega) + jQ_0(\omega) = -\frac{T_w}{T_e}\frac{(\mathrm{e}^{4F}-1)+j2\mathrm{e}^{2F}\sin(2T_e\omega)}{\mathrm{e}^{4F}+2\mathrm{e}^{2F}\cos(2T_e\omega)+1} \tag{6.8}$$

$$G_3 = P_3(\omega) + jQ_3(\omega) = -\frac{T_w}{T_e}F - j\frac{T_w\omega}{1-aT_e^2\omega^2} \tag{6.9}$$

适当选取参数 a 的值，式(6.9)的虚部可以与式(6.8)的虚部近似相等。在文献[5]中，参数 a 的值是通过令简化模型的极点频率等于 ω_T 得到的，其精度较式(6.6)有所提升，但此模型与在 ω_T 处的频率响应紧密相关。而在频率调节工况下的水轮机满负荷与空载运行时，最大频率响应 ω_S 通常小于 ω_T，表 6.1 给出了三座不同电站的数据。

表 6.1　各电站响应频率

编号	最大 ω_S/(rad/s)	T_e/s	ω_T/(rad/s)	ω_S/ω_T
电站 1	≈ 0.812	1.400	1.122	0.724
电站 2	≈ 0.630	1.660	0.946	0.666
电站 3	≈ 0.757	1.528	1.027	0.736

因此，对于一段特定的角频率区域 $\omega_k=[0.1,0.4,\cdots,1.0]\times\omega_S$，假定变参数模型虚部的相对误差如下(令 $F=0$)

$$C_Q(\omega_k) = \frac{|Q_3(\omega_k) - Q_0(\omega_k)|}{|Q_0(\omega_k)|} = \frac{\left|\dfrac{\omega_k[T_e + 2T_e\cos(2T_e\omega_k) + T_e]}{1 - aT_e^2\omega_k^2} - 2\sin(2T_e\omega_k)\right|}{|2\sin(2T_e\omega_k)|} \tag{6.10}$$

此外，为提高式(6.7)在选定的 ω 范围内的精度，应尽可能减小总误差 C_Q。整体误差系数定义式如下：

$$C_Q = \frac{1}{10}\sqrt{\sum_{k=1}^{10} C_Q(\omega_k)^2} \tag{6.11}$$

当 C_Q 取最小值时，即为最优的变参数模型，故令 $C_Q = 0$。

分析 $C_Q(\omega_k)$ 的表达式可知，$C_Q(\omega_k)$ 与 T_e 和 ω 相关，且参数 a 也与 T_e 和 ω 相关。如表 6.2 所示，应用上述方法计算了 T_e 取 0.5～2.0 s，ω_S 取 0.2～0.9 倍 ω_T 时参数 a 的值，计算结果表明 a 主要受 ω_S 的影响，对 T_e 的变化不敏感。因此，取 a 在特定 ω_S 时随 T_e 的平均值，并选取拟合表达式 $a = f_1 + f_2(\omega_S/\omega_T)^3$ 进行拟合。拟合曲线如图 6.2 中实线所示，拟合相关系数 R^2 为 0.990 5。总误差系数在表 6.3 中以 C_Q 表示，随 ω_S 而增大。因此，最大频率响应越高，精度越低。

为验证此模型，取 $T_e = 1$ s，$T_w = 2$ s，$F = 0.02$。将图 6.2 中的拟合表达式代入变参数模型式(6.7)中得变参数模型，对比超越模型的频域响应，如图 6.3 所示。极高的相关性验证了本章所构造的变参数模型的正确性。

表 6.2　模型参数

T_e	ω_S/ω_T							
	0.2	0.3	0.4	0.5	0.6	0.7	0.8	0.9
0.5	0.334 7	0.337 1	0.340 4	0.344 9	0.350 7	0.358 4	0.368 6	0.382 9
0.6	0.334 5	0.337 0	0.340 4	0.344 9	0.350 7	0.358 4	0.368 5	0.382 9
0.7	0.334 3	0.336 9	0.340 3	0.344 8	0.350 7	0.358 3	0.368 5	0.382 8
0.8	0.334 1	0.336 8	0.340 3	0.344 8	0.350 6	0.358 3	0.368 5	0.382 8
0.9	0.333 8	0.336 7	0.340 2	0.344 7	0.350 6	0.358 3	0.368 4	0.382 7
1.0	0.333 5	0.336 6	0.340 1	0.344 7	0.350 5	0.358 2	0.368 4	0.382 6
1.1	0.333 2	0.336 4	0.340 0	0.344 6	0.350 5	0.358 2	0.368 3	0.382 5
1.2	0.332 8	0.336 2	0.339 9	0.344 5	0.350 4	0.358 1	0.368 2	0.382 4
1.3	0.332 4	0.336 0	0.339 8	0.344 4	0.350 4	0.358 0	0.368 2	0.382 3
1.4	0.332 0	0.335 8	0.339 7	0.344 3	0.350 3	0.358 0	0.368 1	0.382 2
1.5	0.331 5	0.335 6	0.339 5	0.344 3	0.350 2	0.357 9	0.368 0	0.382 1
1.6	0.331 0	0.335 4	0.339 4	0.344 2	0.350 1	0.357 8	0.368 0	0.382 0
1.7	0.330 5	0.335 2	0.339 3	0.344 0	0.350 1	0.357 8	0.367 9	0.381 8
1.8	0.329 9	0.334 9	0.339 1	0.343 9	0.350 0	0.357 7	0.367 8	0.381 7
1.9	0.329 3	0.334 6	0.338 9	0.343 8	0.349 9	0.357 6	0.367 7	0.381 5
2.0	0.328 7	0.334 3	0.338 8	0.343 7	0.349 8	0.357 5	0.367 6	0.381 4

表 6.3　变参数模型总体误差

T_e	ω_S/ω_T							
	0.2	0.3	0.4	0.5	0.6	0.7	0.8	0.9
0.5	0.000 2	0.000 8	0.004 6	0.020 2	0.075 5	0.261 8	0.905 8	3.405 4
0.6	0.000 2	0.000 8	0.004 6	0.020 2	0.075 5	0.261 8	0.905 8	3.405 2
0.7	0.000 3	0.000 9	0.004 7	0.020 3	0.075 5	0.261 9	0.905 7	3.404 9
0.8	0.000 4	0.001 0	0.004 7	0.020 3	0.075 6	0.261 9	0.905 7	3.404 5
0.9	0.000 5	0.001 0	0.004 8	0.020 4	0.075 6	0.262 0	0.905 7	3.404 2
1.0	0.000 6	0.001 1	0.004 8	0.020 4	0.075 7	0.262 0	0.905 7	3.403 7
1.1	0.000 7	0.001 2	0.004 9	0.020 5	0.075 8	0.262 1	0.905 7	3.403 2
1.2	0.000 8	0.001 3	0.005 0	0.020 6	0.075 8	0.262 1	0.905 7	3.402 7
1.3	0.000 9	0.001 4	0.005 1	0.020 7	0.075 9	0.262 2	0.905 7	3.402 1
1.4	0.001 1	0.001 6	0.005 2	0.020 7	0.076 0	0.262 3	0.905 6	3.401 5
1.5	0.001 2	0.001 7	0.005 3	0.020 8	0.076 1	0.262 3	0.905 6	3.400 8
1.6	0.005 6	0.001 9	0.005 4	0.021 0	0.076 2	0.262 4	0.905 6	3.400 1
1.7	0.005 5	0.002 0	0.005 5	0.021 1	0.076 3	0.262 5	0.905 6	3.399 4
1.8	0.001 7	0.002 2	0.005 7	0.021 2	0.076 4	0.262 6	0.905 6	3.398 6
1.9	0.012 1	0.002 4	0.005 8	0.021 3	0.076 5	0.262 7	0.905 5	3.397 7
2.0	0.011 3	0.002 6	0.006 0	0.021 4	0.076 7	0.262 8	0.905 5	3.396 8

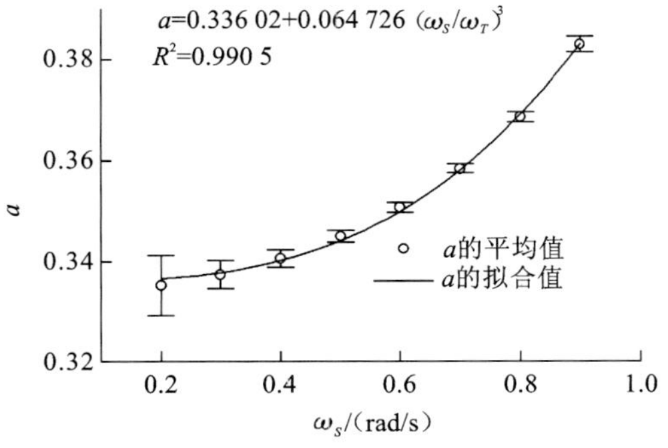

图 6.2　参数 α 拟合

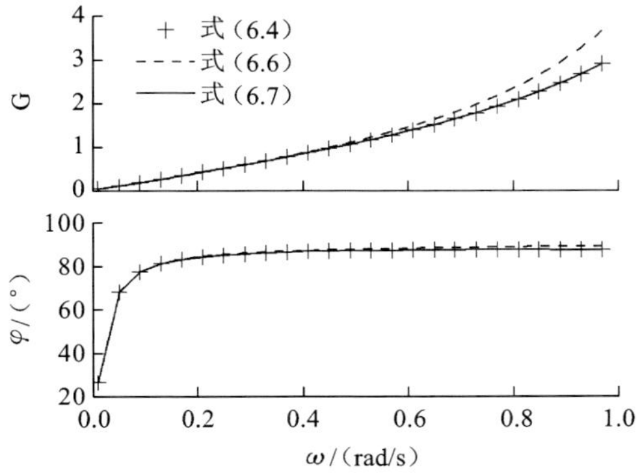

图 6.3　频域响应

由变参数模型忽略摩阻项 F 得到的输水管道子系统的方框图如图 6.4 所示。

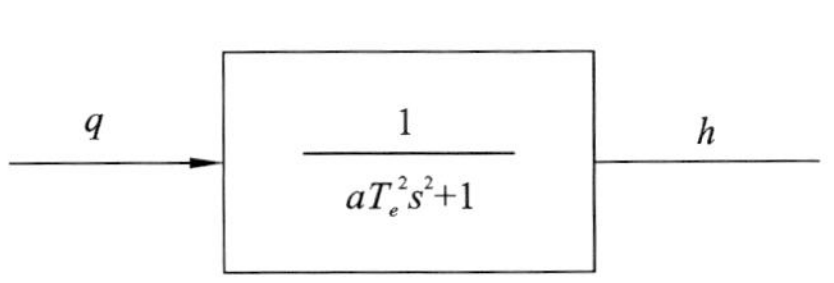

图 6.4　输水管道子系统方框图

6.1.2　水轮机模型

对于水泵水轮机机组，水轮机工况下动态特性可采用稳态的力矩特性和流量特性来表示：

$$M = M(\alpha, n, H) \tag{6.12}$$

$$Q = Q(\alpha, n, H) \tag{6.13}$$

式中，M 为水轮机力矩，N·m；Q 为水轮机流量，m^3；α 为导叶开度；n 为机组转速，r/min；H 为水轮机工作水头，m。水轮机内部流动情况相当复杂，无法写出 Q、M 的具体表达式，只能通过模型试验得到相应的特性曲线，或者由近似解析法得到相应的表达式，即水轮机模型。水轮机模型又可分为线性水轮机模型和非线性水轮机模型。

根据全特性的定义，式(6.12)、式(6.13)可以用全特性曲线的形式表示[6]：

$$Q_1' = Q_1'(\alpha, n_1') \tag{6.14}$$

$$M_1' = M_1'(\alpha, n_1') \tag{6.15}$$

式(6.14)、式(6.15)是以单位参数为自变量给出的，单位参数的定义如下：

$$n_1' = \frac{nD_1}{\sqrt{H}}, \quad Q_1' = \frac{Q}{D_1^2\sqrt{H}}, \quad M_1' = \frac{M}{D_1^3 H} \tag{6.16}$$

式中，D_1 为转轮进口边直径，m；n_1' 为单位转速；Q_1' 为单位流量；M_1' 为单位力矩，在有的文献中也写为 n_{11}、Q_{11} 和 M_{11}。通过试验测出的数据点进行插值或拟合，可以得到式(6.14)、式(6.15)的具体表达式，这是一种非线性的水轮机模型。

通过对转轮内部流动情况进行建模分析，即采用内特性方法，可得出相应的非线性水轮机模型[7]：

$$\begin{cases} H = \dfrac{\omega}{g}\left[\left(\dfrac{\cot\alpha_1}{2\pi b_0} + r\dfrac{\cot\beta_1}{F}\right)Q - \omega r^2\right] \\ M = \rho\left[\left(\dfrac{\cot\alpha_1}{2\pi b_0} + r\dfrac{\cot\beta_1}{F}\right)Q - \omega r^2\right] \end{cases} \tag{6.17}$$

式中，α_1 为导叶出流角，rad；β_1 为转轮中间流面出口角，rad；b_0 为导叶高度，m；F 为转轮出口面积，m^2；r 为转轮中间流面半径，m；ρ 为水的密度，kg/m^3；g 为重力加速度，m/s^2。

将水轮机近似作阀门处理，也可以得到一种简化的水轮机非线性模型[8,9]，其表达式为

$$\begin{cases} P_t = P - P_L = k_p(Q - Q_{NL})H \\ Q = k_u G H \end{cases} \tag{6.18}$$

式中，k_p、k_u 为比例系数；G 为理想导叶开度；Q_{NL} 为水轮机空载流量，m^3/s；P_t 为水轮机机械功率，W；P 为水轮机理想机械功率，W；P_L 为水轮机空载损耗功率，W。

对式(6.12)、式(6.13)进行泰勒展开，并忽略二阶以上微量后可得[10]

$$\Delta M = \frac{\partial M}{\partial \alpha}\Delta\alpha + \frac{\partial M}{\partial n}\Delta n + \frac{\partial M}{\partial H}\Delta H \tag{6.19}$$

$$\Delta Q = \frac{\partial Q}{\partial \alpha}\Delta\alpha + \frac{\partial Q}{\partial n}\Delta n + \frac{\partial Q}{\partial H}\Delta H \tag{6.20}$$

式(6.19)、式(6.20)称为水轮机的线性模型，此模型可单独分析开度、水头和转速对水轮机流量及力矩的影响，是比较常用的一种水轮机模型。

对式(6.19)、式(6.20)，以额定点参数为基准取相对值，可得

$$m = \frac{\partial \frac{M}{M_r}}{\partial \frac{\alpha}{\alpha_r}}y + \frac{\partial \frac{M}{M_r}}{\partial \frac{n}{n_r}}x + \frac{\partial \frac{M}{M_r}}{\partial \frac{H}{H_r}}h \tag{6.21}$$

$$q=\frac{\partial\dfrac{Q}{Q_r}}{\partial\dfrac{\alpha}{\alpha_r}}y+\frac{\partial\dfrac{Q}{Q_r}}{\partial\dfrac{n}{n_r}}x+\frac{\partial\dfrac{Q}{Q_r}}{\partial\dfrac{H}{H_r}}h \tag{6.22}$$

式中，$m=\dfrac{\Delta M}{M_r}$；$q=\dfrac{\Delta Q}{Q_r}$；$y=\dfrac{\Delta\alpha}{\alpha_r}$；$x=\dfrac{\Delta n}{n_r}$；$h=\dfrac{\Delta H}{H_r}$；$r$ 代表额定点参数。在式(6.21)、式(6.22)基础上定义混流式水轮机传递系数：

$$e_y=\frac{\partial\dfrac{M}{M_r}}{\partial\dfrac{\alpha}{\alpha_r}},\quad e_x=\frac{\partial\dfrac{M}{M_r}}{\partial\dfrac{n}{n_r}},\quad e_h=\frac{\partial\dfrac{M}{M_r}}{\partial\dfrac{H}{H_r}} \tag{6.23}$$

$$e_{qy}=\frac{\partial\dfrac{Q}{Q_r}}{\partial\dfrac{\alpha}{\alpha_r}},\quad e_{qx}=\frac{\partial\dfrac{Q}{Q_r}}{\partial\dfrac{n}{n_r}},\quad e_{qh}=\frac{\partial\dfrac{Q}{Q_r}}{\partial\dfrac{H}{H_r}} \tag{6.24}$$

式(6.23)、式(6.24)可以表示成多种形式[11-13]，开度的基准值也有学者取 $\alpha_{\max}$[9]，不同形式之间是等效的，并不影响分析的结果。文献[9]提出了一种基于水轮机内特性的传递系数计算方法，与使用特性曲线计算的方法不同，前者是从理论上推导得出的，而后者则是基于特性曲线等实测数据，两者的计算结果可能有差异。

由于水轮机的特性曲线通常以单位参数的形式给出，一般情况下，比转速越高的水泵水轮机，其相应点的单位参数越大[14]，为便于不同比转速水泵水轮机参数的比较，现定义相对单位参数：

$$H_{ed}=\frac{H}{H_r},\quad n_{ed}=\frac{n_1'}{n_{1r}'},\quad \alpha_{ed}=\frac{\alpha}{\alpha_r},\quad Q_{ed}=\frac{Q_1'}{Q_{1r}'},\quad M_{ed}=\frac{M_1'}{M_{1r}'} \tag{6.25}$$

相对单位参数为水轮机工作点的单位参数与额定点的单位参数的比值。将式(6.16)、式(6.25)代入(6.23)、式(6.24)并进行相应变换，可求得传递系数计算公式，以 e_y、e_x、e_h 为例。

对于 e_y：

$$e_y=\frac{\partial\dfrac{M}{M_r}}{\partial\dfrac{\alpha}{\alpha_r}}=\frac{\partial M_{ed}}{\partial\alpha_{ed}}H_{ed} \tag{6.26}$$

对于 e_x：

$$e_x=\frac{\partial\dfrac{M}{M_r}}{\partial\dfrac{n}{n_r}}=\frac{\partial M}{\partial n}\frac{H_r}{HM_r}\frac{n_r\sqrt{H}}{\sqrt{H_r}}\frac{\sqrt{H}}{\sqrt{H_r}}=\frac{\partial M_{ed}}{\partial n}\frac{\partial n}{\partial n_{ed}}\sqrt{H_{ed}}=\frac{\partial M_{ed}}{\partial n_{ed}}\sqrt{H_{ed}} \tag{6.27}$$

对于 e_h：

$$e_h=\frac{\partial\dfrac{M}{M_r}}{\partial\dfrac{H}{H_r}}=\frac{H_r}{M_r}\left(\frac{\partial M_1'}{\partial n_1'}\frac{\partial n'}{\partial H}D_1^3H+M_1'D_1^3\right)=M_{ed}-\frac{e_x n_{ed}}{2} \tag{6.28}$$

最终得到的计算公式如下：

$$e_y = \frac{\partial M_{ed}}{\partial \alpha_{ed}} H_{ed}, \quad e_x = \frac{\partial M_{ed}}{\partial n_{ed}} \sqrt{H_{ed}}, \quad e_h = M_{ed} - \frac{e_x n_{ed}}{2} \tag{6.29}$$

$$e_{qy} = \frac{\partial Q_{ed}}{\partial \alpha_{ed}} \sqrt{H_{ed}}, \quad e_{qx} = \frac{\partial Q_{ed}}{\partial n_{ed}}, \quad e_{qh} = \frac{Q_{ed} - e_{qx} n_{ed}}{2\sqrt{H_{ed}}} \tag{6.30}$$

若近似认为式(6.18)中 $Q_{NL}H$ 为零，忽略导叶运动的非线性，并在额定工况点线性化，可得

$$\begin{cases} p = q + h \\ q = y + 0.5h \end{cases} \tag{6.31}$$

式中，$p = \dfrac{\Delta P}{P_r}$，考虑到 $p = m + x$，将其代入式(6.25)可得

$$\begin{cases} m = y - x + 1.5h \\ q = y + 0.5h \end{cases} \tag{6.32}$$

式(6.32)就是经典的理想水轮机模型，对比式(6.21)、式(6.22)可知，相当于取 $e_y = 1$，$e_x = -1$，$e_h = 1.5$，$e_{qy} = 1$，$e_{qx} = 0$，$e_{qh} = 0.5$。

根据式(6.23)、式(6.24)，式(6.21)、式(6.22)可写成

$$m = e_y y + e_x x + e_h h \tag{6.33}$$

$$q = e_{qy} y + e_{qx} x + e_{qh} h \tag{6.34}$$

水轮机系统的方框图如图 6.5 所示。

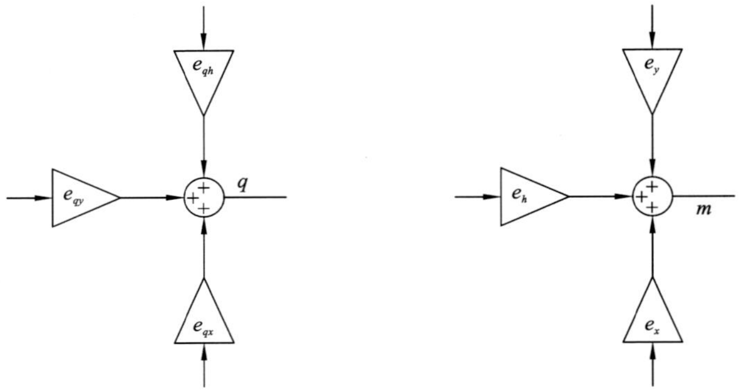

图 6.5　水轮机系统方框图

6.1.3　调速器模型

调速器种类繁多，有数种分类方法，按其系统结构的不同，目前常用的水轮机调速器可分为辅助接力器型调速器、中间接力器型调速器及调节器型调速器[10]。

辅助接力器型调速器中，其硬反馈、软反馈信号均取自接力器的输出，称为跨越反馈。我国制造的机械液压型调速器都属于辅助接力器型调速器，大部分早期的电液调速器也属于这种类型[15]。具有测频微分环节的辅助接力器型调速器方框图如图 6.6 所示。

其传递函数为

$$G_r(s) = \frac{y}{x} = \frac{(T_d s + 1)(T_n s + 1)}{(T_y s + b_p)(T_d s + 1) + b_t T_d s} \tag{6.35}$$

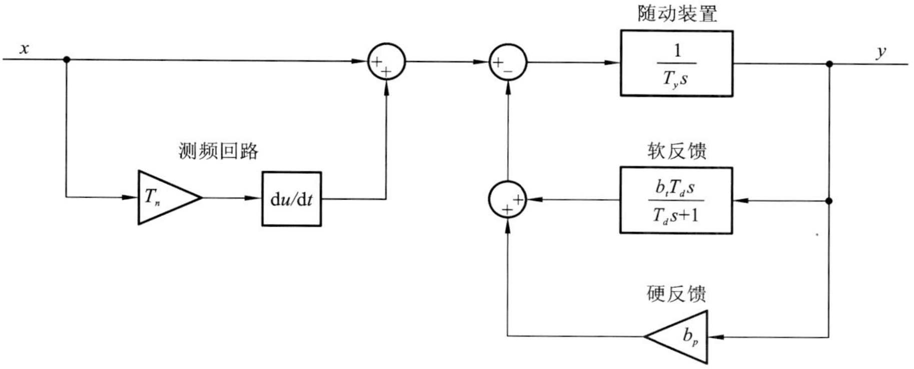

图 6.6　辅助接力器型调速器方框图

式中，b_t 为暂态转差系数；T_d 为缓冲时间常数；b_p 为永态转差系数；T_n 为测频微分时间常数；T_y为主接力器时间常数。此处假定接力器行程与导叶开度呈线性关系，即 y 既表示主接力器行程偏差相对值，又表示导叶开度偏差相对值。

中间接力器型调速器的主要环节与辅助接力器型调速器相同，但其主反馈取自中间接力器。中间接力器型调速器的方框图如图 6.7 所示。

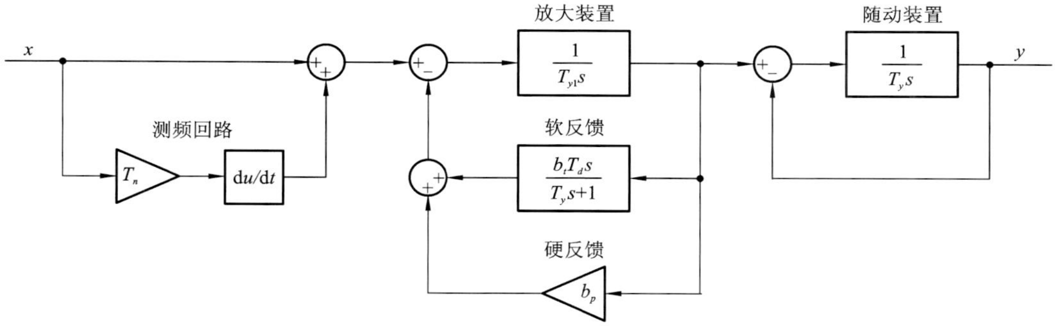

图 6.7　中间接力器型调速器方框图

其传递函数为

$$G_r(s)=\frac{y}{x}=\frac{(T_d s+1)(T_n s+1)}{[(T_{y1}s+b_p)(T_d s+1)+b_t T_d s](T_y s+1)} \tag{6.36}$$

式中，T_{y1} 为中间接力器时间常数。

调节器型调速器的调节规律一般由比例、积分、微分三个环节并联形成，其信号通过辅助接力器放大输入主接力器，调节器型调速器的方框图如图 6.8 所示。

其传递函数为

$$G_r(s)=\frac{y}{x}=\frac{K_d s^2+K_p s+K_i}{[(T_{y1}s+1)s+b_p(K_d s^2+K_p s+K_i)](T_y s+1)} \tag{6.37}$$

式中，K_p为比例增益；K_i为积分增益；K_d 为微分增益。式(6.35) ～ 式(6.37) 形式较为复杂，不便于稳定域的解析求解，现忽略 b_p、T_y，式(6.35) 可化为

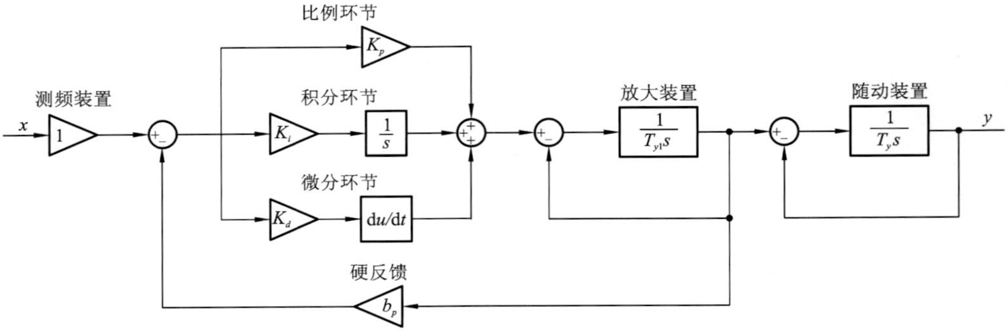

图 6.8　调节器型调速器方框图

$$G_r(s)=\frac{T_n+T_d}{b_tT_d}+\frac{1}{b_tT_ds}+\frac{T_ns}{b_t} \tag{6.38}$$

进一步忽略 T_{y1}，式(6.37)可化为

$$G_r(s)=K_p+\frac{K_i}{s}+K_ds \tag{6.39}$$

对比式(6.38)、式(6.39)可知：

$$K_p=\frac{T_n+T_d}{b_tT_d},\quad K_i=\frac{1}{b_tT_d},\quad K_d=\frac{T_n}{b_t} \tag{6.40}$$

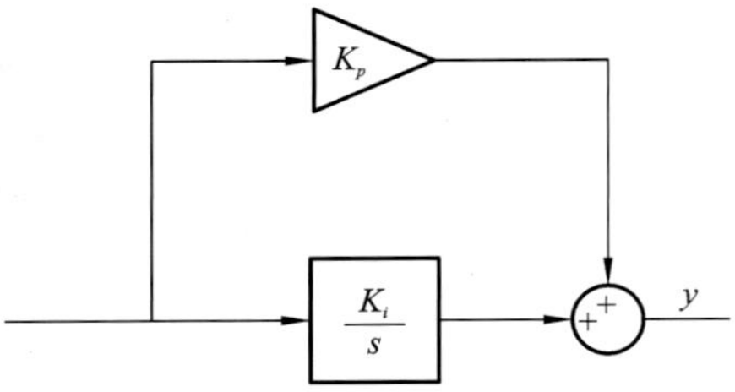

图 6.9　调速器方框图

若测频装置不采用微分测频回路，$T_n=0$，此时调速器成为PI型调速器。便于理论分析，本章调速器部分采用理想PI型调速器，其方框图如图6.9所示。

其传递函数为

$$G_r(s)=K_p+\frac{K_i}{s} \tag{6.41}$$

6.1.4　发电机-负荷模型

水轮机发电机组转动部分主要包括水轮机、主轴和发电机转子，其运动规律可描述为绕固定轴旋转的刚体运动，运动的方程为

$$J\frac{\mathrm{d}\omega}{\mathrm{d}t}=M-M_g \tag{6.42}$$

式中，J 为转动部分的转动惯量；ω 为转动角速度；M_g 为发电机阻力矩。角速度与转速存在以下换算关系：

$$n=\frac{60}{2\pi}\omega \tag{6.43}$$

同样采用第2章中的方法，以额定点参数为基准，将式(6.42)用相对偏差形式表示：

$$T_a\frac{\mathrm{d}x}{\mathrm{d}t}=m-m_g \tag{6.44}$$

式中，T_a 为机组惯性时间常数，其物理意义是，以额定力矩加速机组，转速从零到额定转速所经历的时间。T_a 可通过式(6.46)算得

$$T_a = \frac{J\omega_r}{M_r} = \frac{GD^2 n_r^2}{365P_r} \tag{6.45}$$

式中，GD^2 为与转动惯量有关的常数。根据文献[9]，发电机阻力矩 m_g 可分为两部分：

$$m_g = e_g x + m_{g0} \tag{6.46}$$

式中，e_g 为发电机自调节系数；m_{g0} 为调节系统的负荷扰动力矩；$e_g x$ 表示调节系统进入动态过程时随转速变化的力矩，而 m_{g0} 不随转速变化，它是在某时刻系统的负荷增减。根据式(6.44)、式(6.46)，发电机-负荷部分的方框图如图 6.10 所示。

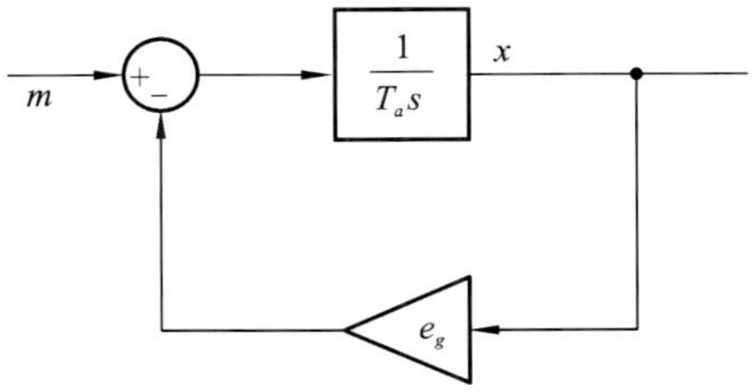

图 6.10　发电机-负荷方框图

其传递函数为

$$G_g(s) = \frac{1}{T_a s + e_g} \tag{6.47}$$

6.2　水轮机工作区域的稳定性

水泵水轮机的工作区域是指机组运行在最高 / 最低水头之间、一定开度之内的区域。水泵工况区和水轮机工况区各有一个对应的工作区域，显然工作区域的范围小于工况区。水泵水轮机在工作区域的稳定性决定了机组总体运行性能，是评判水泵水轮机选型优劣的重要指标，也是指导机组运行的重要依据。本节仅分析机组在水轮机工作区域内(图 6.11) 运行的稳定性及调节品质。

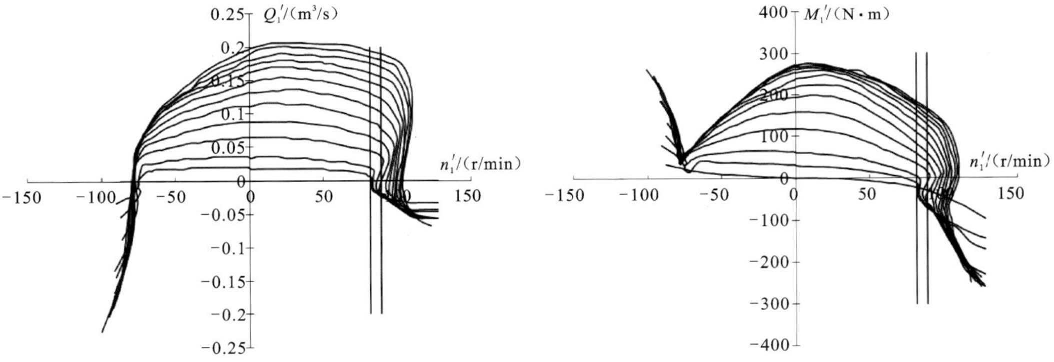

图 6.11　水泵水轮机全特性曲线上的工作区

6.2.1　依据林纳德-奇帕特判据的稳定性分析

由式(6.7)、式(6.34)、式(6.35)、式(6.41)、式(6.47) 可得水泵水轮机调节系统整体数学模型，其方框图如图 6.12 所示。

为了减小本小节的篇幅，在此仅对功率扰动进行分析，令频率(转速) 给定信号 $C_x = 0$，整个系统的闭环传递函数为[16]

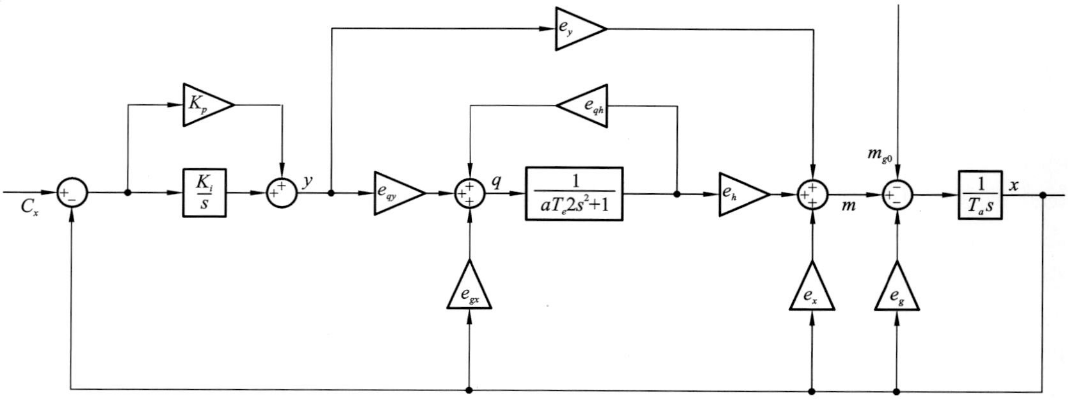

图 6.12　水泵水轮机调节系统整体数学模型的方框图

$$G_c(s) = \frac{b_3 s^3 + b_2 s^2 + b_1 s + b_0}{a_4 s^4 + a_3 s^3 + a_2 s^2 + a_1 s + a_0} \tag{6.48}$$

式中

$$\begin{aligned} a_4 &= aT_aT_e^2 \\ a_3 &= T_aT_we_{qh} + aT_e^2e_n + aT_e^2K_pe_y \\ a_2 &= aT_e^2K_ie_y + T_a + T_we_{xqh} - K_pT_we_{yqh} \\ a_1 &= e_n + K_pe_y - K_iT_we_{yqh} \\ a_0 &= K_ie_y \end{aligned} \qquad \begin{aligned} b_3 &= -aT_e^2 \\ b_2 &= -T_we_{qh} \\ b_1 &= -1 \\ b_0 &= 0 \end{aligned}$$

其中，$e_n = e_g - e_x$ 为水轮发电机组综合自调节系数；$e_{yqh} = e_{qy}e_h - e_ye_{qh}$，$e_{xqh} = e_ne_{qh} + e_{qx}e_h$ 为水轮机的两个综合参数。

为研究闭环控制系统的绝对稳定性，对其特征方程进行分析。由林纳德-奇帕特判据可知，系统绝对稳定的条件是 $a_i > 0$ 且 $\Delta_3 = a_1a_2a_3 - a_1^2a_4 - a_0a_3^2 > 0$。由系数 a_i 的表达式可知，在 T_w 和 T_w/T_a 满足设计规范、调速器参数选取合理、运行的工况点落在水轮机工作区域等前提下，$a_i > 0$ 是成立的。剩下的约束条件是 $\Delta_3 > 0$ 能否成立。由于 Δ_3 形式过于复杂，为便于求得稳定域解析表达式，忽略水流弹性 T_e，并将 $K_p = \frac{1}{b_t}$，$K_i = \frac{1}{b_tT_d}$ 代入 Δ_3 可得以 b_t、T_d 为自变量表示的稳定域方程，即

$$T_d > \frac{T_w[(T_ae_{qy}e_h + T_we_{yqh}e_{xqh})b_t - T_we_{yqh}^2]}{(e_nb_t + e_y)[(T_a + T_we_{xqh})b_t - T_we_{yqh}]} \tag{6.49}$$

相应的稳定域示意图如图 6.13 所示。

通常 e_n、e_y、$T_a + T_we_{xqh}$、T_we_{yqh} 均大于 0，故由式(6.49)，在 b_t、T_d 大于 0 的区域具有渐近线 $b_t = \frac{T_we_{yqh}}{T_a + e_{xqh}}$，该渐近线的位置决定了稳定域的大小，显然 T_a、e_{xqh} 有利于机组稳定，T_w、e_{yqh} 不利于机组稳定，其中 e_{xqh}、e_{yqh} 的大小与机组传递系数有关，水轮机传递系数对机组稳定性的影响主要体现在这两个综合参数上。取 $e_g = 0$，绘制出某水泵水轮机特性曲线的 e_{xqh}、e_{yqh} 等值线图如图 6.14 所示。

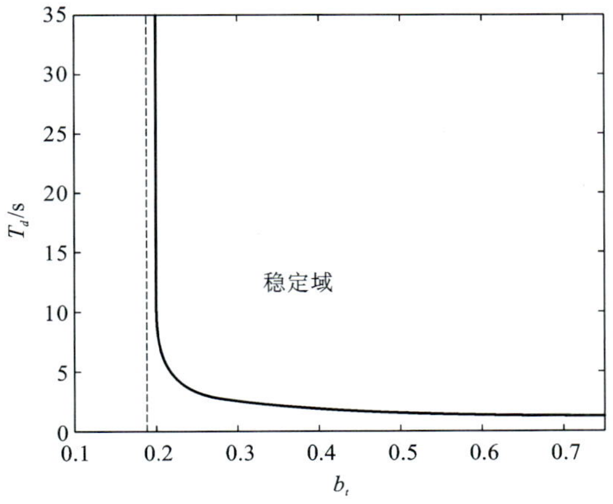

图 6.13　稳定域示意图

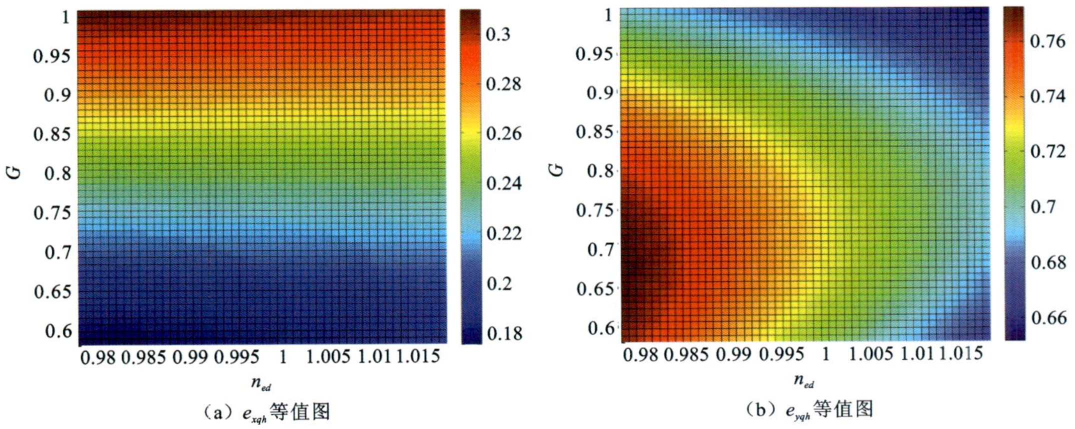

图 6.14　e_{xqh}、e_{yqh} 等值图

结合渐近线表达式可以看出，由于 e_{xqh} 相对于 T_a 很小，且在水轮机工作区域内变化也很小，而 e_{yqh} 起着主要作用，或者说，e_{yqh} 决定了机组运行稳定或调节品质最不利工况点的位置。

6.2.2　采用非线性数学模型进行稳定性验证及调节品质分析

在第 4 章中，建立了基于空间曲面的水轮发电机组过渡过程的数学模型。该模型及计算方法以及由此开发的 TOPsys 计算软件，不仅能进行水轮机甩负荷与水泵断电等事故工况的模拟，水轮机停机、水泵停机、水泵启动等人为控制工况的模拟，水轮机启动工况、水轮机参与频率或功率调节工况、水力干扰过渡过程的模拟，也能进行多台机组相继甩负荷等极端工况的模拟。

为了对上小节稳定性分析结果进行验证，并且对影响调节品质的主要因素、调速器变参数必要性进行分析，将使用 TOPsys 计算软件搭建某抽水蓄能电站的计算模型，如图 6.15 所示。

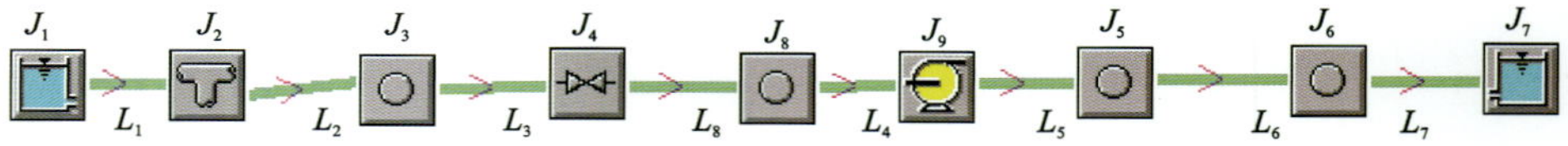

图 6.15　TOPsys 计算软件搭建的某抽水蓄能电站的计算模型

该计算模型在实际电站输水管道系统布置基础上作了相应的简化，实际的输水管道系统布置是一洞双机设有上下游调压室。考虑到本节研究任务是验证功率扰动引起的稳定性及调节品质，其调压室水位波动的运行可以忽略，故计算模型中删去了上游水库至上游调压室、下游调压室至下游水库的管道，以上、下游水库替了代上、下游调压室；并删去2号机组及相应的管道，其结果并不影响本章对水轮机特性影响研究机组运行稳定性及调节品质的正确性[17]。图 6.15 中 J_1、J_7 分别表示上、下游水库，J_2 表示原管道分叉，J_3、J_8、J_5、J_6 表示管道分段节点，J_4 表示球阀，J_9 表示水泵水轮机，$L_1 \sim L_8$ 表示管道，各管道的计算参数如表 6.4 所示。

表 6.4　各工况点传递系数表

管道号	长度/m	当量直径/m	波速/(m/s)	当量面积/m	T_w/s	T_e/s
L_1	842.866	8.507	1 100	56.839	0.593	0.766
L_2	27.474	6.305	1 180	31.219	0.035	0.023
L_3	104.221	4.648	1 200	16.971	0.246	0.087
L_8	9.900	2.800	1 200	6.158	0.064	0.008
L_4	35.290	6.158	1 280	29.778	0.047	0.028
L_5	33.892	4.359	1 200	14.921	0.091	0.028
L_6	82.000	6.000	1 200	28.274	0.116	0.068
L_7	219.182	6.047	1 100	28.722	0.305	0.199
总计	1 354.825	—	—	—	1.498	1.208

1. 稳定性分析的数值仿真

在稳定性分析的数值仿真中，通过改变下游水库水位来改变水头，调整机组开度来保证机组输出功率不变，这些参数可通过公式换算成不同工况点的 n_{ed} 和相对开度 α，如图 6.16 所示。

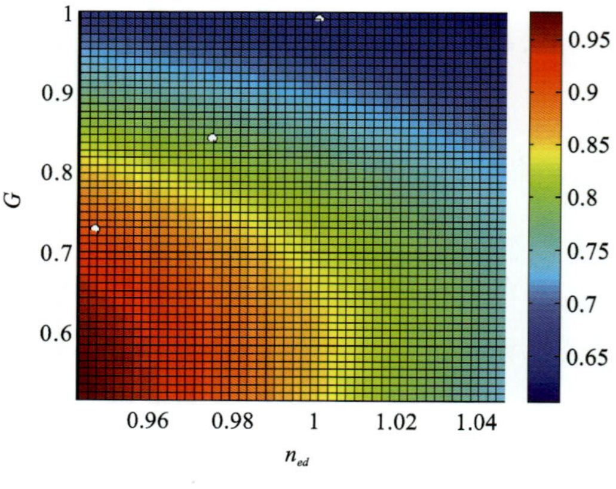

图 6.16　某机组 e_{yqh} 等值图

为证明综合参数 e_{yqh} 与水泵水轮机运行稳定性的关系，以某抽水蓄能机组为例，由表 6.4 可得主要参数为 $T_w = 1.498$ s、$T_a = 9.476$ s、$T_e = 1.208$ s；取 $e_g = 0$、$a = 0.336$，在水轮机工作区域内选取 e_{yqh} 大、中、小三点，如图 6.16 所示。

这三点各自的传递系数值如表 6.5 所示。

表 6.5　各工况点传递系数表

序号	n_{ed}	α	H/m	e_{qx}	e_{qh}	e_{qy}	e_x	e_h	e_y	e_{yqh}
1	1.000	1.000	294.411	−0.309	0.661	0.558	−1.240	1.594	0.376	0.642
2	0.975	0.848	310.068	−0.357	0.619	0.768	−1.346	1.583	0.705	0.780
3	0.947	0.732	328.935	−0.392	0.568	0.936	−1.441	1.545	0.968	0.897

将以上3组数据分别代入稳定域表达式 $\Delta_3 > 0$，可绘出稳定域图如图6.17所示。

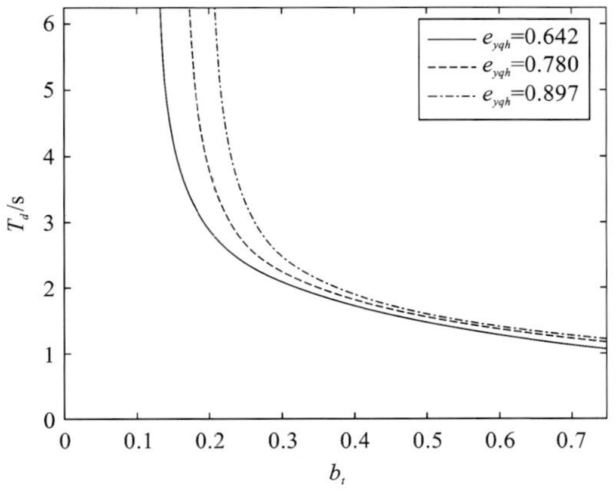

图 6.17　不同 e_{yqh} 点的稳定域

显然由图中可以看出，e_{yqh} 增大，稳定域边界有向右上移动的趋势，这实际上使稳定域减小了。在采用TOPsys计算软件进行的数值仿真中，水轮机功率扰动设为幅值为−10%初始功率的阶跃扰动，并取靠近边界线的点 $b_t = 0.25$，$T_d = 2.6$ s，得到3个工况点的转速随时间的变化如图6.18所示。

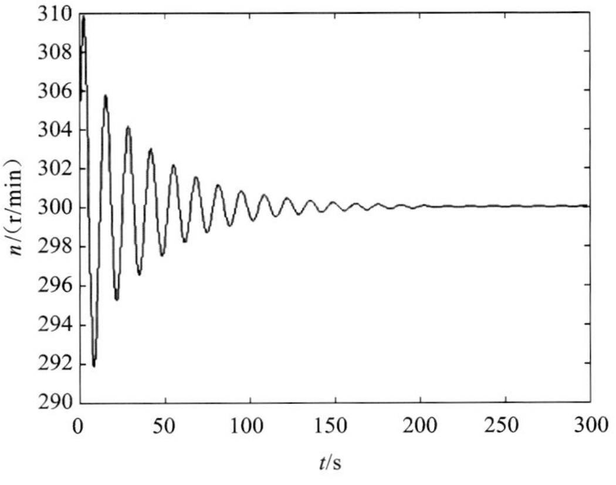

(a) 1号工况点转速变化图

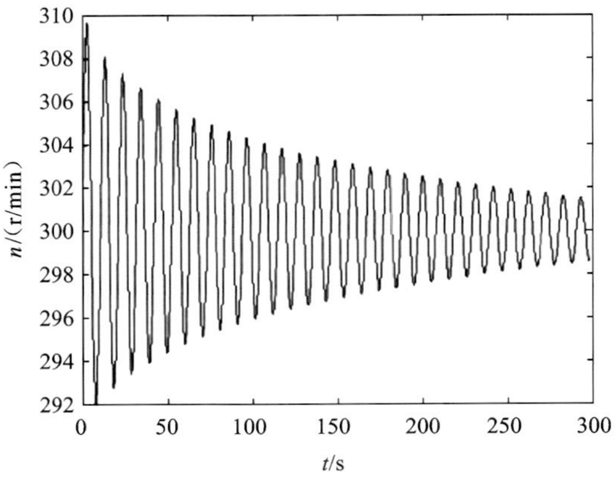

(b) 2号工况点转速变化图

图 6.18　不同 e_{yqh} 点的转速变化图

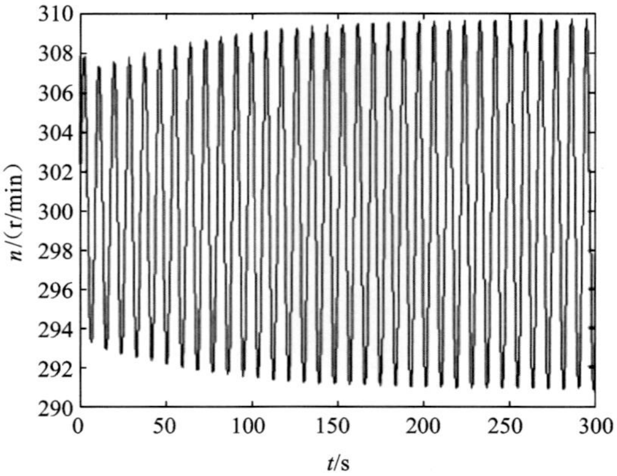

(c) 3号工况点转速变化图

图 6.18　不同 e_{yqh} 点的转速变化图(续)

从图 6.18 可以看出,1 号工况点的转速很快稳定,这与当前 b_t、T_d 取值落在该工况点下的稳定域内相符,2 号工况点较 1 号工况点转速波动衰减更慢,这是因为此时的 b_t、T_d 已经很接近稳定域边界,稳定域更小的 3 号工况点转速波动则直接发散。这证实了综合参数 e_{yqh} 对稳定性的影响。

由上述 3 点 n_{ed} 对应的工作水头可知,抽水蓄能机组在高水头工况点运行比在低水头工况点运行更为不利,与大部分常规水轮机组所得的结果是相反的。其原因取决于水泵水轮机独特的反 S 特性。尽管抽水蓄能机组的水轮机工作区域距反 S 区有一定的距离,但反 S 区特性曲线的急剧弯折对水轮机工作区域必然产生影响,导致抽水蓄能机组与常规水轮机组在运行稳定性方面存在明显的差异。换句话说,为了保证抽水蓄能机组在水轮机工作区域的稳定性和良好的调节品质,调速器更有必要采用变参数的结构。

2. 调节品质与调速器变参数

同样采用上述算例的参数,对 e_{yqh} 大、中、小三点(3 个不同工况点)的调节品质进行敏感性分析,目的是为抽水蓄能机组调速器变参数提供参考依据。仍然采用水轮机功率扰动,幅值为 －10% 初始功率的阶跃扰动(1 号点初始功率)。敏感性分析的结果如表 6.6～表 6.8 以及图 6.19 所示。

表 6.6　1 号点调速器参数敏感性分析结果

b_t	T_d /s	第一峰(谷)幅值 /(r/min)	第一峰(谷)时间 /s	第二峰(谷)幅值 /(r/min)	第二峰(谷)时间 /s	调节时间 /s	最大偏差 /(r/min)	波动次数	衰减率	超调量
0.25	2.60	307.89	4.00	293.83	10.20	104.80	7.89	7.50	0.32	0.78
0.25	3.00	307.80	4.20	295.46	10.60	45.40	7.80	3.50	0.58	0.58
0.30	2.60	307.89	4.40	295.16	11.60	50.80	7.89	3.50	0.57	0.61
0.30	3.00	307.83	4.40	296.52	12.00	29.80	7.83	2.00	0.76	0.44
0.30	3.60	307.77	4.60	297.99	12.60	22.20	7.77	1.50	0.90	0.26

注:稳定调节时间以进入 ±0.2% 额定频率带宽为准(下同)

续表

b_t	T_d /s	第一峰(谷)幅值/(r/min)	第一峰(谷)时间/s	第二峰(谷)幅值/(r/min)	第二峰(谷)时间/s	调节时间/s	最大偏差/(r/min)	波动次数	衰减率	超调量
0.35	3.00	307.92	4.80	297.11	13.40	25.60	7.92	1.50	0.84	0.36
0.35	3.60	307.88	5.00	298.39	14.40	18.20	7.88	1.00	0.94	0.20
0.35	4.20	307.86	5.00	299.28	15.40	17.20	7.86	1.00	0.98	0.09
0.40	3.60	308.03	5.20	298.61	16.20	20.40	8.03	1.00	0.96	0.17
0.40	4.20	308.02	5.40	299.38	17.80	18.60	8.02	1.00	0.99	0.08

注:稳定调节时间以进入 ±0.2% 额定频率带宽为准(下同)

表 6.7　2 号点调速器参数敏感性分析结果

b_t	T_d /s	第一峰(谷)幅值/(r/min)	第一峰(谷)时间/s	第二峰(谷)幅值/(r/min)	第二峰(谷)时间/s	调节时间/s	最大偏差/(r/min)	波动次数	衰减率	超调量
0.25	2.60	309.80	3.40	291.96	8.40	/	9.80	26.50	0.17	0.82
0.25	3.00	309.74	3.40	293.87	8.40	66.00	9.74	6.00	0.43	0.63
0.30	2.60	309.86	3.60	293.87	9.20	56.00	9.86	4.50	0.50	0.62
0.30	3.00	309.80	3.60	295.56	9.40	33.20	9.80	3.00	0.69	0.45
0.30	3.60	309.74	3.80	297.41	9.60	22.00	9.74	2.00	0.82	0.27
0.35	3.00	309.91	4.00	296.53	10.40	25.20	9.91	2.00	0.81	0.35
0.35	3.60	309.88	4.00	298.21	10.80	18.80	9.88	1.50	0.91	0.18
0.35	4.20	309.86	4.00	299.43	11.40	9.40	9.86	0.50	0.94	0.06
0.40	3.60	310.04	4.20	298.63	12.20	15.00	10.04	1.00	0.95	0.14
0.40	4.20	310.04	4.40	299.71	13.20	10.80	10.04	0.50	0.97	0.03

表 6.8　3 号点调速器参数敏感性分析结果

b_t	T_d /s	第一峰(谷)幅值/(r/min)	第一峰(谷)时间/s	第二峰(谷)幅值/(r/min)	第二峰(谷)时间/s	调节时间/s	最大偏差/(r/min)	波动次数	衰减率	超调量
0.25	2.60	309.73	286.60	290.87	299.80	/	/	/	/	/
0.25	3.00	307.95	2.80	294.58	7.20	115.40	7.95	13.00	0.32	0.68
0.30	2.60	308.12	3.00	294.84	7.80	52.20	8.12	5.00	0.45	0.64
0.30	3.00	308.09	3.00	296.13	7.80	32.40	8.09	3.50	0.62	0.48
0.30	3.60	308.07	3.00	297.54	8.00	22.40	8.07	2.50	0.74	0.31
0.35	3.00	308.24	3.20	297.10	8.60	20.60	8.24	2.00	0.78	0.35
0.35	3.60	308.22	3.20	298.43	8.80	15.60	8.22	1.50	0.86	0.19
0.35	4.20	308.21	3.20	299.41	9.00	15.20	8.21	1.50	0.88	0.07
0.40	3.60	308.37	3.40	298.96	9.80	15.60	8.37	1.50	0.92	0.12
0.40	4.20	308.37	3.40	299.89	10.00	14.80	8.37	1.50	0.93	0.01

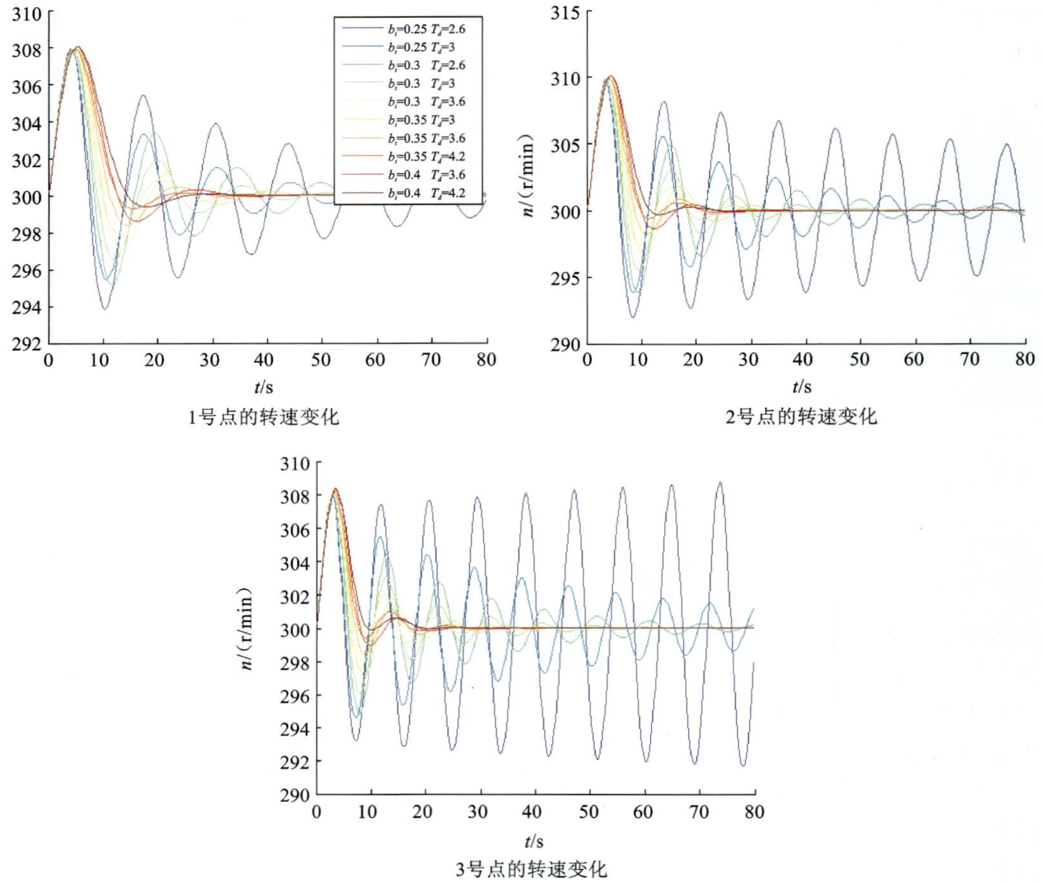

1号点的转速变化　　2号点的转速变化

3号点的转速变化

图 6.19　不同 e_{yqh} 点的转速变化与调速器参数的敏感性

从上述的表 6.6 ～ 表 6.8 和图 6.19 中可以看出以下几点。

(1) 对于三个不同 e_{yqh} 工况点，采用相同的调速器参数，即 b_t 和 T_d，则 1 号点转速波动过程的衰减最快，2 号点其次，3 号点最慢，甚至当调速器参数取值较小时($b_t=0.25$，$T_d=2.6$ s)，呈现发散的结果。说明工况点的 e_{yqh} 越大，对转速波动衰减越不利。与前面稳定域分析是一致的。

(2) 对于三个不同 e_{yqh} 工况点，采用相同的调速器参数，即 b_t 和 T_d，则 1 号点转速波动周期最长，2 号点其次，3 号点最短。例如当 $b_t=0.25$、$T_d=3.0$ s 时，波动周期分别为 12.8 s、10.0 s 和 8.8 s；当 $b_t=0.40$、$T_d=4.20$ s 时，波动周期分别为 24.8 s、17.6 s 和 13.2 s。由此可见，调速器参数 b_t 和 T_d 对转速波动周期的影响很大，两个参数取值越大，波动周期越长，即速动性越差。

(3) 从对转速波动时程变化的作用来看，$1/e_{yqh}$ 与 b_t 和 T_d 所起的作用是一致的，即工况点的 $1/e_{yqh}$ 越大，越有利于稳定，但速动性越差。

(4) 正因为 e_{yqh} 对波动周期和衰减度的双重影响，以及 b_t 和 T_d 的作用，致使 1 点进入

0.2% 频率带宽的调节时间最长(17.20 s),3 点其次(14.80 s),2 点最短(9.40 s)。

综上可知,工况点的 e_{yqh} 对波动周期、衰减度均有单调性直接的影响,比起其他参数关联性要明显得多。所以调速器变参数的区间划分可以 e_{yqh} 等值线为依据。

6.3 水泵水轮机空载稳定性

空载点指的是机组没有带负荷的工况点,位于飞逸曲线上。此时水轮机导叶开度较小,水轮机输入功率完全用于克服各种损耗,发电机有功功率为零。通常,水泵水轮机在水轮机工况启动后,其工况点会停留在空载点,等待同期条件满足后根据指令并入电网。正常情况下,水泵水轮机采用准同期的并网方式,要达到准同期条件,必须确保机组的电压、频率、相位等参数与电网足够接近。若水泵水轮机在空载点不能迅速稳定,势必影响机组电气参数的稳定,致使并网难以实现,降低了抽水蓄能机组快速反应能力。为此,本节将对水泵水轮机的空载稳定性进行分析。

6.3.1 空载点的水轮机调节系统数学模型

当水泵水轮机开机至空载点或在正常甩负荷后停留在空载点时,可采用进一步简化的发电机一阶方程,即

$$T_a s x = m \tag{6.50}$$

结合式(6.7)、式(6.34)、式(6.35)、式(6.41)、式(6.50),可以得出空载点的水轮机调节系统数学模型,即[18]

$$\frac{x}{C_x} = \frac{b_3 s^3 + b_2 s^2 + b_1 s + b_0}{a_4 s^4 + a_3 s^3 + a_2 s^2 + a_1 s + a_0} \tag{6.51}$$

式中

$$\begin{aligned} a_4 &= aT_e^2 T_a, \\ a_3 &= e_{qh} T_w T_a + aT_e^2 (e_y K_p - e_x), \\ a_2 &= T_a - e_{yqh} T_w K_p + e_{xqh} T_w + ae_y T_e^2 K_i, \\ a_1 &= e_y K_p - e_{yqh} T_w K_i - e_x, \\ a_0 &= e_y K_i, \end{aligned} \qquad \begin{aligned} b_3 &= ae_y T_e^2 K_p \\ b_2 &= - e_{yqh} T_w K_p + ae_y T_e^2 K_i \\ b_1 &= e_y K_p - e_{yqh} T_w K_i \\ b_0 &= e_y K_i \end{aligned}$$

其中,$e_{xqh} = e_h e_{qx} - e_x e_{qh}$;$e_{yqh} = e_h e_{qy} - e_y e_{qh}$,与前小节略有不同。但稳定性判别方法是相同的。对于式(6.51),稳定性判据仍然是 $a_i > 0$ 及 $\Delta_3 = a_1 a_2 a_3 - a_1^2 a_4 - a_3^2 a_0 > 0$。为便于分析,定义 $a_{ed} = \mathrm{d}Q_{ed}/\mathrm{d}n_{ed}$,$b_{ed} = \mathrm{d}M_{ed}/\mathrm{d}n_{ed}$。以某抽水蓄能电站的参数作为分析基础,参数 $T_a = 9.15$ s,$T_w = 1.40$ s,$T_e = 1.40$ s,$a_{ed} = 5$,$b_{ed} = 4$,$e_{qy} = 3.83$,$e_y = 2.88$。以 b_t 和 T_d 为纵横坐标绘制的稳定域见图 6.20,该图呈现两点特征:① 稳定边界存在一条与 T_d 轴平行的渐近线,稳定区间占据了该渐近线以右的大部分范围;② 随 b_t 增加,T_d 快速减小,并趋近于 0。

对于不同抽水蓄能电站的参数,稳定边界的形式是相同的,只是渐近线对应 b_t 值不同,沿 b_t 轴平移。因此,可将渐近线对应 b_t 值 $b_{\min}$ 作为判断稳定区间大小的指标。

令 T_d 趋近无穷,根据稳定条件即可求出稳定边界的渐近线。即将 $T_d = +\infty$ 代入 $\Delta_3 > 0$

即得

$$f_1 b_t^2 + f_2 b_t + f_3 > 0 \tag{6.52}$$

式中，$f_1 = e_{qh}T_a^2 + e_{xqh}e_{qh}T_wT_a - e_{xqh}aT_e^2e_x$；$f_2 = aT_e^2(e_xe_{yqh} + e_ye_{xqh}) - e_{yqh}e_{qh}T_wT_a$；$f_3 = -aT_e^2e_ye_{yqh}$。由此，可得到稳定边界对应的渐近线的表达式，即

$$b_{\min} = \frac{-f_2 + \sqrt{f_2^2 - 4f_1f_3}}{2f_1} \tag{6.53}$$

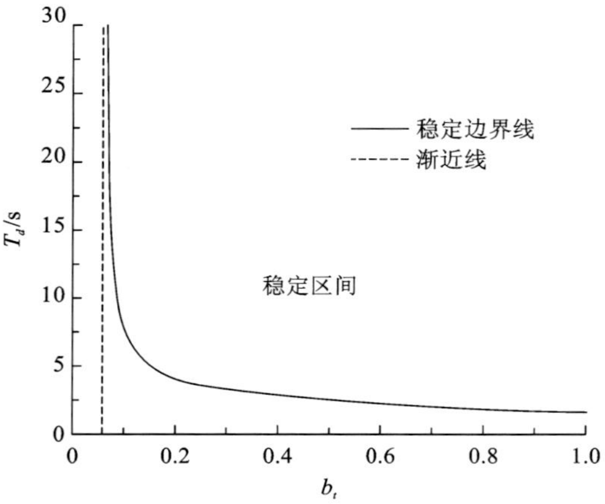

图 6.20 稳定边界线与渐近线

水泵水轮机的空载特性体现在水轮机的 6 个传递系数上，根据 $b_{\min}$ 的表达式，可知这些系数的影响较复杂。为简化得出明确的相关关系，忽略水流弹性，并不影响对水轮机空载稳定性的定性分析。因此，式(6.53)可以简化为如下形式：

$$b_{\min} = \frac{e_{yqh}}{T_a/T_w + e_{xqh}} \tag{6.54}$$

仅 $b_{\min} > 0$ 的情况存在实际意义，由式(6.54)可以直观地得出水轮机空载特性对系统稳定性的影响。当 T_a 越大或 T_w 越小，稳定域将会增加。由于综合传递系数 $e_{xqh} = -e_xQ_{ed}/(2\sqrt{H_{ed}})$ 在空载点对应的相对单位流量一般较小(0～0.1)，该系数对稳定性的影响非常小。式(6.54)分子 e_{yqh} 与渐近线呈线性相关，故空载稳定性主导影响因素是水泵水轮机空载点的综合参数 e_{yqh}。在额定转速和额定水头下，该综合参数可简化为

$$e_{yqh} = \frac{1}{2}(e_ya_{ed} - e_{qy}b_{ed} - e_yQ_{ed}) \tag{6.55}$$

根据式(6.55)得，空载点 $-\mathrm{d}Q_{ed}/\mathrm{d}n_{ed}$ 越大，即 $n_{ed} \sim Q_{ed}$ 曲线在空载点倾斜程度越大，$b_{\min}$ 越小，有利于系统稳定；而空载点 $-\mathrm{d}M_{ed}/\mathrm{d}n_{ed}$ 越大，即 $n_{ed} \sim M_{ed}$ 曲线在空载点倾斜程度越大，$b_{\min}$ 越大，不利于系统稳定。同样可知，$\mathrm{d}Q_{ed}/\mathrm{d}y$ 越大或 $\mathrm{d}M_{ed}/\mathrm{d}y$ 越小时，系统稳定性越差。因此，水泵水轮机反 S 特性对稳定性的影响并非是简单与空载点曲线倾斜度相关的，$n_{ed} \sim Q_{ed}$ 曲线和 $n_{ed} \sim M_{ed}$ 曲线反 S 倾斜度对稳定性的影响是相反的。

根据式(6.54)直接分析，其结果未考虑水流弹性。当计入水流弹性后，同样依据上述某抽水蓄能电站的参数对式(6.53)进行敏感性分析，分别改变 a_{ed}、b_{ed}、e_{qy}、e_y 的大小，其中仅有 b_{ed} 影响着 e_{xqh}，其他参数仅改变 e_{yqh}，$b_{\min}$ 大小如图 6.21 所示。由此可知，无论通过何种方式怎样改变 e_{yqh}，考虑水流弹性后 e_{yqh} 与 $b_{\min}$ 依然为线性关系，且对 $b_{\min}$ 的影响基本一致，故再次证明了水泵水轮机特性对稳定性的影响体现在综合参数 e_{yqh} 上。

对于式(6.53)，三项参数中均含有水流弹性系数，很难直接给出水流弹性与稳定边界相关性的表达式。对于不同水轮机传递系数，e_x、e_y、e_{qh} 等都会带来一定的影响，但主导因素仍然是综合参数 e_{yqh}。且由图 6.21 可知，无论改变哪一种参数来改变 e_{yqh}，对结果影响并不大。因此，通过改变参数 a_{ed} 来分析不同 e_{yqh} 时 T_e 对系统稳定性的影响，其分析结果如

图 6.22 所示。由此可知，水流弹性 T_e 与 $b_{\min}$ 为非线性正相关。即水流弹性越大，空载稳定域将会越小；且无论 e_{yqh} 大小，两者的非线性关系基本一致，仅数值上存在区别。

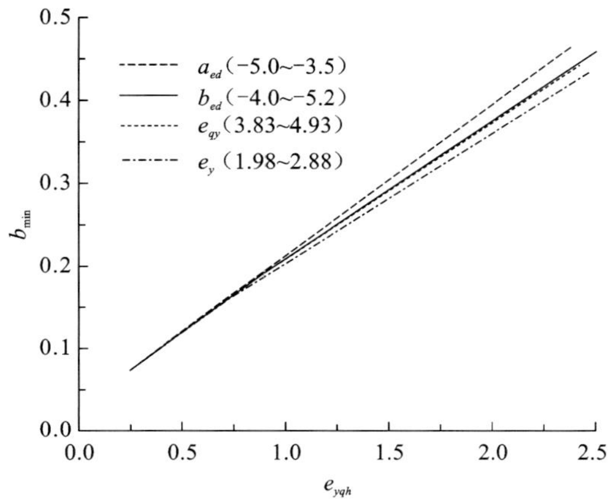

图 6.21　e_{yqh} 对稳定性的影响

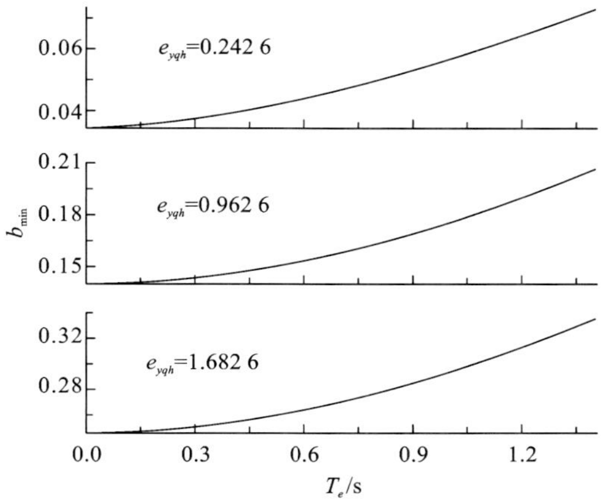

图 6.22　T_e 对稳定性的影响

6.3.2　空载工况波动特性分析

对于空载波动，除了绝对稳定性具有工程意义外，波动时程变化特性也十分重要，如二阶波动衰减度关系到转速收敛速度，一阶波动衰减度关系到空载跟踪特性，两者都与机组开机速度有关。为研究这些参数的影响，需对空载波动进行分解。

设系统产生阶跃负荷波动，即 $C_x = 1/s$。转速波动方程为

$$x = \frac{b_3 s^3 + b_2 s^2 + b_1 s + b_0}{a_4 s^4 + a_3 s^3 + a_2 s^2 + a_1 s + a_0} \frac{1}{s} \tag{6.56}$$

实际抽水蓄能电站的参数和适当的调速器参数代入式(6.56)，通常得到一对靠近虚轴的共轭极点，该共轭极点是系统能否稳定的关键。为此，将式(6.56)分解。得出关于二阶项的表达式，即

$$x = \frac{d_5 s + d_6}{s^2 + d_1 s + d_2} + \frac{d_7 s + d_8}{s^2 + d_3 s + d_4} + \frac{b_0}{a_0 s} \tag{6.57}$$

式中，$d_1 \sim d_8$ 分别为方程式拆分过程中所形成的系数，具体分解过程可见第 5 章。

若系统稳定必有 $d_1 > d_3$，故 d_3 对应二次项极点为主导极点，决定了空载波动的稳定性。而对于 d_1 所对应的二阶项，根据系统极点分布特性，可继续分解为

$$x' = \frac{d_5 s + d_6}{s^2 + d_1 s + d_2} = \frac{c_3}{s + c_1} + \frac{c_4}{s + c_2} \tag{6.58}$$

式中，$c_1 = \dfrac{d_1 - \sqrt{d_1^2 - 4d_2}}{2}$；$c_2 = \dfrac{d_1 + \sqrt{d_1^2 - 4d_2}}{2}$；$c_3 = \dfrac{d_6 - c_1 d_5}{\sqrt{d_1^2 - 4d_2}}$；$c_4 = \dfrac{-d_6 + c_2 d_5}{\sqrt{d_1^2 - 4d_2}}$。当系统稳定时，必有 $c_1 < c_2$，故 c_1 对应一阶运动为主导的一阶运动。

将式(6.58)代入式(6.57)，再进行拉氏反变换可得时域下的波动方程为[19]

$$x(t) = K\mathrm{e}^{-\delta t}\sin(\omega t + \varphi) + c_3 \mathrm{e}^{-c_1 t} + c_4 \mathrm{e}^{-c_2 t} + b_0/a_0 \tag{6.59}$$

式中，$K = \sqrt{d_5^2 + (d_6 + d_5\delta_1)^2/\omega^2}$，$\delta = d_1/2$，$\omega = \sqrt{4d_2 - d_1^2}/2$，$\varphi = \arctan(d_5\omega/(d_6 + d_5\delta_1))$

分别代表波动的振幅、衰减度、角频率以及初始相位。

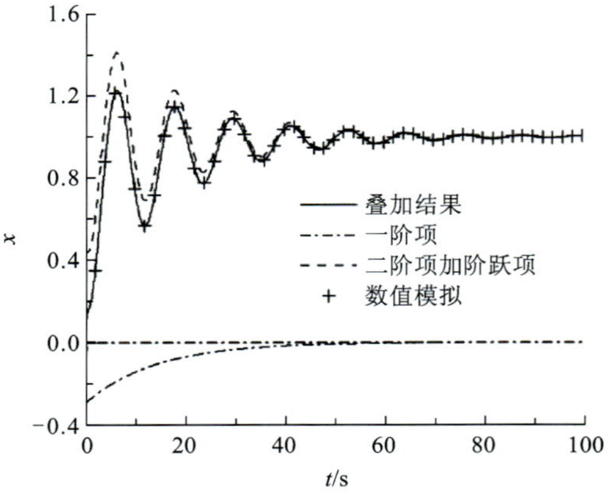

图 6.23　空载波动分解图

取稳定域范围内 $K_p=3, K_i=0.3$，式(6.59)中二阶项与阶跃项之和如图 6.23 中虚线所示，两个一阶项如点划线所示，各项之和如图 6.23 中实线所示，且与对式(6.56)直接数值计算结果完全一致。由此可验证波动分解的正确性。

空载波动中两主导波动衰减度越大，系统到达空载后波动收敛越快，能更快地满足并网条件，故对二阶、一阶运动的衰减度的研究具有实际的工程意义。因此，根据解析公式，先后改变水泵水轮机空载点综合参数和水流弹性，计算主导运行衰减度的分布情况如图 6.24、图 6.25 所示。

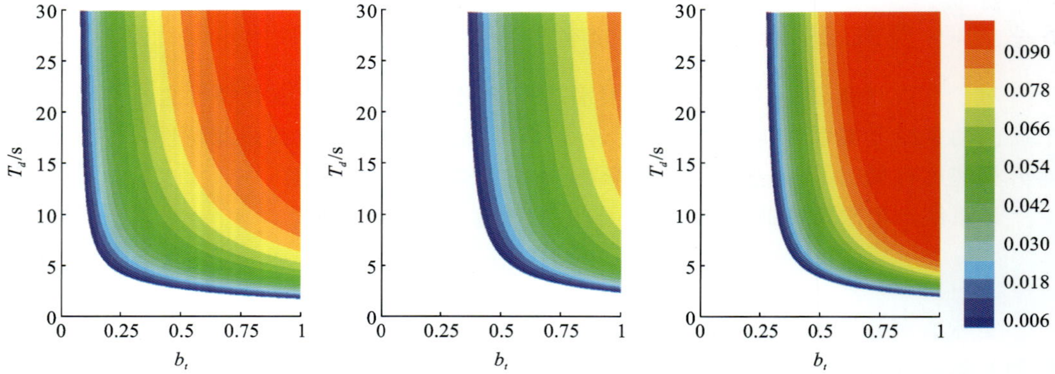

(a) T_e=1.4 s, e_{yqh}=0.242 6　　(b) T_e=1.4 s, e_{yqh}=1.682 6　　(c) T_e=0 s, e_{yqh}=1.682 6

图 6.24　二阶振荡衰减度分布图

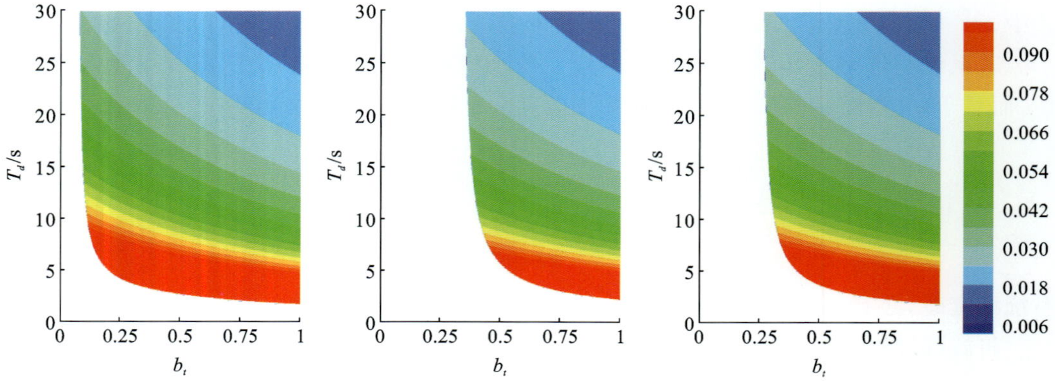

(a) T_e=1.4 s, e_{yqh}=0.242 6　　(b) T_e=1.4 s, e_{yqh}=1.682 6　　(c) T_e=0 s, e_{yqh}=1.682 6

图 6.25　一阶运动衰减度分布图

由图 6.24 和图 6.25 可知，b_t 和 T_d 的取值越靠近稳定边界，二阶衰减度越小，但一阶衰减度主要取决于 T_d 大小，且越靠近稳定边界，衰减度越大。因此，当 T_d 较小时，指定频率发生变化时系统能较快地跟踪至指定频率，但振荡现象较明显；而当 T_d 较大时，系统振荡虽能快速衰减，但是跟踪过程存在一定滞后。

对比图 6.24(a)～(c) 得，当 e_{yqh} 增加时，不仅是稳定边界存在平移，相应的二阶衰减度也呈现出平移的趋势。因此相同调速器参数下，其衰减度也随 e_{yqh} 增加而降低。水流弹性增大时，会使二阶衰减度随调速器参数远离稳定边界其上升速度明显降低，因此调速器参数越大，水流弹性的影响越明显。

对比图 6.25(a)～(c) 得，一阶衰减度与综合参数 e_{yqh} 和水流弹性 T_e 两参数的敏感性并不强，即空载波动的跟踪特性主要取决于调速器特性。而水泵水轮机特性以及水流弹性更大程度影响的是空载系统稳定性，即二阶衰减特性。

6.3.3　空载扰动数值仿真

采用上述理论研究中所采用的工程算例及 TOPsys 计算软件，对三种不同水头下机端频率由 48 Hz 阶跃到 50 Hz 的情况进行模拟，其中 $b_t = 0.45$，$T_d = 5$ s。数值模拟结果如图 6.26 所示，同时根据不同空载点计算水泵水轮机的传递系数以及空载开度 α_{NL}，如表 6.9 所示。

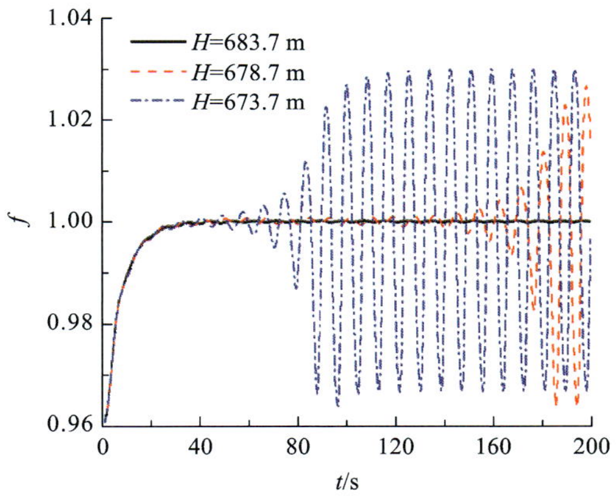

图 6.26　不同水头下空载小幅扰动数值模拟波动图

表 6.9　不同水头下水轮机参数表

水头 /m	α_{NL}	$e_{qx}a_{ed}$	e_xb_{ed}	e_{qh}	e_h	e_{qy}	e_y	e_{xqh}	e_{yqh}
673.7	0.229	−6.31	−6.06	3.11	2.94	5.56	4.18	0.32	3.33
678.7	0.223	−7.47	−6.32	3.65	3.04	6.20	4.34	0.35	3.00
683.7	0.218	−9.03	−6.66	4.36	3.18	7.01	4.53	0.35	2.51

由图 6.25 和表 6.9 可得：① 在调速器参数相同时，不同水头时 0～30 s 转速上升段响应基本相同，这是由于系统波动方程中一介衰减度主要受调速器参数主导，验证了图 6.24 所对应结论；② 三种水头下，空载均表现出不稳定的状态，且水头越低发散越快，$H = 683.7$ m 时仅有小幅波动，这与工程实践中低水头难并网的结论是相同的；③ 水头越低，

空载开度越大，空载点倾斜度越小，而综合系数 e_{yqh} 越大。故可得知，并非反S反弯越明显，稳定性越差，而稳定性决定性因素在于综合系数 e_{yqh}，再次验证了理论分析中对空载主导因素的推导。

参考文献

[1] Wozniak L, Fett G H. Conduit representation in closed loop simulation of hydroelectric systems. Journal of Fluids Engineering, 1972, 94(3): 599-604.

[2] Eker I. The design of robust multi-loop-cascaded hydro governors. Engineering with Computers, 2004, 20(1): 45-53.

[3] Zeng W, Yang J, Guo W. Runaway instability of pump-turbines in S-shaped regions considering water compressibility. Journal of Fluids Engineering, 2015, 137(5): 051401.

[4] Vournas C D. Second order hydraulic turbine models for multimachine stability studies. IEEE Transactions on Energy Conversion, 1990, 5(2): 239-244.

[5] Martínez-Lucas G, Sarasúa J I, Sánchez-Fernández J Á, et al. Power-frequency control of hydropower plants with long penstocks in isolated systems with wind generation. Renewable Energy, 2015, 83: 245-255.

[6] 沈祖诒. 水轮机调节系统分析. 北京：水利电力出版社，1991.

[7] 常近时. 水力机械过渡过程. 北京：机械工业出版社，1991.

[8] Demello F P, Koessler R J, Agee J, et al. Hydraulic-turbine and turbine control-models for system dynamic studies. IEEE Transactions on Power Systems, 1992, 7(1): 167-179.

[9] 高慧敏，刘宪林，徐政. 水轮机详细模型对电力系统暂态稳定分析结果的影响. 电网技术，2005, 29(2): 5-8.

[10] 程远楚，张江滨. 水轮机自动调节. 北京：水利水电出版社，2010.

[11] Izena A, Kihara H, Shimojo T, et al. Practical hydraulic turbine model//Power Engineering Society General Meeting, 2006: 7.

[12] 刘宪林，高慧敏. 水轮机传递系数计算方法的比较研究. 郑州大学学报(工学版)，2003, 24(4): 1-5.

[13] 方红庆. 水力机组非线性控制策略及其工程应用研究. 南京：河海大学，2005.

[14] 刘洁颖. 不同比转速可逆式机组特性曲线变化规律及其对过渡过程影响的研究. 武汉：武汉大学，2005.

[15] 赵桂连. 水电站水机电联合过渡过程研究. 武汉：武汉大学，2004.

[16] 唐韧博，杨建东. 水泵水轮机不同工况点的稳定性分析. 水力发电学报，2016, 35(5): 117-122.

[17] 寿梅华. 有调压井的水轮机调节问题. 水利水电技术，1991(7): 28-35.

[18] 曾威. 水泵水轮机S特性对抽水蓄能电站过渡过程的影响机理. 武汉：武汉大学，2016.

[19] Zeng W, Yang J, et al. Instability of pumped storage stations at no-load operation based on a parameter-varying model. Renewable Energy, 2016, 90: 420-429.

符号说明

符号	名称
A	管道横截面积，m^2
a	管道弹性水击简化模型中的变参数
a_i	下标 $i=0,1,\cdots,4$，系统传递函数分母项的常系数
a_{ed}	以 $n_{ed}\sim Q_{ed}$ 表示的特性曲线的斜率
b_0	导叶高度，m
b_i	下标 $i=0,1,\cdots,3$，系统传递函数分子项的常系数
b_{ed}	以 $n_{ed}\sim M_{ed}$ 表示的特性曲线的斜率
$b_{\min}$	稳定边界线渐近线对应的最小 b_t 值
b_t	暂态转差系数
b_p	永态转差系数
C_Q	整体误差系数
C_x	频率(转速)给定信号
c	波速，m/s
c_i	下标 $i=0,1,\cdots,4$，系统传递函数拆分过程中形成的系数
D_1	转轮进口直径，m
d_i	下标 $i=0,1,\cdots,8$，系统传递函数拆分过程中形成的系数
e_g	发电机自调节系数
e_h	水轮机转矩对水头的传递系数
e_n	水轮发电机组综合自调节系数
e_{qh}	水轮机流量对水头的传递系数
e_{qx}	水轮机流量对转速的传递系数
e_{qy}	水轮机流量对开度的传递系数
e_x	水轮机转矩对转速的传递系数
e_{xqh}	水轮机综合参数之一
e_y	水轮机转矩对开度的传递系数
e_{yqh}	水轮机综合参数之一
F	压力管道摩擦系数；转轮出口面积，m^2
f_i	下标 $i=1,2,\alpha$ 拟合式系数；下标 $i=1,2,3$，稳定边界渐近线判别式系数
G	传递函数；理想导叶开度
GD^2	机组飞轮力矩，$kg\cdot m^2$
g	重力加速度，m/s^2
H	水轮机水头，m
ΔH	水头变化量，m

H_{ed}	相对水头
H_r	额定水头,m
h	水头相对偏差
Δh	相对水头变化量
J	机组转动部分的转动惯量,kg · m^2
K	波动的振幅
K_d	微分增益,s
K_i	积分增益,s^{-1}
K_p	比例增益
k_p	水轮机机械功率比例系数
k_u	水轮机流量比例系数
L	管长,m
M	水轮机力矩,N · m
ΔM	水轮机力矩变化量,N · m
M_{ed}	相对单位力矩
M_g	发电机负荷阻力矩,N · m
M_r	额定工况水轮机力矩,N · m
M'_1	单位力矩,N · m
M'_{1r}	额定点单位力矩,N · m
m	水轮机力矩相对偏差
m_g	发电机负荷阻力矩相对偏差
m_{g0}	发电机负荷阻扰动力矩
n	机组转速,r/min
Δn	水轮机转速变化量,r/min
n_{ed}	相对单位转速
n'_1	单位转速,r/min
n'_{1r}	额定点单位转速,r/min
P	传递函数的实部;水轮机理想机械功率,W
P_L	水轮机空载损耗功率,W
P_t	水轮机机械功率,W
p	水轮机功率相对偏差
Q	传递函数的虚部;水轮机流量,m^3/s
ΔQ	水轮机流量变化量,m^3/s
Q_{ed}	相对单位流量
Q_{NL}	水轮机空载流量,m^3/s
Q'_1	单位流量,m^3/s
Q'_{1r}	额定点单位流量,m^3/s

Q_r	额定流量，m^3/s
q	流量相对偏差
Δq	相对流量变化量
R^2	复相关度
r	转轮中间流面半径，m
s	拉普拉斯算子
T_a	机组惯性时间常数，s
T_e	水流弹性时间常数，s
T_d	缓冲装置时间常数，s
T_n	加速度时间常数(测频微分时间常数)，s
T_w	水流惯性时间常数，s
T_y	主接力器响应时间常数，s
T_{y1}	中间接力器响应时间常数，s
t	时间，s
u	调速器调节输出
V	流速，m/s
ΔV	流速的变化量，m/s
x	机组转速相对偏差
y	导叶开度相对偏差；主接力器行程相对偏差
α	导叶开度，(°) 或 mm 或无量纲或 %
α_1	导叶出流角，(°)
$\Delta\alpha$	导叶开度变化量，(°) 或 mm 或无量纲或 %
α_{ed}	导叶相对开度
$\alpha_{\max}$	最大开度，(°) 或 mm 或无量纲或 %
α_{NL}	空载开度，(°) 或 mm 或无量纲或 %
β_1	转轮中间流面出口角，(°)
δ	波动的衰减度
φ	波动的初始相位，rad
ρ	水的密度，kg/m^3
ω	机组转动角速度，rad/s；波动的角频率，rad/s
ω_k	特定的角频率区域
ω_S	最大频率响应，rad/s
ω_T	简化模型的极点频率，rad/s

下标

符号	名称
ed	相对单位参数
r	额定工况点对应的参数

第 7 章　水泵水轮机过渡过程中脉动压强的数值模拟

水泵水轮机甩负荷过渡过程中脉动压强幅值较常规水轮机大，高水头抽水蓄能电站的脉动压强幅值甚至可达近百米。但一维过渡过程计算所得为均值压强，即水击压强，无法模拟脉动压强，三维的研究成果大多是模拟水泵水轮机在稳态工况下的脉动压强，而对过渡过程中的脉动压强研究甚少。故工程设计中脉动压强通常按经验取值，即最大水头大于 200 m 的抽水蓄能电站，引水系统脉动压强引起的压强上升按甩前净水头的 5% ～ 7% 选取，尾水系统涡流引起的压强下降按甩前净水头的 2.0% ～ 3.5% 选取。但经验修正值与抽水蓄能电站调试实测值相差较大，甚至修正值无法包络实测值，更无从考虑不同水泵水轮机、甩负荷不同的工况轨迹线对脉动压强的影响。

为此，本章利用水泵水轮机模型试验脉动压强等值线图，并结合甩负荷工况轨迹线对其脉动压强幅值进行预测，即通过一维过渡过程计算得到随时间变化的水击压强、过机流量以及工况轨迹线，将工况轨迹线绘制于脉动压强等值线图上，得到每一时刻工况点所在位置的脉动压强相对幅值，将相对幅值换算成为绝对幅值，再与该时刻的水击压强叠加，得到总动水压强随时间的变化过程。因此，上述脉动压强计入方法的关键问题在于如何根据每一时刻工况点所在的位置准确度量该处的脉动压强幅值。而该问题的难点在于：一是水泵水轮机模型试验脉动压强的数据往往只包括水轮机运行区域，但甩负荷过渡过程经历水轮机制动区，甚至反水泵区，如何将脉动压强幅值等值线向这两个工况区进行延伸；二是与等开度线相比，脉动压强幅值等值线的形态更为复杂，两条相邻等值线在某些区域的走势也可能相差较大，如何针对这一特点建立相应的数学模型，以提高落入两相邻等值线之间工况点脉动压强幅值的插值精度。

针对难点一，本章将首先对实测压强信号进行时频分析，即采用经验模态分解(empirical mode decomposition，EMD)法[1] 或 Savitzky-Golay 法[2] 对实测压强波动信号进行分解，得到水击压强和脉动压强(绝对幅值和相对幅值)随时间变化过程，采用概率分布方法[3] 进一步剔除 3% ～ 5% 不可信区域，采用短时傅里叶变换(STFT)法[4] 对实测脉动压强信号进行频域分析，获得脉动压强各组成成分的主频、谐波频率及各频率成分的能量密度随时间的变化关系；其次采用与调试运行相同的计算条件进行过渡过程计算，将所得的工况轨迹线和机组流量变化过程替代实测值；再者根据各工况区脉动压强幅值的变化规律并参考水泵水轮机模型试验已获得的脉动压强等值线的变化趋势实现其外延。针对难点二，本章借鉴了地图编辑中对等高线的处理方法，简而言之，是在相邻脉动压强等值线之间按照“最大角，不相交”的原则[5] 构建带状三角网，并对落入三角网格内或三角网某一边上的工况点利用三角形网格点进行线性插值。

按照上述说明，水泵水轮机甩负荷过渡过程脉动压强的模拟过程的思路如图 7.1 所示。

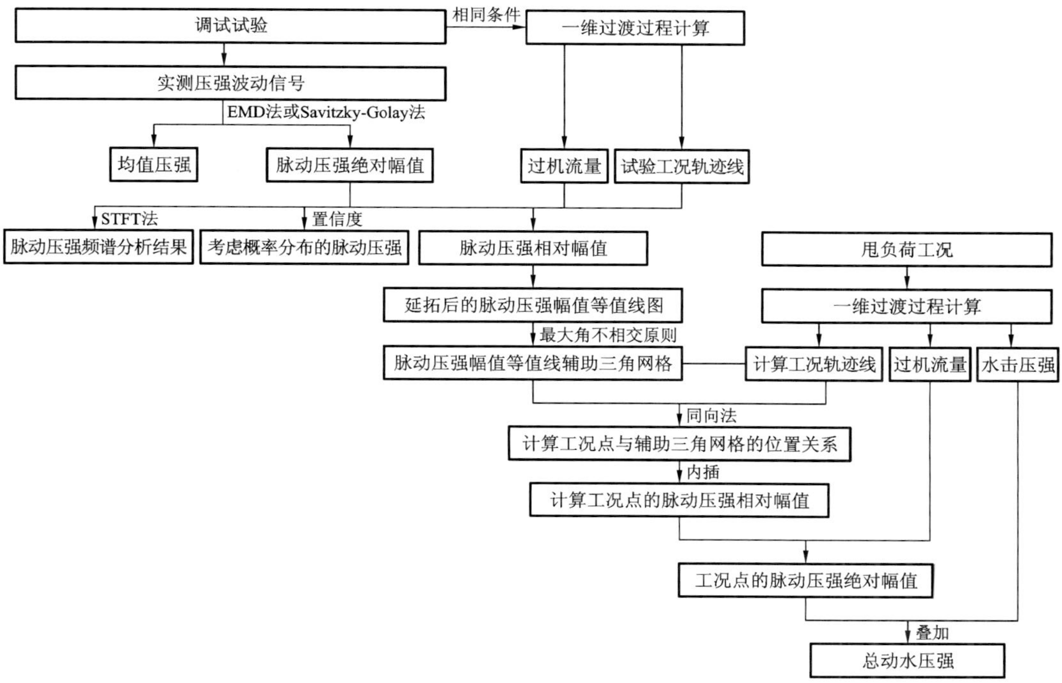

图 7.1　水泵水轮机甩负荷过渡过程脉动压强的模拟思路

7.1　实测压强波动信号的时频和频域分析

7.1.1　实测压强波动信号的时域分析

1. EMD 法

EMD 法[1] 是由美籍华人 Huang 等于 1998 年提出的一种新型的自适应信号时频处理方法，特别适用于非线性、非平稳信号序列平稳化处理。该方法将复杂信号中不同时间尺度或趋势逐级分解为有限个固有模态函数(intrinsic mode function，IMF)。IMF 应满足以下两个条件：① 在整个数据集中极值点的个数与穿越零点的个数相等或只相差一个；② 在任一点由所有极大值点形成的包络和所有极小值点形成的包络的均值等于零。IMF 表征了数据内在的振动模式。由该定义可知，由过零点所定义的 IMF 的每一个振动周期，只有一个振动模式，没有其他复杂的骑波；IMF 没有约束为是一个窄带信号，并且可以是频率和幅值的调制，还可以是非稳态的；单由频率或单由幅值调制的信号也可成为 IMF。

EMD 法基于以下假设条件：① 数据至少有两个极值，一个最大值和一个最小值；② 数据的局部时域特性是由极值点间的时间尺度唯一确定；③ 如果数据没有极值点单由拐点，则可以通过数据微分一次或多次求得极值，然后再通过积分来获得分解结果。这种方法的本质是通过数据的特征时间尺度来获得固有振动模式，然后分解数据。这种分解过程也被称为“筛过程”，具体步骤如下。

设 $x(t)$ 为待分解的原始信号，首先找出 $x(t)$ 中所有极大值点，通过三次样条函数拟合出极大值包络线 $e_{+}(t)$；同理找出 $x(t)$ 的极小值点，以同样的方法拟合出极小值包络线 $e_{-}(t)$。将上下包络线间的均值定义为 $m_1(t)$。

$$m_1(t) = \frac{e_{+}(t) + e_{-}(t)}{2} \tag{7.1}$$

于是，原始信号 N 去除均值后的第一分量为

$$h_1(t) = x(t) - m_1(t) \tag{7.2}$$

通常经过第一次筛分所得分量 $h_1(t)$ 并不是IMF，需要经过多次筛分。将 $h_1(t)$ 作为新的待筛分样本，经 k 次筛分直到 $h_{1k}(t)$ 满足 IMF 的定义，则原始信号 $x(t)$ 的一阶 IMF 分量为

$$c_1(t) = \mathrm{im}f_1 = h_{1k}(t) \tag{7.3}$$

$c_1(t)$ 中包含了脉动压强最短周期的分量，将 $c_1(t)$ 从 $x(t)$ 中分离出，则得到一个去掉高频成分的新信 $r_1(t)$：

$$x(t) - c_1(t) = r_1(t) \tag{7.4}$$

因为 $r_1(t)$ 中仍然包含较长周期的分量，所以将 $r_1(t)$ 作为新的待筛分样本经相同的筛分过程获得第二个 IMF 分量 $c_2(t)$，继续 EMD 筛分过程直到余量变得很小或余量为一单调函数 $r_n(t)$，产生的余量为

$$r_{n-1}(t) - c_n(t) = r_n(t) \tag{7.5}$$

此时 EMD 分解过程结束，压强波动信号 $x(t)$ 最终表示成若干个 IMF 与最终余量 $r_n(t)$ 之和。

$$x(t) = \sum_{i=1}^{n} c_i(t) + r_n(t) \tag{7.6}$$

式中，$r_n(t)$ 为趋势项，代表信号的平均趋势或均值。

在实际情况中，上下包络的均值无法为零，Huang 和其他学者提出了 IMF 筛分准则如下。

(1) Huang 以标准偏差系数(standard deviation，SD) 作为判据，SD 的定义式为[1]

$$\mathrm{SD} = \sum_{i=1}^{T} \left[\frac{|h_{1k-1}(t) - h_{1k}(t)|^2}{h_{1k-1}^2(t)} \right] < \varepsilon \tag{7.7}$$

式中，T 是信号的总时间长度。当 ε 的取值在 $0.2 \sim 0.3$ 时，则认为分解得到的 IMF 满足要求。

(2) 法国学者 Rilling 提出了新的 IMF 判据，其表达式为[6]

$$\sigma(t) = \frac{|e_{+} + e_{-}|}{|e_{+} - e_{-}|} \tag{7.8}$$

式中，$e_{+}(t)$ 和 $e_{-}(t)$ 分别是极大值和极小值包络线。设定 3 个阈值 θ_1、θ_2 和 α，相应地满足以下两个条件，即可认为分解得到的 IMF 满足要求。

条件 1：$\sigma(t)$ 中小于 θ_1 的比例不低于 $1-\alpha$，即

$$\frac{\#\{t \in T \mid \sigma(t) < \theta_1\}}{\#\{t \in T\}} \geqslant 1 - \alpha \tag{7.9}$$

式中，T 是信号的总时间长度；$\#A$ 表示在集合 A 中元素的个数。

条件 2：在整个时间范围内的时刻 t，要满足

$$\sigma(t) < \theta_2 \tag{7.10}$$

以上两个条件 θ_1、θ_2 和 α 的值默认为 $\theta_1 = 0.05$，$\theta_2 = 0.5$，$\alpha = 0.95$。实验证明，与 Huang 的判据相比，Rilling 的能够更好地表征 IMF 的均值特征。为此，将采用 Rilling 判据。

将含有脉动压强的蜗壳进口压强波动信号 $\widetilde{H}_P(t)$ 和尾水管进口压强波动信号 $\widetilde{H}_S(t)$，分别采用 EMD 法提取 IMF 分量，并将各阶 IMF 分量之和作为脉动压强 $\Delta H_P(t)$ 和 $\Delta H_S(t)$，将最终余量 $H_P(t)$ 和 $H_S(t)$ 作为均值压强。

$$\begin{cases} \Delta H_P(t) = \sum\limits_{i=1}^{n} c_{pi}(t) \\ \Delta H_S(t) = \sum\limits_{i=1}^{n} c_{si}(t) \end{cases} \tag{7.11}$$

$$\begin{cases} H_P(t) = \widetilde{H}_P(t) - \Delta H_P(t) \\ H_S(t) = \widetilde{H}_S(t) - \Delta H_S(t) \end{cases} \tag{7.12}$$

图 7.2 给出了某高水头抽水蓄能电站 7[#] 机组甩额定负荷实测的 $\widetilde{H}_P(t)$ 和 $\widetilde{H}_S(t)$，经过四次分解之后所得的均值压强的分解图。

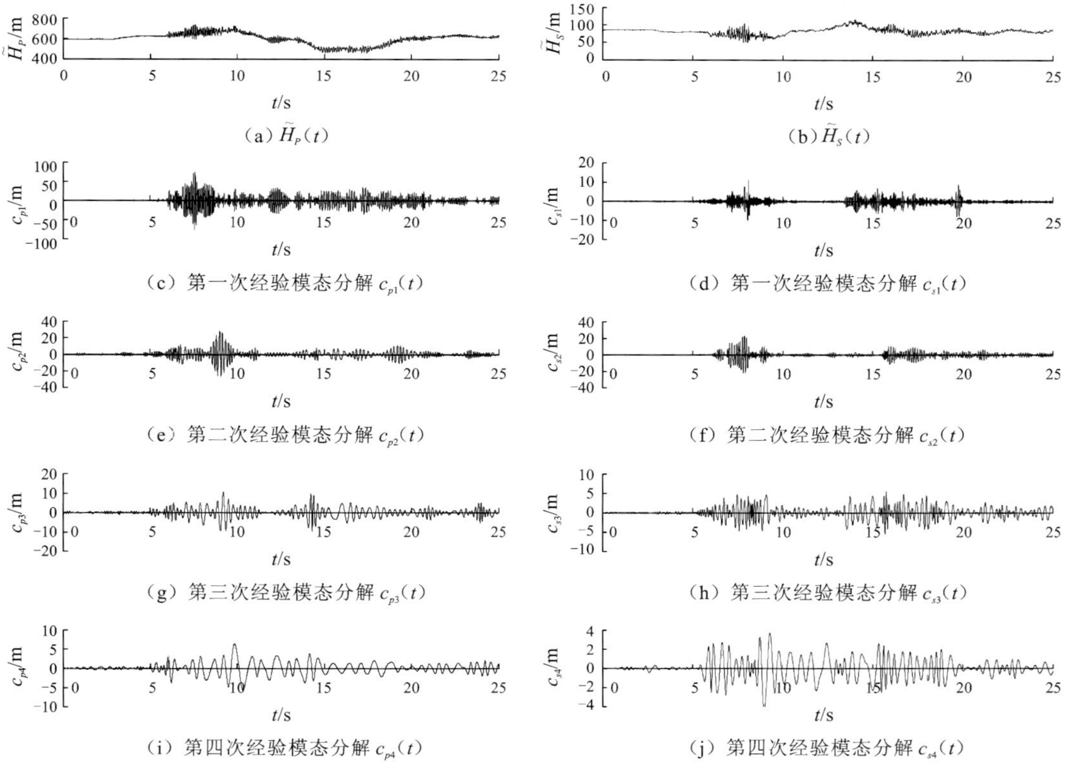

图 7.2　经验模态分解提取蜗壳和尾水管进口均值压强及脉动压强幅值图

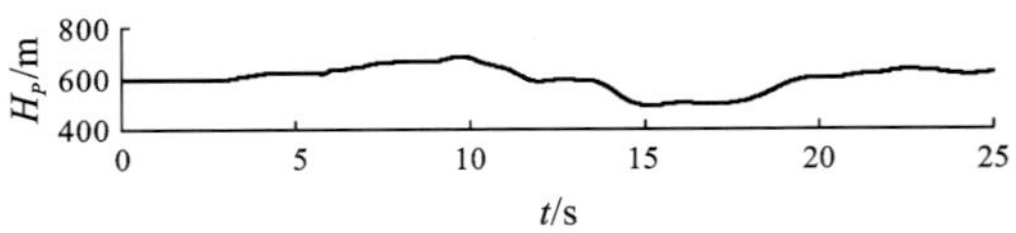

（k）均值压强 $H_P(t)$

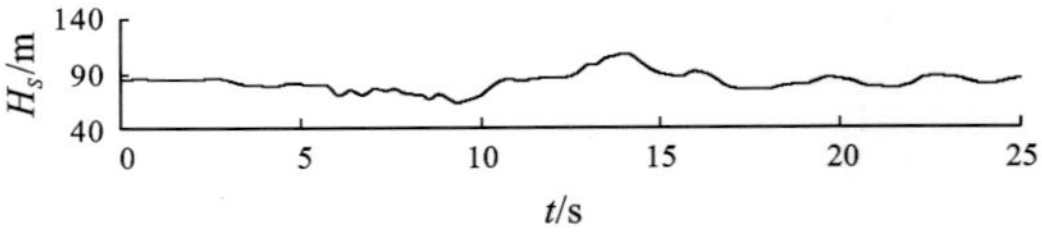

（l）均值压强 $H_S(t)$

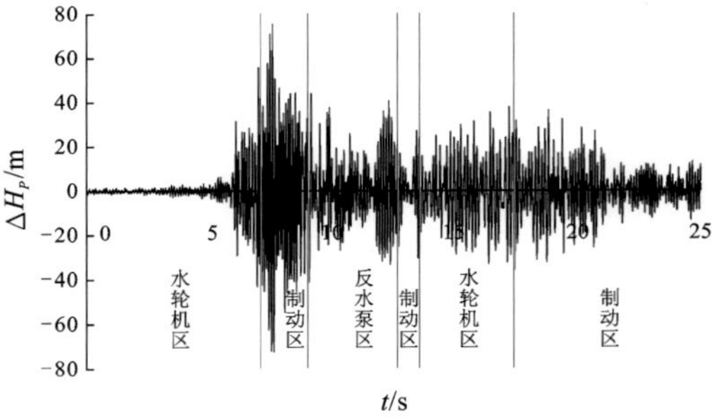

（m）脉动压强 $\Delta H_P(t)$

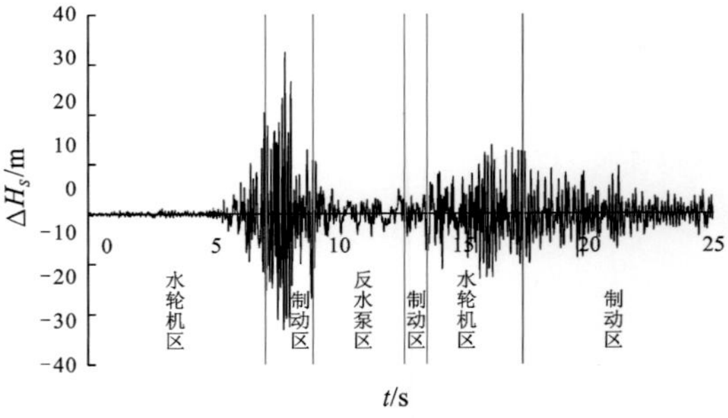

（n）脉动压强 $\Delta H_S(t)$

图 7.2　经验模态分解提取蜗壳和尾水管进口均值压强及脉动压强幅值图（续）

2. Savitzky-Golay 法

Savitzky-Golay 法是一种低通滤波方法，在时域内基于多项式，通过移动窗口利用最小二乘法进行最佳拟合的方法。具体算法如下。

考虑一组以 $n=0$ 为中心的 $N=2M+1$ 个数据 $x[i]$ $(i=-M,-M+1,\cdots,0,\cdots,M-1,M+1)$。采用如下多项式来拟合：

$$p(n)=\sum_{k=0}^{N}a_kn^k \tag{7.13}$$

其最小二乘拟合的残差为

$$\varepsilon_N=\sum_{n=-M}^{M}(p(n)-x[n])^2=\sum_{n=-M}^{M}(a_kn^k-x[n])^2 \tag{7.14}$$

利用卷积运算来求取拟合多项式的常数项，即对输入数据进行加权平均。

$$y[n]=\sum_{n=-M}^{M}h[m]\cdot x[n-m]=\sum_{m=n-M}^{n+M}h[n-m]\cdot x[m] \tag{7.15}$$

对式(7.15)求偏导，则有

$$\frac{\partial\varepsilon_N}{\partial a_i}=\sum_{n=-M}^{M}2n^i(p(n)-x[n])=\sum_{n=-M}^{M}2n^i\left(\sum_{k=0}^{N}a_kn^k-x[n]\right)=0 \tag{7.16}$$

化简后可得

$$\sum_{k=0}^{N}\left(\sum_{n=-M}^{M}n^{i+k}\right)a_k=\sum_{n=-M}^{M}n^ix[n] \tag{7.17}$$

式中，$i=0,1,\cdots,N$。

令 $A=\{a_{ni}\}$，$a_{ni}=n^i$，$-M\leqslant n\leqslant M$，$0\leqslant i\leqslant N$，$B=A^{\mathrm{T}}\cdot A$，则有

$$b_{ik}=\sum_{n=-M}^{M}a_{in}a_{nk}=\sum_{n=-M}^{M}n^{i+k}=b_{ki} \tag{7.18}$$

于是

$$Ba = A^{\mathrm{T}} \cdot Aa = \sum_{n=-M}^{M} n^{i+k} = b_{ki} \tag{7.19}$$

$$a = (A^{\mathrm{T}} \cdot A)^{-1} \cdot A^{\mathrm{T}} = Hx \tag{7.20}$$

式中，H 为所求的卷积系数。

3. 概率分布处理脉动压强

1）静态概率分布方法处理脉动压强[3]

首先将上步分离出的脉动压强的波形图分为若干个区域（如图 7.3 所示，图例中为 20 个区域），然后将每个区域的点数由计算机统计出来，再根据每个区域中的点数逐区累加求出百分数。如果取概率分布取 97%，则剔除 3% 不可信区域的数据（1.5% ～ 98.5% 为可信区域），求出考虑 97% 概率分布后的脉动压强幅值，如图 7.4 所示；如果取概率分布 95%，则剔除 5% 不可信区域的数据（2.5% ～ 97.5% 为可信区域），求出考虑 95% 概率分布后的脉动压强幅值。

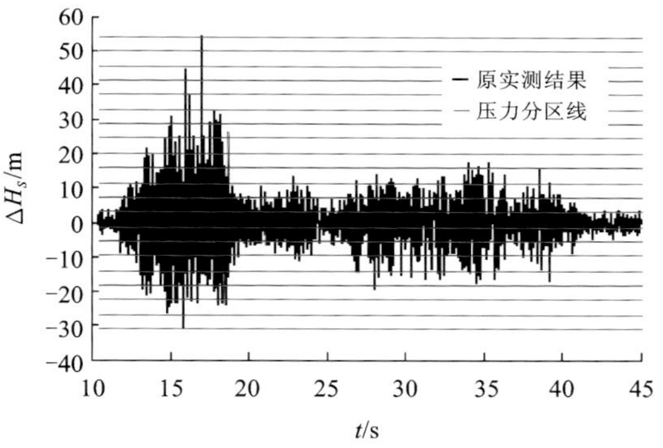

图 7.3　分区后的脉动压强值

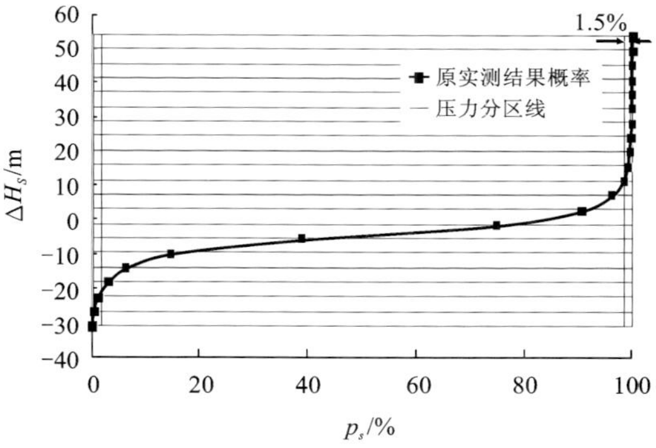

图 7.4　脉动压强值概率分布

在过渡过程中，脉动压强会随工况点的移动发生显著变化，其幅值并不像稳态过程中可视为一个固定值。因此，直接按照静态脉动压强 97% 或 95% 概率分布的方法，对过渡过程中的脉动压强数据进行统一处理，可能仅会削弱非最优工况点的脉动压强高幅值（该区域脉动压强幅值高是客观存在的事实），反而会保留在脉动压强幅值较小的工况下出现的奇异点。

为解决上述问题，可采用动态概率分布方法处理脉动压强。

2）动态概率分布方法处理脉动压强

IEC 994 的 9.2.2 节给出动态概率分布的处理思路，即把过渡过程分为若干个小的时间段，在每一个时间段内按照静态的方法进行误差计算和分析。按照该思想，可将原始脉动数据分成多小段单独处理，例如，每一段取 200 个采样点（若采样频率为 1000 Hz 时，对应 0.2 s 的时间段），对其进行 97%（或 95%）动态概率分布数据处理。

7.1.2　实测压强波动信号的频域分析

采用 STFT 时频分析方法对脉动压强进行频谱分析，可获得脉动压强各组成成分的主频、谐波频率及各频率成分的能量密度随时间的变化关系。STFT 是傅里叶变换的推

广。它将时间窗引入到信号分析中，利用时间窗进行傅里叶变换，得到信号的时变频率或短时谱。离散短时傅里叶变换定义为

$$S_x(n,\omega)=X_n(e^{j\omega})=\sum_{-\infty}^{\infty}x(m)w(n-m)e^{-j\omega m} \tag{7.21}$$

式中，$w(n)$为时间窗序列。离散短时傅里叶变换在等频率间隔采样点 $\omega_r=2\pi r/N(r=0,1,\cdots,N-1)$上的计算，可以使用傅里叶变换（FFT）算法完成。令 $S_x(n,\omega_r)=S_x(n,r)$，则有

$$S_x(n,r)=\sum_{k=-\infty}^{\infty}x(k)w(n-k)e^{-j\frac{2\pi}{N}rk} \tag{7.22}$$

令 $k=l+n$，式(7.22) 改写为

$$S_x(n,r)=\sum_{l=-\infty}^{\infty}x(l+n)w(-l)e^{-j\frac{2\pi}{N}r(l+n)}=e^{-j\frac{2\pi}{N}rn}\sum_{l=-\infty}^{\infty}x(l+n)w(-l)e^{-j\frac{2\pi}{N}lr} \tag{7.23}$$

式(7.23) 中的求和，分别可看作长度等于 N 的区间及每一求和区间两个部分的贡献，即

$$S_x(n,r)=e^{-j\frac{2\pi}{N}rn}\sum_{m=-\infty}^{\infty}\sum_{l=mN}^{mN+N-1}x(l+n)w(-l)e^{-j\frac{2\pi}{N}lr} \tag{7.24}$$

令 $l=k+mN$，并根据复指数因子 $e^{-j\frac{2\pi}{N}lr}$ 的周期性质，式(7.24) 可改写为

$$S_x(n,r)=e^{-j\frac{2\pi}{N}rn}\sum_{k=0}^{N-1}\tilde{x}(k,n)e^{-j\frac{2\pi}{N}rn} \tag{7.25}$$

式中，$\tilde{x}(k,n)=\sum\limits_{m=-\infty}^{\infty}x(n+k+mN)w(-k-mN)$，$k=0,1,\cdots,N-1$。对任何固定$n$值，式(7.25) 中的求和项可以认为是序列 $\tilde{x}(k,n)$在k 上的 N 点离散傅里叶变换。

7.2　利用水泵水轮机模型试验脉动压强等值线图的脉动压强的模拟方法

本节利用水泵水轮机模型试验脉动压强等值线图，并结合甩负荷工况轨迹线对其脉动压强幅值进行预测，即通过一维过渡过程计算得到随时间变化的水击压强、过机流量以及工况轨迹线，将工况轨迹线绘制于脉动压强等值线图上，得到每一时刻的脉动压强相对幅值，将相对幅值换算成为绝对幅值，再与该时刻的水击压强的叠加，从而得到总动水压强随时间的变化过程。

由于水泵水轮机模型试验脉动压强的数据往往只包括水轮机运行区域，但在甩负荷过渡过程中，工况点必将经历水轮机制动区，甚至反水泵区，因此为了获得上述区域的脉动压强等值线图，本节首先采用 EMD 法或 Savitzky-Golay 法对实测压强波动信号进行分解，得到水击压强和脉动压强随时间变化过程，并将脉动压强绝对幅值转换为相对值；然后采用与调试运行相同的计算条件进行过渡过程计算，将所得的工况轨迹线和机组流量变化过程替代实测值，并参考水泵水轮机模型试验已获得的脉动压强等值线的变化趋势实现其外延。

7.2.1　脉动压强等值线的分布特点及外延

由水泵水轮机工作特性可知，在水轮机正常运行范围内，脉动压强幅值很小，当转速升高，工况点到达飞逸点前后，由于转轮叶片与水流的撞击加剧，能量全部损耗，脉动压强加剧，当工况点由制动区过渡到反水泵区时，转轮的离心力将水流反向推出，此时脉动压强较水轮机制动区的小，但大于水轮机运行区的数值。因此，图 7.5 所示的水泵水轮机蜗壳和尾水管进口脉动压强等值线的分布应具有如下特点：同一开度线上，从水轮机区到水轮机制动区再到反水泵区脉动压强幅值是先增大后减小，这一点也可以由 EMD 分解实测压强波动信号的分解图得到印证；同一单位转速，随着单位流量的减小，工况点由水轮机运行区到水轮机制动区再到反水泵区，脉动压强幅值应该是先增大后减小；飞逸线上，脉动压强幅值应随着单位转速的增加而增大。

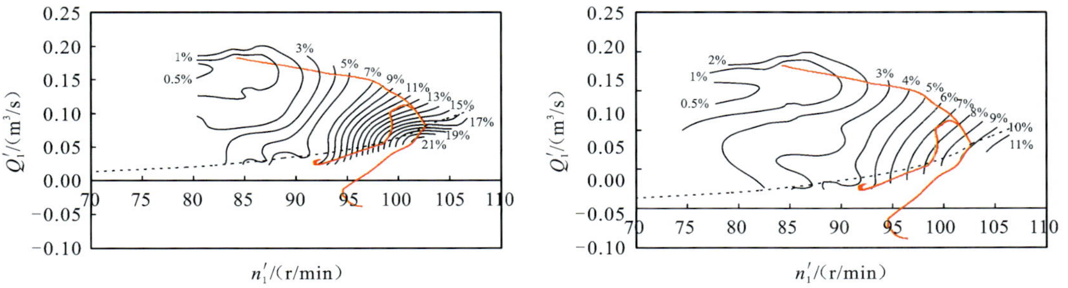

（a）蜗壳　　（b）尾水管

图 7.5　模型试验脉动压强双振幅相对值等值线图

采用 EMD 法或 Savitzky-Golay 法对实测压强波动信号进行分解后，得到均值压强 $H_P(t)$、$H_S(t)$ 和脉动压强单振幅的绝对值 $\Delta H_P(t)$、$\Delta H_S(t)$ 随时间的变化过程；根据式(7.26)和式(7.27)就可得到脉动压强单振幅的相对值，其中以一维过渡过程计算得到的 $Q(t)$ 和工况轨迹线代替试验值，得到每一时刻工况点所在位置的脉动压强单振幅的相对值，乘以 2 即获得脉动压强双振幅的相对值。再参考水泵水轮机脉动压强相对幅值等值线的分布特点及变化趋势对其进行外延，结果如图 7.6 所示。

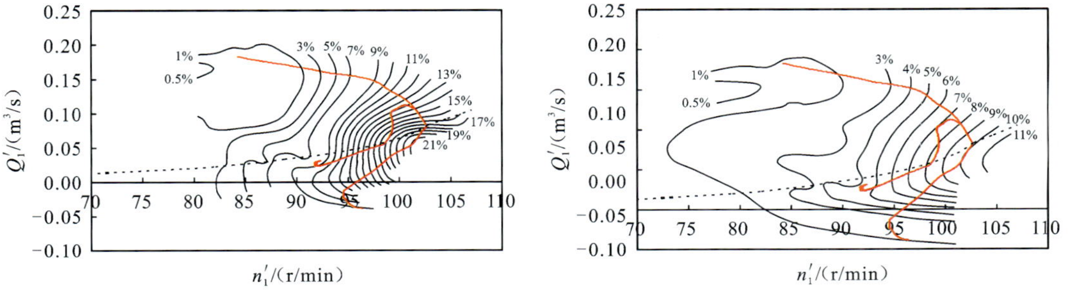

（a）蜗壳　　（b）尾水管

图 7.6　外延后的模型试验脉动压强等值线图

$$a_P = \frac{\Delta H_P(t)}{H_P(t) - H_S(t) + \dfrac{Q(t)^2}{2g}\left(\dfrac{1}{A_P^2} - \dfrac{1}{A_S^2}\right)} \tag{7.26}$$

$$a_S = \frac{\Delta H_S(t)}{H_P(t) - H_S(t) + \dfrac{Q(t)^2}{2g}\left(\dfrac{1}{A_P^2} - \dfrac{1}{A_S^2}\right)} \tag{7.27}$$

7.2.2 脉动压强等值线的内插算法

脉动压强等值线的形态十分复杂，两条相邻等值线在某些区域的走势可能相差较大，如图 7.7 所示。为了提高工况点脉动压强相对幅值的求取精度，本节借鉴了地图编辑中对等高线的处理方法，简而言之是在相邻脉动压强等值线之间按照“最大角，不相交”的原则构建带状三角网，并对落入三角网格内或三角网某一边上的工况点利用三角形网格点进行线性插值。

1. 相邻脉动压强等值线辅助三角网始边的选取

如图 7.7 所示，由于某些等值线的端部可能中断，在构建三角网时不能将两者的端点直接相连作为三角网的始边，为此本节制定始边的选取原则如下：在等值线 II 上选取距离等值线 I 起始点最近的一点，计算两点距离并判断两点连线与等值线 I 是否相交；在等值线 I 上选取距离等值线 II 起始点最近的一点，计算两点距离并判断两点连线与等值线 II 是否相交，取距离最短且与两等值线均不相交的两点连线作为辅助三角网始边，如图 7.7 中边 P_1Q_1 和边 P_mQ_n，两者之间的部分为辅助三角形网格的构建范围。

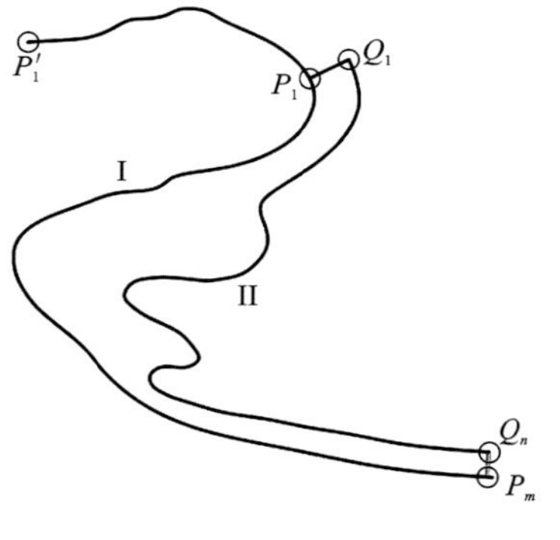

图 7.7 辅助三角网始边选取

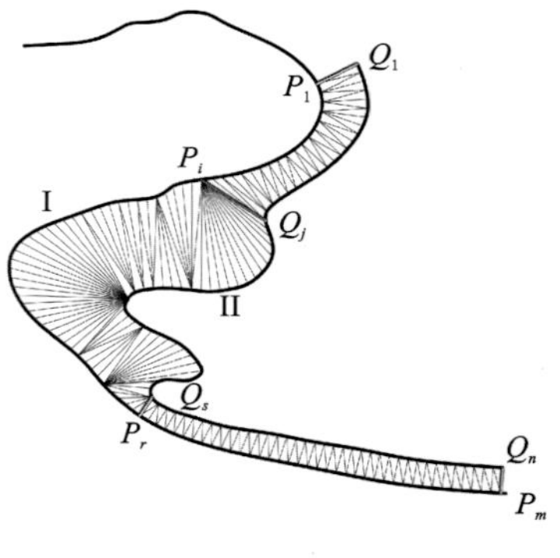

图 7.8 辅助三角网的构建

2. 辅助三角网的构建方法

文献[5]给出了等高线的辅助三角网网格的构建方法，具体为：设两条相邻的脉动压强双振幅相对值等值线 I 和 II，等值线 I 由点 P_1、P_2、…、P_m 依次连接而成，等值线 II 由点 Q_1、Q_2、…、Q_n 依次连接而成。在两条等值线间以上述各节点为端点根据“最大角，不相交”原则连接辅助线段，重复上述算法，直至 $i=m$ 或 $j=n$。如果 $i=m$，而 $j<n$，则取 AQ_{j+1}，如果 AQ_{j+1} 不与等值线 I 和 II 相交，那么 AQ_{j+1} 即为辅助线，并令 $B=Q_{j+1}(j=j+1,\cdots,n)$；如果 $j=n$，而 $i<m$，则取 BP_{i+1}，如果 BP_{i+1} 不与等值线 I 和 II 相交，那么 BP_{i+1} 即为

辅助线，并令 $A = P_{i+1}(i = i+1, \cdots, m)$，上述模拟流程如图 7.9 所示。由图 7.8 可知，在等值线 I 上的 P_iP_r 范围内，在等值线 II 上的 Q_jQ_s 范围内，虽然两等值线走势相差较大，但按此种算法得到的辅助三角形网格依然不会出现交叉、重叠的现象，且网格质量较高，这样就能保证后续插值的精确性。

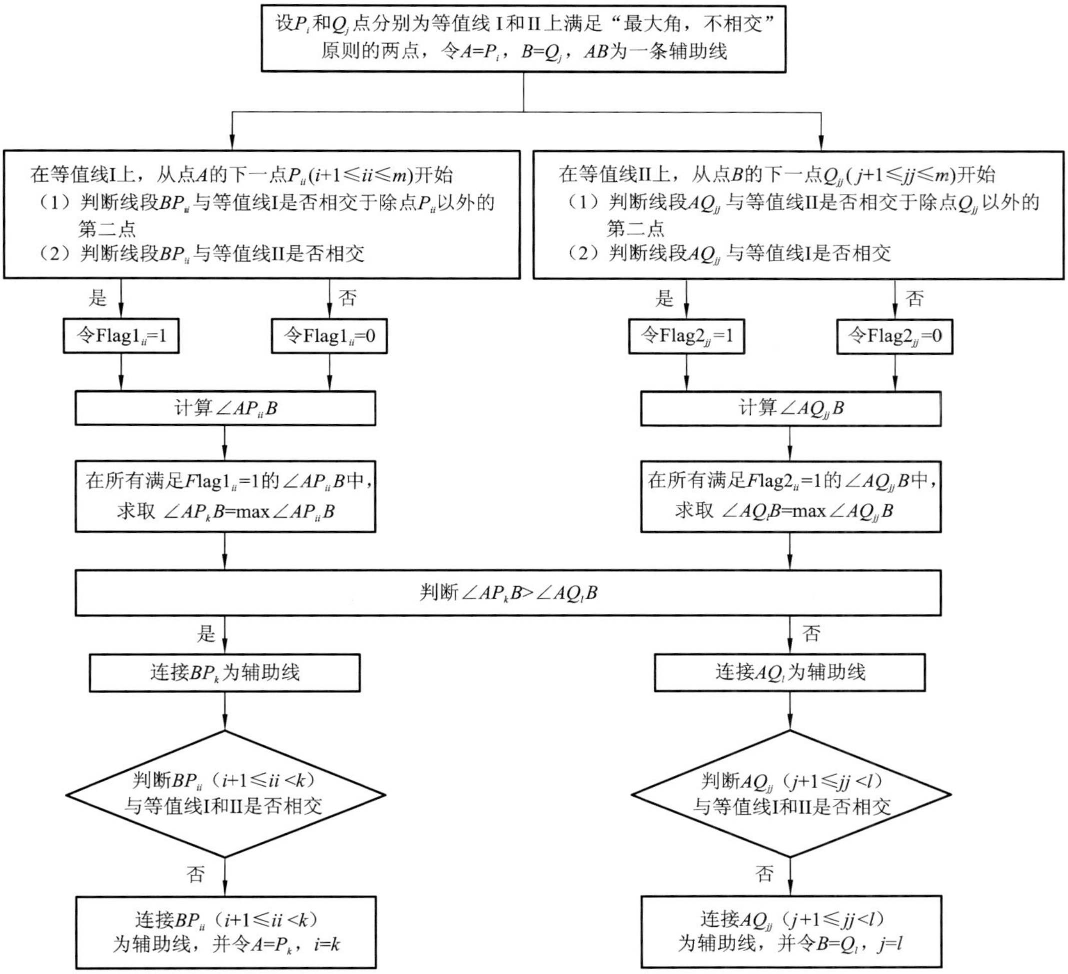

图 7.9　“最大角，不相交”原则流程图[5]

对图 7.6 所示的蜗壳进口和尾水管进口脉动压强等值线划分辅助三角网格如图 7.10 所示。

3. 工况点与三角形位置关系的判别及脉动压强值的内插方法

由于工况点的单位转速和单位流量均已知，即坐标位置一定，那么与三角形网格必然存在两种位置关系：轨迹点位于三角形网格内（图 7.11(a)），轨迹点位于三角形网格边上（图 7.11(b) 和图 7.11(c)）。于是，利用三角形三个顶点的脉动压强相对幅值线性内插就可得到该工况点的脉动压强相对幅值。

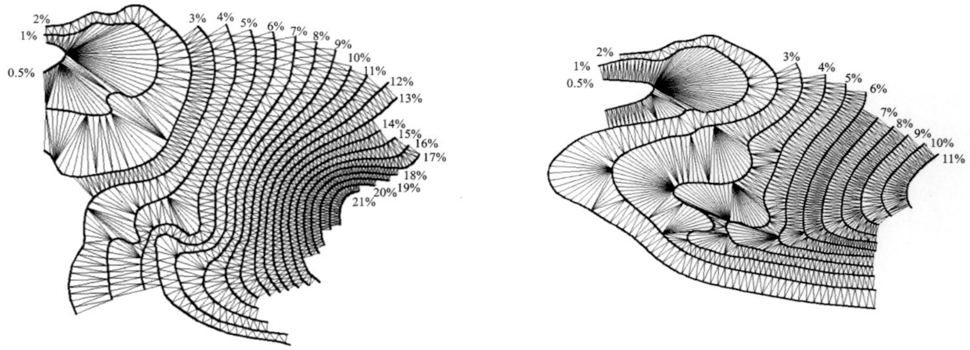

（a）蜗壳　　（b）尾水管

图 7.10　模型试验脉动压强等值线辅助三角网格[8]

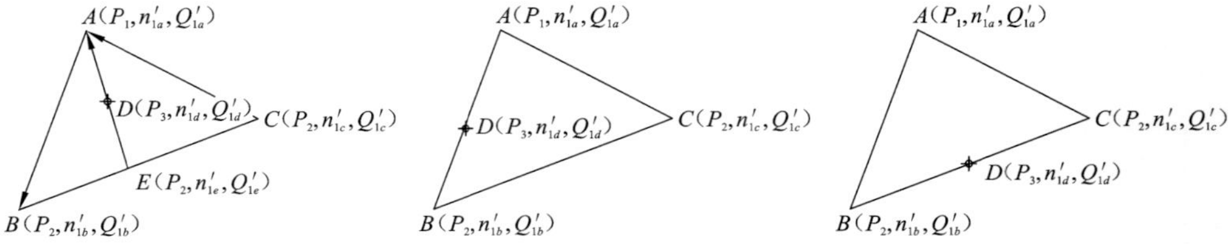

（a）　　（b）　　（c）

图 7.11　工况点与三角形位置关系

1）工况点位于三角形网格内

工况点位于三角形网格内的判别方法有很多种，如内角和法、面积法等，这些方法虽简单直观，但计算量较大，本节采用同向法[7] 加以判别。首先举例说明该方法是如何判别的：如图 7.11(a) 所示，点 D 与点 C 均位于 AB 边的右侧，点 D 与点 A 位均于边 BC 的右侧，点 D 与点 B 位于 CA 的右侧，则可判别点 D 在 $\triangle ABC$ 内。那么，该方法的基本思路可归纳如下：依次选择三角形网格的三条边，判断工况点与该边所对的点是否在同一侧，如果均在同一侧，则说明工况点在三角形网格内。

判断两个点在某条线段的同一侧可以通过以下方法实现：再如图 7.9(a) 所示，欲判断点 D 和点 C 位于边 AB 的同侧，首先从点 D 向点 A 连线，做向量 $\overrightarrow{DA}$，做 $\overrightarrow{n_d}=\overrightarrow{DA}\times\overrightarrow{AB}$，再做 $\overrightarrow{n_c}=\overrightarrow{CA}\times\overrightarrow{AB}$，写成标量形式如式(7.28) 和式(7.29) 所示：

$$\overrightarrow{n_d}=\overrightarrow{DA}\times\overrightarrow{AB}=[(n'_{1a}-n'_{1d})(Q'_{1b}-n'_{1a}),(Q'_{1a}-Q'_{1d})(n'_{1b}-n'_{1a})] \tag{7.28}$$

$$\overrightarrow{n_c}=\overrightarrow{CA}\times\overrightarrow{AB}=[(n'_{1a}-n'_{1c})(Q'_{1b}-n'_{1a}),(Q'_{1a}-Q'_{1c})(n'_{1b}-n'_{1a})] \tag{7.29}$$

如果向量 $\overrightarrow{n_d}$ 和向量 $\overrightarrow{n_c}$ 的方向一致，则说明两点在该边的同一侧。判断两个向量是否同向可以用点积 $\overrightarrow{n_d}\cdot\overrightarrow{n_c}$ 实现，如果 $\overrightarrow{n_d}\cdot\overrightarrow{n_c}>0$，则说明两向量同向。

当工况点 D 在 $\triangle ABC$ 内时，假设 $\triangle ABC$ 顶点 A 位于脉动压强值为 P_1 的等值线上，顶点 B 和 C 位于脉动压强值为 P_2 的等值线上，那么连接并延长 AD 与边 BC 交于点 E，则点 D 的脉动压强值通过线性插值为

$$P_3=P_1+\frac{|AD|}{|AE|}(P_2-P_1) \tag{7.30}$$

2）工况点位于三角形网格边上

欲判断点 D 是否位于边 AB 上，只需将点 D 代入直线 AB 方程，即

$$f(n'_{1d}, Q'_{1d}) = Q'_{1d} - k_1 \cdot n'_{1d} - k_2 \tag{7.31}$$

式中，系数 k_1 和 k_2 分别为

$$k_1 = (Q'_{1b} - Q'_{1a})/(n'_{1b} - n'_{1a}), \quad k_2 = (Q'_{1a} \cdot n'_{1b} - Q'_{1b} \cdot n'_{1a})/(n'_{1b} - n'_{1a})$$

当 $f(n'_{1d}, Q'_{1d})$ 小于误差限 ε 时（ε 视等值线上网格点相连的直线段与原曲线段的最大误差而定），且满足点 D 位于点 A 和点 B 连线之间时，则可判定点 D 位于三角形网格边 AB 上。其他边的判别与此相同。

当轨迹点 D 在 $\triangle ABC$ 的某一边上时，点 D 脉动压强值的内插可分为图 7.11(b) 和图 7.11(c) 两种情况，同样假设 $\triangle ABC$ 顶点 A 位于脉动压强值为 P_1 的等值线上，顶点 B 和 C 位于脉动压强值为 P_2 的等值线上，当点 D 位于边 AB 或边 AC 上时，点 D 的脉动压强值的内插结果为

$$P_3 = P_1 + \frac{|AD|}{|AB|}(P_2 - P_1) \tag{7.32}$$

$$P_3 = P_1 + \frac{|AD|}{|AC|}(P_2 - P_1) \tag{7.33}$$

如果点 D 位于 BC 上，则直接有 $P_3 = P_2$。

7.3　实例分析及对过渡过程中脉动压强的几点认识

为了检验所提出的脉动压强的简化模拟方法的准确性与实用性，本节根据上述高水头抽水蓄能电站流道实际尺寸、机组实际特性曲线（包括脉动压强等值线）及机组参数、导叶和球阀实测的关闭规律，对单机甩 100% 额定负荷工况进行了一维过渡过程计算，并将由本方法获得的脉动压强值与计算水击压强值相叠加。图 7.12 为计算水击压强和由对实测总压强进行 EMD 获得的实测水击压强的变化过程的对比结果。图 7.13 为由本方法获得总压强与实测总压强变化过程的对比结果。表 7.1 为由本方法得到的总压强、由经验值估算得到的总压强、实测总压强三者极值的对比结果，其中经验脉动压强的修正值，蜗壳处取初始净水头的 7%，尾水管处取初始净水头的 3.5%[9]。

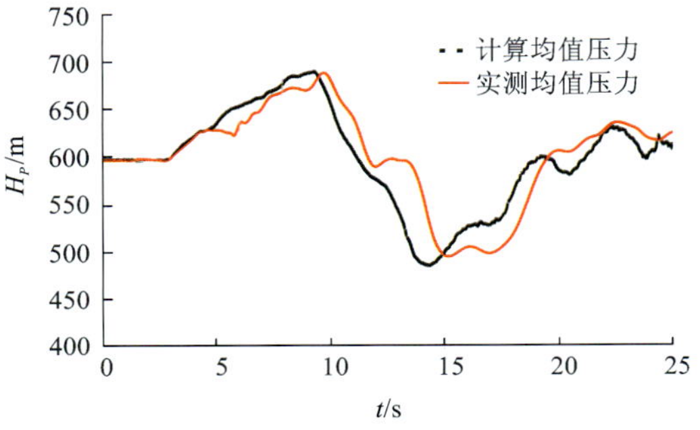

（a）蜗壳

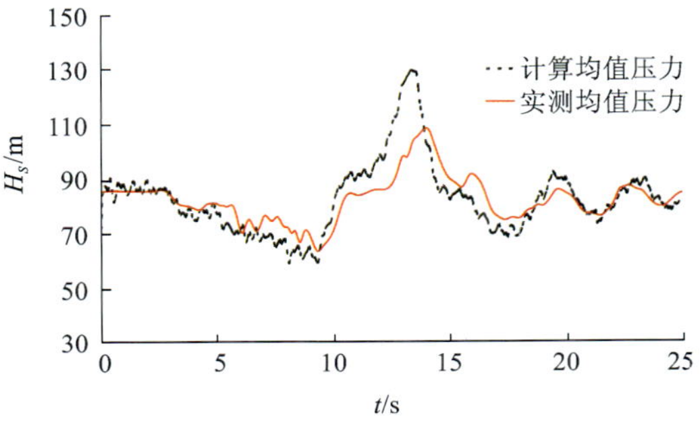

（b）尾水管

图 7.12　计算均值压强与实测均值压强对比图

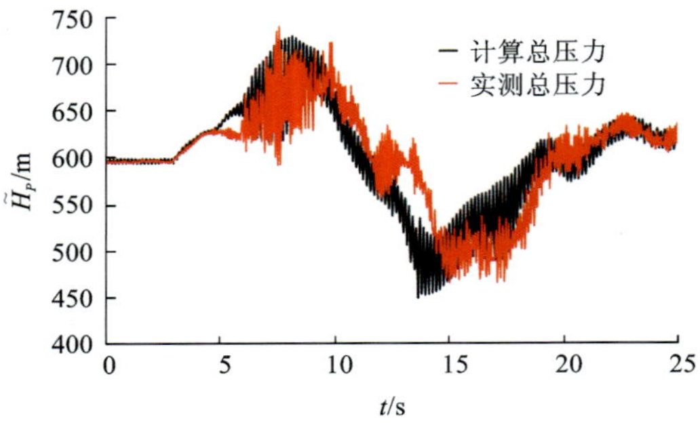

(a) 蜗壳

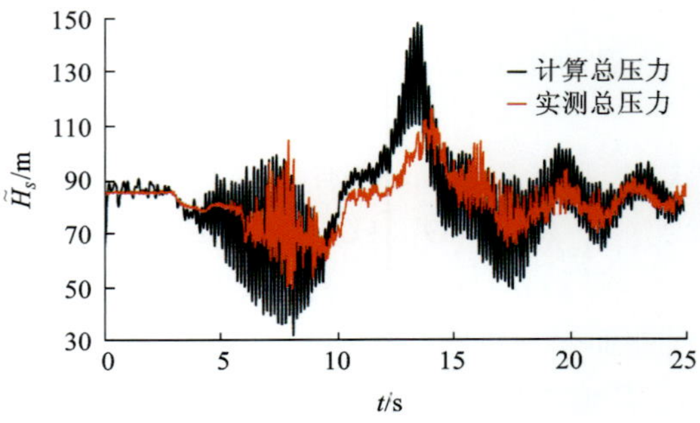

(b) 尾水管

图 7.13　计算总压强与实测总压强对比图

表 7.1　工作参数极值对比表

类别	蜗壳进口最大动水压强		尾水管进口最小动水压强	
	水击压强/m	总压强/m	水击压强/m	总压强/m
实测结果	686.84	739.09	62.89	49.14
本方法计算	688.56	729.31	58.54	31.35
经验法计算(上限值)	688.56	725.26	58.54	52.41
经验法计算(下限值)	688.56	714.78	58.54	44.54

由图 7.12、图 7.13 及表 7.1 可知，一维过渡过程计算所得的水击压强与 EMD 实测压强提取水击压强的极值比较接近，但曲线波形和极值仍有一定差距，误差可能来自于恒定流时初始流量的差异、水轮机反 S 区域利用数学方法处理的特性曲线与实际水轮机特性的差异、尾水管实际不规则的断面形状与棱柱体等价管简化计算差异等。

采用本节提出的脉动压强幅值的简化模拟方法计算总动水压强的结果表明，预测的脉动压强在水轮机制动区波动最为剧烈、在反水泵区次之、在水轮机区最小，这与实测值的波动规律是一致的；但由于比尺效应的影响，模型脉动压强值与原型值不是 1∶1 的对应关系，并且模型试验所测为恒定流条件下的脉动压强。因此，本节的预测值与实测值在数值上仍存在一定差距。如果模型脉动压强值与原型值的转换关系可以确定，本方法的预测结果将更为准确。并且本方法在导叶关闭规律的优化中仍有一定的实际意义，即优化甩负荷工况轨迹线，避开脉动压强最严重的区域(大开度飞逸点附近区域)，使得总动水压强极值最小。

从上述的对比分析中，可得出如下几点结论。

(1) 机组甩负荷过程中脉动压强的幅度与工况点轨迹线相关性。

从图 7.13 可以看出，工况点在大开度下进入水轮机制动工况区，蜗壳进口脉动压强双振幅相对值达净水头的 20% 左右(甩负荷过程中的净水头应该包含水击压强)，尾水管进口脉动压强双振幅相对值达净水头的 10% 左右。单纯从这方面来看，单振幅大于调节保证设计脉动压强修正值的上限(蜗壳按甩前净压强 5% ～ 7%，尾水管按甩前净压强 2% ～3.5%)。换句话说，调节保证设计脉动压强修正量可能偏小，导致调节保证现场试验值(包含脉动压强) > 调节保证合同值,不满足合同要求。

(2) 实测的机组甩负荷过程中脉动压强的幅度与计算数值比较。

本小节对 4 座中高水头的抽水蓄能电站单机甩 100% 负过渡过程中脉动压强幅值进行了统计。结果如表 7.2 所示。统计的方法是:采用 EMD 法或者 Savitzky-Golay 函数将水击压强与脉动压强分解,统计脉动压强最大幅值及对应的净水头,振幅相对值 =(脉动压强最大幅值 − 对应的净水头)/ 对应的净水头。

表 7.2　实测机组单机甩 100% 负荷过渡过程中脉动压强幅值统计

类别	蜗壳进口			尾水管进口		
	脉动压强振幅 /m	净水头(含水击压强)/m	相对值 /%	脉动压强振幅 /m	净水头(含水击压强)/m	相对值 /%
洪屏	−44.17 ~ 42.42	661.82	6.67	−26.95 ~ 35.50	664.75	5.34
黑麋峰	−48.77 ~ 50.23	385.59	13.03	−14.50 ~ 16.53	382.49	4.32
惠蓄	−140.05 ~ 91.25	553.33	25.31	−45.55 ~ 43.18	425.56	10.70
回龙	−93.58 ~ 109.35	441.13	24.79	−2.69 ~ 2.14	441.13	0.61

另外,对脉动压强频谱分析,得出了如下几点结论。

① 采样频率选择对脉动压强呈现至关重要。

当采样频率偏低时(如惠蓄实测资料),实测脉动压强在频域上并不完整,参考价值不大。在满足奈奎斯特采样定理的前提下,合理的采样频率应超过由流动引起的最大脉动压强频率的 2 倍。

以黑麋峰为例,采样频率应超过 $2(2f_{n\max}Z_b)$,其中,$f_{n\max}$ 为甩负荷过程中最大转频,$f_{n\max} = 300/60 \times 1.5 = 7.5(\mathrm{Hz})$,$Z_b = 9$ 为叶片数,计算得采样频率至少为 270 Hz,因此选取 1 000 Hz 采样频率是充裕的。但应注意,对于不同转速、不同叶片导叶数组合的机组,合理采样频率的最小值不同。

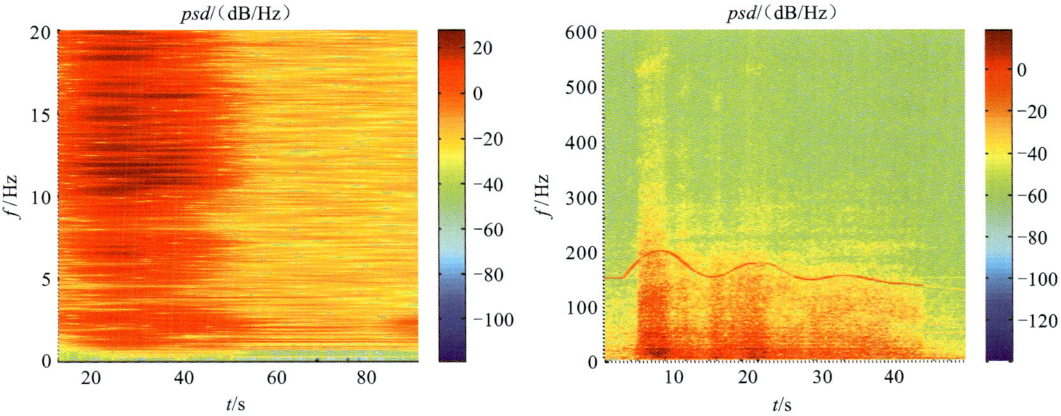

(a) 蜗壳测点脉动频谱图(采样频率40 Hz)　(b) 蜗壳测点脉动频谱图(采样频率1 200 Hz)

图 7.14　不同采样频率下脉动压强频谱图

② 测量过程中，应避免测试仪器出现流固耦合激振。

若压力传感器连接在蜗壳细长测压管顶端，当机组甩负荷时，传感器接收的信息不仅包含非恒定流引起的水击压强和脉动压强，而且包含细长测压管流固耦合引起的振动。而这种流固耦合振动引起的脉动压强，并不是真实的脉动压强。故所测得的脉动压强会在低频区出现不真实的幅值。建议传感器直接与蜗壳、尾水管和其他测点的管壁连接。

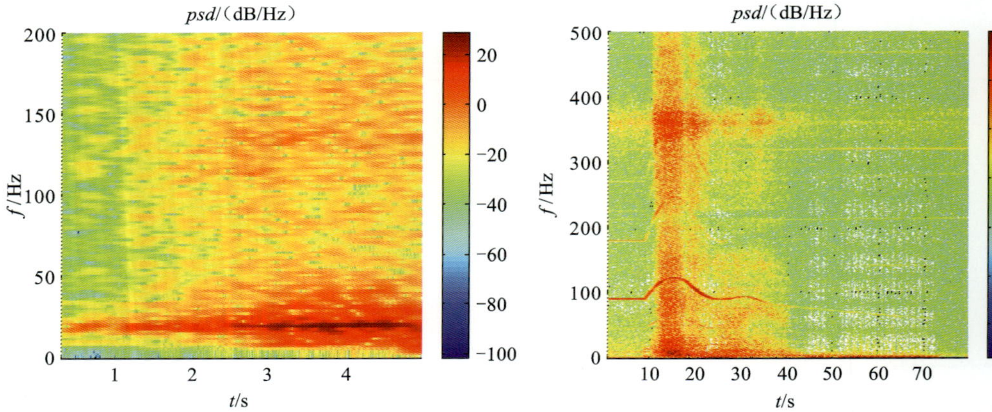

(a) 蜗壳测点脉动频谱图
(传感器连接在蜗壳细长测压管顶端)

(b) 蜗壳测点脉动频谱图
(传感器直接与蜗壳连接)

图 7.15　传感器流固耦合激振导致脉动压强会在低频区出现异常幅值

③ 机组甩负荷过程中，蜗壳和尾水管脉动压强组成特点不同。

蜗壳脉动压强在工况点处于水轮机工况区高效率区间时，其主要组成成分是高频段的动静干涉；当工况点进入飞逸点后，脉动压强由高频段动静干涉和低频段旋转失速共同组成。两者的极值均出现在飞逸点以后的水轮机制动工况区。

尾水管脉动压强组成频率主要集中于低频区。机组大负荷运行时，频谱中振幅较高的频率与尾水管涡带频率对应；机组部分负荷运行时，由于尾水管流态紊乱，导致频谱振幅分布混乱。在机组甩负荷过程中，当工况点位于飞逸点的前后，尾水管流态更加紊乱，频谱组成成分更加复杂。

④ 概率分布数据处理的作用。

在过渡过程中，脉动压强将随工况点的移动发生显著变化，其幅值并不像稳态过程中是一个近似固定值。因此，并不能直接按照稳态脉动压强 97% 概率分布方法，对过渡过程中的脉动压强数据统一进行处理，否则仅会削弱非最优工况点的脉动压强高幅值(该区域脉动压强幅值高是客观存在的事实)，反而不会去除在脉动压强幅值较小的工况下出现的奇异点。

因此，对过渡过程中脉动压强进行处理时，应将过渡过程分为若干个小的时间段，在每一个小时间段内按稳态的方法进行误差分析。例如，当采样频率为 1 000 Hz 时，对应 0.2 s 的时间段有 200 个采样点，对该 200 个采样点进行 97% 稳态概率分布数据处理。如此一来，便可将对应于所有频率段的各小时段幅值奇异点剔除。两种方法对比的结果见图 7.17。

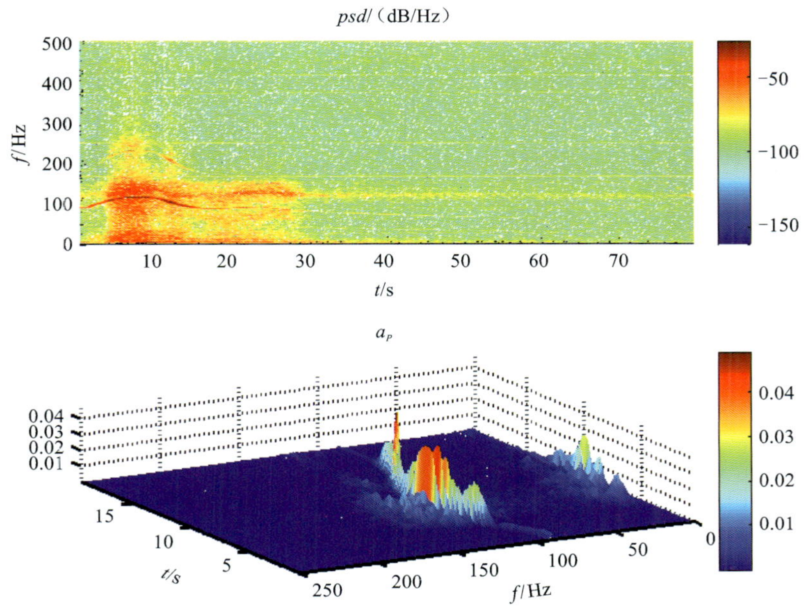

（a）蜗壳进口测点脉动频谱图

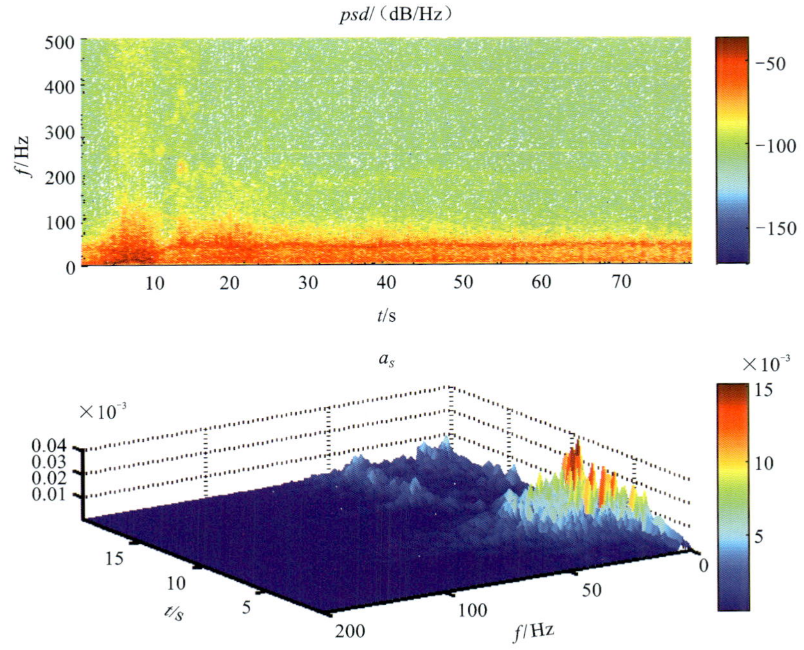

（b）尾水管进口测点脉动频谱图

图 7.16 甩负荷过程中机组蜗壳进口及尾水管进口脉动压强频谱图

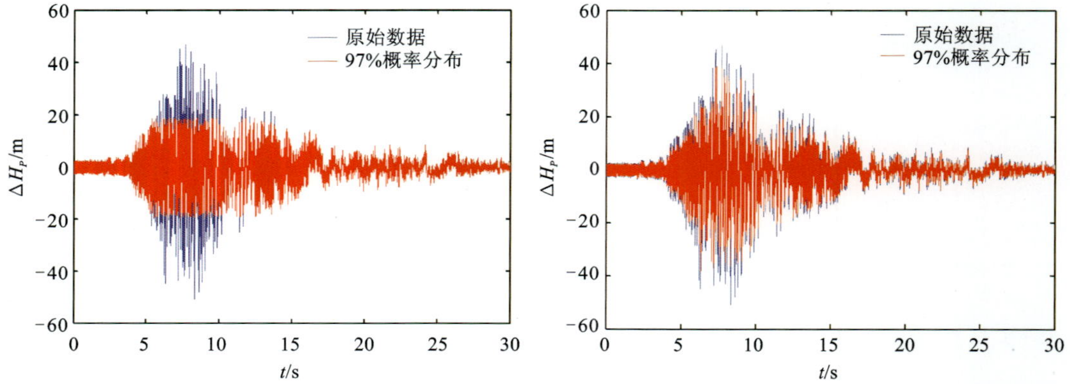

（a）蜗壳脉动压强与经过稳态97%概率分布修正结果　　（b）蜗壳脉动压强与经过97%动态概率分布修正结果

图 7.17　采用稳态和动态概率分布修正脉动压强时域结果对比

利用短时傅里叶变换，可以分别将原始脉动数据、97％动态概率分布处理数据、97％稳态概率分布处理数据在频域进行比较，结果见图 7.18。从图中可见，动态概率分布处理将对应于所有频率段的各小时段的幅值均有削弱，而稳态概率分布处理方法只是单一地削弱了 5 ～ 10 s 低频区的强烈幅值。因此，频域分析的结果表明，按照动态概率分布的数据处理方法更为可靠。

（3）认识与亟待解决的难题。

实测的机组甩负荷过程中脉动压强是客观存在的，脉动压强振幅大也是客观存在的，并不是数据采集中外界干扰引起的（除非实测方法有问题）。工程实践中亟待解决的难题如下。

① 如何从水泵水轮机水力设计的角度减小大开度反 S 区的脉动压强。

② 如何从导叶关闭规律优化的角度避开大开度反 S 区。

③ 如何正确认识和深入探索脉动压强对结构强度设计和判别水柱分离的作用（本节的基本观点是：脉动压强可以导致结构的疲劳，是长期作用的结果；小气穴在继续的汽化压强作用下才能出现空化，继而形成水柱分离。若原型实测中出现了小于汽化压强的脉动压强，则说明小气穴在较高频的脉动压强作用下，没有形成水柱分离）。工程中是否可以考虑脉动压强的置信度，适度进行脉动压强的修改和调节保证现场试验值（包含脉动压强）的考核。否则，一味降低机组安装高程，可能带来甩负荷过程中向上轴向水推力太大，导致抬机事故发生。

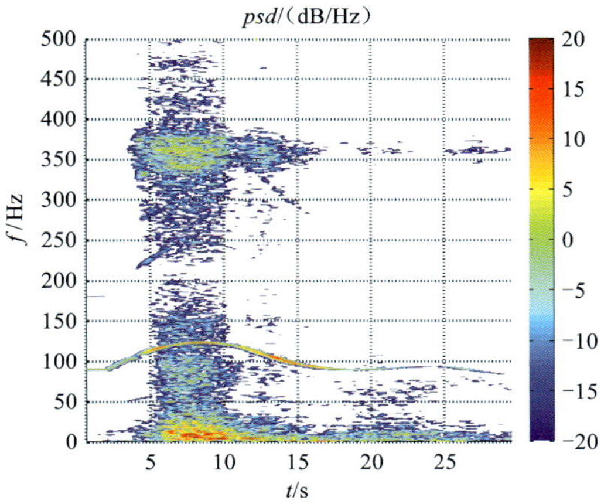

（a）原始脉动频谱图

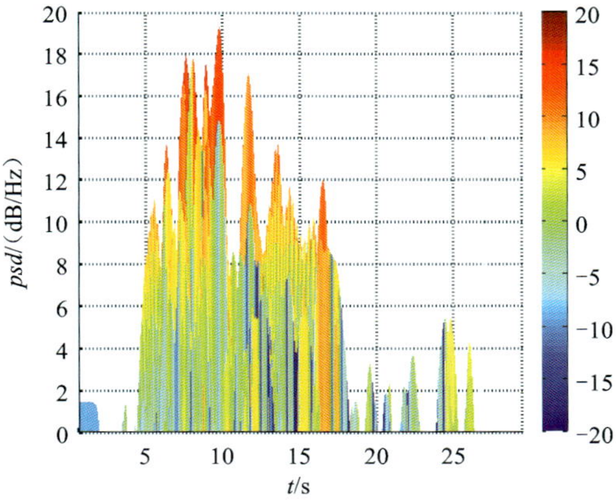

（b）原始脉动频谱图-侧视图

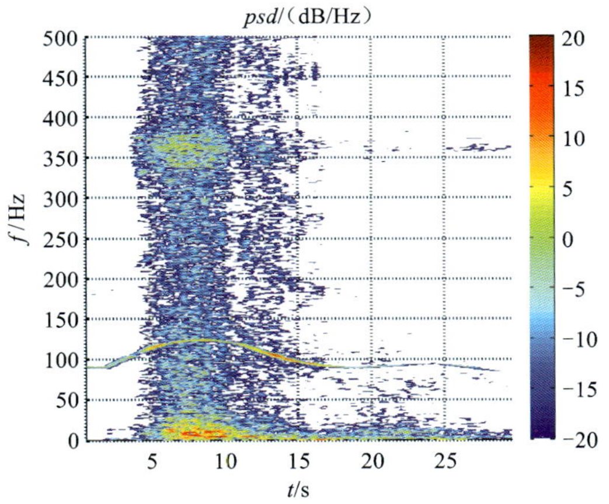

（c）97%动态概率分布频谱图

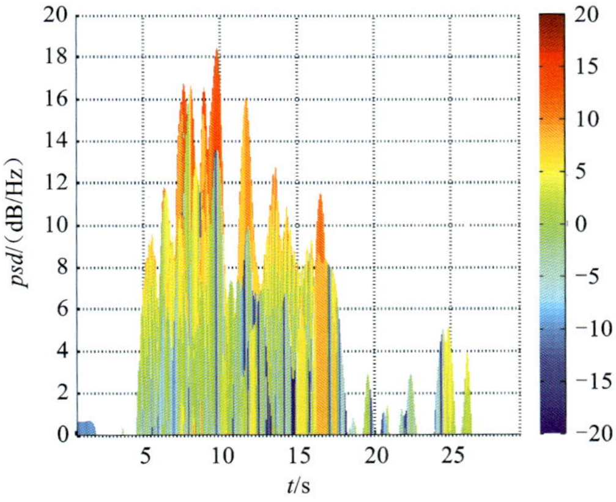

（d）97%动态概率分布频谱图-侧视图

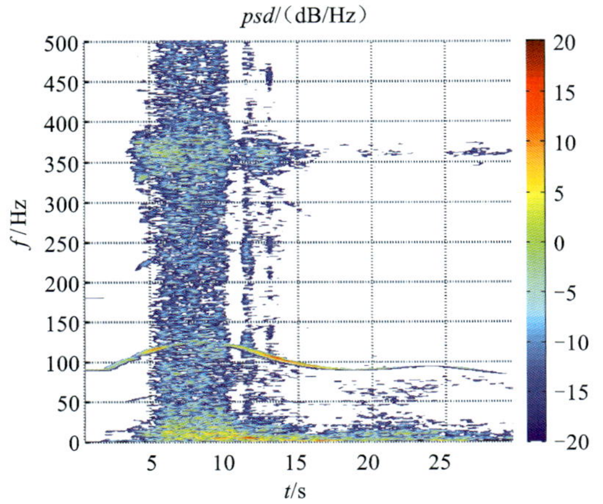

（e）97%稳态概率分布频谱图

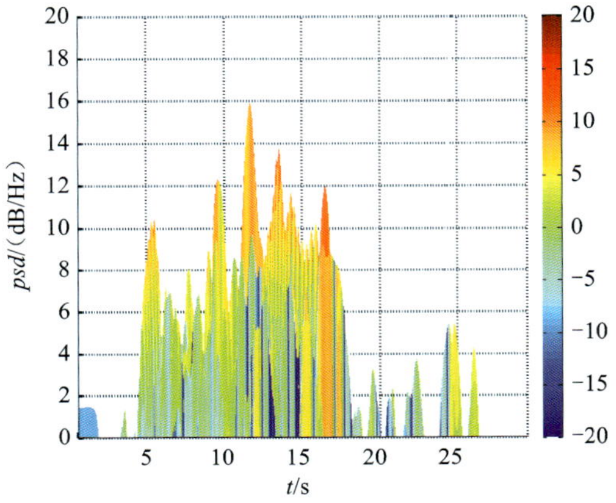

（f）97%稳态概率分布频谱图-侧视图

图 7.18　采用稳态和动态概率分布修正脉动压强频域结果对比

参 考 文 献

[1] Huang N E, Shen Z, Long S R, et al. The empirical mode decomposition and the Hilbert spectrum for nonlinear and nonstationary time series analysis. Proceedings of the Royal Society of London, Series A, 1998, 454(4): 903-995.

[2] Schafer R W. What is a savitzky-golay filter? IEEE Signal Proc. Mag., 2011, 28(4): 111-117.

[3] IEC-994. Guide for field measurement of vibrations and pulsations in hydraulic machines (turbines, storage pumps and pump-turbines), Switzerland, Geneva, 1991.

[4] Gabor D. Theory of Communication. Journal of the Institution of Electrical Engineering, 1946, 93: 429-457.

[5] 胡卫，吴兵，凌海滨. 地图等高线自动内插算法. 计算机学报，2000，23(8)：847-851.

[6] Rilling G, Flandrin P, Goncalves P. On empirical mode decomposition and its algorithms. IEEE-IURASIP Workshop on Nonlinear Signal and Image Processing, (NSIP2003), 2003: 8-11.

[7] Ericson C. Real-time Collision Detection. San Francisco: Morgan Kaufmann Series in Interactive 3D Technology, 2005.

[8] 杨桀彬，杨建东，王超，等. 水泵水轮机甩负荷过渡过程中脉动压力的模拟. 水力发电学报，2014，33(4)：1-9.

[9] 杨桀彬. 基于空间曲面的水泵水轮机全特性及过渡过程的研究. 武汉：武汉大学，2014.

符 号 说 明

符号	名称
$\# A$	在集合 A 中的元素个数
A_P	转轮进口(或蜗壳进口)管道横截面面积,m^2
A_S	转轮出口(或尾水管进口)管道横截面面积,m^2
AB	脉动压强等值线辅助三角形网格 $\triangle ABC$ 的某一边 AB
AQ_{j+1}	按“最大角,不相交”原则选取的辅助线段
a_k	下标 $k=1,2,\cdots,N$,多项式拟合的系数
a_P	转轮进口(或蜗壳进口)脉动压强幅值相对值
a_S	转轮出口(或尾水管进口)脉动压强幅值相对值
BP_{i+1}	按“最大角,不相交”原则选取的辅助线段
C	$\triangle ABC$ 中与 AB 边的相对的顶点
c_i	下标 $i=1,2,\cdots,n$,原始信号 $x(t)$的 n 阶 IMF 分量
c_{Pi}	下标 $i=1,2,\cdots,n$,原始信号 $\widetilde{H}_P(t)$的 n 阶 IMF 分量
c_{Si}	下标 $i=1,2,\cdots,n$,原始信号 $\widetilde{H}_S(t)$的 n 阶 IMF 分量
D	与 $\triangle ABC$ 同平面的一点
E	连接并延长 AD 与边 BC 的交点
e_+	极大值包络线
e_-	极小值包络线
f	频率,Hz
$f_{n\max}$	最大转频,Hz
H_P	转轮进口(或蜗壳进口)水击(均值)压强,m
H_S	转轮出口(或尾水管进口)水击(均值)压强,m
$\widetilde{H}_P$	转轮进口(或蜗壳进口)实测压强波动信号,m
$\widetilde{H}_S$	转轮出口(或尾水管进口)实测压强波动信号,m
ΔH_P	转轮进口(或蜗壳进口)脉动压强,m
ΔH_S	转轮出口(或尾水管进口)脉动压强,m
h_1	原始信号 $x(t)$去除均值后的第一分量
h_{1k}	h_1 经过 k 次筛分后满足 IMF 定义的结果
IMF	固有模态函数
$\mathrm{im}f_i$	下标 $i=1,2,\cdots,n$,原始信号 $x(t)$的 n 阶 IMF 分量
k_1	将 D 代入 AB 边直线方程整理得到的中间系数
k_2	将 D 代入 AB 边直线方程整理得到的中间系数
M	待拟合的离散时间信号的总数的一半

m	脉动压强等值线 I 上的点的数目
m_1	上下包络线间的均值
N	待拟合的离散时间信号的总数；多项式拟合的幂次；采样点总数
n	多项式拟合的参数；脉动压强等值线 II 上的点的数目
n^k	下标 $k=1,2,\cdots,N$，多项式拟合的幂基
$\overrightarrow{n_c}$	向量$\overrightarrow{CA}$ 与向量$\overrightarrow{AB}$ 叉乘乘积
$\overrightarrow{n_d}$	向量$\overrightarrow{DA}$ 与向量$\overrightarrow{AB}$ 叉乘乘积
n_1'	单位转速，r/min
P_i	下标 $i=1,\cdots,m$，脉动压强等值线 I 上的点
P_1	脉动压强等值线上点 A 的脉动压强幅值
P_2	脉动压强等值线上边 BC 的脉动压强幅值
P_3	脉动压强等值线上点 D 的脉动压强幅值
p	多项式拟合函数
p_s	概率，%
psd	功率密度，dB/Hz
Q_j	下标 $i=1,\cdots,n$，脉动压强等值线 II 上的点；流量，m^3/s
Q_1'	单位流量，m^3/s
r_i	下标 $i=1,\cdots,n$，将 $x(t)$经过 i 次 EMD 筛分后的余量
$S_x(n,\omega)$	离散时间信号的短时傅立叶变换
SD	标准偏差系数
T	信号的总时间长度，s
t	时间，s
w	时间窗序列
x	待分解的原始信号
$x[i]$	$i=-M,-M+1,\cdots,0,\cdots,M-1,M$，待拟合的离散时间信号
Z_b	叶片数
α	Rilling 判据阈值
ε	SD 判据阈值
ε_N	拟合误差
θ_1	Rilling 判据阈值
θ_2	Rilling 判据阈值
σ	Rilling 判据
ω_r	等频率间隔采样点的频率间隔，rad/s

下标

符号	名称
a	点 A 处

b	点 B 处
c	点 C 处
d	点 D 处
i	数据点在序列中的位置
ii	数据点在序列中的位置
j	数据点在序列中的位置
jj	数据点在序列中的位置
k	第 k 次 EMD 分解；数据点在序列中的位置
n	第 n 次 EMD 分解
P	转轮进口（蜗壳进口）
S	转轮出口（尾水管进口）
T	矩阵转置

上标

符号	名称
k	多项式拟合的幂次

第 8 章　基于反 S 特性及脉动压强的导叶关闭规律优化

在第 5 章和第 7 章中分别讨论了抽水蓄能机组甩负荷过程中水泵水轮机反 S 特性和脉动压强对调节保证计算极为不利的影响。为了满足有关设计规范的要求，保证抽水蓄能电站安全运行，有必要开展两方面的优化：一是输水管道系统布置的优化，包括平压措施，如调压室的设置，其目的不仅满足地形、地质、施工、经济性各方面的要求，而且应与该水头段的抽水蓄能机组特性相匹配，并为抽水蓄能电站安全稳定灵活运行留有一定的裕度；二是导叶关闭规律的优化，包括水轮机甩负荷工况的导叶关闭规律的优化，以及水泵断电工况的导叶关闭规律的优化。合理的导叶关闭规律不仅应避开较强的脉动压强、减轻水击压强，而且应尽可能简单、易于实现且与调速器正常调节不冲突。

抽水蓄能机组导叶关闭规律的优化是一个长期困扰设计、机组制造商和电站运行的难题，不仅在没有获得最终模型试验曲线等资料可行性设计阶段，套用比转速相同或相近的水泵水轮机模型试验曲线，难以找到合适的导叶关闭规律满足相关规范的要求，而且在获得最终模型试验曲线等资料后施工详图设计阶段，调节保证的复核计算及导叶关闭规律的优化有时也不能满足调节保证的合同值。有的甚至在机组调试阶段，实测结果及对比计算不满足合同要求，不得不限制机组运行范围，直接影响到电站的竣工验收。为此，抽水蓄能机组采用的导叶关闭规律各式各样，归纳起来分为 7 种，即直线关闭规律、先快后慢的两段折线关闭规律、先慢后快的两段折线关闭规律、延时 + 快关的两段折线关闭规律、快关 + 延时 + 快关的三段折线关闭规律、导叶与球阀联动的关闭规律和不同步导叶的关闭规律。但这些关闭规律理论依据、适应条件、优缺点何在，是需要深入探求的问题。因此，本章的主要内容是：基于水泵水轮机反 S 特性和脉动压强等值线分布特征，寻求导叶关闭规律的理论依据；根据关闭规律简单易行且与调速器正常调节不冲突的原则，对上述 7 种关闭规律进行对比，明确各自的优缺点及适用条件；对水泵断电工况的导叶关闭规律进行优化，明确优化的基本原则。

值得说明的是，水轮机停机工况、水泵停机工况、水泵启动工况均为人为的控制工况，不危及机组和电站安全运行，故在本书中不予以讨论。水轮机空载工况稳定性、水轮机运行工况稳定性及调节品质已在第 6 章进行了讨论，水力干扰和多台机组相继甩负荷等过渡过程，将在第 9 章中讨论。

8.1　基于反 S 特性与脉动压强的水轮机甩负荷工况导叶关闭规律优化理论

本节在弹性水击理论的前提下，由机组边界方程出发，在引入两个辅助点的前提下，借助于转速误差函数为单调函数的特点，提出时间步长内 $X = \sqrt{H_P - H_S}$ 变化规律的分析方法；借助辅助点，根据 ΔX 的符号变化的影响因素，即工况点所在位置的偏差函数的单调性、工况点的移动方向、有向线段 MN 单位转速与单位流量变化量 $\Delta n'_{1NM}$ 和 $\Delta Q'_{1NM}$ 的符号、ΔC_{1t} 的符号、$M'_{1N'}+M'_{1M}$ 的符号等进行分类，并判别各类的 ΔX_{NM} 符号；依据机组甩负荷导叶拒动工况的工况点轨迹线，对每个时间步工况点历经的有向线段以及 X 的变化，按不同特征（分类型）进行归纳，得到工况点一次路径循环过程中 X 的上升区与下降区；由各种类型时间步长内有向线段夹角的变化对 X 的影响分析推及由导叶关闭（跨开度）导致的轨迹线角度的变化对各区域 X 变化情况的影响分析；以轨迹线上压强上升区导叶快关、不关或开启，压强下降区导叶快关为导叶关闭规律优化原则并考虑脉动压强等值线的分布特点提出基于反 S 特性与脉动压强的导叶关闭规律。

8.1.1　时间步长内水头平方根 X 的变化规律的理论分析

令 $t-\Delta t$ 时刻工况点位于点 $M(n'_{1M},Q'_{1M},M'_{1M})$，$t$ 时刻工况点位于 $N(n'_{1N},Q'_{1N},M'_{1N})$，在此时间步长内工况点在流量特性曲线上所走的轨迹为有向线段 MN，如图 8.1(a) 所示，则 M 和 N 两点的水头平方根 X_M 和 X_N 分别为[1]

$$X_M=\frac{C_2D_1^2}{2}\left(-Q'_{1M}\pm\sqrt{{Q'_{1M}}^2+\frac{4C_{1t-\Delta t}}{C_2^2D_1^4}}\right) \tag{8.1}$$

$$X_N=\frac{C_2D_1^2}{2}\left(-Q'_{1N}\pm\sqrt{{Q'_{1N}}^2+\frac{4C_{1t}}{C_2^2D_1^4}}\right) \tag{8.2}$$

式中，$C_1=Q_{CP}/C_{QP}+Q_{CM}/C_{QM}$；$C_2=1/C_{QP}+1/C_{QM}$。

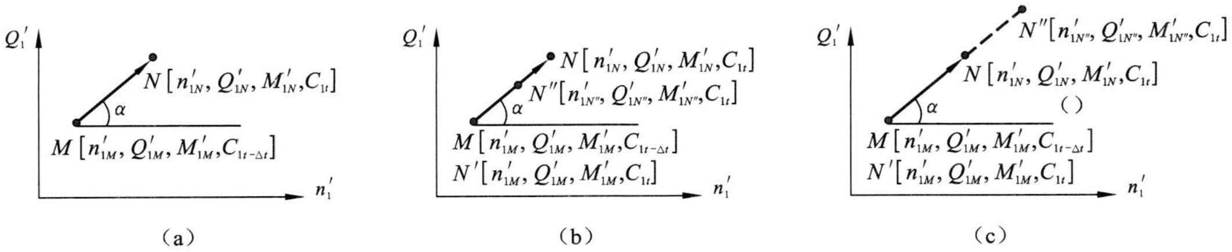

图 8.1　一个时间步长内工况点轨迹及两个辅助点示意图

为了判别 N 和 M 两点的水头平方根之差 $\Delta X_{NM}=X_N-X_M$ 的符号，引入水轮机如下两个辅助点：

(1) 辅助点 N'，该点与 M 点的单位参数相同，与点 N 具有相同的 C_1；

(2) 辅助点 N''，该点位于有向线段 MN 上或 MN 的延长线上且满足 $X_{N''}=X_M$。

于是，辅助点 N' 与 N'' 的水头平方根 $X_{N'}$ 与 $X_{N''}$ 可以写为

$$X_{N'}=\frac{C_2D_1^2}{2}\left(-Q'_{1M}\pm\sqrt{{Q'_{1M}}^2+\frac{4C_{1t}}{C_2^2D_1^4}}\right) \tag{8.3}$$

$$X_{N''}=\frac{C_2D_1^2}{2}\left(-Q'_{1N''}\pm\sqrt{{Q'_{1N''}}^2+\frac{4C_{1t}}{C_2^2D_1^4}}\right) \tag{8.4}$$

ΔX_{NM} 符号的判别可转化为对 $\Delta X_{N'M}$、$\Delta X_{NN'}$ 以及 $\Delta X_{NN''}$ 三者符号的判别，判别流程如图 8.2 所示。

对于 $\Delta C_{1t}=C_{1t}-C_{1t-\Delta t}$ 符号的探讨，由特征线方程可知，t 时刻和 $t-\Delta t$ 时刻的 C_{1t} 和 $C_{1t-\Delta t}$ 分别为

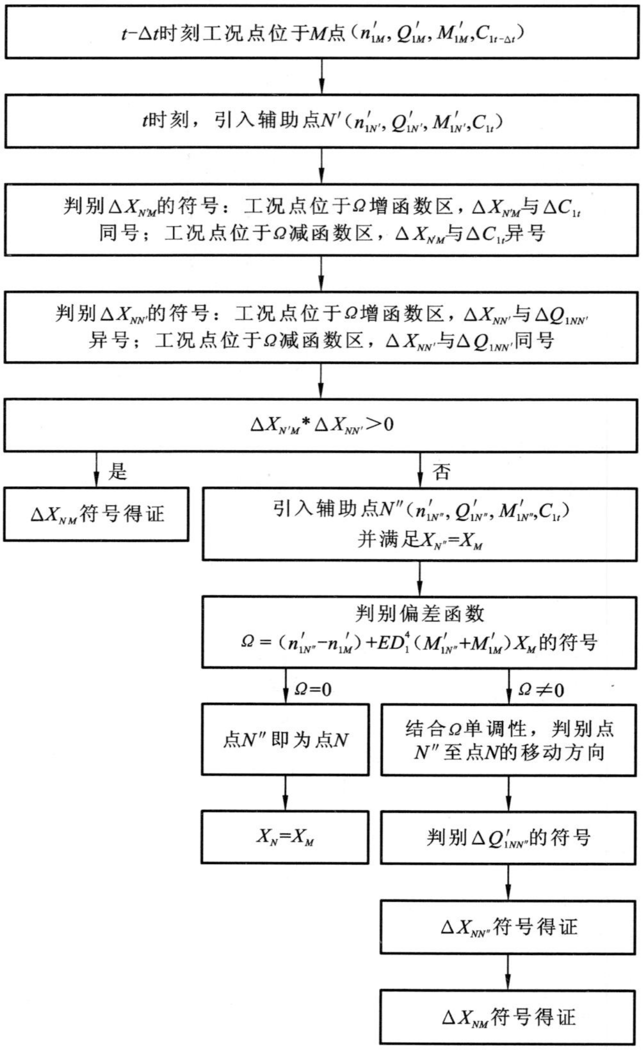

图 8.2　ΔX_{NM} 符号的判别流程

$$C_{1t}=Q_{i-1,t-\Delta t}\frac{C_{i-1}}{gA_P}+Q_{i+1,t+\Delta t}\frac{C_{i+1}}{gA_S}+(H_{P\,i-1,t-\Delta t}-H_{S\,i+1,t-\Delta t}) \tag{8.5}$$

$$C_{1t-\Delta t}=Q_{i-1,t-2\Delta t}\frac{C_{i-1}}{gA_P}+Q_{i+1,t-2\Delta t}\frac{C_{i+1}}{gA_S}+(H_{P\,i-1,t-2\Delta t}-H_{S\,i+1,t-2\Delta t}) \tag{8.6}$$

则

$$\Delta C_{1t}=\frac{C_{i-1}}{gA_P}\Delta Q_1+\frac{C_{i+1}}{gA_S}\Delta Q_2+\Delta H_1-\Delta H_2 \tag{8.7}$$

式中

$$\Delta Q_1=Q_{i-1,t-\Delta t}-Q_{i-1,t-2\Delta t},\Delta Q_2=Q_{i+1,t-\Delta t}-Q_{i+1,t-2\Delta t}$$

$$\Delta H_1=H_{P\,i-1,t-\Delta t}-H_{S\,i+1,t-\Delta t},\Delta H_2=H_{P\,i-1,t-2\Delta t}-H_{S\,i+1,t-2\Delta t}$$

ΔC_{1t} 取决于前一时刻与前前时刻的流量之差及水头之差的符号，并且以流量之差为主要影响因素。当机组甩负荷后，工况点在第一次正向移动时，如果流量一直减小，那么水轮机工况区、水轮机制动工况区、反水泵工况区均有 $\Delta C_{1t} < 0$，在第二次及以后的正向移动中，在水轮机工况区正向移动起始点附近，可能经历短暂的 $\Delta C_{1t} > 0$ 的情况；同理，工况点在第一次及以后的反向移动中，在水轮机制动工况区或反水泵工况区反向移动起始点附近可能经历短暂的 $\Delta C_{1t} < 0$ 的情况，此后均有 $\Delta C_{1t} > 0$。

8.1.2　时间步长内工况点移动有向线段的分类及 ΔX 符号变化

由 8.1.1 节分析可知，一个时间步长之内 ΔX 的符号变化取决于工况点所在位置的偏差函数的单调性、工况点的移动方向、有向线段 MN 单位转速与单位流量变化量 $\Delta n'_{1NM}$ 和 $\Delta Q'_{1NM}$ 的符号、ΔC_{1t} 的符号、$M'_{1N''}+M'_{1M}$ 的符号（由于有向线段 MN 的距离较近，假定该线段上的所有点与 M 点的单位力矩符号相同，即以 M'_{1M} 的符号替代 $M'_{1N''}+M'_{1M}$ 的符号）。

在此按上述影响因素对有向线段 MN 进行分类，分类方法如下。

（1）分类以 A-B-C 形式表示，其中 A 为大类，B 和 C 为子类；

（2）字母 A 代表 $\Delta n'_{1NM}$ 和 $\Delta Q'_{1NM}$ 的符号、工况点的移动方向、误差函数的单调性，共有 32 种，其中可能发生的有 12 种，如表 8.1 所示；

（3）字母 B 表示 M'_{1M} 的符号，当 $B=1$ 时，$M'_{1M}>0$，工况点位于水轮机区；当 $B=2$ 时，$M'_{1M}<0$，工况点位于水轮机制动工况区或反水泵工况区；

（4）字母 C 表示 ΔC_{1t} 的符号，$C=1$ 表示 $\Delta C_{1t}>0$，$C=2$ 表示 $\Delta C_{1t}<0$。

分类及各子类 ΔX_{NM} 的符号汇总于表 8.1。

表 8.1　各子类 ΔX_{NM} 符号汇总表

大类编号	子类编号	条件						判别结果				
		$\Delta n'_{1NM}$	$\Delta Q'_{1NM}$	移动方向	误差函数 Ω 单调性	M'_{1M}	ΔC_{1t}	$\Omega_{N''}$	$\Delta X_{N'M}$	$\Delta X_{NN'}$	$\Delta X_{NN''}$	ΔX_{NM}
大类 1	子类 1-1-1	+	+	正	增	+	+	+	+	−	+	+
		+	+	正	增	+	+	0	+	−	0	0
		+	+	正	增	+	+	−	+	−	−	−
	子类 1-1-2	+	+	正	增	+	−	/	−	−	/	−
	子类 1-2-1	+	+	正	增	−	+	+	+	−	+	+
	子类 1-2-2	+	+	正	增	−	−	/	−	−	/	−
大类 2	子类 2-1-1	−	−	正	增	+	+	/	+	+	/	+
	子类 2-1-2	−	−	正	增	+	−	−	−	+	+	+
	子类 2-2-1	−	−	正	增	−	+	/	+	+	/	+
	子类 2-2-2	−	−	正	增	−	−	+	−	+	−	−
		−	−	正	增	−	−	0	−	+	0	0
		−	−	正	增	−	−	−	−	+	+	+

续表

大类编号	子类编号	条件						判别结果				
		$\Delta n'_{1NM}$	$\Delta Q'_{1NM}$	移动方向	误差函数Ω单调性	M'_{1M}	ΔC_{1t}	$\Omega_{N''}$	$\Delta X_{N'M}$	$\Delta X_{NN'}$	$\Delta X_{NN''}$	ΔX_{NM}
大类 3	子类 3-1-1	+	−	正	增	+	+	/	+	+	/	+
	子类 3-1-2	+	−	正	增	+	−	+	−	+	−	−
		+	−	正	增	+	−	0	−	+	0	0
		+	−	正	增	+	−	−	−	+	+	+
	子类 3-2-1	+	−	正	增	−	+	/	+	+	/	+
	子类 3-2-2	+	−	正	增	+	−	+	−	+	−	−
大类 5	子类 5-1-1	+	0	正	增	+	+	/	+	0	/	+
	子类 5-1-2	+	0	正	增	+	−	/	−	0	/	−
	子类 5-2-1	+	0	正	增	−	+	/	+	0	/	+
	子类 5-2-2	+	0	正	增	−	−	/	−	0	/	−
大类 8	子类 8-1-1	0	−	正	增	+	+	/	+	+	/	+
	子类 8-1-2	0	−	正	增	+	−	−	−	+	+	+
	子类 8-2-1	0	−	正	增	−	+	/	+	+	+	+
	子类 8-2-2	0	−	正	增	−	−	+	−	+	−	−
大类 9	子类 9-1-1	−	−	反	增	+	+	/	+	+	/	+
	子类 9-1-2	−	−	反	增	+	−	−	−	+	−	−
	子类 9-2-1	−	−	反	增	−	+	/	+	+	/	+
	子类 9-2-2	−	−	反	增	−	−	+	−	+	+	+
		−	−	反	增	−	−	0	−	+	0	0
		−	−	反	增	−	−	−	−	+	−	−
大类 10	子类 10-1-1	+	+	反	增	+	+	+	+	−	−	−
		+	+	反	增	+	+	0	+	−	0	0
		+	+	反	增	+	+	−	+	−	+	+
	子类 10-1-2	+	+	反	增	+	−	/	−	−	/	−
	子类 10-2-1	+	+	反	增	−	+	+	+	−	−	−
	子类 10-2-2	+	+	反	增	+	−	/	−	−	−	−
大类 11	子类 11-1-1	−	+	反	增	+	+	−	+	−	+	+
	子类 11-1-2	−	+	反	增	+	−	/	−	−	/	−
	子类 11-2-1	−	+	反	增	−	+	+	+	−	−	−
		−	+	反	增	−	+	0	+	−	0	0
		−	+	反	增	−	+	−	+	−	+	+
	子类 11-2-2	−	+	反	增	−	−	/	−	−	/	−

续表

大类编号	子类编号	条件						判别结果				
		$\Delta n'_{1NM}$	$\Delta Q'_{1NM}$	移动方向	误差函数 Ω 单调性	M'_{1M}	ΔC_{1t}	$\Omega_{N''}$	$\Delta X_{N'M}$	$\Delta X_{NN'}$	$\Delta X_{NN''}$	ΔX_{NM}
大类 13	子类 13-1-1	−	0	反	增	+	+	/	+	0	/	+
	子类 13-1-2	−	0	反	增	+	−	/	−	0	/	−
	子类 13-2-1	−	0	反	增	−	+	/	+	0	/	+
	子类 13-2-2	−	0	反	增	−	−	/	−	0	/	−
大类 16	子类 16-1-1	0	+	反	增	+	+	−	+	−	+	+
	子类 16-1-2	0	+	反	增	+	−	/	−	−	/	−
	子类 16-2-1	0	+	反	增	−	+	+	+	−	−	−
	子类 16-2-2	0	+	反	增	−	−	/	−	−	/	−
大类 19	子类 19-2-1	+	−	正	减	−	+	/	−	−	/	−
	子类 19-2-2	+	−	正	减	−	−	+	+	−	−	−
大类 27	子类 27-2-1	−	+	反	减	−	+	+	−	+	−	−
		−	+	反	减	−	+	0	−	+	0	0
		−	+	反	减	−	+	−	−	+	+	+
	子类 27-2-2	−	+	反	减	−	−	/	+	+	/	+

8.1.3　机组甩负荷导叶拒动工况轨迹线分区与 X 变化分析

机组甩负荷后，若导叶不动，工况点将沿等开度线在水轮机工况区、水轮机制动工况区、有时还包括反水泵工况区之间往复移动。为了对工况点沿轨迹线移动所导致的 X 状态进行归类，定义如下的分界点：A 点为本次正向移动的起始点；B 点为轨迹线最大单位转速点；C 点为飞逸点；D 点为水轮机制动工况区至反水泵工况区最小单位转速点；如果工况点进入反水泵工况区，E 点为反水泵工况区反向移动起始点；F 点为下一次正向移动起始点；G 点为下一次正向移动 C_1 最大点，如图 8.3 所示。

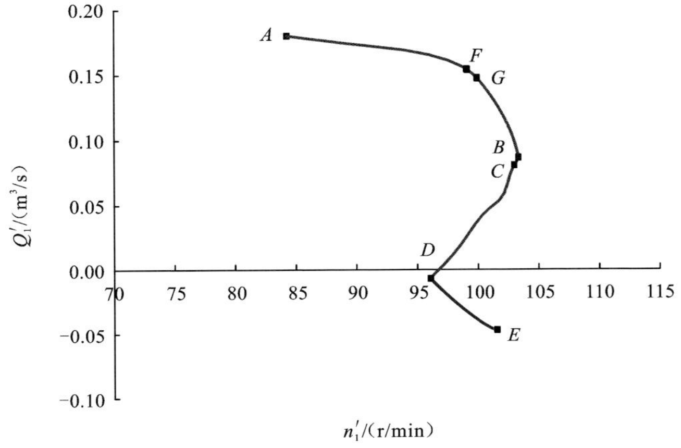

图 8.3　机组甩负荷导叶不关工况轨迹线及分区

机组甩负荷后工况点由 A 至 G 点移动的轨迹线可视为一次路径循环，对其进行如下分区，即 $\overrightarrow{AB}$、$\overrightarrow{BC}$、$\overrightarrow{CD}$、$\overrightarrow{DC}$、$\overrightarrow{CB}$、$\overrightarrow{BF}$、$\overrightarrow{FG}$（图例中工况点在达到 D 点之后即开始反向移动，因此路径中没有 $\overrightarrow{DE}$ 和 $\overrightarrow{ED}$ 两区），每一区可近似视为 X 状态相同的有向线段的集合，如表 8.2 与图 8.4 所示

表 8.2　机组甩负荷导叶不动条件下一个路径循环过程中轨迹线分区表

分区	子类编号	特征参数符号						压强变化情况分区
		$\Delta n'_1$	$\Delta Q'_1$	$\sum M'_1$	移动方向	ΔC_1	ΔX	
$\overrightarrow{AB}$	子类 3-1-2	+	−	+	+	−	+/−	压强上升区
$\overrightarrow{BC}$	子类 2-1-2	−	−	+	+	−	+	压强上升区
$\overrightarrow{CD}$	子类 2-2-2	−	−	−	+	−	+/−	压强上升/下降区
$\overrightarrow{DC}$	子类 10-2-1	+	+	−	−	+	−	压强下降区
$\overrightarrow{CB}$	子类 10-1-1	+	+	+	−	+	+/−	压强上升/下降区
$\overrightarrow{BF}$	子类 11-1-1	−	+	+	−	+	+	压强上升区
$\overrightarrow{FG}$	子类 3-1-1	+	−	+	+	+	+	压强上升区

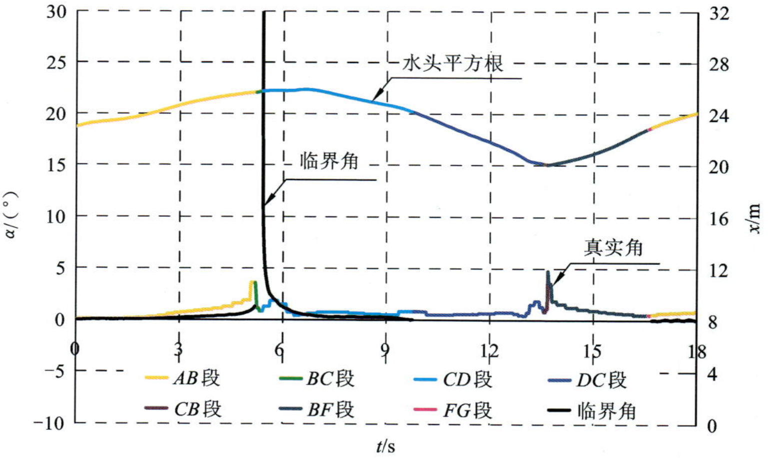

图8.4　机组甩负荷导叶不动条件下各分区水头平方根与轨迹线夹角变化

8.1.4　机组甩负荷导叶关闭条件下轨迹线夹角变化对各分区 ΔX 的影响

将轨迹线或有向线段的夹角 α 定义为轨迹线或有向线段 $\overrightarrow{MN}$ 与单位转速坐标轴所形成的交角（取第一象限角，见图 8.4）。当有向线段在流量特性曲线上所处的位置不同或者导叶关闭速率的改变都会造成其夹角 α 发生变化，本节首先分析 α 的变化对时间步长内 ΔX 变化速率的影响，继而分析由导叶关闭条件下轨迹线夹角变化对各分区 ΔX 变化速率的影响。

1. 时间步长内有向线段$\overrightarrow{MN}$夹角的变化对 ΔX_{NM} 变化速率的影响

假设在 $t-\Delta t$ 时刻，$M(n'_{1M},Q'_{1M},M'_{1M})$ 点将分别沿三条夹角不同的有向线段移动，并于 t 时刻至下一工况点 N_1、N_2 和 N_3，有向线段$\overrightarrow{MN_1}$、$\overrightarrow{MN_2}$ 与$\overrightarrow{MN_3}$ 的夹角分别为 α_{N_1}、α_{N_2} 以及 α_{N_3}。在这三条有向线段同样存在如下三点：$N'''_1(n'_{1N'''_1},Q'_{1N'''_1},M'_{1N'''_1})$、$N'''_2(n'_{1N'''_2},Q'_{1N'''_2},M'_{1N'''_2})$ 和 $N'''_3(n'_{1N'''_3},Q'_{1N'''_3},M'_{1N'''_3})$，且这三点的单位流量满足 $Q'_{1N'''_1}=Q'_{1N'''_2}=Q'_{1N'''_3}$，即满足 $X_{N'''_1}=X_{N'''_2}=X_{N'''_3}$，如图 8.5 所示。与此同时，假设在点 N'''_2 处满足，$n'_{1N'''_2}X_{N'''_2}=(n'_{1M}+2ED_1^4M'_{1M}X_M)X_M$，则点 N'''_2 即为点 N_2（也是 N''_2 点）。以下根据 $\tan\alpha_{N_1}$、$\tan\alpha_{N_2}$ 和 $\tan\alpha_{N_3}$ 的大小，并结合转速误差函数的单调性判断如表 8.2 所示的各分区 X_{N_1}、X_{N_2} 和 X_{N_3} 的大小。分析结果如表 8.3 所示。

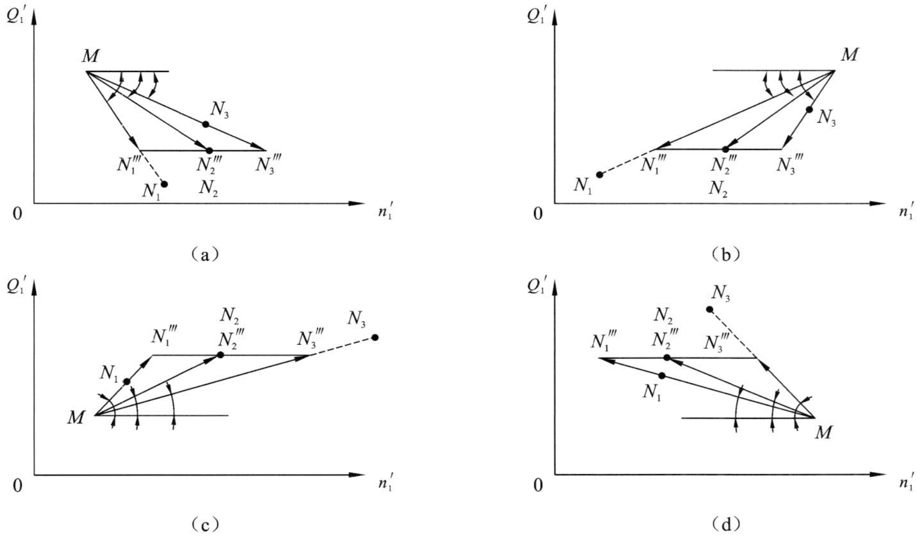

图 8.5　有向线段 MN 夹角变化图

表 8.3　有向线段 MN 夹角变化与 X 变化速率关系表

大类		3	2	10	11
图号		图 8.5(a)	图 8.5(b)	图 8.5(c)	图 8.5(d)
$\tan\alpha_i$ $(i=N'''_1,N'''_2,N'''_3)$	大	$\tan\alpha_{N'''_1}$	$\tan\alpha_{N'''_3}$	$\tan\alpha_{N'''_1}$	$\tan\alpha_{N'''_1}$
	中	$\tan\alpha_{N'''_2}$	$\tan\alpha_{N'''_2}$	$\tan\alpha_{N'''_2}$	$\tan\alpha_{N'''_2}$
	小	$\tan\alpha_{N'''_3}$	$\tan\alpha_{N'''_1}$	$\tan\alpha_{N'''_3}$	$\tan\alpha_{N'''_3}$
X_i $(i=N_1,N_2,N_3)$	大	X_{N_1}	X_{N_1}	X_{N_1}	X_{N_1}
	中	X_{N_2}	X_{N_2}	X_{N_2}	X_{N_2}
	小	X_{N_3}	X_{N_3}	X_{N_3}	X_{N_3}

由表 8.3 可知：

(1) 在分析流量特性曲线或由导叶关闭速率对 X 变化影响时，可通过对比轨迹线的夹角来定性分析 X 的变化速率。

(2) 根据 8.1.2 节的分析结果，情况 1-1-1、情况 2-2-2、情况 3-1-2、情况 9-2-2、情况 10-1-1、情况 11-2-1 以及情况 27-2-1 7 种情况的 ΔX_{NM} 可能存在正值、负值或零。将 MN_2 的夹角视为临界角(临界角的定义是当该时间步有向线段 MN 的终点 N 与 N'' 点重合时，有向线段的夹角，其表达式如式(8.8) 所示)，则在上述 7 种情况中，当有向线段$\overrightarrow{MN}$ 的真实夹角 $\alpha_N \neq \alpha_{临}$ 时，可根据 α_N 与 $\alpha_{临}$ 的大小关系按照表 8.2 的分析结果还可判断 ΔX_{NM} 的符号，图 8.4 也给出了各区间每一时间步轨迹线的真实角与临界角的关系。

$$\tan\alpha_{临} = \left|\frac{C_{1t} - C_{1t-\Delta t}}{C_2 D_1^2 (n'_{1N''} - n'_{1M}) X_M}\right| = \left|\frac{C_{1t} - C_{1t-\Delta t}}{C_2 D_1^2 [ED_1^4 (M'_{1N''} + M'_{1M}) X_M] X_M}\right| \tag{8.8}$$

2. 机组甩负荷导叶关闭工况点跨开度移动对 ΔX 变化速率的影响分析

当导叶关闭时，工况点将跨开度线移动，其对 X 的影响如下：

(1) 当工况点正向移动时，导叶关闭造成了$\overrightarrow{AB}$ 段和$\overrightarrow{FG}$ 段真实角的增大以及$\overrightarrow{BC}$ 段、$\overrightarrow{CD}$ 段和$\overrightarrow{DE}$ 段真实角的减小；当工况点反向移动时，导叶关闭造成了$\overrightarrow{ED}$ 段、$\overrightarrow{DC}$ 段和$\overrightarrow{CB}$ 段真实角的增大以及$\overrightarrow{BF}$ 段真实角的减小。故从总体上讲，导叶关闭将造成 X 的波动幅值更大(波峰更高、波谷更低)，波动周期更短。

(2) 导叶关闭速率越快，X 的第一峰值越大；但是当导叶关闭速率足够快以致能够大幅度削减工况点第二次正向移动时的初始流量时，X 的第二峰值较小，否则，如果工况点第二次正向移动位于中开度区，曲线自身特点与较为快速的导叶关闭所造成的不利影响相叠加可能导致第二峰值高于第一峰值。

8.1.5 基于反 S 特性的导叶关闭规律的优化原则

1. 理论关闭规律

1) 弹性模型分析

根据上述特点，可以在不同的 X 变化区域，选择不同的导叶关闭速率。具体为：当工况点在$\overrightarrow{AB}$ 段、$\overrightarrow{BC}$ 段以及$\overrightarrow{CD}$ 段之间移动时，X 主要呈上升趋势，并发生极值；当工况点在$\overrightarrow{DE}$ 段、$\overrightarrow{ED}$ 段、$\overrightarrow{DC}$ 段至$\overrightarrow{CB}$ 段之间移动时，X 主要呈下降趋势，但如果导叶关闭速率过快，工况点在$\overrightarrow{ED}$ 段时，X 也可能会上升；工况点在$\overrightarrow{BF}$ 段至$\overrightarrow{FG}$ 段之间移动时，X 再一次呈上升趋势，如果导叶没有关死，工况点将进入下一次路径循环，那么导叶关闭规律的折点位置以及关闭速率即可基于上述特点进行优化。

根据上述分析，可设计如图 8.6(a) 的阶梯型的关闭规律：将折点位置选择在$\overrightarrow{CD}$ 段末和$\overrightarrow{CB}$ 段末，即当工况点在$\overrightarrow{AB}$ 段至$\overrightarrow{CD}$ 段之间移动时导叶不关，当工况点在$\overrightarrow{DE}$ 段至$\overrightarrow{CB}$ 段移动时导叶快速关闭，导叶快关段的速率初步定为 20 s，当工况点在$\overrightarrow{BF}$ 段至$\overrightarrow{FG}$ 段乃至下一次循环的$\overrightarrow{AB}$ 段至$\overrightarrow{CD}$ 段时导叶再次不关，并持续至$\overrightarrow{CD}$ 段末。上述关闭规律虽然可以将水击压强控制在较低的范围之内，但是在导叶关闭的时间内，慢关＋快关的组合有 3 次之多，如图 8.6(b) 和图 8.6(c) 所示，工况点的循环移动与压强波动也达 3 次之多。后两次组合主要是由于快关段导叶关闭速率过慢，导致工况点在中开度区进入下一次循环，为了缓解中开度区水压的陡增，只能再次选择不关。

2) 刚性模型分析[2]

在第 5 章中曾在刚性水击的假设下对水泵水轮机反 S 特性与水击压强的内在联系进

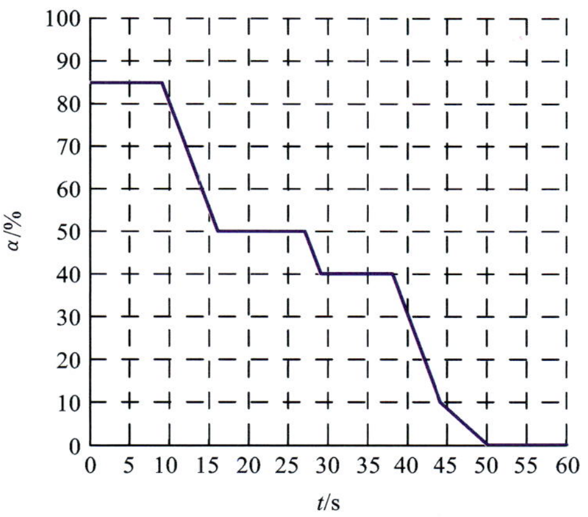

(a) 阶梯型导叶关闭规律

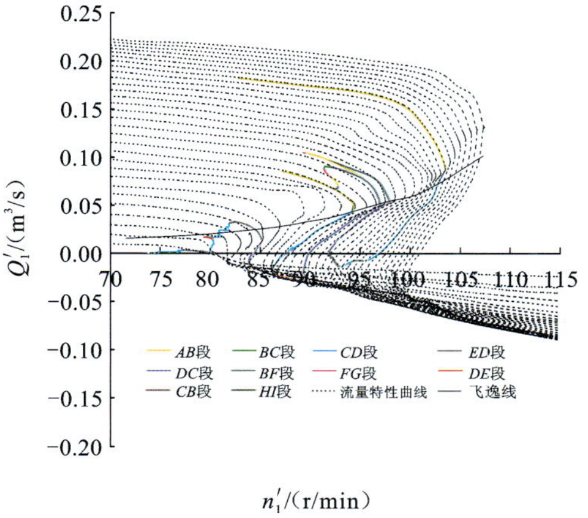

(b) 工况点轨迹线

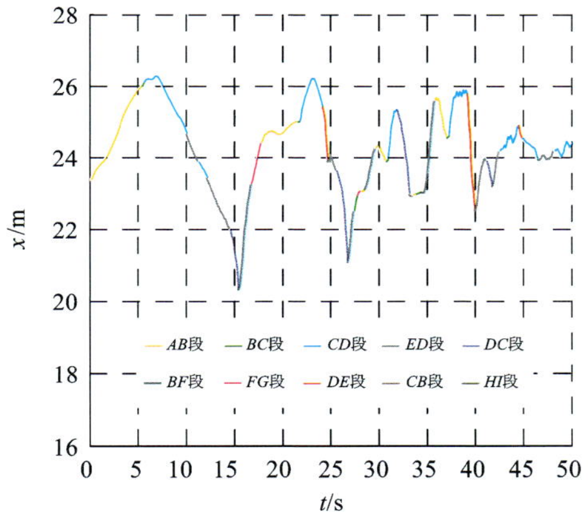

(c) 水头平方根变化过程

图 8.6　阶梯型导叶关闭规律及计算结果

行了理论分析，并对特性曲线的区域和特征点进行了定义，见图 5.28。根据该定义方式得：① 导叶关闭会使正向运动中一区的流量特性曲线斜率绝对值 $|a| = |dQ_{ed}/dn_{ed}|$ 呈增大的趋势，二区的 $|a|$ 呈减小的趋势，三区的 $|a|$ 变化很小；② 并且使反向运动中三区的 $|a|$ 变化较小，二区的 $|a|$ 呈增大的趋势，一区的 $|a|$ 也呈减小的趋势。

结合第 5 章得出的反 S 特性和刚性水击的关联性，如表 5.1 所示，可得导叶关闭规律优化的几点原则：

(1) 在正向一区中，若导叶开度减小，$|a|$ 的增大将导致 $|\Delta H_{ed}/\Delta t|$ 增加。因此，该区间导叶开度应不变或者略微增大。

(2) 在正向二区中，若导叶开度减小，$|a|$ 的减小将导致 $|\Delta H_{ed}/\Delta t|$ 增加，且该区间较一区(水轮机工况区)对水击压力变化更加敏感。因此，该区间导叶开度应不变或者有所增大。

(3) 在正向三区和反向三区中，导叶开度变化 $|a|$ 的变化几乎没有影响，且该区间水击压力开始下降，为了减小导叶开度，达到导叶尽快完全关闭的要求，应采取导叶快关的

方式。

(4) 在反向二区中,若导叶开度减小,$|a|$的增大将导致 $|\Delta H_{ed}/\Delta t|$ 降低,其结果将影响蜗壳进口水击压力最小值和尾水管进口水击压力最大值。与蜗壳进口水击压力最大值和尾水管进口水击压力最小值的控制相比较,工程应对的措施及设计方式将容易得多,且不会影响机组安全运行。故该区间应采取导叶快关的方式。

(5) 在反向一区中,水击压力开始上升,$|a|$的影响不确定。因此,该区间导叶开度应保持不变。

按照上述 5 点原则,可从理论上得出某水泵水轮机甩负荷工况下较优的导叶关闭规律是:随工况区间的变化呈阶梯形式(图 8.7(a) 中实线),且甩负荷起始时导叶开度维持不变,即所谓的“延时”,延时的长短由历经正向一区的时间所确定,在工况点达到下奇点时开始关闭(图 8.7(b) 中 A、C 两点),而在反向回到上奇点时停止关闭(图 8.7(b) 中 B、D 两点)。其水击压强 (图 8.7(a) 中虚线) 在开度水平段上升,而在导叶关闭段下降。于是,可较明显地减小机组甩负荷导叶关闭过程中的水击压强。

以上结论与弹性模型分析所得出的结果一致,进一步说明了弹性模型分析的正确性。

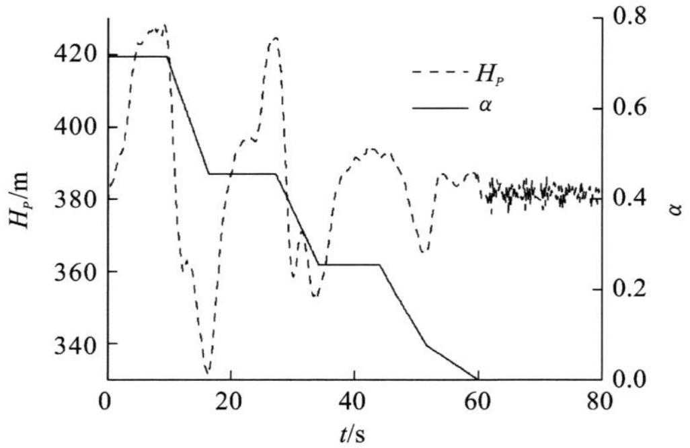

(a) 导叶关闭规律及蜗壳压力

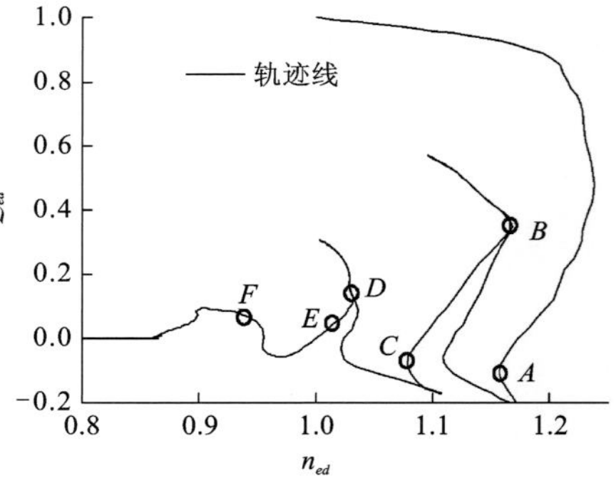

(b) 轨迹线

图 8.7　阶梯型导叶关闭规律

2. 两段关闭规律

为了避免工况点在中开度区路径循环次数过多,当工况点在$\overrightarrow{DE}$ 段至$\overrightarrow{CB}$ 段移动时,应选择尽可能快的导叶关闭速率。当导叶快关段的关闭速率选为 10 s 时,如图 8.8(a) 所示,工况点的循环与压强波动的次数减小为两次,且导叶在工况点尚未经过完整的第二次正向移动时就已关闭至零,X 的第二峰值明显减小,如图 8.8(b)、8.8(c) 所示。

3. 三段关闭规律

如果采用延时 + 关的关闭规律,工况点将以大开度通过飞逸点并进入水轮机制动工况区,脉动压强将非常剧烈,总动水压强的第一峰值极值必然较高。为此,可在工况点尚在特性曲线的Ⅰ区内时以较快速率将导叶关至某一开度,待工况点进入Ⅱ区后再采用慢关或不关甚至开启的方式加以缓解,即将图 8.8(a) 所示的导叶关闭规律的导叶延时段改为如下两组关闭规律:

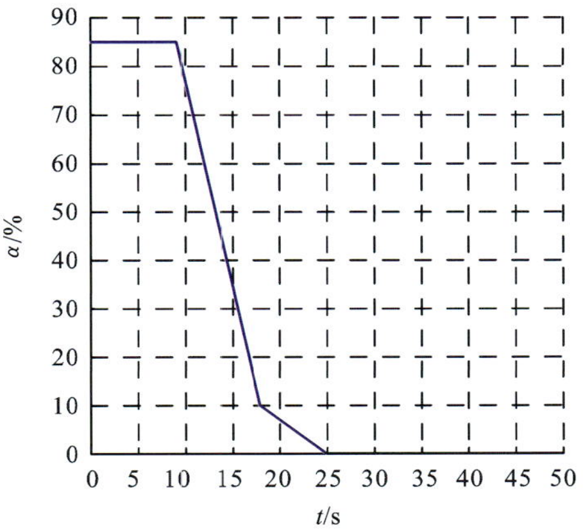

（a）延时+关的导叶关闭规律

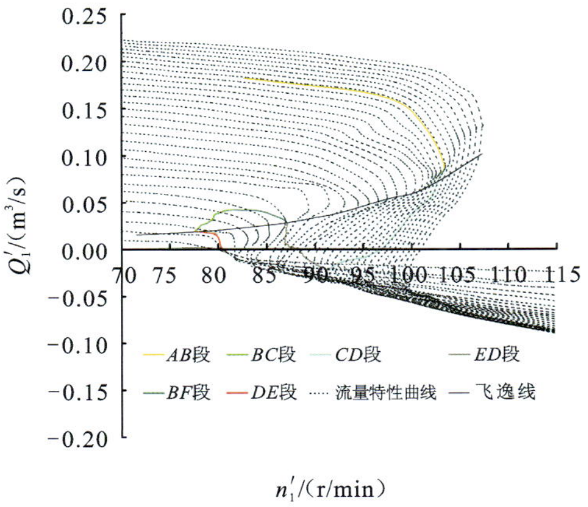

（b）工况点轨迹线

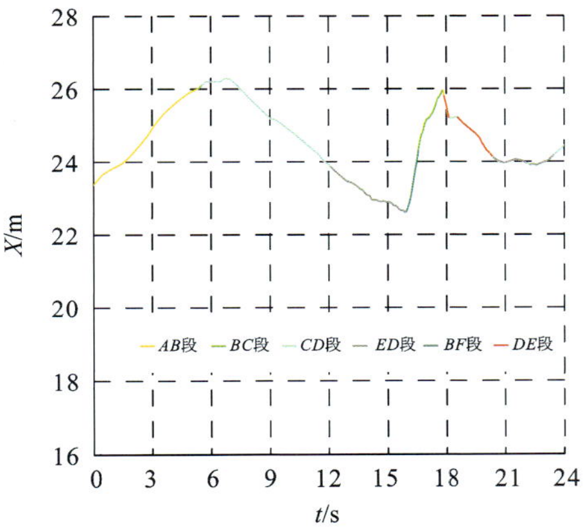

（c）水头平方根变化过程

图 8.8　延时＋关导叶关闭规律及计算结果

（1）0 ～ 2 s 导叶由额定开度关至 75%，2 ～ 9 s 导叶维持在 75% 开度，此后以 10 s 的关闭速率关至零，如图 8.9(a) 所示。

（2）0 ～ 2 s 导叶由额定开度关至 75%，2 ～ 9 s 导叶由 75% 开度开启至 77%，此后以 10 s 的关闭速率关至零，如图 8.10(a) 所示。

图 8.8(a)、图 8.9(a) 和图 8.10(a) 所示的三组导叶关闭规律计算所得的蜗壳进口和尾水管进口的水击压强与总动水压强如图 8.11 ～ 图 8.13 所示，极值结果对比见表 8.4。由图、表的计算结果可知，采用关＋延时＋关的导叶关闭规律，虽然水击压强第一峰值下降得不明显，但是由于工况点更远离高脉动压强区，所以总动水压强的极值更小；而采用关＋开启＋关的导叶关闭规律，虽然水击压强第一峰值下降更为明显，但是由于脉动压强值更大，所以总动水压强的极值稍高。

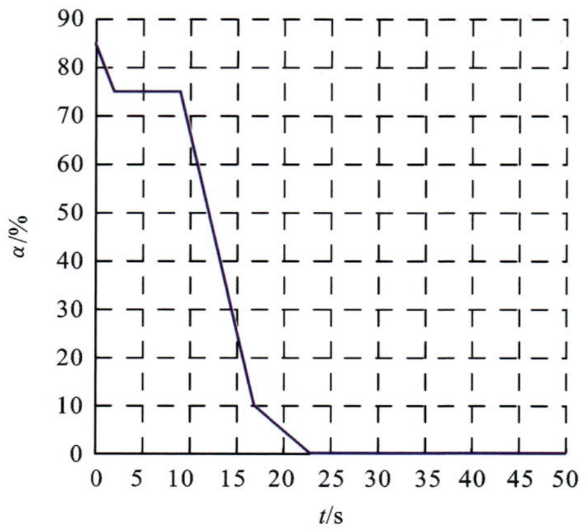

（a）关+延时+关的导叶关闭规律

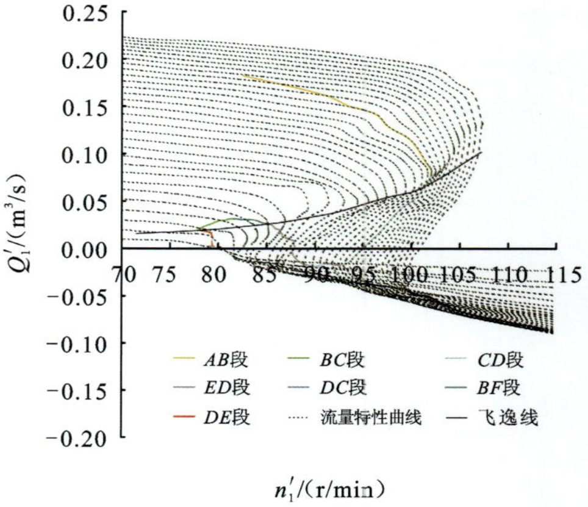

（b）工况点轨迹线

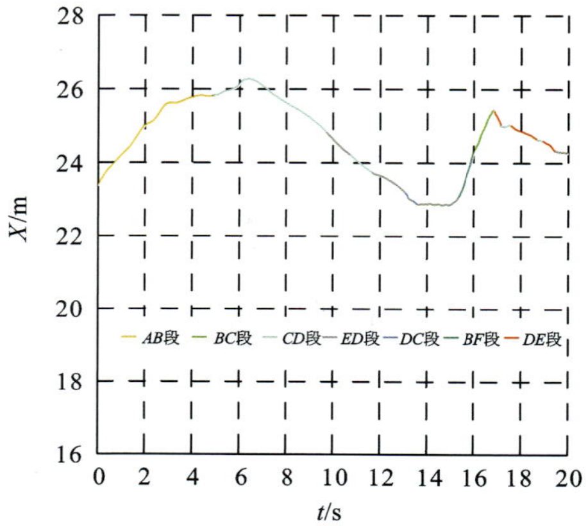

（c）水头平方根变化过程

图 8.9　关＋延时＋关导叶关闭规律及计算结果

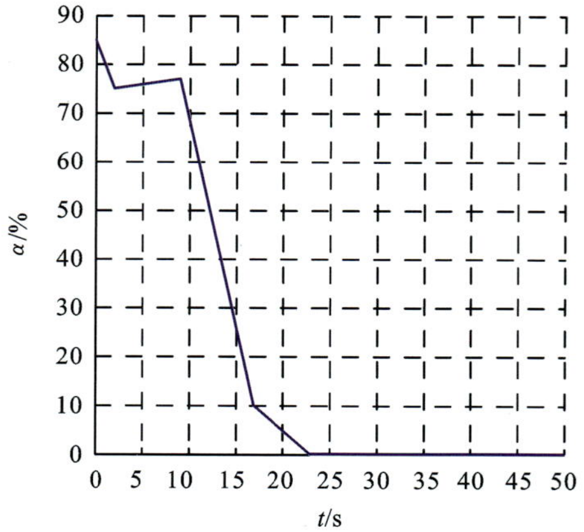

（a）关+开启+关的导叶关闭规律

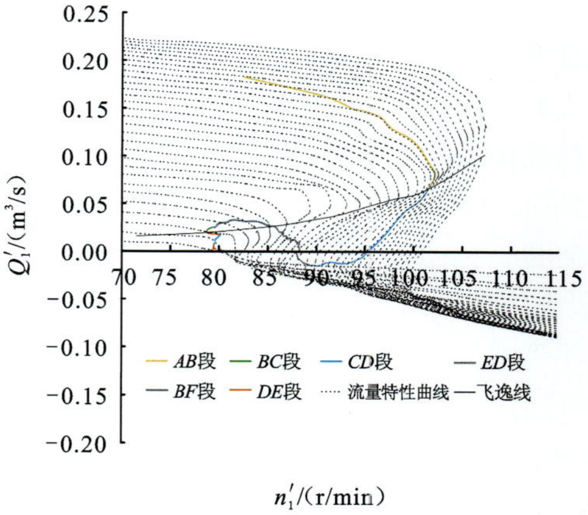

（b）工况点轨迹线

图 8.10　关＋开启＋关导叶关闭规律及计算结果

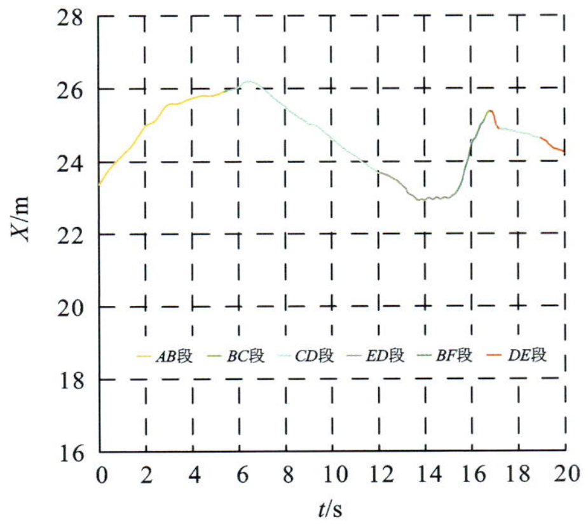

(c) 水头平方根变化过程

图 8.10　关＋开启＋关导叶关闭规律及计算结果(续)

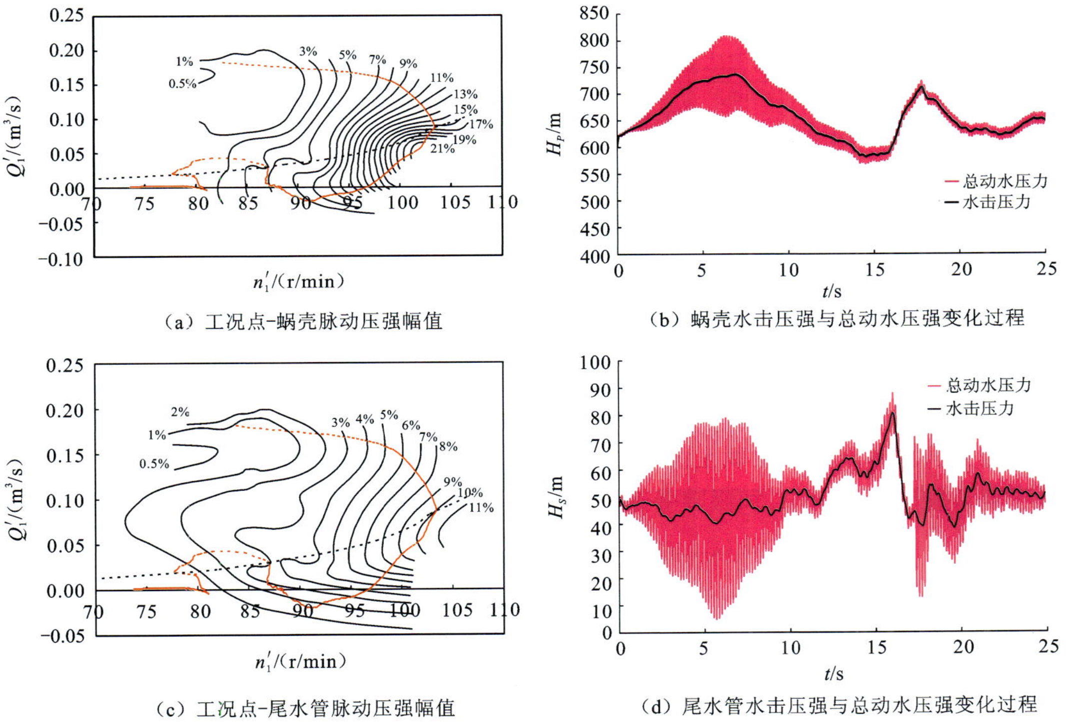

图 8.11　延时＋关导叶关闭规律计算结果

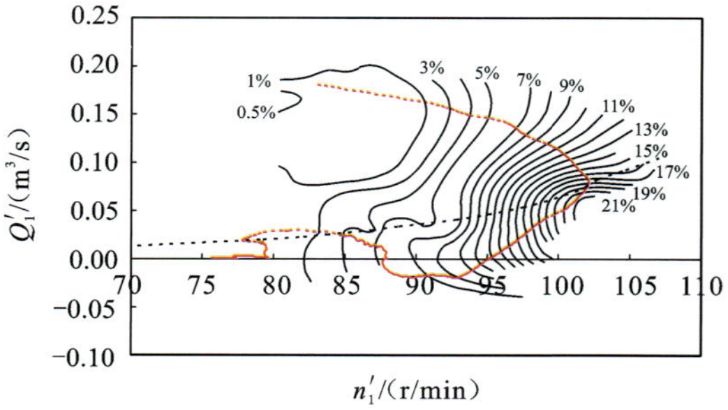

（a）工况点-蜗壳脉动压强幅值

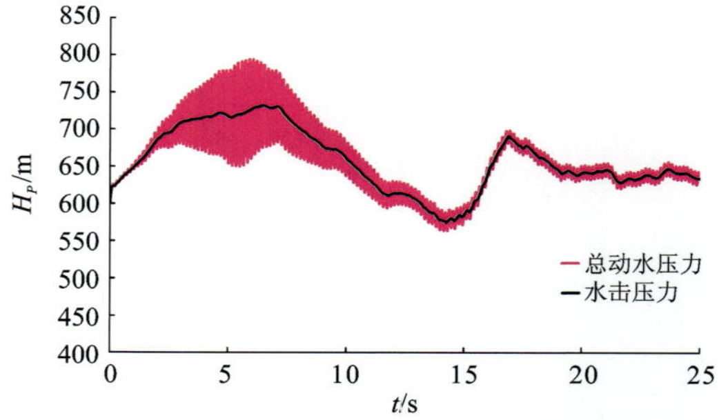

（b）蜗壳水击压强与总动水压强变化过程

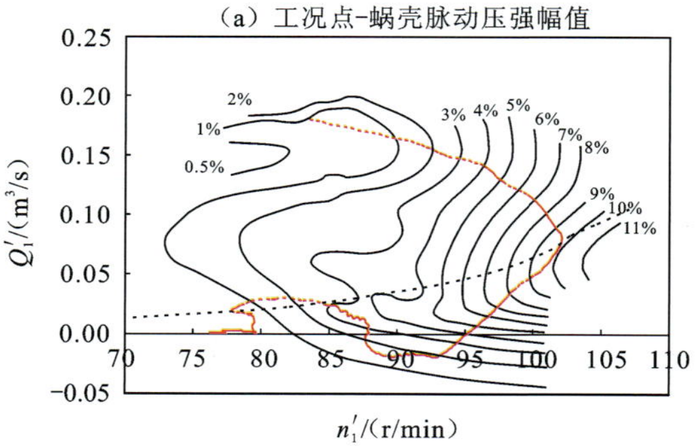

（c）工况点-尾水管脉动压强幅值

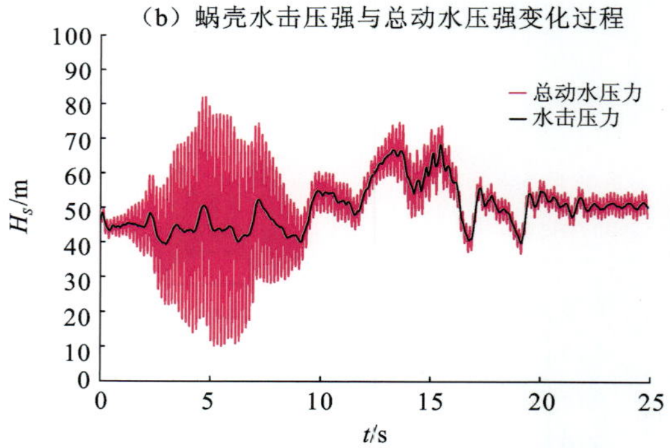

（d）尾水管水击压强与总动水压强变化过程

图 8.12　关＋延时＋关导叶关闭规律计算结果

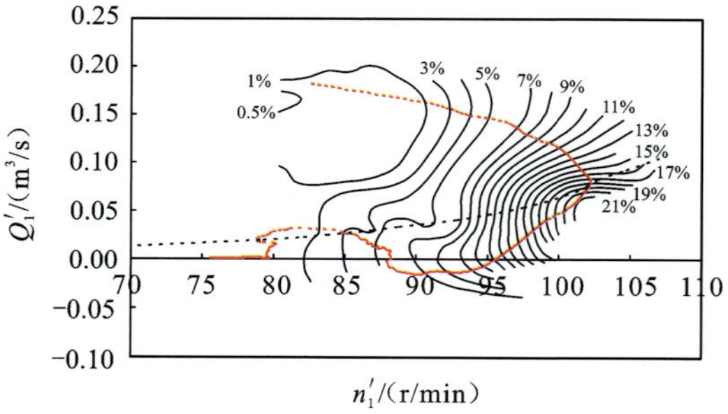

（a）工况点-蜗壳脉动压强幅值

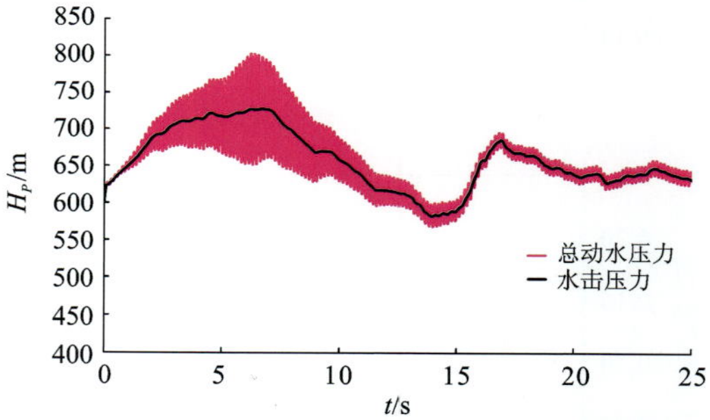

（b）蜗壳水击压强与总动水压强变化过程

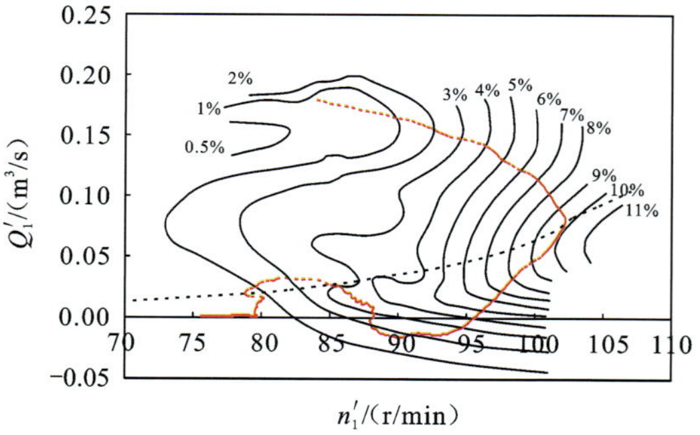

（c）工况点-尾水管脉动压强幅值

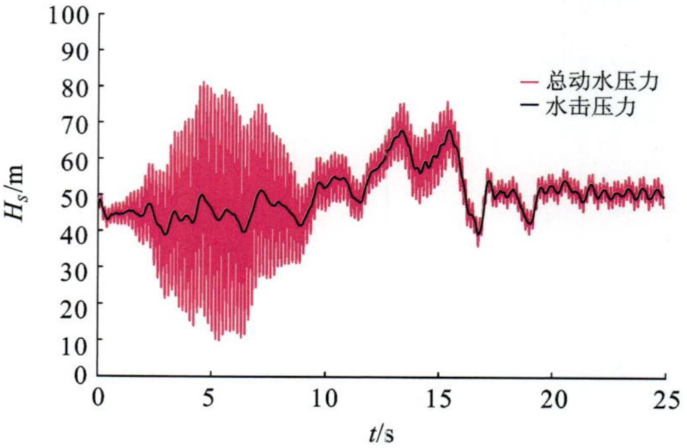

（d）尾水管水击压强与总动水压强变化过程

图 8.13　关＋开启＋关导叶关闭规律计算结果

表 8.4　三组关闭规律极值对比表

关闭规律类别	水头平方根	蜗壳进口最大动水压强		尾水管进口最小动水压强	
		水击压强/m	总动水压强/m	水击压强/m	总动水压强/m
延时＋关	26.28	736.64	808.13	38.09	4.73
关＋延时＋关	26.26	732.05	794.12	38.67	10.09
关＋开启＋关	26.19	727.73	802.45	39.19	9.79

8.2　各种导叶关闭规律的对比分析

8.2.1　直线关闭规律与先快后慢的两段折线关闭规律

传统的调节保证计算理论中，当机组甩负荷导叶采用直线关闭规律时，导叶关闭时间一般与水击压强成反比、与机组转速升高成正比。即导叶关闭时间越长，水击压强越小、机组转速越高。但在高水头抽水蓄能电站机组甩负荷导叶直线关闭下，蜗壳最大水击压强的计算结果与上述传统理论分析有较明显的差异，呈现如下的特征[3]（表 8.5 以及图 8.14～图 8.17）。

表 8.5　两种直线关闭规律调保参数极值

直线关闭时间/s	蜗壳末端第一峰压强/m	蜗壳末端第二峰压强/m	尾水管进口第一谷压强/m	尾水管进口第二谷压强/m	机组转速最大升高/%
20	748.55 (6.00 s)	706.75 (14.00 s)	22.91 (5.60 s)	26.70 (6.35 s)	31.89 (4.40 s)
40	734.64 (6.40 s)	740.07 (16.80 s)	30.42 (6.40 s)	26.76 (15.20 s)	33.73 (4.40 s)

注：括号内数据为极值发生时刻。

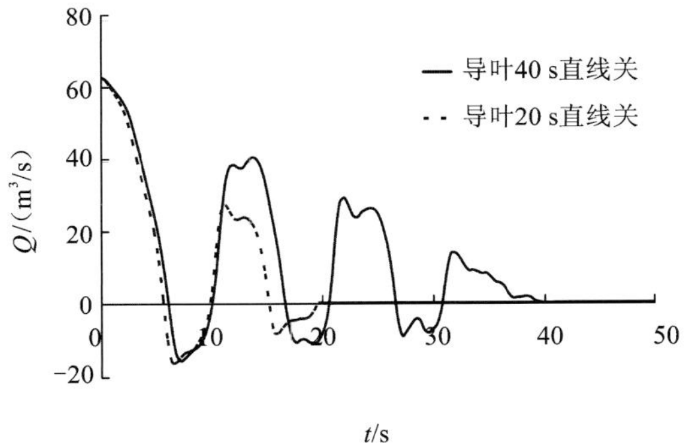

图 8.14　机组流量变化过程

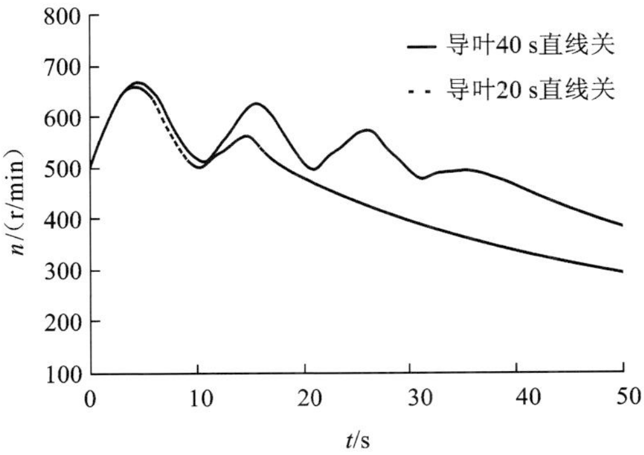

图 8.15　机组转速变化过程

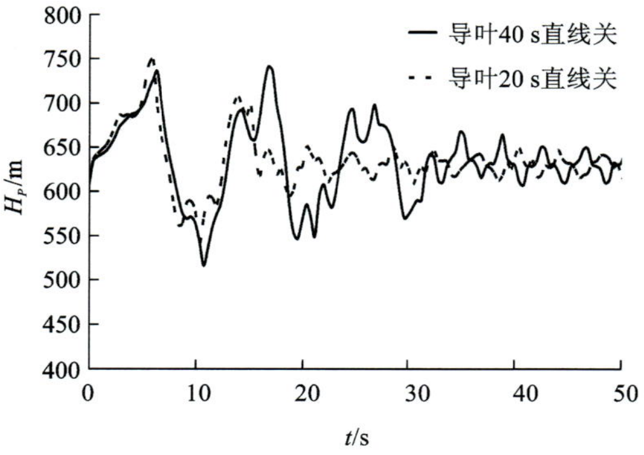

图 8.16　蜗壳压强变化过程

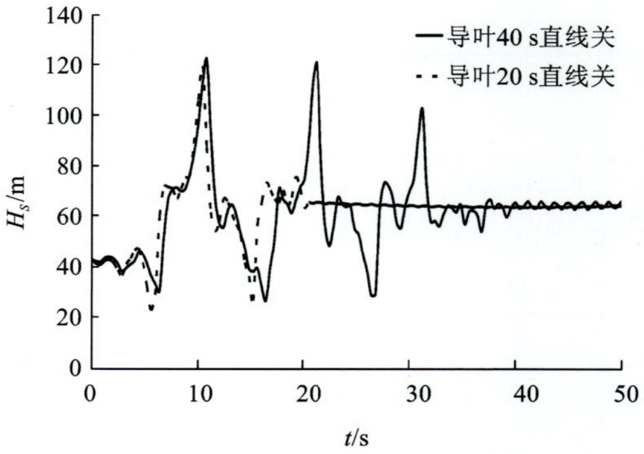

图 8.17　尾水管压强变化过程

1. 机组转速最大上升率

高水头可逆式水泵水轮机流量特性曲线与飞逸特性曲线的夹角比常规水轮机大得多,存在明显的反S特点,其飞逸系数 K_r 一般在1.3～1.5。因此,当机组发生甩负荷时,即使导叶拒动,机组的转速最大上升率一般都在50%之内。

而现行的水力发电厂机电设计规范规定:当机组容量占电力系统工作总容量比重较大,或担负调频等任务时,宜小于50%。所以在抽水蓄能电站过渡过程计算中,抽水蓄能机组转速最大上升率往往不起控制作用,调节保证计算和优化导叶关闭规律的目的是减小甩负荷过程中的水击压强。

2. 调保参数变化过程多峰性

由图8.14～图8.17可知,在抽水蓄能机组甩负荷后,采用导叶直线关闭规律的计算中,无论机组转速、过机流量、蜗壳压强还是尾水管压强的变化过程均呈现明显的多峰特征。而这种调保参数多峰值特征,主要取决于水泵水轮机全特性曲线特性。

针对图8.18所示的抽水蓄能机组甩负荷导叶40 s直线关闭下,工况点变化过程轨迹线(从初始点 A 顺时序向点 I 变化,数据点标至第二个波峰发生为止)分析可知:

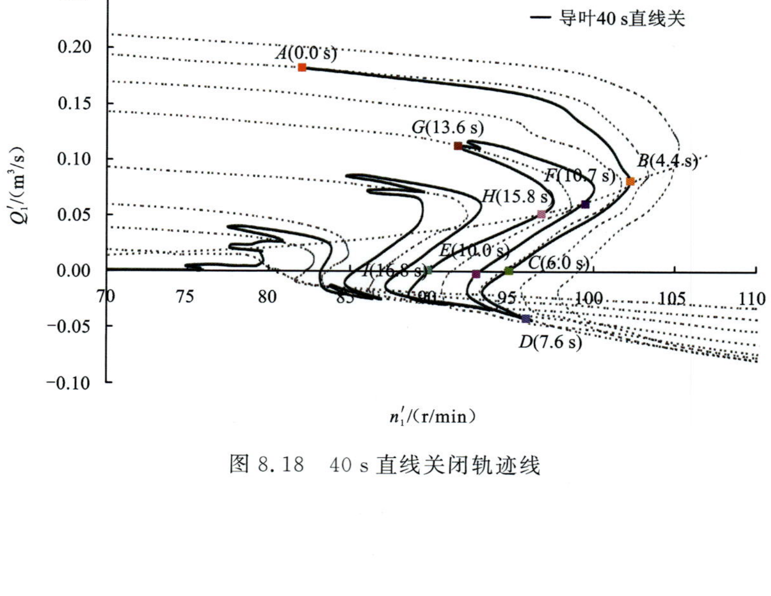

图 8.18　40 s 直线关闭轨迹线

(1) AB 段(0～4.4 s):甩负荷后机组转速迅速上升,在点 B 附近发生飞逸,转速到达第一次峰值。而过机流量的变化受导叶关闭速率的影响不大,主要取决于机组转速的变化,蜗壳末端和尾水管进口压强上升。

(2) BC 段(4.4～6.0 s):起初在点 B 附近,机组的流量受导叶开度的影响急剧减小,转速变化不大,之后工作点在特性曲线的制动区表现为机组的流量和转速均减小,蜗壳末端压强和尾水管进口压强继续上升。

(3) CD 段(6.0～7.6 s):在零单位流量点附近,时间为6.4 s时,蜗壳末端和尾水管进口压强出现第一次极值,此后由于机组的惯性和反S特性,机组流量在负流量区达到第一次波谷点 D 点。

(4) DE 段(7.6～10.0 s):工况点反向移动,负流量减小至零,蜗壳末端压强值下降,尾水管进口压强值上升,机组转速减小。

(5) EF 段(7.6～10.7 s):工况点反向进入水轮机制动工况区,过机流量迅速增加,机组转速增加,蜗壳末端压强值下降,尾水管进口压强值上升。

(6) FG 段(10.7～13.6 s):工况点反向进入水轮机工况区,过机流量继续增加,机组转速增加,蜗壳末端压强值开始上升,尾水管进口压强值开始下降。

(7) GH 段(13.6～15.8 s):工况点第二次在水轮机工况区正向移动至飞逸点,过机流量减小,机组转速增加,蜗壳末端压强值上升,尾水管进口压强值下降。

(8) HI 段(13.6～15.8 s):工况点正向移动进入水轮机制动工况区,过机流量减小,机组转速下降,蜗壳末端压强值持续上升,尾水管进口压强值持续下降,并在零流量点附近达到极值。

在点 I 之后的过程中,机组的流量、转速和蜗壳的压强仍然存在若干次峰值,但由于导叶开度逐渐减小,第三次及之后的调保参数峰值也逐渐减小。

以上的分析证实了在抽水蓄能电站中,若采用常规的一段直线关闭规律,由于水泵水轮机反S特性,会导致各调保参数具有出现多次峰值和谷值的特征,即调保参数的多峰性。

3. 导叶直线关闭时间 T_s 值对蜗壳压强双峰值的影响

由表8.5的计算结果可看出,在导叶直线关闭时间取为20 s时,蜗壳压强第一峰值高于第二峰值,而当导叶直线关闭时间为40 s时,蜗壳压强第一峰值却小于第二峰值。由上述分析可知,蜗壳压强第一峰值主要是受导叶关闭速度的影响,导叶关闭得越快,水击压强越大;导叶关闭得越慢,压强第一峰值必然会降低。对于压强波动的第二峰值,当导叶直线关闭非常快时,工况点第二次回升达到的最高点 G_2 明显低于点 G_1,说明机组第二次初始工况点的流量已明显变小,在相近时间内流量的变化率必然较小,使得蜗壳水击压强的第二峰值小于第一峰值;当直线关闭时间较长时,机组工况点第二次回升达到的最高点 G_1 流量较大,在导叶关闭的作用下,压强波动的第二峰值可能超过第一峰值,如图8.16和图8.17所示。

综上所述,在高水头抽水蓄能电站中,之所以导叶直线关闭规律难以满足调节保证计算的要求,主要原因在于水泵水轮机独特的反S特性。导叶关闭时间过短,蜗壳压强第一峰值很大,而加长直线关闭时间,蜗壳压强第一峰值可以下降,但是其第二峰值又会上升并超越第一峰值。

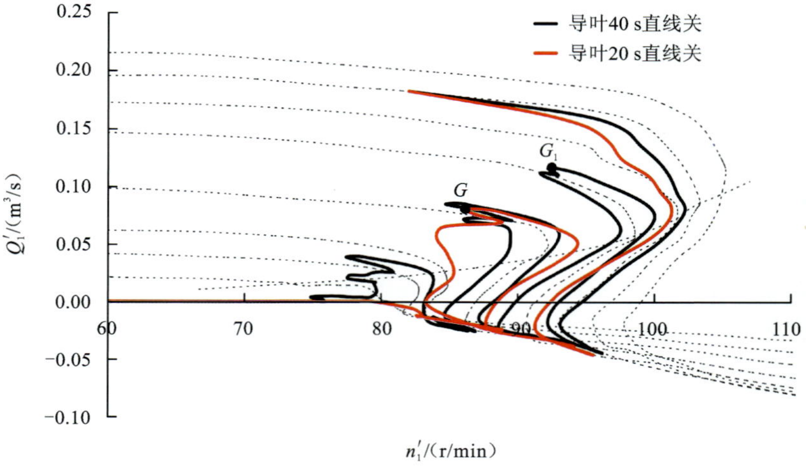

图 8.19　20 s、40 s 两种直线关闭规律下轨迹线

4. 先快后慢的两段折线关闭规律

若直线关闭时间较长，且正常调节所采用的关机时间 T_g 按调节保证计算结果来整定，则不利于机组正常调节的速动性。若正常调节所采用的关机时间 T_g 与紧急停机的关闭时间 T_s 分开，则机组甩负荷采用正常调节＋过速保护应对时，其关闭规律将变成先快后慢的两段折线关闭规律，并且水击压强极值必然大于紧急停机的极值。与紧急停机的先快后慢两段折线关闭规律不同的是：折点位置不是预先给定的开度，而是取决于过速保护的阈值。

先快后慢的两段折线关闭规律，其折点开度是预先整定的。该关闭规律的优点在于第一段快关的时间与关机时间 T_g 相同，避开了机组正常调节速动性与紧急停机之间的矛盾，有利于调速器液压系统的简化。而折点位置通常在 60% ～ 70%，有利于降低转速最大值，为清远、深圳等抽水蓄能电站所采用。存在的局限性是：在考虑脉动压强、相继甩负荷的条件下，也不易满足调节保证设计的要求。

8.2.2　延时＋快关及先慢后快两段折线关闭规律、快关＋延时＋快关的三段折线关闭规律

延时＋快关的两段折线关闭规律是具有一定的理论基础的，在 8.1 节进行了分析。该关闭规律的特点是：无论机组甩负荷时导叶起始开度是多少，均延时相同的时段，然后快关，有利于减小水击压强（但无法避开大开度的脉动压强），并且该关闭规律只能在机组甩负荷仅采用紧急停机应对的条件下实现，否则就变成三段折线关闭规律（快关＋延时＋快关）。

先慢后快的两段折线关闭规律是延时＋快关的两段折线关闭规律的扩展，该关闭规律的优点在于第二段快关的时间与关机时间 T_g 相同，但机组甩负荷采用正常调节＋过速保护应对时，其关闭规律将变成三段折线关闭规律（快关＋慢关＋快关）或者一段快关规律（过速保护对应的折点开度若小于紧急停机的折点开度，水击压强将大大地增加），其水击压强将大于预期或者大大地增加。除非机组甩负荷仅采用紧急停机的应对。

快关＋延时＋快关的三段折线关闭规律的优点是：第一段快关的时间与关机时间相同，避开了机组正常调节速动性与紧急停机之间的矛盾，避开了大开度的脉动压强；延时段有利于减缓水击压强的增长；第三段快关有利于缩短总的关闭时间（大约在 25 s 之内），有利于工况转换。存在的局限性：一是延时可能导致机组转速较高；二是第一折点位置取决于过速保护的阈值，第二折点位置取决于延时的时间长短。

8.2.3　球阀与导叶联动的关闭规律

为了导叶直线关闭规律难以满足调节保证计算要求的问题，国外制造厂商提出了球阀与导叶联动的关闭规律，即压强波动的第一峰值可用导叶慢关或延时关加以改善，而第二峰值利用球阀联动加以削减。这种关闭是由球阀的过流特性而提出的，即球阀开度在大于一半开度之前，其流量系数 $m = \sqrt{2g\Delta H}/V$ 随开度变化不大，但在球阀开度小于一半开度之后，流量系数骤然减小，且局部水头损失系数骤然增大，因此可在较短的时间内，可将球阀快速关闭到一半开度之内，随后以较慢的速度缓慢关闭，如图 8.20 和图 8.21 所示。

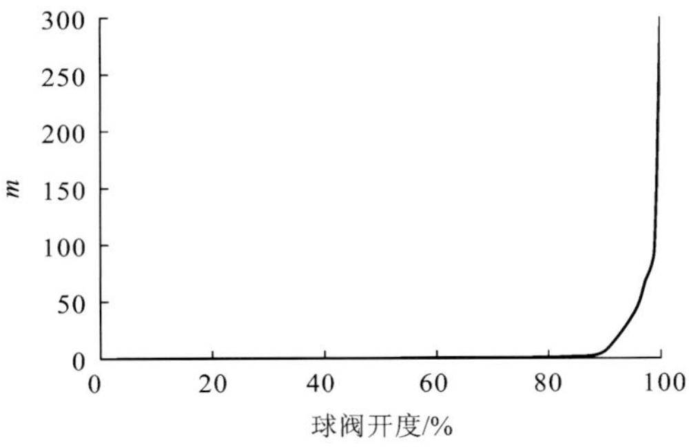

图 8.20　球阀水头损失系数与角度的关系曲线

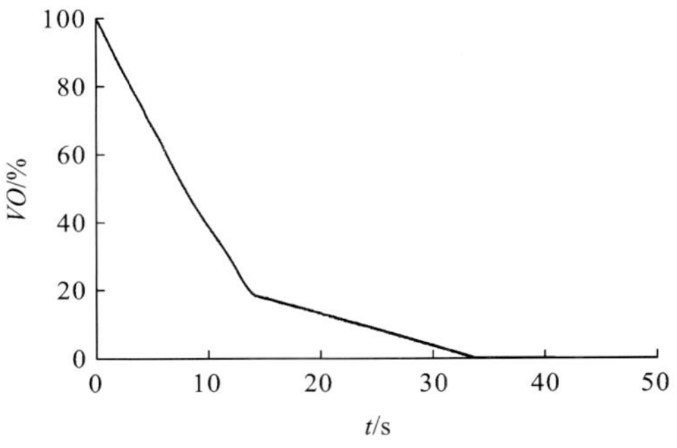

图 8.21　球阀关闭规律

为了分析球阀的动作在机组甩负荷过程中究竟起到什么调节作用，结合上述惠州抽水蓄能电站进行数值模拟分析。导叶采用 40 s 直线关闭规律，球阀分为不动作和在机组甩负荷后以图 8.21 所示的关闭规律关闭两种情况，过机流量及调保参数结果如图 8.22 ～图 8.25 所示。

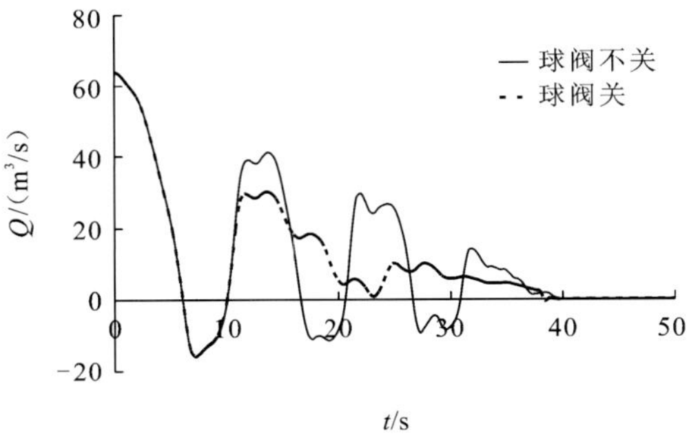

图 8.22　两种关闭规律下机组流量变化过程

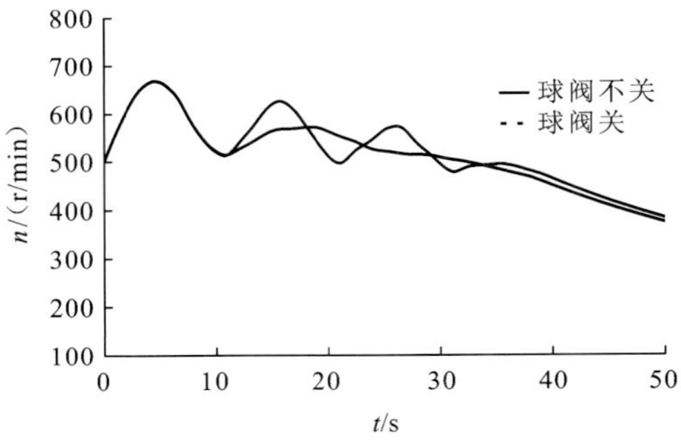

图 8.23　两种关闭规律下机组转速变化过程

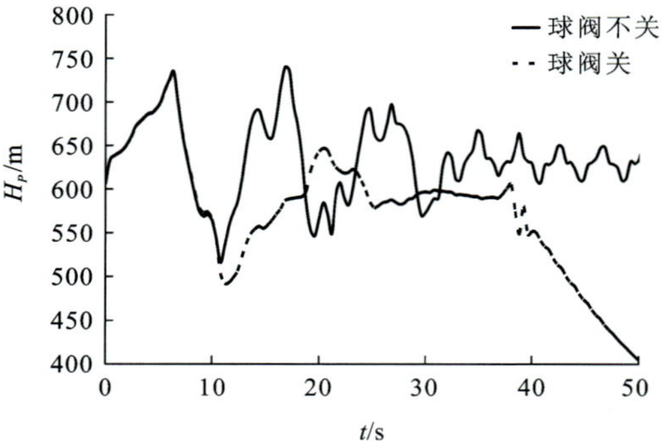

图 8.24　两种关闭规律下蜗壳压强变化过程

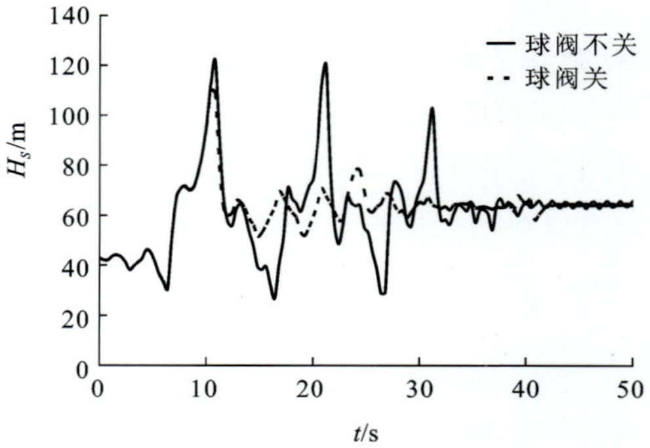

图 8.25　两种关闭规律下尾水管压强变化过程

由以上数值计算分析可明显看出，在可逆式机组甩负荷后立即将球阀进行快速关闭，对蜗壳末端最大压强和机组转速最大上升率的第一峰值、尾水管最小压强第一谷值几乎没有影响；但可以大幅度削减机组流量、转速和蜗壳压强的第二峰值，降低尾水管最大压强的第一峰值，并提高其第二波谷值。

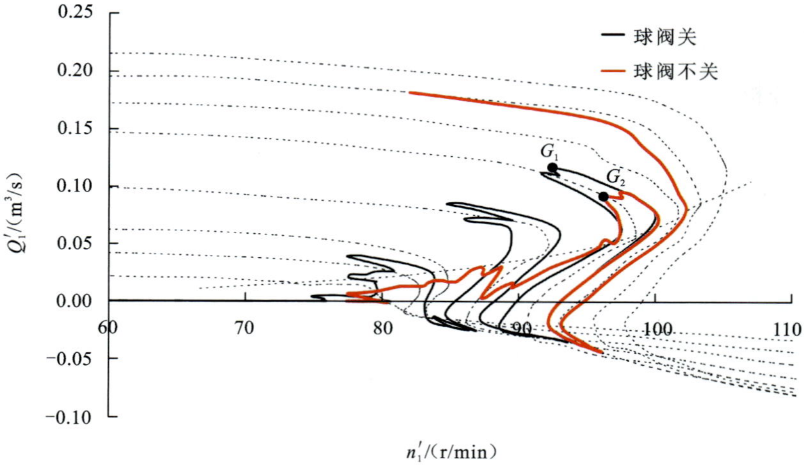

图 8.26　两种关闭规律下轨迹线

再进一步分析球阀不关与球阀关的工况点轨迹线，如图 8.26 所示，球阀的投入实质是导致了工况点第二次回升到达的最高点 G_2 向特性曲线右下方偏移，在相近的时间内，流量、转速的变化幅度变得更缓和，从而使得压强波动的第二峰值/谷值大大降低。

导叶与球阀联动的关闭规律存在的问题在于：一是进水阀与导叶之间是互为备用关系，对于非常规甩负荷必须考虑进水阀拒动、导叶单独关闭的校核工况，就难以保证各项压强值在调节保证合同值范围以内；二是球阀动水快关，使得球阀本体以及与其连接的压力钢管、伸缩节和蜗壳等遭遇强烈的振动。所以，抽水蓄能电站设计导则指出：进水阀不宜参与过渡过程调节，当进水阀参与过渡过程调节时，应对进水阀及压力钢管设计提出相应要求。

8.2.4　导叶不同步装置及关闭规律

导叶不同步(misaligned guide vanes,MGV)装置是在常规导叶控制机构中加装的可使少数(常为在圆周上对称分布的 2 片或 4 片)导叶产生附加启闭动作的装置。该少数导叶既受常规导叶控制机构的控制,又受 MGV 装置的控制,因此它们与其他导叶的动作是不同步的,因此称为"不同步导叶"[4]。图 8.27 显示了水轮机工况区、水轮机制动工况区和反水泵工况区的流量特性曲线在 MGV 装置投入前、后的变化情况。可以看出,由于 MGV 装置的投入,反 S 特性基本消失,其特性曲线更近似于常规水轮机的特性曲线。因此,可以有效地降低机组甩负荷中的水击压强。

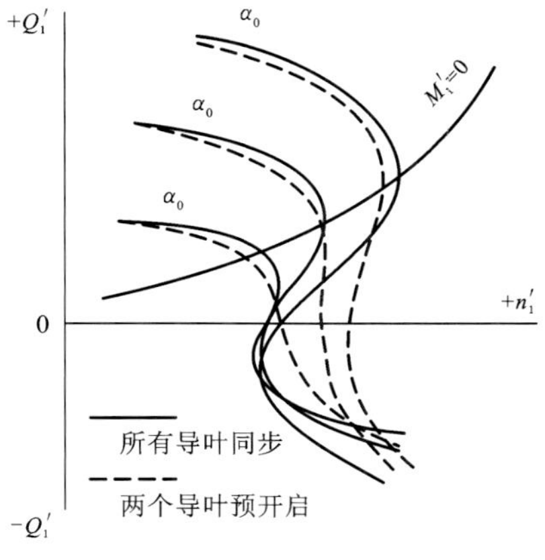

图 8.27　MGV 装置对水泵水轮机流量特性曲线的影响[5]

1. 甩负荷过渡过程中带 MGV 装置机组边界条件的数学模型和求解方法

虽然导叶是不同步动作的,但机组的转速、力矩、流量都应是唯一的,鉴于这一思想,在过渡过程分析中,对第 4 章中提到的机组边界条件进行修改。甩负荷过渡过程中,带 MGV 装置的机组边界共有 21 个未知数,即转轮进出口侧测压管水头 H_P 和 H_S,过机流量 Q_P,机组转速 n,水泵水轮机动力矩 M_t,水泵水轮机单位转速 n_1'、单位流量 Q_1'、单位力矩 M_1'、同步导叶单位流量 Q_{1m}' 和单位力矩 M_{1m}'、不同步导叶单位流量 Q_{1n}' 和单位力矩 M_{1n}'、同步导叶接力器行程 Y_m、不同步导叶接力器行程 Y_n、同步导叶导叶开度 α_m、不同步导叶导叶开度 α_n、空间曲面上同步导叶工况点的参数 u_m 和 v_m 以及空间曲面上不同步导叶工况点的参数 u_n 和 v_n,那么与此相应的 21 个方程如下[6]。

机组上游节点特征线方程 C^+:

$$Q_P = Q_{CP} - C_{QP} H_P \tag{8.9}$$

机组下游节点特征线方程 C^-:

$$Q_P = Q_{CM} + C_{QM} H_S \tag{8.10}$$

动量矩方程:

$$n = n_0 + 0.1875(M_t + M_{t0})\Delta t / GD^2 \tag{8.11}$$

接力器运动方程:

$$Y_m = Y_m(t) \tag{8.12}$$

$$Y_n = Y_n(t) \tag{8.13}$$

导叶开度与接力器关系方程:

$$\alpha_m = \alpha(Y_m) \tag{8.14}$$

$$\alpha_n = \alpha(Y_n) \tag{8.15}$$

单位参数方程:

$$Q_P = Q_1' D_1^2 \sqrt{H_P - H_S} \tag{8.16}$$

$$n = n'_1 \sqrt{H_P - H_S}/D_1 \tag{8.17}$$

$$M_t = M'_1 D_1^3 (H_P - H_S) \tag{8.18}$$

同步导叶和不同步导叶单位流量分配方程：

$$Q'_1 = Q'_{1m} + Q'_{1n} \tag{8.19}$$

$$Q'_{1m} = Q'_1(u_m, v_m)\frac{Z_m}{Z_m + Z_n} \tag{8.20}$$

$$Q'_{1n} = Q'_1(u_n, v_n)\frac{Z_n}{Z_m + Z_n} \tag{8.21}$$

同步导叶和不同步导叶单位转矩分配方程：

$$M'_1 = M'_{1m} + M'_{1n} \tag{8.22}$$

$$M'_{1m} = M'_1(u_m, v_m)\frac{Z_m}{Z_m + Z_n} \tag{8.23}$$

$$M'_{1n} = M'_1(u_n, v_n)\frac{Z_n}{Z_m + Z_n} \tag{8.24}$$

全特性空间曲面方程：

$$n'_1(u,v) := \frac{\sum_{i=0}^{p}\sum_{j=0}^{q}\omega_{i,j}D_{ni,j}N_{i,k}(u)N_{j,l}(v)}{\sum_{i=0}^{p}\sum_{j=0}^{q}\omega_{i,j}N_{i,k}(u)N_{j,l}(v)} \tag{8.25}$$

$$Q'_1(u,v) := \frac{\sum_{i=0}^{p}\sum_{j=0}^{q}\omega_{i,j}D_{Qi,j}N_{i,k}(u)N_{j,l}(v)}{\sum_{i=0}^{p}\sum_{j=0}^{q}\omega_{i,j}N_{i,k}(u)N_{j,l}(v)} \tag{8.26}$$

$$M'_1(u,v) := \frac{\sum_{i=0}^{p}\sum_{j=0}^{q}\omega_{i,j}D_{Mi,j}N_{i,k}(u)N_{j,l}(v)}{\sum_{i=0}^{p}\sum_{j=0}^{q}\omega_{i,j}N_{i,k}(u)N_{j,l}(v)} \tag{8.27}$$

参数 v 表示的相对开度方程：

$$v = \alpha/\alpha_{\max} \tag{8.28}$$

求解方法：首先，根据同步导叶和不同步导叶的接力器关闭规律分别求得当前时刻同步与非同步导叶的导叶开度 α_m 和 α_n 以及参数 v_m 和 v_n；然后，假设 u_m 和 u_n，分别代入式(8.16)和式(8.18)中求得同步与非同步导叶的单位流量 Q'_{1m} 和 Q'_{1n} 以及单位力矩值 M'_{1m} 和 M'_{1n}，并将这四个值代入单位流量分配方程和单位力矩分配方程中，求得由同步导叶和非同步导叶综合作用下的水泵水轮机的单位流量 Q'_1 和单位力矩 M'_1；最后，根据第 4 章提出的基于转速误差函数的机组边界方程的求解方法即可求解。

2. MGV 装置的投入对机组甩负荷调保参数的影响

图 8.28 ～ 图 8.32 对比了未投入与投入 MGV 装置的调保参数的对比图。图中的计算条件为：当未投入 MGV 装置时，导叶直线关闭的速率分别为 20 s(红线) 和 40 s(黑线)；当投入 MGV 装置时，24 个同步导叶的直线关闭速率为 20 s(蓝线)，2 个不同步导叶延时 10 s 后以

40 s 速率直线关闭。由对比结果可知，不同步导叶的延时投入，可以有效地减缓流量变化速率，从而起到降低水击压强第一峰值/谷值的作用，因此蓝线与黑线第一峰值接近，低于红线的第一峰值；同时因为同步导叶的快速关闭，削减了机组工况点第二次回升至最高点流量，因此对于水击压强的第二峰值，蓝线与红线接近而低于黑线；但是投入 MGV 装置后由于轨迹线向高单位转速区偏移，因此机组最大转速值更高，且对于转速的第二峰值影响更为明显。

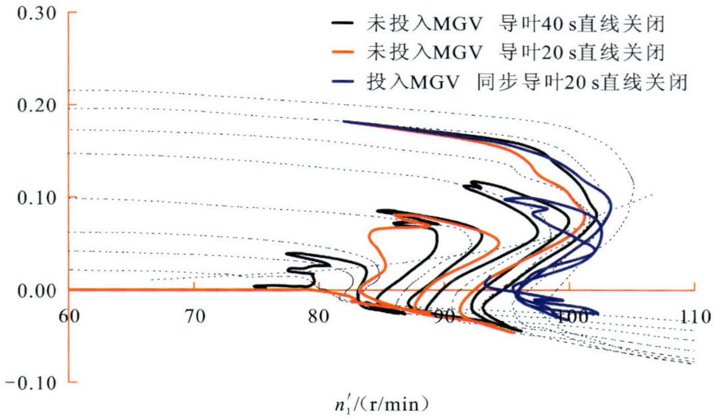

图 8.28　MGV 装置对机组甩负荷轨迹线的影响

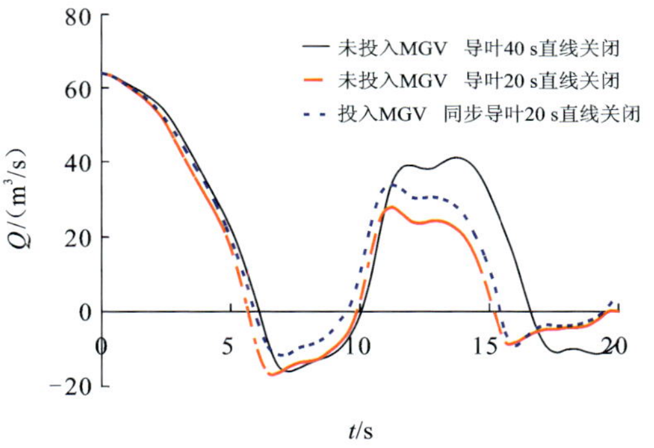

图 8.29　机组流量变化过程

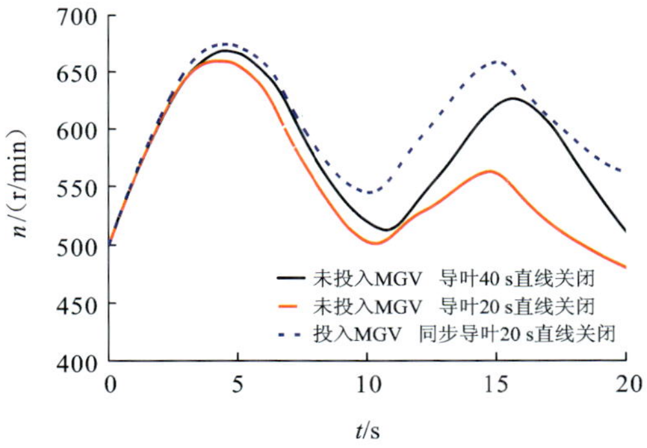

图 8.30　机组转速变化过程

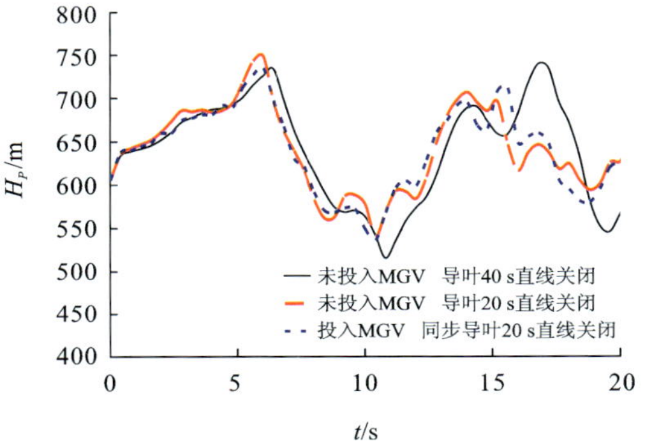

图 8.31　蜗壳压强变化过程

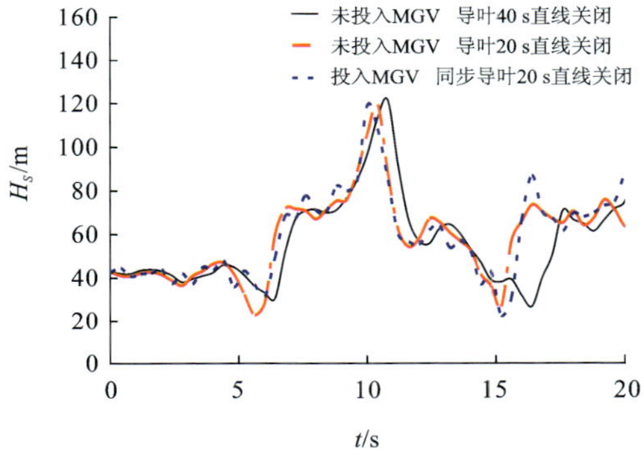

图 8.32　尾水管压强变化过程

导叶不同步的关闭规律存在的主要问题是：不仅 MGV 装置较复杂，存在失灵的风险，而且过渡过程中脉动压强可能更加剧烈，所以在实际的抽水蓄能电站中运用较少。

8.2.5 水轮机工况各种导叶关闭规律的应用情况

水轮机工况各种导叶关闭规律的应用情况见表 8.6。

表 8.6 水轮机工况各种导叶关闭规律的应用情况

导叶关闭规律类型	电站	额定水头/m	特性曲线	100%基准开度/(°)	额定开度/%	类别	导叶关闭规律（直线关闭规律括号内为额定开度下的关闭时间）
直线关闭规律	广蓄二期	512.0	广蓄二期		95.76	实际	导叶由 100% 起关，一段 31.33 s(30.0 s) 直线关闭
	白莲河	195.0	白莲河	43.20	88.60	实际	导叶由 100% 起关，一段 40.4 s(35.8 s) 直线关闭
	天池	510.0	惠蓄	26.80	97.60	推荐	导叶由 100% 起关，一段 40.98 s(40.0 s) 直线关闭
	五岳	235.0	泰安	34.0	80.55	推荐	导叶由 100% 起关，一段 37.24 s(30.0 s) 直线关闭
	蟠龙	428.0	仙游	30.0	88.65	推荐	导叶由 100% 起关，一段 50.00 s(44.35 s) 直线关闭
	梅州	400.0	D715A	32.0	69.25	推荐	导叶由 100% 起关，一段 50.00 s(44.35 s) 直线关闭
	平江	640.0	西龙池	33.0	80.20	推荐	导叶由 100% 起关，一段 41.15 s(33.00 s) 直线关闭
	洛宁	604.0	洪屏	24.0	83.30	推荐	导叶由 100% 起关，一段 48.02 s(40.00 s) 直线关闭
	阳江	653.0	西龙池	33.0	85.30	推荐	导叶由 100% 起关，一段 48.02 s(35.00 s) 直线关闭
	洪屏	540.0	洪屏	20.47	100.0	实际	导叶由 100% 起关，一段 40.0 s(40.00 s) 直线关闭
折线关闭规律	天荒坪	526.0	天荒坪			实际	两段折线：由 100% 起关，第一段关至(4.00 s，50%)，第二段关至(16.3 s，0)
	桐柏	244.0	桐柏			实际	两段折线：由 100% 起关，第一段关至(4.00 s，60%)，第二段关至(25.0 s，0)
	宜兴	363.0	宜兴			实际	三段折线：由 100% 起关，第一段关至(4.50 s，55%)，第二段关至(11.5 s，20%)，第三段关至(38.17 s，0)
	清远	470.0	清远	21.86	94.07	实际	两段折线：由 100% 起关，第一段关至(2.41 s，73%)；第二段关至(69.1 s，0)
	深圳	419.0	D715A	32.00		推荐	两段折线：由 100% 起关，第一段关至(4.65 s，85%)；第二段关至(74.15 s，0)
	回龙					实际	两段折线：由 100% 起关，第一段关至(15.2 s，70%)；第二段关至(29.2 s，0)
导叶延时＋直线关球阀联动	宝泉	510.0				实际	导叶第一段由 100% 延时 10 s，一段直线关至(27.07 s，0) 球阀两段关闭，第一段关至(24.8 s，20%)，第二段关至(62.0 s，0%)
导叶延时＋折线关	黑麇峰	295.0	黑麇峰	35	88.53	实际	导叶第一段由 100% 延时 10 s，由相对开度 100% 关至 97%；第二段在(22.22 s，36%)；在 36.62 s 关死

续表

导叶关闭规律类型	电站	额定水头/m	特性曲线	100%基准开度/(°)	额定开度/%	类别	导叶关闭规律（直线关闭规律括号内为额定开度下的关闭时间）
导叶直线关＋延时＋直线关（转速反馈）	沙河					实际	导叶分三段关闭，第一段按斜率为1/30直线关闭；当转速超过390 r/min时，导叶按斜率为1/100延时关闭，延时时间为5 s；第三段导叶再按1/30斜率直线关闭
	惠州	517.4	惠州	26.8		实际	导叶分三段关闭，导叶第一段按斜率为1/15直线关闭；当转速达到575 r/min时，延时10 s；第三段以斜率1/15关至零 球阀延时约3.6 s，第一段关至(14 s,18°)，第二段关至(38.4 s,0°)

8.3　水泵断电工况特点及导叶关闭规律优化

8.3.1　水泵工况初始开度的选择

水泵水轮机处于水泵工况时，由特性曲线可知，开度的变化对流量影响很小，但对转矩的影响较大。因此，对于水泵工况，需要选择输入功率最小的开度，即选择转矩最小、效率最高的开度作为初始开度，如选择表8.7中所示的相对开度为65%。

表8.7　水泵工况导叶开度的选择

相对开度/%	转速/(r/min)	水头/m	流量/(m^3/s)	出力/MW	单位流量/(m^3/s)	单位力矩/(kg·m)	单位转速/(r/min)	效率/%
100	−500	511.54	−59.00	−307.95	−0.1751	20.3782	−85.3331	96.14
95	−500	511.55	−59.14	−313.62	−0.1755	20.7530	−85.3322	94.63
90	−500	511.56	−59.25	−316.46	−0.1758	20.9410	−85.3314	93.95
85	−500	511.57	−59.37	−316.71	−0.1762	20.9569	−85.3305	94.07
80	−500	511.58	−59.55	−315.46	−0.1767	20.8738	−85.3291	94.74
75	−500	511.61	−59.76	−313.48	−0.1773	20.7417	−85.3276	95.68
70	−500	511.61	−59.86	−311.58	−0.1776	20.6160	−85.3268	96.42
65	−500	511.60	−59.74	−310.63	−0.1773	20.5530	−85.3278	96.52
60	−500	511.55	−59.14	−310.27	−0.1755	20.5316	−85.3322	95.66
55	−500	511.43	−57.73	−308.35	−0.1713	20.4092	−85.3425	93.93
50	−500	511.23	−55.00	−303.97	−0.1645	20.1272	−85.3585	90.74

正是因为初始导叶一般处于中间开度，所以断电过程中，转速升高不起控制作用，故导叶关闭规律的优化取决于水击压强的控制。

8.3.2　水泵断电工况过渡过程的轨迹线与导叶关闭规律的优化

当水泵断电后，在很短时间内(2 ～ 4s)水流向上的惯性即全消失，水流随即反向下流(水轮机方向，正值)。转轮由于机械惯性的作用向泵方向继续旋转一段时间(为水倒流时间的 2 ～ 3 倍)，如果导叶没有关死，转轮还将反过来向水轮机方向旋转，直至到达飞逸转速。这一过程也可分为导叶拒动和导叶动作两种情况，其工况点轨迹线如图 8.33 所示，假定初始抽水工况点为 A。

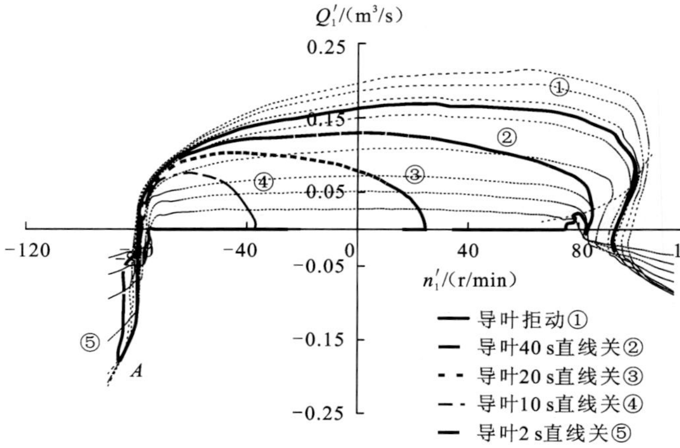

图 8.33　水泵工况断电轨迹线

(1) 导叶拒动：表示此过程的轨迹线 ① 与等开度线重合，它经过水泵工况区、水泵制动工况区和水轮机工况区，以后如水轮机工况甩负荷导叶拒动过渡过程一样，最终在飞逸工况上运行或周期性地发生倒流，调保参数也随之进行周期性振荡，如图 8.34 所示。

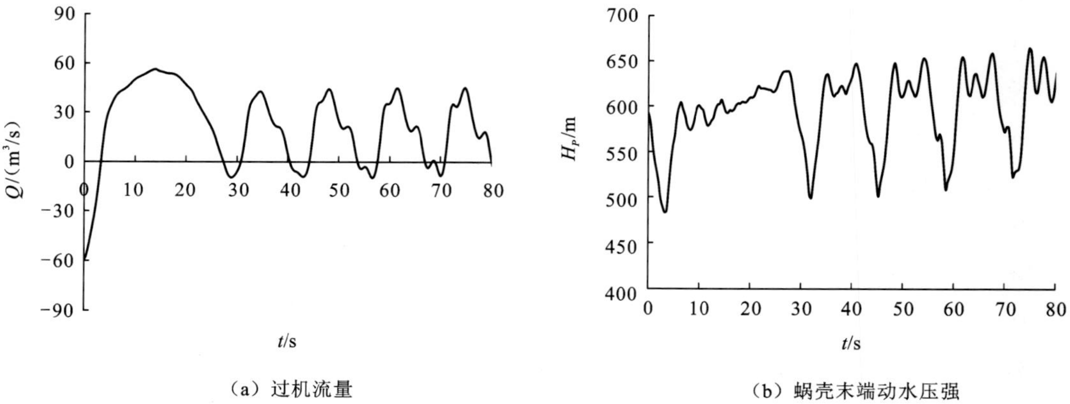

(a) 过机流量　　(b) 蜗壳末端动水压强

图 8.34　水泵断电导叶拒动工况参数变化过程

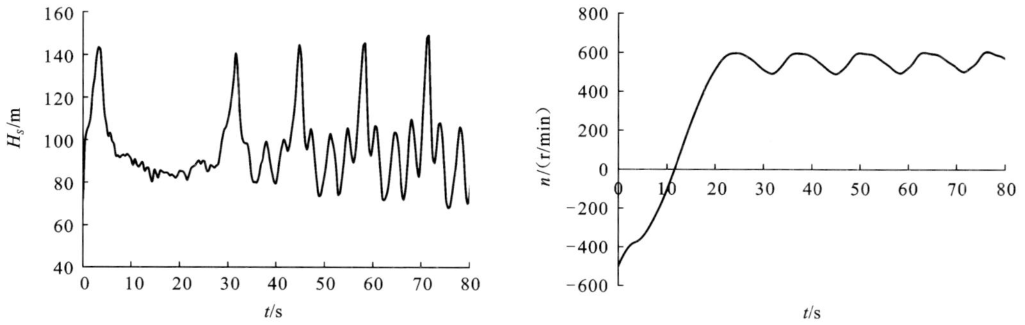

(c) 尾水管进口动水压强　　(d) 机组转速

图 8.34　水泵断电导叶拒动工况参数变化过程(续)

(2) 导叶关闭至零开度：此时过渡过程的轨迹线将穿过水泵、水泵制动和水轮机 3 个工况区，并向 n_1' 值较小(开度较小)的飞逸工况线移动，而后通过水轮机制动区直至 $n_1' = 0$ 的坐标轴线上(开度 $\alpha = 0$ 线)而结束。如果导叶在转速改变方向以前和水流改变方向以后达到完全关闭，则其过渡过程轨迹线为 ④ 线，它仅限于水泵工况区和水泵制动工况区内。如果导叶在转速改变方向之时仍未完全关闭，过渡过程的轨迹线将穿过水泵、水泵制动和水轮机 3 个工况区(如轨迹线 ③ 线)，甚至在穿越飞逸线后，进入水轮机制动和反水泵工况区(如轨迹线 ② 线)，直至 $n_1' = 0$ 的坐标轴线上(开度 $\alpha = 0$ 线)而结束。如果导叶关闭过慢，压强仍然会出现若干次波动而衰减。这几种情况的调保参数变化过程如图 8.35 所示。

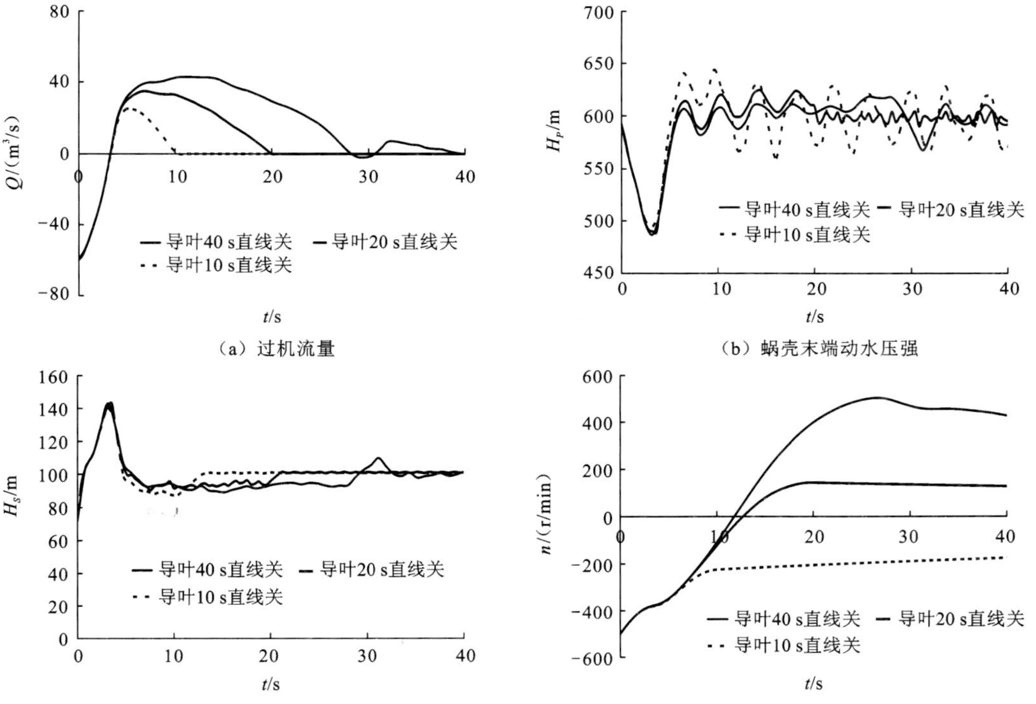

(a) 过机流量　　(b) 蜗壳末端动水压强

(c) 尾水管进口动水压强　　(d) 机组转速

图 8.35　水泵断电导叶拒动工况参数变化过程

8.3.3　水泵断电工况导叶关闭规律的应用情况

对于水泵工况，往往采用导叶直线关闭规律。虽然其通常不是调节保证参数的控制工况，但是导叶关闭规律仍不能任意选取，因为导叶关闭时间影响到工况点轨迹线的变化，从而影响压强的波动过程。表 8.8 归纳了几座已建/在建/拟建电站水泵工况采用/推荐采用的导叶关闭规律。

表 8.8　水泵工况导叶关闭规律的应用情况

导叶关闭规律类型	电站	最小扬程/m	类别	导叶关闭规律
直线关闭规律	广州二期	514.00	实际	导叶由 100% 起关，一段 31.33 s 直线关闭
	惠州	512.10	实际	导叶由 100% 起关，一段 15.0 s 直线关闭
	白莲河	194.00	实际	导叶由 100% 起关，一段 35.8 s 直线关闭
	黑麋峰	276.20	实际	导叶由 100% 起关，一段 15.0 s 直线关闭
	深圳	422.00	推荐	导叶由 100% 起关，一段 30.0 s 直线关闭
	阳江	644.20	推荐	导叶由 100% 起关，一段 48.02 s 直线关闭
	洪屏	535.00	实际	导叶由 100% 起关，一段 40.0 s 直线关闭
	天池	486.49	推荐	导叶由 100% 起关，一段 55.0 s 直线关闭
	五岳	225.68	推荐	导叶由 100% 起关，一段 137.97 s 直线关闭
	蟠龙	439.45	推荐	导叶由 100% 起关，一段 82.87 s 直线关闭
	梅州	370.43	推荐	导叶由 100% 起关，一段 175.34 s 直线关闭
	平江	628.00	推荐	导叶由 100% 起关，一段 41.56 s 直线关闭
	洛宁	587.00	推荐	导叶由 100% 起关，一段 67.94 s 直线关闭
折线关闭规律	清远	450.75	实际	两段折线：由 100% 起关，第一段关至(9.10 s,10%)，第二段关至(21.0 s,0)

参考文献

[1] 杨桀彬. 基于空间曲面的水泵水轮机全特性及过渡过程的研究. 武汉：武汉大学，2014.

[2] Zeng W，Yang J，et al. Guide-vane closing schemes of pump-turbines based on transient characteristics in S-shaped region. ASME J. Fluids Eng.，2016，138(5)：051302.

[3] 张春，杨建东. 高水头抽水蓄能电站球阀与导叶联动的关闭规律研究. 水电能源科学，2011，29(12)：128-131.

[4] Grein H，Bachmann P. Hydrauli torque on misaligned guide vanes. Water Power and Dam Construction，1976(2)：37-40.

[5] 梅祖彦. 抽水蓄能发电技术. 北京：机械工业出版社，2000.

[6] 曾艳梅. 水电站过渡过程特殊边界条件研究. 武汉：武汉大学，2007.

符号说明

符号	名称
A_P	转轮进口管道面积，m^2
A_S	转轮出口管道面积，m^2
a	波速，m/s；以 $n_{ed} \sim Q_{ed}$ 表示的特性曲线的斜率
C_1	管道非恒定流特征线法系数之一
C_2	管道非恒定流特征线法系数之一
C_{QP}	管道非恒定流特征线法系数之一
C_{QM}	管道非恒定流特征线法系数之一
c	波速，m/s
D_1	转轮进口直径，m
$D_{M_{i,j}}$	下标 $i=0,1,\cdots,p$，下标 $j=0,1,\cdots,q$，NURBS 曲面控制顶点的 M'_1 轴的分量
$D_{n_{i,j}}$	下标 $i=0,1,\cdots,p$，下标 $j=0,1,\cdots,q$，NURBS 曲面控制顶点的 n'_1 轴的分量
$D_{Q_{i,j}}$	下标 $i=0,1,\cdots,p$，下标 $j=0,1,\cdots,q$，NURBS 曲面控制顶点的 Q'_1 轴的分量
GD^2	机组飞轮力矩，$t \cdot m^2$
g	重力加速度，m/s^2
ΔH	经过球阀的水头损失，m
H_{ed}	相对水头
ΔH_{ed}	相对水头变化量
H_P	转轮进口水击压强，m
H_S	转轮出口水击压强，m
M_t	水泵水轮机动力矩，N · m
M'_1	单位力矩，N · m
M'_{1m}	通过同步导叶水流的单位力矩，N · m
M'_{1n}	通过不同步导叶水流的单位力矩，N · m
$\overrightarrow{MN}$	时间步长内轨迹线上 M 点到 N 点的有向线段
m	球阀流量系数
$N_{i,k}(u)$	u 向第 i 度($k+1$ 阶)B 样条基函数
$N_{j,l}(v)$	v 向第 j 个 l 度($l+1$ 阶)B 样条基函数
n_{ed}	相对单位转速
n	机组转速，r/min
n'_1	单位转速，r/min
$\Delta n'_1$	单位转速的变化量，r/min

Q	流量，m^3/s
Q_P	过机流量，m^3/s
ΔQ	流量变化量，m^3/s
Q_{ed}	相对单位流量
Q'_1	单位流量，m^3/s
$\Delta Q'_1$	单位转速的变化量，m^3/s
Q'_{1m}	通过同步导叶水流的单位流量，m^3/s
Q'_{1n}	通过不同步导叶水流的单位流量，m^3/s
Q_{CP}	管道非恒定流特征线法系数
Q_{CM}	管道非恒定流特征线法系数
T_s	导叶紧急关闭时间，s
T_g	正常调节的关机时间，s
t	时刻，s
Δt	一个时间步长，s
u	沿开度线方向参数
u_m	空间曲面 u 向参数(同步导叶工况点)
u_n	空间曲面 u 向参数(不同步导叶工况点)
V	阀门前后管道流速，m/s
VO	球阀开度，%
v_m	空间曲面 v 向参数(同步导叶工况点)
v_n	空间曲面 v 向参数(不同步导叶工况点)
v	开度变化方向参数
X	水头平方根，$m^{0.5}$
ΔX	水头平方根的变化量，$m^{0.5}$
Y_m	同步导叶的接力器行程，%
Y_n	不同步导叶的接力器行程，%
Z_m	同步导叶数目
Z_n	不同步导叶数目
α	时间步长内轨迹线或有向线段的夹角；导叶开度，% 或无量纲
α_m	同步导叶的导叶开度，% 或无量纲
$\alpha_{\max}$	导叶 100% 基准开度
α_n	不同步导叶的导叶开度，% 或无量纲
$\alpha_{临}$	时间步长内轨迹线或有向线段的临界角
$\omega_{i,j}$	下标 $i=0,1,\cdots,p$，下标 $j=0,1,\cdots,q$，NURBS 参数曲面权重系数
Ω	转速偏差函数

下标

符号	名称
0	初始时刻或上一时刻

M	M 点处
N	N 点处
NM	由 M 点至 N 点
N'	N' 点处
N''	N'' 点处
N'''	N''' 点处
$N'M$	由 M 点至 N' 点
NN'	由 N' 点至 N 点
NN''	由 N'' 点至 N 点
i、$i \pm 1$	管道分段第 i、$i \pm 1$ 个断面
t、$t-\Delta t$、$t-2\Delta t$	t、$t-\Delta t$、$t-2\Delta t$ 时刻

第9章　抽水蓄能机组水力干扰与相继甩负荷

为了减小工程投资，抽水蓄能电站一般采用一洞多机的布置方式，这使得同一水力单元的机组在稳态运行和过渡过程中存在着水力联系。当其中部分机组甩负荷，在输水管道系统中将产生流量和压强的急剧变化，即水击波动。在管道分岔点（如岔管、调压室底部）产生水击波的透射、反射与叠加，改变了同一水力单元其他正在运行机组的水头和引用流量，使得运行机组的出力（包括有功功率和无功功率）、转速等发生波动。若运行机组参与功率调节或频率调节，必然根据预定的目标进行自动调节。调节存在稳定性及调节品质的问题，也存在发电机的暂态电流、功角是否满足有关规范的问题。为此，本章针对水泵水轮机反S特性的影响，在第7章和第8章的基础上，探讨抽水蓄能机组水力干扰过渡过程，为抽水蓄能机组设计与运行提供参考。

若受水力干扰的运行机组，在该过渡过程中过速或遭遇其他事故，过速保护或电气保护使得该机组从电网解列，继而甩负荷。该事故过程定义为相继甩负荷。

抽水蓄能机组相继甩负荷产生的水击压强较大，对尾水管进口最小压强尤为不利，直接影响抽水蓄能电站管道系统布置设计及机组安全运行[1-3]。为此，本章针对水泵水轮机反S特性的影响，从理论上推求机组间水力联系的参数或解析表达式，继而探讨相继甩负荷工况下压强急剧变化的内在机制。拟通过理论分析和数值模拟得出最不利的相继甩负荷的间隔时间，并提出相应的工程措施。

抽水蓄能机组水力干扰与相继甩负荷，已在整体模型试验平台上进行了试验，且与理论分析和数值模拟的结果是一致的。为了章节的平衡，这部分内容放在第11章论述。

9.1　水力干扰过渡过程

9.1.1　水力干扰数学模型

水力干扰过渡过程可视为同一水力单元部分机组甩负荷、部分机组参与频率调节或功率调节的耦合过渡过程。单从参与调节的运行机组来看，来自部分机组甩负荷产生的干扰方式及干扰量均不同于负荷阶跃突变，属于非线性大扰动问题。为此，本章拟采用非线性过渡过程数学模型来研究水力干扰过渡过程有关的突出问题。由于水力干扰引起运行机组超出力的考核指标是发电机的暂态电流、功角等，故本节在第4章数学模型的基础上，增加发电机三阶方程、励磁调节器方程和电网与负载模型（图9.1）。然后分别探讨水力干扰过渡过程中，运行机组参与频率调节或功率调节的差异，岔点位置与机组超出力的关联性，调速器参数（包括调速器最快关闭/最快开启速率）与机组超出力及波动收敛程度的关联性。

1. 发电机三阶方程

水轮发电机通常为同步电机，其数学模型主要由转子运动方程、电流电压方程、电磁

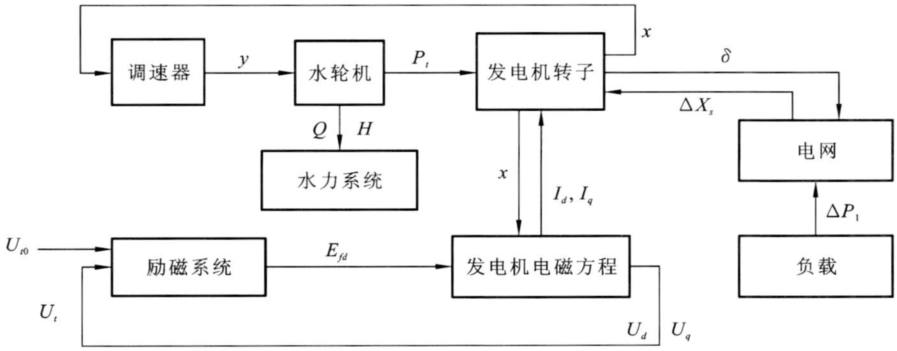

图 9.1　水电站输水发电系统整体数学模型

暂态过程方程构成。其中，转子运动方程描述转子运动的机械暂态过程；电流电压方程反映接入网络后，同步电机电势与机端电压、电流的关系；电磁暂态过程方程则描述同步电机暂态电势的变化规律。为了节省篇幅，在此直接给出发电机的三阶方程[4] 如下：

$$
\begin{cases}
T_a \dfrac{\mathrm{d}x}{\mathrm{d}t} = \dfrac{\omega_0}{P_0}(P_t - P_e)/\omega - Dx \\
\dfrac{\mathrm{d}\delta}{\mathrm{d}t} = \omega - \omega_0 \\
U_d = X_q I_q \\
U_q = E'_q - X'_d I_d \\
U_t^2 = U_d^2 + U_q^2 \\
T'_{d0} \dfrac{\mathrm{d}E'_q}{\mathrm{d}t} = E_{fd} - E_q \\
E_q = E'_q + (X_d - X'_d) I_d \\
P_e = [E'_q + (X_q - X'_d)] I_d
\end{cases}
\tag{9.1}
$$

在式(9.1)中共有三个一阶微分方程，故称为发电机三阶模型。该方程组中有 11 个变量：I_d、U_d 为端电压和定子电流的 d 轴分量，I_q、U_q 为端电压和定子电流的 q 轴分量，单位为 A 和 V；P_t、P_e 分别为发电机机械功率与电磁功率，单位为 W；$x=(\omega-\omega_0)/\omega_0$ 为机组转速偏差相对值，ω 或 ω_0 为角速度和额定角速度，单位为 rad/s；δ 为功角，单位为 rad；E'_q、E_{fd} 分别为 q 轴暂态电动势与励磁电压所决定的空载电势，单位为 V。8 个方程，11 个未知数，所以还需 1 个励磁调节器方程和 2 个网络方程，式(9.1)才能封闭，才能得以求解。

在式(9.1)中已知参数分别是：T_a 为机组惯性时间常数，单位为 s；P_0 为发电机初始功率，单位为 W；D 为阻尼系数；X_d、X_q 分别为 d、q 轴的等效电抗，$X'_d = X_d - \dfrac{X_{ad}^2}{X_{ff}}$ 为 d 轴暂态电抗，单位均为 Ω；$E'_q = \dfrac{X_{ad}}{X_{ff}}\psi_f$ 为 q 轴暂态电动势，单位为 V。其中，X_{ad} 为 d 轴电枢反应电抗，X_{ff} 为励磁绕组的自感抗，单位均为 Ω；U_t 为发电机实际运行电压，单位为 V。

2. 励磁调节器方程

励磁调节器是同步发电机组的重要组成部分，根据励磁调节器结构形式的不同可以有多种数学模型。本小节根据研究内容的需要，按电压偏差调节的自动励磁调节器，在不计励磁调节器饱和等非线性因素前提下，给出相应的数学方程[4]：

$$\begin{cases}U_t-U_{t0}=\Delta U_t\\ \Delta U_t K_{uR}=U_R\\ U_P-U_R=U_{ff}\\ U_{ff}=T_e\dfrac{\mathrm{d}U_f}{\mathrm{d}t}+U_f\end{cases}\tag{9.2}$$

式中，U_{t0} 为给定的运行参数；U_t 为发电机实际运行电压；U_P 为手动整定电压；U_{ff}、U_f分别为励磁机、发电机励磁绕组的输入电压；T_e 为励磁调节器时间常数；K_{uR} 为调节器的放大系数。

消去中间变量后，可以得到励磁调节器方程，即

$$-K_{uR}\Delta U_t+U_P=U_f+T_e\frac{\mathrm{d}U_f}{\mathrm{d}t}\tag{9.3}$$

令 $U_f=U_{f0}+\Delta U_f$，且考虑到给定的运行平衡点，有 $U_{f0}=U_P$。将这些关系式代入式(9.3)后，可得到以偏差量表示的小扰动方程：

$$-K_{uR}\Delta U_t=\Delta U_f+T_e\frac{\mathrm{d}U_f}{\mathrm{d}t}\tag{9.4}$$

式(9.4)乘以 X_{ad}/R_f，得

$$-\frac{X_{ad}}{R_f}K_{uR}\Delta U_t=\frac{X_{ad}}{R_f}\Delta U_f+\frac{X_{ad}}{R_f}T_e\frac{\mathrm{d}U_f}{\mathrm{d}t}\tag{9.5}$$

由空载电动势的强制分量 $E_{fd}=X_{ad}\dfrac{U_f}{R_f}$，得

$$\Delta E_{fd}=X_{ad}\frac{\Delta U_f}{R_f}\tag{9.6}$$

将式(9.6)代入式(9.5)，得到

$$T_e\frac{\mathrm{d}E_{fd}}{\mathrm{d}t}=-\Delta E_{fd}-K_u\Delta U_t\tag{9.7}$$

式中，$K_u=X_{ad}K_{uR}/R_f$为励磁调节器的综合放大系数；R_f 为励磁绕组的电阻。

如果忽略励磁调节中的动态过程，即认为比例于发电机端电压偏移量的调节量，直接作用于发电机的励磁电压上，则有

$$\Delta E_{fd}=-K_u\Delta U_t\tag{9.8}$$

3. 电网数学模型

1）等效模型

将电网表示为一个等效的发电机组[4,5]，其方框图如图 9.2 所示，其传递函数为

$$\frac{\Delta X_s}{\Delta P_1}=-\frac{R_g(T_g s+1)}{R_g(T_g s+1)(T_s s+D_s)+1}\tag{9.9}$$

式中，ΔP_1 是电网遭受的扰动；T_s 是电网等效机组惯性时间常数，它包括了电网中所有机组的旋转惯性效应，其值体现了电网规模的大小；D_s 是电网等效负荷自调节系数，它描述

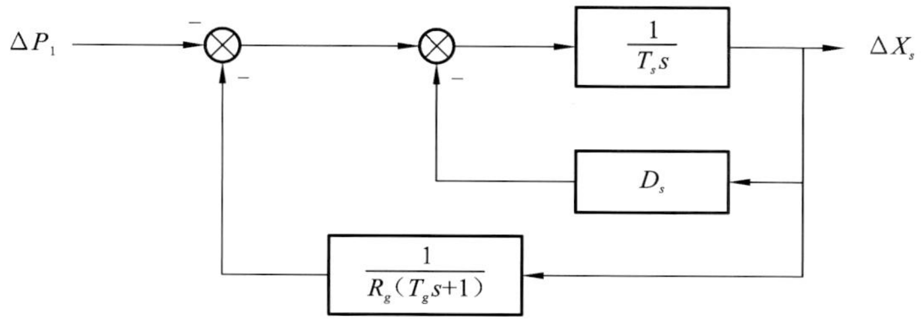

图 9.2　电网数学模型的方框图

了电网负荷与频率之间的阻尼特性，对于一定程度的频率偏差，D_s 决定了相应的功率变化，D_s 的值通常较难精确测得，但它与电网规模表现出一定的正相关性[6]；$\dfrac{1}{R_g(T_g s+1)}$ 表示一个电网等效调速系统，它综合了电网内所有机组调速系统的动态特性，其中 T_g 是电网等效接力器惯性时间常数，R_g 是电网等效永态转差系数，它由电网内所含机组的永态转差系数 e_{pi} 共同决定，满足关系式 $R_g=\dfrac{1}{\sum_i e_{pi}}$。

设 $\Delta P_1=\dfrac{m_{g0}}{s}$，代入式(9.9)，并对 ΔX_s 的表达式进行拉普拉斯反变换，得[7]

$$\Delta X_s(t)=\frac{m_{g0}R_g}{R_gD_s+1}\left(\sqrt{1+\frac{(a_1-a_2)^2}{a_3}}\mathrm{e}^{-a_2t}\sin(\sqrt{a_3}t+\varphi)-1\right)\tag{9.10}$$

式中，$\varphi=\arctan\dfrac{\sqrt{a_3}}{a_1-a_2}$；$a_1=\dfrac{R_gT_s-T_g}{R_gT_gT_s}$；$a_2=\dfrac{T_gD_s+T_s}{2T_gT_s}$；$a_3=\dfrac{R_gD_s+1}{R_gT_gT_s}-\left(\dfrac{T_gD_s+T_s}{2T_gT_s}\right)^2$。

另外，由于机组额定功率基准值与系统额定功率基准值不同，因此还需要通过转换系数 B 将两者相连。

为了计算分析的方便，本小节拟出 6 种不同的电网规模：孤立电网、中等电网 1、中等电网 2、大电网 1、大电网 2、无穷大电网，其基本参数见表 9.1。

表 9.1　不同规模电网、参数对照表

	B	T_s	D_s	R_g	T_g
孤立电网	1	8	0.1	1	8
中等电网 1	0.2	20	0.2	0.3	20
中等电网 2	0.1	40	0.4	0.2	40
大电网 1	0.01	400	4	0.1	400
大电网 2	0.001	4 000	40	0.02	4 000
无穷大电网	$\varepsilon\to0^+$	100 000	1 000	0.000 01	100 000

2）网络元件模型

网络元件主要是输电线，输电线通常用由电阻-电感支路和对地电容支路组成的等值 π 形电路来模拟。在电力系统稳定分析中，电力网络一般用稳态方程来代表。同时，假定正常运行时三相是对称平衡的，故可以用单相系统来表示。

设线路阻抗(包括输电线路和变压器) 为 $Z=R_e+\mathrm{j}X_e$，有 $\Delta U=IZ$。

若用 $d \sim q$ 坐标系表示，则

$$U_{di} = U_{dj} + I_d R_e - I_q X_e \tag{9.11}$$

$$U_{qi} = U_{qj} + I_q R_e + I_d X_e \tag{9.12}$$

式中，i 表示送端节点；j 表示受端节点。

对于单机-无穷大电网，设无穷大电网电压为 U_s，则

$$U_d = U_s \sin\delta + I_d R_e - I_q X_e \tag{9.13}$$

$$U_q = U_s \cos\delta + I_q R_e + I_d X_e \tag{9.14}$$

4. 负载数学模型及负载动态特性

1）负载数学模型

一般负荷是吸收有功功率和无功功率的。电网中负荷的组成是十分复杂的，它们的特性亦各异，如电阻性负荷，其功率与频率无关，而叶片式机械（水泵、风机），其功率与频率三次方成正比。这些功率随着端点电压和系统频率的变化而变化，这种变化的状态因负荷种类的不同而异。

负荷功率随电压和频率的缓慢变化而变化的特性，称为负荷的静态特性。由于负荷组成极其复杂，要准确模拟负荷静态特性也非常困难。为此，假定负荷不随系统频率变化，只考虑负荷随电压变化的静态特性。

该静态特性采用综合负荷来表示，综合负荷是指变电站或馈电线路出口的负荷，即

$$P_L = P_{L0} U^a \tag{9.15}$$

$$Q_L = Q_{L0} U^b \tag{9.16}$$

式中，P_{L0}、Q_{L0} 分别为受干扰前的稳态有功功率和无功功率；P_L、Q_L 分别为受干扰后，在电压为 U 时的有功功率和无功功率；a、b 为常数。

显然，当 $a = 0$ 时，是恒定功率的情况；当 $a = 1$ 时，为恒定电流的情况；当 $a = 2$ 时是恒定阻抗的情况。在此，为简化分析起见，在分析地区负荷对控制系统的要求和对水电机组运行稳定性的影响时，取 $a = 2, b = 2$ 恒定阻抗的模型，即根据正常运行方式下负荷点的电压 U_{L0} 和功率 $S_{L0} = P_{L0} + \mathrm{j}Q_{L0}$，用式(9.17) 求出负荷的阻抗值：

$$Z_L = R_L + \mathrm{j}X_L = \frac{U_{L0}^2}{P_{L0} - jQ_{L0}} \tag{9.17}$$

并假定暂态过程中该阻抗值不变。

对无穷大电网，由于其电压和频率不变，因此无须考虑其负荷特性。

2）负载动态特性

电网中具有转动部分的负载也具有机械惯量（包括各种电动机及其所拖动机械的转动惯量），它们对调节过程起着与机组转动惯量同样的作用，因此可以用负载的机械惯性时间常数 T_b 来表示。当以发电机额定力矩为基准表示时，有

$$T_b = \frac{\left(\sum GD_i^2 n_{ri}\right) n_r}{3\,580 P_r} \tag{9.18}$$

式中，$\sum GD_i^2 n_{ri}$ 表示电网中各电动机及其所拖动机械的飞轮力矩与其额定转速平方乘积之和。

T_b 值的大小与负载有关，计算很复杂，一般只能通过试验或经验估算。根据国内外试验资料，通常 $T_b = (0.24 \sim 0.30) T_a$。当计入负载惯性时间常数之后，发电机的等效惯性

时间常数为

$$T_a' = T_a + T_b \tag{9.19}$$

可以看出，负载惯量使系统的惯性增大，有利于降低频率的变化和波动，对调节系统的稳定是有利的。

9.1.2　水力干扰模拟与分析

1. 不同调节模式下水力干扰模拟与分析

为了便于探讨不同调节模式对水力干扰的影响，本小节以国内某大型抽水蓄能电站为例开展相应的模拟与分析。

该电站过渡过程计算简图如图 9.3 所示。为一洞四机、上下游均设调压室的输水发电管道系统。发电机额定功率 300 MW，额定电压 18 kV，额定功率因数 0.9，发电机飞轮力矩 3 600 t·m²，额定转速 500 r/min。

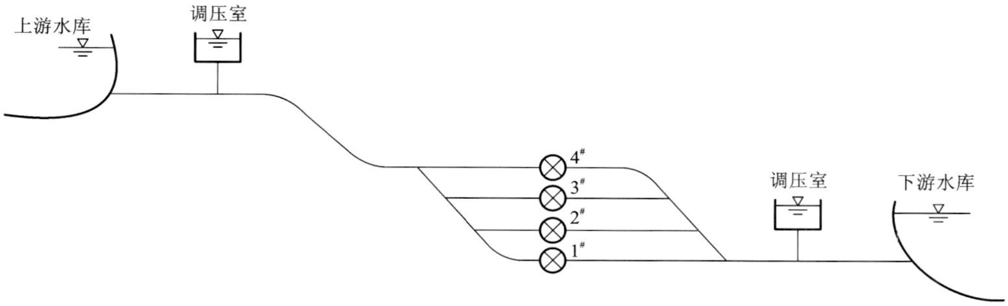

图 9.3　国内某大型抽水蓄能电站过渡过程计算简图

模拟工况如下。

工况 1：上游正常水位 762 m，下游死水位 205 m，三台机组(1#、3#、4#)额定出力正常运行，一台机(2#)组额定出力突甩全部负荷。

工况 2：上游正常水位 762 m，下游死水位 205 m，两台机组(1#、4#)额定出力正常运行，两台机(2#、3#)组额定出力突甩全部负荷。

工况 3：上游正常水位 762 m，下游死水位 205 m，一台机组(1#)额定出力正常运行，三台机(2#、3#、4#)组额定出力突甩全部负荷。

1) 孤网频率调节模式下的水力干扰模拟与分析

模拟结果如表 9.2 所示，转速、功角和调压室涌浪水位的变化过程如图 9.4 所示。

表 9.2　孤网频率调节模式下运行机组的模拟结果

参数		工况 1			工况 2		工况 3
		1#	3#	4#	1#	4#	1#
功角 /(°)	额定功角	26.011	26.011	26.011	26.011	26.011	26.011
	最大功角	43.697	44.419	44.009	46.933	47.249	51.376
	最小功角	25.872	25.917	25.896	25.933	25.95	25.949
机组转速	n_{max}/(r/min)	524.46	524.58	524.09	531.86	531.78	536.77
	n_{min}/(r/min)	485.00	485.64	485.75	479.14	479.60	481.04

续表

参数		工况 1			工况 2		工况 3
		$1^{\#}$	$3^{\#}$	$4^{\#}$	$1^{\#}$	$4^{\#}$	$1^{\#}$
上游调压室水位	初始水位 /m	759.14			759.14		759.14
	最高涌浪水位 /m	763.76			765.24		766.42
	最低涌浪水位 /m	755.65			754.06		752.48
	波动周期 /s	192.80			266.00		302.40
	向上最大振幅 /m	4.62			6.10		7.28
	向下最大振幅 /m	3.49			5.08		6.66
下游调压室水位	初始水位 /m	207.01			207.01		207.01
	最高涌浪水位 /m	210.41			212.99		215.15
	最低涌浪水位 /m	200.63			195.41		190.86
	波动周期 /s	131.2			130.8		130.4
	向上最大振幅 /m	3.40			5.98		8.14
	向下最大振幅 /m	6.38			11.60		16.15

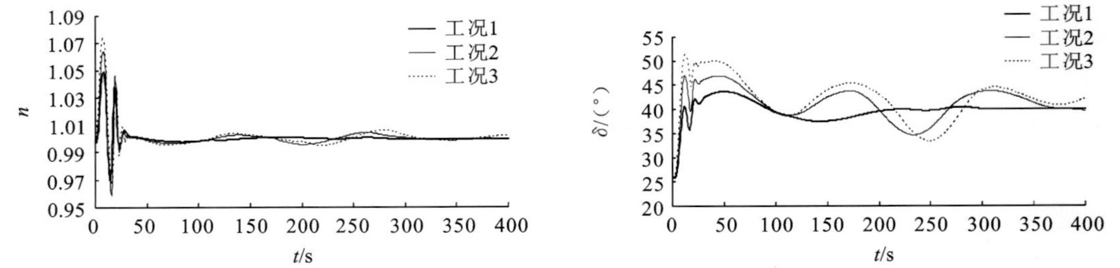

(a) 运行机组转速相对值变化过程　　(b) 运行机组功角变化过程

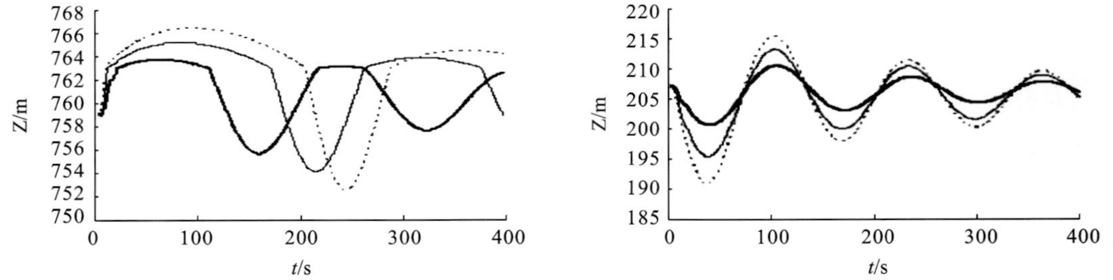

(a) 上游调压室涌浪水位变化过程　　(b) 下游调压室涌浪水位变化过程

图 9.4　孤网频率调节模式下运行机组有关参数及调压室涌浪水位变化过程

分析模拟结果可知：

① 工况 1、工况 2 、工况 3 相比，三台机组同时甩负荷，一台机组运行的水力干扰结果最严重，工况 2 其次，无论功角、机组转速、上 / 下游调压室涌浪水位的波动幅度，还是这些参数衰减的快慢。

② 机组转速波动幅度较大，但衰减也较快，在 50 s 之内就基本趋于稳定。而功角在前 50 s 之内呈非周期振荡，50 s 之后受调压室水位波动的影响呈周期性振荡。

2）并大网功率调节模式下水力干扰模拟与分析

模拟结果如表 9.3 所示，过电流倍数、功角和调压室涌浪水位的变化过程如图 9.5 所示。

表 9.3　并大网功率调节模式下运行机组的模拟结果

参数		工况 1			工况 2		工况 3
		1#	3#	4#	1#	4#	1#
功角 /(°)	额定功角	26.011	26.011	26.011	26.011	26.011	26.011
	最大功角	37.511	37.696	37.262	46.095	46.261	52.726
	最小功角	22.919	23.307	23.357	18.823	18.99	20.013
电流	过电流倍数	1.22	1.22	1.21	1.38	1.38	1.50
上游调压室水位	初始水位 /m	759.14			759.14		759.14
	最高涌浪水位 /m	763.27			764.88		766.30
	最低涌浪水位 /m	757.00			754.74		753.01
	波动周期 /s	170.4			248.8		296.8
	向上最大振幅 /m	4.13			5.74		7.16
	向下最大振幅 /m	2.14			4.4		6.13
下游调压室水位	初始水位 /m	207.01			207.01		207.01
	最高涌浪水位 /m	209.05			211.84		214.52
	最低涌浪水位 /m	202.51			196.77		191.57
	波动周期 /s	129.6			130.4		131.2
	向上最大振幅 /m	2.04			4.83		7.52
	向下最大振幅 /m	4.50			10.24		15.43

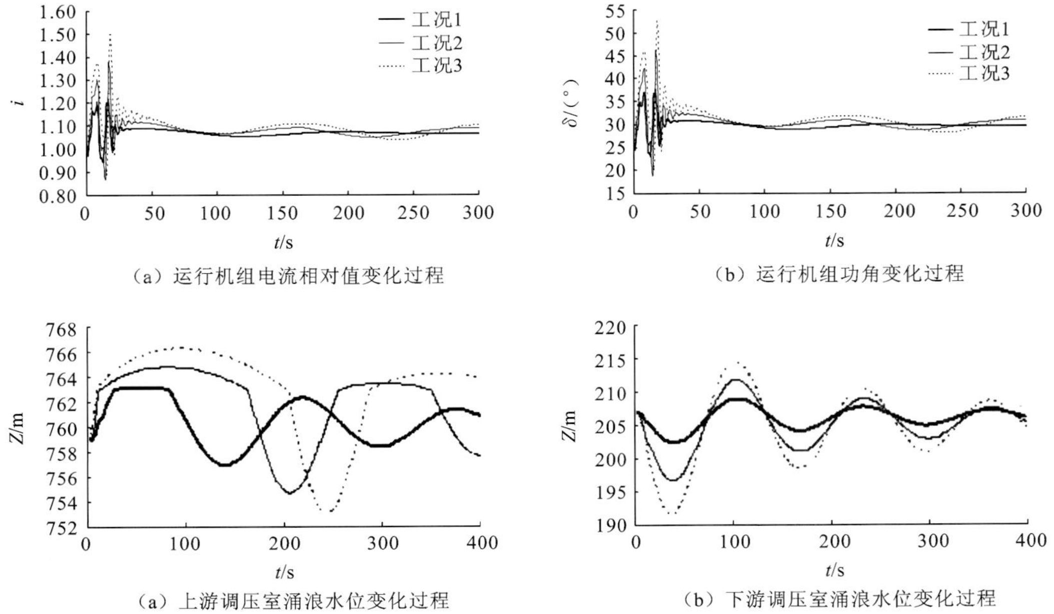

（a）运行机组电流相对值变化过程

（b）运行机组功角变化过程

（a）上游调压室涌浪水位变化过程

（b）下游调压室涌浪水位变化过程

图 9.5　并大网功率调节模式下运行机组有关参数及调压室涌浪水位变化过程

分析模拟结果可知：

(1) 与孤网频率调节模式相同，在并大网功率调节模式下，仍然是三台机组同时甩负荷，一台机组运行的水力干扰结果最严重，工况2其次，无论发电机电流、功角、上/下游调压室涌浪水位的波动幅度，还是这些参数衰减的快慢。

(2) 发电机电流和功角在前 30 s 内波动幅度较大，但衰减也很快，30 s 之后已基本趋于稳定。工况 3 的过电流倍数为 1.50，虽然持续时间比较短，但极值较大，运行中此工况应尽量避免。

(3) 调压室涌浪水位波动过程与孤网频率调节模式相差很小，表明水力干扰中运行机组不同调节模式基本上不影响调压室涌浪水位波动过程，其关联性不大。

(4) 与孤网频率调节模式相比，发电机电流和功角的最大值均出现在第二波峰，而不是第一波峰，并且三台机组同时甩负荷，一台机组运行的水力干扰结果最突出。其原因：不仅取决于甩负荷机组采用的导叶关闭规律，而且取决于调节模式和调速器参数。

2. 岔管位置对水力干扰的敏感性分析

本小节主要研究岔管位置对水力干扰的影响，即受干扰的运行机组超出力与岔管位置的关联性。为此仍采用图 9.3 所示的算例，分别移动上游或下游岔管位置，即 ① 在原布置的基础上将上游岔管位置前移 50 m、100 m、150 m，即增加岔管与机组的间距，但保持整个管线的总长度不变；② 将下游岔管位置后移 50 m、100 m、150 m，同样保持整个管线的总长度不变。模拟工况为前面工况 3，计算中保持导叶初始开度和上下游水位不变。且运行机组调速器参与功率调节，调速器参数 $b_p = 0.04$，$b_t = 0.5$，$T_d = 5$ s，$T_y = 0.02$ s，电网自调节系数 $e_g = 0.0$。

模拟结果如表 9.4 所示，1# 机组出力变化过程如图 9.6 所示。

表 9.4 岔管不同位置对受干扰机组超出力影响的模拟结果

布置方式	初始出力/MW	最大出力/MW	最小出力/MW	最大超出力绝对值/MW	最大超出力相对值/%
上/下游岔管位置不变	306.09	416.91	241.26	110.82	36.20
上游岔管前移 50 m	306.10	409.62	247.98	103.52	33.82
上游岔管前移 100 m	306.12	401.67	251.61	95.55	31.22
上游岔管前移 150 m	306.13	397.81	254.18	91.68	29.95
下游岔管后移 50 m	306.00	414.76	246.29	108.76	35.53
下游岔管后移 100 m	305.92	413.12	249.74	107.20	35.02
下游岔管后移 150 m	305.83	411.84	254.03	106.01	34.63

分析模拟结果可知：

(1) 在保持整个管线的总长度不变前提下，无论上游岔管前移，还是下游岔管后移，即增加岔管与机组的间距，受干扰的运行机组超出力将下降；且岔管与机组的间距越大，最大超出力相对值越小。

(2) 本小节采用功率调节模式，所以机组超出力也发生在第二波峰。与前面的结果一致。

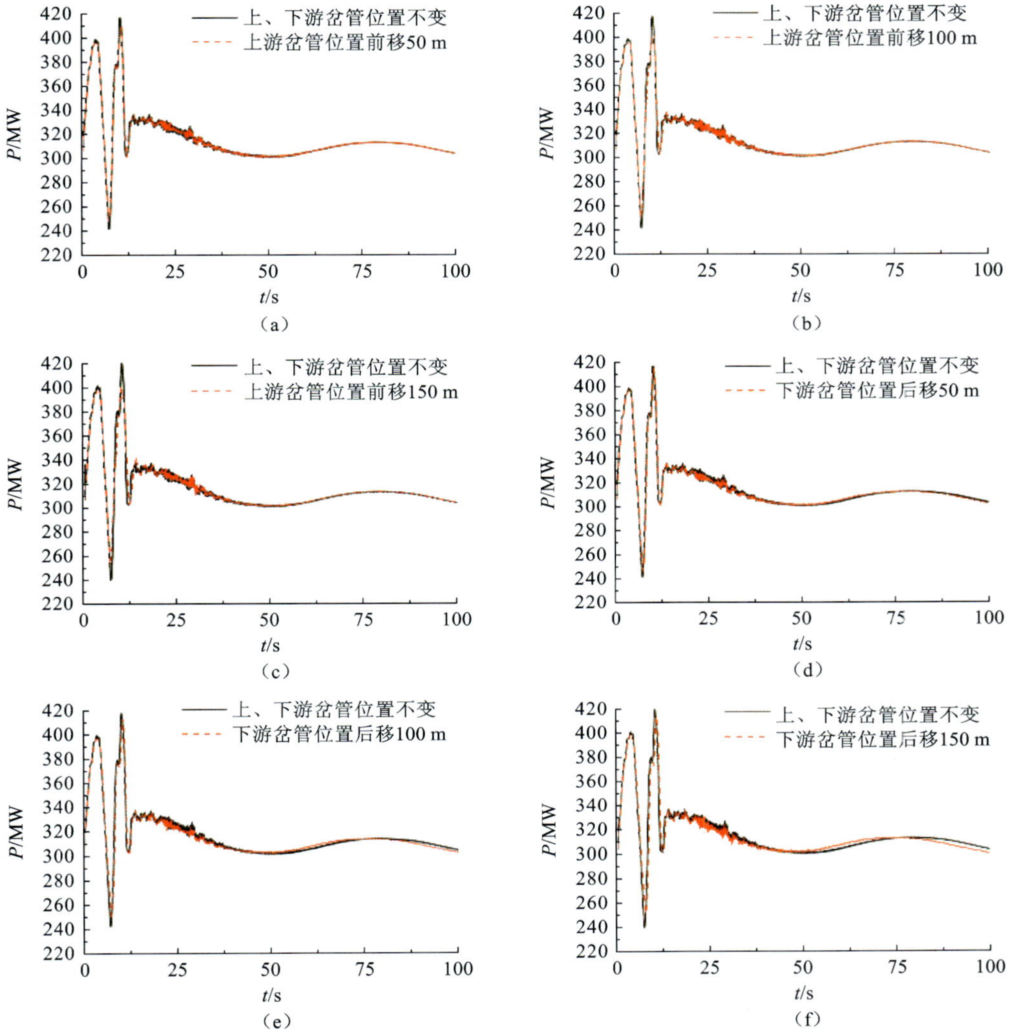

图 9.6　岔管不同位置下，受干扰的 1# 机组出力变化过程

(3) 上游岔管前移的效果比下游岔管后移明显，其原因取决于该抽水蓄能电站输水管道系统的布置。原布置方案中，下游岔管与下游调压室的间距为 30 m，$T_w=0.029$ s；而上游岔管与上游调压室的间距为 1 192 m，$T_w=1.098$ s。两者相比，上游岔管处水击压强干扰大于下游岔管，所以上游岔管前移的效果必然更明显。

3. 调速器参数对水力干扰的敏感性分析

本小节主要研究调速器参数对水力干扰的影响，即受干扰的运行机组超出力与调速器参数取值的关联性。为此仍采用图 9.3 所示的算例，且运行机组调速器参与频率调节，调速器参数基准值是 $T_n=0.7$ s，$b_p=0$，$T_d=5$ s，$T_y=0.02$ s，电网自调节系数 $e_g=0.0$，导叶最快关闭时间 $T_g=15$ s、最快开启时间 $T_f=15.0$ s。随后分别研究 b_t、T_d、T_n、T_g 和 T_f 对受干扰运行机组超出力的影响。模拟工况仍然是前面工况 3。

1）暂态转差系数 b_t 的敏感性分析

b_t 取值为0.1～1.1，模拟结果如表9.5所示，1[#] 机组出力与转速变化过程如图9.7所示，出力与转速最大值与 b_t 的关联性如图9.8所示。

表9.5 暂态转差系数 b_t 对受干扰机组超出力影响的模拟结果

b_t	初始出力/MW	最大出力/MW	最小出力/MW	最大超出力绝对值/MW	最大超出力相对值/%	最大转速/(r/min)	最小转速/(r/min)
0.1	306.09	412.27	245.87	106.18	34.69	543.30	466.64
0.3	306.09	398.35	238.15	92.26	30.14	531.74	464.87
0.5	306.09	384.51	235.11	78.42	25.62	532.74	465.55
0.7	306.09	381.93	225.91	75.84	24.78	537.67	466.87
0.9	306.09	382.89	219.94	76.80	25.09	536.99	466.66
1.1	306.09	383.52	217.19	77.43	25.30	536.98	466.98

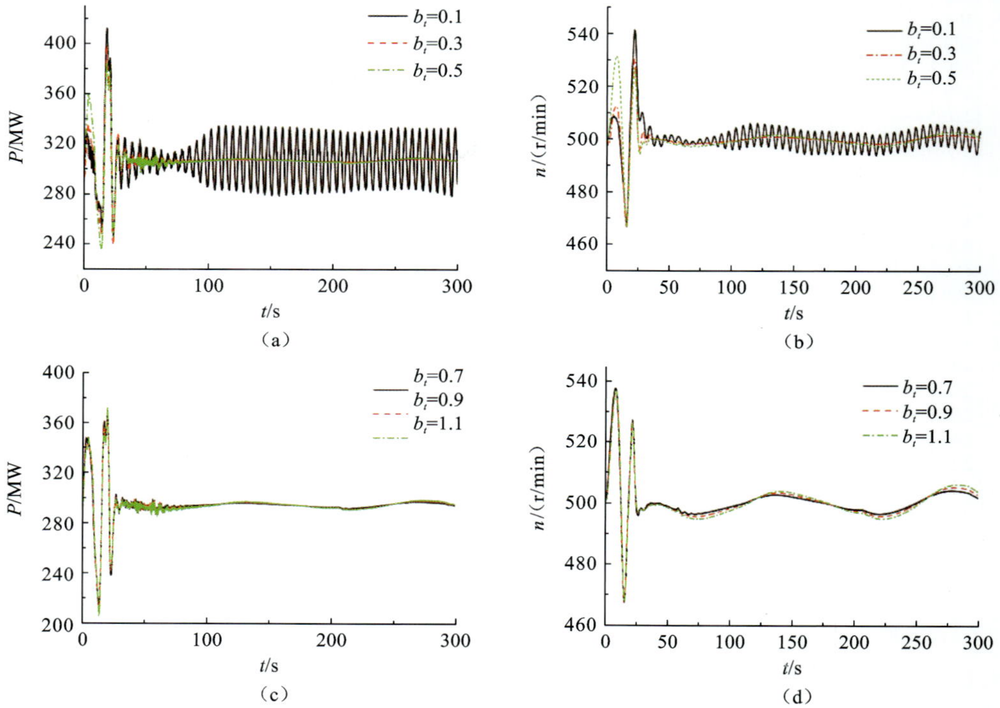

图9.7 暂态转差系数 b_t 下，受干扰的1[#] 机组出力和转速变化过程

分析模拟结果可知：

(1) b_t 越小，受干扰的运行机组超出力越大。说明调速器速动性越高，调节产生的水击压强越大，导致机组最大超出力越大。

(2) 当 $b_t=0.1$ 时，受干扰的运行机组出力和转速均呈现先收敛后等幅振荡的结果。该结果表明，水力干扰属于非线性大扰动的问题，调速器速动性越高，越有可能呈现先收敛后等幅振荡的结果，即调速器参数的取值位于临界稳定边界上。

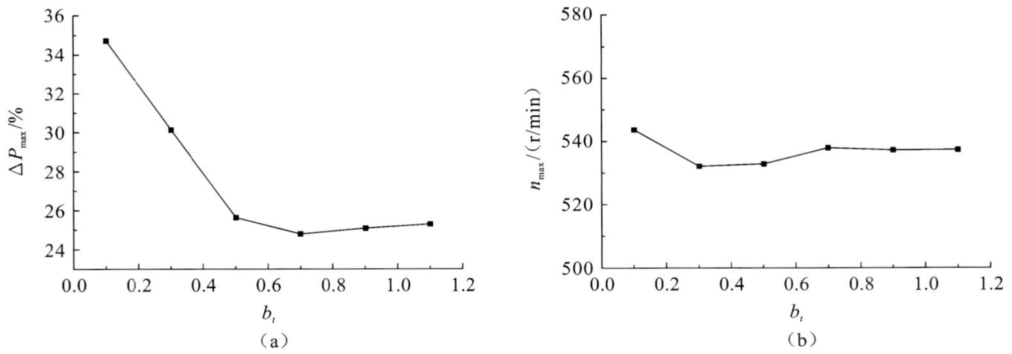

图 9.8　受干扰的 1[#] 机组出力与转速最大值与 b_t 的关联性

(3) 随着 b_t 增大，转速最大值发生时刻从第二波峰转到第一波峰。而幅值与 b_t 的关联性不大。

2) 缓冲时间常数 T_d 的敏感性分析

T_d 取值为 0.5～13 s，模拟结果如表 9.6 所示，1[#] 机组出力与转速变化过程如图 9.9 所示，出力与转速最大值与 b_t 的关联性如图 9.10 所示。

表 9.6　暂态转差系数 b_t 对受干扰机组超出力影响的模拟结果

T_d/s	初始出力/MW	最大出力/MW	最小出力/MW	最大超出力绝对值/MW	最大超出力相对值/%	最大转速/(r/min)	最小转速/(r/min)
0.5	306.09	457.28	205.29	151.19	49.39	571.50	457.52
0.8	306.09	446.20	226.19	140.11	45.77	565.72	457.15
1	306.09	438.11	233.80	132.02	43.13	561.20	455.93
3	306.09	396.01	238.39	89.92	29.38	533.39	458.50
5	306.09	384.51	235.11	78.42	25.62	532.74	465.55
7	306.09	381.26	236.24	75.17	24.56	534.73	470.25
9	306.09	381.12	236.98	75.03	24.51	536.02	473.31
11	306.09	381.25	237.81	75.16	24.55	536.93	475.45
13	306.09	381.55	238.41	75.46	24.65	537.57	477.01

分析模拟结果可知：

(1) T_d 越小，受干扰的运行机组超出力越大。同样说明调速器速动性越高，调节产生的水击压强越大，导致机组最大超出力越大。当 $T_d \geq 7$ s 时，最大超出力几乎不变。

(2) 当 $T_d = 0.5$ s 时，受干扰的运行机组出力和转速均呈现先收敛后等幅振荡的结果。理由同前，即调速器参数的取值位于临界稳定边界上。

(3) 随着 T_d 增大，转速最大值发生时刻也是从第二波峰转到第一波峰。当 $T_d \geq 3$ s 时，其幅值与 T_d 的关联性不大。

3) 测频微分常数 T_n 的敏感性分析

T_n 取值为 0.1～1.7 s，模拟结果如表 9.7 所示，1[#] 机组出力与转速变化过程如图 9.11 所示，出力与转速最大值与 T_n 的关联性如图 9.12 所示。

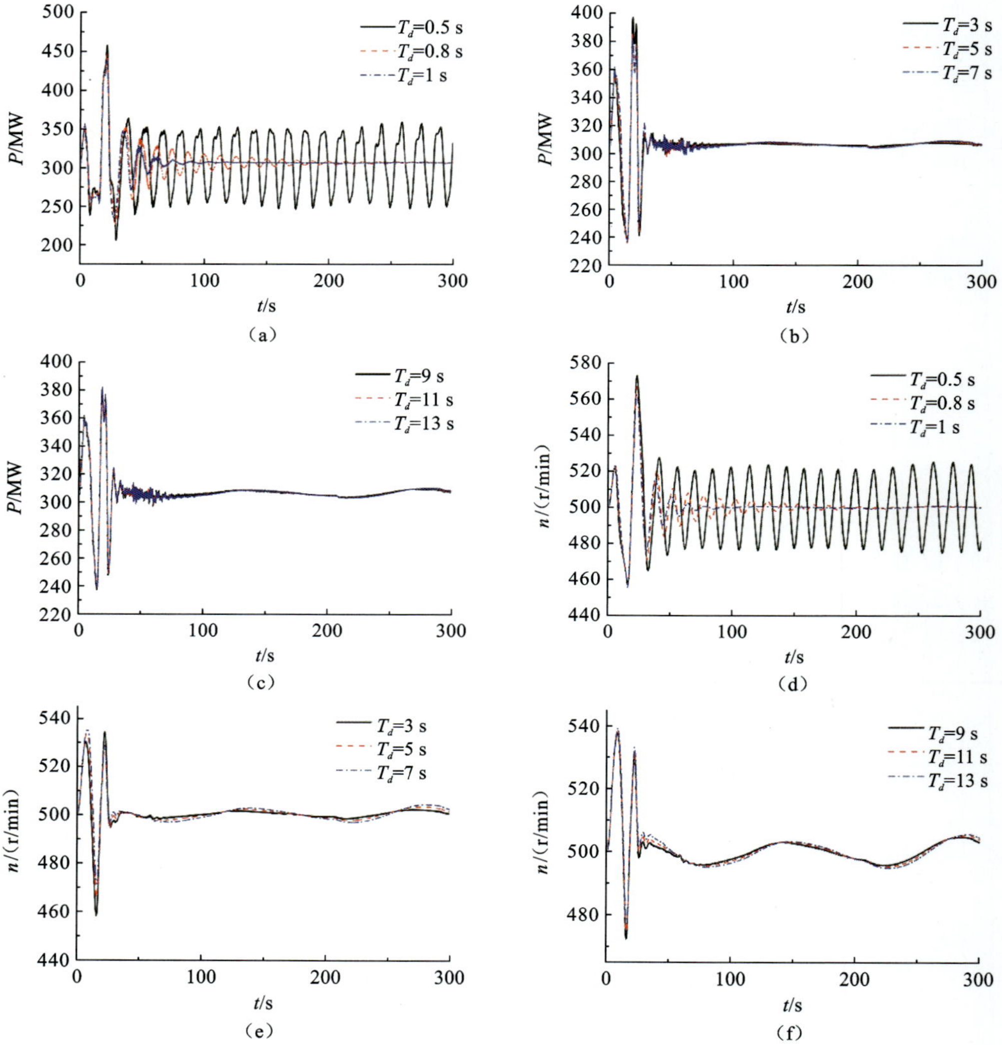

图 9.9　缓冲时间常数 T_d 下，受干扰的 1[#] 机组出力和转速变化过程

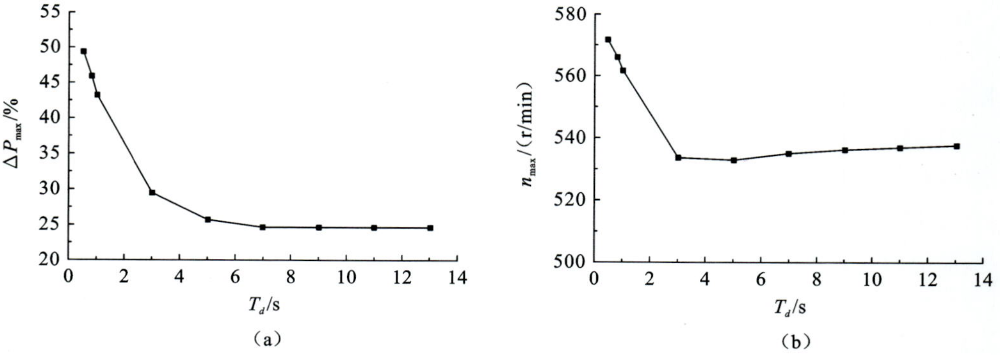

图 9.10　受干扰的 1[#] 机组出力与转速最大值与 T_d 的关联性

表 9.7　测频微分常数 T_n 对受干扰机组超出力影响的模拟结果

T_n/s	初始出力/MW	最大出力/MW	最小出力/MW	最大超出力绝对值/MW	最大超出力相对值/%	最大转速/(r/min)	最小转速/(r/min)
0.1	306.09	395.30	233.26	89.21	29.14	532.39	460.80
0.3	306.09	392.45	232.55	86.36	28.21	530.36	460.44
0.5	306.09	388.64	234.07	82.55	26.97	531.73	463.68
0.7	306.09	384.51	235.11	78.42	25.62	532.74	465.55
0.9	306.09	382.16	235.07	76.07	24.85	526.65	464.69
1.1	306.09	379.71	236.90	73.62	24.05	527.76	466.23
1.3	306.09	375.53	233.86	69.44	22.69	523.81	465.21
1.5	306.09	374.28	234.14	68.19	22.28	523.81	466.34
1.7	306.09	371.47	234.41	65.38	21.36	523.73	467.34

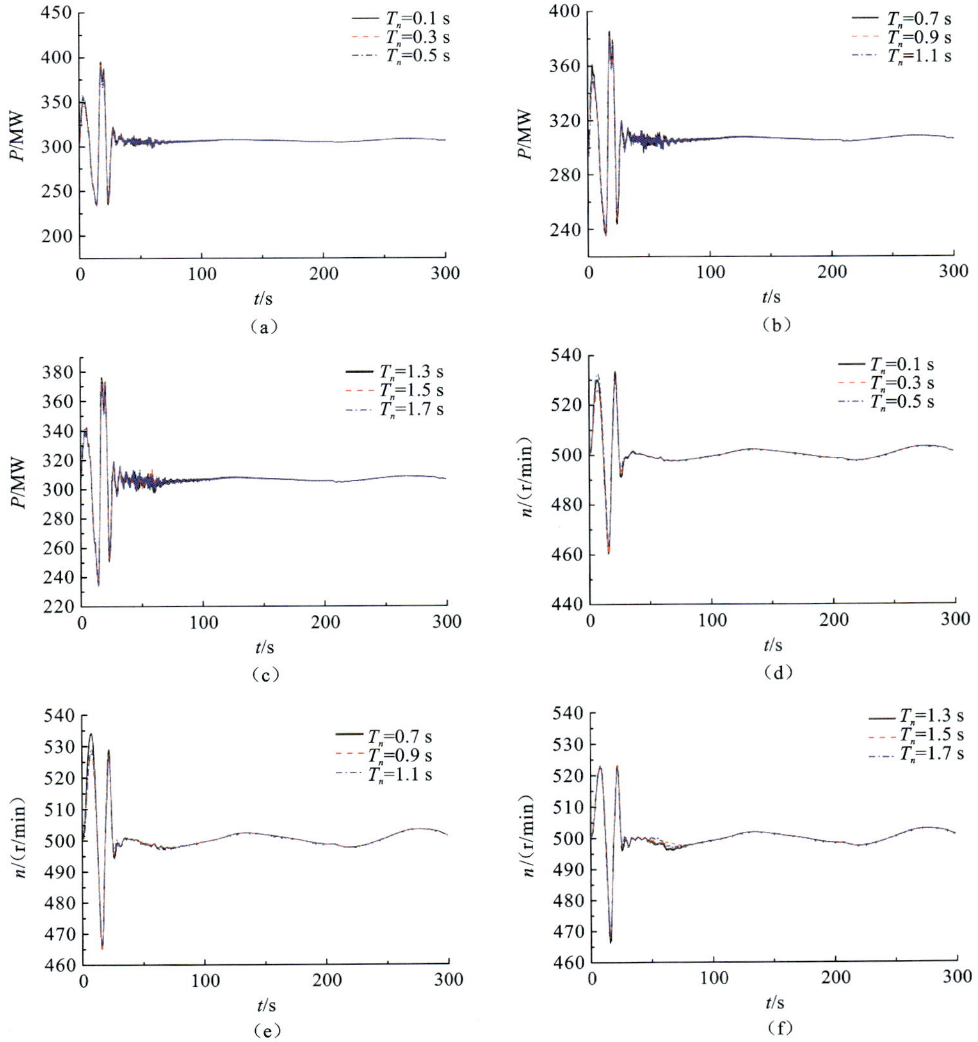

图 9.11　测频微分常数 T_n 下，受干扰的 1[#] 机组出力和转速变化过程

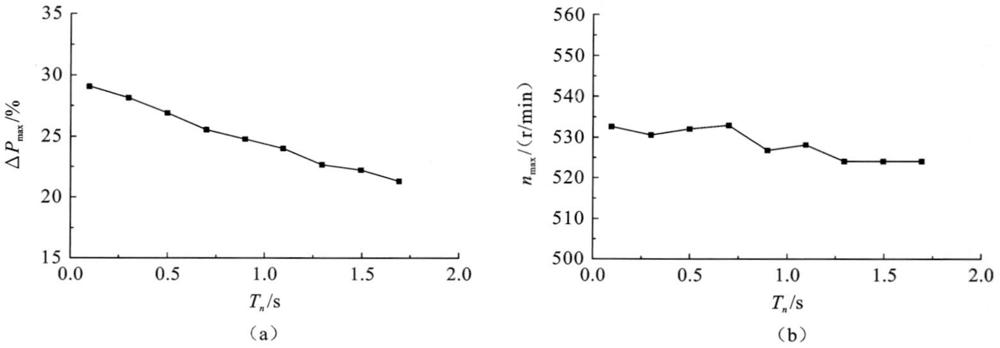

图 9.12　受干扰的 1# 机组出力与转速最大值与 T_n 的关联性

分析模拟结果可知：

(1) T_n 越小，受干扰的运行机组超出力越大，几乎呈线性关系。

(2) 随着 T_n 增大，转速最大值发生时刻也是从第二波峰转到第一波峰。但幅值与 T_n 的关联性不大。

4) 导叶最快关闭 / 开启时间的敏感性分析

为了分布起见，令导叶最快关闭 T_g 等于导叶最快开启 T_f，取值为 15 ～ 35 s，模拟结果如表 9.8 所示，1# 机组出力与转速变化过程如图 9.13 所示。

表 9.8　导叶最快关闭 / 开启时间对受干扰机组超出力影响的模拟结果

T_g/s	初始出力/MW	最大出力/MW	最小出力/MW	最大超出力绝对值/MW	最大超出力相对值/%	最大转速/(r/min)	最小转速/(r/min)
15	306.09	384.51	235.11	78.42	25.62	532.74	465.55
20	306.09	381.35	233.89	75.26	24.59	527.99	463.35
25	306.09	377.41	230.67	71.32	23.30	525.83	461.29
30	306.09	378.61	227.09	72.52	23.69	525.99	459.87
35	306.09	375.12	224.22	69.03	22.55	528.61	460.00

分析模拟结果可知：

(1) 总的趋势是随 T_g 增加，受干扰的运行机组超出力减小。

(2) 转速最大值与 T_g 的关联性较小。

9.1.3　原型试验验证

某抽水蓄能电站开展了水力干扰现场试验，其工况如下。

D1：上库水位 730.4 m，下库水位 169.5 m，1# 机以 100% 运行，功率调节，2# 机以 50% 额定负荷运行时甩负荷。

D2：上库水位 729.9 m，下库水位 169.9 m，1# 机以 100% 运行，功率调节，2# 机以 75% 额定负荷运行时甩负荷。

D3：上库水位 729.5 m，下库水位 169.6 m，1# 机以 100% 运行，功率调节，2# 机以 100% 额定负荷运行时甩负荷。

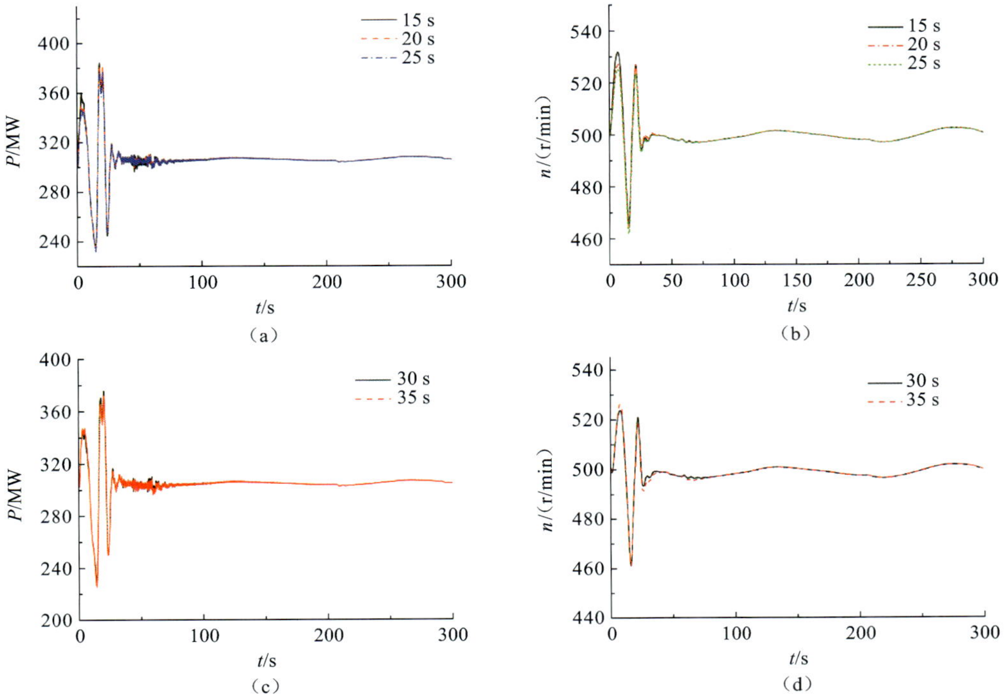

图 9.13　导叶最快关闭 / 开启时间 T_g 下，受干扰的 1[#] 机组出力和转速变化过程

调速器参数：暂态转差率 $b_t=0.1$，永态转差率 $b_p=0.04$，缓冲时间常数 $T_d=4.5$ s，$T_y=0.02$ s，$e_b=0$，$T_g=T_f=45$ s。

受干扰运行机组实测的出力变化过程与数值模拟如图 9.14 所示，其极值见表 9.9。

表 9.9　受干扰运行机组实测的出力极值与数值模拟极值对比

工况代号	运行机组	初始出力 /MW	最大出力 /MW	最小出力 /MW	最大超出力绝对值/MW	最大超出力相对值/%
D1	实测	302.05	365.72	268.66	65.72	21.91
	计算	302.09	366.06	263.75	66.06	22.02
D2	实测	302.03	377.41	244.50	77.41	25.80
	计算	302.72	373.40	231.20	73.40	24.47
D3	实测	302.04	376.12	226.97	76.12	25.37
	计算	302.62	393.17	216.63	93.17	31.06

从上述对比结果可知：

(1) 受干扰运行机组最大出力、最小出力均与甩负荷机组所甩的负荷多少有关，甩的负荷越大，受干扰运行机组最大出力越大、最小出力越小。

(2) 受干扰运行机组实测的出力变化过程与数值模拟总趋势是一致的，极值略有差别。最大差别出现在 D3，相对误差约 5%。故数值模拟方法可用于工程设计和指导运行。

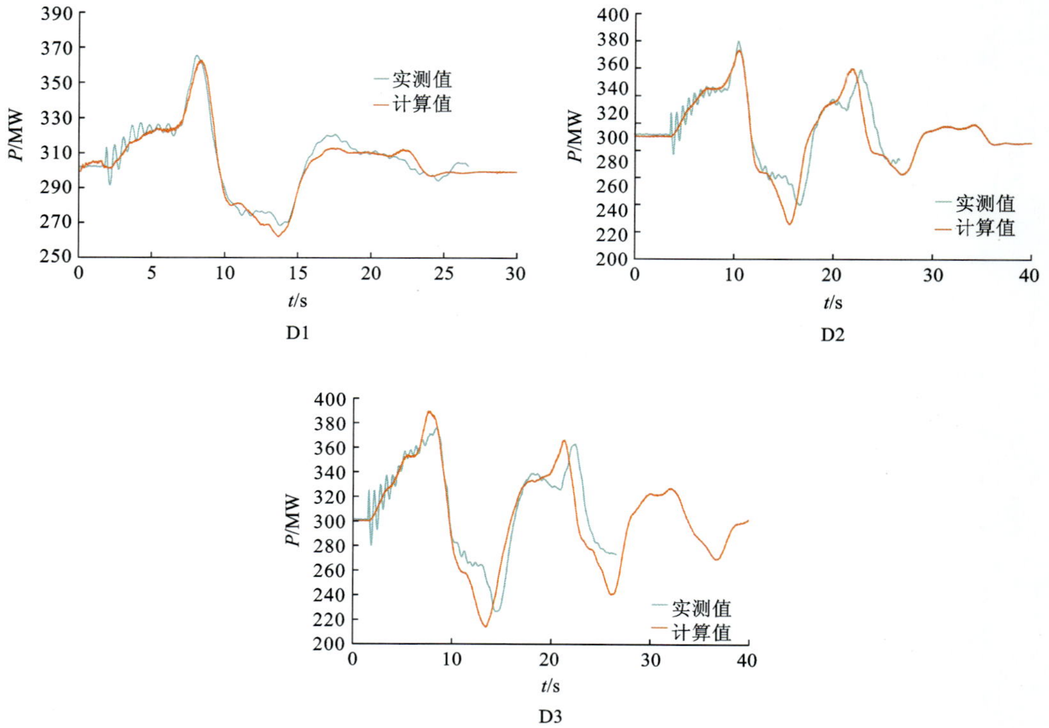

图 9.14　受干扰运行机组实测的出力变化过程与数值模拟的对比

9.1.4　小结

对于一洞多机的抽水蓄能电站，水力干扰引起受干扰的运行机组超出力是客观存在的，也是不可避免的。其超出力的程度主要取决于甩负荷机组产生的叠加水头(当输水发电系统确定的前提下，主要取决于甩负荷机组所采取的导叶关闭方式)。所以，水力干扰过渡过程表现出的规律可归纳为如下三个方面[8]。

(1) 无论上游岔管还是下游岔管，其位置离机组越远，受干扰运行机组超出力的幅度越小。由此可以推论，树状布置(机组下游侧无岔管)比环状布置(机组上／下游均有岔管)，更有利于减小受干扰运行机组的超出力。

(2) 甩负荷机组的台数越多，水力干扰的后果越严重。因此，在工程设计和实际运行中应尽可能避免多台机组同时甩负荷。

(3) 受干扰运行机组自身的调节模式、调速器参数的选取对机组超出力也有次要的影响，具体为：① 频率调节下机组超出力、过电流幅度、功角变化幅度均小于功率调节，其原因是在受甩负荷机组水击压强一致的前提下，频率调节中机组转速的变化消耗或者释放了一部分能量，而功率调节时，机组转速是不变的。② b_t 和 T_d 的作用是相同的，其值越小，受干扰的运行机组超出力越大。说明调速器速动性越高，调节产生的水击压强越大，导致机组最大超出力越大。③ 当 b_t 和 T_d 取值较小，位于临界稳定边界时，受干扰运行机组的出力和转速在水力干扰作用下，均呈现当收敛后等幅振荡的结果。与小波动的稳定性有着明显的差别。④T_n 越小，受干扰的运行机组超出力越大，几乎呈线性关系。⑤T_g 增加，受干扰的运行机组超出力总趋势是随之减小的。

9.2　抽水蓄能机组相继甩负荷

9.2.1　数学模型

抽水蓄能电站通常为一洞多机的布置方式。为了便于理论分析，本节考虑一洞两机环状布置方案（图 9.15）。而树状布置（机组下游侧无岔管）仅为环状布置的一种特例，并无本质区别。

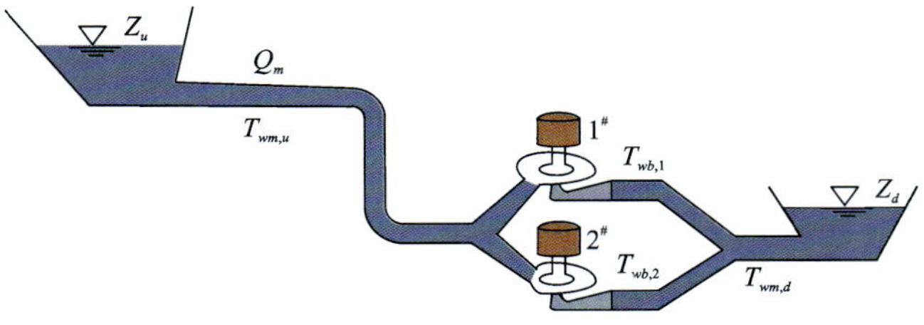

图 9.15　相继甩负荷理论分析示意图

1. 基本方程

采用发电机一阶方程，即

$$T_{ai}\frac{\mathrm{d}x_i}{\mathrm{d}t}=m_{ti}-m_{gi} \tag{9.20}$$

式中，$i=1$ 或 2，分别代表先甩负荷机组和后甩机组。

不考虑管道系统摩阻损失及水流弹性，对于上、下游主管道列出相应的动量方程：

$$z_u-h_u=T_{wm,u}\frac{\mathrm{d}q_m}{\mathrm{d}t} \tag{9.21}$$

$$h_d-z_d=T_{wm,d}\frac{\mathrm{d}q_m}{\mathrm{d}t} \tag{9.22}$$

式中，z_u、z_d 分析为上游水库、下游水库水位相对值；h_u、h_d 分别为上游岔管、下游岔管的测压管水头相对值；$T_{wm,u}$、$T_{wm,d}$ 分别为上、下游主管道水流惯性时间；$q_m=q_1+q_2$ 为主管道流量的相对值。

综合上述两式，可得

$$1-(h_u-h_d)=T_{wm}\frac{\mathrm{d}q_m}{\mathrm{d}t} \tag{9.23}$$

式中，$z_u-z_d=1$ 为电站毛水头的相对值；$T_{wm}=T_{wm,u}+T_{wm,d}$。

分别对两台机组所在支管列出相应的动量方程：

$$(h_u-h_d)-h_i=T_{wb,i}\frac{\mathrm{d}q_i}{\mathrm{d}t} \tag{9.24}$$

式中，h_i 是水轮机工作水头的相对值；$T_{wb,i}$ 是支管的水流惯性时间常数。

结合式(9.23) 和式(9.24)，可得机组的流量水头关系，即

$$\Delta h_i = h_i - 1 = -T_{wb,i}\frac{dq_i}{dt} - T_{wm}\frac{dq_m}{dt} \tag{9.25}$$

为便于数值计算，令 $T_{w,i} = T_{wb,i} + T_{wm}$，改写式(9.25)得

$$\frac{dq_1}{dt} = -\frac{T_{wb,2}}{T_{w,1}T_{w,2} - T_{wm}^2}\Delta h_1 - \frac{T_{wm}}{k}(\Delta h_1 - \Delta h_2) \tag{9.26}$$

$$\frac{dq_2}{dt} = -\frac{T_{wb,1}}{T_{w,1}T_{w,2} - T_{wm}^2}\Delta h_2 - \frac{T_{wm}}{k}(\Delta h_2 - \Delta h_1) \tag{9.27}$$

若考虑水流弹性时[9]，可得流量水头关系为

$$\Delta h_i = -T_{wb,i}\tanh(T_e s)q_i - T_{wm}\tanh(T_e s)q_m \tag{9.28}$$

式中，s 为拉普拉斯算子。

根据式(9.28)可知，无论输水管道系统呈树状布置还是呈环状布置，机组水头的变化过程取决于主管和支管的 T_w 分配，而无论主管在上游还是下游，其影响是完全一致的。因此，若以水泵水轮机过渡过程中水头最大值作为相继甩负荷的控制指标时，就没有必要对树状布置和环状布置分开讨论，可以把树状布置理解为 $h_d = z_d$ 的一种特殊情况。

基本方程中均忽略了水流弹性，这种忽略对反S区稳定存在明显影响[10]，而对于水击压强(水头变化过程)的影响需要进行探讨。联合式(9.20)、式(9.26)及式(9.27)，以及特性曲线的Suter变换方法[11]，建立图9.16所示刚性水击下的甩负荷模型，计算工况为2号机组迟后1号机组3s相继甩负荷。计算结果如图9.17中虚线所示，其与第4章介绍的弹性模型计算结果(图9.17中实线)差异较小，验证了本节理论分析前提条件的合理性。

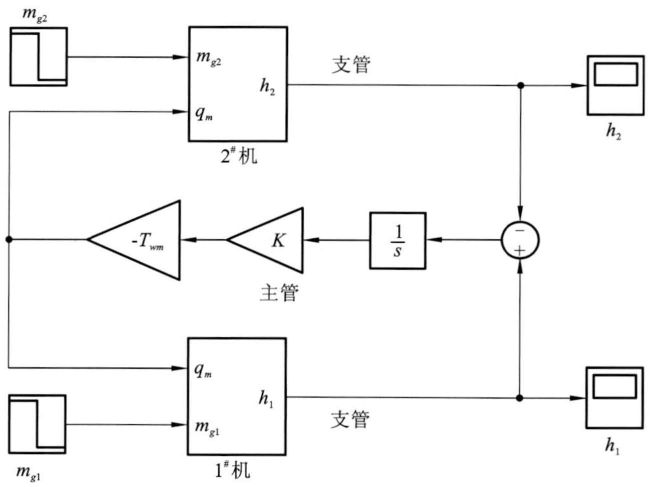

图9.16　刚性水击数值模型

图9.16中，$K = \dfrac{1}{T_{w,1}T_{w,2} - T_{wm}^2}$。

2. 机组间水力联系的数学模型

由于两台机组通过岔管存在水力联系，两者相互影响，且抽水蓄能电站水机电控制各个子系统均存在强烈的非线性，难以从理论上得出完整的解析表达式。因此，需要进行线

性化处理，并考虑单一因素的影响。在此仅考虑先甩机组对后甩机组流量和水头变化的影响，其假设如下。

(1) 由文献[12]的探讨可知，导叶不关的轨迹线与开度线重合，而导叶关闭的作用等效于改变开度线的走势。因此，在相同的导叶关闭规律下，假设先甩机组工况点轨迹线斜率不变。

(2) 由式(9.25)和式(9.28)可知，先甩机组流量变化速率对后甩机组过渡过程有影响，而不是流量的大小，即流量变化速率越快，其影响越大。因此，可假设先甩机组的流量在某一较小时段内呈线性变化，即 $q_1 = A_1 t$，且 $A_1 = (q_{1,t+1} - q_{1,t})/\Delta t$。在频域分析中，可写为如下斜坡函数：

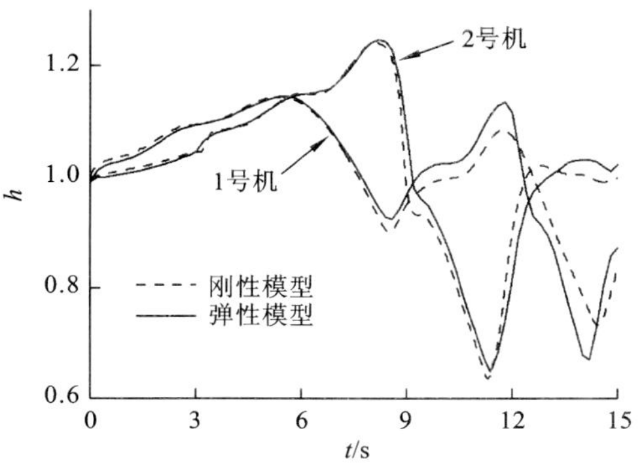

图 9.17　刚性、弹性模型水头对比

$$q_1 = \frac{A_1}{s^2} \tag{9.29}$$

(3) 假设后甩机组在某一较小的时段内机组特性保持不变，通过对特性曲线的线性化处理和全微分，得[10]

$$q_2 = \frac{\mathrm{d}Q_{ed}}{\mathrm{d}n_{ed}}x_2 + \frac{Q_{ed} - n_{ed}\mathrm{d}Q_{ed}/\mathrm{d}n_{ed}}{2\sqrt{H_{ed}}}\Delta h_2 \tag{9.30}$$

$$m_2 = \sqrt{H_{ed}}\frac{\mathrm{d}M_{ed}}{\mathrm{d}n_{ed}}x_2 + \left(M_{ed} - \frac{\mathrm{d}M_{ed}}{\mathrm{d}n_{ed}}\frac{n_{ed}}{2}\right)\Delta h_2 \tag{9.31}$$

式中，水轮机传递系数 $e_{qx} = \frac{\mathrm{d}Q_{ed}}{\mathrm{d}n_{ed}}$，$e_{qh} = \frac{Q_{ed} - n_{ed}\mathrm{d}Q_{ed}/\mathrm{d}n_{ed}}{2\sqrt{H_{ed}}}$，$e_x = \sqrt{H_{ed}}\frac{\mathrm{d}M_{ed}}{\mathrm{d}n_{ed}}$，$e_h = M_{ed} - \frac{\mathrm{d}M_{ed}}{\mathrm{d}n_{ed}}\frac{n_{ed}}{2}$。

需注意在反 S 区，传递系数在数值上与时域计算功率调节和频率调节时的传递系数存在明显差异。同时，由于导叶关闭，计算传递系数是基于轨迹线的，而并非开度线。

(4) 对于后甩机组，流量变化一方面由自身甩负荷引起，且取决于机组特性，定义为主流量。一方面是由先甩机组的干扰引起的，定义为次流量。因此，对于任意时刻后甩机组存在两个输入信号，而根据线性系统的叠加原理，可以分别进行研究。前者是自身甩负荷过程中水头(定义为主水头)上升的原因，而后者是相继甩负荷相对于自身甩负荷过程中叠加的水头。故在此仅分析后者的作用，定义为次水头[13]。

对于图 9.12 所示的系统，联合式(9.30)、式(9.31)及 $i = 2$ 且经过拉普拉斯变换后的式(9.20)、式(9.25)可得

$$\frac{\Delta h_2}{q_1} = \frac{-T_a T_{wm} s^2 + e_x T_{wm} s}{T_a T_{w,2} e_{qh} s^2 + (T_a + T_{w,2} e_{qx} e_h - T_{w,2} e_{qh} e_x)s - e_x} \tag{9.32}$$

将式(9.29)代入式(9.32)，可得

$$\Delta h_2 = A_1 \frac{d_3 s + d_4}{s^3 + d_1 s^2 + d_2 s} \tag{9.33}$$

式中，$d_1 = \dfrac{T_a + T_{w,2}e_{qx}e_h - T_{w,2}e_{qh}e_x}{T_aT_{w,2}e_{qh}}$；$d_2 = -\dfrac{e_x}{T_aT_{w,2}e_{qh}}$；$d_3 = -\dfrac{T_{wm}}{T_{w,2}e_{qh}}$；$d_4 = \dfrac{T_{wm}e_x}{T_aT_{w,2}e_{qh}}$。

式(9.33)代表先甩机组流量变化对后甩机组产生的次水头。由 d_3、d_4 表达式可知，次水头与主管 $T_{wm}/T_{w,2}$ 成正比，即 $T_{wm}/T_{w,2}$ 越大，相继甩负荷的影响就越明显。

同理，可以推求得次流量的频域表达式为

$$\Delta q_2 = A_1 \frac{d_5 s + d_6}{s^3 + d_1 s^2 + d_2 s} \tag{9.34}$$

式中，$d_5 = -\dfrac{T_{wm}}{T_{w,2}}$；$d_6 = \dfrac{e_x e_{qh} - e_{qx}e_h}{T_aT_{w,2}e_{qh}}$。

3. 次水头和次流量的增减特性

对式(9.33)求微分即可得次水头变化率：

$$\frac{\mathrm{d}(\Delta h_2)}{\mathrm{d}t} = \Delta h_2 s = A_1 \frac{d_3 s + d_4}{s^2 + d_1 s + d_2} \tag{9.35}$$

经过拉普拉斯反变换即可求出次水头变化率的时域表达式：

$$\frac{\mathrm{d}(\Delta h_2)}{\mathrm{d}t} = A_1 K \mathrm{e}^{-\delta t}\sin(\omega t + \varphi) \tag{9.36}$$

式中，$\delta = \dfrac{d_1}{2}$；$\omega = \dfrac{\sqrt{4d_2 - d_1^2}}{2}$；$K = \sqrt{d_3^2 + \left(\dfrac{d_3\delta_1 + d_4}{\omega}\right)^2}$；$\varphi = \arctan\dfrac{d_3\omega}{d_3\delta_1 + d_4}$。当 $t = 0$ 时，即可求得瞬时次水头变化率：

$$\left.\frac{\mathrm{d}(\Delta h_2)}{\mathrm{d}t}\right|_{t=0} = A_1 d_3 = -\frac{A_1 T_{wm}}{T_{w,2}e_{qh}} \tag{9.37}$$

先甩机组流量减小时，即 $A_1 < 0$，根据式(9.37)可推导出次水头增加的条件为

$$\frac{\mathrm{d}Q_{ed}}{\mathrm{d}n_{ed}} < \frac{Q_{ed}}{n_{ed}} \tag{9.38}$$

反之，$A_1 > 0$ 时，次水头增加的条件为

$$\frac{\mathrm{d}Q_{ed}}{\mathrm{d}n_{ed}} > \frac{Q_{ed}}{n_{ed}} \tag{9.39}$$

根据反 S 特性曲线的变化规律可得，先甩机组流量减小时，若后甩机组处于反 S 曲线上奇点前，产生次水头为正，反之次水头为负；当先甩流量增加时，若后甩机组处于反 S 曲线上奇点前，产生次水头为负，反之次水头为正。

同样的方法可以推导得

$$\left.\frac{\mathrm{d}(\Delta q_2)}{\mathrm{d}t}\right|_{t=0} = -\frac{T_{wm}A_1}{T_{w,2}} \tag{9.40}$$

由此可得，先甩机组流量减小时，产生正的次流量；先甩机组流量增加时，产生负的次流量。

为验证以上理论推导所得结论的正确性，以某抽水蓄能电站为例，其基本参数见表 9.10。取后甩机组轨迹线上的 10 个工况点，如图 9.18 所示，其传递系统大小如表 9.11 所示。将传递系数代入式(9.30)、式(9.31)，再采用龙格-库塔法可求解局部时间段内次流量和次水头的变化过程，如图 9.19 所示。其结果与理论推导完全相符。

表 9.10　电站基本参数

$T_{wm,u}$/s	$T_{wb,u}$/s	$T_{wb,d}$/s	$T_{wm,d}$/s	T_a/s	$Q/(m^3/s)$	H/m
0.273	0.233	0.068	0.004	8.952	67.6	700

表 9.11　不同工况点的传递系数

编号	1	2	3	4	5	6	7	8	9	10
e_{qx}	−1.226	−1.432	−2.971	−4.435	−5.966	6.873	4.881	4.978	6.315	6.308
e_{qh}	1.058	1.158	1.947	2.692	3.485	−3.460	−2.381	−2.389	−3.013	−2.993
e_x	−2.448	−2.885	−5.650	−8.273	−12.094	9.558	5.999	6.180	8.850	9.634
e_h	2.097	2.273	3.624	4.877	6.795	−5.087	−3.213	−3.301	−4.633	−5.079

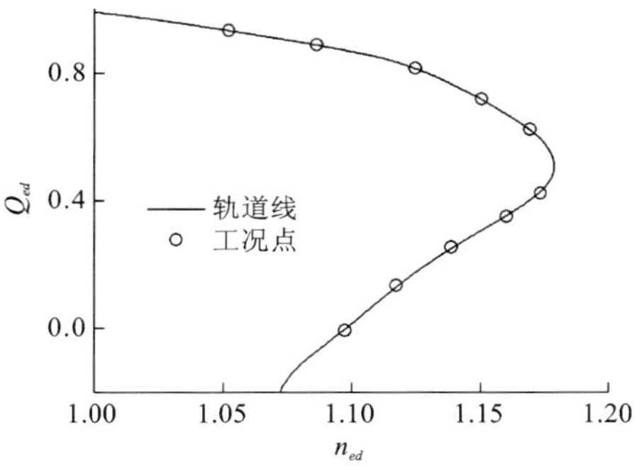

图 9.18　所选取的 10 个工况点

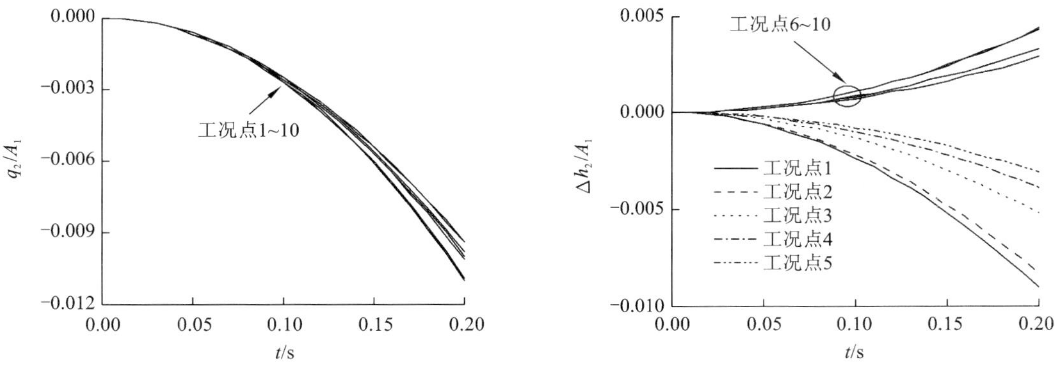

（a）对流量影响　　（b）对水头影响

图 9.19　先甩机组对后甩机组影响

9.2.2　相继甩水击压强上升机理

根据上小节的理论分析可知，先甩机组对后甩机组的影响一方面取决于先甩机组自身流量的变化过程，另一方面取决于后甩机组工况点斜率。因此，以轨迹线奇点（斜率为无穷的点）为界分两种情况进行讨论。

图 9.20 是先甩机组流量变化示意图，时间段 t_1、t_3、t_5 代表当第二台机组甩负荷时，其工况点处于一区的时间段；时间段 t_2、t_4、t_6 代表当第二台机组甩负荷时，其工况点处于二区的时间段。图 9.20(a)、(b)、(c) 分别代表同时甩、相继间隔时间短、相继间隔时间较长三种情况。

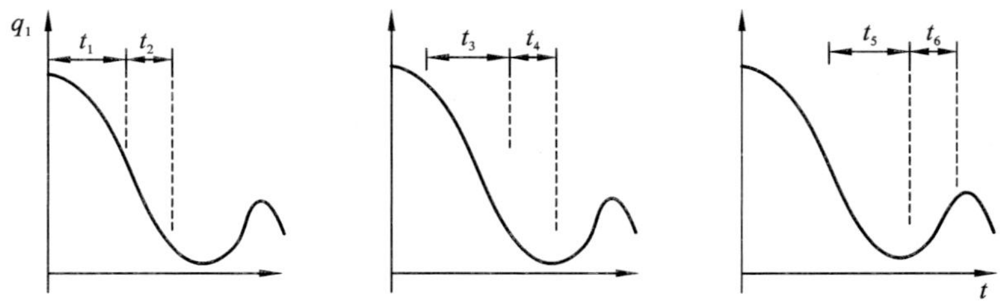

(a) 同时甩　(b) 间隔时间较短　(c) 间隔时间较长

图 9.20　先甩机组流量与后甩机组工况区对应关系示意图

1. 一区的水击压强变化规律

如图 9.20(a) 所示，在两台机组同时甩负荷时，依然可假设其中一台机组的水头可分为自身引起的主水头和由另一台引起的次水头。由于后甩机组工况点在一区恒满足 $\mathrm{d}Q_{ed}/\mathrm{d}n_{ed} < Q_{ed}/n_{ed}$，且先甩机组流量减小，如 t_1 时段，因此将会产生正的次水头。

如图 9.20(b) 所示，是两台机组间隔较短时间段相继甩负荷。在后甩机组甩负荷之前，后甩机组的工况点仅发生较小变化，且其水头等于次水头。当后甩机组甩负荷之后，同样可得在一区产生正的次水头。且由于先甩机组流量变化率 $|A_1|$ 相对于同时甩工况增加，根据式(9.37) 可知次水头大小与 $|A_1|$ 成正比，因此在该区产生的次水头相对于同时甩负荷时更大。

如图 9.20(c) 所示，是两台机组间隔较长时间段相继甩负荷。在后甩机组甩负荷之前，同样会产生正的次水头。在 t_5 前段，先甩机组流量斜率 $|A_1|$ 相对于 t_1 时间段要小，故对后甩机组产生的次水头也就减小。而在 t_5 末段，先甩机组流量甚至开始上升，因此对后甩机组产生负的次水头。

2. 二区的水击压强变化规律

如图 9.20(a) 所示，同时甩负荷时，第一台机组在 t_2 时间段内流量急剧下降，即 $|A_1|$ 较大。且另一台机组在二区恒满足 $\mathrm{d}Q_{ed}/\mathrm{d}n_{ed} > Q_{ed}/n_{ed}$，因此由式(9.37) 可知第一台机组对另一台机组产生较大的负次水头。

如图 9.20(b) 所示，是两台机组间隔较短时间段相继甩负荷。由于先甩机组流量在 t_4 时段的变化率 $|A_1|$ 相对于 t_2 时段减小，因此产生的次水头绝对值也将会减小，即在二区后甩机组总水头上升值相对于同时甩负荷更大。

如图 9.20(c) 所示，是两台机组间隔较长时间段相继甩负荷。若先甩机组流量处在水泵水轮机多峰的上升段，如 t_6 时段。根据式(9.38)，将会对后甩机组产生正的次水头，故总水头上升值相对于前面两种情况更大。

3. 最不利相继甩工况

根据上述探讨可知，对于图 9.20(b) 的情况而言，在一区和二区后甩机组均会产生相对于同时甩更大的水击压强。而对于图 9.20(c) 后甩机组在一区（特别是末端）将产生较小的水击压强，而在二区出现较大的水击压强。对比图 9.20(a) 和图 9.20(b)，图 9.20(b) 一区对应先甩机组流量变化率有所增加，但变化较小，因此对次水头影响也较小。对比图 9.20(a) 和图 9.20(c)，图 9.20(c) 二区对应先甩机组流量变化率发生急剧变化，因此所产生的次水头非常明显。

对图 9.20(c) 的工况进一步探讨，当 t_5 和 t_6 的分界线刚好为流量变化转折点时，即先甩负荷流量开始上升而后甩机组到达奇点时（图 9.21(a)），t_5 和 t_6 时间段内全部产生正的次水头；当甩负荷间隔时间减小（图 9.21(b)），将会在二区首段产生负的次水头；当甩负荷间隔时间加大（图 9.21(c)），后甩机组虽会在一区末端产生负的次水头，但在二区由于先甩机组流量变化速率加大，产生正水头也加大。

由于水击压强上升在反 S 区十分敏感，因此二区次水头最大的时候最为不利，即图 9.21(c) 中先甩机组流量上升率最大时段对应于后甩机组二区时，最为不利。

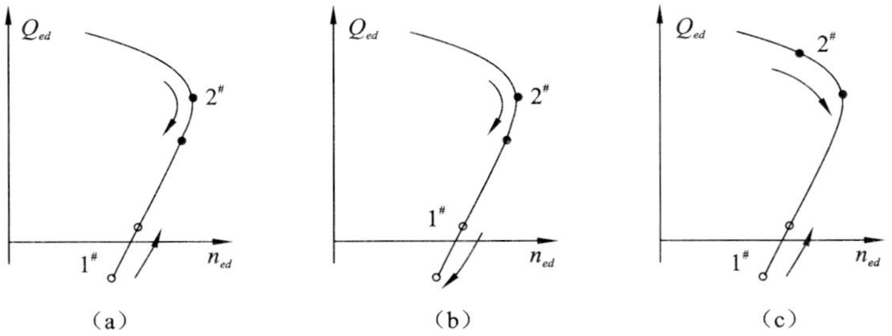

图 9.21　工况点运动情况

9.2.3　验证与工程措施

1. 数值模拟验证

从表 9.10 给出的电站基本参数可知，该电站水头很高，水泵水轮机具有低比转速的特性，其反 S 特性尤为明显。采用弹性模型对该电站进行不同间隔时间下相继甩负荷过渡过程数值计算，其结果如表 9.12 所示，其中最不利间隔时间为 3.0 ~ 3.6 s。将最不利的情况及间隔时间 1.8 s、4.5 s 两种工况下的 $1^{\#}$ 机组流量和 $2^{\#}$ 机组单位转速变化过程绘制于图 9.22，三种工况的水头变化过程如图 9.23 所示。

表 9.12　后甩机组压强和水头极值（案例 1）

Δt	1.8	2.1	2.4	2.7	3.0	3.3	3.6	3.9	4.2	4.5
$H_{s,\max}$/m	987.3	997.44	1 007.9	1 011.9	1 012.1	1 009.6	1 004.3	997.4	988.0	974.1
$H_{t,\min}$/m	69.1	59.87	55.3	49.9	43.8	38.71	34.3	33.0	35.0	37.1
$H_{\max}$/m	916.5	935.7	950.4	961.3	967.0	969.3	967.3	961.1	949.8	934.6

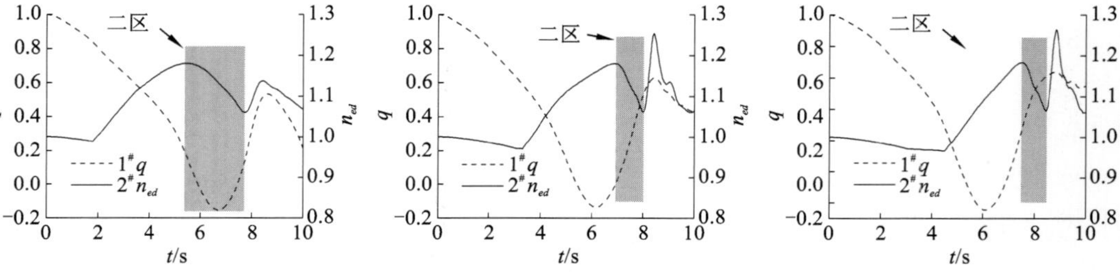

（a）Δt=1.8 s　（b）Δt=3.3 s　（c）Δt=4.5 s

图 9.22　1# 流量和 2# 单位转速(案例 1)

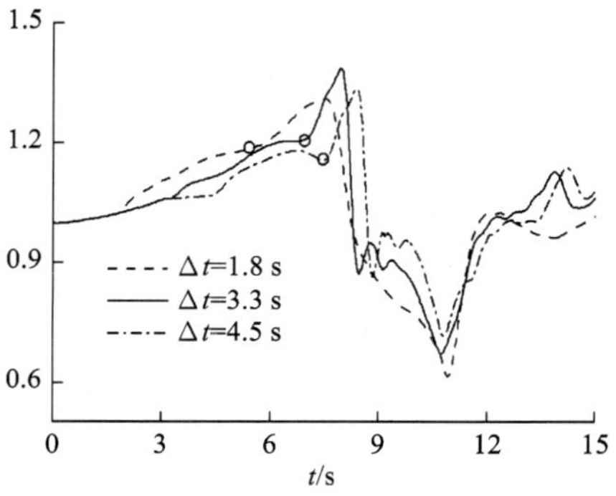

图 9.23　水头变化过程(案例 1)

$\Delta t=3.3$ s 时，2# 机组二区工况对应 1# 机组流量上升率最大，因此在该区间水头上升明显；一区对应的 1# 流量有部分处于流量上升段会引起负的次水头，因此该工况在一区末端水头上升率明显降低，但整体水头保持最大(图 9.23)。

$\Delta t=1.8$ s 时，2# 机组二区工况对应 1# 机组部分流量下降段和部分上升段，变化率均较小，因此该工况在二区水头增加最小(图 9.23)。

$\Delta t=4.5$ s 时，2# 机组二区工况对应 1# 机组流量上升段，水头上升明显。而大部分一区工况对应 1# 机组流量上升段，将产生次水头，因此该工况在一区末端水头下降明显(图 9.23)。

2. 建议的工程措施

上述的理论分析、数值模拟和试验(见第 11 章)均证实了相继甩负荷工况的危险性，揭示了形成机理和最不利情况。而在我国先建的抽水蓄能电站中，都面临着相继甩负荷工况下蜗壳压强过大或尾水管真空度不满足要求的情况。采用强度高的钢材可提高蜗壳及压力管道承压能力，即蜗壳最大压强的控制指标，但尾水管真空度控制指标(由汽化压强决定)是无法改变的。而相继甩负荷中尾水管最小压强往往更加不利。为克服这一工程难题，往往采取降低机组安装高程的方法。该方法虽改善了尾水真空度，但加大了厂房和管道的埋深，不仅增加了输水管道系统布置的难度，而且加大了机组的静压，使抬机事故更容易发生。因此，本节建议采用对支管 T_w 分配的方式来解决该难题。

由式(9.26)可知，机组流量和水头的变化过程只与支管和主管 T_w 的分配有关，而与上、下游支管之间的 T_w 分配无关。因此，假设在 $T_{wb}(=T_{wb,u}+T_{wb,d})$ 不变的情况下分别改变上游 $T_{wb,u}$ 和下游 $T_{wb,d}$ 对流量和水头变化过程无影响，即 $\mathrm{d}q_2/\mathrm{d}t$ 和 $\mathrm{d}q_m/\mathrm{d}t$ 不变。但对蜗壳压强 h_s 和尾水管进口压强 h_t 是有影响的。于是，对上游支管和下游支管分别列动量方程，即

$$h_u-h_s=T_{wb,u}\frac{\mathrm{d}q_2}{\mathrm{d}t} \tag{9.41}$$

$$h_t-h_d=T_{wb,d}\frac{\mathrm{d}q_2}{\mathrm{d}t} \tag{9.42}$$

综合式(9.25)和式(9.41)可得相对蜗壳压强

$$h_s = z_u - T_{wb,u}\frac{\mathrm{d}q_2}{\mathrm{d}t} - T_{wm,u}\frac{\mathrm{d}q_m}{\mathrm{d}t} \tag{9.43}$$

综合式(9.25)和式(9.42)可得相对尾水管进口压强 h_t 表达式：

$$h_t = z_d + T_{wb,d}\frac{\mathrm{d}q_2}{\mathrm{d}t} + T_{wm,d}\frac{\mathrm{d}q_m}{\mathrm{d}t} \tag{9.44}$$

根据相继甩负荷的机理分析，后甩机组的流量变化通常十分急剧。因此，根据式(9.43)和式(9.44)可知，$T_{wb,u}$ 和 $T_{wb,d}$ 对蜗壳压强和尾水管压强的权重也较大。因此，改变支管水流惯性对蜗壳压强和尾水管压强的分配，相比于主管更加敏感。

当上游支管水流惯性常数增加 ΔT_w 而下游相应减小 ΔT_w 时，由式(9.43)得蜗壳压强减小了 $\Delta T_w \mathrm{d}q_2/\mathrm{d}t$，由式(9.44)得尾水管压强相应增加了 $\Delta T_w \mathrm{d}q_2/\mathrm{d}t$，反之亦然。因此，仅通过改变上、下游支管 T_w 就可实现蜗壳和尾水管处水击压强的等量转移。以案例 1 为例，采用数值计算求得不同上游支管 T_w 值时的最大蜗壳压强、最小尾水管压强和最大水头 $H_{\max} = H_{s,\max} - H_{t,\min}$ 如表 9.13 所示，计算结果验证了以上理论分析。

表 9.13　上游支管 T_w 不同时压强和水头极值

$T_{wb,u}$/s	$H_{s,\max}$/m	$H_{t,\min}$/m	$H_{\max}$/m
0.203	988.61	27.75	960.86
0.213	996.21	35.26	960.96
0.223	1 003.99	42.99	961.00
0.233	1 011.90	50.80	961.10

9.2.4　小结

针对抽水蓄能电站相继甩负荷工况，从理论上、数值上、试验上研究了机组间的水力影响，从而揭示了后甩机组压强急剧上升的机理和最不利工况，主要结果可归纳为如下三个方面。

(1) 相继甩负荷过程中，共水力单元的机组之间存在水力联系，根据理论推导可将水力联系具体表达为：① 当先甩机组流量减小时，若后甩机组处于反 S 曲线奇点以上，先甩机组将对后甩机组产生正的次水头，加剧后甩机组水头升高；反之，若处于反 S 曲线奇点以下，次水头为负。② 当先甩机组流量增加时，若后甩机组处于反 S 曲线奇点以上，次水头为正，反之为负。由此，揭示了相继甩负荷工况压强剧变的物理本质。

(2) 相继甩负荷压强急剧上升往往发生在反 S 曲线的二区(以制动区为主)，先甩机组由于水泵水轮机的多峰性流量开始上升，而后甩机组工况点若处于该区，则根据机组间的水力联系，先甩机组将会对后甩机组产生较大次水头；当先甩机组流量上升率最大区间正好对应后甩机组二区时，是最不利的相继甩工况。此外，在后甩机组甩负荷前，先甩机组也会对其产生一定的次水头，但其影响相对较微弱。综上，对于一洞多机的输水管道系统布置方式(特别是共单元接线的机组)，在电气设计上一定要保证机组避开该不利时间段相继甩负荷。

(3) 在上、下游支管水流惯性总和不变的前提下，增加上游支管水流惯性，减小下游支管水流惯性对于机组甩负荷过程水头的变化没有影响。但这可以使下游尾水管压强增加，而同时增加上游蜗壳压强，实现水击压强在上、下游之间的等量转移。对于相继甩负荷工况，该工程措施的效果十分明显，具有很强的针对性。当抽水蓄能电站过渡过程中尾水管真空度不满足要求时，可采取该方式代替降低安装高程，避免可能发生的抬机事故。

参考文献

[1] Fang Y J, Jiri K. The numerical simulation of the delayed load rejection of a pump-turbine power plant. 26th IAHR Symposium on Hydraulic Machinery and System, Beijing, 2012.

[2] Zeng W, Yang J D. Effects of Pipe diameters on the pressures during delayed load rejection in high-head pumped storage power stations. 27th IAHR Symposium on Hydraulic Machinery and System, Montreal, 2014.

[3] Zeng W, Yang J D, Tang R B, et al. Extreme water-hammer pressure under one-after-another load-shedding in pump storage stations. Renewable Energy, 2016, 99: 35-44.

[4] Phi D T, Bourque E J, Thorne D H, et al. Analysis and application of the stability limits of a hydro-generating unit. IEEE Transactions on Power Apparatus and Systems, 1981, 7: 3203-3212.

[5] Thorne D H, Hill E F. Extensions of stability boundaries of a hydraulic turbine generating unit. IEEE Transactions on Power Apparatus and Systems, 1975, 94(4): 1401-1409.

[6] Inoue T, Taniguchi H, Ikeguchi Y, et al. Estimation of power system inertia constant and capacity of spinning-reserve support generators using measured frequency transients. IEEE Transactions on Power Systems, 1997, 12(1): 136-143.

[7] Peng Z Y, Yang J D, Guo W C. Time response of frequency of the hydro-turbine governing system under the coupled action of surge tank and power grid. 28th ZAHR Symposium on Hydrawlic Machinery and System, July 4-8th, 2016, Grenoble, France.

[8] 丁景焕. 水电站水力干扰过渡过程及其稳定性研究. 武汉：武汉大学，2007.

[9] Sanathanan C K. Accurate low order for hydraulic turbine-penstock. IEEE Trans. Energy Convers., 1987, 2(2): 196-200.

[10] Zeng W, Yang J, Guo W. Runaway instability of pump-turbines in s-shaped regions considering water compressibility. ASME J. Fluids Eng., 2015, 137(5): 051401.

[11] Suter P. Representation of pump characteristics for calculation of water hammer. Sulzer Technical Review, 1966, 66(4): 45-48.

[12] Zeng W, Yang J, Hu J. Guide-vane closing schemes of pump-turbines based on transient characteristics in s-shaped region. ASME J. Fluids Eng., 2016, 138(5): 051302.

[13] 曾威. 水泵水轮机 S 特性对抽水蓄能电站过渡过程的影响机理. 武汉：武汉大学，2016.

符号说明

符号	名称
A_1	先甩机组相对流量对时间的斜率
a	负载数学模型中电压 U 的幂指数，指代不同的负载类型
a_i	下标 $i=1,2,3$，ΔX_s 表达式拉普拉斯反变换中间变量
B	功率转换基数
b	负载数学模型中电压 U 的幂指数，指代不同的负载类型
b_t	暂态转差率
b_p	永态转差率
D	阻尼系数
D_s	电网等效负荷自调节系数
d	d 轴
d_i	下标 $i=1,\cdots,6$，传递函数拆分过程中形成的系数
E_{fd}	励磁电压所决定的空载电势，V
E_q	与励磁电流成正比的电势，即空载电势，V
E'_q	q 轴暂态电动势，V
e_g	电网自调节系数
e_h	水轮机转矩对水头的传递系数
e_p	电网内所含机组的永态转差系数
e_{qh}	水轮机流量对水头的传递系数
e_{qx}	水轮机流量对转速的传递系数
e_x	水轮机转矩对转速的传递系数
GD^2	电动机及其所拖动机械的飞轮力矩，$N \cdot m^2$
H	水轮机工作水头，m
H_{max}	水轮机工作水头最大值，m
$H_{s,max}$	转轮进口侧(蜗壳末端)测压管水头最大值，m
$H_{t,min}$	转轮出口侧(尾水管进口)测压管水头最小值，m
h	水轮机工作水头相对值
h_i	下标 $i=1,2$，水轮机 i 工作水头相对值
h_d	下游岔管测压管水头相对值
h_s	转轮进口侧(蜗壳进口)测压管水头相对值
h_t	转轮出口侧(尾水管进口)测压管水头相对值
h_u	上游岔管测压管水头相对值
I_d	定子电流的 d 轴分量，A

I_q	定子电流的 q 轴分量,A
i	相对电流
K	管道刚性水击模型的中间系数;A_1K 为波动方程的振幅
K_u	励磁调节器的综合放大系数
K_{uR}	调节器的放大系数
M	力矩,N·m
M_{ed}	相对单位力矩
m_t	水轮机相对力矩
m_g	发电机负荷相对阻力矩
m_{g0}	发电机负荷初始相对阻力矩
n	机组转速,r/min;机组相对转速
n_{ed}	相对单位转速
$n_{\max}$	机组最大转速,r/min
n_r	额定转速,r/min
P	水轮机出力,MW
$\Delta P_{\max}$	水轮机最大超出力,MW
P_0	发电机初始功率,W
ΔP_1	电网遭受的扰动,W
P_e	发电机电磁功率,W
P_L	受干扰后,在电压为 U 时的有功功率,W
P_{L0}	受干扰前的稳态有功功率,W
P_r	发电机额定功率,W
P_t	发电机机械功率,W
Q	流量,m^3/s
Q_{ed}	相对单位流量
Q_L	受干扰后,在电压为 U 时的无功功率,Var
Q_{L0}	受干扰前的无功功率,Var
q	q 轴;相对流量
q_i	下标 $i=1,2$,水轮机 i 流量相对值
q_m	主管相对流量
R_e	线路阻抗的实部
R_f	励磁绕组的电阻,Ω
R_g	电网等效永态转差系数
R_L	负荷阻抗的实部
S_{L0}	受干扰前负荷点视在功率,VA
s	拉普拉斯算子

T_a	机组惯性时间常数,s
T_b	负载的机械惯性时间常数,s
T_e	水流弹性时间常数,s；励磁调节器时间常数,s
T_d	缓冲装置时间常数,s
T'_{d0}	d 轴开路暂态时间常数,s
T_f	导叶最快开启时间,s
T_g	电网等效接力器惯性时间常数,s;导叶最快关闭时间,s
T_n	加速度时间常数(测频微分时间常数),s
T_s	电网等效机组惯性时间常数,s
T_w	水流惯性时间常数,s
$T_{w,i}$	下标 $i=1,2$,机组 i 所在管线(主管＋支管)水流惯性时间常数,s
T_{wb}	支管水流惯性时间常数之和,s
$T_{wb,u}$	上游支管水流惯性时间常数之和,s
$T_{wb,d}$	下游支管水流惯性时间常数之和,s
$T_{wb,i}$	下标 $i=1,2$,机组 i 所在支管水流惯性时间常数,s
T_{wm}	上、下游主管水流惯性时间常数之和,s
$T_{wm,d}$	下游主管水流惯性时间常数,s
$T_{wm,u}$	上游主管水流惯性时间常数
T_y	接力器反应时间常数,s
t	时间,s
U_d	端电压的 d 轴分量,V
U_f	发电机励磁绕组的输入电压,V
U_{f0}	发电机励磁绕组的初始输入电压,V
ΔU_f	发电机励磁绕组的输入电压偏差,V
U_{ff}	励磁机的输入电压,V
U_{L0}	受干扰前负荷点电压,V
U_p	手动整定电压,V
U_q	端电压的 q 轴分量,V
$U_{\rm ref}$	给定电压,V
U_s	无穷大电网电压,V
U_t	发电机实际运行电压,V
ΔU_t	发电机实际运行端电压偏移量,V
U_{t0}	给定的运行参数,V
X_{ad}	d 轴电枢反应电抗,Ω
X_d	d 轴的等效电抗,Ω
X'_d	d 轴的暂态电抗,Ω

X_e	线路阻抗的虚部
X_{ff}	励磁绕组的自感抗,Ω
X_q	q 轴的等效电抗,Ω
X_L	负荷阻抗的虚部
ΔX_s	电网频率扰动,Hz
x	机组转速偏差相对值
y	导叶开度偏差相对值
Z	水位,m;线路阻抗(包括输电线路和变压器),Ω
Z_L	负荷阻抗,Ω
z	相对水位
z_d	下游水库相对水位
z_u	上游水库相对水位
δ	功角,rad 或(°);波动的衰减度
ψ_f	励磁绕组的磁链,Wb
ω	角速度,rad/s;波动的角频率,rad/s
ω_0	额定角速度,rad/s

下标

符号	名称
0	额定值、初始值
b	支管
d	下游;d 轴
ed	相对单位参数
i	送端节点;机组 i
j	受端节点
m	主管
q	q 轴
s	转轮进口侧(蜗壳末端)
t	转轮出口侧(尾水管进口)
u	上游

第 10 章　抽水蓄能电站调压室水力设计

抽水蓄能电站的管道系统长高比通常较小，为了满足调节保证控制及机组运行稳定性和调节品质的要求，常常需要设置调压室，包括上游调压室、尾水调压室、上下游双调压室。由于水泵水轮机与常规水轮机相比，过渡过程中存在着较强的非线性，尤其是流量的多峰性，抽水蓄能电站调压室设置条件不能简单地套用常规水电站调压室的设置条件。其次，上下游双调压室断面积的选取以及机组运行稳定性也值得关注与探索。另外，抽水蓄能电站调压室的连接管通常较长，其水流惯性的影响不可忽略。为此，本章就上述三方面的水力设计展开研究与介绍。

10.1　基于调节保证控制的抽水蓄能电站调压室设置条件

10.1.1　抽水蓄能机组过流特性

抽水蓄能机组双向过流特性远比常规水轮发电机组复杂，两者在导叶直线关闭中流量变化特性具有以下两点明显的差异(图 10.1)：① 水泵水轮机的“截流效应”显著，受反 S 特性的影响，机组过流量下降至零后，会继续下降为负值，然后恢复为正，之后发生若干次的波动，即呈现所谓的“多峰性”，且流量由初始值首次减为零的时间远小于导叶关闭时间；而常规水轮机过流量近似线性变化，由初始值减小到零的时间为导叶关闭时间。② 水泵水轮机无论导叶关闭时间长或短，还是导叶拒动，随着机组转速上升和变化，流量都迅速减小(相对于导叶关闭速度)，并且由初始值首次减为零的时间相差很小；而常规水轮机组流量减小相对缓慢，且易受导叶关闭时间和规律的控制。

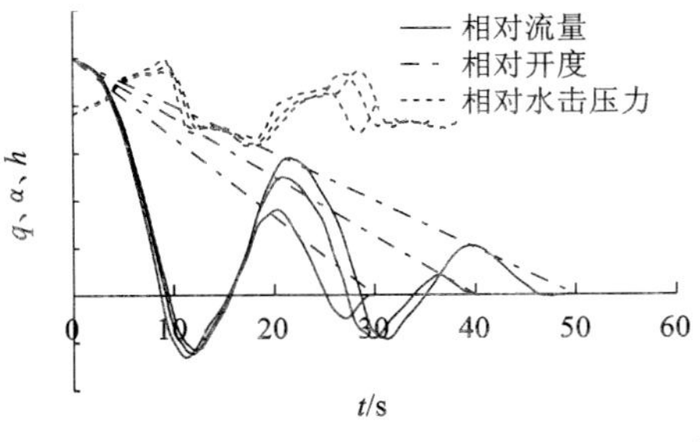

(a) 水泵水轮机（实线、虚线、点划线从下到上都依次对应导叶30 s、40 s、50 s直线关闭）

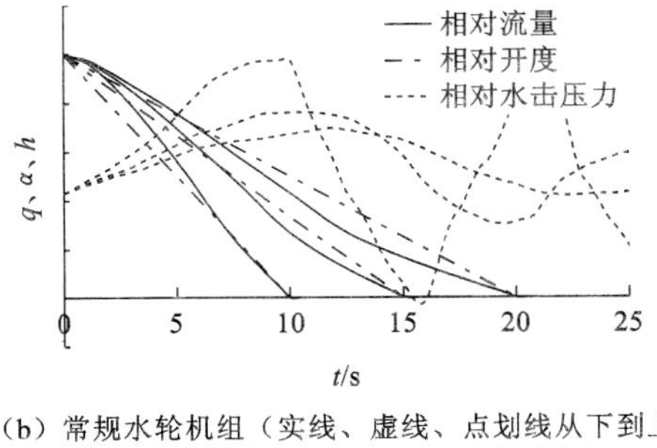

(b) 常规水轮机组（实线、虚线、点划线从下到上都依次对应导叶10 s、15 s、20 s直线关闭）

图 10.1　水泵水轮机、常规水轮机在甩负荷导叶直线关闭下的流量、开度及水击压强变化过程

图 10.2 给出了水泵水轮机在甩负荷导叶直线关闭过程中工况点运动轨迹。从图中可以看出，工况点运行轨迹从初始 0 点历经水轮机工况区，穿越飞逸线(交点 a) 进入水轮机

制动工况区，穿过零流量线（交点 2）进入反水泵工况区，然后再一次穿过零流量线（交点 3）回到水轮机制动工况区，直至坐标原点，相应的水泵水轮机流量变化过程如图 10.3 所示。该图将流量变化过程分为三段：平缓段（0 点 ～ 1 点）、快速减小段（1 点 ～ 2 点）及上下波动段（2 点 ～ 开度全关）。其中，平缓段，单位转速升高对单位流量减小作用很小，即流量主要由导叶开度所决定[1]，所以该段可近似认为流量不变；快速减小段，流量减小主要是转速上升引起的[2]，受导叶关闭规律的影响较小，该阶段流量变化可近似为线性变化；上下波动段，流量的变化主要是多次穿越零流量线所形成的。

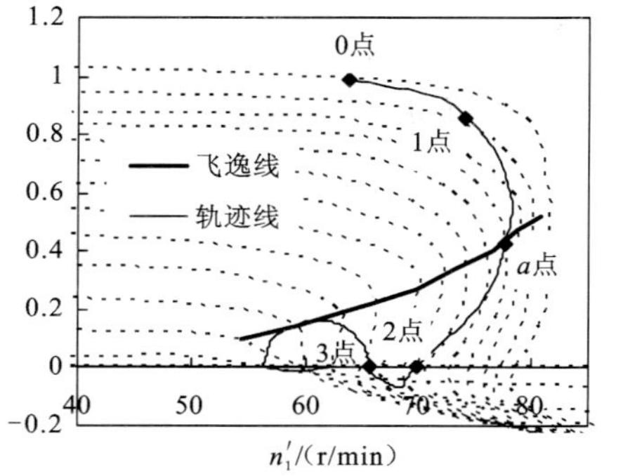

图 10.2 机组甩负荷导叶直线关闭过程中工况点运动轨迹示意图

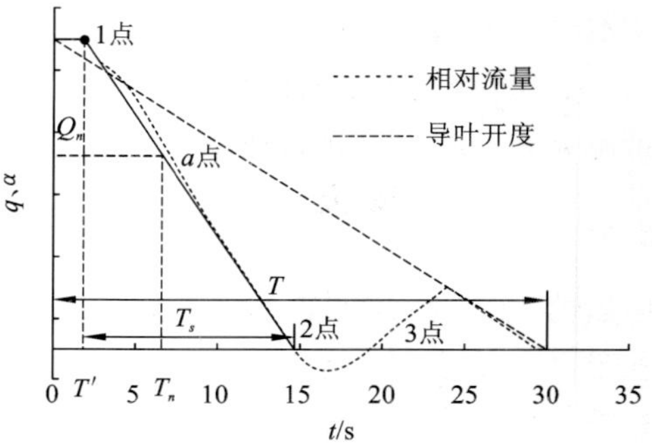

图 10.3 机组甩负荷导叶直线关闭过程中流量及开度变化示意图

由水击理论可知，水击压强的极值往往发生在流量快速减小段。由图 10.3 可知，该段流量变化斜率与导叶关闭斜率相差很大，即流量由初始值减小到零的时间 T_s 远远小于导叶关闭时间 T。

鉴于上述差异，将常规水电站调压室设置条件直接套用到抽水蓄能电站的做法缺乏理论依据与合理性论证，故有必要对抽水蓄能电站调压室设置条件进行专门的研究。为此，首先从水泵水轮机组过流特性出发，对甩负荷导叶直线关闭下的流量变化过程进行模拟，根据模拟结果得出流量有效减小时间 T_s 的解析表达式，据此从理论上推导出了抽水蓄能电站上游或下游调压室设置条件的判别式。

10.1.2 快速减小段流量变化过程的模拟及流量有效减小时间 T_s 的推导

基于以下工况求解 T_s 值：机组额定水头、额定负荷正常运行时突甩全负荷，导叶直线关闭，关闭时间 T。如图 10.3 所示。欲求 T_s 值，首先应求得图 10.3 所示飞逸点 a 对应时间 T_n 及流量 Q_n。

1. 转速上升时间 T_n

水轮发电机组运动方程[3]为

$$J\frac{\mathrm{d}\omega}{\mathrm{d}t}=M_t-M_g \tag{10.1}$$

机组丢弃全负荷，$M_g=0$，将式（10.1）两边同乘 $\omega\mathrm{d}t$，并积分可得

$$\frac{1}{2}J(\omega_{\max}^2-\omega_0^2)=\int_0^{T_n}N(t)\mathrm{d}t \tag{10.2}$$

将 $J=\frac{1\,000GD^2}{4}$、$\omega_0=\frac{\pi n_0}{30}$、$\omega_{\max}=\frac{\pi n_{\max}}{30}$、$n_{\max}=\frac{n'_{1n}\sqrt{H_n}}{D_1}$ 代入式(10.2)，整理得

$$\frac{5\pi^2}{36}GD^2\left[\left(\frac{n'_{1n}}{D_1}\right)^2H_n-n_0^2\right]=\int_0^{T_n}N(t)\mathrm{d}t \tag{10.3}$$

导叶关闭过程中水轮机出力 $N(t)$ 并不存在显示表达式，考虑到当机组丢弃外界负荷转速由额定转速上升到最大转速时，水轮机出力由初始出力 N_0 减小到零，假设在 T_n 时刻前水轮机出力的变化过程呈二次函数，则 $N(t)=-\frac{N_0}{T_n^2}t^2+N_0$。

下面将通过三座抽水蓄能电站验证该假定的合理性。三座电站机组甩负荷后相对出力 $N'(t)=\frac{N(t)}{N_0}$ 变化过程与假定函数对比如图10.4所示。从图中可见，实际出力与假定出力在任一时刻的数值均有所差别，但趋势一致，且两者与两坐标轴所围成的面积相差不大。因此，该假设具有一定的合理性。

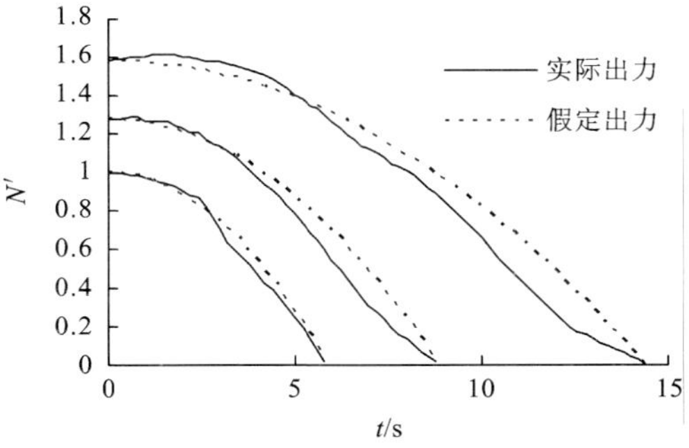

图10.4　机组相对出力变化过程对比图

将 $N(t)=-\frac{N_0}{T_n^2}t^2+N_0$ 代入式(10.3)并化简，得出转速上升时间 T_n 计算式为

$$T_n=\frac{5}{24}\frac{\pi^2GD^2}{N_0}\left[\left(\frac{n'_{1n}}{D_1}\right)^2H_n-n_0^2\right] \tag{10.4}$$

式中，单位转速 n'_{1n} 及水头 H_n 均为未知数，可按如下步骤求解。

单位转速 n'_{1n} 可根据 T_n 对应的导叶开度由飞逸特性曲线查得。由于 T_n 未知，故该时刻对应的导叶开度也未知，所以不能直接查得 n'_{1n}，需进行迭代求解。

机组丢弃负荷任一时刻的水头 $H=H_0(1+\xi)$，根据水击类型不同，水击压强相对值 ξ 的计算表达式[4]也不同，T_n 时刻水头 $H_n=H_0(1+\xi_{Tn})$，则 ξ_{Tn} 计算式如下。

一相水击：

$$\xi_{Tn}=\frac{2\sigma T_n}{(1+\rho-\sigma)t_r},\quad T_n<t_r \tag{10.5}$$

$$\xi_{Tn}=\frac{2\sigma}{1+\rho-\sigma},\quad T_n>t_r \tag{10.6}$$

末相水击(依据 Desparre 简化式)[5]：

$$\xi_{Tn}=\frac{2\sigma}{2-\sigma}\left[1-\left(1-\frac{V_0-V_n}{V_0}\right)^{(2/\sigma-1)}\right] \tag{10.7}$$

式中，水击波相长 $t_r=\frac{2L}{c}$；管道初始流速 $V_0=\frac{\sum l_iQ_{0i}/A_i}{L}$；$T_n$ 时刻管道流速 $V_n=\frac{\sum l_iQ_{ni}/A_i}{L}$。其中，$Q_n=Q'_{1n}D_1^2\sqrt{H_n}$($Q_n$ 即为图10.2中 a 点所对应的流量)；$\rho=\frac{cV_0}{2gH_0}$、

$\sigma = \dfrac{L(V_0 - V_n)}{gH_0(T_n - T')}$ 为压力管道特征系数，在进行上游调压室设置条件判别时，为上库至蜗壳末端之间管道的特征系数；在进行下游调压室设置条件判别时，为尾水管至下库之间管道特征系数。

利用式(10.5) ~ 式(10.7) 求解 H_n 时，需要得知 V_n，而 V_n 又为 H_n 的函数，因此不能得出 H_n 的显示表达式，需迭代求解。

经以上分析可知，单位转速 n'_{1n} 及水头 H_n 均需迭代求解，迭代过程如图 10.5 所示。通过迭代求解，同时求得 T_n 值。

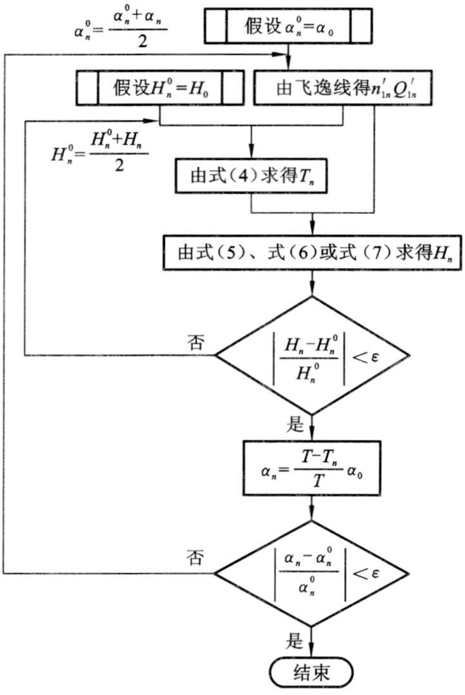

图 10.5　求解 T_n 的迭代过程

T_n 值误差分析：以表 10.1 给出的 5 座抽水蓄能电站为例，对解析计算式(10.4) 及数值计算得出的 T_n 值进行对比，结果表明两者的 T_n 值较为接近，误差均在 6% 之内，说明 T_n 值解析计算式(10.4) 具有一定的实用性。

表 10.1　T_n/s 值计算结果对比表

水电站名称	水击类型	解析公式	数值计算	误差	误差相对值(%)
清远	一相	6.03	5.70	0.33	5.78
东江	末相	5.54	5.66	0.12	2.12
白莲河	末相	7.56	8.04	0.48	5.97
黑麋峰	一相	6.35	6.69	0.34	5.08
惠州	一相	6.36	6.02	0.34	5.64

2. T_n 时刻所对应的流量 Q_n

T_n 对应的开度为 $\alpha_n = \dfrac{T - T_n}{T}\alpha_0$，可根据 α_n 由飞逸特性曲线查得对应单位流量 Q'_{1n}，则 T_n 时刻对应的流量为

$$Q_n = Q'_{1n} D_1^2 \sqrt{H_n} \tag{10.8}$$

3. 流量变化过程的模拟

有了机组甩负荷初始时刻的流量 Q_0 以及飞逸点 a 对应时间 T_n 及流量 Q_n，还需要对流量变化过程进行模拟，方能推导流量继续有效时间 T_s 的表达式。

本小节以点(T_n,Q_n)为基础提出三种可能的流量变化过程模拟方法，分别称为模拟一、模拟二、模拟三，如图 10.6 所示。

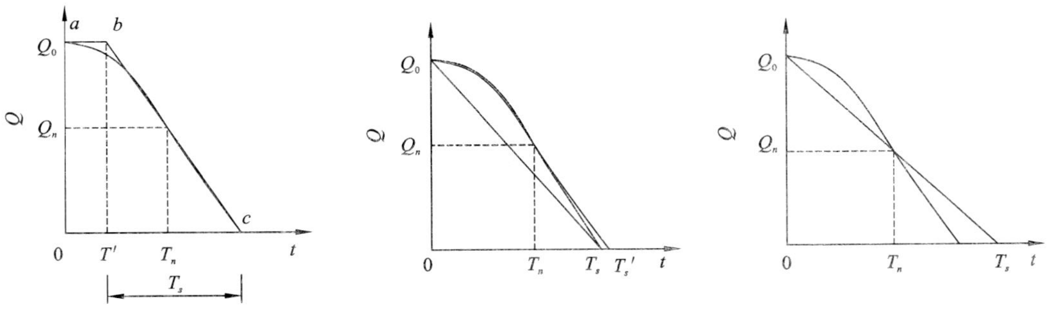

(a) 流量模拟一　(b) 流量模拟二　(c) 流量模拟三

图 10.6　流量变化过程的模拟示意图[6]

模拟一将流量由初始值首次减小为零的过程近似模拟为水平段和线性减小段，水平段(直线 ab)的流量为初始流量 Q_0、持续时间记为 T'，线性减小段(直线 bc)经过点(T_n，Q_n)，将此段流量由初始值减为零的时间作为 T_s。模拟二假定流量线性变化，实际流量由初始值首次减小为零的时间记为 T'_s，但此值无法解析求出，故以过点(0,Q_0)、(T_n,Q_n)且关于流量轴对称的抛物线与时间轴的交点值来近似 T'_s，并将此交点值作为流量有效减小时间 T_s。模拟三以过点(0,Q_0)、(T_n,Q_n)的直线来表征机组实际的流量变化过程，并将此直线与时间轴的交点值作为 T_s。

4. 流量有效减小时间 T_s

对于流量模拟一，由图 10.6(a) 可得 T_s 的计算表达式为

$$T_s = \frac{1}{1 - Q_n/Q_0}(T_n - T') \tag{10.9}$$

式中，水平段时间(延迟时间)T' 目前缺乏相应的研究成果，无理论计算公式，只能按经验取值：甩负荷时机组出现反向过流，T' 的取值范围为 2.0～3.5 s；不出现反向过流，T' 的取值范围为 1.5～2.5 s。并且对高水头抽水蓄能电站，T' 取小值；中、低水头，T' 取大值。

对于流量模拟二，过点(0,Q_0)、(T_n,Q_n)且关于流量轴对称的抛物线的方程为 $Q = -\dfrac{Q_0 - Q_n}{T_n^2}t^2 + Q_0$，再由 $T_s = t\,|_{Q=0}$ 可得

$$T_s = \frac{1}{\sqrt{1-Q_n/Q_0}}T_n \tag{10.10}$$

对于流量模拟三，此方法实际上是模拟一在 $T'=0$ 下的特例，将式(4.7)中的 T' 取为 0 即得

$$T_s = \frac{1}{1-Q_n/Q_0}T_n \tag{10.11}$$

以两座抽水蓄能电站为例验证和对比以上三种流量模拟方法，结果如图 10.7 所示。其中，深圳、五岳两座抽水蓄能电站都是在不设置上游调压室的条件下进行计算模拟的。

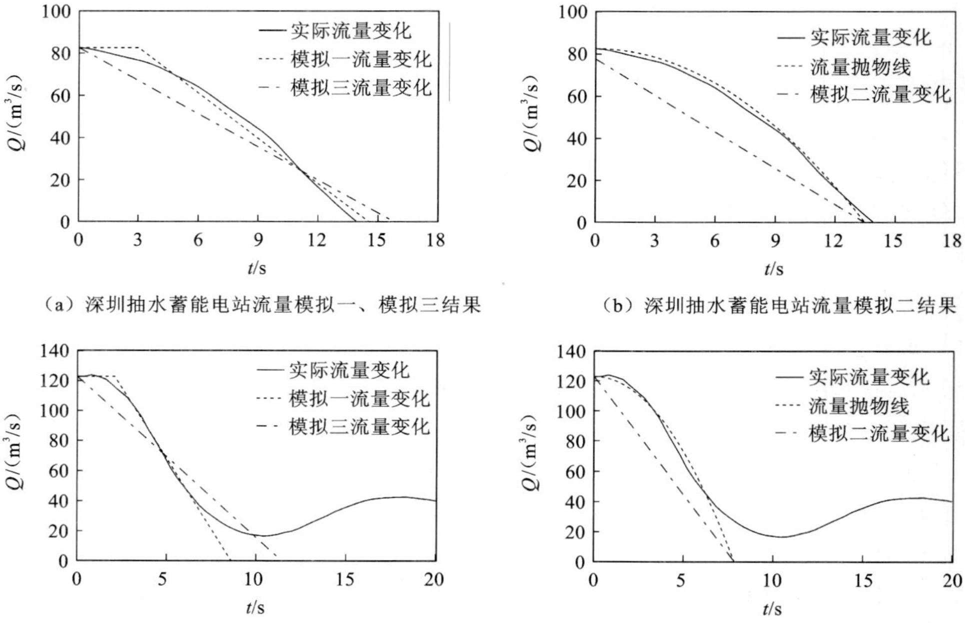

(a) 深圳抽水蓄能电站流量模拟一、模拟三结果　　(b) 深圳抽水蓄能电站流量模拟二结果

(c) 五岳抽水蓄能电站流量模拟一、模拟三结果　　(d) 五岳抽水蓄能电站流量模拟二结果

图 10.7　两座抽水蓄能电站流量变化过程模拟图

从图 10.7 中可知：

(1) 模拟一的水平段时间较长(深圳、五岳分别为 3.0 s、2.1 s)，线性减小段的斜率与实际流量快速减小阶段非常接近；模拟二中采用的抛物线与实际流量变化曲线的变化趋势一致，同一时刻的流量值相差很小，且对流量减为零的时间的模拟较好(深圳为 13.51 s，数值计算值为 13.94 s，误差/相对误差为 0.43 s/3.08%)；模拟三的 T_s 值大于实际流量首次减为零的时间。

(2) 模拟一、模拟二、模拟三所得 T_s 依次增大。

10.1.3　上游调压室设置条件及工程实例

1. 上游调压室设置条件

将上库至蜗壳末端间的管道特征参数 $\rho_e=\frac{cV_0}{2gH_0}$，$\sigma_e=\frac{LV_0}{gH_0T_s}$ 分别改写为 $\rho_e=\frac{T_w}{t_r}$，

$\sigma_e=\dfrac{T_w}{T_s}$，其中，$T_w=\dfrac{LV_0}{gH_0}$为上库至蜗壳末端间的水流惯性时间常数。对于一相水击，由$\xi=\dfrac{2\sigma_e}{1+\rho_e-\sigma_e}$可得$T_w=\dfrac{\xi}{2+(1-T_s/t_r)\xi}T_s$；同理对于末相水击，由$\xi=\dfrac{2\sigma_e}{2-\sigma_e}$可得$T_w=\dfrac{2\xi}{2+\xi}T_s$。所以当$\xi$取允许水击压强相对值$\xi_{max}$时可得抽水蓄能电站上游调压室设置条件的判别式，即

$$[T_w]=\begin{cases}\dfrac{\xi_{max}}{2+(1-T_s/t_r)\xi_{max}}T_s, & \text{一相水击}\\ \dfrac{2\xi_{max}}{2+\xi_{max}}T_s, & \text{末相水击}\end{cases} \tag{10.12}$$

式中，$[T_w]$是T_w的允许值，$[T_w]$随ξ_{max}、T_s的增大而单调增大。若按抽水蓄能电站管道系统布置和尺寸计算所得的$T_w \geqslant [T_w]$，就需要设置上游调压室。ξ_{max}可在文献[7]中规定的蜗壳压强上升率取值的基础上扣除脉动压强之后确定。对于T_s，若取模拟一（或二、三）所得结果，就称式(10.12)为基于流量模拟一（或二、三）的抽水蓄能电站上游调压室设置条件判别式。

2. 基于三种流量模拟的上游调压室设置条件的对比与机理分析

1）基于三种流量模拟的上游调压室设置条件的对比

为了对比检验本节提出的基于三种流量模拟方法的抽水蓄能电站上游调压室设置条件判别式的合理性，选取 4 座不同水头的抽水蓄能电站进行计算，4 座电站的基本资料见表 10.2。其中，水击类型是根据计算工况（机组额定水头、额定出力正常运行突甩全负荷，导叶直线关闭）的ρ_e来判断，即$\rho_e<1$则此工况的水击为一相水击，$\rho_e>1$则此工况的水击为末相水击[4]。

首先设定水击压强上升率的允许值ξ_{max}，然后根据判别式计算不设上游调压室的管道参数极限值（表 10.3），最后由数值计算（包括 4 座电站各自采用的水泵水轮机全特性曲线）得出不同模拟方法下的管道参数极限值对应的ξ（表 10.4）。计算中导叶直线关闭时间均取为 40 s。

表 10.2　四座抽水蓄能电站基本资料

基本参数	惠州	深圳	五岳	白莲河
额定水头/m	517.40	419.00	235.00	195.00
额定流量/(m^3/s)	66.88	82.55	122.95	176.10
额定出力/MW	306.00	306.10	255.10	306.00
额定转速/(r/min)	500.00	428.57	300.00	250.00
上游管道当量流速/(m/s)	4.95	4.81	5.31	6.12
水击类型	一相	一相	末相	末相
实设调压室类型	上、下游双调压室	上、下游双调压室	下游调压室	上游调压室

表 10.3　三种模拟下的 T_w 极限值及 L 极限值计算结果

计算参数	惠州		深圳		五岳		白莲河	
	T_w/s	L/m	T_w/s	L/m	T_w/s	L/m	T_w/s	L/m
模拟一极限值	1.44	1 476.01	2.04	1 743.17	1.70	737.79	4.01	1 254.36
模拟二极限值	1.58	1 619.51	2.38	2 033.69	2.23	967.81	4.25	1 329.43
模拟三极限值	2.19	2 244.76	3.22	2 751.47	2.99	1 297.64	5.73	1 792.38

表 10.4　三种模拟下的水击压强上升率 ξ 数值计算结果

计算参数	惠州	深圳	五岳	白莲河
设定允许值 ξ_{max}/%	30.00	30.00	30.00	30.00
模拟一 L 所得 ξ 值 /%	24.39	24.45	22.29	21.50
模拟二 L 所得 ξ 值 /%	26.34	27.18	25.56	22.78
模拟三 L 所得 ξ 值 /%	31.87	32.67	31.10	28.83

由表 10.3、表 10.4 可以得出以下结果。

（1）模拟一对应的判别式所得水击压强上升率 ξ 远小于设定允许值，说明其对流量有效减小时间 T_s 的模拟偏小，即水平段＋线性减小段、线性减小段斜率决定水击压强上升的模拟方法并不能反映实际流量变化对水击压强上升的作用。

（2）模拟二的结果与模拟一类似，区别在于其模拟得到的流量有效减小时间 T_s 较大而使水击压强上升率 ξ 较模拟一有一定程度的接近设定允许值，但与之仍有较大差别。

（3）模拟三所得水击压强上升率 ξ 与设定允许值最为接近，高水头抽水蓄能电站相差在 2.7% 以内，中低水头抽水蓄能电站相差在 1.2% 以内，说明此种模拟方法正确合理地反映了实际流量变化对水击压强上升的作用，所以基于流量模拟三的抽水蓄能电站上游调压室设置条件的判别式可以正确合理地进行上游调压室设置与否的判别。

2）机理分析

由上述结果可知，模拟一很好地模拟了流量快速减小阶段的斜率、模拟二很好地模拟了实际流量由初始值首次减小为零的时间，但此两种模拟方法所得$[T_w]$都过于偏小，说明对于水泵水轮机组既不能以快速减小阶段代替整个流量减小过程，也不能仅仅只模拟流量由初始值首次减为零这一流量变化的局部过程。实际上，水泵水轮机流量首次下降至零后会继续下降为负值是其区别于常规水轮机的一个重要方面，决定水击压强上升的应该是流量由初始值(Q_0)减为最小值(Q_{min}，一般为负值，对应时间 T_Z) 的整个过程，如图 10.8 所示。

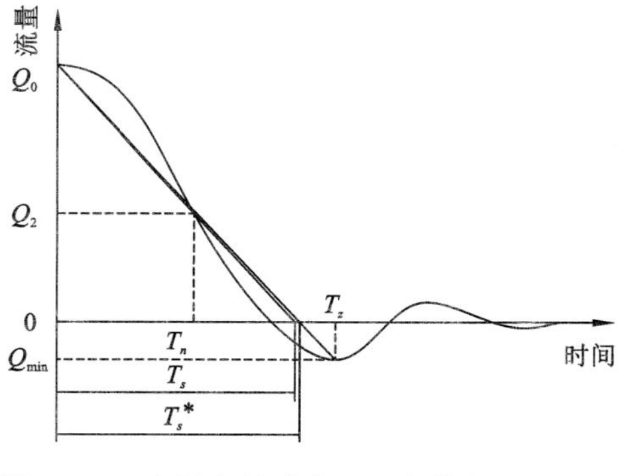

图 10.8　流量完整减小过程与模拟三对比图

以连接点$(0,Q_0)$、(T_Z,Q_{min})的直线来模拟流量由初始值减为最小值的过程，此直线与时间轴的交点值 T_s^* 才是真正的流量有效减小时间。所以对其进行局部模拟的模拟一、模拟

二所得 T_s 偏小，进而导致 $[T_w]$ 偏小，而模拟三的处理方法在一定程度上契合了流量由初始值减为最小值的过程，所得 T_s 最为接近 T_s^*，所以最后所得判别结果最好。用上述的四座抽水蓄能电站验证以上分析的正确性，结果如表 10.5 所示，其中 T_s^* 及其对应的 ξ 均为数值解。

表 10.5　四座抽水蓄能电站模拟三 T_s、T_s^* 计算结果

计算参数	惠州	深圳	五岳	白莲河
模拟三 T_s/s	12.03	15.82	11.45	21.96
T_s^* /s	11.48	15.71	11.84	22.33
误差 $\vert T_s^* - T_s \vert$ /s	0.55	0.11	0.39	0.37
相对误差 $\vert T_s^* - T_s \vert / T_s^*$ /%	4.79	0.70	3.29	1.66
T_s^* 对应管道极限长度所得 ξ 值 /%	30.89	32.23	32.34	29.12

由表 10.5 可知，T_s^* 对应的水击压强上升率 ξ 一般较模拟三 T_s 更为接近设定允许值，且四座抽水蓄能电站的模拟三 T_s 都很接近 T_s^*，相对误差在 4.8% 以内，说明以上的分析是正确的。

虽然 T_s^* 是较模拟三的 T_s 更为合理的流量有效减小时间，但由于 (T_Z, Q_{min}) 无法通过解析的方法求解，故不能得出 T_s^* 的解析表达式，而模拟三的 T_s 可以解析表示，并且其与 T_s^* 的误差较小，因此用其来代替 T_s^* 推导抽水蓄能电站上游调压室设置条件的判别式是合理可行的。

3. 工程实例

运用基于流量模拟三的抽水蓄能电站上游调压室设置条件判别式进行调压室设置与否的判别。计算中根据水泵水轮机组的特点计入脉动压强的影响：水击压强上升允许值等于蜗壳压强上升允许值[7] 减去脉动压强。关于脉动压强的取值，当前的学术界和工程界的普遍观点是：对于最大水头大于 200 m 的抽水蓄能电站，引水系统脉动压强引起的压强上升可按甩前净水头的 5% ～ 7% 选取；对于最大水头小于 200 m 的抽水蓄能电站，引水系统脉动压强引起的压强上升可按甩净水头的 3% ～ 5% 选取[8]。计算结果见表 10.6 和表 10.7。

表 10.6　扣除脉动压强后的水击压强上升率 ξ 允许值计算结果

计算参数	惠州	深圳	五岳	白莲河
蜗壳压强上升允许值[7]/%	30.00	30.00	30.00	30.00
脉动压强值 /(%×甩前净水头)	7.00	7.00	7.00	7.00
水击压强上升允许值 ξ_{max}/%	23.97	24.34	24.86	24.91

表 10.7　四座抽水蓄能电站 T_w 极限值及 L 极限值计算结果对比

计算参数	惠州		深圳		五岳		白莲河	
	T_w/s	L/m	T_w/s	L/m	T_w/s	L/m	T_w/s	L/m
模拟三极限值	1.68	1 720.98	2.45	2 093.51	2.53	1 098.01	4.86	1 520.24
规范允许值[9]	2.00	2 050.01	2.00	1 708.99	2.00	867.99	4.00	1 251.23
上库至蜗壳末端间实际值	2.69	2 756.23	4.02	3 437.76	1.43	621.50	5.02	1 569.29
实设上游调压室至蜗壳末端间值	1.16	1 091.71	2.27	1 820.24	/	/	1.88	435.60

由表 10.7 可知，四座抽水蓄能电站上游调压室实际设置情况与模拟三得到的判别结果是一致的。对于常规水电站上游调压室设置判据中的$[T_w] = 2 \sim 4$ s，与抽水蓄能电站的$[T_w]$取值有一定的吻合，但若将其套用到抽水蓄能电站，不仅无法体现水泵水轮机全特性及脉动压强对过渡过程的影响，而且还会出现 $2 \sim 4$ s 内不易判别、高水头抽水蓄能电站不设置上游调压室的$[T_w]$有可能远小于 2 s、低水头抽水蓄能电站有可能大于 4 s 等问题。

10.1.4 下游调压室设置条件及工程实例

1. 下游调压室设置条件

下游调压室的功用是缩短尾水道的长度，减小机组甩负荷时尾水管进口的真空度，防止水柱分离[10]。文献[11]针对常规水电站推导了考虑不同水击类型及水击真空与流速水头真空时序叠加的尾水道极限长度计算公式，即假设导叶直线关闭过程中机组过流量也呈直线递减，导叶关闭终了时，过流量为零。但水泵水轮机的过流特性不同于常规水轮机，在机组甩负荷导叶关闭过程中，过流量往往由正到负，然后由负到正，经历几次反向流动再到零。因此，抽水蓄能电站若直接套用已有的下游调压室设置条件，必然得到文献[12]已得出的相同结果，即按压力尾水道极限长度计算公式计算国内外 6 座抽水蓄能电站均可不设尾水调压室，但实际工程均设有尾水调压室。该结果表明了直接套用的不合理性。

按照本章对抽水蓄能机组过流特性和流量有效减小时间的探讨，本小节认为引用尾水道极限长度计算公式作为抽水蓄能电站尾水调压室的设置条件是可行的，但应对 T_s 的定义进行修正，即将式(10.11)的 T_s 代入尾水道极限长度计算公式，用于初步判别抽水蓄能电站是否设置下游调压室的条件，即

一相水击：

$$L_{w1} = K\frac{gT_s}{2V_{w0}}(1+\rho_e'-\sigma_e')\left[8-\frac{\nabla}{900}-H_s-\frac{V_{wj}^2}{2gT_s^2}(T_s-t_r)^2\right] \tag{10.13}$$

末相水击：

$$L_{wm} = K\frac{gT_s}{2V_{w0}}(2-\sigma_e')\frac{8-\dfrac{\nabla}{900}-H_s-\dfrac{V_{wj}^2}{2g}\left(\dfrac{V_{wj}^2}{2gH_0}\right)^{\frac{2\sigma_e'}{2-3\sigma_e'}}}{1-\left(\dfrac{V_{wj}^2}{2gH_0}\right)^{\frac{2-\sigma_e'}{2-3\sigma_e'}}},\quad \frac{\sigma_e'}{2-3\sigma_e'}>0 \tag{10.14}$$

式中，T_s 并不是导叶有效关闭时间，而是快速减小段的流量变化时间，也可按式(10.9)或式(10.10)求解，其他参数见符号说明。

若考虑机组甩负荷过渡过程中脉动压强的修正，可将 8 m 真空度改为(8 m- 修正值)即可。修正值越大，尾水道极限长度越短。

2. 与日本经验公式的比较及工程实例

文献[13]和文献[14]介绍了日本对高水头抽水蓄能水电站下游调压室设置条件的研究，其判别式为压力尾水道时间常数 $T_{ws} = LV/(-H_s g)$，当 $T_{ws} < 4$ s则可不设下游调压室；$T_{ws} > 6$ s须设置下游调压室；4 s$< T_{ws} <$ 6 s需要详细研究不设下游调压室的可能

性。另外，日立公司根据抽水蓄能电站工程实践经验提出了下游调压室设置判据的经验曲线[14]，但也缺乏相关的理论分析和论证。

为此，利用本章提出的修正公式、日本经验公式[13]及调压室规范的设置准则[9]三种判据分别对表 10.8 中七座抽水蓄能电站进行计算。导叶采用 30 s 直线关闭，计算结果见表 10.9。

表 10.8　七座抽水蓄能电站的基本资料

基本参数	广蓄二期	清远	惠州	黑麋峰	溧阳	白莲河	东江
水击类型	一相	一相	一相	一相	末相	末相	末相
额定水头/m	512.00	498.68	487.76	295.07	259.00	195.00	120.00
额定流量/(m^3/s)	65.88	68.67	70.00	115.52	110.90	176.10	166.00
额定转速/(r/min)	500.00	428.60	500.00	300.00	300.00	250.00	200.00
额定出力/MW	306.12	326.50	306.12	306.12	255.10	306.12	173.47
GD^2 /(t · m^2)	3600	4500	3600	11760	12000	19300	11000
机组加速时间常数 T_a/s	8.06	6.94	8.22	9.47	11.70	10.80	6.95
吸出高/m	−70	−68	−70	−50	−50	−50	−37
尾水道实际长度/m	2 177.260	1 076.397	1 378.691	437.824	1 525.390	468.840	528.291
是否设置尾水调压室	是	是	是	否	是	否	否

注：尾水道实际长度指尾水管进口到下库之间的管道长度

表 10.9　计算结果表

/		广蓄二期	清远	惠州	黑麋峰	溧阳	白莲河	东江
本书判式(尾水道极限长度/m)		896.16	667.33	755.92	609.46	1130.57	1036.50	697.52
日本经验公式[13]	时间常数 4 s 对应尾水道长度/m	610.99	599.60	512.41	460.26	492.24	476.28	347.57
	时间常数 6 s 对应尾水道长度/m	942.55	915.37	783.23	706.72	725.93	734.52	518.53
规范公式[9](尾水道极限长度/m)		1 978.45	1 499.89	1 427.63	1 077.17	1 233.30	1 314.34	914.95

由表 10.9 可知[15]：

(1) 根据调压室规范得出的尾水道极限长度均很长，其主要原因是该公式假定流量变化时间与导叶关闭时间相同，而抽水蓄能电站影响尾水管最小压强值的流量变化时间远远小于导叶关闭时间，所以将该公式作为抽水蓄能水电站尾水调压室的设置准则是不合理的。

(2) 对比本书修正公式及日本经验公式计算结果可知：① 对于高水头抽水蓄能电站本书修正公式计算结果对应的 T_{ws} 值在 4 ～ 6 s，可以看出日本公式中相关规定“$T_{ws}<4$ s 则可不设尾水调压室、$T_{ws}>6$ s 须设置尾水调压室”是合理的。② 日本经验公式不适用于中低水头抽水蓄能水电站，其计算结果偏小，即 $T_{ws}>6$ s 也有可能不设下游调压室。对比高水头抽水蓄能电站，中低水头电站流量变化时间 T_s 值大些，其主要原因是不同比转速水轮机当转速上升时间 T_n 相同时，高水头低比转速水泵水轮机飞逸点处过流量却非常小[1]，根据式(10.11)可知 T_s 值也越小。由于中低水头水电站流量变化时间 T_s 值较大，尾水道内 dV/dt 减小，故计算得出的尾水道极限长度应比高水头电站的长些。而日本经验公式仅与吸出高有关，当吸出高相同时，高、中、低水头抽水蓄能电站计算得出的尾水道极限长度相差不大，这并不符合实际。

(3) 本节提出的修正公式可作为高、中、低水头抽水蓄能电站下游调压室设置的初步判别准则，对电站初步设计阶段具有参考意义。

10.2 “引水道-上下游双调压室”系统的运行稳定性

上下游双调压室水位波动稳定性是高中水头、长输水道的地下水电站和抽水蓄能电站布置中经常遇到且不易解决的难题。早在20世纪50年代，Jaeger等[16]引入无量纲参数直接研究了上下游双调压室系统水位波动稳定域，但其稳定域是在假定上下游相对水头损失相等($p_{01}=p_{02}$)条件下得到的，并仅有$p_0=0.1$和$p_0=0.3$两组曲线，与实际情况差别较大，曲线的正确性也较差。随后，国内外也作过这方面的研究[17]，但多半就具体工程问题，判断特定条件下设计断面是否稳定，而未得出有普遍性的结论。

本节仍在托马条件和Jaeger等工作基础上，深入分析上下游双调压室水位波动的稳定条件及稳定域变化规律。从理论上导出稳定域干涉点和共振点的解析公式，提出上下游调压室稳定断面设计的准则与要点。

10.2.1 基本方程与波动稳定条件

上下游双调压室水道系统如图10.9所示，在托马假设前提下，基本方程组如下[18]。

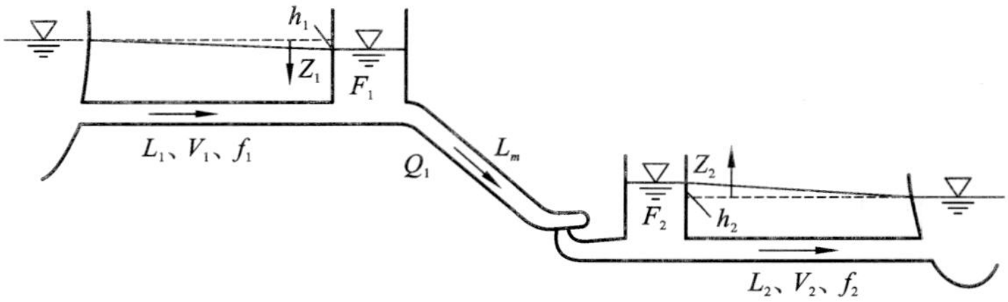

图10.9　上下游双调压室水道示意图

(1) 引水隧洞。

连续方程：

$$Q_1 = f_1 V_1 + F_1 \frac{\mathrm{d}Z_1}{\mathrm{d}t} \tag{10.15}$$

动力方程：

$$\frac{L_1}{g}\frac{\mathrm{d}V_1}{\mathrm{d}t} = Z_1 - h_1 - \frac{k_1 V_1^2}{2g} \tag{10.16}$$

(2) 尾水隧洞。

连续方程：

$$Q_1 = f_2 V_2 + F_2 \frac{\mathrm{d}Z_2}{\mathrm{d}t} \tag{10.17}$$

动力方程：

$$\frac{L_2}{g}\frac{\mathrm{d}V_2}{\mathrm{d}t}=Z_2-h_2+\frac{k_2V_2^2}{2g} \tag{10.18}$$

(3) 调速方程。

$$Q_{10}(H_0-h_{10}-h_{m0}-h_{20})=Q_1(H_0-Z_1-h_m-Z_2) \tag{10.19}$$

引入如下参数：每个调压室单独运行的稳定断面：

$$F_{\mathrm{th}i}=\frac{L_if_i}{2g\alpha'_iH'_1},\quad i=1,2 \tag{10.20}$$

式中，$H'_1=H_0-h_{10}-3h_{m0}-h_{20}$，$\alpha'_1=\alpha_1+k_1/(2g)$，$\alpha'_2=\alpha_2-k_2/(2g)$。

相应的托马周期为

$$T_{\mathrm{th}i}=2\pi\sqrt{\frac{L_iF_{\mathrm{th}i}}{gf_i}},\quad i=1,2 \tag{10.21}$$

调压室断面的放大系数为

$$n_i=F_i/F_{\mathrm{th}i},\quad i=1,2 \tag{10.22}$$

相应的实际周期为

$$T_i=2\pi\sqrt{\frac{L_iF_i}{gf_i}}=T_{\mathrm{th}i}\sqrt{n_i},\quad i=1,2 \tag{10.23}$$

相对水头损失系数为

$$r_i=\frac{2\alpha'_iV_{i0}^2}{H'_1},\quad i=1,2 \tag{10.24}$$

由此，得到上下游双调压室系统水位波动的四阶微分方程，即

$$A_0x_1^4+A_1x_1^3+A_2x_1^2+A_3x_1+A_4=0 \tag{10.25}$$

式中，$A_0=1$，$A_1=a_1+a_2$，$A_2=b_1+b_2+a_1a_2-c_1c_2$，$A_3=a_1b_2+b_1a_2-c_1d_2-c_2d_1$，$A_4=b_1b_2-d_1d_2$。其中，$a_i=\frac{2\pi}{T_{\mathrm{th}i}}\sqrt{r_1}\left(1-\frac{1}{n_i}\right)$，$i=1,2$；$b_i=\frac{4\pi^2}{n_iT_{\mathrm{th}i}^2}(1-r_i)$，$i=1,2$；$c_i=\frac{2\pi}{n_iT_{\mathrm{th}i}}\sqrt{r_i}$，$i=1,2$；$d_i=\frac{4\pi^2r_i}{n_iT_{\mathrm{th}i}^2}$，$i=1,2$。

由常微分方程稳定性理论可知，当式(10.25)的系数满足 Routh-Hurwitz 条件时，即满足

$$A_1>0,\quad A_2>0,\quad A_3>0,\quad A_4>0,\quad \Delta_3=A_1(A_2A_3-A_1A_4)-A_3^2>0$$

则式(10.25)表示的波动是稳定的。

10.2.2 稳定域变化的一般规律

1. 对称性

从上述得出的方程式可以看出，上下游双调压室的参数是对称的，其稳定域也存在对称性。图 10.10 和图 10.11 所示的数值计算结果表明存在以托马周期比 $m_*=T_{\mathrm{th1}}/T_{\mathrm{th2}}$ 和相对水头损失比 $K^2=r_2/r_1$ 为参数的对称性。

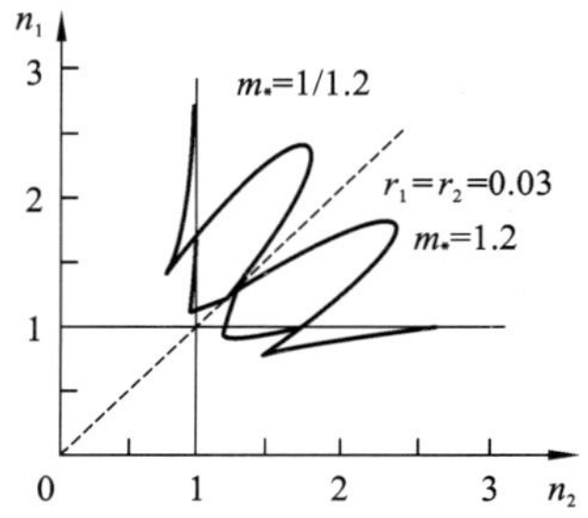

图 10.10 托马周期比的对称性

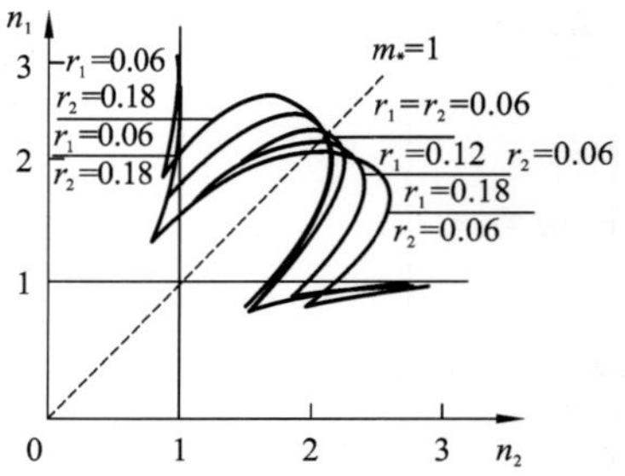

图 10.11 相对水头损失的对称性

2. Routh-Hurwitz 条件对稳定性的影响

1）A_1 的影响

$$A_1=\frac{2\pi}{T_{\mathrm{th2}}}\left[\frac{\sqrt{r_1}}{m_*}\left(1-\frac{1}{n_1}\right)+\sqrt{r_2}\left(1-\frac{1}{n_2}\right)\right] \tag{10.26}$$

显然，当 n_1 和 n_2 同时小时 1 时，$A_1<0$；同时大于 1 时，$A_1>0$。并且 $A_1=0$ 是一簇通过(1,1) 点的，以 m_*K 为参数的双曲线方程，参见图 10.12。

$$\left(1-\frac{1}{n_1}\right)+m_*K\left(1-\frac{1}{n_2}\right)=0 \tag{10.27}$$

2）A_2 的影响

$$A_2=\frac{4\pi^2}{T_{\mathrm{th2}}^2}\left[\frac{1}{m_*n_1}\left(\frac{1-r_1}{m_*}-\sqrt{r_1r_2}\right)+\frac{1}{n_2}\left(1-r_2-\frac{\sqrt{r_1r_2}}{m_*}\right)+\frac{\sqrt{r_1r_2}}{m_*}\right] \tag{10.28}$$

取极端情况：$m_*=1/4\sim4$，$r_1=r_2=0.2$，只要 n_1 和 n_2 同时大于零，就存在 $A_2>0$，故 A_2 不是稳定的控制条件。

3）A_3 的影响

$$A_3=\frac{8\pi^3}{m_*T_{\mathrm{th2}}^3}\left[\frac{\sqrt{r_1}}{n_2}\left(1-\frac{1}{n_1}-r_2\right)+\frac{\sqrt{r_2}}{m_*n_1}\left(1-\frac{1}{n_2}-r_1\right)\right] \tag{10.29}$$

其讨论与 A_1 类似，当 $n_1\in(1/(1-r_2),\infty)$ 且 $n_2\in(1/(1-r_1),\infty)$ 时，$A_3>0$；当 $n_1\in(0,1/(1-r_2))$ 且 $n_2\in(0,1/(1-r_1))$ 时，$A_3<0$；并且 $A_3=0$ 是一簇通过$(1/(1-r_2),1/(1-r_1))$ 点的直线方程，参见图 10.13。

$$n_1=-\frac{K}{m_*}\frac{1-r_1}{1-r_2}n_2+\frac{1+\dfrac{K}{m_*}}{1-r_2} \tag{10.30}$$

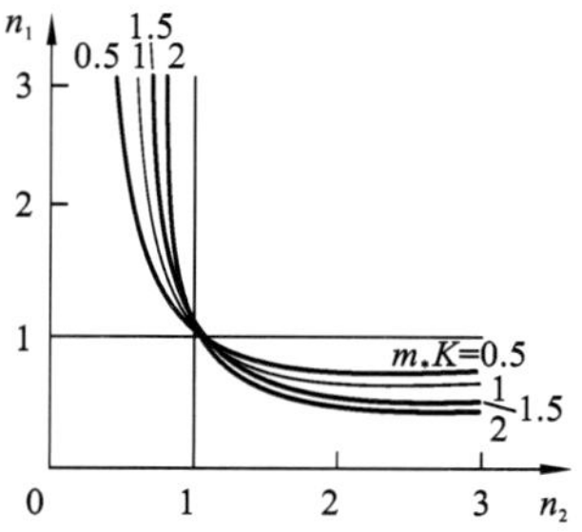

图 10.12 A_1 的影响

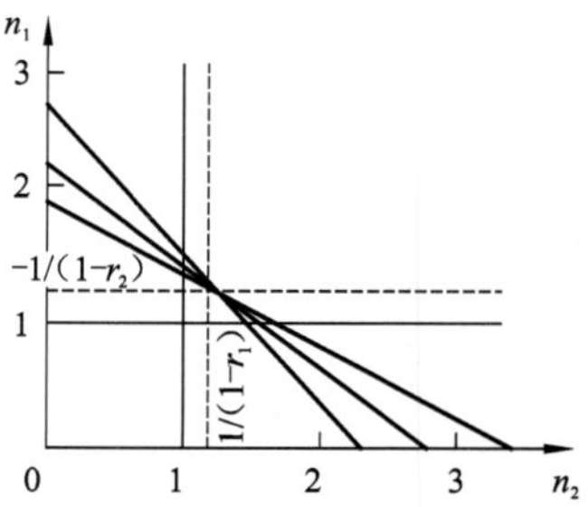

图 10.13 A_3 的影响

4）A_4 的影响

$$A_4 = \frac{16\pi^4}{n_1 n_2 m_*^2 T_{th2}^4}(1 - r_1 - r_2) \tag{10.31}$$

显然当 $r_1 = r_2 = 0 \sim 0.5$ 时，$A_4 > 0$，故 A_4 也不是稳定的控制条件。

5）$\Delta_3 = A_1 A_2 A_3 - A_1^2 A_4 - A_3^2$ 的影响

由上述讨论可知，一般情况下，A_2 和 A_4 大于零，因此当 A_1 或 A_3 中的一个小于或等于零时，$\Delta_3 < 0$；当 A_1 和 A_3 同时小于零时，Δ_3 可能大于零，但这种情况既不是稳定控制条件，也不可能在实际中出现，参见图 10.14；只有当 A_1 和 A_3 同时大于零时，$\Delta_3 \geqslant 0$；当 A_1 和 A_3 同时大于零时，$\Delta_3 = 0$。由此可见，稳定域的边界是由 $\Delta_3 = 0$ 确定的。$A_1 = 0$ 与 $A_3 = 0$ 的交点一定是稳定域边界上的点，此种点称为干涉点，参见图 10.14。

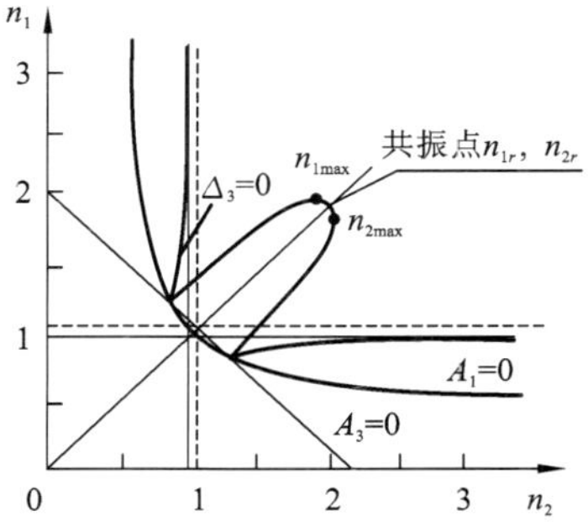

图 10.14　Δ_3 的影响

$$\Delta_3 = \frac{64\pi^6}{m_* T_{th2}^6}\left\{\left[\frac{\sqrt{r_1}}{m_*}\left(1-\frac{1}{n_1}\right)+\sqrt{r_2}\left(1-\frac{1}{n_2}\right)\right]\left[\frac{1}{m_* n_1}\left(\frac{1-r_1}{m_*}-\sqrt{r_1 r_2}\right)\right.\right.$$
$$\left.+\frac{1}{n_2}-\left(1-r_2-\frac{\sqrt{r_1 r_2}}{m_*}\right)+\frac{\sqrt{r_1 r_2}}{m_*}\right]\left[\frac{\sqrt{r_1}}{n_2}\left(1-\frac{1}{n_1}-r_2\right)+\frac{\sqrt{r_2}}{m_* n_1}\left(1-\frac{1}{n_2}-r_1\right)\right]$$
$$-\left[\frac{\sqrt{r_1}}{m_*}\left(1-\frac{1}{n_1}\right)+\sqrt{r_2}\left(1-\frac{1}{n_2}\right)\right]^2\frac{(1-r_1-r_2)}{n_1 n_2 m_*}-\frac{1}{m_*}\left[\frac{\sqrt{r_1}}{n_2}\left(1-\frac{1}{n_1}-r_2\right)+\frac{\sqrt{r_2}}{m_* n_1}\right.$$
$$\left.\left.\times\left(1-\frac{1}{n_2}-r_1\right)\right]^2\right\}=0 \tag{10.32}$$

由式(10.32)可得：当 $n_1 = 1$ 时，$n_2 \to \infty$；当 $n_2 = 1$ 时，$n_1 \to \infty$，即稳定域的边界以 $n_1 = 1$ 和 $n_2 = 1$ 为渐近线。当 n_1 和 n_2 同时为 1 时，$\Delta_3 < 0$，故稳定域不包括(1,1)点，即当上下游调压室为托马断面时，水位波动不稳定。

3. 干涉点

根据上述的定义，干涉点为 $A_1 = 0$ 与 $A_2 = 0$ 的交点，于是联立式(10.27)和式(10.30)可得

$$n_2 = \frac{\left(m_* + \frac{1}{m_*} + 2K\right) \pm \sqrt{\left(m_* + \frac{1}{m_*} + 2K\right)^2 - 4(1-r_1)\left(K + \frac{1}{m_*}\right)(K + m_*)}}{2(1-r_1)\left(K + \frac{1}{m_*}\right)} \tag{10.33}$$

$$n_1 = \frac{\left(m_* + \frac{1}{m_*} + 2K\right) \pm \sqrt{\left(m_* + \frac{1}{m_*} + 2K\right)^2 - 4(1-r_1)\left(K + \frac{1}{m_*}\right)(K + m_*)}}{-2(1-r_2)\left(\frac{1}{K} + m_*\right)} + \frac{1 + \frac{K}{m_*}}{1 - r_2} \tag{10.34}$$

令

$$\begin{aligned} q^2 &= (m^* + 1/m_* + 2K)^2 - 4(1-r_1)(K+1/m_*)(K+m_*) \\ &= m_*^2 + 1/m_*^2 + 4r_1(K+1/m_*)(m_*+K) - 2 \end{aligned} \tag{10.35}$$

当 $m_* \in (0,\infty)$ 时有 $m_*^2 + 1/m_*^2 \geqslant 2$，所以 q 总是大于零的。另外从式(10.35)可以看出，q 总是小于 $m_* + 1/m_* + 2K$ 的，除非 $r_1 \geqslant 1$(这种情况实际工程中不可能出现)，故稳定边界曲线上的干涉点是成双存在的。

4. 共振点

当上下游调压室的周期相等时，水位的波动将发生共振，故将稳定边界曲线上周期相等的点称为共振点。于是，共振条件为 $T_1 = T_2$。又因为 $T_1 = T_{\text{th1}}\sqrt{n_1}$，$T_2 = T_{\text{th2}}\sqrt{n_2}$，则共振条件具体为

$$n_2 = m_*^2 n_1 \tag{10.36}$$

将式(10.36)代入式(10.32)，整理得

$$\Delta_3 = E_0 n_1^3 + E_1 n_1^2 + E_2 n_1 + E_3 = 0 \tag{10.37}$$

式中

$$E_0 = m_*\left(\frac{X_1}{X_2} - \sqrt{r_1 r_2}\right)\frac{X_1}{X_2},\quad E_1 = -(2-r_1-r_2)\frac{X_1}{X_2} - \left(1+\frac{1}{m_*^2}\right)m_*\left(\frac{X_1}{X_2} - \sqrt{r_1 r_2}\right)\frac{X_1}{X_2}$$

$$E_2 = \frac{1-r_1-r_2}{m_*} + \left(1+\frac{1}{m_*^2}\right)\left(2\frac{X_1}{X_2} - \sqrt{r_1 r_2}\right),\quad E_3 = -\left(1+\frac{1}{m_*^2}\right)\frac{1}{m_*}$$

其中

$$X_1 = \sqrt{r_1} + m_*\sqrt{r_2},\quad X_2 = \sqrt{r_2} + m_*\sqrt{r_1}$$

式(10.37)是一元三次方程，可给出精确的解析解，但比较烦琐。为此进行数值解，改写式(10.37)，可得出

$$n_1 - \frac{1}{m_*^2} - 1 = \frac{r_1\left[(1+K^2) - \dfrac{K}{\dfrac{1+m_*K}{m_*+K} - \dfrac{1}{m_* n_1}}\right]}{m_*\left[\dfrac{1+m_*K}{m_*+K} - \dfrac{1}{m_* n_1} - Kr_1\right]} \tag{10.38}$$

在一般情况下，式(10.38)的右边是一个接近于零的微值，故得

$$n_1 - 1/m_*^2 - 1 = 0$$

即

$$(n_1 - 1)(n_2 - 1) = 1 \tag{10.39}$$

因此，共振点的轨迹曲线可近似表达为标准双曲线方程，参见图10.15。

为了精确计算共振点的大小，可将 $n_1 = 1/m_*^2 + 1$ 作为初值代入式(10.40)进行迭代计算：

$$n_{1,i+1}^* = n_{1,i}^* - \frac{E_0 n_{1,i}^3 + E_1 n_{1,i}^2 + E_2 n_{1,i} + E_3}{3E_0 n_{1i}^2 + 2E_1 n_{1,i} + E_2} \tag{10.40}$$

一般情况下，迭代一次即可。

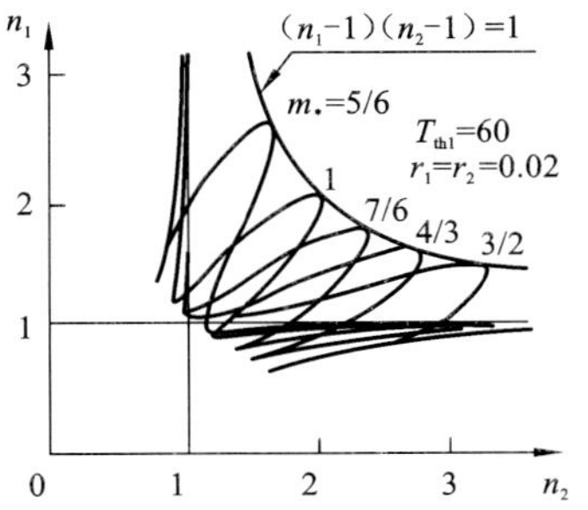

图 10.15　共振点的轨迹曲线

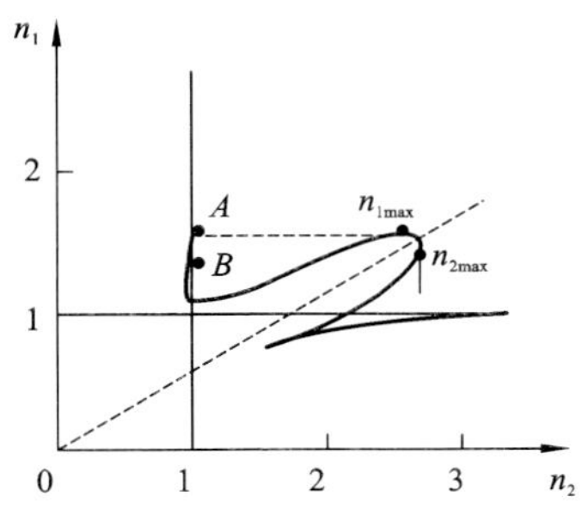

图 10.16　双调压室稳定断面选取

10.2.3　稳定断面的设计准则与要点

上面分析了上下游双调压室水位波动稳定域的变化规律，给出了两条渐近线和三个特征点。可描绘出稳定边界曲线的近似轮廓，或者由数值计算给出较为精确的稳定边界曲线。理论上，稳定边界曲线右上方的任何一点都能满足水位波动稳定性的要求，但究竟选取哪一点，即合理确定 n_1、n_2 两个放大系数来设计稳定断面是值得推敲的。

显然将此点放在干涉点的附近，n_1、n_2 之和可能最小，但裕度太小，若设计参数与实际情况稍有偏差，就可能产生不稳定的水位波动。另外，将此点放在共振点的上方，正如老调压室规范[9] 推荐的 Evangelisti 的公式那样，使上下游调压室面积偏大。

建议双调压室稳定断面设计准则是：当 $m_* \geqslant 1$ 时，选取 $n_1 = (1 \sim 1.05)n_{1\max}$，$n_2 = 1.05 \sim 1.1$ 即可；当 $m_* < 1$ 时，则选取 $n_2 = (1 \sim 1.05)n_{2\max}$，$n_1 = 1.05 \sim 1.1$，参见图 10.15，这样的选择既有较大的安全裕度，又较经济合理，若布置上要求选取 n_1 稍小于 $n_{1\max}$，即图 10.15 的 A 点移至 B 点，也是可行的，但须经电算，研究稳定边界曲线的形状，进行敏感度的分析。

依上述准则，稳定断面设计转变成如何求 $n_{1\max}$ 或 $n_{2\max}$ 的计算问题。由于 $\Delta_3 = 0$ 是高阶方程，见式(10.32)，不可能通过求极值的方法直接得出 $n_{1\max}$、$n_{2\max}$ 的解析表达式。然而仔细研究稳定域的变化规律，可发现在任何情况下，$n_{1\max}$ 和 $n_{2\max}$ 总是大于共振点的 n_{1r} 和 n_{2r}，并且其差值与相对水头损失大小有关，参见图 10.11。经与电算结果比较，发现 $n_{1\max}$ 和 $n_{2\max}$ 可近似表示为

$$n_{1\max} = \frac{n_{1r}}{1 - r_2} \tag{10.41}$$

$$n_{2\max} = \frac{n_{2r}}{1 - r_1} \tag{10.42}$$

式中，n_{1r}、n_{2r} 是共振点的数值。

综上可归纳上／下游双调压室稳定断面设计的要点如下：

(1) 上下游调压室系统水位波动的稳定边界曲线是由 Δ_3 确定的。(1,1) 点不在稳定域内，即当上下游调压室面积分别等于单独运行的托马断面时，系统的水位波动是不稳定的。

(2) 理论上导出的干涉点，其 n_1、n_2 之和可以最小，但作为稳定断面，安全裕度太小。

(3) 理论上导出的共振点 n_{1r}、n_{2r} 分别小于稳定边界曲线上的极值点 $n_{1\max}$ 和 $n_{2\max}$，并且它们之间存在式(10.41) 和式(10.42) 的近似关系。

(4) 本节提出的稳定断面设计准则，具有较大的安全裕度、经济合理的优点。计算方法简便可行，与数值计算结果相比有足够的精度，可用于工程设计。

10.3　连接管对“引水道-调压室”系统运行稳定性的影响

在抽水蓄能电站的设计中，由于水头高，上下游水库在高程上相差很大，而机组的安装高程较低，调压室底部高程与上游或下游水库高程相差很大，需要设置很高的调压室，因此常常在调压室和管道之间设置断面尺寸较小的连接管，以减少工程量。当连接管较短或断面尺寸较大时，其内水体惯性较小，在过渡过程的计算中常常不计连接管的影响。而在连接管较长的情况下，连接管内的水体惯性增加，过渡过程中连接管内动量相对于引水隧洞和压力管道内的动量所占的比重较大，需要考虑其对过渡过程的影响。文献[19]分析了大波动过程中连接管长度对调压室水位波动和水击压强的影响，得出连接管增长时调压室水位波动振幅减小，波动周期增长，水击压强增大，连接管的作用使得调压室的作用降低，透入引水洞的水击压强增大的结论。而对于连接管对小波动过渡过程的影响，相关的研究工作很少。本节将推导计入连接管水流惯性，考虑调速系统特性等条件下的调压室的稳定断面，然后分析连接管对调速系统稳定性的影响，并利用数值计算的方法分析带长连接管的调压室水电站的动态调节品质。

10.3.1　长连接管调压室稳定断面的推导

对于图 10.17 所示的长连接管调压室的输水发电系统示意图，在刚性水击假设下，其基本方程如下。

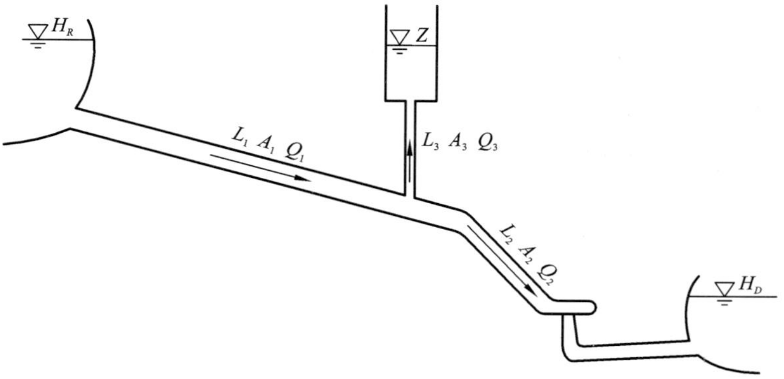

图 10.17　长连接管调压室系统示意图

调压室连续性方程：

$$F\frac{\mathrm{d}Z}{\mathrm{d}t}=Q_1-Q_2 \tag{10.43}$$

引水隧洞水流运动方程：

$$\frac{L_1}{gA_1}\frac{\mathrm{d}Q_1}{\mathrm{d}t}+\frac{L_3}{gA_3}\frac{\mathrm{d}Q_3}{\mathrm{d}t}=H_R-Z-\beta_1 Q_1|Q_1|-\beta_3 Q_3|Q_3| \tag{10.44}$$

压力管道水流运动方程：

$$H=Z-H_D-\frac{L_2}{gA_2}\frac{\mathrm{d}Q_2}{\mathrm{d}t}-\beta_2 Q_2|Q_2|+\frac{L_3}{gA_3}\frac{\mathrm{d}Q_3}{\mathrm{d}t}+\beta_3 Q_3|Q_3| \tag{10.45}$$

令 $Z=Z_0+\Delta Z, Q_1=Q_0+\Delta Q_1, Q_2=Q_0+\Delta Q_2, \Delta Q_3=\Delta Q_1-\Delta Q_2, H=H_0+\Delta H$，代入式(10.43)～式(10.45)，消去其中的稳态量，忽略高阶小量项，引入变量相对表达式，令 $z=\frac{\Delta Z}{H_0}, h=\frac{\Delta H}{H_0}, q_T=\frac{\Delta Q_1}{Q_0}, q_P=\frac{\Delta Q_2}{Q_0}$，并令 $h_{f_1}=\beta_1 Q_0|Q_0|, h_{f_2}=\beta_2 Q_0|Q_0|$，引入无量纲参数 k_1、k_2，引水隧洞水流时间常数 T_{wy}，压力钢管水流加速时间常数 T_{wt}，调压室水流加速时间常数 T_3，调压室积分时间常数 T_g，表示如下：

$$k_1=\frac{2h_{f1}}{H_0},\quad k_2=\frac{2h_{f2}}{H_0},\quad T_{wy}=\frac{L_1 Q_0}{gA_1 H_0},\quad T_{wt}=\frac{L_2 Q_0}{gA_2 H_0},\quad T_3=\frac{L_3 Q_0}{gA_3 H_0},\quad T_g=\frac{FH_0}{Q_0} \tag{10.46}$$

最终整理可得

$$T_g\frac{\mathrm{d}z}{\mathrm{d}t}=q_T-q_P \tag{10.47}$$

$$(T_{wy}+T_3)\frac{\mathrm{d}q_T}{\mathrm{d}t}-T_3\frac{\mathrm{d}q_P}{\mathrm{d}t}=-z-k_1 q_T \tag{10.48}$$

$$h=z-(T_{wt}+T_3)\frac{\mathrm{d}q_P}{\mathrm{d}t}+T_3\frac{\mathrm{d}q_T}{\mathrm{d}t}-k_2 q_P \tag{10.49}$$

将式(10.47)～式(10.49)进行拉普拉斯变换，消去变量 z 和 q_T 得到压力管道引用流量与水轮机有效水头之间的传递函数[20]：

$$h=-\left(\frac{(T_{wy}T_gT_{wt}+T_3T_gT_{wt}+T_3T_{wy}T_g)s^3+[(k_1+k_2)T_3T_g+k_1T_gT_{wt}+k_2T_{wy}T_g]s^2}{(T_{wy}T_g+T_3T_g)s^2+k_1T_gs+1}+\frac{[T_{wt}+T_{wy}+k_1k_2T_g]s+(k_1+k_2)}{(T_{wy}T_g+T_3T_g)s^2+k_1T_gs+1}\right)q_p \tag{10.50}$$

水轮机相对出力 p、相对流量 q、相对水头 h、相对开度 y 之间的关系式：

$$p=(1+e_q)q+(1+e_h)h \tag{10.51}$$

$$q=0.5h+y \tag{10.52}$$

机组转速对水轮机出力的传递函数：

$$\frac{n(s)}{p(s)}=\frac{1}{T_as+e_n} \tag{10.53}$$

水轮机导叶相对开度值与转速偏差之间的传递函数：

$$G_R(s)=\frac{y(s)}{n_{\mathrm{ref}}(s)-n(s)}=\frac{T_ds+1}{b_tT_ds} \tag{10.54}$$

以上各式中，F 为调压室面积，Z 为调压室水位，向上为正，H_R 为上库水位，H_D 为下库水位，H 为水轮机工作净水头，L_1 为引水隧洞长度，L_2 为压力管道长度，L_3 为调压室连接管长度，Q_1 为引水隧洞流量，Q_2 为压力管道流量，Q_3 为调压室连接管流量，β_1 为引水隧洞水头损失系数，β_2 为压力管道水头损失系数，β_3 为调压室连接管水头损失系数，e_q 为相对效率对相对流量的变化率，e_h 为相对效率对相对水头的变化率，y 为导叶相对开度，T_a 为机组惯性时间常数，e_n 为发电机自调系数，$y(s)$ 为导叶相对开度的拉普拉斯变换，$n_{\text{ref}}(s)$ 为转速给定相对值的拉普拉斯变换，$n(s)$ 为转速的拉普拉斯变换，b_t 为暂态转差系数，T_d 为缓冲时间常数。

应用刚性水击理论，认为压力钢管流量与水轮机流量相等，即 $q_p = q$。联立式(10.50)～式(10.53)，可得到输水发电系统的开环传递函数，在此基础上代入式(10.54)，可求得水轮机调节系统闭环传递函数，进而可得该系统的特征方程，即

$$C_5 s^5 + C_4 s^4 + C_3 s^3 + C_2 s^2 + C_1 s + C_0 = 0 \tag{10.55}$$

式中

$$C_5 = Ab_t T_a T_d$$

$$C_4 = (B+2D)b_t T_a T_d + Ab_t T_d e_g - 2AT_d(1+e_h)$$

$$C_3 = (C+2k_1)b_t T_a T_d + (B+2D)b_t T_d e_g + 2DT_d(1+e_q) - 2(A+BT_d)(1+e_h)$$

$$C_2 = (2+k_1+k_2)b_t T_a T_d + (2k_1 T_g + C)b_t T_d e_g + 2(D+k_1 T_d T_g)(1+e_q) - 2(B+CT_d)(1+e_h)$$

$$C_1 = (2+k_1+k_2)b_t T_d e_g + 2k_1 T_g(1+e_q) - 2(C-k_1 T_d - k_2 T_d)(1+e_h)$$

$$C_0 = 2(1+e_q) - 2(k_1+k_2)(1+e_h)$$

其中

$$A = T_{wy} T_g T_{wt} + T_3 T_g T_{wt} + T_3 T_{wy} T_g,\quad B = k_1 T_3 T_g + k_2 T_3 T_g + k_1 T_g T_{wt} + k_2 T_{wy} T_g$$

$$C = k_1 k_2 T_g + T_{wy} + T_{wt},\quad D = T_{wy} T_g + T_3 T_g$$

根据 Routh-Hurwitz 稳定判据，系统稳定的充分必要条件为

$$C_i \geqslant 0,\quad i = 0,1,2,3,4,5$$

且各阶 Hurwitz 行列式大于零，即

$$\Delta_i \geqslant 0,\quad i = 2,3,4$$

以下借用某电站的基本资料，根据以上推导，计算分析连接管内的水流惯性对调速系统稳定性的影响。该电站一洞三机，设有上游调压室，引水隧洞长 1 450 m，面积 $A = 56.74\ \text{m}^2$；压力主管长 455 m，面积 $44.17\ \text{m}^2$；压力支管长 57～75 m，面积 $13.85\ \text{m}^2$；连接管直径 4 m；初始工作流量 $Q_1 = 63.82\ \text{m}^3/\text{s}$，水轮机工作水头 506 m，通过改变连接管的长度(30～210 m)，根据 Routh-Hurwitz 稳定判据计算稳定断面并绘制稳定域曲线。

图 10.18 是不同连接管长度下的稳定点面积 F_{th}(稳定点面积的定义为：对于给定的一组调速器参数和连接管水流惯性，使得满足 Routh-Hurwitz 稳定判据所需要的最小调压室面积)；图 10.19 则是根据不同连接管长度稳定域统计得到的有效域面积 F_{thy}(有效域面积的定义为：对于给定的连接管长度，使得稳定域达到最大时对应的最小调压室面积)；图 10.20 和图 10.21 则是在连接管长度较短和较长时不同调压室面积的稳定域曲线；图 10.22 和图 10.23 是调压室面积较小和较大时不同长度连接管的稳定域曲线。

分析计算结果可知：

(1) 图 10.18 表明，连接管内的水流惯性和调速器参数都会明显地影响调压室的稳定面积，连接管长度越长，调速器参数越大，所需要的稳定面积就越小，也就是当调压室面积较小以致不能满足满定条件时，增加连接管的长度有利于调速系统的稳定。

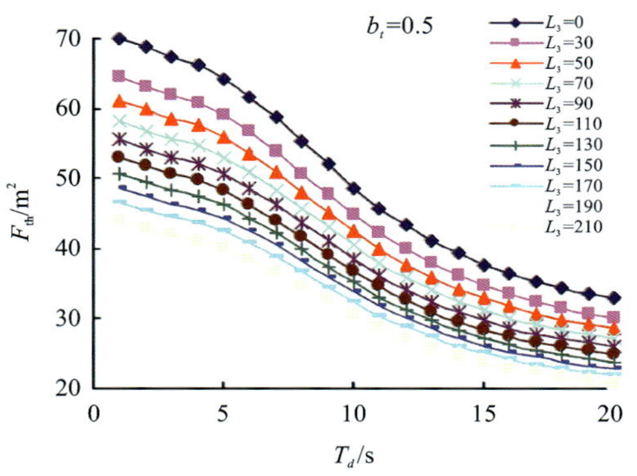

图10.18　连接管长度对调压室稳定面积的影响

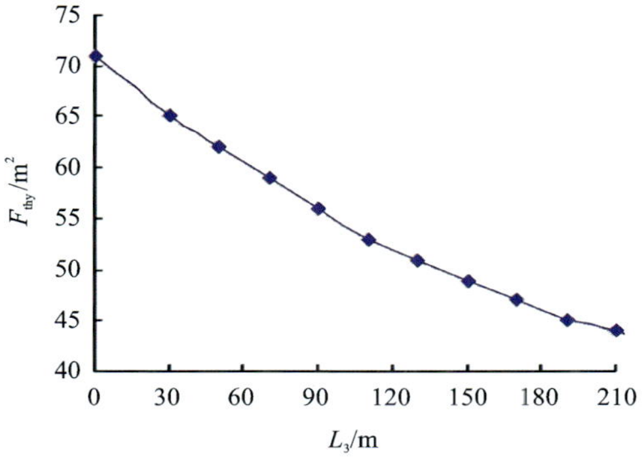

图 10.19　有效域面积随连接管长度变化曲线

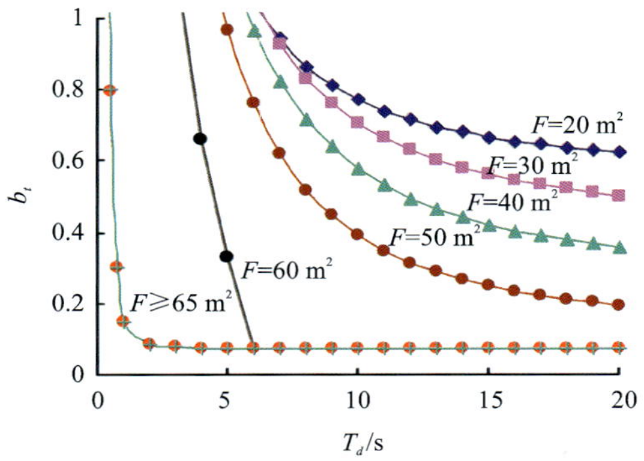

图 10.20　L_3 = 20 m 时的稳定域曲线

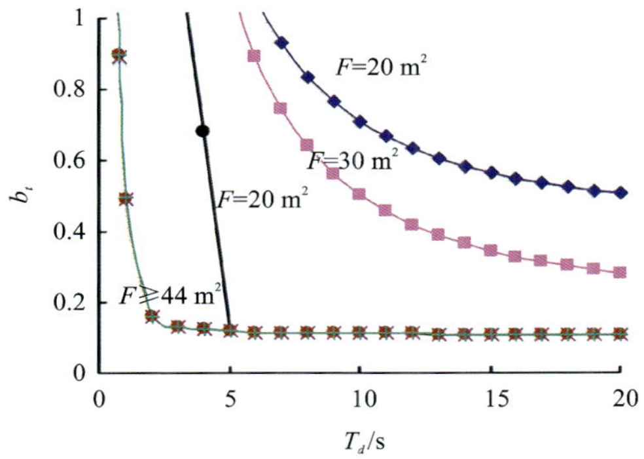

图 10.21　L_3 = 210 m 时的稳定域曲线

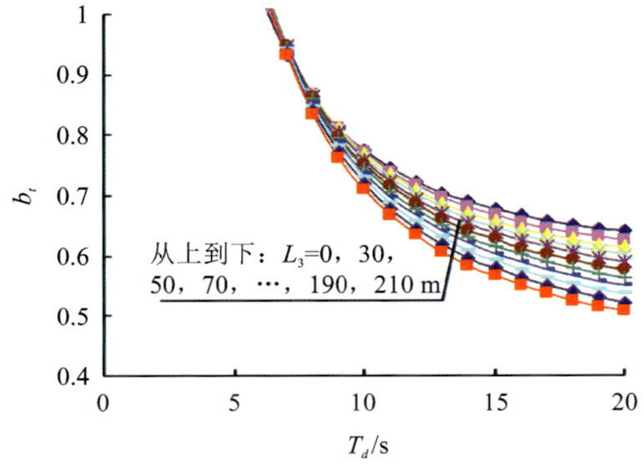

图 10.22　F = 20 m^2 时的稳定域曲线

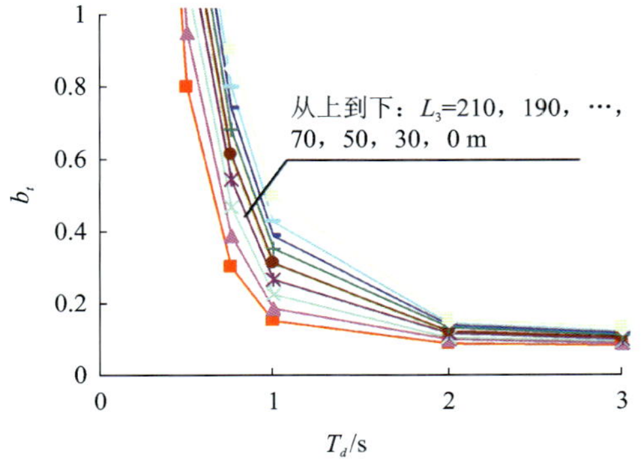

图 10.23　F = 70 m^2 时的稳定域曲线

(2) 图 10.20 和图 10.21 分别是连接管长度取 20 m 和 210 m 时不同调压室面积的稳定域，从图中可以看出，当连接管长度一定时，在一定范围内增大调压室的面积可以增加稳定域，但当调压室室的面积增大到某一临界值时，稳定域就会达到最大值，继续增加调压室面积也不会使稳定域增加，此处的临界值就是上面所说的有效域面积。而对比图 10.20 和图 10.21 则发现，当连接管的长度越大时，连接管内的水流惯性就会越大，就会明显地限制调压室的作用，因此有效域面积就会越小。图 10.19 反映的就是不同连接管长度的有效域面积，由图可知，连接管长度越长，有效域面积就越小。

(3) 图 10.22 和图 10.23 分别是调压室面积取 20 m^2 和 70 m^2 时的稳定域。从图 10.22 中可以看出，当调压室面积很小时，需要很大的调速器参数才能达到稳定，增加连接管的长度能使稳定域扩大；在调压室面积很大时，需要较小的调速器参数就能达到稳定，而增加连接管的长度反而会减小稳定域。而调压室面积较大时，其本身就有利于系统稳定性，若增大连接管内的水流惯性会减小调压室作用的发挥。

10.3.2　动态调节品质分析

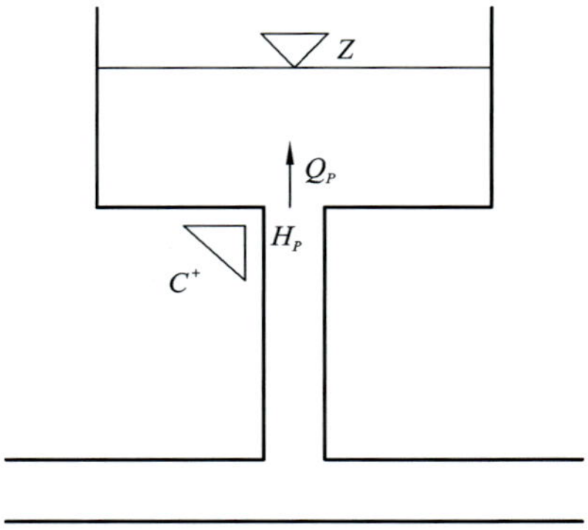

图 10.24　边界条件示意图

运用特征线法对设有调压室的输水发电系统的小波动过渡过程进行求解。管道采用特性线法求解，调压室的连接管考虑水流重力分量项——$V\sin\alpha$ 的影响，采用并联 PID 型调速器数学模型，连接管、引水管道和压力管道的连接处视为岔管，且不计岔管水头损失，并将调压室连接管管道化。连接管与调压室大井衔接处的边界条件如下：

$$Z = H_P + ZZ_2 - \zeta Q_P |Q_P| \qquad (10.56)$$

$$Z = Z_{-\Delta t} + \frac{Q_P + Q_{P-\Delta t}}{2}\frac{\Delta t}{F} \qquad (10.57)$$

$$Q_P = Q_{CP} - C_{QP} H_P \qquad (10.58)$$

式中，H_P 是以下游水位为基准的测压管水头；Q_P 是流量；Z 和 F 是调压室的水位和面积；ZZ_2 为测压管相对高程；ζ 是阻抗孔损失系数；Q_{CP} 和 C_{QP} 是特征线法系数。

输水发电系统的管道参数与上述稳定域计算相同，小波动过渡过程计算工况为同一水力单元三台机组突减 5% 所带负荷。图 10.25 和图 10.26 分别是调压室面积为 40 m^2 不同连接管长度的调压室涌浪水位和机组转速波动图。图 10.27 和图 10.28 分别是调压室最高涌浪水位随连接管长度和调速器参数的变化图。图 10.29 和图 10.30 分别是调压室涌浪衰减度和周期随调速器参数变化图。

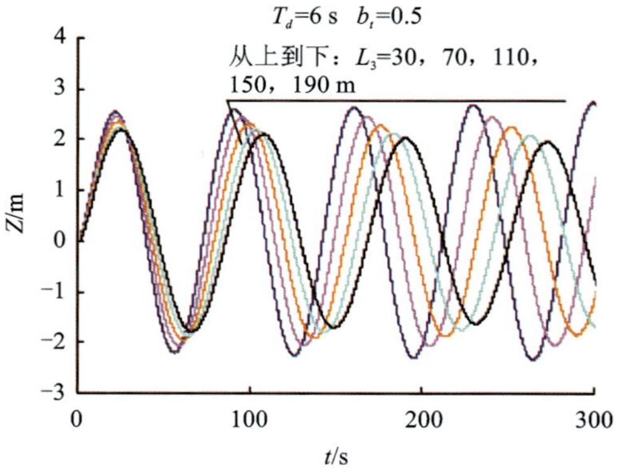

图 10.25　调压室涌浪水位波动过程线

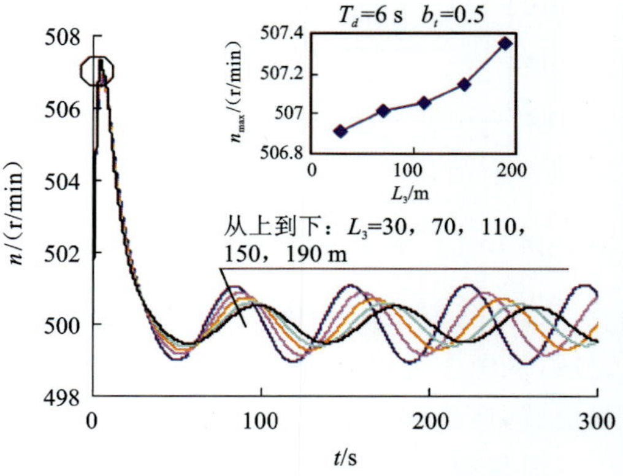

图 10.26　机组转速波动过程线

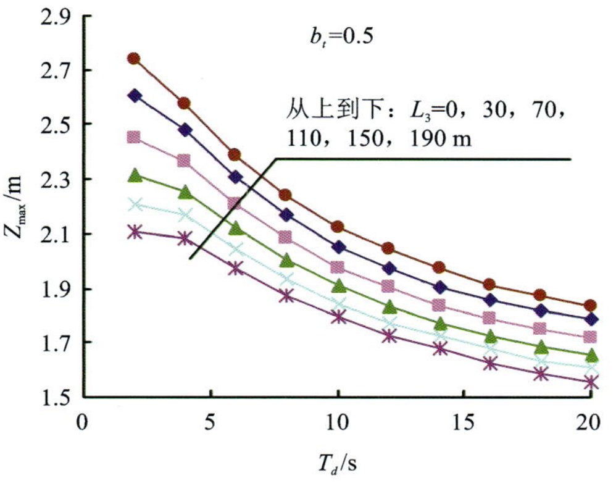

图 10.27　调压室最高涌浪随 T_d 变化曲线

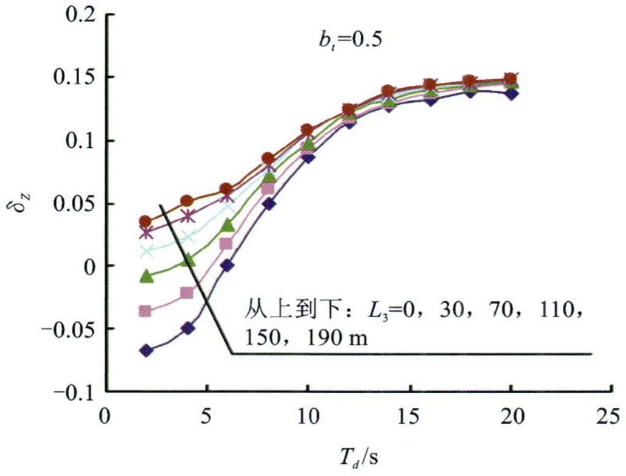

图 10.28　调压室涌浪衰减度随 T_d 变化曲线

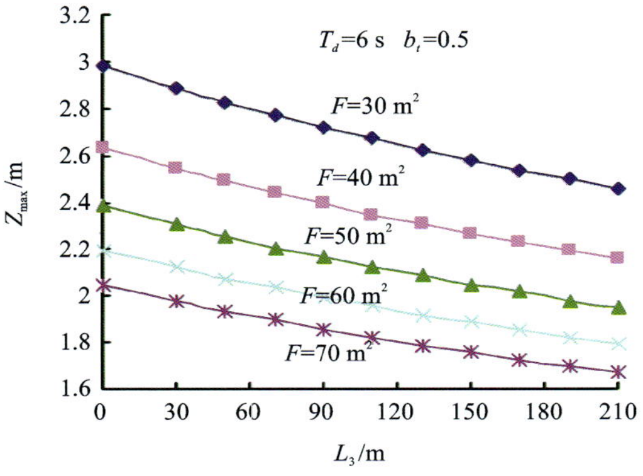

图 10.29　调压室最高涌浪随 L_3 变化曲线

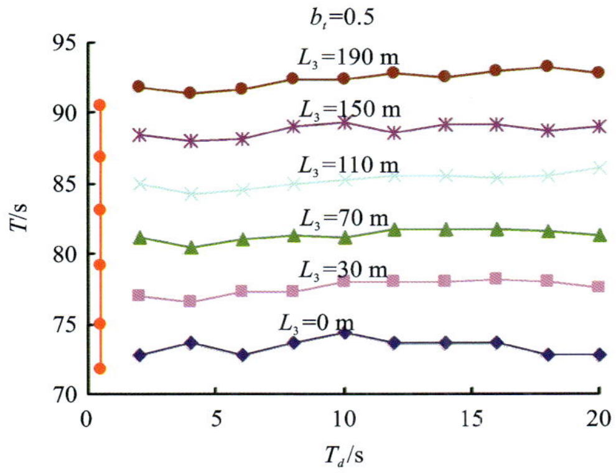

图 10.30　调压室波动周期随 T_d 变化曲线

分析计算结果可知：

（1）图 10.25 和图 10.26 表明：增加连接管的长度有利于小波动的稳定，当调压室面积取得较小以至在不计连接管水流惯性时波动是发散的，逐渐的增加连接管长度并计入连接管的水流惯性可以使波动进入到收敛状态，但此时调压室水位和机组转速波动均缓慢衰减，即增大连接管的水流惯性可以提高小波动过渡过程稳定性。另外，从图 10.26 可以看出，增加连接管长度会使机组转速波动的主波幅值增加，这是因为压力管道内的水流惯性决定了机组频率波动的主波过程。从式(10.55)的系数表达式可知，与不考虑连接管水流惯性相比，考虑时水流惯性项 T_3 与压力管道水流惯性 T_{wt} 相乘积，说明连接管水流惯性会等效地增加压力管道的水流惯性，从而引起机组频率波动主波峰值的增加。

（2）图 10.27 和图 10.28 表明，调压室面积，调速器参数，连接管水流惯性共同影响调压室涌浪水位的最大幅值。调速器参数、调压室面积和连接管水流惯性越小，调压室涌浪水位幅值越大。进出调压室水流需要克服连接管内的水流惯性阻力，惯性越大，水流进出越难，调压室涌浪水位幅值越小。

（3）图 10.29 和图 10.30 表明，连接管越长，调压室水位波动衰减越快，连接管的作用相当于增加了调压室阻抗损失。而机组转速尾波的波动主要受调压室涌浪波动的影响，连接管越长，调压室水位波动衰减越快，有利于机组转速波动的快速收敛，即有利于提高小波动的调节品质。

调速器参数对调压室涌浪水位波动周期的影响很小，主要是受调压室面积和连接管长度的影响。连接管越长，增加系统内水流波动的路径，调压室涌浪水位波动周期就会增长。若不计调速器参数和管道水头损失，其周期为 $T=2\pi\sqrt{\frac{L_1F}{gA_1}+\frac{L_3F}{gA_3}}$，用该式计算得到的调压室涌浪水位波动周期见图 10.30 中左边的红点，比数值计算的周期稍小，且两者相差很小。

(4) 稳定域分析结果并不能和数值计算结果一一对应，其原因是稳定域分析中忽略了太多的因素，如水轮机特性曲线等。而数值模拟中考虑因素较全面，所以稳定域分析不能稳定的工况在数值模拟中也可能稳定。

最后以某工程实例予以进一步证明。某抽水蓄能电站装机 4×300 MW，引水系统为一洞四机，尾水系统为四机一调一洞的布置方式，下游调压室面积 201.06 m^2，各部分的管道参数如表 10.10 所示。在上游库水位 782 m、下游库水位 416.64 m 的条件下运行时，单机引用流量 80.3 m^3/s，水轮机出力为 252 MW。四台机组同时突减 10% 额定负荷的小波动工况计算结果如表 10.11 所示。

表 10.10　引水系统参数

	引水主洞	高压主管	引水支管	尾水支管	尾水主管	连接管	尾水主洞
长度/m	835	75	125～165	114～122	23	56	870
直径/m	10.4	9.0	4.2	5.1	10.4	6.0	10.4

表 10.11　小波动计算结果

	最大转速/(r/min)	调节时间/s	振荡次数/次	衰减度	最高涌浪/m	最低涌浪/m
不计连接管	389.95	57.6	1.0	0.95	419.51	414.66
计入连接管	390.50	23.2	0.5	0.97	419.38	414.87

结果表明：当计入连接管水流惯性时，机组最大转速略有升高，但转速波动衰减度增加，调节时间大大减短，即在较短时间内进入 0.2% 的转速带宽。

参考文献

[1] 梅祖彦. 抽水蓄能发电技术. 北京：机械工业出版社，2000.
[2] 张师华. 抽水蓄能电站的水力过渡过程. 武汉：华中理工大学出版社，1994.
[3] 沈祖诒. 水轮机调节. 3 版. 北京：中国水利电力出版社，1997.
[4] 刘启钊. 水电站. 3 版. 北京：中国水利电力出版社，1980.
[5] 秋元德三. 水击与压力脉动. 支培法，徐关泉，严亚芳，译. 北京：电力工业出版社，1981.
[6] 郭文成，杨建东，杨威嘉，等. 抽水蓄能电站上游调压室设置条件的探讨. 水力发电学报，2014，33(4)：170-177.
[7] 中华人民共和国国家发展和改革委员会. 水力发电厂机电设计规范(DL/T 5186—2004). 北京：中国电力出版社，2004.

[8] 荀东明，江泽沐，易忠有，等. 关于高水头抽水蓄能电站过渡过程中压力上升率控制标准的探讨 // 抽水蓄能电站工程建设论文集 2011. 北京：中国电力出版社，2011：141-144.

[9] 中华人民共和国电力工业部. DL/T5058-1996 水电站调压室设计规范. 北京：中国电力出版社，1997.

[10] 刘启钊，彭守拙. 水电站调压室. 北京：水利电力出版社，1995.

[11] Zhao G，Yang J，Xu Y，et al. Research on the condition to set a tailrace surge tank. Journal of Hydrodynamics，2004(16)：486-491.

[12] 张健，索丽生. 抽水蓄能电站尾调设置与水力过渡过程研究. 水电能源科学，2008，26(3)：83-87，132.

[13] 肖贡元. 日本抽水蓄能电站技术的新进展. 水利水电科技进展，2003，23(1)：61-65.

[14] 邱彬如. 世界抽水蓄能电站新发展. 北京：中国电力出版社，2005.

[15] 鲍海艳. 水电站调压室设置条件及运行控制研究. 武汉：武汉大学，2010.

[16] C. 耶格尔. 水力不稳定流. 王树人，等，译. 大连：大连工学院出版社，1987.

[17] 刘启钊，顾美楠. 上下游三调压室混联系统的水力计算研究. 水力发电学报，1989(2)：51-63.

[18] 杨建东，陈鉴治，赖旭. 上、下游双调压室系统水位波动稳定分析. 水利学报，1993(7)：50-56.

[19] 程永光，陈鉴治. 连接管长度对调压井水位波动和水锤压力的影响. 水利学报，2003(5)：46-51.

[20] 王超，杨建东. 连接管长度对调压室稳定面积和小波动调节品质的影响. 水力发电学报，2015，34(1)：93-98.

符 号 说 明

符号	名称
A_i	在进行上游调压室设置条件判别时，A_i 为上库至蜗壳末端之间管段 i 的面积，m^2；在进行下游调压室设置条件判别时，A_i 为尾水管进口至下库之间管段 i 的面积，m^2；下标 $i=0,1,\cdots,4$，上、下游双调压室系统水位波动四阶微分方程系数
a_i	下标 $i=1,2$，推导上、下游双调压室系统水位波动四阶微分方程时的中间系数
b_i	下标 $i=1,2$，推导上、下游双调压室系统水位波动四阶微分方程时的中间系数
c_i	下标 $i=1,2$，推导上、下游双调压室系统水位波动四阶微分方程时的中间系数
d_i	下标 $i=1,2$，推导上、下游双调压室系统水位波动四阶微分方程时的中间系数
b_t	暂态转差系数
C_i	下标 $i=0,1,\cdots,5$，推导带有长连接管调压室的水轮机调节系统特征方程的系数
C_{QP}	特征线法系数(对应于连接管与大井连接处)
c	水击波波速，m/s
D_1	转轮进口直径，m
E_i	下标 $i=0,1,\cdots,3$，上、下游调压室共振条件一元三次方程系数
e_h	水轮机相对效率对相对水头的变化率
e_n	发电机自调节系数
e_q	水轮机相对效率对相对流量的变化率
F	调压室面积，m^2
F_1	上游调压室面积，m^2
F_2	下游调压室面积，m^2
F_{th}	调压室稳定断面积，m^2
F_{thy}	调压室有效域面积，m^2
F_{thi}	下标 $i=1,2$，上、下游调压室单独运行的稳定断面，m^2
f_1	引水隧洞面积，m^2
f_2	尾水隧洞面积，m^2
GD^2	机组飞轮力矩，$t\cdot m^2$
g	重力加速度，m/s^2

H	机组工作水头，m
H_0	水轮机初始工作水头，m；上、下库水位差，m
H'_1	发电最小净水头，即对应上下游最小水位差、机组发出最大输出功率时的净水头，m
H_D	下库水位，m
H_n	机组转速达到最大时对应的水轮机水头，m
H_n^0	H_n 迭代计算中的中间量，m
H_P	以下游水位为基准的调压室长连接管末端（对应于连接管与大井连接处）的测压管水头，m
H_R	上库水位，m
H_s	吸出高度，m
h	水轮机相对水头
h_1	引水隧洞通过流量 Q_1 时的水头损失，m
h_{10}	引水隧洞通过流量 Q_{10} 时的水头损失，m
h_2	尾水隧洞通过流量 Q_1 时的水头损失，m
h_{20}	尾水隧洞通过流量 Q_{10} 时的水头损失，m
h_{m0}	压力管道通过流量为 Q_{10} 时的水头损失，m
h_m	压力管道通过流量为 Q_1 时的水头损失，m
J	机组转动部分的转动惯量，$kg \cdot m^2$
K	水流脉动压强和流速不均匀分布的修正系数
K^2	上、下游调压室相对水头损失比
k_1	引水隧洞流速不均匀分布的修正系数；引水隧洞相对水头损失
k_2	尾水隧洞流速不均匀分布的修正系数；压力管道相对水头损失
L	在进行上游调压室设置条件判别时，L 为上库至蜗壳末端之间各管段管长之和，m；在进行下游调压室设置条件判别时，L 为尾水管进口至下库之间各管段管长之和，m
L_1	引水隧洞长度，m
L_2	尾水隧洞长度，m；压力管道长度，m
L_3	调压室连接管长度，m
L_{w1}	一相水击时的尾水道极限长度，m
L_{wm}	末相水击时的尾水道极限长度，m
l_i	在进行上游调压室设置条件判别时，l_i 为上库至蜗壳末端之间管段 i 的长度，m；在进行下游调压室设置条件判别时，l_i 为尾水管进口至下库之间管段 i 的长度，m
M_g	发电机负荷阻力矩，$N \cdot m$
M_t	水轮机动力矩，$N \cdot m$

m_g	发电机负载力矩偏差相对值
m_*	上、下游调压室托马周期比
N	水轮机出力，MW
N'	水轮机相对出力
N_0	水轮机初始出力，MW
n	机组转速，r/min
n_0	机组额定转速，r/min
n_i	下标 $i=1,2$，上、下游调压室断面放大系数
$n_{i\max}$	下标 $i=1,2$，上、下游调压室稳定断面边界线上断面放大系数最大点
n_{ir}	下标 $i=1,2$，上、下游调压室水位波动发生共振时的断面放大系数
$n_{\max}$	机组最大转速，r/min
n_{ref}	转速给定值，r/min
n'_1	单位转速，r/min
n'_{1n}	机组转速达到最大时对应的单位转速，r/min
p_0	相对水头损失
p_{01}	上游相对水头损失
p_{02}	下游相对水头损失
Q_0	初始时刻机组引用流量，m^3/s
Q_{0i}	在进行上游调压室设置条件判别时，Q_{0i} 为上库至蜗壳末端之间管段 i 的初始流量，m^3/s；在进行下游调压室设置条件判别时，Q_{0i} 为尾水管进口至下库之间管段 i 的初始流量，m^3/s
Q_1	机组引用流量，m^3/s；引水隧洞流量，m^3/s
Q_{10}	初始时刻机组引用流量，m^3/s
Q_2	压力管道流量，m^3/s
Q_3	调压室连接管流量，m^3/s
Q_{CP}	特征线法系数(对应于连接管与大井连接处)
$Q_{\min}$	流量最小值，m^3/s
Q_n	T_n 时刻机组引用流量，m^3/s
Q_{ni}	在进行上游调压室设置条件判别时，Q_{ni} 为上库至蜗壳末端之间管段 i 在 T_n 时刻流量，m^3/s；在进行下游调压室设置条件判别时，Q_{ni} 为尾水管进口至下库之间管段 i 在 T_n 时刻流量，m^3/s
Q_t	机组引用流量，m^3/s
Q_P	由调压室长连接管进入大井的流量，m^3/s
$Q_{P-\Delta t}$	前一时刻由调压室长连接管进入大井的流量，m^3/s
Q'_1	单位流量，m^3/s

Q'_{1n}	机组转速达到最大时对应的单位流量，m^3/s
p	水轮机相对出力
q	水轮机相对流量
q_T	引水隧洞的相对流量
q_P	压力管道的相对流量
r_i	下标 $i=1,2$，上、下游调压室断面相对水头损失系数
s	拉普拉斯算子
T	导叶直线关闭时间，s；调压室水位波动周期，s
T'	流量平缓段持续时间，s
T_i	下标 $i=1,2$，上、下游调压室实际水位波动周期，s
T_3	调压室水流惯性时间常数，s
T_a	机组惯性时间常数，s
T_d	缓冲装置时间常数，s
T_g	调压室积分时间常数，s
T_n	转速上升时间，s
T_s	流量有效减小时间，s
T_s^*	连接点 $(0,Q_0)$ 与 $(T_z,Q_{\min})$ 与时间轴的交点，s
$T_{\text{th}i}$	下标 $i=1,2$，上、下游调压室稳定断面对应的托马周期，s
T_w	在进行上游调压室设置条件判别时，T_w 为上库至蜗壳末端之间水流惯性时间常数，s；系统内设置调压室后，T_w 为压力管道水流惯性时间常数，s
$[T_w]$	T_w 的允许值，s
T_{ws}	压力尾水道（尾水管进口至下库）水流惯性时间常数，s
T_{wt}	压力管道水流惯性时间常数，s
T_{wy}	引水隧洞水流惯性时间常数，s
T_z	机组引用流量由初始值 Q_0 减小至 $Q_{\min}$ 的时间，s
t	时间，s
t_r	在进行上游调压室设置条件判别时，t_r 为上库至蜗壳末端之间水击波相长，s；在进行下游调压室设置条件判别时，t_r 为尾水管进口至下库之间水击波相长，s
Δt	时间步长，s
V_0	在进行上游调压室设置条件判别时，V_0 为上库至蜗壳末端之间各管段初始当量流速，m/s；在进行下游调压室设置条件判别时，V_0 为尾水管进口至下库之间各管段当量流速，m/s
V_1	引水隧洞中的流速，m/s
V_i	尾水隧洞中的流速，m/s

V_n	在进行上游调压室设置条件判别时，V_n 为上库至蜗壳末端之间各管段在 T_n 时刻当量流速，m/s；在进行下游调压室设置条件判别时，V_n 为尾水管进口至下库之间各管段在 T_n 时刻当量流速，m/s
V_{w0}	稳定运行时压力尾水道中的平均流速，m/s
V_{wj}	尾水管进口处的平均流速，m/s
y	导叶相对开度
Z	调压室水位，向上为正，m
$Z_{-\Delta t}$	前一时刻的调压室水位，m
Z_1	以上库水位为基准(向下为正)，上游调压室瞬时水位与静水位的差值，m
Z_2	以下库水位为基准(向上为正)，下游调压室瞬时水位与静水位的差值，m
$Z_{\max}$	调压室最高涌浪水位，m
ZZ_2	下库水位，m
ΔZ	调压室水位变化值，m
z	调压室水位相对值
α	导叶相对开度
α_0	初始时刻对应的导叶相对开度
α_n	T_n 时刻对应的导叶相对开度
α_n^0	y_n 迭代计算中的中间量
α_i'	下标 $i=1,2$，上、下游调压室单独运行时水库至调压室损失系数
β_1	引水隧洞水头损失系数
β_2	尾水隧洞水头损失系数
β_3	调压室连接管水头损失系数
δ_Z	调压室涌浪水位衰减度
ε	误差限
ρ	在进行上游调压室设置条件判别时，ρ 为上库至蜗壳末端之间管道特征系数；在进行下游调压室设置条件判别时，ρ 为尾水管进口至下库之间管道特征系数
ρ_e	上库至蜗壳末端间管道特征系数
ρ_e'	尾水管进口至下库之间管道特征系数
σ	在进行上游调压室设置条件判别时，σ 为上库至蜗壳末端之间管道特征系数；在进行下游调压室设置条件判别时，σ 为尾水管进口至下库之间管道特征系数；系统衰减系数
σ_e	上库至蜗壳末端间的管道特征系数
σ_e'	尾水管进口至下库之间管道特征系数
ω	机组旋转角速度，rad/s；系统阻尼振荡角频率，rad/s
ω_0	机组额定角速度，rad/s

ω_{max}	机组最大角速度,rad/s
ζ	调压室阻抗损失系数
ξ	水击压强相对值
ξ_{max}	允许水击压强相对值
ξ_{T_n}	T_n 时刻对应的水击压强相对值
∇	机组安装高程,m

第 11 章　抽水蓄能机组过渡过程模型试验

模型试验和数值计算是开展科学研究、工程应用必不可少的两种相辅相成的研究手段，模型试验不仅能验证理论分析和数值计算结果的可靠性与精确性，而且能观测、揭示物理现象的内在规律，促进理论分析和数值计算的发展。因此，开展模型试验无论在理论上还是工程上都有着重要的验证与参考作用。

抽水蓄能机组为了满足电网的需求，不仅需要在不同工况间快速转换，而且有可能遭遇机组相继甩负荷、水泵同时断电等危及机组安全的极端工况。目前对该问题的研究主要采用数值模拟方法，而原型试验具有高风险难以开展。因此，采用模型试验方法开展抽水蓄能机组过渡过程研究是必要的。本章拟从模型试验设计、模型试验装置、模型试验结果三方面介绍武汉大学“水电站过渡过程与控制”课题组已开展的研究工作。

11.1　模型试验设计

相似律是模型试验的依据。抽水蓄能机组过渡过程是水流、机械、电气（简称为水机电）相互耦合的复杂的动态过程，需要依据水机电三方面的数学模型推导相应的模型相似律，以满足原型与模型之间的换算[1,2]。

11.1.1　输水管道系统模型相似率

输水管道系统中的水流动态特性是比较复杂的，若采用弹性水锤理论进行描述[3]，由质量守恒定律可得连续性方程为[3]

$$V\frac{\partial H}{\partial x}+\frac{\partial H}{\partial t}+\frac{a^2}{g}\frac{\partial V}{\partial x}+\frac{a^2}{g}\frac{V}{A}\frac{\partial A}{\partial x}-\sin\theta V=0 \tag{11.1}$$

由牛顿第二定律得动量方程为

$$g\frac{\partial H}{\partial x}+V\frac{\partial V}{\partial x}+\frac{\partial V}{\partial t}+\frac{\lambda}{2d}V^2=0 \tag{11.2}$$

式中，x 为从任意起点开始的沿管轴的坐标距离；θ 为管道各断面形心的连线与水平面所成的夹角；A 为面积；λ 为达西・维斯巴赫摩阻系数；d 为管道直径；a 为波速；H 为压强水头；V 为断面流速。对于非棱柱体管道，面积 A 是 x 的函数，因此式(11.1)中$\frac{\partial A}{\partial x}\neq 0$；对于棱柱体管道，式(11.1)中$\frac{\partial A}{\partial x}=0$。

为了保证模型和原型水流状况相似，式(11.1)和式(11.2)的各项原型与模型之比必须分别相等。将方程中各物理量引进相似比尺进行量纲分析，得到如下方程：

$$\alpha_V\frac{\alpha_H}{\alpha_l}V\frac{\partial H}{\partial x}+\frac{\alpha_H}{\alpha_t}\frac{\partial H}{\partial t}+\frac{\alpha_a^2}{\alpha_g}\frac{\alpha_V}{\alpha_l}\frac{a^2}{g}\frac{\partial V}{\partial x}+\frac{\alpha_a^2}{\alpha_g}\frac{\alpha_V}{\alpha_l}\frac{a^2}{g}\frac{V}{A}\frac{\partial A}{\partial x}-\alpha_V\sin\theta V=0 \tag{11.3}$$

$$\alpha_g \frac{\alpha_H}{\alpha_l} g \frac{\partial H}{\partial x} + \frac{\alpha_V^2}{\alpha_l} V \frac{\partial V}{\partial x} + \frac{\alpha_V}{\alpha_t} \frac{\partial V}{\partial t} + \frac{\alpha_\lambda}{\alpha_l} \alpha_V^2 \frac{f}{2d} V^2 = 0 \tag{11.4}$$

由式(11.3)和式(11.4)可见,要使上述方程仍为水击基本方程,则各量前的系数都应相等,即有

$$\alpha_V \frac{\alpha_H}{\alpha_l} = \frac{\alpha_H}{\alpha_t} = \frac{\alpha_a^2}{\alpha_g} \frac{\alpha_V}{\alpha_l} = \alpha_V \tag{11.5}$$

$$\alpha_g \frac{\alpha_H}{\alpha_l} = \frac{\alpha_V^2}{\alpha_l} = \frac{\alpha_V}{\alpha_t} = \frac{\alpha_\lambda}{\alpha_l} \alpha_V^2 \tag{11.6}$$

考虑到模型和原型有相同的 g,即 $\alpha_g = 1$,则有

$$\alpha_V \frac{\alpha_H}{\alpha_l} = \frac{\alpha_H}{\alpha_t} = \alpha_a^2 \frac{\alpha_V}{\alpha_l} = \alpha_V \tag{11.7}$$

$$\frac{\alpha_H}{\alpha_l} = \frac{\alpha_V^2}{\alpha_l} = \frac{\alpha_V}{\alpha_t} = \frac{\alpha_\lambda}{\alpha_l} \alpha_V^2 \tag{11.8}$$

一般情况下,流动处于紊流粗糙区,根据谢才公式($v = C\sqrt{RJ}$)和曼宁公式$\left(C = \frac{R^{\frac{1}{6}}}{n}\right)$得

$$\lambda = \frac{8g}{C^2} = \frac{8n^2 g}{R^{\frac{1}{3}}} \tag{11.9}$$

从而应有

$$\alpha_\lambda = \frac{\alpha_n^2}{\alpha_R^{\frac{1}{3}}} = \frac{\alpha_n^2}{\alpha_l^{\frac{1}{3}}} \tag{11.10}$$

由式(11.7)、式(11.8)和式(11.10)可得水击试验需满足的相似条件,具体如下:

$$\alpha_H = \alpha_V^2 \tag{11.11}$$

$$\alpha_H = \alpha_l \tag{11.12}$$

$$\frac{\alpha_V}{\alpha_t} = \frac{\alpha_H}{\alpha_l} \tag{11.13}$$

$$\alpha_V \alpha_t = \alpha_l \tag{11.14}$$

$$\alpha_V = \alpha_a \tag{11.15}$$

$$\alpha_n = \alpha_l^{\frac{1}{6}} \tag{11.16}$$

由式(11.11)、式(11.12)、式(11.14)和式(11.15)可得

$$\alpha_a = \alpha_l^{\frac{1}{2}} \tag{11.17}$$

由水力学可知水击波传播速度为

$$a = \sqrt{\frac{\frac{K}{\rho}}{1 + \frac{K}{E} \frac{D}{\delta}}} \tag{11.18}$$

式中,K 为液体的体积弹性模量;E 为管壁材料的弹性模量;ρ 为液体的密度;D 为管道直径;δ 为管壁厚度。

设 a'、K'、ρ'、E'、D'、δ' 为原型的各参数,a''、K''、ρ''、E''、D''、δ'' 为模型的各参数,则有

$$a' = \sqrt{\frac{\frac{K'}{\rho'}}{1+\frac{K'}{E'}\frac{D'}{\delta'}}}, \quad a'' = \sqrt{\frac{\frac{K''}{\rho''}}{1+\frac{K''}{E''}\frac{D''}{\delta''}}}$$

两式相比得

$$\alpha_a = \frac{a'}{a''} = \sqrt{\frac{\frac{K'}{\rho'}}{1+\frac{K'}{E'}\frac{D'}{\delta'}} \bigg/ \frac{\frac{K''}{\rho''}}{1+\frac{K''}{E''}\frac{D''}{\delta''}}} \tag{11.19}$$

由于原型和模型中液体均为水，故有 $K' = K''$，$\rho' = \rho''$，所以式(11.19)可化为

$$\alpha_a = \alpha_l^{\frac{1}{2}} = \sqrt{\frac{1+\frac{K''}{E''}\frac{D''}{\delta''}}{1+\frac{K'}{E'}\frac{D'}{\delta'}}} \tag{11.20}$$

把 $D' = \alpha_l D''$，$K = K' = K''$ 代入式(11.20)并去掉根号得

$$\frac{1+\frac{K}{E''}\frac{D'}{\alpha_l \delta''}}{1+\frac{K}{E'}\frac{D'}{\delta'}} = \alpha_l \tag{11.21}$$

把分子分母同乘以 $E'\delta'$ 得

$$\frac{E'\delta' + KD'\frac{E'\delta'}{\alpha_l E''\delta''}}{E'\delta' + KD'} = \frac{E'\delta' + KD'\alpha_E\alpha_\delta\alpha_l^{-1}}{E'\delta' + KD'} = \alpha_l \tag{11.22}$$

由于材料弹性模量 E 不能随意设定，把管壁厚度 δ 的比尺表示成弹性模量比尺的函数，具体如下：

$$\alpha_\delta = \frac{\alpha_l^2(E'\delta' + KD') - \alpha_l E'\delta'}{\alpha_E KD'} \tag{11.23}$$

当原型和模型的管道用相同的材料时，$\alpha_E = 1$，从而有

$$\alpha_\delta = \frac{\alpha_l^2(1 + KD') - \alpha_l E'\delta'}{KD'} \tag{11.24}$$

11.1.2　调压室模型相似率

当水轮机引用流量 Q 发生变化时，调压室中水位及隧洞中流速均将发生变化，隧洞中的流速 V 和调压室中瞬时水位与静水位的差值 Z 均为时间 t 的函数。

根据水流连续性定律，水轮机在任何时刻所需要的流量 Q 是由两部分组成的：来自隧洞的流量 fV 和调压室流出的流量 $F\frac{\mathrm{d}Z}{\mathrm{d}t}$。由此得到水流的连续性方程为

$$Q = F\frac{\mathrm{d}Z}{\mathrm{d}t} + fV \tag{11.25}$$

式中，F 为调压室面积；$\frac{\mathrm{d}Z}{\mathrm{d}t}$ 为调压室水位变化速度，Z 以水库水位为基准，向下为正；f 为隧洞断面积；V 为隧洞中水流流速。

若不考虑隧洞的弹性变形、水体的弹性变形及调压室中的水流惯性，设 h_w 为隧洞中引用流量 Q 时的水头损失，h_r 为调压室阻抗损失，Z 为调压室中瞬时水位与静水位的差值，根据牛顿第二定律，隧洞中水体质量与其加速度的乘积等于该水体所受的力，即

$$\frac{L}{g}\frac{\mathrm{d}V}{\mathrm{d}t} = Z - h_w - h_r \tag{11.26}$$

式中，L 为隧洞的长度；h_w 为隧洞的水头损失，包括沿程损失和局部损失；h_r 为阻抗损失。

为了保证模型与原型的水流状况相似，式(11.25) 和式(11.26) 的各项模型与原型之比应分别相等。将方程中各物理量引进相似比尺进行量纲分析，得到如下方程：

$$\alpha_Q Q = \alpha_F \frac{\alpha_Z}{\alpha_t} F \frac{\mathrm{d}Z}{\mathrm{d}t} + \alpha_f \alpha_V f V \tag{11.27}$$

$$\frac{\alpha_L}{\alpha_g}\frac{\alpha_V}{\alpha_t}\frac{L}{g}\frac{\mathrm{d}V}{\mathrm{d}t} = \alpha_Z Z - \alpha_{h_w} h_w - \alpha_{h_r} h_r \tag{11.28}$$

从式(11.27) 和式(11.28) 可见，要使上述方程仍为调压室水位波动基本方程，则各量前的系数都应相等，即有

$$\alpha_Q = \alpha_F \frac{\alpha_Z}{\alpha_t} = \alpha_f \alpha_V \tag{11.29}$$

$$\frac{\alpha_L}{\alpha_g}\frac{\alpha_V}{\alpha_t} = \alpha_Z = \alpha_{h_w} = \alpha_{h_r} \tag{11.30}$$

考虑到模型和原型有相同的 g，$\alpha_g = 1$，代入式(11.30) 有

$$\alpha_L \frac{\alpha_V}{\alpha_t} = \alpha_Z = \alpha_{h_w} = \alpha_{h_r} \tag{11.31}$$

又由于 $f = \frac{\pi}{4}d^2$，$F = \frac{\pi}{4}D^2$，则有

$$\alpha_f = \alpha_d^2 = \alpha_l^2，\quad \alpha_F = \alpha_D^2 = \alpha_l^2 \tag{11.32}$$

由式(11.29) 和式(11.31) 可得调压室水位波动试验需满足的相似条件，具体如下：

$$\alpha_Q = \alpha_F \frac{\alpha_Z}{\alpha_t} = \alpha_l^2 \frac{\alpha_Z}{\alpha_t} \tag{11.33}$$

$$\alpha_Q = \alpha_f \alpha_V = \alpha_l^2 \alpha_V \tag{11.34}$$

$$\alpha_L \frac{\alpha_V}{\alpha_t} = \alpha_Z \tag{11.35}$$

$$\alpha_Z = \alpha_{h_w} \tag{11.36}$$

$$\alpha_Z = \alpha_{h_r} \tag{11.37}$$

11.1.3　水泵水轮机模型相似率

叶片式水力机械的能量转换主要是通过转轮来实现的，要进行模型试验，必须使模型与原型转轮内水流运动相似。

假设水泵水轮机的模型与原型均处于雷诺数足够大(如 $R_e = vD_1/\upsilon$，$R_e \geqslant 10^6$，v 为转轮处的平均流速，D_1 为转轮直径) 的自动模型区，忽略黏滞性的影响，以转轮固体边界层以外的水流作为考虑对象，将其视为不可压缩的无黏性流体，并无空化发生，则转轮内水

流运动方程以旋转相对坐标写为

$$gz + \frac{p}{\rho} + \frac{W^2 - u^2}{2} + \int \frac{\partial W}{\partial t} \mathrm{d}s - \int r \frac{\mathrm{d}\omega}{\mathrm{d}t} \mathrm{d}s = f(t) \tag{11.38}$$

式中，g 为重力加速度；z 为水体相对某参考基准面的高程；p 为流体中各点的压强；W 为流体的相对速度；u 为流体的牵连速度；r 为流体质点所在位置的矢径；ω 为转轮的旋转角速度；$\mathrm{d}s$ 为沿相对速度流线上的微元；$f(t)$ 为时间的函数。

对于稳态工况，式(11.38) 左边两个积分项消失，右边 $f(t)$ 则为常数，即该方程变为通常相对运动的伯努利方程。如果水泵水轮机转速不变而工况变化，则式(11.38) 左边最后一项为零。

为了保证机组模型和原型运行工况相似，式(11.38) 各项原型和模型之比必须分别成比例。将方程中各物理量引进相似比尺进行量纲分析，得到如下方程：

$$\alpha_g g \alpha_z z + \frac{\alpha_p}{\alpha_\rho} \frac{p}{\rho} + \frac{\alpha_W^2 W^2 - \alpha_u^2 u^2}{2} + \frac{\alpha_W \alpha_l}{\alpha_t} \int \frac{\partial W}{\partial t} \mathrm{d}s - \frac{\alpha_\omega}{\alpha_t} \alpha_l^2 \int r \frac{\mathrm{d}\omega}{\mathrm{d}t} \mathrm{d}s = \alpha_t f(t) \tag{11.39}$$

从式(11.39) 可见，要使上述方程仍为水泵水轮机方程，则各量前的系数都应相等，即有

$$\alpha_g \alpha_z = \frac{\alpha_p}{\alpha_\rho} = \alpha_W^2 = \alpha_u^2 = \frac{\alpha_W}{\alpha_t} \alpha_l = \frac{\alpha_\omega}{\alpha_t} \alpha_l^2 \tag{11.40}$$

式中，水流质点位置高程比尺 α_z 可用水头比尺 α_H 取代。

考虑到模型和原型有相同的 g 和 ρ，即 $\alpha_g = 1$，$\alpha_\rho = 1$，则有

$$\alpha_H = \alpha_p = \alpha_W^2 = \alpha_u^2 = \frac{\alpha_W}{\alpha_t} \alpha_l = \frac{\alpha_\omega}{\alpha_t} \alpha_l^2 \tag{11.41}$$

又根据相似理论，水流绝对速度 v 的比尺 a_v 与其他速度比尺都相等，则有

$$\alpha_v = \alpha_W = \alpha_u = \alpha_\omega \alpha_l = \alpha_n \alpha_l \tag{11.42}$$

代入式(11.41) 得

$$\alpha_H = \alpha_p = \alpha_v^2 = \frac{\alpha_n}{\alpha_t} \alpha_l^2 = \alpha_n^2 \alpha_l^2 \tag{11.43}$$

由式(11.43) 可得出水泵水轮机模型试验应满足的相似条件，具体如下：

$$\frac{\alpha_p}{\alpha_H} = 1 \tag{11.44}$$

$$\frac{\alpha_v^2}{\alpha_H} = 1 \tag{11.45}$$

$$\alpha_n \alpha_t = 1 \tag{11.46}$$

$$\alpha_v = \alpha_n \alpha_l \tag{11.47}$$

11.1.4　调速器模型相似率

并联 PID 型调速器方块图，如图 11.1 所示。其调节规律由三个并联的比例器、积分器和微分器来形成，第一级放大装置构成中间接力器型式，第二级放大装置作为液压随动系统。

$$b_p K_d T_y \frac{\mathrm{d}^3 y}{\mathrm{d}t^3} + (b_p K_p T_y + T_y + b_p K_d) \frac{\mathrm{d}^2 y}{\mathrm{d}t^2} + (b_p K_i T_y + b_p K_p + 1) \frac{\mathrm{d}y}{\mathrm{d}t} + b_p K_i y$$
$$= K_d \frac{\mathrm{d}^2 x}{\mathrm{d}t} + K_p \frac{\mathrm{d}x}{\mathrm{d}t} + K_i x \tag{11.48}$$

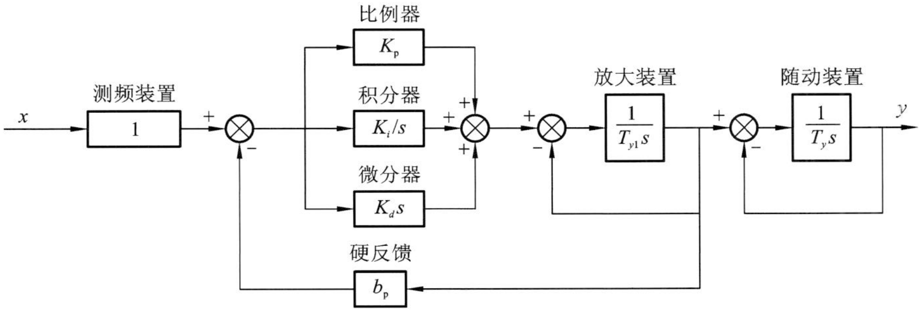

图 11.1　并联 PID 型调速器方块图

式中，K_p 为比例增益；K_i 为积分增益；K_d 为微分增益，它们与调速器参数的关系为

$$K_p=\frac{1}{b_t},\quad K_i=\frac{1}{b_t T_d},\quad K_d=\frac{T_n}{b_t}$$

为了满足调速器模型和原型运行相似，式(11.48)的各项原型和模型之比必须分别相等。将方程的各物理量引入相似比尺进行方程分析，得到如下方程：

$$\begin{aligned}&\alpha_{b_p}\alpha_{K_d}\alpha_{T_y}\frac{\alpha_y}{\alpha_t^3}b_pK_dT_y\frac{\mathrm{d}^3y}{\mathrm{d}t^3}+(\alpha_{b_p}\alpha_{K_p}\alpha_{T_y}b_pK_pT_y+\alpha_{T_y}T_y+\alpha_{b_p}\alpha_{K_d}b_pK_d)\frac{\alpha_y}{\alpha_t^2}\frac{\mathrm{d}^2y}{\mathrm{d}t^2}\\&+(\alpha_{b_p}\alpha_{K_i}\alpha_{T_y}b_pK_iT_y+\alpha_{b_p}\alpha_{K_p}b_pK_p+1)\frac{\alpha_y}{\alpha_t}\frac{\mathrm{d}y}{\mathrm{d}t}+\alpha_{b_p}\alpha_{K_i}\alpha_y b_pK_iy\\&=\alpha_{K_d}\frac{\alpha_x}{\alpha_t^2}K_d\frac{\mathrm{d}^2x}{\mathrm{d}t}+\alpha_{K_p}\frac{\alpha_x}{\alpha_t}K_p\frac{\mathrm{d}x}{\mathrm{d}t}+\alpha_{K_i}\alpha_xK_ix\end{aligned}\tag{11.49}$$

从式(11.49)可见，要使上述方程仍为并联 PID 型调速器基本方程，则各量前的系数应满足下列关系式：

$$\begin{aligned}&\alpha_{b_p}\alpha_{K_d}\alpha_{T_y}\frac{\alpha_y}{\alpha_t^3}=\alpha_{b_p}\alpha_{K_p}\alpha_{T_y}\frac{\alpha_y}{\alpha_t^2}=\alpha_{T_y}\frac{\alpha_y}{\alpha_t^2}=\alpha_{b_p}\alpha_{K_d}\frac{\alpha_y}{\alpha_t^2}=\alpha_{b_p}\alpha_{K_i}\alpha_{T_y}\frac{\alpha_y}{\alpha_t}=\alpha_{b_p}\alpha_{K_p}\frac{\alpha_y}{\alpha_t}\\&=\frac{\alpha_y}{\alpha_t}=\alpha_{b_p}\alpha_{K_i}\alpha_y=\alpha_{K_d}\frac{\alpha_x}{\alpha_t^2}=\alpha_{K_p}\frac{\alpha_x}{\alpha_t}=\alpha_{K_i}\alpha_x\end{aligned}\tag{11.50}$$

把 $\alpha_x=\alpha_y=1$ 代入式(11.50)得

$$\begin{aligned}&\alpha_{b_p}\alpha_{K_d}\frac{\alpha_{T_y}}{\alpha_t^3}=\alpha_{b_p}\alpha_{K_p}\frac{\alpha_{T_y}}{\alpha_t^2}=\frac{\alpha_{T_y}}{\alpha_t^2}=\alpha_{b_p}\alpha_{K_d}\alpha_t^{-2}=\alpha_{b_p}\alpha_{K_i}\frac{\alpha_{T_y}}{\alpha_t}=\alpha_{b_p}\alpha_{K_p}\alpha_t^{-1}=\alpha_t^{-1}=\alpha_{b_p}\alpha_{K_i}\\&=\alpha_{K_d}\alpha_t^{-2}=\alpha_{K_p}\alpha_t^{-1}=\alpha_{K_i}\end{aligned}\tag{11.51}$$

由 $\alpha_{b_p}\alpha_{K_d}\dfrac{\alpha_{T_y}}{\alpha_t^3}=\alpha_{b_p}\alpha_{K_p}\dfrac{\alpha_{T_y}}{\alpha_t^2}$ 得

$$\alpha_{K_d}=\alpha_t\alpha_{K_p}\tag{11.52}$$

由 $\alpha_{b_p}\alpha_{K_p}\dfrac{\alpha_{T_y}}{\alpha_t^2}=\dfrac{\alpha_{T_y}}{\alpha_t^2}$ 得

$$\alpha_{b_p}\alpha_{K_p}=1\tag{11.53}$$

由 $\alpha_{b_p}\alpha_{K_d}\dfrac{\alpha_{T_y}}{\alpha_t^3}=\alpha_{b_p}\alpha_{K_d}\alpha_t^{-2}$ 得

$$\alpha_{T_y} = \alpha_t \tag{11.54}$$

由 $\alpha_{b_p}\alpha_{K_d}\dfrac{\alpha_{T_y}}{\alpha_t^3} = \alpha_{b_p}\alpha_{K_i}\dfrac{\alpha_{T_y}}{\alpha_t}$ 得

$$\alpha_{K_d} = \alpha_{K_i}\alpha_t^2 \tag{11.55}$$

由 $\alpha_t^{-1} = \alpha_{K_p}\alpha_t^{-1}$ 得

$$\alpha_{K_p} = 1 \tag{11.56}$$

由 $\alpha_{b_p}\alpha_{K_p}\dfrac{\alpha_{T_y}}{\alpha_t^2} = \alpha_{b_p}\alpha_{K_i}\dfrac{\alpha_{T_y}}{\alpha_t}$ 得

$$\alpha_{K_p} = \alpha_t\alpha_{K_i} = 1 \tag{11.57}$$

又因为 $K_p = \dfrac{1}{b_t}$，$K_i = \dfrac{1}{b_t T_d}$，$K_d = \dfrac{T_n}{b_t}$，从而有

$$\alpha_{b_t}\alpha_{K_p} = 1,\quad \alpha_{K_i}\alpha_{b_t}\alpha_{T_d} = 1,\quad \alpha_{K_d}\alpha_{b_t} = \alpha_{T_n}$$

将 $\alpha_{b_t}\alpha_{K_p} = 1$ 和式(11.53)代入式(11.56)得

$$\alpha_{b_p} = \alpha_{b_t} = 1 \tag{11.58}$$

将 $\alpha_{K_i}\alpha_{b_t}\alpha_{T_d} = \alpha_{K_i}\alpha_{T_d} = 1$ 代入式(11.57)得

$$\alpha_{T_d} = \alpha_t \tag{11.59}$$

将 $\alpha_{K_d} = \alpha_t\alpha_{K_p} = \alpha_t$ 代入 $\alpha_{K_d}\alpha_{b_t} = \alpha_{T_n}$ 得

$$\alpha_{T_n} = \alpha_t \tag{11.60}$$

由式(11.54)、式(11.58)、式(11.59)及式(11.60)可得并联PID型调速器的相似条件为

$$\alpha_{T_d} = \alpha_{T_y} = \alpha_{T_n} = \alpha_t \tag{11.61}$$

$$\alpha_x = \alpha_y = 1 \tag{11.62}$$

$$\alpha_{b_p} = \alpha_{b_t} = 1 \tag{11.63}$$

11.1.5　发电机/电动机模型相似率

为了节省篇幅，在此仅采用发电机/电动机一阶方程来推导模型相似率，该方程表达式如下：

$$T_a\frac{\mathrm{d}x}{\mathrm{d}t} = \frac{\omega_0}{P_0}(P_t - P_e)/\omega - Dx \tag{11.64}$$

式中，$T_a = GD^2 n_0^2/365P_0$ 为机组惯性时间常数，s；GD^2 为机组转动部分飞轮力矩，t · m^2；P_0、P_t、P_e 分别为发电机初始功率、机械功率与电磁功率，MW；$x = (\omega - \omega_0)/\omega_0$ 为机组转速偏差相对值，ω 或 ω_0 单位为 rad/s；D 为阻尼系数。

为了保证发电机/电动机模型和原型运行工况相似，式(11.64)各项原型和模型之比必须分别成比例。将方程中各物理量引进相似比尺进行量纲分析，得到如下方程式：

$$\alpha_{T_a}\frac{\alpha_x}{\alpha_t}T_a\frac{\mathrm{d}x}{\mathrm{d}t} = \frac{\alpha_{\omega_0}}{\alpha_{P_0}}\frac{\omega_0}{P_0}(\alpha_{P_t}P_t - \alpha_{P_e}P_e)/(\alpha_\omega\omega) - \alpha_D\alpha_x Dx \tag{11.65}$$

由式(11.65)可见，要使上述方程仍为发电机/电动机一阶方程，则各量前的系数都应相等，即可得出发电机/电动机模型相似率：

$$\alpha_{T_a} = \alpha_t \tag{11.66}$$

$$\alpha_{P_e} = \alpha_l^5 \alpha_\omega^2 / \alpha_t \tag{11.67}$$

$$\alpha_{P_e} = \alpha_{P_t} = \alpha_{P_0} \tag{11.68}$$

$$\alpha_D = 1 \tag{11.69}$$

并由 $T_a = GD^2 n_0^2 / 365 P_0$，得出转动惯量相似率：

$$\alpha_J = \alpha_l^5 \tag{11.70}$$

11.1.6　正态模型相似率与变态模型相似率

1. 正态模型试验相似律

整理以上各相似条件，把各比尺表示为几何比尺的幂函数，如表 11.1 所示。

表 11.1　正态模型试验相似律

比尺类型	相似律
水头比尺	$\alpha_H = \alpha_l$
流速比尺	$\alpha_V = \alpha_l^{\frac{1}{2}}$
时间比尺	$\alpha_t = \alpha_l^{\frac{1}{2}}$
流量比尺	$\alpha_Q = \alpha_l^{\frac{5}{2}}$
压强比尺	$\alpha_p = \alpha_l$
转速比尺	$\alpha_n = \alpha_l^{-\frac{1}{2}}$
糙率比尺	$\alpha_n = \alpha_l^{\frac{1}{6}}$
电功率比尺	$\alpha_N = \alpha_l^{\frac{7}{2}}$
电流比尺	$\alpha_I = \alpha_l^{\frac{9}{4}}$
电压比尺	$\alpha_U = \alpha_l^{\frac{5}{4}}$
各时间常数比尺	$\alpha_{T_d} = \alpha_{T_y} = \alpha_{T_n} = \alpha_{T_a} = \alpha_{T'_{d0}} = \alpha_{T_e} = \alpha_{T'_a} = \alpha_{T_b} = \alpha_l^{\frac{1}{2}}$
管壁厚度比尺	$\alpha_\delta = \dfrac{\alpha_l^2(1+KD') - \alpha_l E'\delta'}{\alpha_E KD'}$
调节器综合放大系数比尺	$\alpha_{K_u} = 1$
转子阻尼系数比尺	$\alpha_D = 1$
转动惯量比尺	$\alpha_J = \alpha_l^5$

注：电功率比尺、电流比尺和电压比尺可根据发电机三阶方程等得出，下同

2. 基于两个几何比尺(径向、轴向)的变态模型试验相似律

将沿着管道中心线方向的几何比尺称为轴向几何比尺，记为 α_{lZ}，与中心线垂直方向

的几何比尺称为径向几何比尺，记为α_{lD}。当$\alpha_{lZ} \neq \alpha_{lD}$时基于这两个比尺的水机电联合过渡过程模型试验即为最简单的水机电变态模型试验。

推导可得相应的水机电变态模型相似律，如表 11.2 所示。

表 11.2　水机电变态模型相似律

比尺类型	相似律
水头比尺	$\alpha_H = \alpha_{lZ}$
水位比尺	$\alpha_z = \alpha_{lZ}$
流速比尺	$\alpha_V = \alpha_{lZ}^{\frac{1}{2}}$
波速比尺	$\alpha_a = \alpha_{lZ}^{\frac{1}{2}}$
时间比尺	$\alpha_t = \alpha_{lZ}^{\frac{1}{2}}$
压强比尺	$\alpha_p = \alpha_{lZ}$
流量比尺	$\alpha_Q = \alpha_{lD}^{2}\alpha_{lZ}^{\frac{1}{2}}$
转速比尺	$\alpha_n = \alpha_{lD}^{-1}\alpha_{lZ}^{\frac{1}{2}}$
糙率比尺	$\alpha_n' = \alpha_{lD}^{\frac{2}{3}}\alpha_{lZ}^{-\frac{1}{2}}$
转动惯量比尺	$\alpha_J = \alpha_{lD}^{2}\alpha_{lZ}^{3}$
电功率比尺	$\alpha_{P_e} = \alpha_{lD}^{2}\alpha_{lZ}^{\frac{3}{2}}$
电流比尺	$\alpha_I = \alpha_{lD}^{2}\alpha_{lZ}^{\frac{1}{4}}$
电压比尺	$\alpha_U = \alpha_{lZ}^{\frac{5}{4}}$

11.2　模型试验装置

武汉大学抽水蓄能电站整体模型试验平台由循环水、励磁同期保护、调速控制、变频变相、监控、负荷、量测、模型机组、模型水道 9 个子系统组成，即构建“组装式小型抽水蓄能电站”[4]。其示意图如图 11.2 所示，各系统的主要功能和组成如表 11.3 所示。

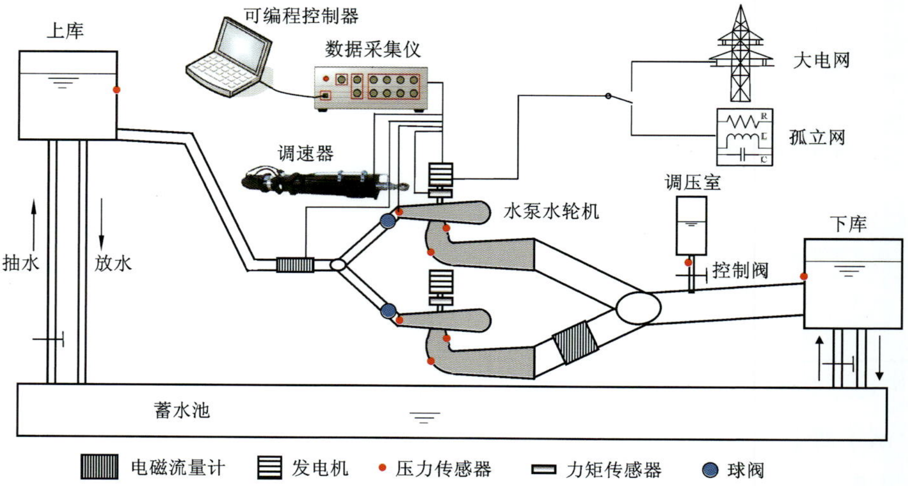

图 11.2　模型抽水蓄能系统

表 11.3　抽水蓄能模型系统的子系统

编号	子系统	主要功能
1	模型管道	模拟真实电站管道，为机组供水
2	循环水道	为模型试验提供动力和循环水
3	模型机组	包括 2 套水泵水轮机和电动发电机
4	励磁同期	具备励磁控制、机组并网和发电电动机保护等功能
5	变频变相	提供水泵变频起动和抽水发电工况转换等功能
6	调速控制	即模型试验的调速器和电动球阀控制系统，控制导叶和球阀开度
7	监控系统	即现地控制单元 LCU，下达模型机组运行指令，实现机组控制
8	负荷系统	模拟电网特性
9	量测系统	对各物理量进行采集和处理

11.2.1　模型管道与循环水道设计

模型管道的设计包括机组上游侧管道、机组下游侧管道、上下游水箱、调压室等。上下游侧管道采用钢材。

压力钢管壁厚 5 mm；采取直缝焊接，内壁光滑，内径误差小于 0.5 mm，圆度误差小于 10^{-2}，长度误差小于 1 mm。

调压室大井直径 D 取为 0.740 m，此时调压室大井断面积为 0.430 m^2，此面积为调压室托马断面积（0.334 m^2，$D=0.652$ m）的 1.287 倍。

模型管道主要参数见表 11.4；管道及机组的布置见图 11.3。

表 11.4　模型管道主要参数

子管段	直径	管道长度
上游进/出水口当量管段/m	0.597	2.251
引水主管段/m	0.357	24.154
岔管支管段/m	0.202	2.195
蜗壳当量管段/m	0.150	1.152
尾水管当量管段/m	0.300	0.708
尾水支管段/m	0.300	4.891
尾水岔管至尾水调压室段/m	0.426	0.850
尾水主管段/m	0.426	16.285
下游进/出水口当量管段/m	0.675	1.062

循环水系统主要为模型试验提供动力和循环水。主要设备包括蓄水池、水泵与配电装置、供水管道、阀门、电磁流量计、回水渠道及其他辅助设备等。循环水系统通过三台单级双吸离心泵从蓄水池中抽水，通过供水管道向上、下游水箱供水。供水管道支管的阀门可以用来调节进入上、下游水箱的流量。供水管道末端装设排气阀，正常运行时排气阀应打

图 11.3　模型管道及机组的布置图

开，将供水管道中多余的流量排入回水渠道。上下游水箱内安装平水槽维持恒定水位，平水槽溢流而出的水经消能后流入回水渠道及蓄水池。

11.2.2　模型抽水蓄能机组

模型抽水蓄能机组是模型试验最重要的设备，是进行科学研究的核心部件。根据试验要求需购买两套模型机组（转轮有所不同，分别称为BQ转轮和XJ转轮），模型机组包括水泵/水轮机和发电/电动机。

模型抽水蓄能机组主要参数见表 11.5，总装图如图 11.4 所示。其中机组转动惯量 GD^2 取为 0.001 9 t · m²。机组转动惯量包括水泵水轮机、主轴和发电机的转动惯量。由于三者转动惯量之和小于机组需要的转动惯量，不够部分增加 3 个飞轮，3 个飞轮的转动惯量分别为不足部分的 70%、20% 和 10%。

表 11.5　模型抽水蓄能机组主要参数

主要参数	模型机组
额定工况点单位转速/(r/min)	86.154
额定工况点单位流量/(m^3/s)	0.194
转轮进口直径/mm	280.0
转轮出口直径/mm	146.34
导叶高度/mm	24.44
蜗壳进口直径/mm	150.43
额定转速/(r/min)	1 000
机组转动惯量/(t · m^2)	3.363×10^{-4}
最大水头/m	11.602
最小水头/m	9.920
额定水头/m	10.535
最大发电流量/(m^3/s)	0.048 8
机组额定出力/kW	4.473 3
最高扬程/m	11.853
最低扬程/m	10.307
最大抽水流量/(m^3/s)	0.043 3
水泵最大入力/kW	4.912 3

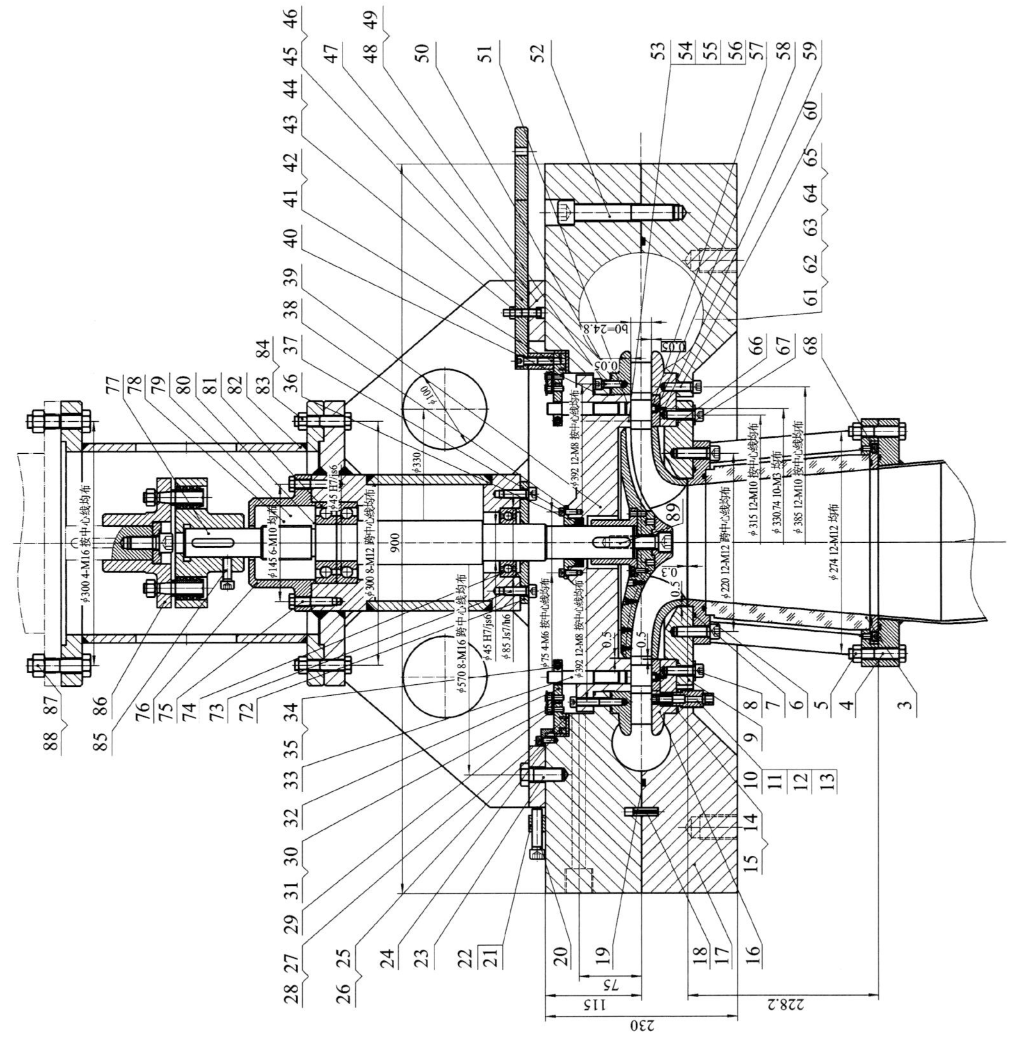

图 11.4　模型水泵水轮机总装图

两台水轮机水轮机在水轮机高效区特性基本一致，但在反 S 区差异较为明显。在体型上，两水泵水轮机的转轮也存在明显区别，具体如图 11.5 所示。

（a）BQ转轮　　（b）XJ转轮

图 11.5　模型转轮

11.2.3　电气与控制系统

1. 励磁同期保护设计

励磁同期保护主要为模型试验提供励磁控制、机电并网和发电电动机保护等功能。主要设备包括发电电动机励磁装置、自动准同期装置、发电机保护装置等。

2. 调速控制系统设计

采用 PC-III 型可编程微机调节器控制水泵水轮机导叶，采用 PID 控制原理，其主要功能实现机组启动后自动跟踪网频，实现最佳启动过程控制和快速准同期，实现频率调节（孤网）、功率调节以及开度调节。主要设备包括调速器控制器、测试仪、数字缸执行机构器等。

当水轮机的负荷发生变化时，由调速器向接力器下达推拉杆的运动规律，即行程与时间的关系。此关系由行程传感器接收，同时伺服电机根据此关系通过伺服电动缸（电动驱动系统、直线执行器）将电机的旋转运动通过丝杆和丝杆副的机械运动转换为推拉杆的直线运动，再利用伺服电机的闭环控制特性，方便地实现对推力、速度和位置的精密控制。推拉杆相对伺服电动缸做直线运动推动拐臂做圆弧运动的同时，会自动地绕径向止推轴承转动，以实现推拉杆的直线运动向拐臂圆弧运动的转化和力的传递。整个运动过程中，推拉杆受到的推/拉力始终在其直线运动的方向上，故推拉杆的受力条件相当良好，伺服电机的工作效率很高。接力器示意图如图 11.6 和图 11.7 所示。

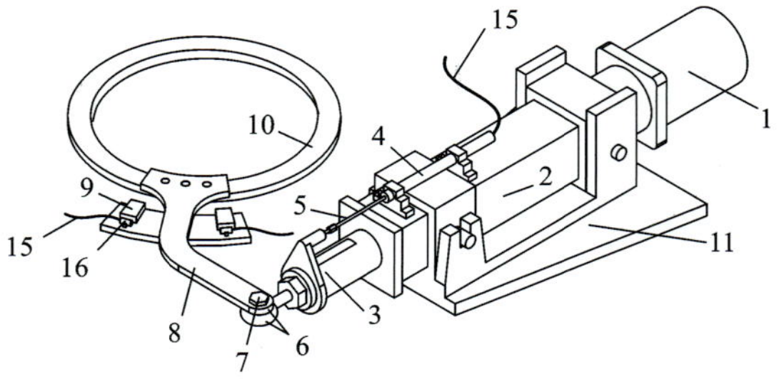

图 11.6　整体摆动式接力器轴试图

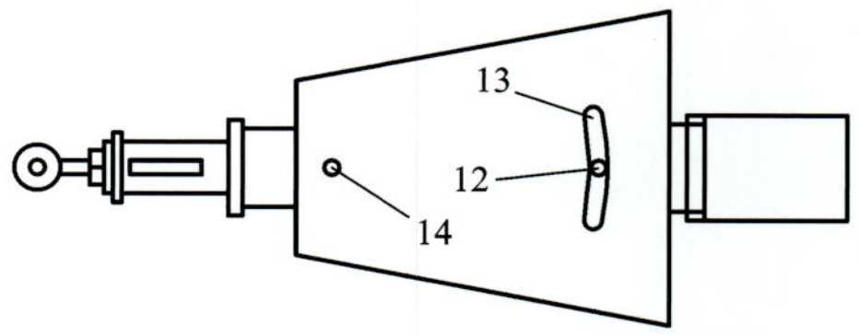

图 11.7　整体摆动式接力器仰视图

图中，1-伺服电机；2-伺服电动缸；3-推拉杆；4-行程传感器缸体；5-行程杆；6-叉头；7-叉头销；8-拐臂；9-限位销；10-控制环；11-底座；12-竖向轴；13-圆弧槽；14-径向止推轴承；15-信号线；16-限位传感器。其中，伺服电机 1 与伺服电动缸 2 固定连接，推拉杆 3 与伺服电动缸 2 连接并部分位于伺服电动缸 2 内，伺服电机 1、伺服电动缸 2 与推拉杆 3 构成的整体通过径向止推轴承 14 连接于底座 11 上，行程传感器缸体 4 固定于伺服电动缸 2 顶部，行程杆 5 的末端则与推拉杆 3 的末端固定连接，推拉杆 3 在末端通过叉头 6 和叉头销 7 与拐臂 8 相连，拐臂 8 再与控制环 10 相连。

3. 变频换相系统设计

变频换相系统主要为模型试验提供水泵变频起动和抽水发电工况转换运等功能。主要设备包括变频器和换相装置等。

模型水泵水轮机组兼具抽水和发电的功能，以及兼做发电机和电动机。这就要求模型水泵水轮机组可以根据需要实现转子的反向转动。

4. 监控系统设计

根据抽水蓄能机组过渡过程科学研究（模型试验）与工程应用的需要，监控系统采用闭环控制方式对水电站所有设备（包括模型抽水蓄能机组、调速器、励磁调节器、同期装置、负载系统、闸阀等）进行控制、监测、事故处理、数据处理等。监控系统采取开放式环境下的全分布式计算机监控，在功能上分为两级，即上位机系统和现地控制单元系统。

上位机系统是计算机监控系统的核心，负责监控水电站所有设备的运行、操作，提供良好的人机联系手段，是系统的决策控制层，具有集中控制、操作、监测、在线及离线修改参数值、仿真及开发软件功能。系统设置有主控系统软件和培训工作站软件。

5. 负荷系统设计

负荷系统主要为模型试验模拟电网特性。主要设备包括 4×20 kW 负载柜和前置柜等。

11.2.4　量测系统

1. 压力传感器

压力传感器采用 Micro Sensor MPM 480 型传感器，采用 Fluke 719 型压力校正仪，对其进行现场标定。在管道系统中主管、支管、调压室、上下游水箱上均装有一定数量的压力传感器。在机组上蜗壳进口两侧、尾水管进口前后侧、尾水管弯轴段以及尾水管出口均装有压力传感器。表 11.6 给出了本书试验所用到的最主要的传感器的基本信息。

表 11.6　各传感器的标定信息

传感器	位置	量程	精度/%	线性度/%	信号
压力传感器（Micro MPM 480）	1# 蜗壳进口	0～200 kPa	0.25	0.034 F.S	4～20 mA
	1# 尾水管进口	−20～50 kPa		0.035 F.S	
	1# 弯肘	−20～50 kPa		0.030 F.S	
	2# 蜗壳进口	0～200 kPa		0.032 F.S	
	2# 尾水管进口	−20～50 kPa		0.026 F.S	
	2# 弯肘	−20～50 kPa		0.037 F.S	
流量计（KROHNE IFM 4110）	上游主管	−200～200 L/s	0.3	0.128 F.S	频率/4～20 mA
流量计（KROHNE IFM 4080）	2# 支管	−100～100 L/s		0.235 F.S	
力矩传感器（HLD09）	1# 水轮机与发电机间	−100～100 N·m	0.2	0.040 F.S	频率/4～20 mA
	2# 水轮机与发电机间	−100～100 N·m		0.020 F.S	

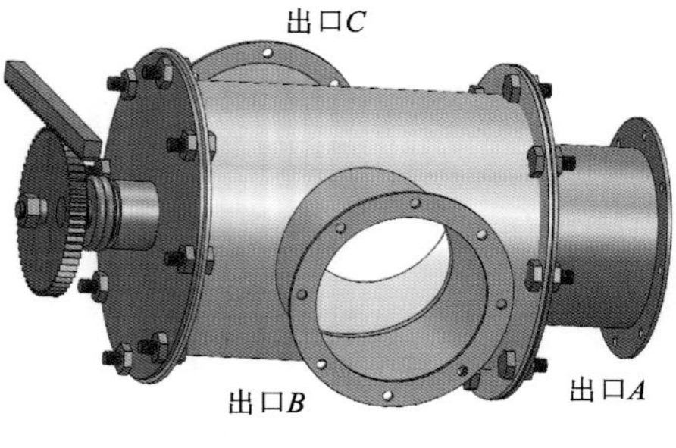

图 11.8　流量标定仪

2. 流量率定仪

模型电站中安装有两台电磁流量计，分别用于测量主管流量以及 2# 机组流量，其基本信息如表 11.6 所示。为提高试验精度，研制了基于静态体积法的流量率定仪[5]（图 11.8），用以标定电磁流量计。当测量正向（水轮机方向）流量时，关闭下游水箱的补水阀，经过机组的流量全部从下游水箱排水管排出。将该排水管连接图 11.8 装置的 A 口，水从 B 口流入水箱进行称重，t_0 时间后旋转装置内部套筒关闭 B 口连通 C 口将水排走。A 开启和关闭时间为 t_1 和 t_2，完全开通时间 t_0，水箱增重 m。因此

$$Q=\frac{m}{\rho(t_0+t_1/2+t_2/2)} \tag{11.71}$$

式中，流量标定试验中 $t_0>60\ \mathrm{s}$，t_1 和 t_2 均小于 0.1 s，电子秤精度小于 0.05%。采用该装置对电磁流量计的标定结果如表 11.6 所示。

图 11.9 给出了电磁流量计标定结果，横坐标表示压力管道上电磁流量计显示流量，纵坐标表示基于静态称重法所得流量。由于该电磁流量计不完全符合安装标准，其信号发生漂移，因此采用流量率定仪率定可以修正电磁流量计 AD 变换参数，从而修正电磁流量计。

为更精确地测量动态流量，将电磁流量计时间常数调至最低，使其响应达到最快。但电磁流量计始终存在一定延迟效应。因此，在机组蜗壳内外侧安装差压传感器，根据压差也可以转换得机组过流流量，但其精度远小于电磁流量计。但根据差压传感器所测量得出的流量波峰波谷，可求出电磁流量计延迟时间，即可调节电磁流量计读数的时间刻度，消除延迟响应。

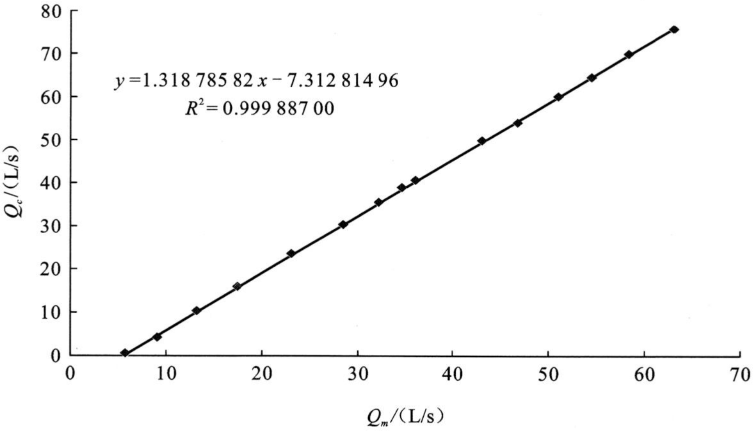

图 11.9　电磁流量计标定结果

3. 转速、力矩及振动测量

在水泵水轮机和发电机之间安装 HLD09 型转矩转速传感器，其中转矩的采用应变电测原理：粘贴在特制应变轴上的应变计受扭力发生变形，阻值发生相应变化。力矩传感器

在出厂时进行标定，如表 11.6 所示。

4. 数据采集与处理

不同形式的信号采用 HBM Gen7i 数据采集系统进行采集[6]。该系统分辨率为 24 位，最大采样频率为 250 kHz，有 70 个采集通道。由于本书试验主要针对水击压强、机组转速等低频变化参数，因此采用 1 kHz 作为本书的采样频率。

采用 Savitzky-Golay 方法提取过渡过程脉动压强[7]。Savitzky-Golay 法是一种低通滤波方法，它通过对原始数据进行多项式拟合，基于最小二乘法提取时间均值压强(水击压强)，再由原始数据与时间均值压强的差值得到脉动压强。图 11.10 为本书模型系统上双机同时甩负荷导叶 15 s 关闭时，机组蜗壳压强的实测值和按 Savitzky-Golay 法的滤波结果。

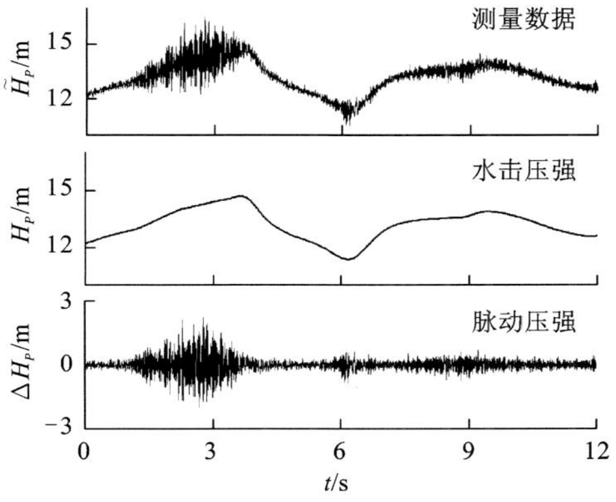

图 11.10　Savitzky-Golay 滤波方法

11.3　模型试验结果

到目前为此，武汉大学抽水蓄能电站整体模型试验平台，结合理论分析和数值仿真的需要，开展了如下五个方面的模型试验。

(1) 水泵水轮机反 S 特性的动态测试。由于抽水蓄能电站整体模型试验平台的管道水流惯性远大于转轮内部的水流惯性，因此可采用过渡过程方法，较精确地测试反 S 区特性曲线，特别是稳态试验台上难以测量的大开度反 S 特性。

(2) 飞逸稳定性试验。对比两台不同反 S 特性机组的飞逸工况试验结果，验证反 S 特性对飞逸稳定性的影响；并且改变系统水流惯性、转动惯性验证两种惯性对飞逸稳定性的影响。

(3) 机组甩负荷试验。对比两台不同反 S 特性机组的甩负荷工况试验结果，验证水泵水轮机反 S 特性与甩负荷过程的水击压强的关联性。

(4) 两台机组相继甩负荷试验。首次采用模型试验的手段验证相继甩负荷工况下，尾水管进口极端水击压强存在的可能性。

(5) 导叶关闭规律试验。对比不同导叶关闭规律的过渡过程，验证针对水泵水轮机反 S 特性的三段导叶关闭规律优越性。

上述的模型试验不仅为抽水蓄能机组过渡过程相关理论研究、数值仿真提供有力验证，而且为解决实际的抽水蓄能电站设计和运行中遇到的过渡过程关键技术问题提供了重要的参考依据。

11.3.1　水泵水轮机反 S 特性的动态测试

获取水泵水轮机在水轮机工况区的特性曲线，其测试方法较为简单，例如，在开度和水头不变的情况下，改变机组转速，或在开度和转速不变的情况下，改变机组水头即可。然

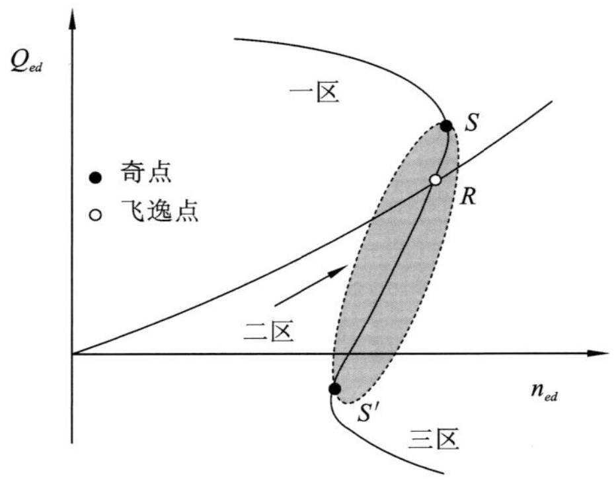

图 11.11　水泵水轮机 S 特性曲线

而在水轮机制动工况区，水泵水轮机的特性曲线往往会发生斜率改变，如图 11.11 所示。该区域特点为

$$\frac{dQ_{ed}}{dn_{ed}} > 0 \tag{11.72}$$

即为不稳定区域。工况点难以在该区间内稳定下来，当到达上奇点 S 时，往往会直接跳到下奇点 S'，而略过反弯区。

采用过渡过程的测试方法可对该区特性曲线进行采集，即采集机组甩负荷导叶拒动工况下，水泵水轮机的动态流量、转速、水头和力矩。而一般试验台水泵水轮机蜗壳进口到尾水管出口水流惯性相对于管道系统而言所占比重较大，因此将会在反 S 区出现明显的动态环，所得特性曲线在反 S 区与稳态工况点并不一致。Nielsen 对水泵水轮机的动态特性进行了系统的研究，得出如下净水头修正公式：

$$H_{ndyn} = H_n - I\frac{dQ}{dt} \tag{11.73}$$

式中，I 代表蜗壳进口到尾水管出口的水流惯性，包括蜗壳、转轮叶道内以及尾水管的总惯性。但机组流道复杂，难以精确计算。因此，在实际操作中采用试算方法对 I 进行调整，直至消除动态特性。

本模型试验平台，管道水流惯性所占比重远大于转轮内水流惯性，因此采用动态测试方法获取的反 S 特性，其动态环将会明显减小。试验中分别对两台机组进行单机甩负荷导叶拒动的测试，实测的蜗壳和尾水管进口水击压强(已将脉动压强分出)、力矩、流量和转速，如图 11.12 所示。据此绘制反 S 区动态特性曲线如图 11.13 中虚线所示。经过式(11.73) 修正后，动态环可基本消除，如图 11.13 中实线所示。

11.3.2　飞逸稳定性试验

水泵水轮机飞逸稳定性与飞逸点的斜率直接相关，在第 6 章中曾对不同前提条件下的飞逸稳定性进行了理论推导和数值计算。其中，在水体刚性假设下稳定性的判别标准为

$$\frac{Q_{ed}\dfrac{dM_{ed}}{dn_{ed}} - 2\dfrac{T_a}{T_w}}{Q_{ed} - n_{ed}\dfrac{dQ_{ed}}{dn_{ed}}} < \frac{K_f T_a \left|Q_{ed}\right|}{T_w} \tag{11.74}$$

由式(11.74) 可知，在计入水头损失时，飞逸稳定性与飞逸点斜率 dM_{ed}/dn_{ed}、dQ_{ed}/dn_{ed}、摩阻以及系统惯性有关。而不计系统摩阻时，原表达式可改写为

$$\begin{cases} \dfrac{dM_{ed}}{dn_{ed}} < \dfrac{2T_a}{Q_{ed}T_w}, & \dfrac{dQ_{ed}}{dn_{ed}} < \dfrac{Q_{ed}}{n_{ed}} \\ \dfrac{dM_{ed}}{dn_{ed}} > \dfrac{2T_a}{Q_{ed}T_w}, & \dfrac{dQ_{ed}}{dn_{ed}} > \dfrac{Q_{ed}}{n_{ed}} \end{cases} \tag{11.75}$$

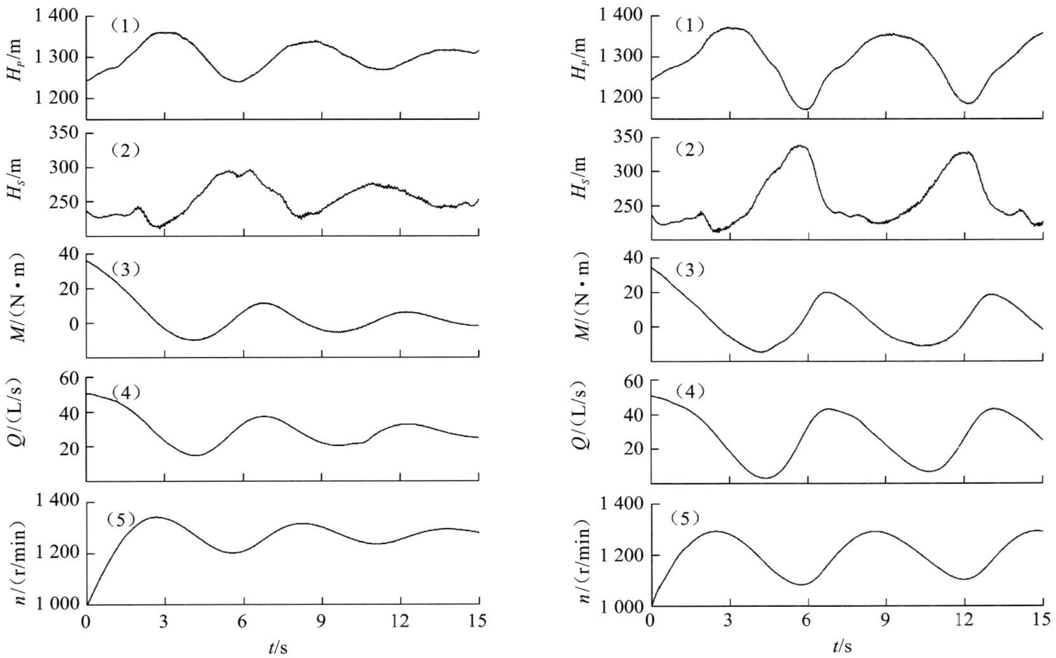

(a) XJ　　(b) BQ

图 11.12　导叶拒动甩负荷实测结果

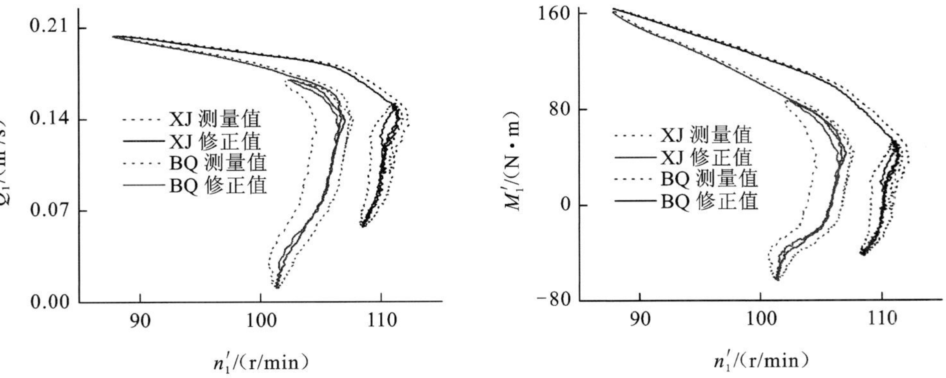

(a) n_1'~Q_1'　　(b) n_1'~M_1'

图 11.13　动态环和特性曲线

由于 $\mathrm{d}M_{ed}/\mathrm{d}n_{ed}$、$\mathrm{d}Q_{ed}/\mathrm{d}n_{ed}$ 正负相同，故满足 $\mathrm{d}Q_{ed}/\mathrm{d}n_{ed} < Q_{ed}/n_{ed}$ 时必有 $\mathrm{d}Q_{ed}/\mathrm{d}n_{ed} < 0$ 且 $\mathrm{d}M_{ed}/\mathrm{d}n_{ed} < 0$，此时 $\mathrm{d}M_{ed}/\mathrm{d}n_{ed} < 2T_a/Q_{ed}T_w$ 自动满足。而当 $\mathrm{d}M_{ed}/\mathrm{d}n_{ed} > 2T_a/Q_{ed}T_w$ 时，必然有 $\mathrm{d}Q_{ed}/\mathrm{d}n_{ed} > Q_{ed}/n_{ed}$。综上，不计摩阻时飞逸稳定性条件为

$$\frac{\mathrm{d}M_{ed}}{\mathrm{d}n_{ed}} > \frac{2T_a}{Q_{ed}T_w} \quad 或 \quad \frac{\mathrm{d}M_{ed}}{\mathrm{d}n_{ed}} < 0 \tag{11.76}$$

由于 BQ 转轮飞逸点斜率 dM_{ed}/dn_{ed} 小于 XJ 转轮，因此在管道系统不设调压室时，XJ 转轮对应的抽水蓄能机组表现为收敛现象（图 11.12(a)），而 BQ 转轮对应的机组表现出不稳定的等幅振荡现象（图 11.12(b)）。

对 BQ 机组，开展三组不同流量的飞逸试验（图 11.14(a)）；去掉模型电站下游调压室以减小系统压力管道 T_w 值，开展同流量下的飞逸试验（图 11.14(b)）；再此基础上减少随发电机旋转的飞盘数量以减小系统 T_a 值，开展同流量下的飞逸试验（图 11.14(c)）。

对于图 11.14(a) 和图 11.14(b)，去掉调压室后式(11.69) 中 $2T_a/(Q_{ed}T_w)$ 减小，稳定性判据更容易满足，因此图 11.14(b) 中机组在小流量下逐渐稳定（图 11.14(b)）。

对于图 11.14(b) 和图 11.14(c)，减小机组转动惯量后，$2T_a/(Q_{ed}T_w)$ 进一步减小，故更容易满足稳定性判据，因此图 11.14(c) 中机组在大、中流量下也逐渐稳定。

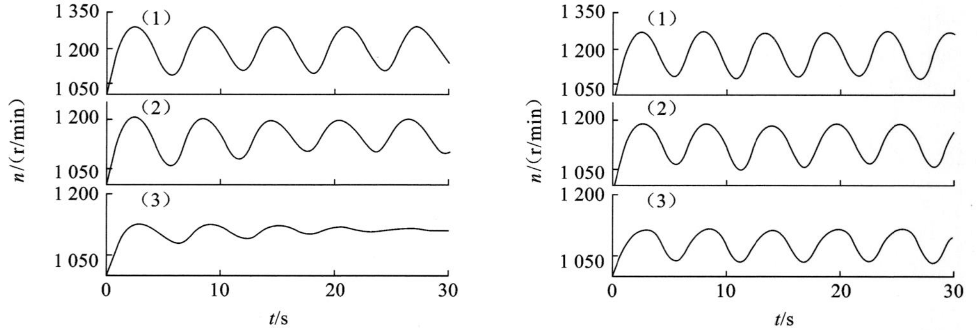

（a）有调压室及100%转动惯量　　（b）无调压室及100%转动惯量（转轮1）

图 11.14　实测飞逸过程转速

(1)Q_0 = 49.1 L/s；(2)Q_0 = 37 L/s；(3)Q_0 = 24 L/s

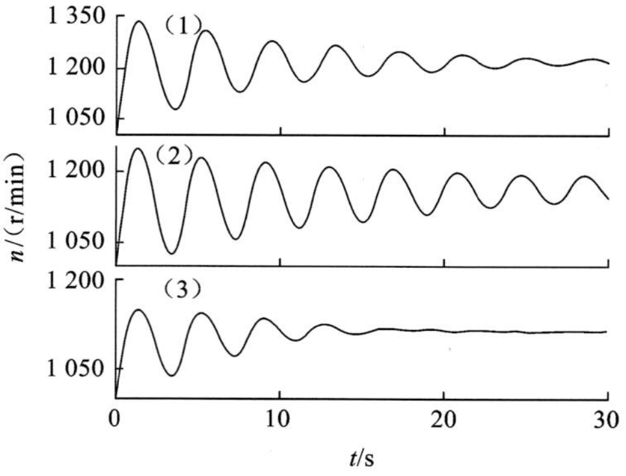

（c）无调压室及40%转动惯量

图 11.14　实测飞逸过程转速(续)

(1)Q_0 = 49.1 L/s；(2)Q_0 = 37 L/s；(3)Q_0 = 24 L/s

11.3.3　机组甩负荷试验

除了飞逸稳定性受水泵水轮机反 S 特性曲线影响外，甩负荷过程的水击压强也与反 S 特性曲线密切相关。由于水泵水轮机 S 区单位流量急剧变化，导致过渡过程中水泵水轮机流量急剧下降，造成较大的水击压强。

XJ 机组反 S 曲线的第二区相对 BQ 机组，明显向外移（图 11.13），尽管外移结果可改善机组在飞逸工况的稳定性，但大开度越向外，机组甩负荷导叶关闭时，轨迹线在反 S 区越有可能更为倾斜，造成更大的水击压强。

分别对两台机组进行单机甩负荷试验，导叶关闭时间为 7 s，其蜗壳压强、尾水管压强及转速变化过程如图 11.15 所示，其极值统计结果如表 11.7 所示。其中 BQ 机组蜗壳最大压强比 XJ 机组小 0.26 m，尾水管最小压强比 XJ 机组大 0.21 m，最大转速比 XJ 机组小 22 r/min。故 XJ 机组的调节保证参数更为不利，其中蜗壳和尾水管压强的主要差异来自于图 11.15 中灰色带的二区。根据图 11.16 所示轨迹线，可得 XJ 机组在二区，特别是在制动工况区，轨迹线更加倾斜，不利于水击压强的控制。而最大转速的差异来自于水轮机工况区，其原因是 XJ 机组飞逸点 n_{ed} 比 BQ 机组大。

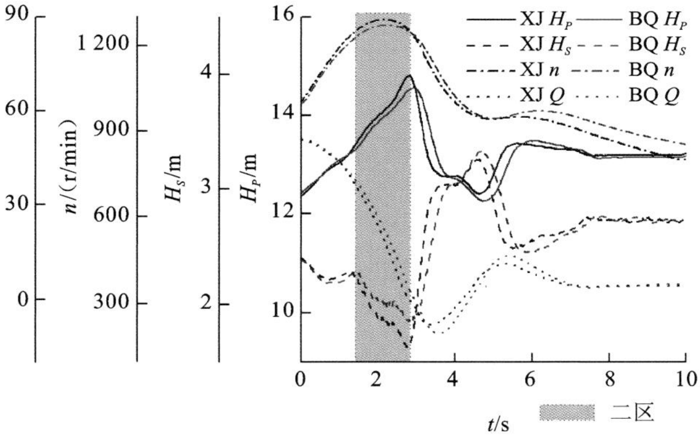

图 11.15　过渡过程参数实测数据

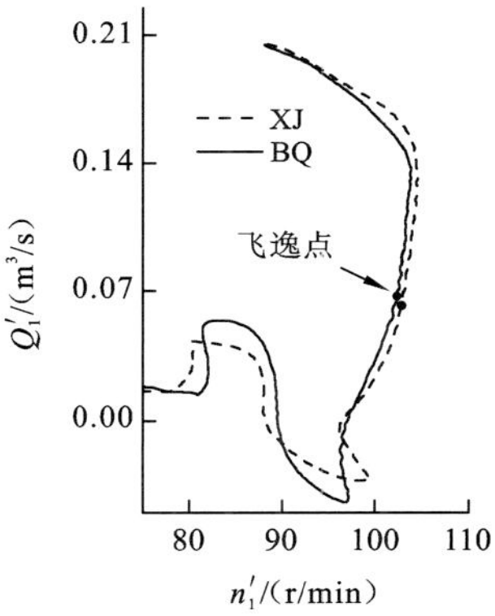

图 11.16　工况点轨迹线

表 11.7　两台机组分别甩负荷极值对比

极值	蜗壳压强/m	尾水管压强/m	机组转速/(r/min)
BQ	14.56	1.78	1 268
XJ	14.82	1.57	1 290

11.3.4　两台机组相继甩负荷试验

抽水蓄能机组相继甩负荷所产生的极端水击压强，只是通过数值计算得出的，由于该工况的危险性，并没有进行过现场试验。因此，通过模型试验手段对该极端工况进行测试是必要的。试验中带有下游调压室，先甩 BQ 机组，后甩 XJ 机组，试验中均采用 15 s 直线的导叶关闭规律，时间间隔分别为 0，0.2，…，2.6 s，极值结果如表 11.8 所示。从中可以看出，在间隔时间 1.0 s 时，尾水管压强极其不利。时间间隔为 0，1.0，2.0 s 的蜗壳压强和尾水管压强的变化过程如图 11.17 所示，由此可见相继甩负荷工况下在二区的水击压强变化十分明显。

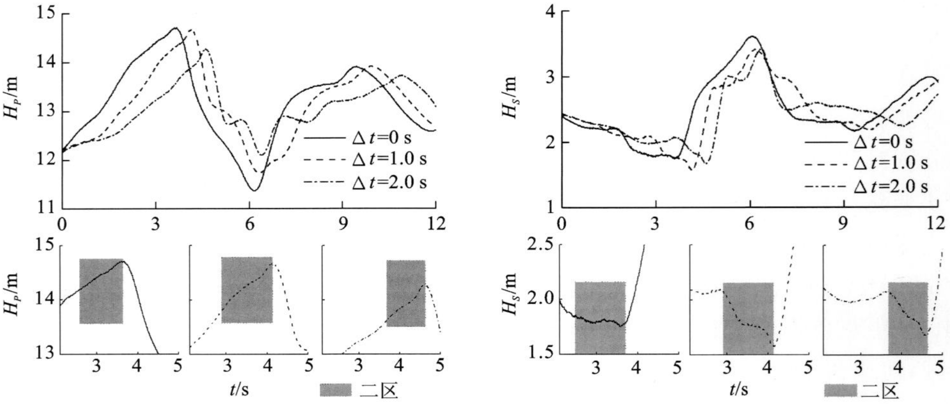

（a）蜗壳压强　　　（b）尾水管压强

图 11.17　相继甩负荷下实测压强

表 11.8　两台机组相继甩负荷间隔时间及水击压强极值

T/s	0.0	0.2	0.4	0.6	0.8	1.0	1.2	1.4	1.6	1.8	2.0	2.2	2.4
$H_{P,\max}$/m	14.81	14.85	14.87	14.84	14.80	14.79	14.70	14.64	14.59	14.44	14.38	14.25	14.10
$H_{S,\min}$/m	1.75	1.69	1.65	1.66	1.60	1.56	1.61	1.60	1.64	1.63	1.67	1.71	1.83

11.3.5　导叶关闭规律试验

根据以上试验，可知水泵水轮机反 S 特性导致抽水蓄能机组甩负荷过程中机组和管道的安全运行受到影响，因此需要采取一定措施进行控制。在抽水蓄能电站的设计阶段，可通过输水管道优化、平压设施（调压室）设置等措施对调节保证参数进行控制。而抽水蓄能电站建成后，最有效且最经济的工程措施是优化导叶关闭规律。

对于 BQ 机组，采用 7 s 直线关闭的规律，其蜗壳水击压强、尾水管水击压强以及转速变化过程如图 11.18 中实线所示（试验 1）。在该导叶关闭规律作用下，导叶开度在水轮机工况区不断减小，使得力矩减小，故转速上升最大值较低（1 268 r/min）；导叶开度在制动工况区继续关闭，该区间水击压强上升明显（蜗壳压强最大值 14.56 m，尾水压强最小值 1.78 m）。

相比直线关闭规律，导叶先延时再关闭的两段关闭规律可有效控制水击压强，其中延时的时间为工况点达到下奇点 S' 之后。按照该关闭规律进行试验（试验 2），其结果如图 11.18 中点划线所示。由于在水轮机工况区导叶开度未动，故力矩下降较慢，转速上升最大值明显增大（1 290 r/min）；并且在反 S 特性的二区，导叶开度仍然未动，其水击压强明显减小（蜗壳压强最大值 13.84 m，尾水压强最小值 2.12 m）。

相比直线关闭规律，导叶先关＋延时（或开启）再关的三段关闭规律不仅也可控制水击压强，同时可以控制最大转速。其中第一折点为工况点达到上奇点 S 时，而第二折点为工况点到达下奇点 S' 时。按照该关闭规律进行试验（试验 3），其结果如图 11.18 中虚线所示。蜗壳压强最大值 13.99 m，尾水压强最小值 2.03 m，最大转速 1 253 r/min。

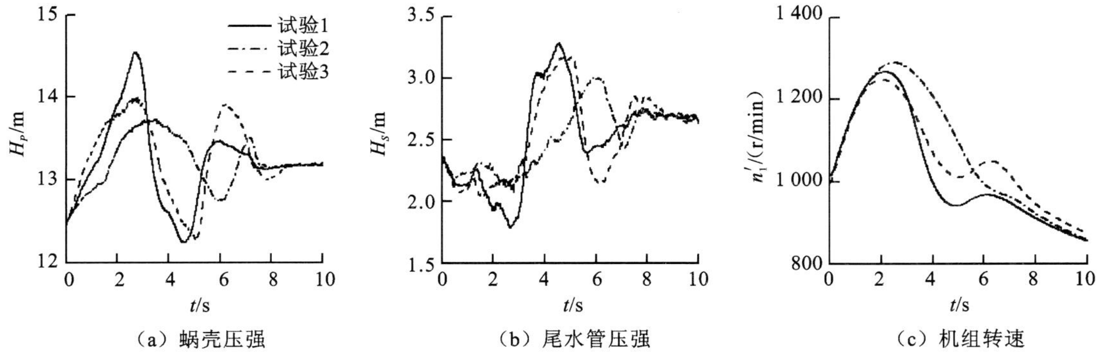

图 11.18　不同导叶关闭规律下实测的过渡过程参数

参 考 文 献

[1] 郭文成，杨建东，杨威嘉. 水电站水机电联合过渡过程模型试验相似律的研究. 大电机技术，2014，1:48-51.

[2] 杨建东，李进平，王丹，等. 水电站引水发电系统过渡过程整体物理模型试验探讨. 水力发电学报，2004，1:57-63.

[3] Wylie E B，Streeter V L. Fluid transients in systems. Englewood Cliffs：Prentice Hall，1993.

[4] 杨建东，赖旭. 武汉大学水电站过渡过程与控制实验室. 国际电力，2001，3：58-60.

[5] ISO 4185，1980，Measurement of liquid flow in closed conduits-weighing method，International Organization for Standardization，United States of America.

[6] http://www.hbm.com/en/4483/data-recorder-and-transient-recorder-gen7i/

[7] Schafer R W. What is a savitzky-golay filter. IEEE Signal Processing Magazine，2011，7：111-117.

符号说明

符号	名称
A	管道断面面积，m^2
a	水击波波速，m/s
b_p	永态转差系数
b_t	暂态转差系数
C	谢才系数
D	管道直径，m；转子阻尼系数；调压室大井直径，m
D_1	转轮进口直径，m
d	管道直径，m
$\mathrm{d}s$	沿相对速度流线上的微元
E	管壁材料的弹性模量，Pa
F	调压室面积，m^2
f	隧洞断面面积，m^2
GD^2	机组飞轮力矩，$t \cdot m^2$
g	重力加速度，m/s^2
H	压强水头，m
H_{ndyn}	经过水轮机内部水流惯性修正后的水轮机水头，m
H_n	未经水轮机内部水流惯性修正后的水轮机水头，m
H_P	转轮进口侧测压管水头，m
$H_{P,\max}$	转轮进口侧最大测压管水头，m
H_S	转轮出口侧测压管水头，m
$H_{S,\min}$	转轮出口侧最小测压管水头，m
$\widetilde{H}_P$	含有脉动压强的转轮进口(或蜗壳末端)压强波动信号，m
$\widetilde{H}_S$	含有脉动压强的转轮出口(或尾水管进口)压强波动信号，m
ΔH_P	转轮进口(或蜗壳末端)脉动压强，m
h_r	调压室阻抗损失，m
h_w	隧洞的水头损失，m
I	蜗壳进口到尾水管出口的水流惯性
K	液体的体积弹性模量，Pa
K_d	微分增益，s
K_f	压力管道动量方程中与压力管道摩阻损失项有关的系数
K_i	积分增益，s^{-1}

K_p	比例增益
L	隧洞的长度，m
M	水轮机力矩，N·m
M_{ed}	相对单位力矩
M'_1	单位力矩，N·m
m	水体质量，kg
n	管道糙率系数；机组转速，r/min
n_0	机组额定转速，r/min
n_{ed}	相对单位转速
n'_1	单位转速，r/min
P_0	发电机初始功率，MW
P_e	电磁功率，MW
P_t	机械功率，MW
p	流体中各点的压强，Pa
Q	流量，m^3/s
Q_C	率定仪流量，m^3/s
Q_{ed}	相对单位流量
Q_M	电磁流量计流量，m^3/s
Q'_1	单位流量，m^3/s
R	水力半径，m
R_e	雷诺数
r	流体质点所在位置的矢径
T_a	机组惯性时间常数，s
T_d	缓冲装置时间常数，s
T_n	测频微分时间常数，s
T_w	水流惯性时间常数，s
T_y	主接力器响应时间常数，s
t	时间，s
u	流体的牵连速度，m/s
V	断面流速，m/s
v	转轮处平均流速（绝对速度），m/s
W	流体的相对速度，m/s
x	从任意起点开始的沿管轴的坐标距离，m；机组转速偏差相对值
y	导叶开度偏差相对值
Z	调压室中瞬时水位与静水位的差值，m
z	水体相对某参考基准面的高程，m

α	比尺
α_a	波速比尺
α_{b_p}	永态转差系数比尺
α_{b_t}	暂态转差系数比尺
α_D	转子阻尼系数比尺
α_d	管道直径比尺
α_E	管壁材料弹性模量比尺
α_F	调压室面积比尺
α_f	隧洞面积比尺
α_g	重力加速度比尺
α_H	水头比尺
α_{h_w}	隧洞水头损失比尺
α_{h_r}	调压室阻抗损失比尺
α_I	电流比尺
α_J	转动惯量比尺
α_{K_d}	微分增益比尺
α_{K_p}	比例增益比尺
α_{K_i}	积分增益比尺
α_l	长度比尺
α_{lD}	径向几何比尺
α_{lZ}	轴向几何比尺
α_N	电功率比尺
α_n	转速比尺
α_n'	糙率比尺
α_{P_0}	发电机初始功率比尺
α_{P_e}	发电机电磁功率比尺
α_{P_t}	发电机机械功率比尺
α_p	压强比尺
α_Q	流量比尺
α_R	水力半径比尺
α_{T_a}	机组惯性时间常数比尺
$\alpha_{T_a'}$	计入负载惯性时间常数后的发电机等效惯性时间常数比尺
α_{T_b}	负载的机械惯性时间常数比尺
α_{T_d}	缓冲装置时间常数比尺

$\alpha_{T'_{d0}}$　d 轴开路暂态时间常数比尺

α_{T_e}　水流弹性时间常数比尺

α_{T_n}　测频微分时间常数比尺

α_{T_y}　主接力器响应时间常数比尺

α_t　时间比尺

α_U　电压比尺

α_u　水流牵连速度比尺；调节器综合放大系数比尺

α_V　流速比尺

α_v　水流绝对速度比尺

α_W　水流相对速度比尺

α_x　机组转速相对偏差比尺

α_y　导叶开度相对偏差比尺

α_Z　调压室水位比尺

α_z　水流质点位置高程比尺

α_δ　管壁厚度比尺

α_λ　达西.维斯巴赫摩阻系数比尺

α_ρ　液体密度比尺

α_ω　转轮旋转角速度比尺

α_{ω_0}　转轮初始旋转角速度比尺

δ　管壁厚度

λ　达西.维斯巴赫摩阻系数

θ　管道各断面形心的连线与水平面所成的夹角

ρ　水的密度，kg/m^3

υ　水的运动粘度，m^2/s

ω　转轮的旋转角速度，rad/s

ω_0　转轮初始旋转角速度，rad/s

第 12 章　抽水蓄能机组调试试验与反演预测分析

抽水蓄能机组调试试验是电站投产前必不可少的安全检查的环节，需要按有关的规程规范稳妥渐进地开展现场试验。试验结果是否真实可信，主要取决于传感器布置、数据采集、去噪抗扰以及测试的精度等，它们也是反演预测分析的前提。而反演预测分析的目的：一是在循序渐进的现场试验中，不断根据实测结果进行反演，修正数学模型，预测下一个更不利的工况是否在安全限制范围之内，确保机组和电站的安全；二是综合现场各次试验和反演的结果，预测机组在校核工况、极端工况下是否在安全限制范围之内。若超出范围，调整导叶关闭规律和采用其他工程措施，并重复上述预测工作，或者提出机组运行的限制条件。最后，在抽水蓄能机组运行范围内进行全面的复核计算分析，以指导抽水蓄能电站的安全运行。

12.1　调试试验与反演预测分析的基本要求

12.1.1　测试的物理量及相应测点的布置

抽水蓄能机组调试试验与反演预测分析的首要工作是确定机组与电站反演预测分析所需要的物理量，并在调试试验中予以测试和采集。

由于调试试验与反演预测分析的目的主要是检验抽水蓄能机组及管道系统在甩负荷、水泵断电等事故工况下的安全性，为导叶关闭规律的优化、机组运行限制条件的制定等提供科学依据。因此，需要测试和采集的物理量通常包括以下两类。

(1) 机组的物理量：

① 机组出力；

② 水泵水轮机力矩；

③ 发电机三相电流与电压；

④ 接力器行程或导叶开度；

⑤ 机组转速；

⑥ 球阀上/下游侧压强(包括脉动压强)；

⑦ 蜗壳进口/末端压强(包括脉动压强)；

⑧ 无叶区压强(包括脉动压强)；

⑨ 尾水管进口/出口压强(包括脉动压强)。

(2) 管道系统的物理量：

① 上、下游水库水位；

② 管道沿线压强；

③ 调压室、闸门井水位；

④ 调压室底板压差。

上述的物理量由布置在机组和管道系统中的各种传感器、互感器传输，由数据采集仪采集，并将模拟信号转换成数值信号进行存储，以供后续的分析使用。

机组出力、水泵水轮机力矩、发电机三相电流与电压、接力器行程或导叶开度、机组转速等物理量的测试，比较明确，而压强和水位两种物理量的测试，存在着测点布置的问题，表现在如下三个方面。

(1) 测点与压力传感器的连接方式。测点与压力传感器直接连接是必需的，其原因为若压力传感器连接在细长测压管顶端，在过渡过程中细长测压管不仅存在水流惯性，而且有可能存在流固耦合激振(与稳态有本质的差别)，其结果是多重因素的叠加，而不是非恒定流真实的压强(包括水击压强、脉动压强) 随时间的变化过程。同理，水位传感器也必须置入调压室、闸门井内，否则水位波动也有可能是不真实的。

(2) 测点的位置。对于机组调节保证参数，测点的位置应尽可能与规范的定义、设计的依据和数值计算结果的输出一致，否则应做必要的修正。对于管道系统沿程压强分布，测点的位置应与最大/最小压强控制点一致，如管道断面突变处、岔管、立面弯头、调压室底部等，这些测点可由调节保证计算事先确定。但测点布置时也应考虑局部水头损失的影响范围。

(3) 测点的代表性。测点的压强仅为固体内壁某点的压强，既不同于其他点的压强，更不能代表某点所在断面的平均压强，且平均压强不包含脉动压强。若某断面采用多测点均压环来测试该断面的压强，其结果为平均压强。

压力传感器和水位传感器测点布置的具体建议如下。

(1) 水泵水轮机的压力传感器测点的布置。根据 IEC 60193 规程[1]，其压力传感器测点主要为蜗壳进口、尾水管进口、尾水管弯肘、尾水管出口、无叶区(测试脉动压强)，如图 12.1 所示。若有可能，在蜗壳末端也布置测点，以便与进口测点的压强时程进行比较。

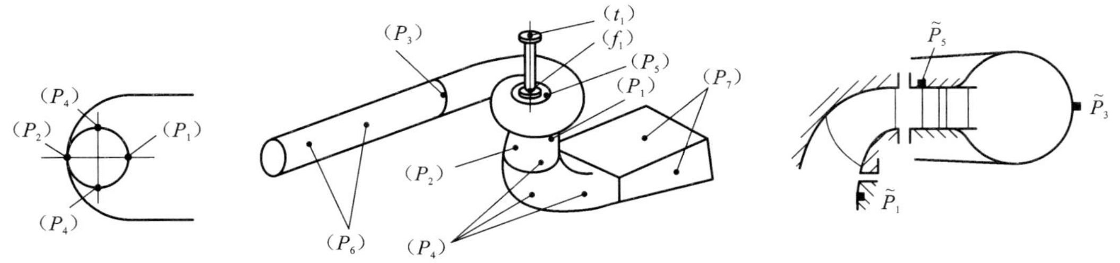

图 12.1　水泵水轮机(水轮机) 压力传感器测点布置示意图

P_1 - 尾水锥管靠近下游方向测点(尾水管进口断面之下 $0.1D_2$ 的断面)；

P_2 - 尾水锥管靠近上游方向测点(尾水管进口断面之下 $0.1D_2$ 的断面)；

P_3 - 蜗壳进口测点(蜗壳进口断面)；

P_4 - 尾水管其他测点：① 布置在尾水锥管环面与 P_1、P_2 成直角；② 布置在尾水管弯肘；

P_5 - 导水机构测点：① 转轮与导叶之间；② 活动导叶与固定导叶之间；

P_6 - 蜗壳上游侧其他测点(球阀与蜗壳之间的压力钢管)；

P_7 - 尾水管出口测点

(2) 球阀测点的布置。在球阀上游侧和下游侧各布置 1 个测点，建议测点离法兰的距离为 0.1 倍的管道直径。

(3) 上/下游水库水位测点的布置。水位的测量可以采用水位计,也可以采用压力传感器。若采用超声波水位传感器,测点应布置在水库最高水位之上;若采用压力传感器,测点应布置在水库最低水位之下,且远离抽水蓄能电站的进/出水口。

(4) 调压室、闸门井水位测点的布置。同上,水位的测量可以采用水位计,也可以采用压力传感器。若采用超声波水位传感器,测点应布置在调压室、闸门井最高涌浪水位之上;若采用压力传感器,测点应布置在调压室、闸门井最低涌浪水位之下的内壁表面,或者阻抗式调压室的底板上表面。

(5) 阻抗式调压室底板压差测点的布置。测点布置在阻抗式调压室底板上/下表面,且远离阻抗孔口。

(6) 管道沿线压强测点的布置。测点可布置在与管道断面形心同高的边壁处。其断面位置取决于工程设计和运行监测的要求。若需要测量弯头段或直管段顶部的压强,建议将测点选在弯头段或直管段的中间断面的顶上。

测点的数量应予以控制,没有特别的要求应尽量减少测点,否则会大大地增加传感器布置、数据采集和数据分析处理的难度与代价。

12.1.2 传感器的类型、精度、量程与频率的选取

1. 传感器类型

传感器类型的选取,取决于被测的物理量的性质。抽水蓄能机组调试试验所需的传感器类型如表 12.1 所示。

表 12.1 测量仪器的类型

测试的物理量	传感器
机组出力	功率互感器
水泵水轮机力矩	力矩传感器
发电机/电动机三相电流	电流互感器
发电机/电动机三相电压	电压互感器
接力器行程	行程传感器
导叶开度	导叶开度传感器
机组转速	转速编码器,测频仪,飞摆
球阀上/下游侧压强(包括脉动压强)	压力传感器(脉动压强传感器)
蜗壳进口/末端压强(包括脉动压强)	压力传感器(脉动压强传感器)
无叶区压强(包括脉动压强)	压力传感器(脉动压强传感器)
尾水管进/出口压强(包括脉动压强)	压力传感器(负压、脉动压强传感器)
上/下游水库水位	超声波水位传感器、压力传感器
管道沿线压强	压力传感器
调压室、闸门井水位	超声波水位传感器、压力传感器
调压室底板压差	差压传感器、压力传感器

2. 传感器精度

由于传感器的精度与加工制造的条件密切相关，国家标准按照准确度等级衡量测量仪器的精度，一般要求在 ±0.2%FS 以上。而国际规范通常强调仪器的不确定度，并确定了表 12.2 所示的要求。

表 12.2　对不同被测量不确定度的要求

被测物理量	允许最大不确定度/%
流量	0.2
压强（压力传感器测量）	0.5
水位（压力传感器测量）	0.5
力矩	0.1
转速	0.05

3. 采样频率

当采样频率偏低时，实测的脉动压强在频域显示中不完整，影响结果的分析。按照奈奎斯特采样定理的要求，合理的采样频率应超过由流动引起的最大脉动压强频率的 2 倍。在此所说的“最大脉动压强频率”在实际电站中对应叶片转动倍频，其量级在 100 ～ 1 000 Hz，对于不同转速和叶片数导叶数组合不尽相同。超过 1 000 Hz 的脉动通常不予考虑。表 12.3 列出了水泵水轮机脉动压强组成成分[2] 及其对应的频率。

表 12.3　水泵水轮机脉动压强组成成分

脉动压强来源	对应频率
动静干涉	叶片转动频率整数倍
旋转失速	0.3 ～ 0.7 倍转频
涡带	0.16 ～ 0.4 倍转频

4. 量程

传感器、互感器等的量程应根据测量物理量的数值变化范围来确定。具体选择时，需要先进行过渡过程的数值仿真计算，依据计算结果，估计被测量可能达到的最大值，保证测量值处于仪表量程之内。根据我国机械行业压力传感器型谱标准 JB/T 6172—2005[3]，各类压力传感器测量范围划分以及过载要求如表 12.4 和表 12.5 所示。

表 12.4　压力传感器测量范围

压力传感器类型	标记代号	测量范围	计量单位
微压传感器	μ	＜10	kPa
低压传感器	L	10 ～ 100	kPa
中压传感器	M	1 ～ 10	MPa
高压传感器	H	＞10	MPa

表 12.5 压力传感器允许过载规定

压力传感器类型	微压传感器	低压传感器	中压传感器	高压传感器	
				≤60 MPa	>60 MPa
允许过载/%FS	≤200	≤200	≤200	≤150	≤120

然而，长期的过载使用会损坏仪表，导致精度下降。为了保证传感器长期可靠使用，应避免过载和量程选择过大两种极端情况，它们都会影响测量精度。因此，被测量以落在2/3满量程附近为宜。

12.1.3 数据采集

数据采集由数据采集仪完成，该仪器由变送器、信号转换器、调理板、数据存储装置等硬件组成，具有信号采集、放大、A/D转换等功能。而软件部分具有系统结构参数设置、数据采集、数据显示、数据分析和数据处理等功能。任何被测的物理量（电量或非电量）在经过各类传感器和调理电路后，都可转换成可被方便采集的模拟量、脉冲量和开关量三类信号，其中压强、流量、电压、电流、位移、应变、有功功率、无功功率、转速和导叶开度等属于模拟量；流速为脉冲量；发电机出口断路器门的状态和实时控制属于开关量。

并行采集是对当前通用数据采集仪的基本要求，即高速同步多通道的数据采集，其主要构成如图12.2所示。

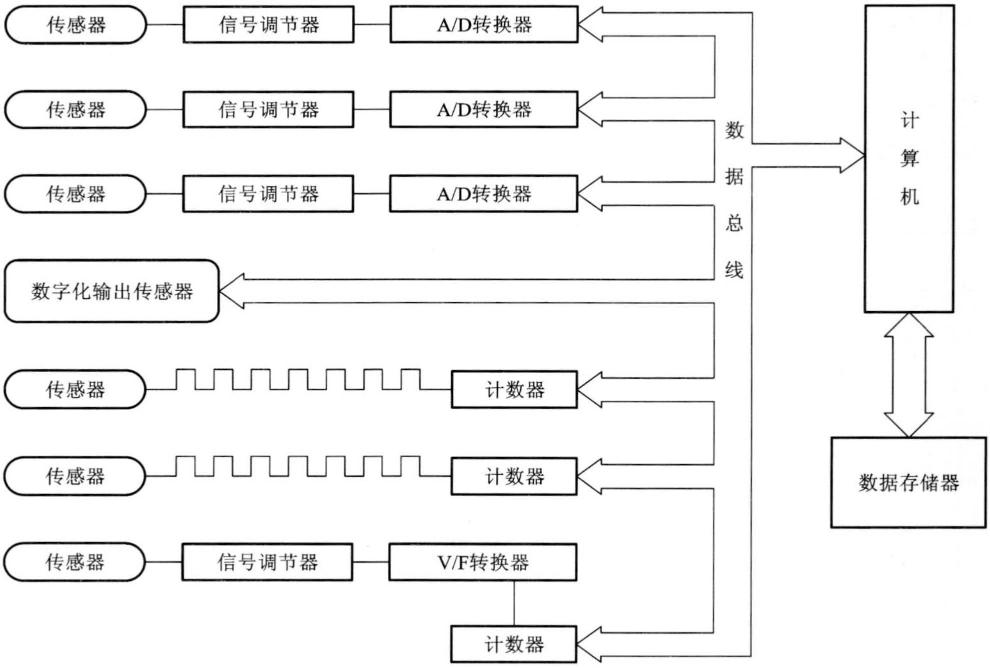

图 12.2 IEC 60193 建议的并行采集系统简图[1]

在采样过程中还应注意如下几点要求：

(1) 采样环境温度应保持稳定，且对采集系统不造成影响；

(2) 通道数量满足采样需求；

(3) 采集系统频率大于传感器采样频率，以保障采样信号不失真；

(4) 信道传输速率快，实现实时采集。

12.2　反演及预测计算分析

12.2.1　反演预测计算所需资料

反演计算所需的资料比设计阶段的抽水蓄能电站水力机械过渡过程计算分析所需的资料更详细、更精准。可以这么说，反演计算所提供的资料越精准，反演计算结果吻合度越高，预测越准。所需的资料分为三类：① 管道参数；② 机组及球阀参数；③ 实测数据。

1. 管道参数

1) 图纸

图纸包括输水发电系统平面/剖面布置图、上/下库进出水口、岔管、调压室、闸门井结构布置图、蜗壳单线图、尾水管单线图等。图 12.3 ～ 图 12.9 给出了某抽水蓄能电站完整的设计图，仅供参考。

2) 上下游特征水位

上下游特征水位包括上/下库校核洪水位、上/下库设计洪水位、上/下库正常蓄水位、上/下库死水位。

2. 机组及球阀参数

(1) 水轮机工况的最大、额定、最小水头及对应流量，额定出力，水轮机比转速；水泵工况的最大、额定、最小扬程及对应流量，水泵最大入力，水泵比转速等。

(2) 额定转速 n_r。

(3) 转轮高压侧直径 D_1。

(4) 转轮低压侧直径 D_2。

(5) 安装高程∇_1。

(6) 吸出高度 H_s。

(7) 发电机/电动机转动惯量、大轴和水泵水轮机转轮及附加水体的转动惯量 GD^2。

(8) 导叶高度 b_0。

(9) 水泵水轮机四象限全特性曲线。

(10) 接力器行程与导叶开度关系曲线。包括模型水泵水轮机导叶开度(转角或开口尺寸以及二者的转换关系)与厂家提供原型水泵水轮机接力器行程、现场实测的接力器行程的对应关系；模型水泵水轮机导叶最大开度(取为 100% 的导叶开度)与厂家提供原型水泵水轮机最大接力器行程(取为 100% 的接力器行程)、现场实测的接力器行程(取为 100% 的接力器行程)的对应关系。

(11) 频率分析所需的资料：转轮叶片数与导叶数目。

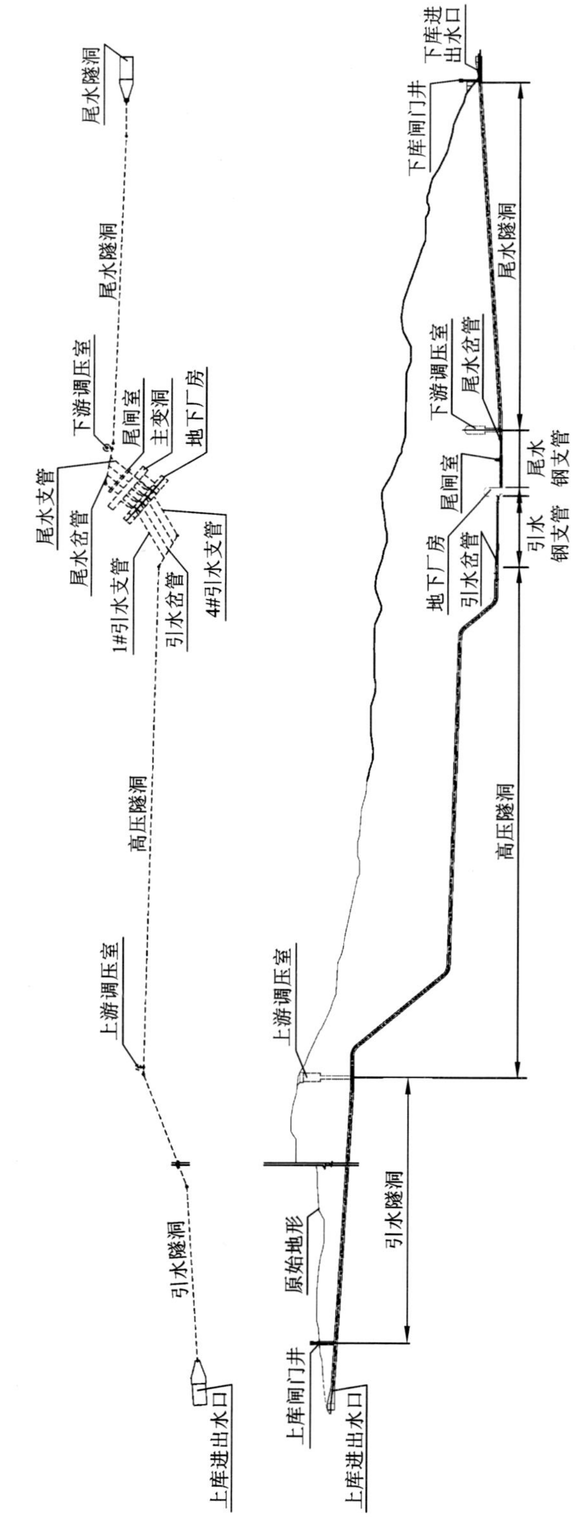

图 12.3　输水系统平面/纵剖面布置图

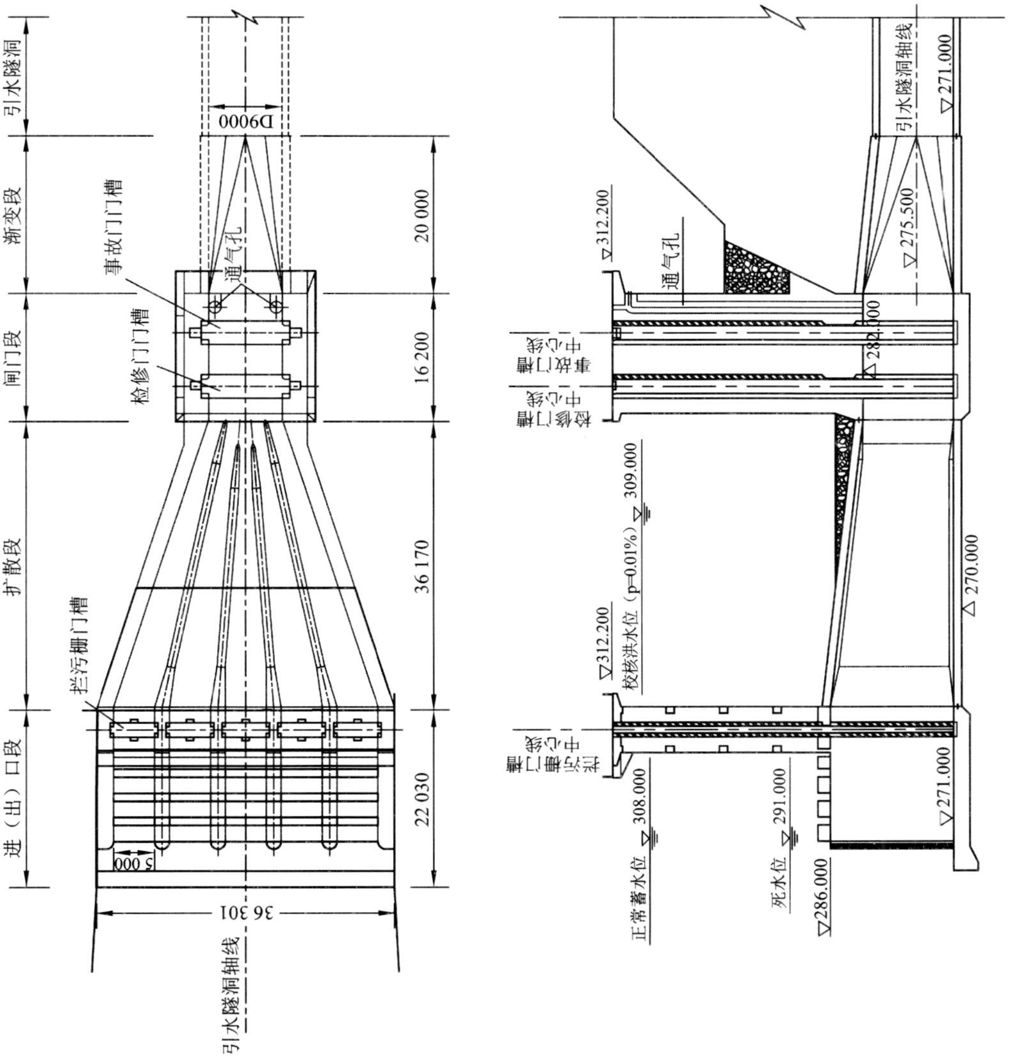

图 12.4　上库进/出水口平面纵剖面布置图

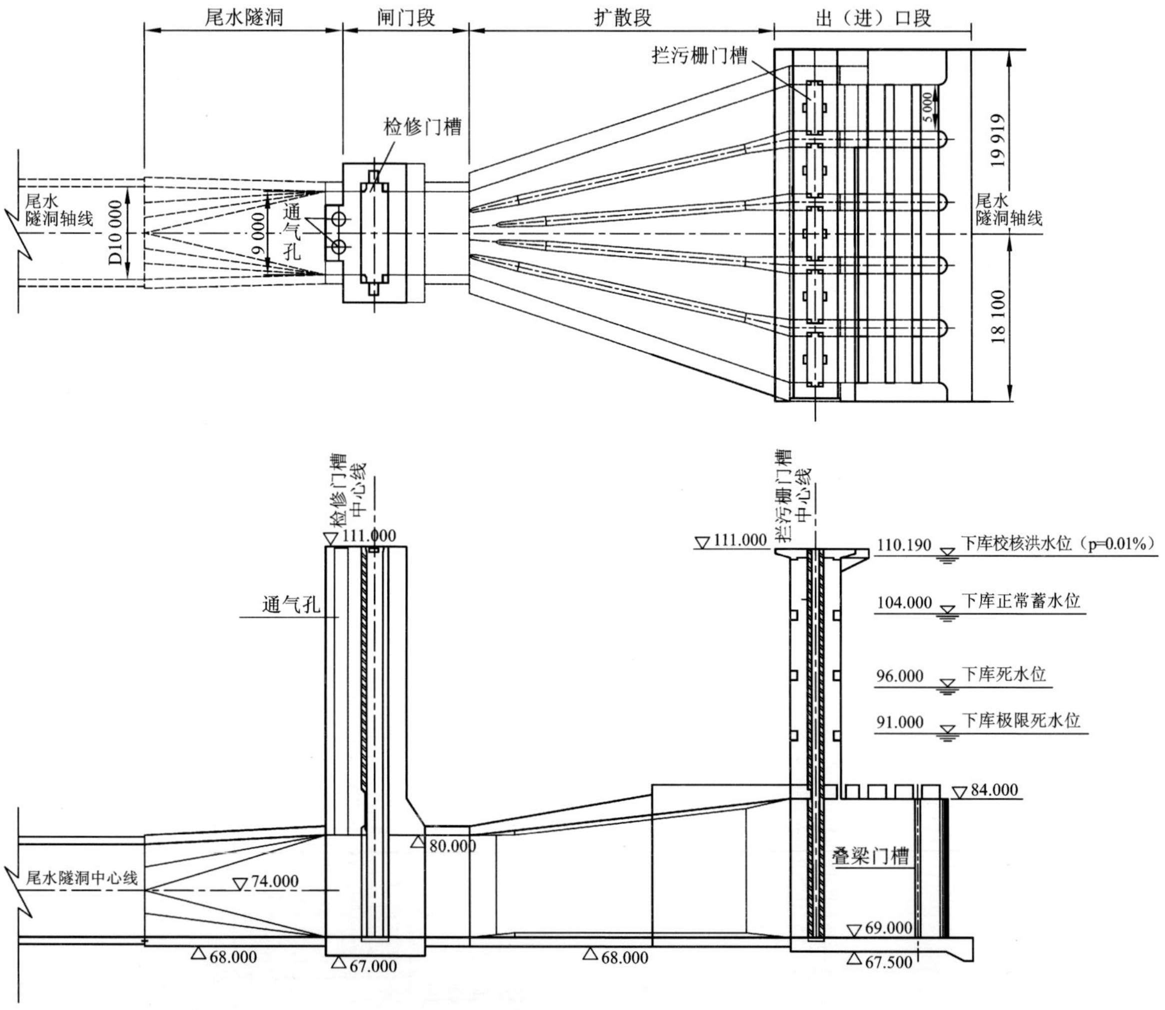

图 12.5　下库出/进水口平面纵剖面布置图

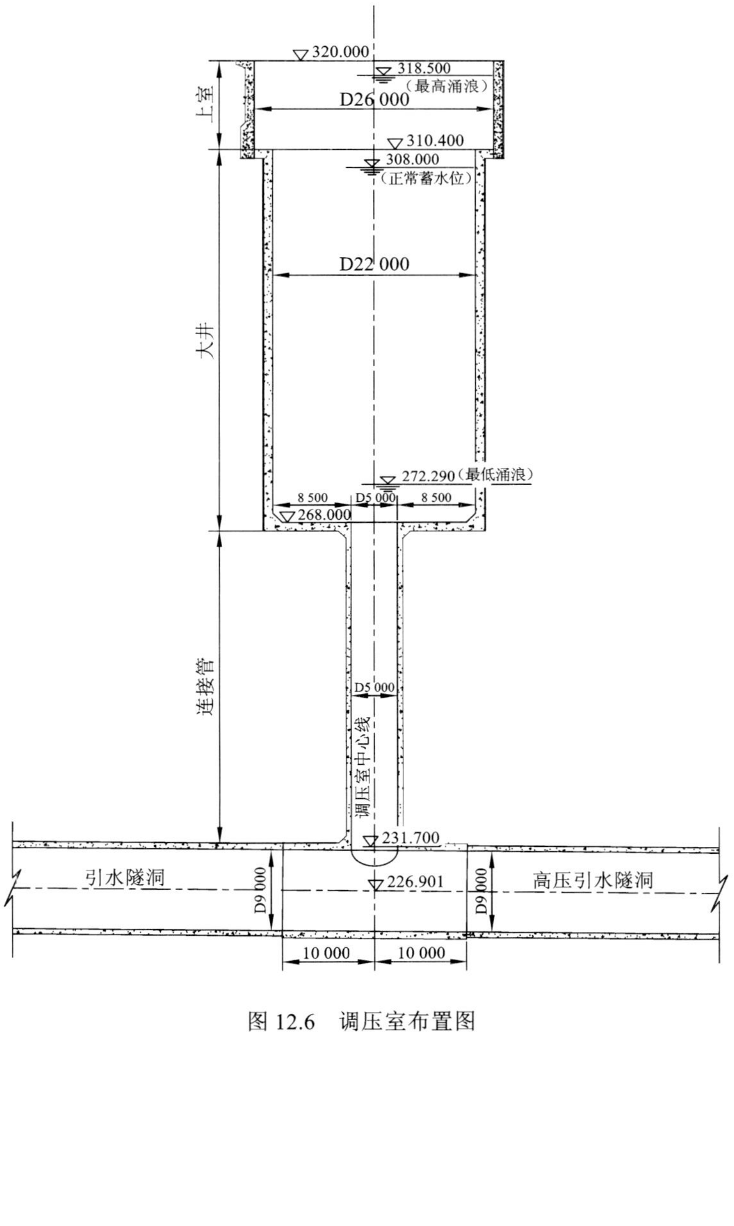
320.000
318.500
（最高涌浪）
D26 000
310.400
308.000
（正常蓄水位）
上室
D22 000
大井
272.290（最低涌浪）
8 500
D5 000
8 500
268.000
连接管
D5 000
调压室中心线
231.700
引水隧洞
D9 000
226.901
D9 000
高压引水隧洞
10 000
10 000

图 12.6　调压室布置图

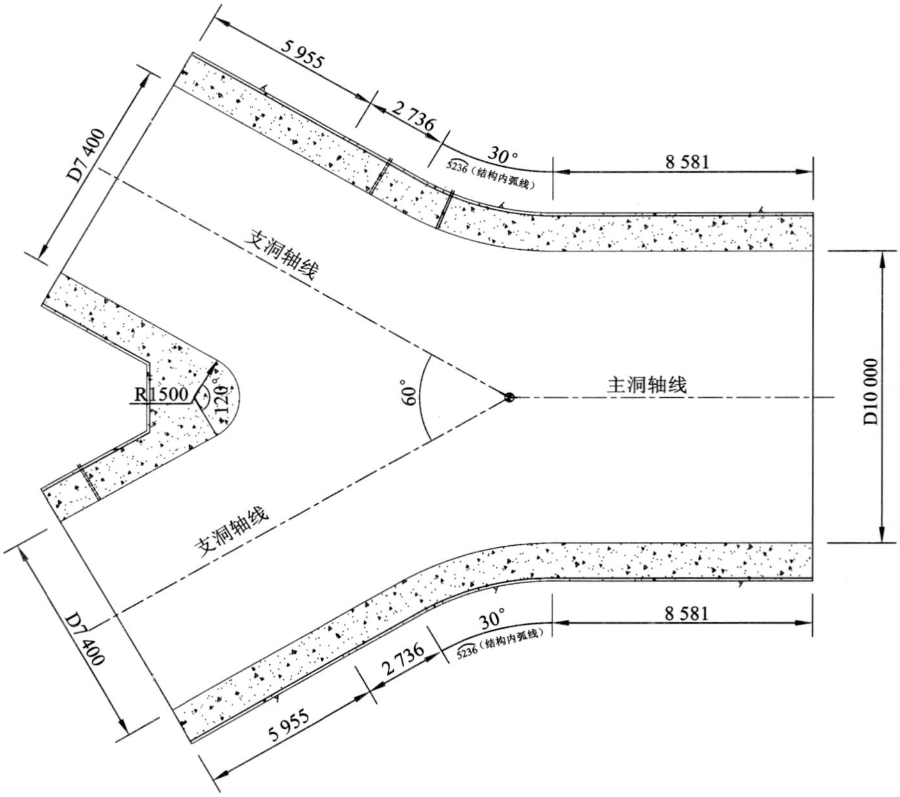
5 955
2 736
30°
5236（结构内弧线）
8 581
D7 400
支洞轴线
R1500
120°
60°
主洞轴线
D10 000
支洞轴线
D7 400
30°
8 581
5236（结构内弧线）
2 736
5 955

图 12.7　岔管平面图

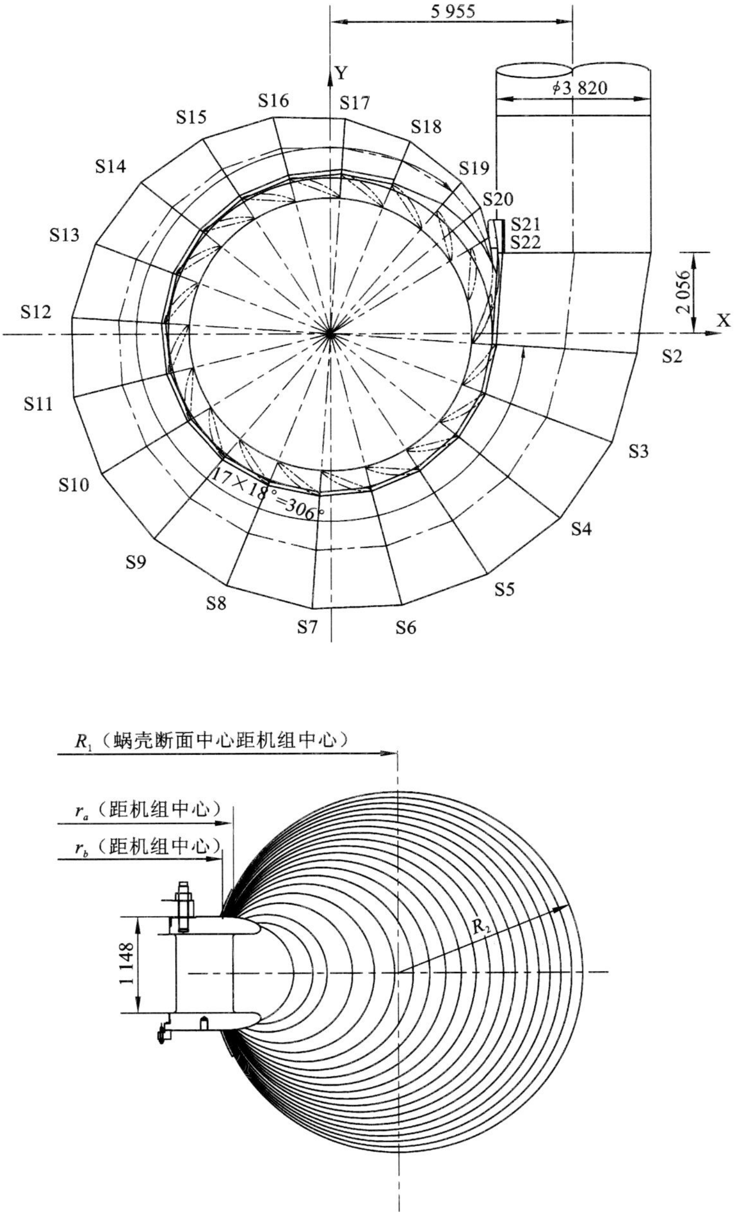
5 955
Y
ϕ3 820
S15
S16
S17
S18
S19
S20
S21
S22
S14
S13
S12
2 056
X
S2
S11
S3
S10
17×18°=306°
S4
S9
S5
S8
S7
S6
R1（蜗壳断面中心距机组中心）
ra（距机组中心）
rb（距机组中心）
1 148
R2

图 12.8　蜗壳单线图

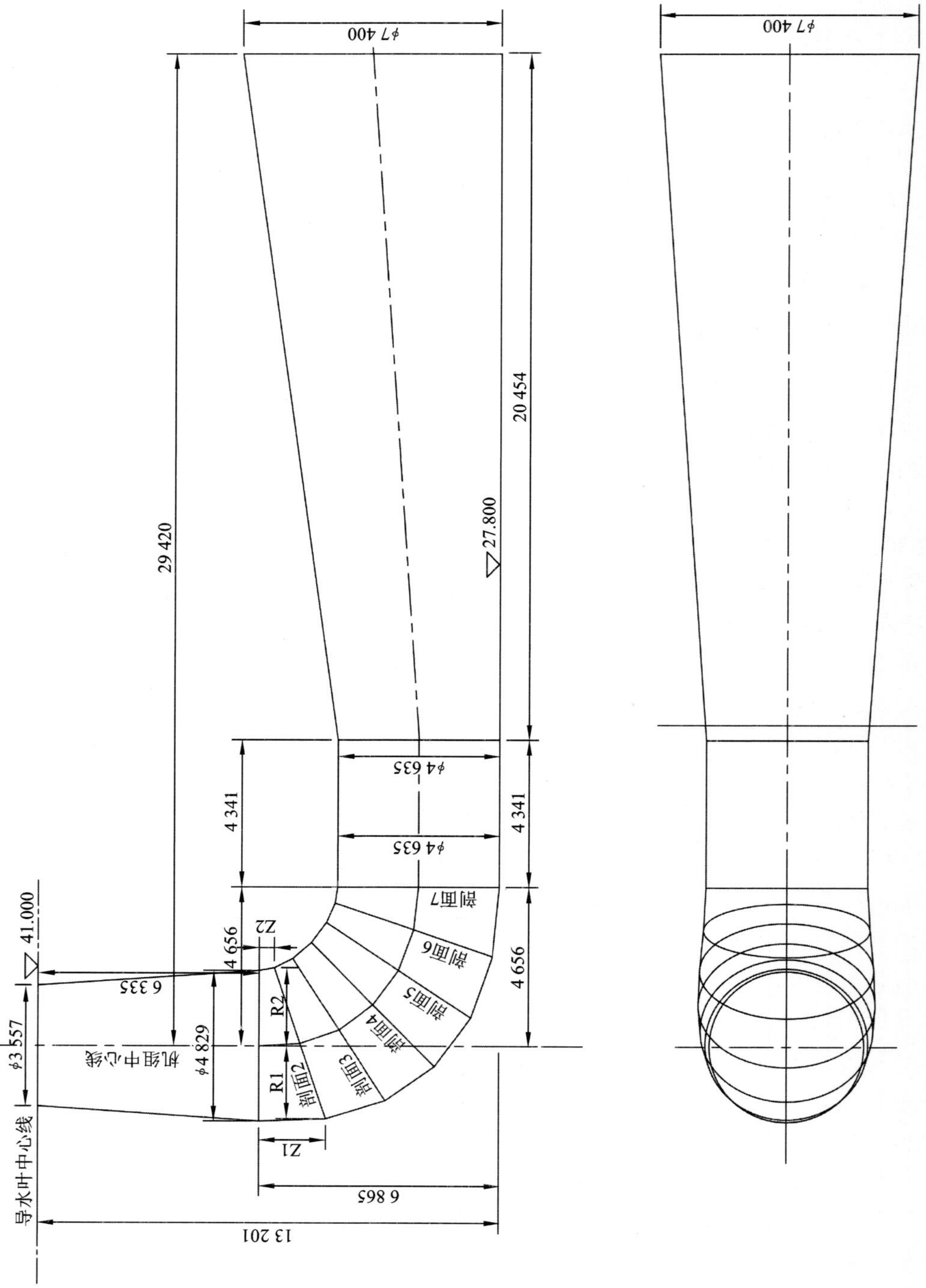

ϕ7 400
ϕ7 400
29 420
20 454
▽27.800
ϕ4 635
ϕ4 635
4 341
4 341
4 656
4 656
Z2
Z1
R2
R1
剖面2
剖面3
剖面4
剖面5
剖面6
剖面7
▽41.000
6 335
ϕ3 557
ϕ4 829
机组中心线
导水叶中心线
6 865
13 201

图 12.9 尾水管单线图

（12）球阀流量系数与角度关系曲线。

（13）水力干扰试验分析所需的资料。包括调节模式、调速器参数、导叶关闭及开启的最快限制速率以及调节过程中是否存在导叶最大开度的限制、给定功率的变化过程等。

3. 实测数据

1）测点数据

测点数据至少该包含机组有功功率、导叶开度或接力器行程、转速、球阀上游侧压强（包括脉动压强）、蜗壳进口压强（包括脉动压强）、尾水管进口压强（包括脉动压强）以及上述测点的传感器类型、数据采集频率、压强测点具体断面及高程等。

2）试验结果

（1）实测的上/下游水位；

（2）实测的未经滤波的上述物理量随时间变化的详细数据。

12.2.2　反演计算分析

反演计算分析的主要工作包括以下三步：首先，为对调试实测结果进行时频分析，将实测压强随时间的变化过程分解为水击压强与脉动压强（绝对值）的变化过程并获得脉动压强的主要频率；其次，根据管道及机组资料数据建立一维过渡过程计算数学模型，并对比若干工况实测结果和计算结果，检验并修正某些不确定的计算参数，目的使计算结果尽可能地反映实测结果的变化过程；最后，采用最终选定的参数进行计算，并确定计算误差以及脉动压强的相对值（脉动压强的绝对值与水头平方根之比）。具体内容如下。

1. 调试实测结果的时频分析

首先对稳态运行时采样的数据进行平均，得到稳态均值压强，随后按计算无量纲脉动压强；然后用 EMD 法或 Savitzky-Golay 法对实测数据进行低通滤波，得到时间均值压强，根据原始数据与时间均值压强的差值即可得到脉动压强；进一步地可以采用动态概率分布方法对脉动压强进行 97%（或 95%）动态概率分布数据处理，剔除 3% ～ 5% 不可信区域；最后采用 STFT 法对脉动压强进行频谱分析，获得脉动压强各组成成分的主频、谐波频率及各频率成分的能量密度随时间的变化关系。具体理论详见第 7 章。

2. 一维过渡过程计算模型的建立与不确定参数的修正

1）计算模型的建立

（1）管道模型

① 根据抽水蓄能电站的最终平面/纵剖面布置图对整个输水管道系统按照如下原则进行分段：在调压室、闸门井、机组，岔点、球阀等处管道分开；在沿长度方向断面尺寸发生突变之处或者管道糙率发生变化之处可将管道断开，但也可采用等价原则把前后管段转换为一根等价的棱柱体管道；管道长度不能太短，否则会出现较严重的短管问题。

② 计算分段之后的各段管道的长度、当量面积、当量直径，并按经验选取波速，按有关规范选取管道糙率系数、局部水头损失系数（包括岔管水头损失系数）；确定调压室阻抗孔口面积以及流入与流出调压室流量系数。当调压室底部的连接管较长时，还需对其进行管道化处理以考虑连接管的水流惯性。

③ 按照测点位置与高程确定计算模型的监测点，如果计算点与实测点的所在处的管道面积不一致或实测点位置的断面流速分布很不均匀（如尾水管），还应在后续计算结果中考虑流速头的修正。

④ 各组工况，其计算模型的上/下游水位与相应调试试验的上/下游水位一致。

（2）机组及球阀模型

① 由计算资料中转轮高压侧直径、额定转速、发电机＋水轮机＋大轴＋附加水体的转动惯量之和、安装高程、导叶高度、尾水管进口直径、开度与接力器行程之间的关系（包括导叶 100% 开度与接力器行程 100% 的对应关系）确定计算模型中的相应参数。

② 将水泵水轮机四象限全特性曲线按照第 1 章的方法建立全特性空间曲面并获得一组以导叶开度为参数、以单位转速、单位流量及单位力矩为坐标的特性曲线数据；各开度按照导叶 100% 基准开度换算为相对值。

③ 确定各组工况的计算类别（大波动、频率调节、功率调节、停机等），工况类型（包括甩负荷、水泵断电、正常运行等），如果存在工况转换，则还需确定转换前后的工况类型及转换时间。

④ 对于大波动工况，按实测结果指定接力器行程的变化规律；对于频率调节或功率调节工况，按资料确定调节模式、调速器参数、导叶关闭或开启的最快限制速率、给定功率的变化过程以及可能存在的导叶最大开度的限制值。

⑤ 对于球阀，按资料确定球阀转角与流量系数的关系并按实测结果指定球阀的关闭规律。

2）不确定参数的修正

对调试试验工况进行过渡过程计算，若计算结果与实测结果在波动周期与数值上存在较大差异，可采取如下措施来修正计算模型中某些不确定的参数。

（1）波速的调整

降低管道的波速可以增加参数的波动周期，反之亦然，因此可根据对比结果予以适当的调整。

（2）水头损失系数的调整

根据恒定流计算所得的测点压强与实测压强进行对比，修正水头损失系数。修正时可根据若干组结果对比，进行水头损失系数的回归分析，确定最终的取值。

当计算所得的调压室波动幅值和周期与实测值存在差异时，可调整流进/流出调压室流量系数（调整调压室的阻抗损失）。

（3）效率修正系数的调整

在进行水头损失修正后，机组出力仍有可能与实测结果不符。这是由计算模型与真机效率的差异造成的，即使在二者水头、流量均相同情况下，当计算模型的效率低于真机效率，其计算出力偏低，反之偏高。可采取的修正方法有以下两种：

① 保持水头和流量不变（不改变计算模型的导叶开度），仅改变效率修正系数，使出力与实测值接近，但此种方式应注意保证修正后的效率值在合理的范围内（效率值需小于 100%）。

② 保持效率修正系数不变，改变计算模型的导叶开度，通过加大或减小流量的方

式，改变计算模型的机组出力，但此种方式仍要综合考虑由于流量和水头的变化，从而造成各测点压强的变化是否更接近于实测值。在反演分析时，以上两种方式可能要同时使用。

(4) 机组转动惯量 GD^2 调整

厂家给定的机组转动惯量有可能与实际情况不符，因此可根据对比结果适当地调整转动惯量；当转动惯量增加时，机组参数的波动周期会随之增加，但转速最大值将会下降。

经过上述计算参数修正后，确定最终的计算模型。

3. 计算误差及脉动压强相对值的确定

在最终计算模型确定之后，再次采用与调试试验相同的计算条件进行一维过渡过程计算，并按照以下步骤确定计算误差。

1) 压强波动过程的计算误差的确定

压强波动过程计算值与实测值之差包含以下三部分：恒定流条件下计算压强与实测值之差、过渡过程条件下计算水击压强波动周期与实测值之差，以及波动周期一致条件下，计算水击压强与实测值之差。

(1) 恒定流条件下计算压强与实测值之差（简称恒定流之差）。

在机组稳定运行的时段内，实测压强对时间的平均值与计算值之差。

(2) 过渡过程中计算水击压强波动周期与实测值之差（简称波动周期之差）。

将计算水击压强变化过程与恒定流之差叠加后，与实测水击压强变化过程进行对比，可以得出两者第一峰值、第一谷值、第二峰值、第二谷值等发生时刻之差，由此得到波动周期之差。对比中要特别注意蜗壳进口、尾水管进口等断面的水击压强波动周期。

(3) 经时间伸缩，波动周期一致条件下，计算水击压强与实测水击压强在对应时间之差（简称计算误差）。

以实测水击压强 1/2 波动周期为基准，将计算水击压强波动过程与之对齐，即计算水击压强波动过程分 1/2 波动周期进行各段的时间伸缩，完成计算水击压强波动周期的修正。再取同一时刻的实测水击压强与计算水击压强之差作为该时刻的计算误差。

调压室、闸门井涌浪水位的计算误差，也可以参照上述的方法进行提取。

2) 转速波动过程的计算误差的确定

转速波动过程的计算误差也可效仿上述压强波动过程计算误差方法来获取，但由于机组在稳态运行时转速的实测值与计算值均为额定转速，即两者误差为零。

3) 实测脉动压强相对值的确定

以实测压强时域分析获得的脉动压强序列与相应时刻水头（蜗壳末端水击压强与尾水管进口水击压强之差）之比作为脉动压强相对值。

12.2.3　预测计算分析

由于调试试验并非电站实际运行所能遇到的最不利的工况，为了保障电站的安全，还应对最不利工况进行预测分析。控制工况（表 12.6）的预测分析流程如下。

表 12.6 机组调节保证参数控制工况表[4]

计算项目＼计算条件			出力/入力变化	水位		水头/扬程	导叶动作	工况类型	备注
				上游	下游				
压强	蜗壳（引水道）	最高	同时甩荷	最高	/	/	关闭	设计	下游水位满足设计要求
				较高	/	额定			
		最低	增荷	最低	/	额定	关闭	设计	下游水位满足设计要求
			断电	最低	/	最小			
	尾水管（尾水道）	最高	断电	/	最高	最小	关闭	设计	上游水位满足设计要求
		最低	同时甩荷	/	最低	额定	关闭	设计	上游水位满足设计要求
				/		最大			
			相继甩荷	/	最低	额定			
				/		最大			
机组转速		最高	同时甩荷	/	/	额定	拒动	校核	上、下游水位满足设计要求
调压室水位	上游调压室	最高	同时甩荷	最高	/	/	关闭	设计	下游水位满足设计要求
				较高	/	额定			
			先增荷后甩荷	最高	/	/	关闭	设计	下游水位满足设计要求
				较高	/	额定			
			相继甩荷	最高	/	/	关闭	校核/不可控	下游水位满足设计要求
				较高	/	额定			
		最低	水泵断电	最低	/	/	拒动	校核	下游水位满足设计要求
			先启动后断电	最低	/	/	拒动		
	下游调压室	最高	断电	最高	/	最小	拒动	校核	下游水位满足设计要求
			先启动后断电	较高	/	最小	拒动		
		最低	同时甩荷	/	最低	额定	关闭	设计	上游水位满足设计要求
				/		最大			
			先增后甩	/	最低	额定	关闭		
				/		最大			
			相继甩荷	/	最低	额定	关闭	校核/不可控	
				/		最大			

1. 计算水击压强与计算机组转速的确定

采用待预测的调试工况或者控制工况相同的计算条件，包括上/下游水位、机组特性曲线、导叶开度、机组出力等进行一维过渡过程计算，获得预测计算水击压强和计算转速值。

2. 预测总压强的确定

1）预测水击压强的确定

（1）恒定流之差的修正

经过恒定流之差修正后的结果序列 = 计算水击压强序列 + 相应时刻恒定流之差

（2）波动周期之差的修正

对恒定流之差修正后的结果序列分段，并以波动周期之差为基准，对其进行时间上的伸缩，即

经过波动周期之差修正后的结果序列的发生时间序列 = 恒定流之差修正结果序列的发生时间序列 + 相应时刻时间的伸缩量

（3）水击压强计算误差的修正

预测水击压强序列 = 波动周期之差修正后结果序列 + 相应时刻的计算误差（过渡过程中对应时间点的实测值与计算值之差）

2）脉动压强（绝对值）的确定

脉动压强（绝对值）序列 = 预测水击压强序列 × 相应时刻的脉动压强（相对值）

3）预测总压强的确定

预测总压强序列 = 预测水击压强序列 + 相应时刻脉动压强（绝对值）

3. 预测机组转速的确定

与对水击压强进行计算误差的修正类似，对计算转速波动过程分段并进行时间伸缩修正，然后可得

预测机组转速序列 = 经时间伸缩后的转速序列 + 相应时刻的转速计算误差（过渡过程中对应时间点的实测转速与计算转速之差）

通过上述的预测计算即可得到最不利工况下的进水球阀上游侧压力管道、蜗壳进口、尾水管进口最大和最小压强（包括脉动压强），转速的最大上升值、调压室最高 / 最低涌浪值以及整个输水管道系统沿管线的最大压强和最小压强分布等。若其中某些参数的极值不能满足规范和设计要求，则需在此基础上进行导叶关闭规律优化或提出适当的运行限制条件，并进入下一轮预测计算分析，直至所有参数均符合规范和设计要求。

12.3　工程实例分析

12.3.1　黑麋峰抽水蓄能电站调试试验结果的时频分析

黑麋峰抽水蓄能电站位于湖南省长沙市望城县桥驿镇境内，装设 4 台单机容量为 300 MW 单级单转速立轴混流可逆式机组。机组额定转速 300 r/min（转频 $f = 5$ Hz），转轮叶片数 $Z_b = 9$，叶片转动频率 $f_{ZB} = 45$ Hz，转轮高压侧直径 5.04 m，设计水头 295 m，额定流量 115.51 m^3/s，比转速 135.76（m · kW）。实测压强的数据来自于三个分别布置在蜗壳、无叶区、尾水管的压力传感器。试验数据采样频率为 1 000 Hz。

表 12.7 给出了待测机组甩负荷前稳态运行的工况参数。即分别以 75% 满出力和 50% 满出力正常运行，随后突甩全部负荷，导叶按给定关闭规律正常关闭，球阀关闭。

表 12.7　机组初始工况参数

工况	出力	水头/m	开度/%	转速/(r/min)
P_1	50% 满负荷	323.89	41.32	300
P_2	75% 满负荷	314.30	57.41	300

1. 恒定运行时的实测数据的时频分析[5]

图 12.10 和图 12.11 给出了 P_1、P_2 工况机组稳态运行时蜗壳、尾水管、无叶区无量纲脉动压强的时域图和频域图。其中，蜗壳、无叶区采样时间为 1.0 s，尾水管采样时间为 10.0 s。观察可知，机组满负荷运行时蜗壳处脉动压强主频为 18 倍转频，是动静干涉叶片转动频率的谐波。无叶区脉动压强组成成分主要是 9 倍转频的动静干涉频率以及其谐波 18 倍转频、27 倍转频和 36 倍转频。尾水管脉动压强主要集中低频区，其中，P_2 工况尾水管脉动压强主要频率为 0.4 倍转频和其谐波 0.8 倍转频。上述结果表明，P_2 工况，机组带 75% 负荷稳态运行时尾水管存在低频涡带；P_1 工况，机组带 50% 负荷运行时，振幅最大频率仍为 0.4 倍转频和其谐波 0.8 倍转频，但在 0 ～ 2 倍转频范围频谱振幅分布较 P_2 工况更为混乱。这是因为 P_1 较 P_2 工况更加偏离高效率区，尾水管流态紊乱。

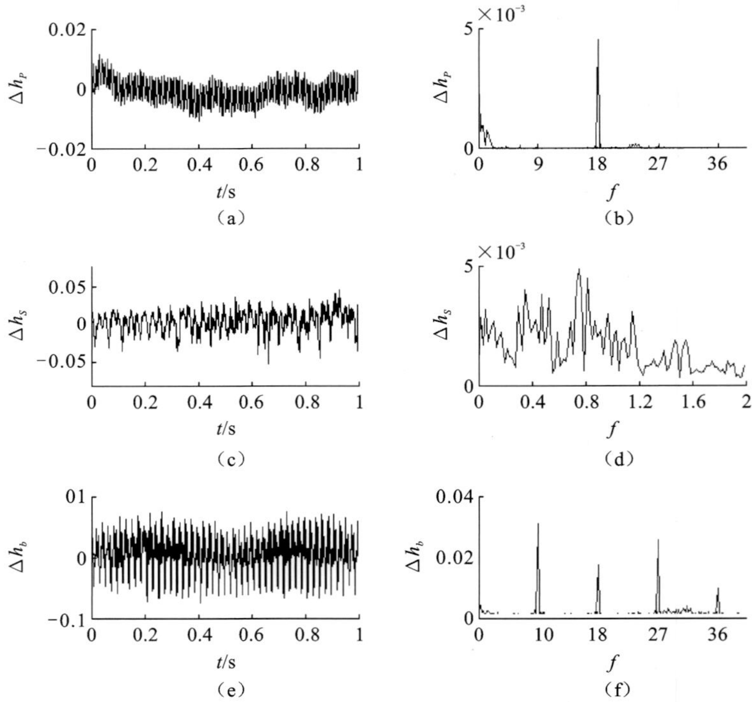

图 12.10　P_1 工况机组稳态运行时蜗壳、尾水管、无叶区无量纲脉动压强的时域图和频域图

2. 甩负荷过渡过程中的实测数据的时频分析[5]

根据 Savitzky-Golay 函数提取机组甩负荷过程中随时间变化的水击压强，其阶数为 3 阶，每段拟合数据时间长度为 0.5 s。由实测总压强与实测水击压强的差值得到过渡过程

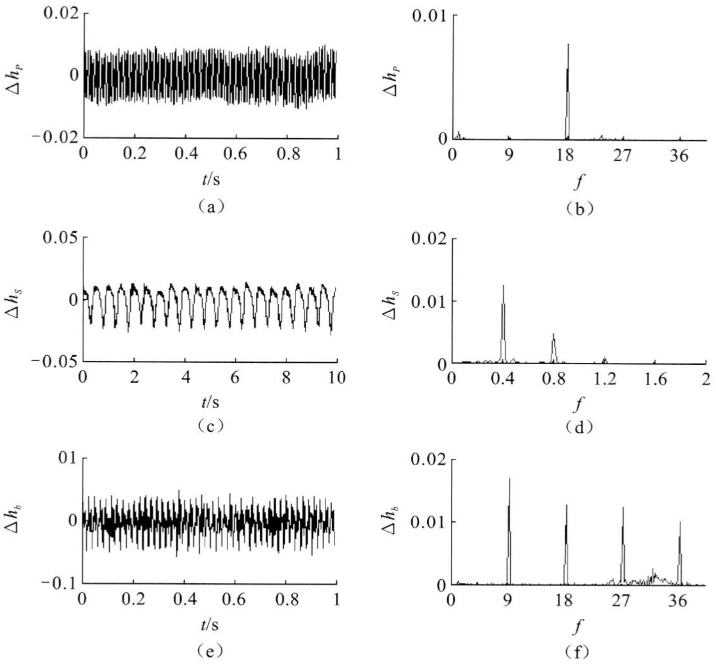

图 12.11　P_2 工况机组稳态运行时蜗壳、尾水管、无叶区无量纲脉动压强的时域图和频域图

中的脉动压强，并根据式(12.3)进行无量纲化处理。图 12.12 给出了 P_1、P_2 工况过渡过程中无量纲导叶关闭规律以及转速变化。在 0～2 s，机组带负荷正常运行，从 2 s 开始突甩全部负荷，并分别在 26.91 s、29.43 s 导叶完全关闭。P_1、P_2 工况达到飞逸的时刻分别为 8.322 s 和 8.068 s。

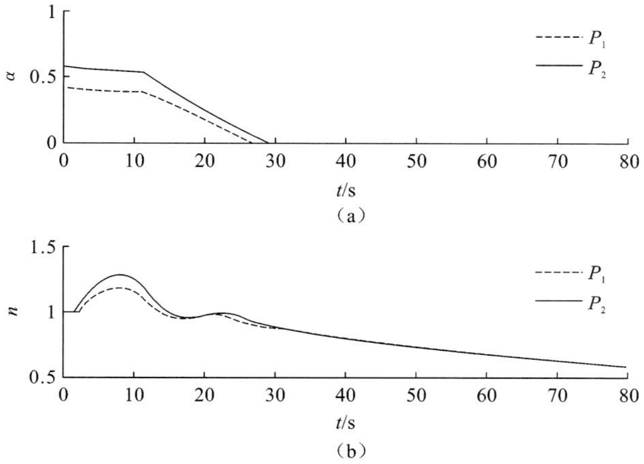

图 12.12　P_1、P_2 工况甩负荷过渡过程中无量纲导叶关闭规律和转速变化

图 12.13 和图 12.14 所示分别为机组甩 50%、75% 负荷过渡过程中蜗壳、无叶区和尾水管的实测总压强、脉动压强和水击压强。观察可知，机组甩负荷后，转速陡增，蜗壳、无叶区和尾水管的脉动压强均增大。当工况点经过飞逸线进入水轮机制动工况区时，脉动压强

出现极值。其中，无叶区脉动压强幅值最大，蜗壳其次，尾水管最小。为了从频域角度进一步分析各测点的脉动压强组成部分，对提取的脉动压强进行短时傅里叶变换，得到过渡过程中脉动压强的频谱图。

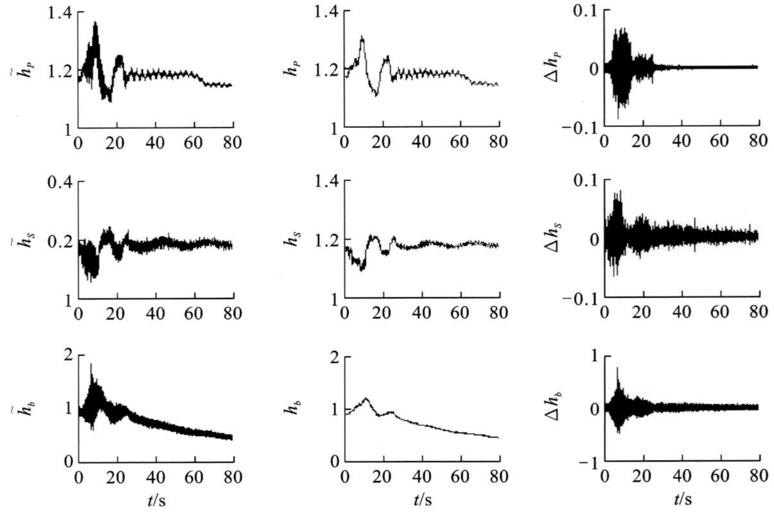

（a）无量纲实测压强　（b）水击压强　（c）脉动压强

图 12.13　P_1 工况甩负荷过程中蜗壳、无叶区、尾水管的无量纲实测压强、水击压强、脉动压强

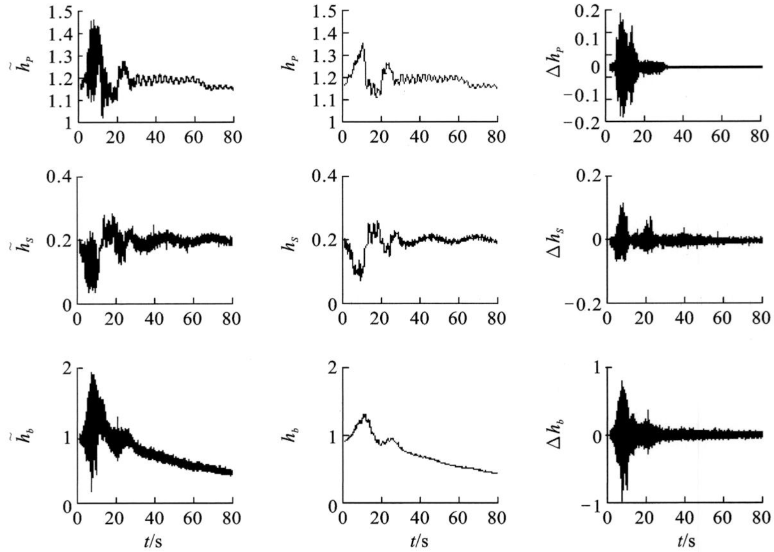

（a）无量纲实测压强　（b）水击压强　（c）脉动压强

图 12.14　P_2 工况甩负荷过程中蜗壳、无叶区、尾水管的无量纲实测压强、水击压强、脉动压强

图 12.15～图 12.17 给出了根据 STFT 得到的 P_2 工况机组甩 75% 负荷蜗壳、无叶区、尾水管脉动压强的功率密度图和相对幅值图。频谱的频率分辨率为 0.974 7 Hz，时间分辨率为 0.025 3 s。

观察可知，无叶区动静干涉频率对应的幅值随转速增大而增大，并在飞逸时刻 8.068 s 达到极值（相对幅值 0.090），频谱低频区旋转失速在 9.440 s 达到极值（相对幅值 0.079）。蜗壳测点动静干涉频率对应幅值与旋转失速频率对应幅值极值均出现在飞逸点之后，时间分别为 12.100 s（相对幅值 0.049）和 9.608 s（相对幅值 0.028）。此外，尾水管频谱能量（功率密度）集中于 50 Hz 以下的低频区段，在甩负荷过程中并未受到旋转失速的影响。

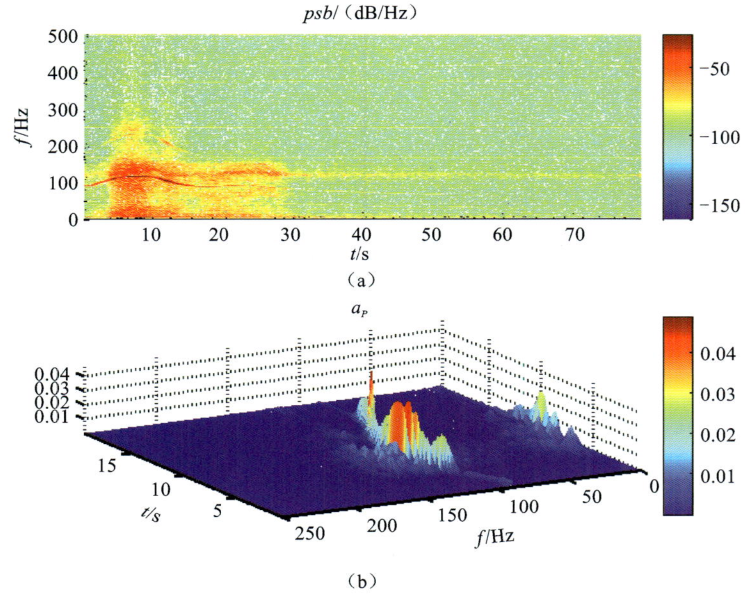

图 12.15　P_2 工况甩负荷蜗壳脉动压强频谱图

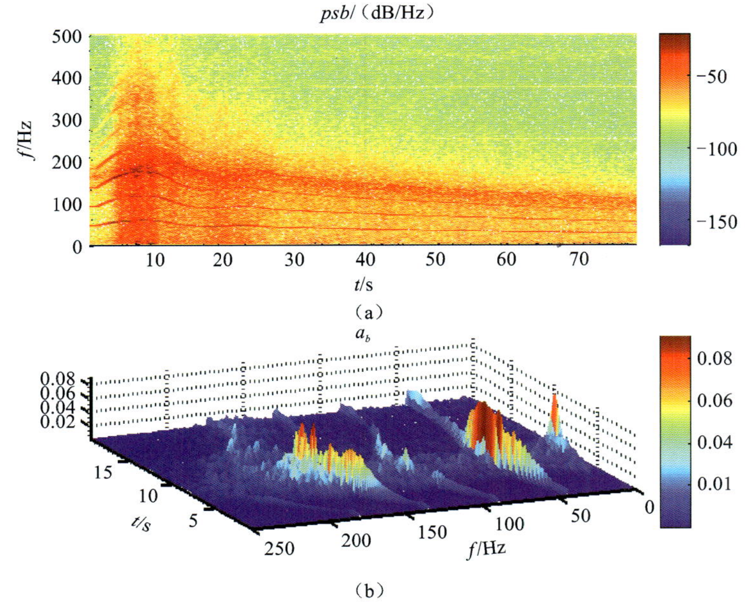

图 12.16　P_2 工况甩负荷无叶区脉动压强频谱图

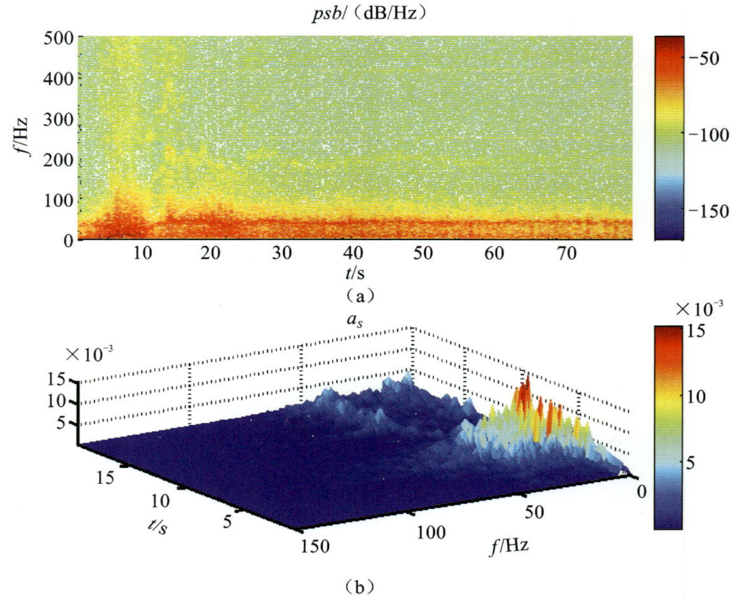

图 12.17　P_2 工况甩负荷尾水管脉动压强频谱图

图 12.18 对图 12.15～图 12.17 中蜗壳、无叶区、尾水管测点的低频段进行了放大。观察可知，蜗壳与无叶区脉动压强频谱图低频区中发生极值的时间和频率（4.883 Hz）基本吻合，这由转轮内部旋转失速引起。尾水管频谱图呈现出与蜗壳、无叶区不一致的频谱特征，其频谱组成混乱而复杂，在水轮机转速上升（4～6 s）和转速下降（8～10 s）过程中，整个低频段的幅值均有所增大，这与尾水管涡带以及流动的不稳定性有关。

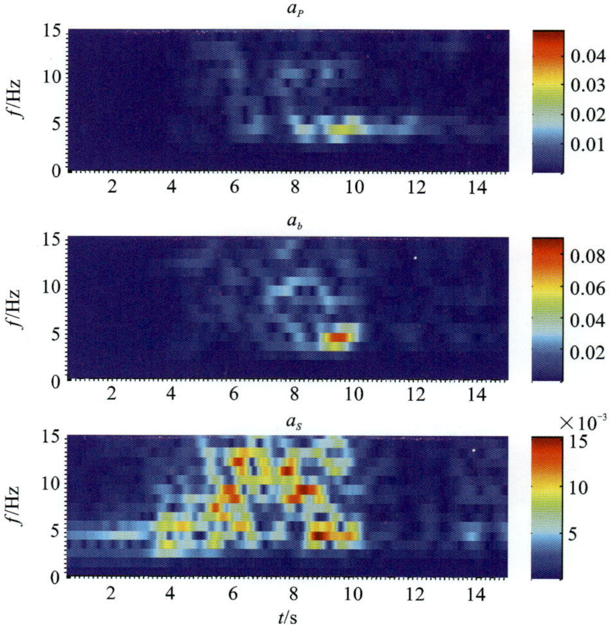

图 12.18　蜗壳、无叶区、尾水管频谱 15 Hz 以下的低频段

上述结果表明：

(1) 蜗壳、无叶区脉动压强：在工况点处于水轮机高效率区附近时，其主要组成成分是高频段的动静干涉；当机组甩负荷工况点跨过飞逸线之后，脉动压强由高频段动静干涉和低频段旋转失速共同组成。蜗壳处动静干涉极值出现在飞逸点之后的水轮机制动工况区，无叶区动静干涉在飞逸时出现极值。蜗壳、无叶区旋转失速极值均出现在飞逸点之后的水轮机制动工况区。

(2) 尾水管测点脉动压强组成频率主要集中于低频区，在带较大负荷正常运行时，频谱中振幅较高的频率与尾水管涡带频率对应；在带部分负荷运行时，由于尾水管流态紊乱，导致频谱振幅分布混乱。在机组甩负荷工况点达到飞逸前后，尾水管频谱组成成分难以分辨，反映了其紊乱而不稳定的流态。

12.3.2　洪屏抽水蓄能电站调试试验反演及预测分析

江西洪屏抽水蓄能电站安装 4 台单机容量为 300 MW 的可逆式抽水蓄能机组。其输水管道系统主要包括上库进/出水口、上库闸门井、上平洞、上游调压室、上竖井、中平洞、下竖井、下平洞、引水钢岔管、引水高压钢支管、尾水支管、尾水岔管、尾水调压室、尾水隧洞、下游闸门井、下库进/出水口等。机组上游侧引水系统和下游侧尾水系统均采用一洞两机布置型式。

机组额定转速 500 r/min（转频 $f = 8.333$ Hz），转轮叶片数 $Z_b = 9$，叶片转动频率 $f_{ZB} = 75$ Hz，转轮高压侧直径 3.85 m，设计水头 540.0 m，额定流量 62.09 m^3/s，机组转动惯量 GD^2 为 3 800 t · m^2。实测压强数据来自于两个分别布置在蜗壳进口和尾水锥管的压力传感器。试验数据采样频率为 1 200 Hz。

以下对 3# 机单机甩 100% 负荷调试工况的反演分析，并由反演计算结果预测 4# 机单机甩 100% 负荷的结果，进而说明反演及预测分析的可靠性和精度。

1. 计算工况

反演工况：上库水位 730.40 m，下库水位 168.5 m，3# 机单机甩 100% 额定负荷（4# 机停机）。

预测工况：上库水位 728.70 m，下库水位 169.70 m，4# 机单机甩 100% 额定负荷。

2. 3# 机甩负荷实测数据的的时频分析

3# 机单机甩 100% 额定负荷实测结果如图 12.19 所示。对该结果进行时频分析，将蜗壳进口与尾水管进口的实测压强分解为水击压强与脉动压强并获得脉动压强的主要频率，如图 12.20 和图 12.21 所示。

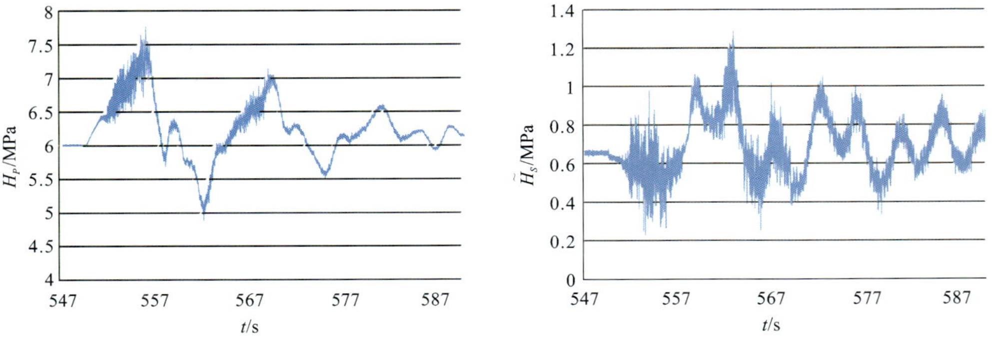

(a) 蜗壳进口测点压强实测压强　　(b) 尾水锥管测点压强实测压强

图 12.19　3# 机单机甩 100% 额定负荷实测结果

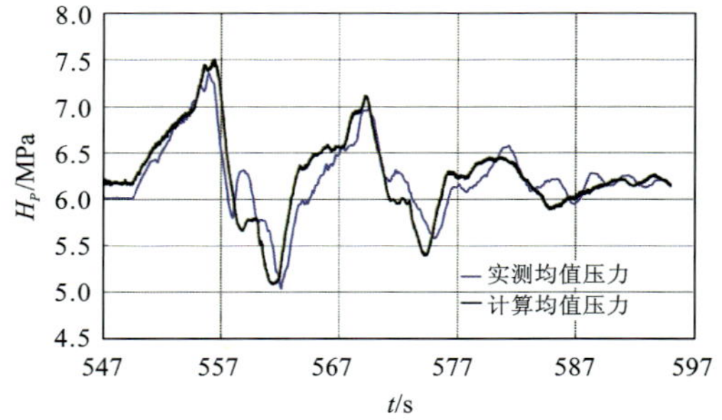

（a）蜗壳进口测点实测水击压强

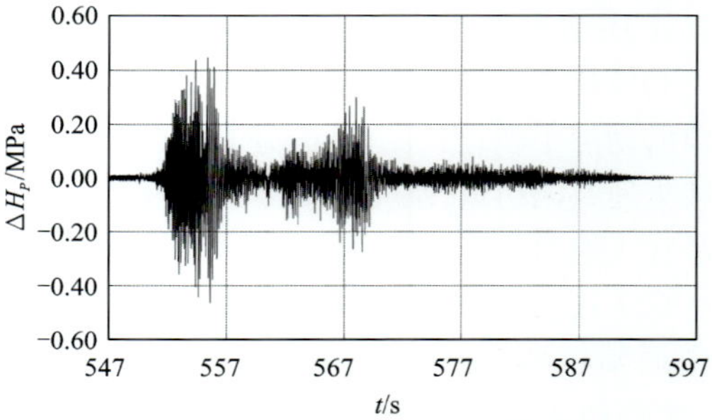

（b）蜗壳进口测点实测脉动压强

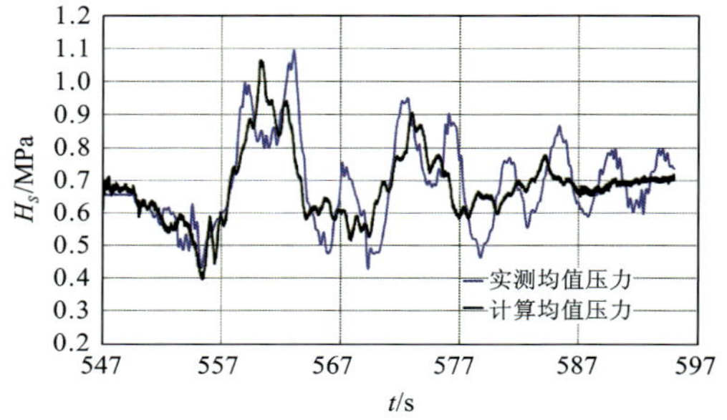

（c）尾水锥管测点实测水击压强

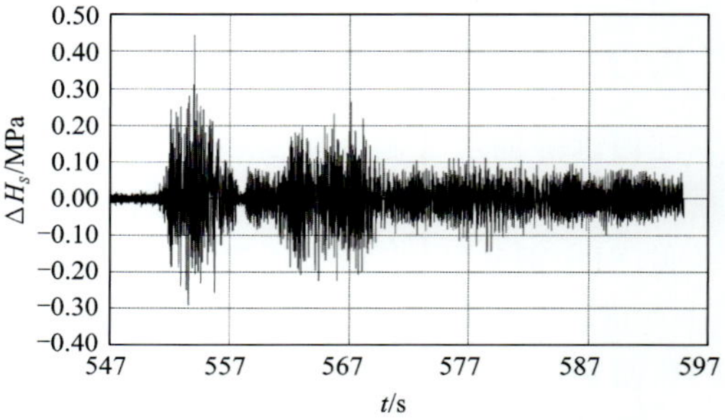

（d）尾水锥管测点实测脉动压强

图 12.20　3[#] 机单机甩 100% 额定负荷实测压强时域分析结果

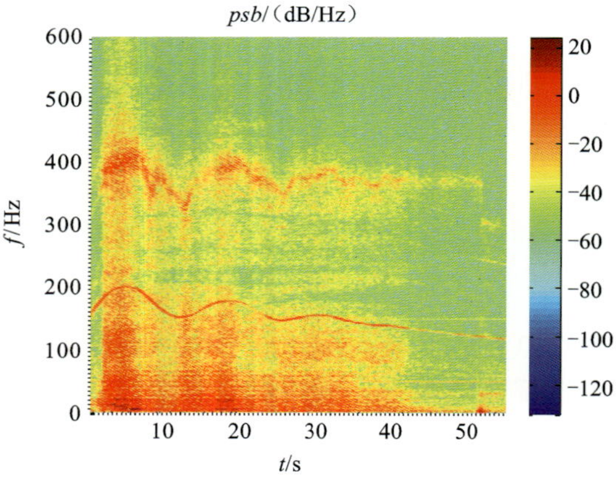

（a）蜗壳进口测点实测脉动压强频域图

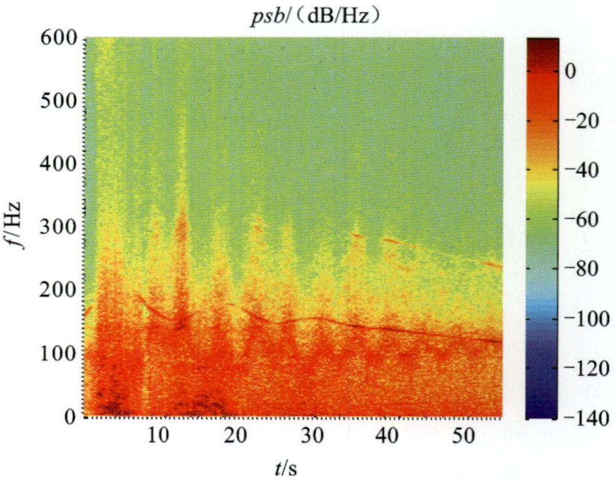

（b）尾水锥管测点实测脉动压强频域图

图 12.21　3[#] 机单机甩 100% 额定负荷实测脉动压强频域分析结果

由上述结果可知，蜗壳进口测点处脉动压强最大范围为－0.464～0.446 MPa(绝对值)，相当于瞬时水头的－6.92%～6.74%；尾水锥管测点处脉动压强最大范围为－0.291～0.444 MPa(绝对值)，相当于瞬时水头的－4.61%～6.90%。

蜗壳测点脉动压强来源于无叶区的动静干涉与旋转失速，低频部分主要集中在20 Hz以下，高频部分与转频以及转频的倍数有关。尾水锥管测点脉动压强，在甩负荷过渡过程中，其频谱图呈现出复杂的非周期性特征，表明尾水管的内流流态极为混乱。其中，低频区能量较为强烈，以机组振动频率和尾水管涡带频率为主。

3. 一维过渡过程的计算模型与计算误差的确定

1）计算模型的建立与不确定参数的修正

根据该电站的布置方案将整个输水管道系统分成23段，其计算简图如图12.22所示。其中，J_1 为上游水库，J_{16} 为下游水库，J_2 为上游闸门井，J_{15} 为下游闸门井，J_9、J_{20} 分别为1#、2# 机组。对应该计算简图的计算参数见表12.8。

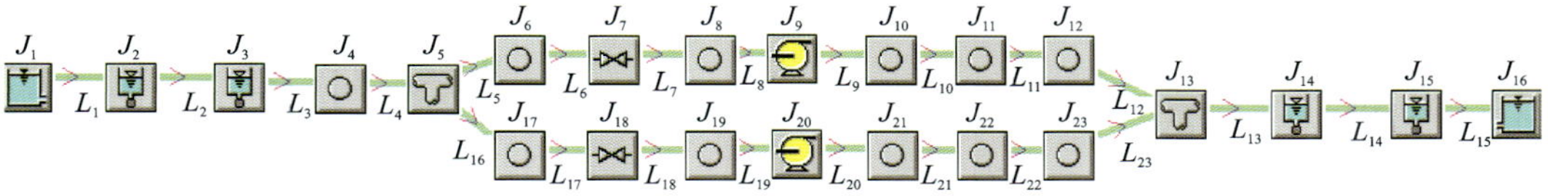

图 12.22　洪屏抽水蓄能电站过渡过程计算简图

表 12.8　洪屏抽水蓄能电站过渡过程计算简图的管道系统参数

管道编号		长度 L /m	当量直径 /m	波速 /(m/s)	糙率	发电局部水头损失系数	抽水局部水头损失系数	发电岔管水头损失系数	抽水岔管水头损失系数	备注
L_1		64.62	7.81	1 100	0.014	0.039	0.486	0.000	0.000	上游进出水口、扩散段、渐缩段、拦污栅
L_2		379.61	6.01	1 100	0.014	0.047	0.094	0.000	0.000	上游闸门井至上游调压室
L_3		28.47	5.87	1 200	0.014	0.014	0.016	0.000	0.000	调压室至钢衬起点
L_4		815.81	5.01	1 200	0.012	0.488	0.488	0.000	0.000	上游钢衬起点至岔点
3# 机所在管线	L_5	83.74	2.95	1 200	0.012	0.104	0.193	0.75	0.75	岔点至 3# 渐变段
	L_6	7.54	2.10	1 200	0.012	0.000	0.000	0.000	0.000	3# 渐缩段至 3# 球阀
	L_7	11.27	2.10	1 200	0.012	0.000	0.000	0.000	0.000	3# 球阀至 3# 蜗壳
	L_8	15.31	2.06	1 200	0.000 1	0.000	0.000	0.000	0.000	3# 蜗壳
	L_9	23.86	3.02	1 100	0.000 1	0.000	0.000	0.000	0.000	3# 尾水管
	L_{10}	83.95	4.45	1 100	0.012	0.081	0.040	0.000	0.000	3# 尾闸洞
	L_{11}	23.10	4.58	1 100	0.012	0.046	0.091	0.000	0.000	3# 尾闸洞至钢衬末
	L_{12}	29.59	5.07	1 100	0.014	0.071	0.014	1.057	0.688	3# 钢衬末至尾水岔点
4# 机所在管线	L_{16}	74.24	2.94	1 200	0.012	0.103	0.191	0.75	0.75	岔点至 4# 渐变段
	L_{17}	7.54	2.10	1 200	0.012	0.000	0.000	0.000	0.000	4# 渐缩段至 4# 球阀
	L_{18}	11.27	2.10	1 200	0.012	0.000	0.000	0.000	0.000	4# 球阀至 4# 蜗壳
	L_{19}	15.31	2.06	1 200	0.000 1	0.000	0.000	0.000	0.000	4# 蜗壳
	L_{20}	23.86	3.02	1 100	0.000 1	0.000	0.000	0.000	0.000	4# 尾水管
	L_{21}	83.95	4.45	1 100	0.012	0.081	0.040	0.000	0.000	4# 尾闸洞
	L_{22}	23.10	4.58	1 100	0.012	0.046	0.091	0.000	0.000	4# 尾闸洞至钢衬末
	L_{23}	40.09	4.87	1 100	0.014	0.216	0.168	0.148	0.045	4# 钢衬末至尾水岔点
L_{13}		60.00	6.50	1 100	0.014	0.000	0.000	0.000	0.000	尾水岔点至下游调压室
L_{14}		988.20	6.50	1 000	0.014	0.102	0.051	0.000	0.000	下游调压室至下游闸门井
L_{15}		65.95	8.22	1 000	0.014	0.342	0.042	0.000	0.000	下游进出水口

一维过渡过程计算中采用与调试试验相同的计算条件，包括上/下游水位、机组特性曲线、导叶开度、机组出力、接力器行程与导叶开度关系、100% 接力器行程对应的导叶开度，并按测点位置确定计算对比点的高程，如表 12.9 所示。

表 12.9　压强测点布置

序号	测点名称	安装位置及高程	测点处断面面积/m²
1	蜗壳进口测点	球阀后压力钢管 EL94.2 m	2.06
2	尾水锥管测点	球阀后压力钢管 EL90.3 m	2.20

以下通过管道波速、机组 GD^2 的敏感性分析讨论它们对过渡过程的影响，敏感性分析结果如图 12.23 ～ 图 12.25 所示。

由上述计算结果可知，采用原始的管道波速与机组 GD^2 计算所得的蜗壳进口压强、尾水锥管压强与机组转速的波动周期均小于实测值，减小波速与增加机组 GD^2 均可加大波动周期；但增加机组 GD^2 抑制了机组最大转速升高，减小了蜗壳最大动水压强。综合考虑极值大小、波动周期、波形等因素，在反演预测计算分析中选取机组转动惯量为 4 000 t · m²，波速在原参数的基础上（表 12.9）减小 200 m/s。

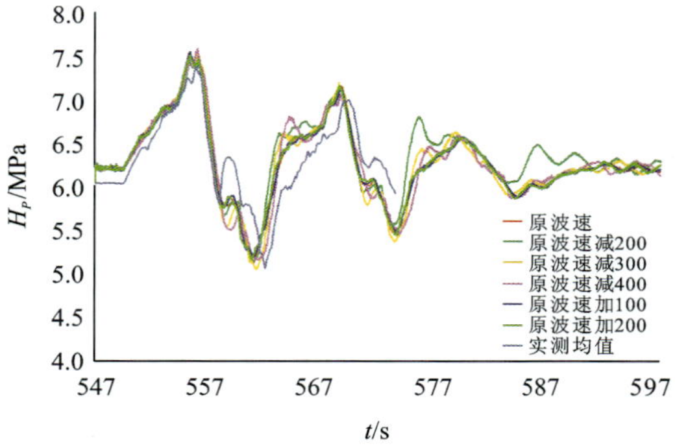

（a）蜗壳进口测点压强

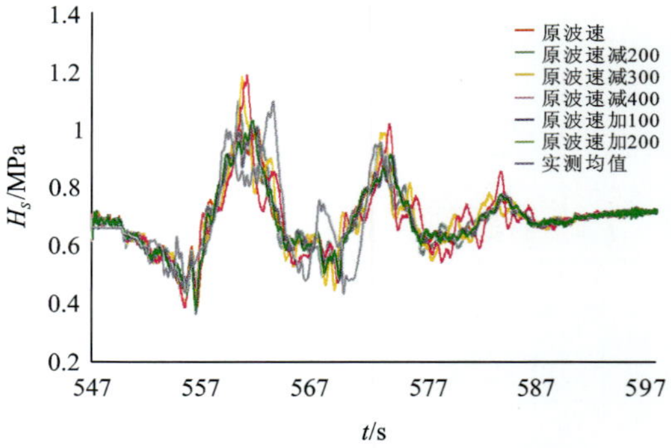

（b）尾水锥管测点压强

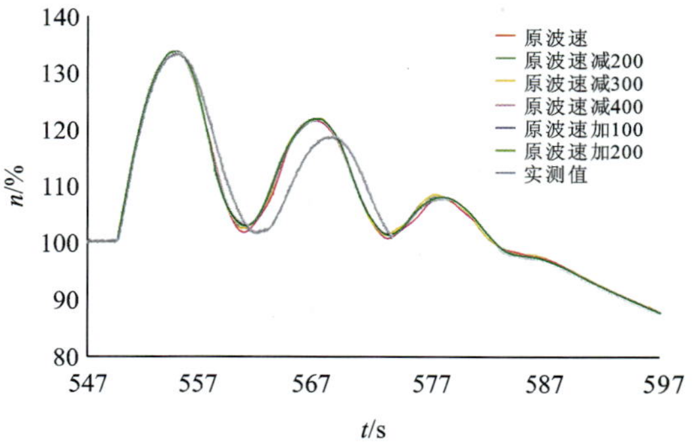

（c）机组转速

图 12.23　管道波速敏感性分析结果

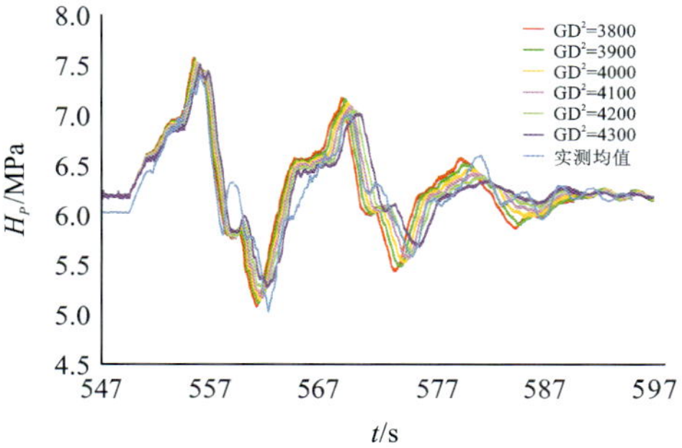

（a）蜗壳进口测点压强

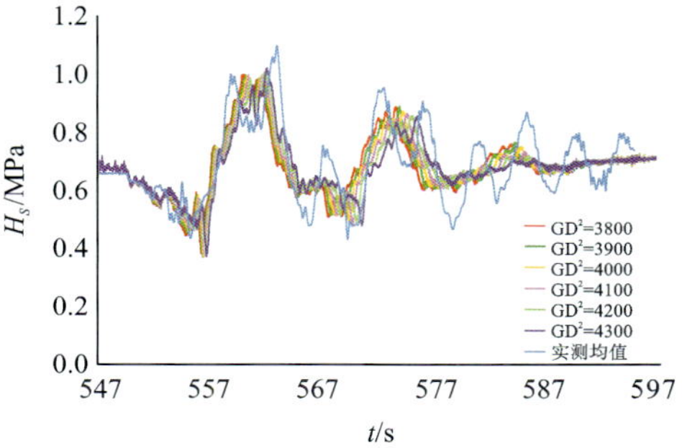

（b）尾水锥管测点压强

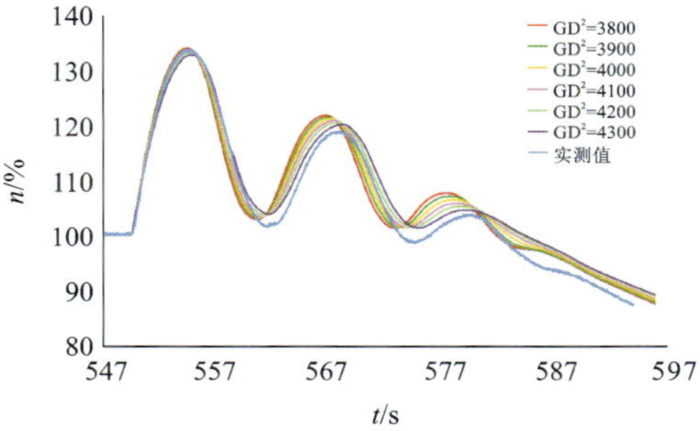

（c）机组转速

图 12.24　机组 GD^2 敏感性分析结果

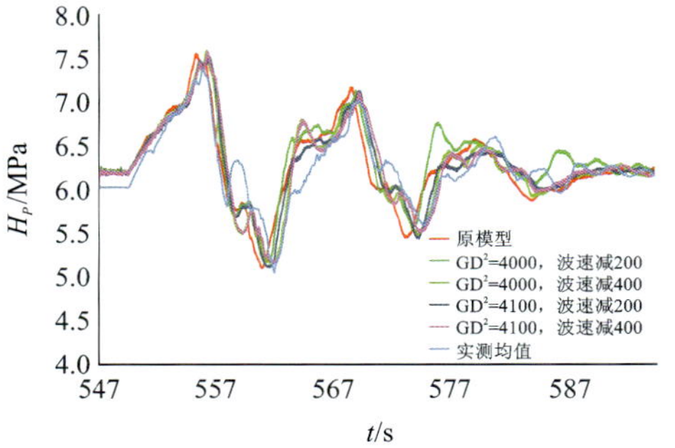

（a）蜗壳进口测点压强

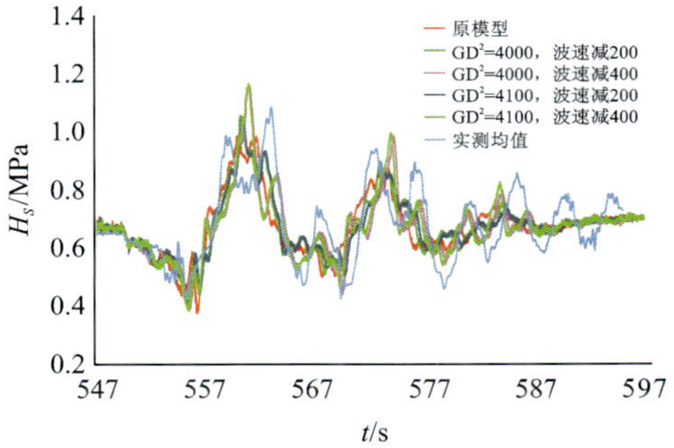

（b）尾水锥管测点压强

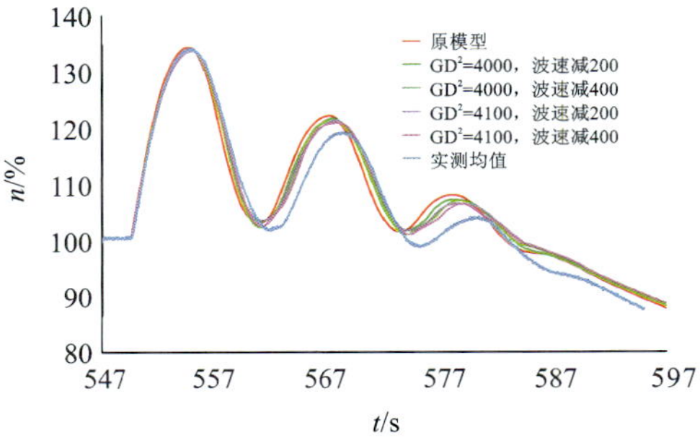

（c）机组转速

图 12.25　管道波速与机组 GD^2 联合敏感性分析结果

2）计算误差的确定

采用参数修正后的数学模型进行计算，并将计算水击压强序列与实测水击压强序列、计算转速序列与实测转速序列进行对比，如图 12.26 所示。将计算值与实测值在恒定流之差、波动周期之差以及对应时间点的水击压强之差作为确定计算误差的序列，并可通过三个序列的修正使计算值序列与实测值序列相重合，如图 12.27 ～ 图 12.29 所示。

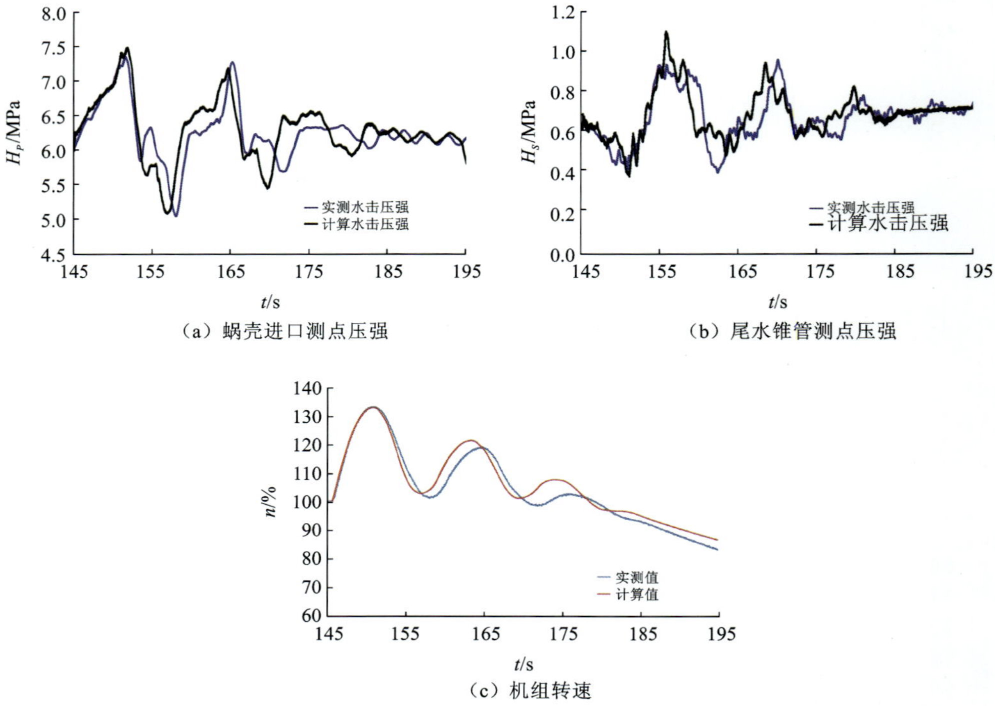

图 12.26　计算值与实测值对比

4. 4[#] 机单机甩 100% 额定负荷预测计算及与实测结果的对比分析

采用修正后的数学模型，并采用 4[#] 机单机甩 100% 负荷的计算条件，进行一维过渡过程计算获得计算值，并采用上节所述的预测方法获得预测水击压强和预测总压强，再与 4[#] 机实测结果进行对比，如图 12.30 和图 12.31 所示。两者较为吻合，表明本章给出的反演预测方法是可靠的，且具有较高的精度。

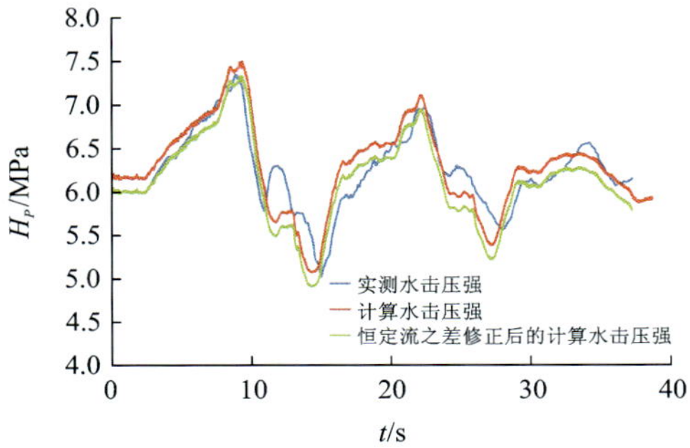

(a) 蜗壳进口测点压强

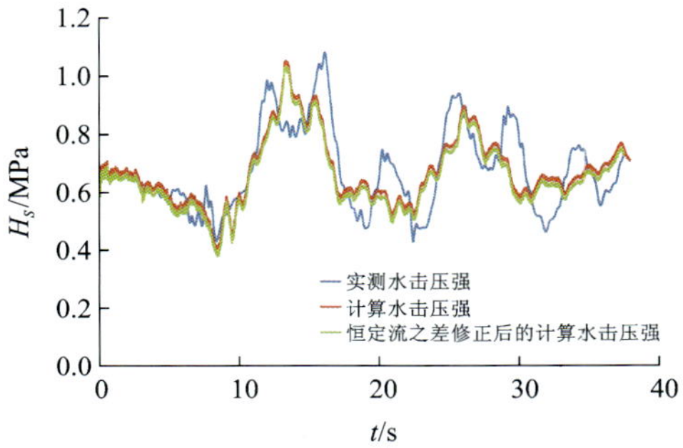

(b) 尾水锥管测点压强

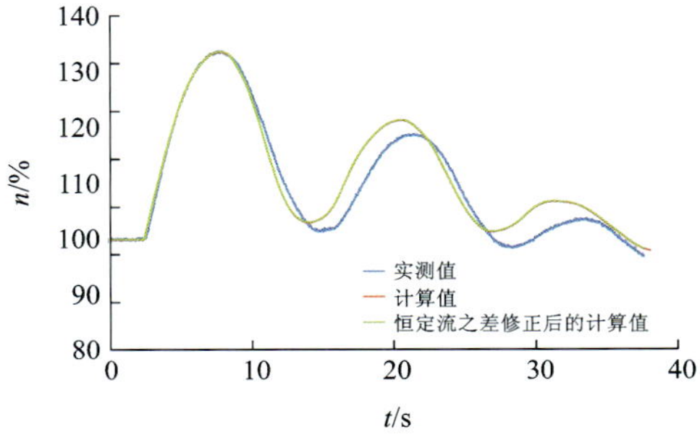

(c) 机组转速

图 12.27　恒定流之差修正后的计算值与实测值对比

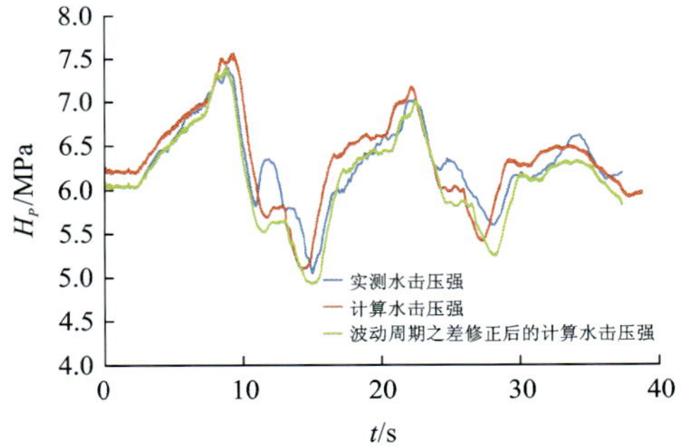

(a) 蜗壳进口测点压强

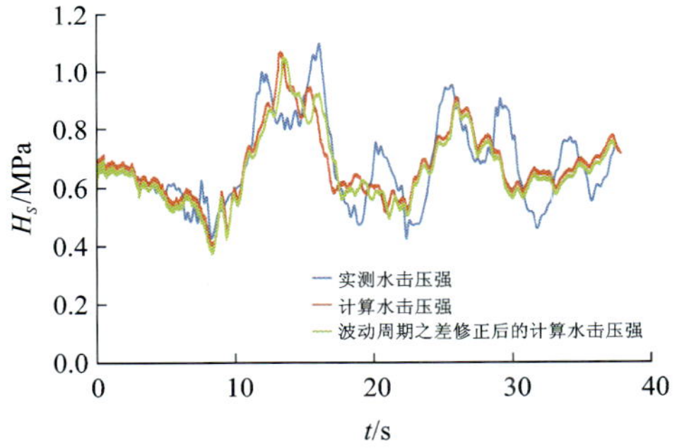

(b) 尾水锥管测点压强

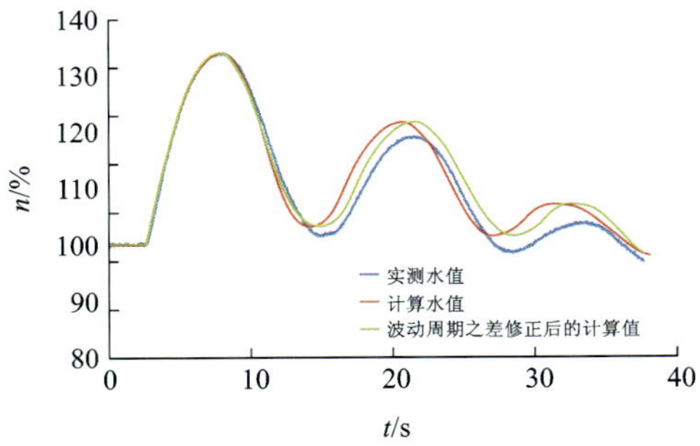

(c) 机组转速

图 12.28　波动周期之差修正后的计算值与实测值对比

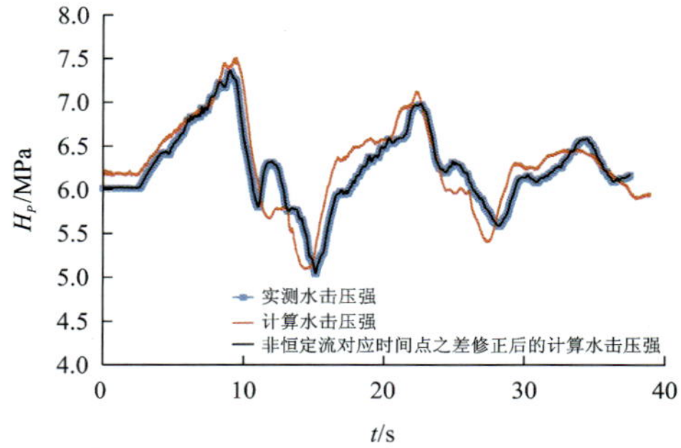

(a) 蜗壳进口测点压强

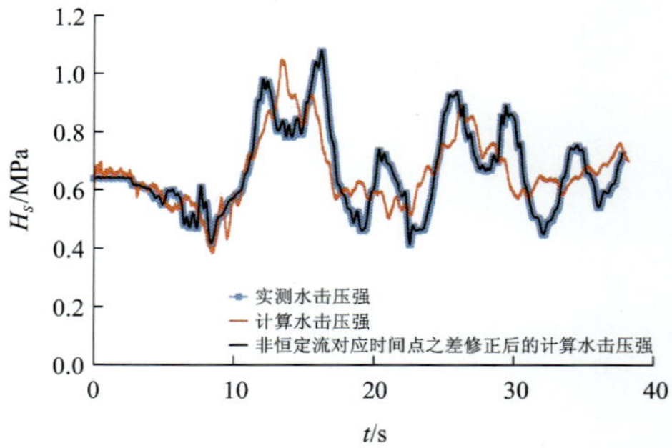

(b) 尾水锥管测点压强

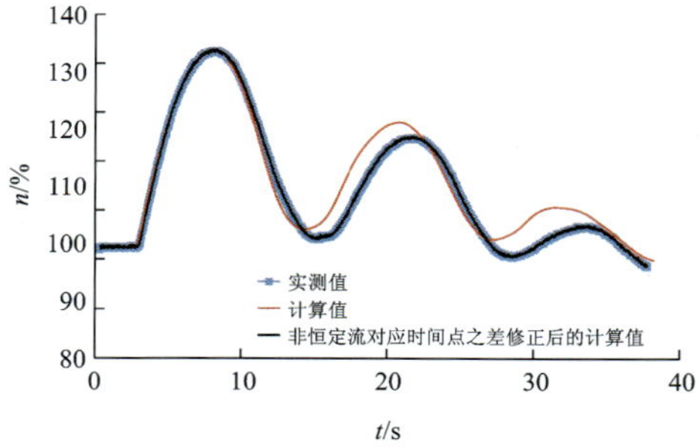

(c) 机组转速

图 12.29　对应时间点水击压强之差修正后的计算值与实测值对比

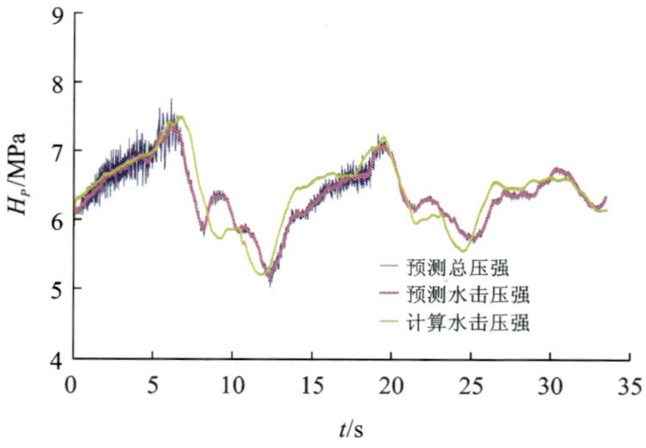

(a) 蜗壳进口测点

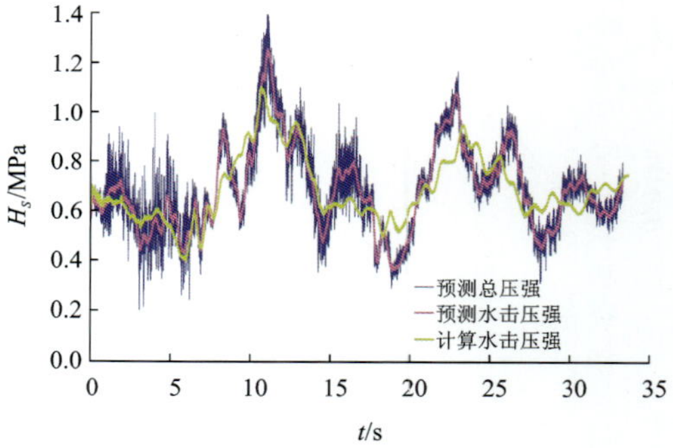

(b) 尾水锥管测点

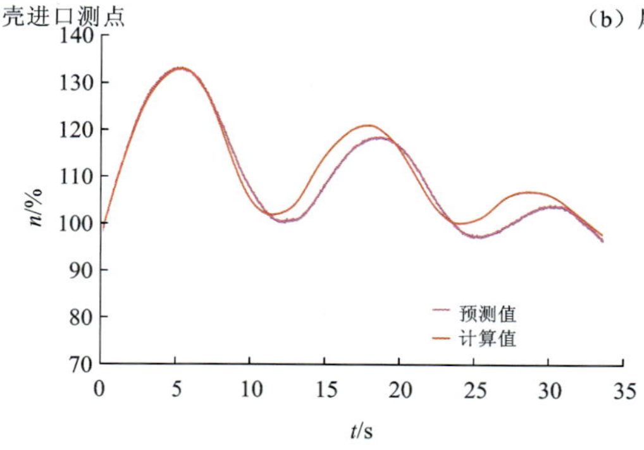

(c) 机组转速

图 12.30　计算值与预测值对比

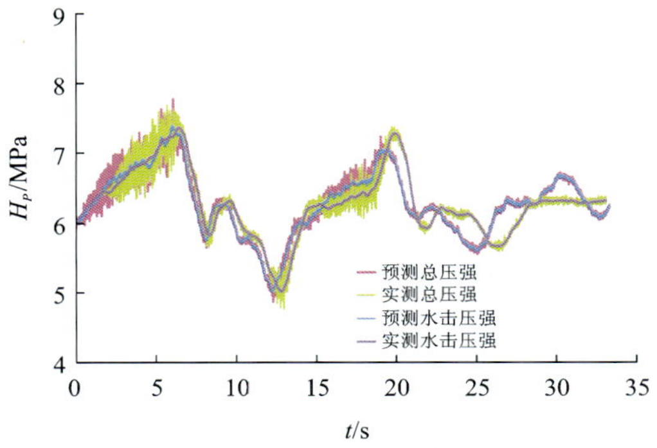

（a）蜗壳进口测点压强

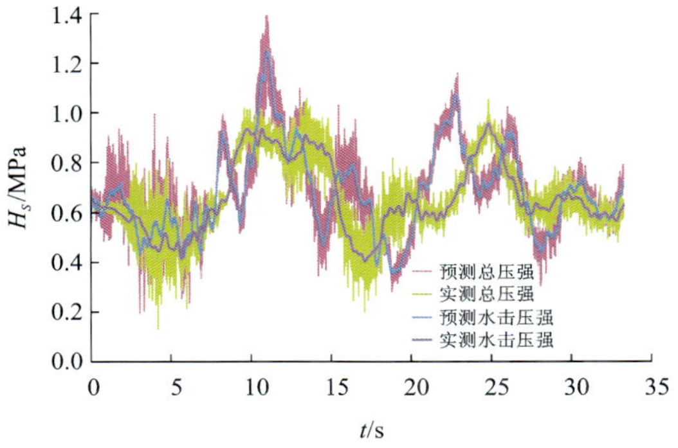

（b）尾水锥管测点压强

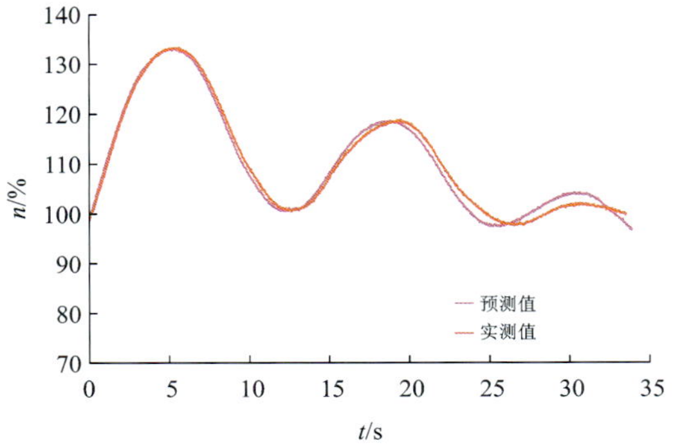

（c）机组转速

图 12.31　预测值与实测值对比

参 考 文 献

[1] IEC 60193. Hydraulic Turbines, Storage Pumps and Pump Turbines-model Acceptance Tests. 1999.

[2] 张兰金，王正伟，常近时. 混流式水泵水轮机全特性曲线 S 形区流动特性. 农业机械学报，2011，1：39-43，73.

[3] JB/T 6172—2005 压力传感器系列型谱. 2005.

[4] 吴荣樵，陈鉴治. 水电站水力过渡过程. 北京：机械工业出版社，2000.

[5] 杨建东，胡金弘，曾威，等. 原型混流式水泵水轮机过渡过程中的压力脉动. 水利学报，2016，47(7)：858-864.

符 号 说 明

符号	名称
a	脉动压强相对幅值
a_b	无叶区脉动压强相对幅值
a_P	蜗壳进口脉动压强相对幅值
h_S	尾水管进口脉动压强相对幅值
b_0	导叶高度,m
D_1	转轮高压侧直径,m
D_2	转轮低压侧直径,m
f	机组转频,Hz;相对转频频率
f_{ZB}	叶片转动频率,Hz
GD^2	机组飞轮力矩,t · m^2
H_s	吸出高度,m
H_P	转轮进口侧(蜗壳进口)水击压强,MPa
H_S	转轮出口侧(尾水管进口)水击压强,MPa
$\widetilde{H}_P$	转轮进口侧(蜗壳进口)实测压强,MPa
$\widetilde{H}_S$	转轮出口侧(尾水管进口)实测压强,MPa
ΔH_P	转轮进口侧(蜗壳进口)脉动压强,MPa
ΔH_S	转轮出口侧(尾水管进口)脉动压强,MPa
h_b	无叶区无量纲水击压强
h_P	转轮进口侧(蜗壳进口)无量纲水击压强
h_S	转轮出口侧(尾水管进口)无量纲水击压强
$\widetilde{h}_b$	无叶区无量纲实测压强
$\widetilde{h}_P$	转轮进口侧(蜗壳进口)无量纲实测压强
$\widetilde{h}_S$	转轮出口侧(尾水管进口)无量纲实测压强
Δh_b	无叶区无量纲脉动压强
Δh_P	转轮进口侧(蜗壳进口)无量纲脉动压强
Δh_S	转轮出口侧(尾水管进口)无量纲脉动压强
n	机组相对转速
n_r	机组额定转速,r/min
psb	功率密度,dB/Hz
Z_b	叶片数
α	导叶相对开度
∇_1	机组安装高程,m